Photovoltaik

Über die Autoren

Dr. rer. nat. Helmut Jungblut, geb. 1948, Physikstudium an der Freien Universität Berlin, Promotion 1982 über Transportprozesse in dielektrischen Flüssigkeiten und Gasen. Anschließend als Mitarbeiter der Geschäftsführung des Hahn-Meitner-Instituts in Berlin zuständig für den Technologie-Transfer; wissenschaftsjournalistische Beiträge zu aktuellen Forschungsthemen. Seit 1988 wissenschaftlicher Mitarbeiter im Bereich Physikalische Chemie. Forschungsarbeiten zur Rastertunnelmikroskopie an Halbleitern und biologischen Objekten.

Prof. Dr. rer. nat. Joachim Lewerenz, geb. 1948, Physikstudium an der Technischen Universität Berlin, Dissertation zum Thema Photoelektronenemission am Metall-Elektrolyt-Kontakt am Fritz-Haber-Institut der Max-Planck-Gesellschaft (1978). Anschließend Arbeiten zur metallischen Elektroreflexion. Ab 1979 wissenschaftlicher Mitarbeiter bei Bell Laboratories, Murray Hill, New Jersey, USA; Arbeiten zur Photoelektrochemie und zur Entwicklung photoelektrochemischer Solarzellen. Nach einem Aufenthalt bei Brown Bovery & Cie ab 1982 wissenschaftlicher Mitarbeiter der Abteilung Photoelektrochemie am Hahn-Meitner-Institut. Forschungen zu Halbleitergrenzflächen und Entwicklung von photoelektrochemischen und Festkörpersolarzellen. Vorlesungen über Photovoltaik, Photoelektrochemie und elektrochemische Energieumwandlung.

H.-J. Lewerenz H. Jungblut

Photovoltaik

Grundlagen und Anwendungen

Mit 295 Abbildungen, 11 Tabellen,
zahlreichen Übungsaufgaben und vollständigen Lösungen

 Springer

Professor Dr. H.-J. Lewerenz
Dr. H. Jungblut

Hahn-Meitner-Institut
Glienicker Str. 100
D-14109 Berlin

Für den Einband wurden zwei Photographien aus O. Humm, P. Toggweiler: Photovoltaik und Architektur verwendet. Mit freundlicher Genehmigung Birkhäuser-Verlag, Basel, Schweiz.

Der Verlag und die Autoren danken dem Hahn-Meitner-Institut, Berlin für die finanzielle Unterstützung bei der Realisierung dieses Buches.

ISBN-13: 978-3-642-79335-6   e-ISBN-13: 978-3-642-79334-9
DOI: 10.1007/978-3-642-79334-9

CIP-Kurztitelaufnahme der Deutschen Bibliothek beantragt

Dieses Werk ist urheberrechtlich geschützt. Die dadurch begründeten Rechte, insbesondere die der Übersetzung, des Nachdrucks, des Vortrags, der Entnahme von Abbildungen und Tabellen, der Funksendung, der Mikroverfilmung oder der Vervielfältigung auf anderen Wegen und der Speicherung in Datenverarbeitungsanlagen, bleiben, auch bei nur auszugsweiser Verwertung, vorbehalten. Eine Vervielfältigung dieses Werkes oder von Teilen dieses Werkes ist auch im Einzelfall nur in den Grenzen der gesetzlichen Bestimmungen des Urheberrechtsgesetzes der Bundesrepublik Deutschland vom 9. September 1965 in der jeweils geltenden Fassung zulässig. Sie ist grundsätzlich vergütungspflichtig. Zuwiderhandlungen unterliegen den Strafbestimmungen des Urheberrechtsgesetzes.

© Springer-Verlag Berlin Heidelberg 1995
Softcover reprint of the hardcover 1st edition 1995

Die Wiedergabe von Gebrauchsnamen, Handelsnamen, Warenbezeichnungen usw. in diesem Werk berechtigt auch ohne besondere Kennzeichnung nicht zu der Annahme, daß solche Namen im Sinne der Warenzeichen- und Markenschutz-Gesetzgebung als frei zu betrachten wären und daher von jedermann benutzt werden dürften.

Redaktion: B. Hellbarth-Busch, J. Lenz
Herstellung: C. Pendl, Heidelberg
Einbandgestaltung: Meta-Design, Berlin
Satz: Reproduktionsfertige Vorlage von den Autoren mit Springer LaTeX-Makros
SPIN 10059776   56/3144-543210–Gedruckt auf säurefreiem Papier

Von einem bestimmten Grad der Komplikation an,
sagen wir, wenn eine Nadel in einem Heuhaufen
verlorengegangen ist, oder ein Kind in einer allzu
großen Landschaft, gibt es nicht mehr
die Möglichkeit zu *suchen.*
Wir müssen *finden,* blind im
Dunkel.

                                        Lars Gustafsson

Für Jana und Markus

Vorwort

Dieses Buch geht aus einer Reihe von Vorlesungen hervor, die in den letzten 10 Jahren an der Technischen Universität Berlin gehalten wurden. Dabei variierte die Thematik zwischen Photovoltaik, Photoelektrochemie und elektrochemischer Energieumwandlung. Der interdisziplinäre Charakter dieser Gebiete spiegelte sich auch in der Fächerbreite der Hörerschaft wider, der neben Studentinnen und Studenten sowie Doktoranden der Physik, Chemie und Elektrotechnik auch Mitglieder der Fachbereiche Umwelttechnik und Werkstoffwissenschaften regelmäßig angehörten. Diese didaktisch schwierige Situation erwies sich bald als Vorteil: zum einen wurde der Dialog in der Hörerschaft quer durch die Fachgebiete möglich, zum anderen mußten Grundzüge und Anwendungen der Photovoltaik sowie verwandter Gebiete so dargestellt werden, daß das Interesse erhalten blieb und zugleich Hörer mit anderer, weniger physikalischer Vorbildung nicht verschreckt wurden.

Als großer Vorzug erwies es sich, daß eine derartige Lehrveranstaltung im Hauptstudium einen überschaubaren Zuhörerkreis besitzt, mit dem es möglich ist, durch Rückfragen und Diskussionen die Entwicklung des Wissens und das Wachsen der gedanklichen Konzepte direkt zu verfolgen. So beruhen der Aufbau und die Darstellung zum großen Teil aus den mit den Hörern gewonnenen Erfahrungen; vieles geht auf die Anregungen, Fragen und Diskussionsbemerkungen aus der immer sehr engagierten und motivierten Zuhörerschaft zurück. Insofern haben wir einen Teil dieses Buches von unseren Hörern gelernt.

Bei der Abfassung dieses Lehrbuches haben wir uns vor allem mit der Frage beschäftigt, wie gedankliche Konzepte vermittelt werden können und wie sie weiterentwickelt werden. Unserer Meinung nach geht dies nur durch Bewegung. Man reißt ein Thema an, beleuchtet es von einer anderen Seite und zeigt ein Ergebnis, das mit dem bisherigen nicht unbedingt übereinzustimmen scheint, so daß das gedankliche Konzept noch einmal überdacht und erweitert werden muß. Die Entwicklung eines Gebietes nimmt ja oft ganz erstaunliche Wendungen, und wir sind häufig gezwungen, unsere etwas bequem in den Köpfen ruhenden Vorstellungen umzuorientieren. Darauf kommt es in diesem Buch an: daß der Sinn für das Suchen erhalten bleibt; daß wir uns klar machen, daß wir erst wenig wissen; daß es auf Bewegung und aufs Suchen ankommt, damit man manchmal findet. Und in einem interdisziplinären Gebiet wie der Photovoltaik sind neue Ideen, neue Konzepte und Mechanismen der Energieumwandlung unverzichtbar.

Wir brauchen die Innovationen; dazu müssen wir eingefahrene Wege verlassen und Neues riskieren.

Folglich ist dieses Buch nicht im klassischen Stil eines Lehrbuchs aufgebaut. Vielmehr verlangt es vom Leser Flexibilität und das Lesen anderer Bücher und Artikel, besonders in den grundlegenden Kapiteln. Auch hier soll Bewegung erzeugt werden. Dies ist auch der Grund für die Einarbeitung vieler Systeme und Konzepte. Die Vielfalt von z.B. amorphem Silizium über Tandem-Solarzellen zu photoelektrochemischen Solarzellen soll zugleich als Beispiel für den großen Innovationsspielraum gelten, der im 7. Kapitel nur in geringem Umfang auf der Basis bestehender Ideen umrissen wird.

Sowohl die Literaturhinweise als auch die Aufgaben und die Lösungswege sind bewußt knapp gehalten, um Eigeninitiative beim Lesen und Durcharbeiten der Kapitel zu fördern. Die Aufgaben unterscheiden sich sukzessiv im Schwierigkeitsgrad, um eine allmähliche Durchbildung des Stoffes sowie die Verbesserung der Konzepte zu erreichen. Neben der Zielgruppe von Studenten der Fachhochschulen und Universitäten im Hauptstudium verschiedener ingenieurwissenschaftlich orientierter Studiengänge sowie der Physik und Chemie richtet sich das Buch auch an etwas außerhalb des Gebietes der Sonnenenergieumwandlung stehende Hochschullehrer, die eventuell einmal eine Vorlesung zu diesem Thema halten wollen, aber wegen des Zeitaufwandes bei der Zusammenstellung der einzelnen Teile der Vorlesung bisher nicht dazu kamen.

Einige Kapitel sind mit einem Stern gekennzeichnet. Sie behandeln weitergehende Fragestellungen und dienen der Vertiefung des Stoffes.

Wir bedanken uns für die zahlreichen Anregungen, Diskussionen, und Hinweise bei Dr. S. Fiechter, Prof. W. Fuhs, Drs. A.Klein, R. Könenkamp, M. Kunst und R. Scheer.

Der Großteil der Zeichnungen wurde von Andrea Hasselmann und Oliver Nast angefertigt. Ganz besonders danken wir Frau Dipl.-Kffr. Jessica Neumann für ihr Engagement, organisatorische Unterstützung und kritisches Lesen bei der Präparation des Manuskriptes.

Wir bedanken uns außerdem beim Springer-Verlag und hier insbesondere bei Herrn Dr. Kölsch für die engagierte und konstruktive Zusammenarbeit.

Berlin Wannsee
Januar 1995

Helmut Jungblut
Joachim Lewerenz

Inhalt

1 Einführung in die Energiethematik 1
  1.1 Forschungsaspekte 1
  1.2 Wirtschaftliche Betrachtungen 2

2 Physik der Solarzelle 5
  2.1 Einführung in energieumwandelnde Prozesse
      an Halbleiterkontakten 5
    2.1.1 Vorbetrachtungen 5
    2.1.2 Zum Prinzip lichtinduzierter energieumwandelnder Prozesse 5
    2.1.3 Überblick zu lichtinduzierten
          energieumwandelnden Prozessen 6
  2.2 Grundzüge der angewandten Halbleiterphysik 12
    2.2.1 Vorbetrachtungen: Vom Atom zum Festkörper 12
    2.2.2 Der nicht entartete Halbleiter 13
    2.2.3 Der dotierte Halbleiter 18
    2.2.4 Einfluß der Dotierung auf Ferminiveau
          und effektive Ladungsträgerkonzentration 21
    2.2.5 Absorptionsverhalten; Anregungsprozesse 24
  2.3 Der belichtete Halbleiter 32
    2.3.1 Thermalisierung 32
    2.3.2 *Rekombinationsprozesse im Volumen 33
    2.3.3 Rekombination an Oberflächen 42
    2.3.4 Überschußladungsträger und Quasiferminiveaus 45
  2.4 Gleichrichtende Kontakte 48
    2.4.1 Gleichgewichtseinstellung zwischen Systemen
          mit geladenen Teilchen 48
    2.4.2 Kontaktpotentiale und Raumladungszonen 52
    2.4.3 Der ideale Metall-Halbleiter-Kontakt 56
    2.4.4 Das Anderson-Modell einer Halbleiter-Heterostruktur . . 58
  2.5 Photovoltaische Eigenschaften gleichrichtender Kontakte 60
    2.5.1 Stromfluß an einer unbelichteten Diode 61
    2.5.2 Einfaches Modell für die belichtete Diode 63
    2.5.3 Das Gärtner-Modell 65
    2.5.4 Anwendungen des Gärtner-Modells 69

XII Inhalt

- 2.6 Sonnenspektrum und Auswahlkriterien für Solarzellen 71
  - 2.6.1 Spektrale Eigenschaften des Sonnenlichts 71
  - 2.6.2 Optimierungsbedingungen für den Wirkungsgrad photovoltaischer Systeme 74
- 2.7 *Jenseits des Anderson-Modells 81
  - 2.7.1 Übersicht 81
  - 2.7.2 Fermi-level pinning 84
  - 2.7.3 Grenzflächendipole und Banddiskontinuitäten 102
- 2.8 Probleme 110
- Literatur 111

3 Solarzellen auf Silizium-Basis 113
- 3.1 Die klassische Silizium-Solarzelle 113
  - 3.1.1 Historisches 113
  - 3.1.2 Das physikalische Konzept der kristallinen Silizium p-n-Solarzelle 114
  - 3.1.3 Von Sand zu Silizium: Herstellung von Einkristallen ... 116
  - 3.1.4 Verunreinigungen und Dotierung 118
  - 3.1.5 Herstellung von p-n-Übergängen und Optimierung der Solarzellen 120
  - 3.1.6 Hochleistungssolarzellen mit kristallinem Si 125
- 3.2 Polykristallines Silizium 126
  - 3.2.1 Übersicht 126
  - 3.2.2 Blockgießen mit gerichteter Erstarrung 127
  - 3.2.3 Verfahren zur Herstellung von Siliziumscheiben aus der Schmelze 129
  - 3.2.4 Einfluß von Korngrenzen auf Ladungsträgertransport und Absorption 134
  - 3.2.5 Passivierung von Kristallfehlern in polykristallinem Silizium 136
  - 3.2.6 *Modellbetrachtungen zum Bänderziehverfahren 138
- 3.3 Schottky-, MIS und SIS-Solarzellen 145
- 3.4 Probleme 152
- Literatur 152

4 Dünnschichtsolarzellen 155
- 4.1 Einleitung 155
- 4.2 Stöchiometrie und elektronische Eigenschaften in Verbindungshalbleitern 155
- 4.3 Cadmium-Tellurid-Solarzellen 157
  - 4.3.1 Historisches 157
  - 4.3.2 Physikalische Eigenschaften der CdS/CdTe-Heterostruktur 158
  - 4.3.3 Herstellungsverfahren für CdS/CdTe-Solarzellen 160
- 4.4 Ternäre Chalkopyrite (CuInSe$_2$ und CuInS$_2$) 166
  - 4.4.1 Vorbetrachtungen 166

	4.4.2 Historisches	166
	4.4.3 Die n-CdS/p-CuInSe$_2$-Heterostruktur; physikalische Eigenschaften	168
	4.4.4 Herstellungsverfahren für Dünnschichtsolarzellen mit CuInSe$_2$ und erste Leistungsdaten	171
	4.4.5 Präparation und Eigenschaften effizienter Dünnschichtsolarzellen auf CuInSe$_2$-Basis – reale Systeme	172
	4.4.6 Effiziente Dünnschichtsolarzellen mit CuInS$_2$	180
4.5	Die Galliumarsenid-Solarzelle	190
	4.5.1 Einleitung	190
	4.5.2 Physikalische Eigenschaften von GaAs und Konzept der AlGaAs/GaAs-Solarzelle	191
	4.5.3 Herstellungsverfahren	197
4.6	Amorphes Silizium	204
	4.6.1 Übersicht	204
	4.6.2 Herstellung von a-Si:H Schichten	204
	4.6.3 Physikalische Eigenschaften	206
	4.6.4 Elektronische Eigenschaften	207
	4.6.5 Rekombinationsprozesse	216
4.7	Solarzellen mit amorphem Silizium	217
	4.7.1 Historisches	217
	4.7.2 Die Dotierung von a-Si:H	218
	4.7.3 p-i-n-Struktur für Solarzellen	219
	4.7.4 Bedingungen für leistungsfähige p-i-n-Solarzellen	220
	4.7.5 Verbesserungen bei der Herstellung von p-i-n-Strukturen	221
	4.7.6 Technische Realisation von a-Si:H p-i-n-Solarzellen	222
	4.7.7 Entwicklung effizienter Systeme auf der Basis der p-i-n-Struktur	224
4.8	Heterostrukturen aus amorphem und kristallinem Silizium	229
4.9	Probleme	231
	Literatur	232

5 Photoelektrochemische Solarzellen ... 235

5.1	Grundlegende Betrachtungen	235
	5.1.1 Einleitung und Historisches	235
	5.1.2 Kontaktbildung zwischen Halbleiter und Elektrolyt	237
	5.1.3 Ladungstransfer und Stromfluß	241
	5.1.4 Regenerative Arbeitsweise photoelektrochemischer Solarzellen	243
	5.1.5 Photokorrosion und Stabilitätskriterien	246
5.2	Fallstudien an ausgewählten Systemen	251
	5.2.1 Stabilität mit Übergangsmetalldichalkogeniden als Photoanoden	251
	5.2.2 Effiziente Solarzellen durch Oberflächenmodifizierung von III-V Halbleitern	259

Inhalt

      5.2.3   Lichtinduzierte Stabilisierung von $CuInSe_2$ 271
      5.2.4   Sensibilisierungssolarzellen 280
      5.2.5   Systeme mit verbessertem Wirkungsgrad 282
  5.3   Probleme 285
  Literatur 285

6 Kombinierte Systeme 287
  6.1   Tandem-Solarzellen 287
      6.1.1   Grundlegende Betrachtungen 287
      6.1.2   Ausgewählte Beispiele 293
  6.2   Konzentratorsysteme 299
      6.2.1   Einleitung 299
      6.2.2   Physikalische Effekte
              bei hoher lichtinduzierter Ladungsträgerkonzentration .. 300
      6.2.3   Solarzellen für Konzentratorsysteme 309
      6.2.4   Optische Systeme und Nachführung 312
  6.3   Probleme 324
  Literatur 325

7 Perspektiven der Photovoltaik 327
  7.1   Photovoltaik im materialwissenschaftlichen Umfeld 327
  7.2   Neuartige Verbindungshalbleiter 328
      7.2.1   Substitutionelle Verbindungen 329
      7.2.2   Interstitielle Verbindungen 330
      7.2.3   Geordnete Leerstellenverbindungen 331
      7.2.4   Verbindungen mit d- bzw. f-Elektronen 331
      7.2.5   Schichtgitterhalbleiter mit Gruppe IVB-Metallen 334
      7.2.6   Legierungen neuer Materialien 335
  7.3   Materialien mit reduzierter Dimensionalität 338
      7.3.1   Photovoltaische Bauteile mit Halbleiterübergittern ... 339
      7.3.2   Nanokristalline Halbleiter und kolloidale Teilchen 340
  7.4   Alternative Materialien und Herstellungsverfahren 346
      7.4.1   Organische Solarzellen 346
      7.4.2   Alternative amorphe Halbleiter 348
      7.4.3   Alternative Herstellungsverfahren 351
  7.5   Probleme 357
  Literatur 358

8 Lösungen 359

Anhang: Bandlücken und Gitterkonstanten einiger Halbleiter . 362

Sachverzeichnis 363

1. Einführung in die Energiethematik

1.1 Forschungsaspekte

Der Zeitrahmen und Umfang des Einsatzes stromerzeugender, d.h. photovoltaischer Solarzellen wird durch den wissenschaftlichen Fortschritt sowie die zum Teil damit verknüpften wirtschaftlichen Bedingungen bestimmt. Im Bereich der Forschung bedeutet dies (i) die Weiterentwicklung existierender Systeme hinsichtlich Erhöhung des Wirkungsgrades, der Langzeit-Stabilität und die Senkung der Herstellungskosten; (ii) intensive Forschung zur Einführung alternativer Halbleiter, um neue aussichtsreiche Materialien bereitzustellen; (iii) die Verbesserung bestehender Halbleiterstrukturen z.B. hinsichtlich ihrer Grenzflächeneigenschaften in Halbleiterheteroübergängen sowie die Entwicklung neuer Strukturen. Bei den Materialien für die Photovoltaik kommt die gesamte Breite von Möglichkeiten in Betracht: von klassischem kristallinen Silizium über amorphe und sog. nanokristalline Materialien bis zu photoempfindlichen Polymeren und kolloidalen Halbleiterteilchen. Auf diesem Gebiet ist eine breite Grundlagenforschung unbedingt erforderlich, um Kandidaten für terrestrische Anwendungen zu identifizieren. Besonders wichtig in Bezug auf die Wirtschaftlichkeit der Stromerzeugung mit Sonnenlicht sind die für die Herstellung des jeweiligen Halbleitermaterials zur Verfügung stehenden Präparationsverfahren. Sie sollten möglichst kostengünstig sein. Daher werden Verfahren wie z.B. die Molekularstrahlepitaxie (MBE: *m*olecular *b*eam *e*pitaxy) für weiterreichende Anwendungen wegen der Herstellungsbedingungen (Ultrahochvakuum) und der recht langsamen Abscheidungsrate weniger in Betracht gezogen werden. Dennoch sollten Halbleiterschichten, die bisher nur mit aufwendigen Verfahren präpariert werden können (z.B. die metallorganische Gasphasenabscheidung MOCVD: *m*etal *o*rganic *v*apor *d*eposition), nicht von vornherein von der Materialauswahl ausgeschlossen werden, da prinzipiell die Möglichkeit besteht, bei genügender Kenntnis der Präparationsparameter zu einer einfacheren Herstellungsmethode übergehen zu können. Im Bereich der wirtschaftlich interessanteren Herstellungsverfahren bieten sich die Kathodenzerstäubung (*Sputtern*), die thermische Verdampfung, die Sprüh-Pyrolyse, die Elektrodeposition aus Lösungen, die chemische Abscheidung aus Lösungen und für Polymere Drehbeschichtungsverfahren (*s*pin *c*oating) an. Auch die Herstellung von Halbleiterpulvern in Form von Anstrichen, ähnlich Farben (paints), ist denkbar und wurde bereits mehrfach getestet. Zusätzlich zur Komplexität der Entwicklung neuer Materialien und der zugehörigen Herstellungsverfahren ist die Suche nach neuen Systemen und Halbleitern durch zwei beeinträchtigende Aspekte gekennzeichnet: so läßt sich erstens im Fall von Verbindungshalbleitern die Zusammensetzung häufig nicht mit der erforderlichen Genauigkeit bestimmen. Für Materialien, bei denen die Stöchiometrie die effektive Dotierung definiert, ist eine Kenntnis der Zusammensetzung im Bereich kleiner 10^{-4} % (ppm: parts per million) erforderlich. Die gängigen Charakterisierungsverfahren erlauben allenfalls die Bestimmung im Promille-Bereich, d.h. 10^{-1} %. Die fehlenden 2–3 Größenordnungen sind schwer zu erfassen und machen gezieltes empirisches Arbeiten notwendig. Zweitens besteht eine ähnliche Situation bei der Untersuchung von Oberflächen und Grenzflächen in Halbleiterheterostrukturen. Zwar lassen sich Grenzflächenbedeckungen bis in den Bereich von 1 % einer Atomlage spektroskopisch charakterisieren (dies entspricht einer Zustandsdichte im Bereich von 10^{13} Atome/cm^2 und Energieeinheit, da eine Atomlage etwa 10^{15} Atome/cm^2 aufweist); die elektronischen Eigenschaften von Oberflächen müssen jedoch im Bereich von etwa 10^{11} Zuständen/cm^2 und eV und darunter bestimmt werden. Da die entsprechenden Spezies oberflächenphysikalisch praktisch nicht identifizierbar sind, sind in diesem Teilgebiet intensive empirische Arbeit und die Weiterentwicklung von Analysetechniken notwendig. Zusätzlich ist eine intensive Forschungsarbeit zur Bereitstellung von Speichersystemen mit hoher Energiedichte bei geringem Gewicht und Platzbedarf unabdingbar.

Das Vorangehende soll verdeutlichen, welche immense Vielfalt von Materialien und Methoden untersucht, charakterisiert und auf Eignung hin klassifiziert werden muß, um tatsächlich zu einem deutlichen Fortschritt, der sich wirtschaftlich umsetzen läßt, zu gelangen. Die Notwendigkeit dieser Entwicklung ergibt sich logisch aus der Erschöpfbarkeit fossiler Energiequellen. Obwohl der zeitliche Rahmen, in dem die Vorräte zur Neige gehen, durch einen „Energiemix" (Öl, Gas, Kohle, Uran) und neue Funde weiter in die Zukunft geschoben werden kann, wird es beim derzeitigen Energieverbrauch zur Erschöpfung der Vorräte kommen. Hinzu kommt die zunehmende Belastung des Lebensraumes, die sowohl die Luft, das Wasser und den Boden betrifft und die vergleichsweise geringe Akzeptanz auf Nuklearenergie beruhender Stromerzeugung. Anhand einiger sog. Energie-Szenarios soll die Situation veranschaulicht werden. Dabei wird zugleich deutlich, daß die Investitionskosten zur solaren Stromerzeugung zur Zeit noch viel zu hoch sind, um zu größerer terrestrischer Anwendung zu führen. Allerdings wurde die Preisreduzierung bei Massenproduktion (ein Faktor von zehn in der Menge reduziert den Preis auf etwa die Hälfte) nicht berücksichtigt.

1.2 Wirtschaftliche Betrachtungen

Eine einfache und eingängige Beschreibung der mit dem Energieverbrauch zusammenhängenden Aspekte ergibt sich, wenn man den Weltenergiebedarf als Größe einführt und den gemittelten Energieverbrauch pro Mensch und Jahr nach Weltregionen aufschlüsselt. Die entsprechenden Zahlen beruhen überwiegend auf Publikationen der Vereinten Nationen. Im Jahr 1988 wurde der Weltenergieverbrauch inklusive Industrieproduktion, Heizung, Transporte, Nahrungsmittel etc. mit $1 \cdot 10^{14}$ kWh/a angegeben. Dabei zeigen sich große regionale Unterschiede zwischen den USA auf der einen Seite, Westeuropa und Japan sowie der übrigen Welt. Selbstverständlich spiegelt sich im Energieverbrauch der Einfluß der Industrialisierung wieder und damit die zeitliche Entwicklung der betreffenden Region. Legt man eine Bevölkerungszahl von $5 \cdot 10^9$ Menschen zugrunde, so ergibt sich mit dem angegebenen Weltenergieverbrauch ein durchschnittlicher Energieverbrauch von 20.000 kWh pro Jahr und Mensch. In den USA beträgt der durchschnittliche Verbrauch etwa 110.000 kWh pro Jahr und Mensch; aus der Multiplikation dieses Wertes mit der Einwohnerzahl ergibt sich, daß allein dort grob 31% der Gesamtenergie verbraucht werden. Der mittlere Energieverbrauch in Westeuropa und Japan beträgt ungefähr 40.000 kWh pro Jahr und Mensch, so daß die Multiplikation mit der Einwohnerzahl zu einem Anteil von 16% am Weltenergieverbrauch führt. Somit bleiben etwa $5.3 \cdot 10^{13}$ kWh pro Jahr und Mensch anstelle des Durchschnittswertes von 20.000 kWh pro Jahr und Mensch.

Auf der Basis solcher Betrachtungen lassen sich sog. Energieszenarios formulieren, in die lediglich die Bevölkerungszahl (also vermutetes Wachstum bzw. Stillstand) und der Energieverbrauch pro Kopf und Jahr sowie die Menge der bisher bekannten fossilen Vorräte eingehen. Tabelle 1.1 zeigt einige Möglichkeiten. Zur Zeit befindet sich die Welt ungefähr in der Situation B, mit etwas mehr als fünf Milliarden Einwohnern und einem durchschnittlichen Verbrauch von 20.000 kWh pro Jahr und Mensch. Die Daten bis zur Erschöpfung der Rohstoffe signalisieren noch ein recht beruhigendes Polster für die Zukunft. Außerdem wird möglicherweise durch den Übergang ins Informationszeitalter der Anteil der sehr energieintensiven Schwerindustrie geringer, wodurch sich der Zeitrahmen bis zur Erschöpfung der Vorräte noch weiter in die Zukunft verschöbe. Bereits beim gegenwärtigen Energieverbrauch ist die Belastung der natürlichen Umwelt so groß, daß nach unserer Ansicht eher dieser Aspekt als der der Erschöpfung der Vorräte zum verstärkten Einsatz und Betrieb sauberer Energiequellen zwingt. Der Investitionsbedarf zur Einführung der neuen Energietechnologie ist jedoch immens. Dazu schätzen wir zunächst den Landbedarf ab, der nötig wäre, um den Weltenergiebedarf mit photovoltaischen Solarzellen, die einen Umwandlungswirkungsgrad von 10% besitzen, zu befriedigen. Bei einer Bestrahlungsintensität von 100 mWcm^{-2} (dies entspricht AM1, d.h. air mass 1 und ist bereits ein recht hoher Wert) einer über das Jahr gemittelten Sonneneinstrahlung von 10 h/d erhält man 1 kWh pro m^2 und Tag. Im Jahr werden 365 kWh/m^2 generiert. Mit einem Weltenergiebedarf von $1 \cdot 10^{14}$ kWh folgt eine Fläche von $2.7 \cdot 10^{11}$ m^2; demnach genügen etwa 270.000 km^2, um den Weltenergiebedarf zu befriedigen. Bei einem Wirkungsgrad von 12% würde die Fläche auf 230.000 km^2 absinken, bei geringerer Lichteinstrahlung natürlich entsprechend zunehmen. Der Investitionsbedarf für die Photovoltaik-Technologie ergibt sich grob geschätzt aus den Kosten pro Watt. Geht man von 1 ECU (European currency unit), d.h. etwa 2 DM je Watt aus, so werden für eine Ein-

1. Einführung in die Energiethematik

Tabelle 1.1. Verbrauch fossiler Energien

Szenario	A	B	C	D	E
Bevölkerung in Mrd.	5	5	5	10	15
Energieverbrauch pro Kopf/Jahr in kWh	3000 (J.1850)	20000 (realist.)	10^5	10^5	10^5
Voraussichtliche Erschöpfung von Energiequellen in Jahren		↑↓ z.Zt.			
Kernspaltung	400	60	12	6	3
Öl/Gas/Kohle	1600	250	50	25	13

strahlung von $I = 100$ mW/cm^2, also 1 kW/m^2 erzeugt. Da $2.7 \cdot 10^{11}$ m^2 zur Deckung des Bedarfs nötig sind, ergibt sich eine Investitionssumme von $2.7 \cdot 10^{13}$ ECU bzw. $5.4 \cdot 10^{13}$ DM; also 54.000 Mrd. DM. Selbst bei einer drastischen Reduktion der Kosten pro Watt und bei Deckung eines realistischen Teilbedarfs am Gesamtenergieverbrauch liegen die Investitionskosten im Bereich vieler Billionen DM. Der Übergang kann daher nur allmählich vonstatten gehen. Zudem sollte man sich vergegenwärtigen, daß die großtechnische Herstellung von Solarzellen eine entsprechend groß ausgebaute chemische Industrie bedeutet, in der riesige Materialmengen, selbst bei Dünnschichttechnologien, verarbeitet werden. Die Zielsetzung einer sinnvolleren, umweltschonenden Energiegewinnung mit möglichst geringen Folgekosten hat aber für die Zukunft unseres Planeten und die zukünftigen Generationen sicherlich Vorrang.

2. Physik der Solarzelle

2.1 Einführung in energieumwandelnde Prozesse an Halbleiterkontakten

2.1.1 Vorbetrachtungen

In diesem Abschnitt werden die Grundzüge energieumwandelnder Prozesse bei der Belichtung von Halbleitern dargestellt. Das Charakteristische von Photoelektrokatalyse, -elektrosynthese und photovoltaische Energieumwandlung wird veranschaulicht, wodurch ein Vergleich der Vorgänge ermöglicht werden soll, der auch die Unterschiede deutlich werden läßt. Das gemeinsame Prinzip Energieumwandlung, basierend auf der Erzeugung gleichrichtender Halbleiterkontakte, wird sowohl für die photoelektrochemischen als auch für die -voltaischen Funktionsweisen beschrieben. Die katalytische und synthetische Erzeugung von Brennstoffen wird im Rahmen dieses Buches, das die photovoltaische Energieumwandlung zum Thema hat, nicht weiter behandelt.

2.1.2 Zum Prinzip lichtinduzierter energieumwandelnder Prozesse

Außer für biologische Systeme findet diese Art der Energieumwandlung an Halbleitergrenzflächen statt. Abbildung 2.1 zeigt eine Prinzipskizze des Prozesses. Der Halbleiter wird mit einer anderen Phase in Kontakt gebracht. Dies kann ein anderer bzw. anders dotierter Halbleiter, ein Metall oder ein sog. Redoxelektrolyt sein. Halbleiter und Kontaktphase müssen so aufeinander abgestimmt sein, daß durch die Kontaktbildung in der Halbleiteroberfläche ein elektrisches Feld induziert wird. Dabei entsteht eine Halbleiterrandschicht, auch Raumladungszone genannt, deren Ausdehnung mit W bezeichnet ist. Innerhalb dieser Zone existiert ein elektrisches Feld, dahinter ist der Halbleiter elektrisch neutral. Man belichtet das System Kontaktphase/Halbleiter, wie in der Abb. 2.1 dargestellt, mit Licht einer Wellenlänge, die der Halbleiter absorbiert. In diesem Fall werden Elektronen aus besetzten Zuständen (Valenzband) in unbesetzte (Leitungsband) angehoben. Während solche Ladungsträger in Metallen eine sehr kurze Lebensdauer besitzen und sehr schnell rekombinieren, bewirkt die Existenz einer absoluten Energielücke in Halbleitern eine vergleichsweise große Lebensdauer (ca. 10^{-3}–10^{-10} s). Dadurch können die Ladungsträger, d.h.

6 2. Physik der Solarzelle

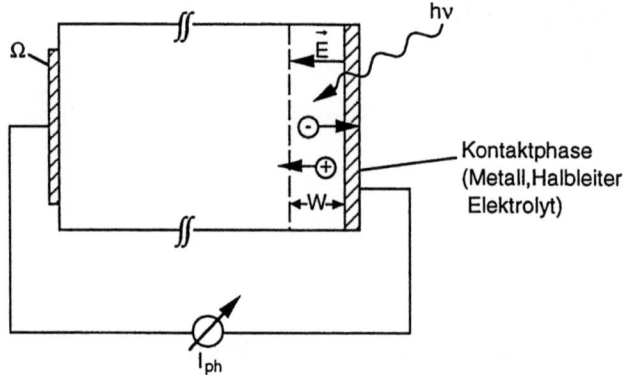

Abb. 2.1. Schema zur lichtinduzierten Energieumwandlung an Halbleitern

die Elektronen im Leitungsband und die positiv geladenen Defektelektronen (Löcher) im Valenzband im elektrischen Feld der Randschicht getrennt werden. Bringt man an dem Halbleiter einen leitenden Rückkontakt an und verbindet die Frontkontaktphase leitend, so fließt im äußeren Stromkreis ein Photostrom. Dabei wandert eine Ladungsträgersorte (hier Elektronen) zur Phasengrenze und reagiert dort irreversibel. Der Reaktionstyp, der an der Phasengrenze stattfindet, definiert, um welche Art der Energieumwandlung es sich hierbei handelt.

2.1.3 Überblick zu lichtinduzierten energieumwandelnden Prozessen

Im folgenden werden die wichtigsten lichtinduzierten Prozesse im Zusammenhang mit der Sonnenenergieumwandlung dargestellt:

– Photoelektrokatalyse, d.h. Lösungsmittelzersetzung mit Licht, Brennstofferzeugung

– Stromerzeugende (photovoltaische) Sonnenenergieumwandlung

Bei diesen Prozessen spielt die Grenzfläche und ihre elektronischen und chemischen Eigenschaften eine dominierende Rolle. Nach diesem Überblick wird der letzte Prozeß (Photovoltaik) behandelt.

Photoelektrokatalyse Als Beispiel wird die Wasserspaltung in saurer Lösung betrachtet, wobei nur der anodische Teilschritt (Wasseroxidation) zur Sauerstoffentwicklung behandelt wird. Zur anodischen Zersetzung verwendet man n-dotierte Halbleiter. Dann treten bei Belichtung positive Ladungen über die Phasengrenze in den Elektrolyten über. Bei genügend großem positiven Potential kann Wasser oxidiert werden (Abb. 2.2).

2.1 Einführung in energieumwandelnde Prozesse an Halbleiterkontakten

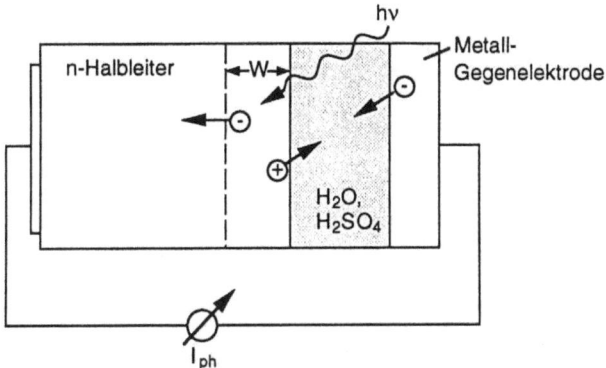

Abb. 2.2. Prinzipskizze zur lichtinduzierten Wasserzersetzung

In sauren Lösungen wird der folgende Reaktionsablauf angenommen:

$$\begin{aligned}
1.\quad & H_2O + h^+ &\rightarrow\quad & OH_{ad} + H^+ \quad (*4) \\
2.\quad & OH_{ad} + OH_{ad} &\rightarrow\quad & O_{ad} + H_2O \quad (*2) \\
3.\quad & O_{ad} + O_{ad} &\rightarrow\quad & O_2.
\end{aligned} \quad (2.1)$$

Bei alkalischen Lösungen wird der erste Schritt ersetzt durch die Reaktion $OH^- + h^+ \rightarrow OH_{ad}$ (*4). Die anderen beiden Schritte sind mit denen in sauren Lösungen identisch.

Nur der erste Schritt beinhaltet einen Ladungsübertritt, die anderen Schritte sind chemische Reaktionen von adsorbierten Zwischenstufen. Zur Bildung von O_2-Gas müssen insgesamt vier Ladungen transferiert werden. Eine graphische Darstellung der Reaktionen, bei der die Beteiligung der Grenzfläche veranschaulicht wird, ist in Abb. 2.3 gezeigt. Die Reaktion basiert auf dem Übertritt positiver Ladungen, die das Wasser oxidieren können. Diese Ladungen können auch im Dunkeln durch Anlegen eines Potentials erzeugt werden, wie es bei Metallkatalysatoren ausgenutzt wird.

Man sieht, daß die adsorbierten Zwischenprodukte und ihre Reaktionen den Gesamtprozeß der O_2-Entwicklung bestimmen. Dies macht den großen Einfluß der mikroskopischen Eigenschaften der Grenzfläche deutlich. Die Art des Adsorptionsplatzes beeinflußt die Bindung, die für die weitere Reaktion wichtig ist. Daher sind Eigenschaften der Mikrotopographie wie Kristallinität, Kristallorientierung, Qualität der Oberfläche, etwaige Kontaminationen durch Verunreinigungen oder dünne oxidische Filme von großer Bedeutung für die Effizienz des Prozesses. Darüber hinaus werden die elektronischen Eigenschaften der Halbleiteroberfläche durch diese Faktoren zum Teil drastisch beeinflußt.

An Metallen, d.h. wenn man den Prozeß ohne Licht allein durch Anlegen einer Spannung durchführt, hat man zuerst gefunden, daß die O_2-Entwicklung nicht bei der thermodynamisch berechneten Spannung gegen die Normalwasserstoff-Bezugselektrode (NHE) auftritt. Es muß eine um etwa 0.6 V größere Spannung angelegt werden. Dies ist auf Reaktionshemmungen in dem mehrstufigen Pro-

2. Physik der Solarzelle

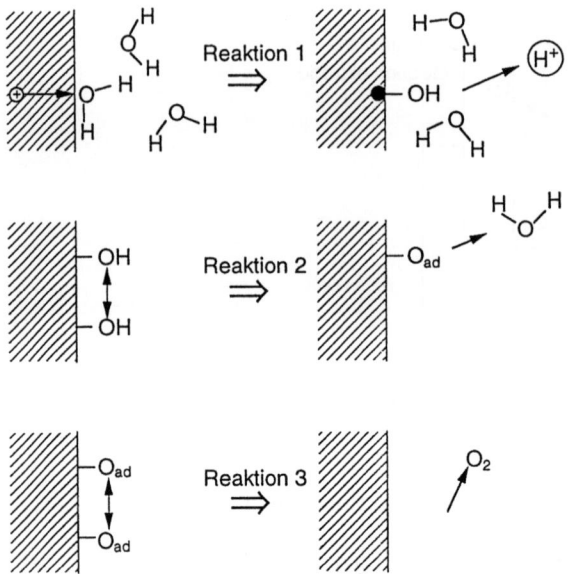

Abb. 2.3. Mikroskopisch-schematische Darstellung der Prozesse bei der anodischen Wasserzersetzung

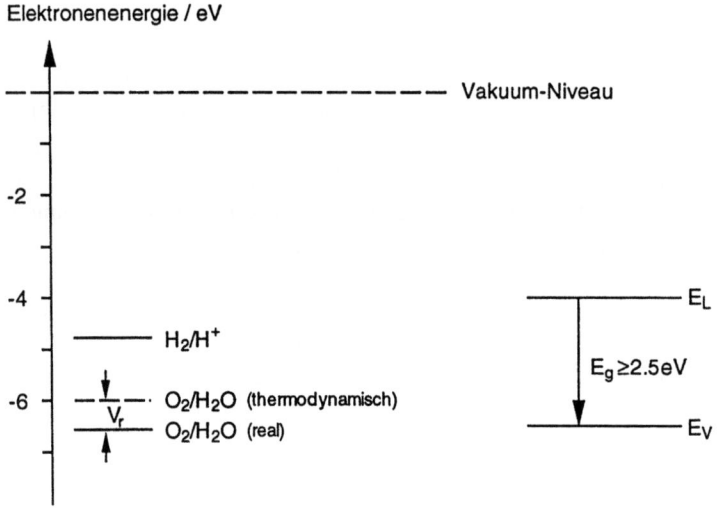

Abb. 2.4. Energieschema zur Wasserspaltung an Halbleitern; V_r : Überspannung für Sauerstoffentwicklung

zeß zurückzuführen. Man spricht von einer Reaktionsüberspannung (eV_r in Abb. 2.4).

Das Herabsetzen dieser Überspannung würde den Prozeß der Wasserspaltung erheblich wirtschaftlicher machen. Thermodynamisch muß für die Zersetzung von Wasser die Energie $E = 1.23$ eV aufgewendet werden, während real $E = 1.8$ eV an den besten Sauerstoffkatalysatoren (Ru, RuO_2, IrO_2) gefunden wird. Da die Normalwasserstoffelektrode eine definierte Austrittsarbeit besitzt, kann man folgern, welche absolute Lage der Energien von positiven und negativen Ladungen nötig ist (Abb. 2.4).

Außerdem muß die absolute energetische Lage von Leitungs- und Valenzband das Ablaufen der jeweiligen Reaktion bei Belichtung ermöglichen. Da zur Ladungstrennung ein elektrisches Feld im Halbleiter vorhanden sein muß, sollte das Leitungsband energetisch genügend oberhalb der Reduktionsreaktion liegen (H_2/H^+ in Abb. 2.4). Ähnliches gilt für die Lage des Valenzbandes bezüglich der Oxidationsreaktion. Um die notwendige Zersetzungsspannung aus der Photospannung eines Halbleiters aufzubringen, müßte die Energielücke größer als etwa 2.5 eV sein. Solche Halbleiter absorbieren jedoch nur einen geringen Teil des Sonnenspektrums (s. Abschn. 2.6), und eine wirtschaftliche Zersetzung ist nicht möglich. Daher ist es wichtig, die Reaktionsüberspannungen für O_2- und H_2-Entwicklung zu reduzieren. Dann wäre es u.U. möglich, mit gewisser Effizienz lichtinduziert Wasser zu spalten. Ein weiterer, nicht zu vernachlässigender Effekt besteht in der Bildung von Nebenprodukten bei der Oxidationsreaktion. Anstatt O_2 zu entwickeln, kann eine anodische Zersetzung (Oxidation) des Halbleiters auftreten. Der Halbleiter kann passivieren (Bildung dicker nicht leitender Filme) oder sich auflösen. Wasserzersetzung mit Licht wurde erstmals von Fujishima und Honda an TiO_2 gezeigt.

Photoelektrosynthese. Als Beispiel wird die CO_2-Reduktion zu Methanol gewählt, da dies umwelttechnisch ein sehr wichtiger Prozeß sein könnte. In diesem Fall werden p-Halbleiter eingesetzt, da zur Reduktion Elektronen benötigt werden. Bei p-Halbleitern treten Elektronen bei Belichtung über die Phasengrenze in die Lösung über.
Die Bruttoreaktion lautet:

$$CO_2 + 2H_2O \rightarrow CH_3OH + 3/2\, O_2.$$

Der folgende Reaktionsmechanismus wurde u.a. vorgeschlagen:

$$\begin{array}{rlcl}
1. & CO_2 + e^- & \rightarrow & CO_{2ad}^- \\
2. & CO_{2ad}^- + H_2O & \rightarrow & HCO_{2ad} + OH^- \\
3. & HCO_{2ad} + e^- & \rightarrow & HCO_2^- \\
4. & HCOOH + 4H^+ + 4e^-. & \rightarrow & CH_3OH + H_2O.
\end{array} \quad (2.2)$$

Es handelt sich um eine Elektronentransferreaktion mit sechs Ladungsübertragungsschritten. Hier erkennt man den Einfluß adsorbierter Zwischenstufen, über die die mikroskopischen Eigenschaften der Oberfläche deutlich werden.

10   2. Physik der Solarzelle

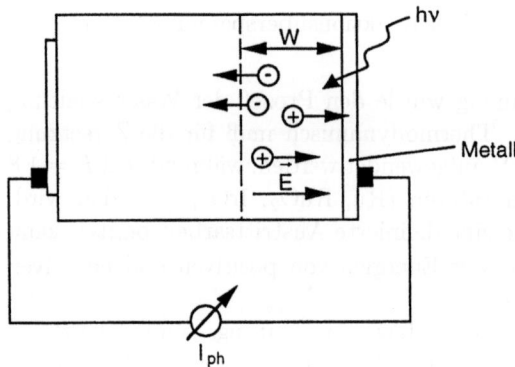

Abb. 2.5. n-Halbleiter-Metall-Kontakt bei Belichtung

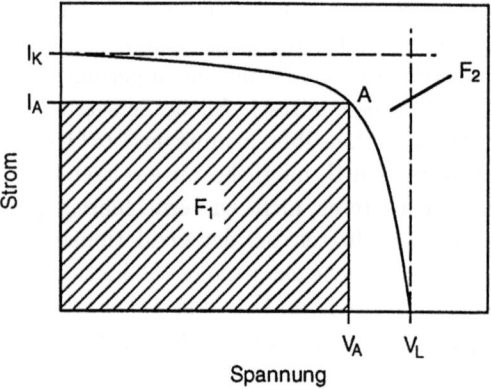

Abb. 2.6. Leistungscharakteristik einer photovoltaischen Solarzelle; I_k Kurzschlußstrom, I_A Strom am Arbeitspunkt, A Arbeitspunkt, V_L Leerlaufspannung, V_A Spannung am Arbeitspunkt

Photovoltaische Energieumwandlung. Bei der photovoltaischen Energieumwandlung werden keine chemischen Produkte erzeugt. Die Kontaktphase besteht entweder aus einem anderen Festkörper oder einer speziellen Elektrolytlösung (Redoxelektrolyt), in der sich umladbare Ionen befinden. Abbildung 2.5 zeigt ein Schema zur Stromerzeugung an einem Metall-Halbleiter-Kontakt. Die wesentlichen Vorgänge sind bereits in Abschn. 2.1.2 behandelt worden; hier wird kurz auf die Leistungscharakteristik eines solchen Systems eingegangen. Abbildung 2.6 zeigt eine typische Strom-Spannungskurve bei Belichtung (vierter Quadrant der Diodencharakteristik). Eine solche Kurve kann man erhalten, indem man den Widerstand zwischen Front- und Rückkontakt variiert und aus der Photostromdichte die Spannung nach dem ohmschen Gesetz berechnet. Damit werden auch die verwendeten Begriffe deutlich. Für $R = 0$ ist $V = 0$; dies wird als Kurzschlußsituation bzeichnet. Der entsprechende Strom I_K heißt

2.1 Einführung in energieumwandelnde Prozesse an Halbleiterkontakten

Kurzschlußstrom. Für große R erreicht man eine Situation, bei der I gegen 0 geht. Die Leerlaufspannung V_L wird für $R \to \infty$ erreicht.
Zur Bestimmung der Leistung des Systems muß man das Rechteck mit der größten Fläche unter der $I-V$-Charakteristik finden. Dies kann man einerseits durch Differenzieren des Produktes $I \cdot V$ nach der Spannung

$$d(I \cdot V)/dV = 0$$

oder andererseits durch empirische Bestimmung erhalten. Derjenige Punkt in der Strom-Spannungskurve, für den $I \cdot V$ maximal wird, heißt Arbeitspunkt A. Der Wirkungsgrad bei der Umwandlung von Lichtenergie in elektrische Energie ist definiert als das Verhältnis von größtmöglicher Ausgangsleistung der Zelle zu eingestrahlter Lichtleistung P. Die Ausgangsleistung der Zelle ist gegeben durch das Produkt von Strom und Spannung am Arbeitspunkt: $I_A \cdot V_A$. Damit wird der Wirkungsgrad

$$\eta = \frac{I_A \cdot V_A}{P(h\nu)}, \qquad P(h\nu) = \text{Lichtleistung.} \tag{2.3}$$

Ein wichtiges Maß zur Charakterisierung von Solarzellen ist der sog. Füllfaktor ff. Er beschreibt die „Rechteckigkeit" der $I-V$-Charakteristik. Der Füllfaktor ist das Verhältnis der Flächen F_1 und F_2 in Abb. 2.6.

$$ff = \frac{I_A \cdot V_A}{I_K \cdot V_L}. \tag{2.4}$$

Bei Verwendung des Füllfaktors erhält man für den Wirkungsgrad (2.3)

$$\eta = \frac{ff \cdot I_K \cdot V_L}{P(h\nu)}. \tag{2.5}$$

Bei Systemen mit einem gleichrichtenden Kontakt liegt der theoretische Maximalwert für η bei etwa 34% (s. Abb. 2.45). Man erkennt aus (2.5), daß zur Optimierung einer Solarzelle der Füllfaktor, der Kurzschlußstrom und die Leerlaufspannung simultan maximiert werden müssen (vgl. Abschn. 2.6). Für reale Systeme ist dies schwer zu erreichen. Zum Abschluß des Abschnitts werden die unterschiedlichen existierenden Photovoltaik-Materialsysteme vorgestellt:

- Halbleiter/Metall (Schottky-Solarzellen);

- Halbleiter-Halbleiter (Unterschied nur in der Dotierung: z.B. p–Si/n$^+$–Si; Homojunction);

- Halbleiter(1)/Halbleiter(2) (verschiedenene Halbleiter: z.B. p − InP/n − CdS; Heterojunction);

- Halbleiter/Elektrolyt (photoelektrochemische Solarzelle: z.B. WSe_2/J^-J_2.)

2.2 Grundzüge der angewandten Halbleiterphysik

2.2.1 Vorbetrachtungen: Vom Atom zum Festkörper

Ein anschauliches Bild über das Entstehen von Energiebändern und -lücken stammt von Slater (Abb. 2.7).
Man betrachtet den wechselseitigen Einfluß von Atomen, die einander nahe gebracht werden. Aufgrund der zunehmenden Wechselwirkung der Hüllenelektronen mit den Rumpfpotentialen der nächsten und übernächsten Nachbarn spalten die Orbitale auf. Aus den vom Atom oder Molekül bekannten bindenden und antibindenden Orbitalen entstehen Energiebänder. Die Zahl der Zustände in jedem Band entspricht der Zahl der am Aufbau des Festkörpers beteiligten Atome, wenn man der Einfachheit halber zugrunde legt, daß die Bindung durch ein Elektron je Atom entsteht. Je enger die Atome zusammenrücken, desto breiter spalten die Bänder auf. Vorher vorhandene Energielücken werden dann durch Überlagerung von Bändern geschlossen. In diesem Bereich findet man Metalle, weiter rechts, im Bereich diskreter Energielücken, Halbleiter und Isolatoren. Energielücken bedeuten Energiebereiche, in denen sich keine Elektronen aufhalten können, da dort keine erlaubten Zustände existieren. Halbleiter sind durch einen Betrag der absoluten Energielücke E_g zwischen 0.3 eV $< E_g < 3$ eV definiert. Sinkt E_g unter 0.3 eV, spricht man von Semimetallen, da bei derart kleinen Energielücken die thermische Anregungswahrscheinlichkeit von besetzten in unbesetzte Zustände groß ist, wodurch sich eine hohe Ladungs-

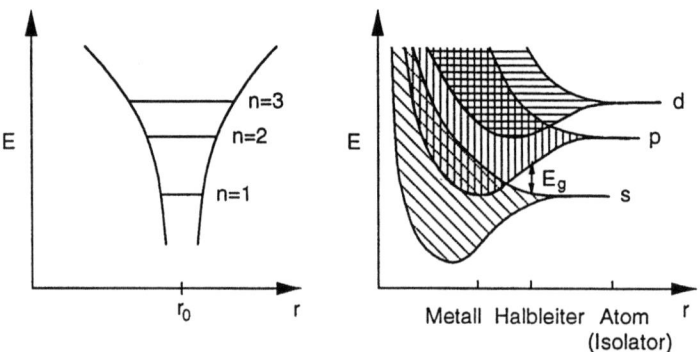

Abb. 2.7. Ausbildung von Energiebändern nach Slater; Hinweis: Bindung im HL: nicht metallische Bindung; r_0 Kernposition

trägerkonzentration sowohl im Grundzustand als auch im ersten angeregten Zustand ergibt. Die damit verbundene erhöhte Konzentration beweglicher Ladungsträger bewirkt eine hohe Leitfähigkeit; daraus resultiert die Bezeichnung Semimetall. Bei Energielücken, die größer als 3 eV sind, ist die thermische Anregungswahrscheinlickeit bei Zimmertemperatur sehr klein. Es existieren sehr geringe Konzentrationen beweglicher Ladungsträger, es handelt sich um Isolatoren. Der für die Solarenergieumwandlung interessante Bereich liegt zwischen 1 eV $< E_g <$ 1.8 eV für den photoaktiven Halbleiter und zwischen 2.4 eV und 3.5 eV für Kontaktmaterialien für Heterostrukturen (s. Abschn. 2.4.4). Generell sind halbleitende Materialien durch einen spezifischen Widerstand zwischen 1Ωcm und 100 kΩcm gekennzeichnet. Metalle wie z.B. Kupfer besitzen einen spezifischen Widerstand, der mehrere Größenordnungen kleiner ist als der Wert für gut leitende Halbleiter (1–10 Ωcm).

2.2.2 Der nicht entartete Halbleiter

Das Energiebanddiagramm im Ortsraum. Im Bändermodell [1], [2], [3] des Halbleiters ist das energetisch höchste mit Elektronen besetzte Band als Valenzband und das energetisch niedrigste mit Elektronen nicht besetzte Band als Leitungsband definiert (vgl. Abb. 2.9). Die Leitfähigkeit eines Halbleiters kommt dadurch zustande, daß Elektronen aus dem Valenzband thermisch in das Leitungsband angeregt werden können. Diese Art der Leitfähigkeit wird als Eigenleitung bezeichnet. Ein Halbleiter, der diese Art des Leitungsmechanismus aufweist, wird auch intrinsisch genannt. Je kleiner die Bandlücke ist, desto größer ist die Zahl der im Leitungsband befindlichen Elektronen, die die Leitfähigkeit im Leitungsband definiert. Ein thermisch in das Band angeregtes Elektron fehlt als Ladung im Valenzband. Eine solche fehlende Ladung wird als Defektelektron oder Loch bezeichnet. Die elektrische Leitung im Valenzband erfolgt durch den Transport solcher positiv geladenen Defektelektronen. Beim intrinsischen Halbleiter ist somit die Zahl der beweglichen Elektronen gleich der entstandenen stationär vorhandenen Löcher. Für die Ladungsträgerkonzentration n der Elektronen und p der Löcher gilt: $n_i = p = n$, wobei n_i die intrinsische Ladungsträgerkonzentration ist.

Zustandsdichte, Ferminiveau, Besetzungszahl. Die Ladungsträgerkonzentration für die Elektronen im Leitungsband ergibt sich durch Integration entsprechend der thermodynamischen Zustandssumme:

$$n = \int_{E_L}^{\infty} f(E)N(E)dE. \qquad (2.6)$$

Hierbei beschreibt $f(E)$ die Fermiverteilungsfunktion; für $N(E)$ wird die Zustandsdichte freier Teilchen angenommen [3],

$$n \propto \int_{E_L}^{\infty} \frac{\sqrt{E - E_L}dE}{exp((E - E_F)/kT) + 1}. \qquad (2.7)$$

2. Physik der Solarzelle

Dieses Fermi-Dirac-Integral kann nicht analytisch gelöst werden. Durch Vergleich der numerisch bestimmten Werte für dieses Integral mit denen, die sich unter Annahme einer Boltzmann-Verteilung (exponentielle Abhängigkeit von n mit E) ergeben würden, ergibt sich, daß unter bestimmten Voraussetzungen das Integral (s. (2.7)) durch eine Boltzmann-Verteilung ersetzt werden kann. Dies gilt, wenn $E_L - E_F \geq 4kT$, d.h., die Fermienergie darf nicht zu dicht an der Unterkante des Leitungsbandes liegen. Die Fermiverteilung kann dann in guter Näherung (Fehler < 10%) durch die Boltzmann-Verteilung ersetzt werden (numerische Werte für die Fermi-Dirac-Integrale werden in Abschn. 4.7 angegeben). Somit erhält man

$$n = N_L exp(-(E_L - E_F)/kT). \tag{2.8}$$

Analog gilt für die Konzentration der Löcher im Valenzband

$$p = \int_{-\infty}^{E_V} (1 - f(E))N(E)dE, \tag{2.9}$$

d.h. im Rahmen der oben gemachten Einschränkung

$$p = N_V exp(-(E_F - E_V)/kT), \tag{2.10}$$

wobei N_L und N_V die effektiven Zustandsdichten an den Bandkanten sind. Für die Unterkante des Leitungsbandes gilt:

$$N_L = 2 \left(\frac{m_e^* kT}{2\pi \hbar^2} \right)^{3/2}, \tag{2.11}$$

für die Oberkante des Valenzbandes gilt entsprechend

$$N_V = 2 \left(\frac{m_h^* kT}{2\pi \hbar^2} \right)^{3/2}. \tag{2.12}$$

Werte für Ge, Si und GaAs findet man in Tabelle 2.2. Die Symbole m_e^*, m_h^* stehen für die effektive Masse von Elektron bzw. Loch; die effektive Masse ist hier in Einheiten der Ruhemasse des freien Elektrons angegeben. Anschaulich beinhaltet diese Näherung die Vorstellung, daß das Band nur aus energiegleich auf der Bandkante liegenden Niveaus mit der effektiven Zustandsdichte besteht. Bei der effektiven Masse handelt es sich um eine Konstruktion, die es erlaubt, Elektronen im Kristallgitter wie freie Teilchen zu behandeln, indem man die Einwirkung des Gitterpotentials auf die Elektronen durch die Zuordnung einer effektiven Masse simuliert. Da das Gitter eine Anisotropie der Elektronenbewegung im elektrischen Feld bewirkt, ist m^* richtungsabhängig, d.h. ein Tensor. Die Definition für m^* lautet:

$$m_{e,h}^* = \frac{\hbar^2}{d^2 E / dk^2}, \tag{2.13}$$

wobei k der zu dem betrachteten Energiezustand E gehörige Wellenzahlvektor ist. Mit $m_e^* = m_h^* = m_e$ und $T = 300$ K erhält man $N_L = N_V = 2.45 \cdot 10^{19} \text{cm}^{-3}$.

Der intrinsische Halbleiter. Bildet man das Produkt von n (2.8) und p (2.10), so ergibt sich ein vom Ferminveau unabhängiger Ausdruck. Es treten nur noch Materialkonstanten des Halbleiters auf (N_L, N_V, $E_L - E_V = E_g$) Man definiert das Produkt

$$n \cdot p = n_i^2, \qquad (2.14)$$

wobei n_i die intrinsische Ladungsträgerkonzentration ist. Diese Beziehung gilt für den intrinsischen und dotierten Halbleiter. Gleichung (2.14) wird häufig als Massenwirkungsgesetz für die Ladungsträgerkonzentration von Halbleitern bezeichnet. Die Ursache dieses Verhaltens wird in Abschn. 2.4 und Abb. 2.7 deutlich und soll hier zunächst nicht betrachtet werden. Man erhält n_i durch Einsetzen von (2.8) und (2.10) und Wurzelziehen:

$$\begin{aligned} n_i &= (N_L N_V)^{1/2} exp(-(E_L - E_V)/2kT), \\ &= (N_L N_V)^{1/2} exp(-E_g/2kT), \\ &= 4.9 \cdot 10^{15} (m_e^* m_h^*)^{3/4} T^{3/2} exp(-E_g/2kT). \end{aligned} \qquad (2.15)$$

Bei Zimmertemperatur (300 K) erhält man für verschiedene Halbleiter die Werte aus Tabelle 2.1.

Tabelle 2.1. Werte bei T = 300K

Halbleiter	Bandlücke E_g (eV)	n_i (cm)
Ge	0.66	$3 \cdot 10^{13}$
Si	1.12	10^{10}
GaAs	1.42	10^6

Abbildung 2.8 gibt die Temperaturabhängigkeit der intrinsischen Ladungsträgerkonzentration wieder. Die Zunahme von n_i mit T gibt auf dieser logarithmischen Skala die Erhöhung der thermischen Anregungswahrscheinlichkeit für Elektronen aus dem Valenzband wieder. Die Lage des Ferminiveaus im intrinsischen Halbleiter läßt sich aus $n = p$ (Ladungsneutralität) bestimmen (s. (2.8) und (2.10)):

$$kT ln \frac{N_V}{N_L} = 2E_F - E_L - E_V, \qquad (2.16a)$$

$$E_F = \frac{E_V + E_L}{2} + \frac{kT}{2} ln \frac{N_V}{N_L}. \qquad (2.16)$$

Bezeichnet man den ersten Term der rechten Seite von (2.16) mit $E_m = (E_V + E_L)/2$, so ergibt sich

$$E_m - E_V = \frac{E_L - E_V}{2} = \frac{E_g}{2}. \qquad (2.16b)$$

Die Energie E_m liegt demnach um exakt die Hälfte der Energielücke oberhalb der Valenzbandkante, so daß sich (2.16) auch in der Form

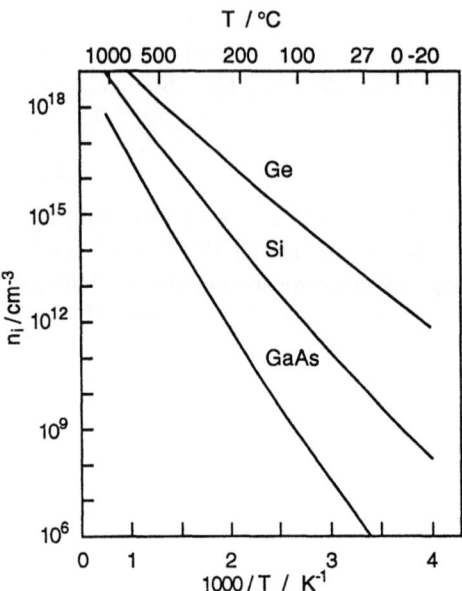

Abb. 2.8. Temperaturabhängigkeit von n_i für Ge, Si und GaAs

$$E_F = E_g/2 + \frac{3}{4}kT \cdot ln(m_h^*/m_e^*), \qquad (2.17)$$

bezogen auf die Valenzbandoberkante schreiben läßt (Nullpunkt der Energieskala: $E_V = 0$).

Im intrinsischen Halbleiter liegt das Ferminiveau E_F also bis auf einen kleinen Korrekturterm, der die effektiven Massen und die Temperatur enthält, in der Mitte der Bandlücke. Die Korrekur ist gering, da nur der Logarithmus von m_h^*/m_e^* eingeht, der mit der kleinen Energie 3/4 kT ($\approx$ 0.02 eV bei 300 K) multipliziert wird. Abbildung 2.9 zeigt nebeneinander qualitativ die Energiebänder im Ortsraum sowie Zustandsdichtefunktion, Fermiverteilung und die Besetzungsdichte eines undotierten, d.h. intrinsischen Halbleiters. Die Abbildung zeigt im einzelnen:

a) Valenz- und Leitungsband eines intrinsischen Halbleiters. Die Eigenleitung wird durch thermisch ins Leitungsband angeregte Elektronen bewirkt. Die Fermienergie E_F liegt in der verbotenen Zone zwischen Valenzbandoberkante E_V und Leitungsbandunterkante E_L.

b) Die Energie und die Zustandsdichte $N(E)$; die Zustandsdichte an der Stelle E bezeichnet die Zahl der quantenmechanisch möglichen Energiezustände N pro cm^3 in einem kleinen Energieintervall dE um E herum. In der verbotenen Zone ist $N(E)$ Null. In erster Näherung wächst $N(E)$ im Valenzband mit kleiner werdender, im Leitungsband mit größer werdender Energie parabelförmig, d.h. $\approx \sqrt{E}$ an. Diese Näherung (sie

2.2 Grundzüge der angewandten Halbleiterphysik 17

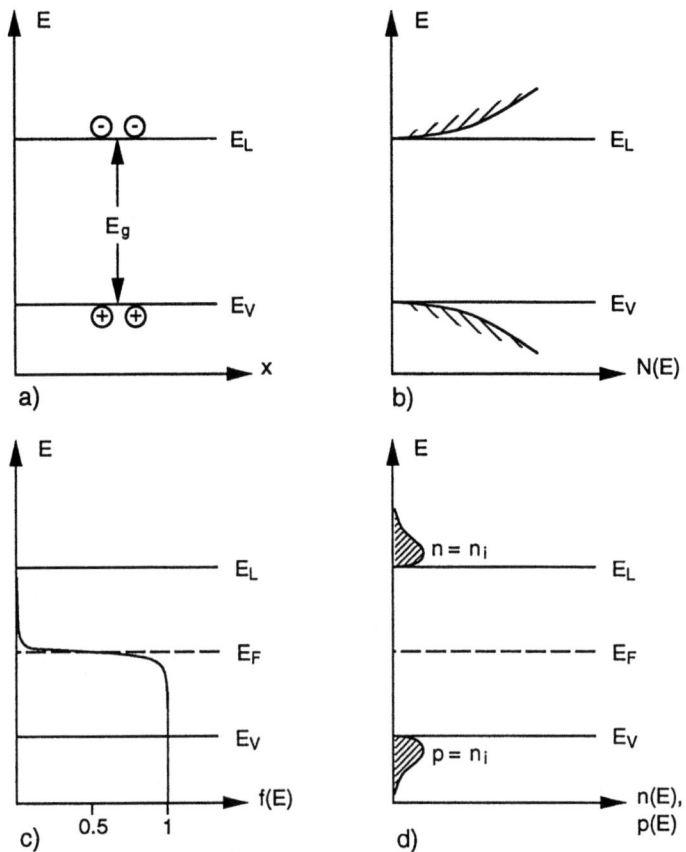

Abb. 2.9a–d. Energieabhängigkeit von Zustandsdichte, Fermiverteilung und Ladungsträgerkonzentration für einen intrinsischen Halbleiter

entspricht der Zustandsdichteverteilung freier Teilchen) gilt nur in der Nähe der Bandkanten. Der weitere Verlauf interessiert jedoch nicht mehr so sehr, da die Fermifunktion für Elektronen im Leitungsband (bzw. für Löcher im Valenzband) oberhalb der Leitungsbandkante (bzw. unterhalb der Valenzbandkante) rasch abfällt, so daß für stationäre Prozesse keine Ladungsträger in Zuständen weit entfernt von der Bandkante zu finden sind. Die Zustandsdichtefunktion gibt die Zahl möglicher besetzbarer Energiezustände an, sagt aber noch nichts über die tatsächliche Besetzung aus. Dies ist mit Hilfe der Fermifunktion möglich.

c) Die Fermifunktion (hier gegenüber der üblichen Darstellung gedreht) gibt die Wahrscheinlichkeit für die Besetzung eines Zustandes bei einer gegebenen Temperatur an. Elektronen sind Fermionen, d.h. Teilchen mit Spin $\pm 1/2$, und unterliegen der Fermistatistik. Das bedeutet, daß jeder quantenmechanische Zustand mit maximal nur zwei Elektronen, die sich im Spin unterscheiden müssen, besetzt werden darf (Pauli-Prinzip).

2. Physik der Solarzelle

Das höchste besetzte Niveau bei der Temperatur $T = 0$ K heißt Fermi-Niveau. Bei $T = 0$ K sind alle Zustände bis zum Ferminiveau mit je zwei Elektronen besetzt ($f(E) = 1$); darüberliegende Niveaus sind unbesetzt ($f(E) = 0$). Bei höheren Temperaturen werden immer mehr Zustände oberhalb der Fermienergie besetzt. Dadurch erniedrigt sich die Besetzungswahrscheinlichkeit der Niveaus unterhalb der Fermienergie; es entstehen Löcher. Da die Fermistatistik lediglich die Wahrscheinlichkeit beschreibt, mit der bei einer gegebenen Temperatur ein Quantenzustand besetzt werden kann, ist auch in einem verbotenen Energiebereich $f(E) \neq 0$ möglich.

d) Die Besetzungszahl $n(E)$ ergibt sich aus dem Produkt $N(E)f(E)$ und gibt im Leitungsband die Verteilung der beweglichen Elektronen auf die Energien E, im Valenzband die der Löcher wieder.

2.2.3 Der dotierte Halbleiter

Das Einbringen von Fremdatomen in das Kristallgitter kann unter bestimmten Voraussetzungen eine Erhöhung der Leitfähigkeit σ bewirken. Dazu ist die Erhöhung der Ladungsträgerkonzentration in den Bändern wegen des Zusammenhangs $\sigma = e\mu n$ (μ Beweglichkeit) nötig. Während die Beweglichkeit durch die Bandstruktur für jeden Halbleiter vorgegeben ist (Ausnahmen sind z.B. amorphe Materialien, bei denen die Herstellungsbedingungen die Zusammensetzung, Mikrostruktur und damit auch die elektronische Struktur beeinflussen), kann durch Änderung von n die Leitfähigkeit sehr deutlich und gezielt variiert werden. Eine Zunahme von n über die intrinsische Besetzung hinaus kann erreicht werden, wenn die eingebrachten Fremdatome bei Umgebungstemperatur thermisch ionisiert werden können. Dazu müssen deren Energieniveaus vergleichsweise dicht an den jeweiligen Bandkanten liegen. In einer groben Näherung läßt sich die Energiedifferenz auf der Basis des Wasserstoffatommodels bestimmen:

$$E_H = -\frac{m_e e^4 Z^2}{8\varepsilon_0^2 h^2} \cdot \frac{1}{n^2}, \qquad (2.18)$$

wobei m_e die Elektronenmasse, ε_0 die Dielektrizitätskonstante des Vakuums, Z die Ordnungszahl, e die Elementarladung, n die Quantenzahl und h die Plancksche Konstante bezeichnen. Für $n = 1$ ergibt sich ein Wert von 13.6 eV.
Durch Ersetzen von ε_0 durch die Dielektrizitätskonstante des Mediums $\varepsilon_{HL}\varepsilon_0$ und Einsetzen der reduzierten Masse m_e^* eines Leitungselektrons an Stelle der Elektronenmasse des freien Elektrons m_e, reduziert sich der Wert von 13.6 eV auf einige Millielektronenvolt. Man erhält dann für die Ionisationsenergie

$$\Delta E = -\frac{m_e^* Z^2 e^4}{8\varepsilon_0^2 \varepsilon_{HL}^2 h^2} \cdot \frac{1}{n^2} = \left(\frac{1}{\varepsilon_{HL}}\right)^2 \left(\frac{m_0}{m_e^*}\right) \cdot E_H. \qquad (2.19)$$

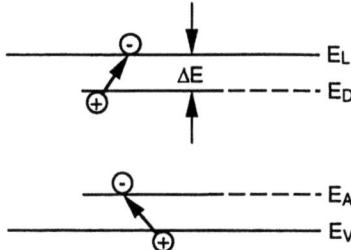

Abb. 2.10. Energieschema zu Donatoren und Akzeptoren

Je nach energetischer Lage und Elektronenkonfiguration der Fremdatome können diese als Donator bzw. Akzeptor wirksam werden. Abbildung 2.10 zeigt schematisch diese Zusammenhänge. Man definiert:
Donator: neutral, wenn mit Elektronen besetzt; positiv geladen, wenn unbesetzt.
Akzeptor: negativ geladen, wenn mit Elektronen besetzt; neutral wenn unbesetzt.

Als Beispiel für eine Dotierung mit Donatoren kann der Einbau von Phosphoratomen in Silizium dienen. Silizium kristallisiert in tetraedrischer (Diamant-) Struktur, d.h. jedes Si-Atom bildet vier kovalente Bindungen mit jedem seiner vier nächsten Nachbaratome aus. Phosphor ist fünfwertig, bildet im Kristall wie Silizium auch vier kovalente Bindungen aus, besetzt also reguläre Gitterplätze. Die übriggebliebenen Elektronen führen zur Ausbildung räumlich lokalisierter Zusatzniveaus in der verbotenen Zone mit der Energie E_D.
Ähnliche Überlegungen kann man für Akzeptoren durchführen. Hier wird z.B. Bor in Silizium eingebracht. Da B dreiwertig ist, kann in diesem Fall ein Elektron aus dem Wirtsgitter aufgenommen werden; B wirkt als Elektronenakzeptor. Es ist sehr schwierig, Vorhersagen zu machen, ob ein bestimmtes Element in einem vorgegebenen Halbleiter als Donator oder Akzeptor tatsächlich wirkt, da die Berechnung der energetischen Lage solcher Defektzustände mit großen Ungenauigkeiten behaftet ist. Daher ist man auf empirische Verfahren, also Ausprobieren angewiesen.
Bei einem mit Donatoren dotierten Halbleiter erhöht sich aufgrund der thermischen Ionisierung die Zahl der Elektronen im Leitungsband. Der Halbleiter wird n-leitend. Die Elektronen bezeichnet man in diesem Fall als Majoritätsladungsträger, die Defektelektronen oder Löcher als Minoritätsladungsträger. Bringt man Akzeptoren wie z.B. Zn in GaAs in das Wirtsgitter ein, können thermisch angeregte Elektronen aus dem Valenzband freie Akzeptoren besetzen. Dadurch findet im Valenzband eine p-Leitung statt, die Löcher sind nun Majoritätsladungsträger (Abb. 2.10). Die Wirkung von Zn als Akzeptor beruht auf der Zweiwertigkeit von Zn gegenüber Ga (dreiwertig). Da die Valenzbänder aus Ga- und As-Hybridorbitalen aufgebaut sind, bewirken die fehlenden Elektronen eine p-Leitung.

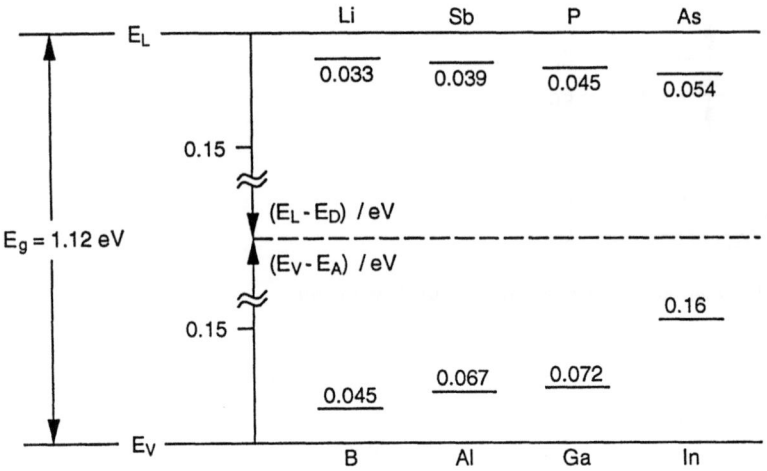

Abb. 2.11. Energetische Lage einiger Donator- und Akzeptorniveaus in Si

Typische energetische Abstände für Akzeptoren (in Si) sind 45 meV (Bor) oder 67 meV (Aluminium); für Donatoren 45 meV (Phosphor) oder 39 meV (Antimon) (s. Abb. 2.11). Bei gleicher Ladungsträgerkonzentration ergibt sich dennoch eine unterschiedliche Leitfähigkeit für Elektronen- bzw. Defektelektronenleitung. Dies liegt an der unterschiedlichen Beweglichkeit von Elektronen und Löchern. Dafür sind Unterschiede in den effektiven Massen von Elektronen und Löchern sowie von deren Diffusionskoeffizienten verantwortlich.

Fremdatome, bei denen die Elektronen energetisch in großem Abstand von den Bandkanten liegen, wirken sich negativ auf die Leitfähigkeit des Materials aus. Die Ursache hierfür liegt darin, daß die sog. Release-Zeit t_R, nach der das Donator-Atom sein Elektron durch thermische Anregung abgibt, gegeben ist durch:

$$t_R = t_0 exp((E_L - E_D)/kT); \qquad (2.20)$$

wobei t_0 eine Größe ist, die wesentlich durch typische (reziproke) Phononenfrequenzen bestimmt ist; E_L und E_D sind Energiniveaus des Leitungsbands bzw. des Donatorniveaus. Nach (2.20) ergeben sich für sog. tiefe Haftstellen $((E_L - E_D) \gg kT)$ Release-Zeiten, die größer als die Lebensdauer der Leitungsbandelektronen sind. Infolgedessen werden mehr Leitungsbandelektronen von den Donator-Niveaus eingefangen als Donatorelektronen thermisch in das Leitungsband angeregt werden. Derartige Fremdatome sind also ungeeignete Donatoren. Analoge Überlegungen gelten auch für Akzeptoren. Derartige Haftstellen wirken sich auf das elektronische Verhalten in zweifacher Weise negativ aus: zum einen verringert sich z.B. die Zahl der Majoritätsladungsträger und damit die Leitfähigkeit, zum anderen erhöht sich die Rekombinationsrate, etwa bei Belichtung. Dies bewirkt eine Verringerung der mittleren Lebensdauer der

Ladungsträger an den Bandkanten. Reduzierungen der elektronischen Qualität können durch Verunreinigungen, Gitterfehlstellen, Stöchiometrieabweichungen und ähnliche Punktdefekte bewirkt werden. Ihre Bedeutung bei der Entwicklung effizienter Solarzellen mit kristallinem Si sowie der Einfluß auf die Herstellungskosten wird in Kap. 3 ausführlich behandelt.

2.2.4 Einfluß der Dotierung auf Ferminiveau und effektive Ladungsträgerkonzentration

Es wird angenommen, daß in einem Halbleiter Donatoren und Akzeptoren vorhanden sind (Abb. 2.11). Die Erhaltung der Ladungsneutralität verlangt, daß die Zahl der positiven Ladungsträger gleich der Zahl der negativen Ladungsträger ist:

$$n + N_A^- = p + N_D^+, \tag{2.21}$$

wobei N_A^- die Konzentration der negativ geladenen Akzeptoren und N_D^+ die der positiv geladenen Donatoren bezeichnet. Wenn gilt, daß

$$\Delta E = |E_D - E_L| = |E_V - E_A| < kT,$$

so bedeutet dies, daß in guter Näherung die meisten Donatoren und Akzeptoren ionisiert sind. Gleichung (2.21) lautet dann:

$$n + N_A = p + N_D. \tag{2.22}$$

Daraus ergibt sich durch Umformung:

$$n - (N_D - N_A) = p.$$

bzw. nach Multiplikation mit n und Vergleich mit dem Massenwirkungsgesetz (2.14):

$$n^2 - n(N_D - N_A) = np = n_i^2$$

bzw.

$$n^2 - (N_D - N_A)n - n_i^2 = 0$$

oder

$$n = 1/2 \Big[(N_D - N_A) + \sqrt{(N_D - N_A)^2 + 4n_i^2} \Big]. \tag{2.23}$$

Unter der Annahme, daß wesentlich mehr Donatoren als Akzeptoren vorhanden sind ($N_D \gg N_A$; z.B. $N_D = 10^{17} \text{cm}^{-3}$ und $N_A = 10^{10} \text{cm}^{-3}$) und die Konzentration der intrinsischen Ladungsträger wesentlich geringer ist als die durch Dotieratome zur Verfügung gestellten Ladungsträger ($|N_D - N_A| \gg n_i$) vereinfacht sich (2.23) zu:

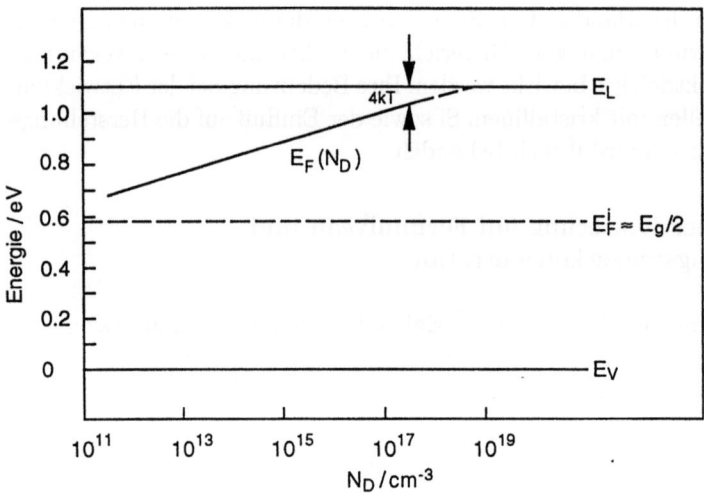

Abb. 2.12. Verschiebung der energetischen Lage des Ferminiveaus mit der Donatorenkonzentration N_D für Silizium bei Raumtemperatur

$$n \approx \frac{1}{2}\left(N_D + \sqrt{N_D^2}\right) = N_D \approx N_D^+. \qquad (2.24)$$

Damit läßt sich die Lage des Ferminiveaus in Abhängigkeit von der Dotierung bestimmen. Einsetzen von (2.24) in (2.8) (bzw. den analogen Ausdruck in (2.10)) ergibt für n-Halbleiter

$$E_F = E_L - kT\ln(N_L/N_D), \qquad (2.25)$$

und für p-Halbleiter

$$E_F = E_V + kT\ln(N_V/N_A) \qquad (2.26)$$

mit N_L und N_V den effektiven Zustandsdichten von Leitungs- bzw. Valenzband (vgl. (2.11) bzw. (2.12)).
Abbildung 2.12 zeigt unter den oben gemachten Voraussetzungen die Verschiebung des Ferminiveaus in Silizium in Abhängigkeit von der Donatorenkonzentration; das intrinsische Ferminiveau liegt wegen $n_i \approx 10^{10}\mathrm{cm}^{-3} < N_D$ ungefähr bei $E_g/2$ (vgl. (2.17)). Man spricht von entarteten Halbleitern, wenn für die Lage des Ferminiveaus $|E_L - E_F| < 4kT$ gilt (vgl. Hinweis nach (2.7)). In diesem Fall stellt die Boltzmann-Näherung keine gute Approximation des Fermi-Dirac-Integrals mehr dar. Das Dotierniveau, für das die Ungleichung erfüllt ist, ist verschieden für p- bzw. n-Dotierung eines Halbleiters, da wegen des Unterschiedes in den effektiven Massen $N_L \neq N_V$ ist. Sehr deutliche Unterschiede in N_L und N_V treten bei verschiedenen Halbleitern auf (Tabelle 2.2). Für n-GaAs wird demnach bei vergleichsweise geringer Dotierung bereits Entartung erreicht.

2.2 Grundzüge der angewandten Halbleiterphysik

Tabelle 2.2. Zustandsdichten N_L bzw. N_V von verschiedenen Halbleitern bei 300 K

	N_L/cm^{-3}	N_V/cm^{-3}
Ge	$1.04 \cdot 10^{19}$	$6 \cdot 10^{18}$
Si	$2.8 \cdot 10^{19}$	$1.04 \cdot 10^{19}$
GaAs	$4.7 \cdot 10^{17}$	$6 \cdot 10^{18}$

Diese Überlegungen gelten für Halbleiter, bei denen in der $E(k)$-Darstellung Valenz- und Leitungsband parabolische Form haben, wie Si, GaAs, InP [2] (vgl. Abb. 2.17). Das bedeutet, daß es sich im Rahmen der effektive-Masse-Näherung um fast freie Teilchen handelt. Bei Materialien, für die sich die Valenzbandoberkante nicht überwiegend aus s- oder p-Orbitalen zusammensetzt, ist die Anwendung der oben gemachten Näherung problematisch. Dies gilt beispielsweise für d-Band-Halbleiter wie FeS_2, $CuInSe_2$, für Schichtgitterkristalle wie WSe_2 und auch für a-Si:H (amorphes Silizium). In Analogie zu Abb. 2.9 sollen nun Energiebanddiagramm, Zustandsdichte, Fermiverteilung und Besetzungsdichte für einen n-dotierten Halbleiter schematisch dargestellt werden (Abb. 2.13). Zur Erläuterung der Zusammenhänge werden die einzelnen Bildteile getrennt betrachtet:

a) Man geht von einem n-Halbleiter aus, in dem sich Donatoren im Abstand $E_L - E_D$ von der Leitungsbandkante E_L befinden. Die eingezeichneten Elektronen und Löcher kennzeichnen schematisch die resultierenden Löcher- und Elektronenkonzentrationen.

b) Die Zustandsdichte entspricht innerhalb der Bänder der des intrinsischen Halbleiters; die Donatoren bewirken eine zusätzliche Zustandsdichte im Bereich der Energielücke um E_D.

c) Die Erhaltung der Ladungsneutralität führt zu einer Verschiebung des Ferminiveaus (s. (2.25) und Abb. 2.12) gegenüber dem des intrinsischen Halbleiters zum Leitungsband hin.

d) Das Produkt aus Zustandsdichte und Verteilungsfunktion ergibt wieder die Besetzungszahl (vgl. Abb. 2.9). Durch die Verschiebung des Ferminiveaus verringert sich die Zahl der Löcher im Valenzband drastisch, und zwar auch gegenüber der intrinsischen Ladungsträgerkonzentration. Dies sollen folgende Zahlen veranschaulichen; die intrinsische Ladungsträgerkonzentration in Silizium beträgt $n_i = 1.45 \cdot 10^{10} \text{cm}^{-3}$. Wenn nun das Silizium mit Donatoren der Konzentration $N_D = 10^{16} \text{cm}^{-3}$ dotiert wird, gilt gemäß (2.24) $n \approx N_D$. Aus dem Masenwirkungsgesetz ((2.14)) folgt $p = n_i^2/N_D \leq 10^4 \text{cm}^{-3} << n_i$. Die Löcherkonzentration wird also durch die n-Dotierung um sechs Größenordnungen verringert.

24   2. Physik der Solarzelle

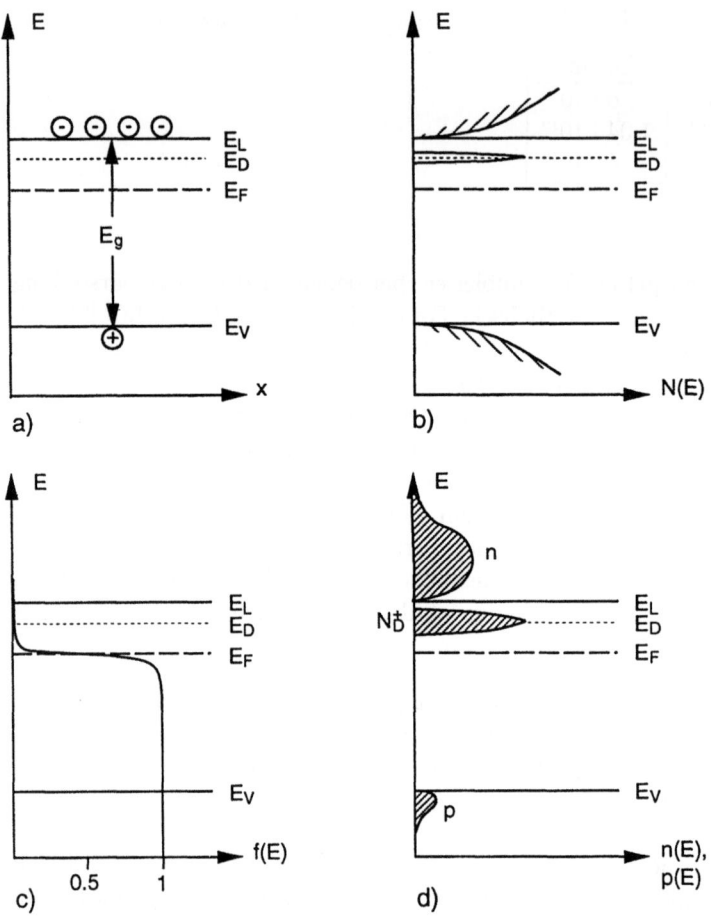

Abb. 2.13a–d. Energieabhängigkeit von Zustandsdichte, Fermiverteilung und Ladungsträgerkonzentration für einen n-Halbleiter

Diese Zahlen veranschaulichen, daß bereits sehr geringe Konzentrationen von Fremdatomen einen starken Einfluß auf das elektrische Verhalten haben können. So liegt bei der oben genannten Konzentration von Donatoren das Verhältnis der Anzahl von Fremdatomen zu Wirtsgitteratomen im ppm-Bereich.

2.2.5 Absorptionsverhalten; Anregungsprozesse

Hinsichtlich ihres Absorptionsverhaltens unterscheidet man Halbleiter nach der Art der Elektronenübergänge bei Anregung mit Licht im sichtbaren Bereich und der näheren spektralen Umgebung [4]. Da für die Anregungsprozesse Energie- und Impulserhaltung gelten muß, empfiehlt es sich, die Vorgänge im Impulsraum, d.h. für den Festkörper im reziproken Gitter [5] zu betrachten. Generell unterscheidet man direkte und indirekte Übergänge. Es hat sich ein-

2.2 Grundzüge der angewandten Halbleiterphysik

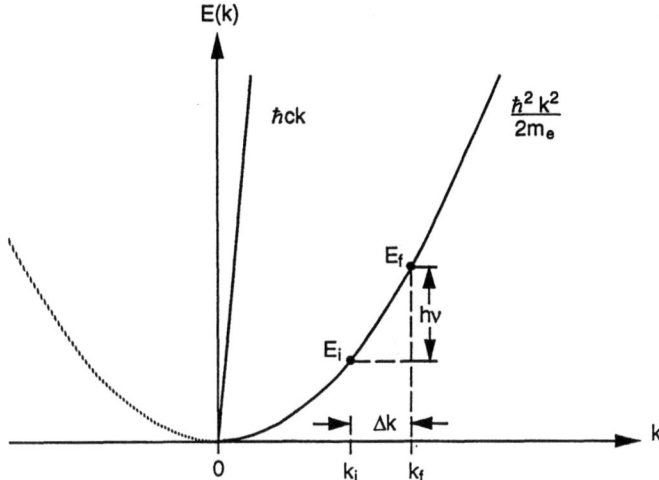

Abb. 2.14. Schematische Dispersionsrelation $E(k)$ für Photonen (Lichtgerade) und für freie Elektronen

gebürgert, Halbleiter, deren Einsatz der Absorption durch direkte bzw. indirekte Übergänge erfolgt, entsprechend zu bezeichnen: direkte bzw. indirekte Halbleiter.

Diese begriffliche Unterscheidung wird deutlich, wenn die Energieeigenwerte über dem Wellenzahlvektor k der Elektronen aufgetragen werden. Die Begriffe beziehen sich direkt und indirekt auf die Art der Impulserhaltung bei lichtinduzierten Elektronenübergängen.

Abbildung 2.14 zeigt zunächst die Energie E als Funktion von k für freie Elektronen (eindimensionaler Fall). Ein Elektron der Energie E_i $\left(E = \hbar^2 k^2 / 2 m_e\right)$ kann durch ein Photon der Energie $h\nu$ ($E = \hbar k c$) nicht in den Zustand E_f angeregt werden (i initial, f final), denn es müssen Energie- und Impulserhaltungssatz zugleich erfüllt werden:

$$E_f = E_i + h\nu, \tag{2.27a}$$

$$k_f = k_i + k_{h\nu}. \tag{2.27b}$$

Man erkennt unmittelbar, daß der dem Energieintervall $h\nu$ entsprechende Impuls Δk von Photonen nicht zur Verfügung gestellt werden kann, da der entsprechende Impulsübertrag zu klein ist. Freie Elektronen lassen sich daher mit Licht nicht anregen. Damit stellt sich die Frage nach den Impulsquellen bei Elektronenanregungsprozessen in Festkörpern. Unter den möglichen bekannten Impulsquellen beschränken wir uns auf die in diesem Zusammenhang maßgebenden: Phononen und reziproke Gittervektoren. Phononen liefern entsprechend ihren Dispersionsrelationen eine kontinuierliche Verteilung von Impulsen. Aus der Konstruktion des reziproken Gitters ergeben sich die Eigenschaften der reziproken Gittervektoren G in Hinsicht auf Strahlungsübergänge: Man konstruiert das reziproke Gitter aus den jeweiligen Bravais-Gittern, wobei $\boldsymbol{G}$ als Vektorprodukte der Basisvektoren definiert sind. Die reziproken Gittervektoren sind durch die Translationssymmetrie des natürlichen Gitters gekennzeichnet und diskret. Da sie allein aus der geometrischen Anordnung resultieren, sind sie beliebig für die betrachteten Anregungsprozesse verfügbar.

Zur Veranschaulichung betrachtet man die Anregungsprozesse im Impulsraum, wobei überwiegend das sog. reduzierte Zonenschema Anwendung findet. Abbildung 2.15 a zeigt $E(k)$ für fast freie Elektronen in einem Kristall im ausgebreiteten Zonenschema. Der vergleichsweise schwache Einfluß periodisch angeordneter Atompotentiale auf die Elektronenwellenfunktionen bewirkt zum einen die weitgehende Erhaltung der Parabelform der $E(k)$ freier Elektronen, zum anderen die Ausbildung von Energielücken. Man sieht, daß die Energielücken in Abb. 2.15 a jeweils bei ganzzahligen Vielfachen von π/a auftreten. Sie definieren in dieser eindimensionalen Darstellung die Grenzen der jeweiligen Brillouin-Zone (Wigner-Seitz-Zelle des reziproken Gitters). Als eine zur Betrachtung von Elektronenanregungsprozessen sehr wichtige Konstruktion gilt das reduzierte Zonenschema (Abb. 2.15 b). Hierbei wird von der Tatsache Gebrauch gemacht, daß sich die in Abb. 2.15 a aufgetragenen Parabelzweige um ganzzahlige Vielfache der reziproken Gittervektoren $\boldsymbol{G}$ im $E(k)$-Diagramm derart verschieben lassen, daß die gesamte Energiebandstruktur im Bereich von $-\pi/a \leq k \leq \pi/a$ (1. Brillouin-Zone) dargestellt werden kann. Die einzelnen Parabelzweige sind bezüglich der reziproken Gittervektoren entartet. Diese Betrachtungsweise ist zur Interpretation optisch-spektroskopischer Daten oft sinnvoll und ausreichend, da z.B. bei der Reflexionsspektroskopie keine Information über die Bewegungsrichtung der angeregten Elektronen erhalten wird. Die Photoelektronenspektroskopie [5] macht jedoch deutlich, daß die angeregten Elektronen im Endzustand in verschiedene Richtungen laufen (Abb. 2.16). Die Verteilung der möglichen Wellenzahlvektoren der Elektronen im Endzustand heißt Stern von $\boldsymbol{k}$. Es ist z.B. $\boldsymbol{k}_f = \boldsymbol{k}_i + \boldsymbol{G}_\nu$ und somit

$$E_f = \frac{\hbar^2 (\boldsymbol{k}_i + \boldsymbol{G}_\nu)^2}{2m_e},$$

d.h. die tatsächliche Anregung führt zu einem Wellenzahlvektor im Endzustand, der im erweiterten Zonenschema in der zweiten oder dritten Brillouin-Zone liegt, der Übergang wäre in diesem $E(k)$ Diagramm schräg.

Für optische Verfahren genügt es, die Anregungsprozesse im reduzierten Zonenschema zu betrachten. Man unterscheidet zwischen direkten und indirekten Übergängen. Erstere werden als k-erhaltende Übergänge definiert, d.h. beim Elektronenübergang von einem Band in das nächst höhere ändert sich der reduzierte Wellenzahlvektor $\boldsymbol{k}$ nicht. Ein solcher Übergang wird auch als senkrechter Übergang bezeichnet. Ein Beispiel findet sich in Abb. 2.17 für GaAs. Man erkennt, daß der kleinste energetische Abstand von Valenz- und Leitungsband bei dem gleichen reduzierten $\boldsymbol{k}$ auftritt. Am Einsatz der Absorption finden demnach direkte Übergänge statt.

2.2 Grundzüge der angewandten Halbleiterphysik

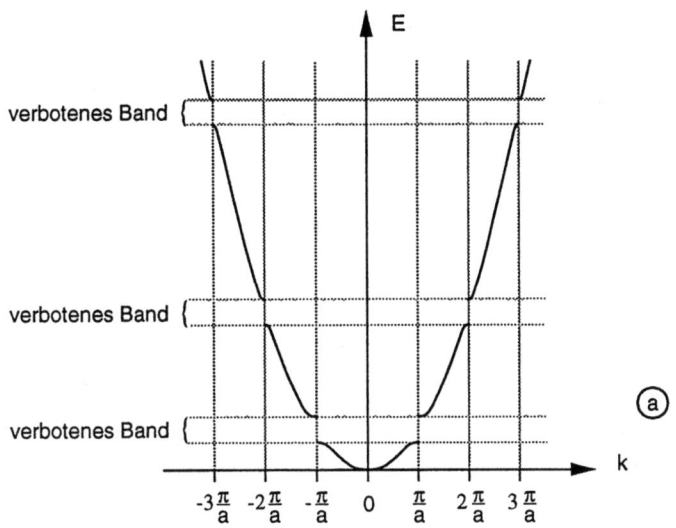

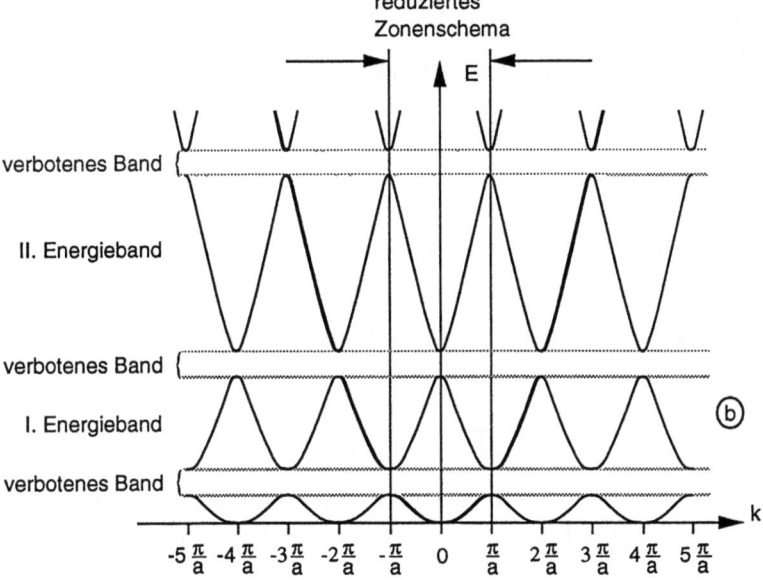

Abb. 2.15a,b. $E(k)$ für fast freie Elektronen; (a) erweitertes Zonenschema, (b) reduziertes Zonenschema.

Der Absorptionskoeffizient ist im allgemeinen Fall gegeben durch die Übergangswahrscheinlichkeit P_{if} (für Anregung von einem Anfangszustand $\langle i|$ in einen Endzustand $|f\rangle$) sowie durch die Zustandsdichten im Anfangs- und Endzustand, N_i, N_f. Summation über alle möglichen Übergänge liefert [3]:

$$\alpha = \text{konst} \cdot \sum_{if} P_{if} N_i N_f. \tag{2.28}$$

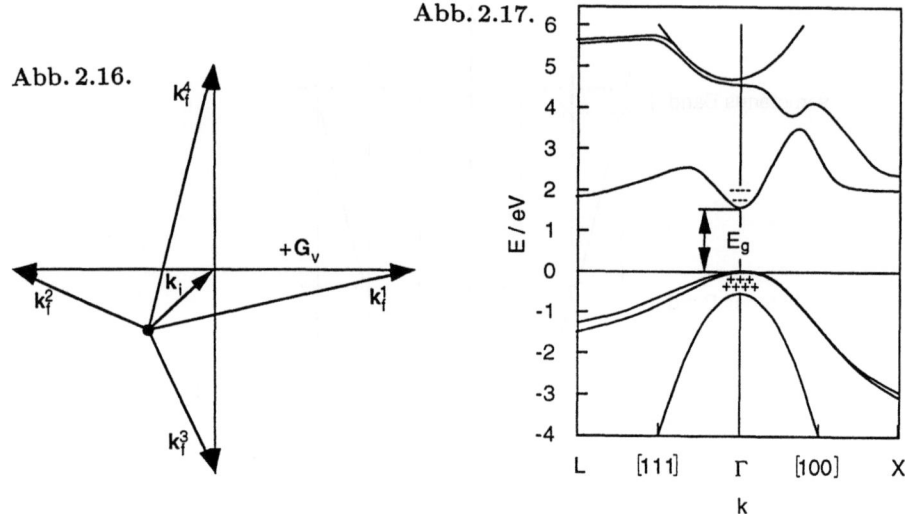

Abb. 2.16. Schematische Darstellung eines einfachen Elektronenanregungsprozesses im zweidimensionalen Impulsraum; die k_f^i kennzeichnen den Stern von k

Abb. 2.17. Theoretisch berechnete Energiebandstruktur von GaAs. Γ, X, L kennzeichnen irreduzible Darstellungen von Punktgruppen und kennzeichnen spezielle Symmetriepunkte im k-Raum; ein direkter Übergang $E_i \to E_F$, $\Delta k = 0$ ist ebenfalls eingetragen

Im Falle direkter Übergänge ($k = k'$ im reduzierten Zonenschema) erhält man:

$$\alpha = \text{konst} \cdot P_{if} \cdot J_{if}, \tag{2.29}$$

wobei P_{if} durch das Matrixelement für Dipolübergänge gegeben ist. J_{if} bezeichnet die kombinierte optische Zustandsdichte

$$J_{if} \propto \int_S \frac{dS}{(\nabla_k E_f - \nabla_k E_i)|_{E_f - E_i = h\nu}}. \tag{2.29a}$$

Die Integration erfolgt über Flächen konstanter Energiedifferenz ($E_f - E_i = h\nu$) im k-Raum; dS ist ein Flächenelement im k-Raum. Besonders große Beiträge erhält man, wenn die Ableitung nach k von Leitungs- bzw. Valenzbandzustand $E_{f,i}$ verschwindet sowie bei parallelen Bändern. Die entsprechenden Bereiche in der Bandstruktur sind durch die sog. kritischen Punkte charakterisiert, die je nach der Situation mit M_0 und z.B. M_1 bezeichnet werden (van Hove-Singularitäten).

Unter der Annahme sphärischer Energieflächen (parabolische Bänder) läßt sich für direkte Übergänge der Zusammenhang des Absorptionskoeffizienten von der Photonenenergie herleiten:

$$\alpha(h\nu) = A(h\nu - E_g)^{1/2}. \tag{2.30}$$

Man erhält α in cm^{-1}, wenn $h\nu$ und E_g in eV eingesetzt werden und man die Konstante A mit einem Wert von 10^4 annimmt. Der Absorptionskoeffizient

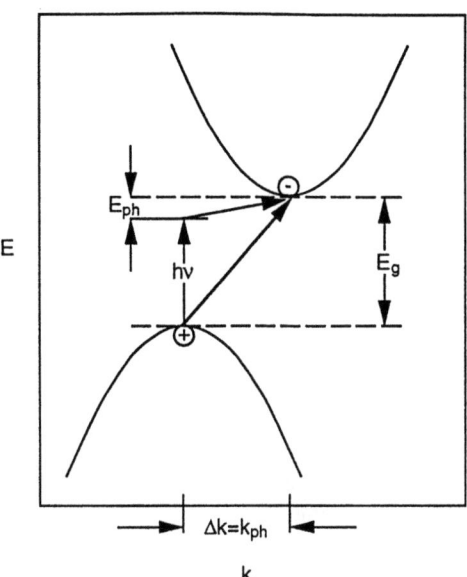

Abb. 2.18. Schematische Darstellung der Anregungsprozesse für indirekte Strahlungsübergänge, $\Delta k = k_{ph} = k_f - k_i$

steigt demnach bei wachsender Photonenenergie oberhalb E_g zunächst stark an und wächst dann allmählich schwächer. Derartige Näherungen gelten nur im Energiebereich einige Zehntel eV oberhalb E_g. Bei höheren Anregungsenergien zeigen sich in realen Kristallen Abweichungen vom parabolischen Verlauf der Energiebänder, und es werden zusätzliche Übergänge möglich.

Vielfach liegt die kleinste Energielücke zwischen Valenzbandoberkante und Leitungsbandunterkante nicht bei dem gleichen k-Wert. Soll in diesem Fall eine Anregung durch Licht stattfinden, so ist ein Impulsübertrag notwendig, der nicht bei konstanten reziproken Gittervektoren bereitgestellt werden kann. Auch ist ein solcher Übergang nicht senkrecht im reduzierten Zonenschema; man spricht von einem indirekten Übergang. Als Impulsquellen kommen vorwiegend Phononen in Betracht (Abb. 2.18).

Dabei muß zusätzlich die Energie der Phononen berücksichtigt werden. Je nach dem Verhältnis von eingestrahlter Lichtenergie zur Energielücke spricht man von Phononenabsorption oder -emission. Als Energie- und Impulsbilanz ergibt sich:

$$\begin{aligned} E_f - E_i &= h\nu + E_{ph} \\ E_f - E_i &= h\nu - E_{ph} \\ \boldsymbol{k}_f &= \boldsymbol{k}_i + \boldsymbol{k}_{ph}. \end{aligned} \quad (2.31)$$

Der Index ph steht für Phonon ($E_{ph} \leq 0.1$ eV bei 300 K). Die erste Zeile in (2.31) beschreibt Phononenabsorption, die zweite Phononenemission. Die Photonenenergieabhängigkeit des Absorptionskoeffizienten ist erheblich schwieriger zu bestimmen, da alle Anfangs- mit allen Endzuständen verknüpft werden

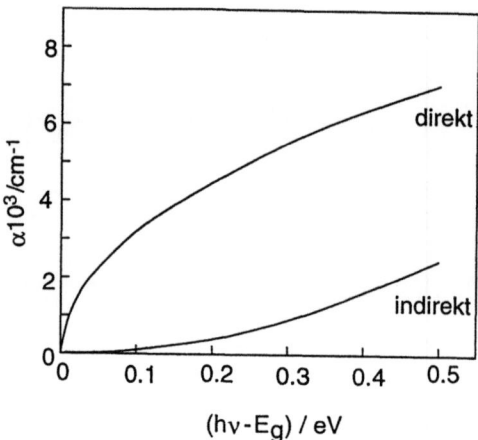

Abb. 2.19. Schematischer Verlauf des Absorptionskoeffizienten in Abhängigkeit von der Photonenenergie für direkte und indirekte Übergänge

können und die Wechselwirkungswahrscheinlichkeit mit Phononen eingeht. Man bekommt:

$$\alpha = B\left(h\nu - E_g\right)^2, \qquad (2.32)$$

falls $E_{ph} \ll h\nu - E_g$. Die Unterschiede zwischen Phononenabsorption und -emission sowie die Phononenenergie selbst (≤ 0.1 eV) wurden in (2.32) der Einfachheit halber vernachlässigt.

Abbildung 2.19 zeigt einen Vergleich des Verlaufs des Absorptionskoeffizienten mit der Photonenenergie für direkte und indirekte Übergänge, wobei der Einfachheit halber $A = B = 10^4$ gesetzt wurde. Die Vorfaktoren sind jedoch verschieden für direkte und indirekte Übergänge. Man erkennt, daß die Absorption von Halbleitern mit direkter Energielücke deutlich über der von Materialien mit indirekter Lücke liegt. Die Relevanz dieser Betrachtung für Probleme der Solarenergieumwandlung ergibt sich aus der Verknüpfung von Intensität des eingestrahlten Lichtes mit dem Absorptionskoeffizienten nach dem Baer-Lambertschen Gesetz:

Tabelle 2.3. Absorptionskoeffizienten α und Eindringtiefen x für einige ausgewählte Halbleiter

Halbleiter	CuInSe$_2$	X-Si	InP	GaAs	a-Si:H
α(cm^{-1})	$2 \cdot 10^5$	10^3	$5 \cdot 10^4$	$1.5 \cdot 10^4$	10^4
x	50 nm	10 μm	0.2 μm	0.7 μm	1 μm

$$I = I_0 e^{-\alpha x} \qquad (2.33).$$

2.2 Grundzüge der angewandten Halbleiterphysik

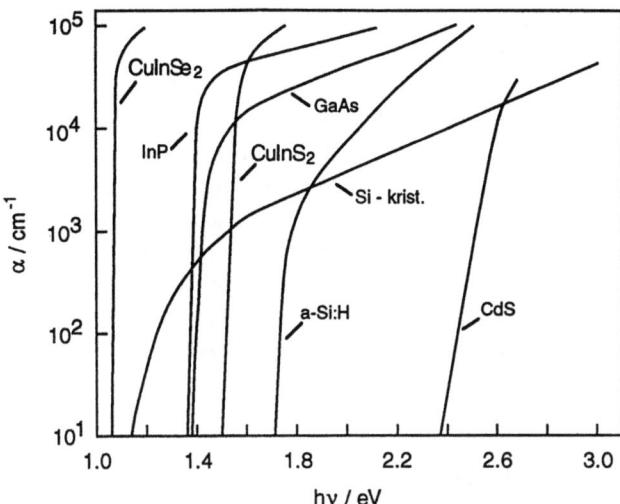

Abb. 2.20. Photonenenergieabhängigkeit des Absorptionskoeffizienten für einige Halbleiter

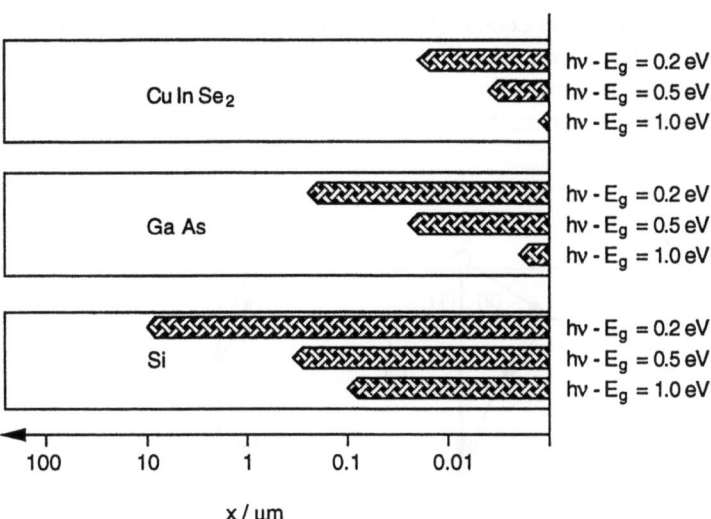

Abb. 2.21. Logarithmische Auftragung der Eindringtiefe für X-Si, GaAs und CuInSe$_2$ für verschiedene Photonenenergien

Die Tabelle 2.3 ergibt eine Übersicht über Absorptionskoeffizienten α und Eindringtiefen x für einige Halbleiter (Photonenenergie 0.2 eV oberhalb E_g).
Kristallines Silizium (X-Si) hat eine indirekte Lücke, InP und GaAs sind durch eine direkte Lücke charakterisiert. Amorphes hydrogenisiertes Silizium (a-Si:H) und CuInSe$_2$ zeigen ebenfalls ein Absorptionsverhalten, wie es für direkte Übergänge typisch ist (s. Abb. 2.20). Allerdings folgt das Absorptionsverhalten von a-Si:H (2.32).

32 2. Physik der Solarzelle

Eine Zusammenfassung der Absorptionsverhältnisse für drei ausgewählte Halbleiter ist in Abb. 2.21 gezeigt. Die Eindringtiefe des Lichtes ist für verschiedene Photonenenergien oberhalb der Energielücke logarithmisch aufgetragen. Es zeigt sich, daß zur effektiven Lichtausnutzung in x-Si Schichtdicken von mehr als 100 μm nötig sind, während der gleiche Effekt bei $CuInSe_2$ im Bereich von 0.1 μm erzielt wird. Dies demonstriert die Bedeutung der Verwendung hochabsorbierender Halbleiter für die Solarenergienutzung: zum einen lassen sich die Materialkosten senken, zum anderen können bei geringer Schichtdicke mehr Defekte toleriert werden, wenn die Summe aus Diffusionslänge der Minoritätsladungsträger und Ausdehnung der Halbleiterrandschicht größer als die Absorptionslänge ist. Die Aussichten, diese Bedingung zu erfüllen, sind bei hoch absorbierenden Halbleitern günstig.

2.3 Der belichtete Halbleiter

Die Belichtung eines Halbleiters mit Photonen einer Energie oberhalb der Absorptionskante bewirkt eine stationäre Erhöhung der Ladungsträgerkonzentrationen n und p. Hierbei sind die Lebensdauer der angeregten Ladungsträger und damit die möglichen Verlustprozesse (Rekombination) wichtig. Für den idealisierten Fall eines neutralen, nicht kontaktierten Halbleiters sind einige Verlustmechanismen in Abb. 2.22 schematisch dargestellt.

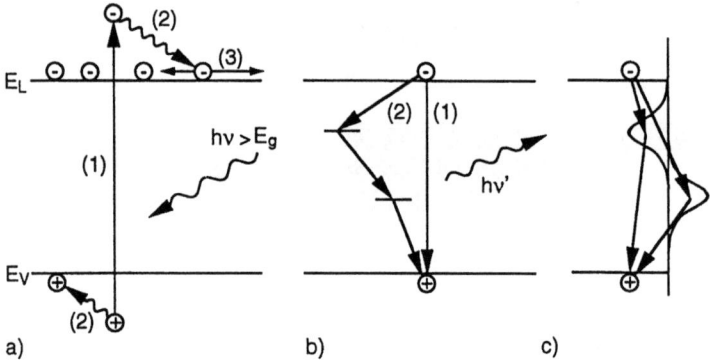

Abb. 2.22a–c. Verlustprozesse zur Gleichgewichtseinstellung nach Belichtung; (a) Thermalisierung, (b) Volumenrekombination, (c) Rekombination über Oberflächenzustände

2.3.1 Thermalisierung

Für Photonen, deren Energie $h\nu$ größer als die Energielücke E_g ist, können Elektronen aus energetisch tieferliegenden Zuständen des Valenzbands in Zustände angeregt werden, die energetisch oberhalb der Leitungsbandunterkante liegen

(Prozeß 1 in Abb. 2.22a). Die Überschußenergie wird durch Streuprozesse dissipiert, die überwiegend mit dem Gitter stattfinden. Diese Thermalisierung erfolgt im Zeitbereich zwischen 10^{-14} und 10^{-12} s, die abgegebene Energie wird vom Gitter aufgenommen (Prozeß 2 in Abb. 2.22a). In der hier gezeigten Idealisierung wird angenommen, daß die Lebensdauer der Überschußladungsträger an den Bandkanten durch die Rate der direkten Rekombination zwischen Elektronen und Löchern begrenzt ist. Aufgrund der damit zusammenhängenden erhöhten Lebensdauer an den Bandkanten findet nachfolgend zu Prozeß 2 eine Diffusion der Überschußladungsträger statt (Prozeß 3 in Abb. 2.22a).

Die durch die Thermalisierung auftretenden Verluste begrenzen den maximal erzielbaren Wirkungsgrad von stromerzeugenden Solarzellen, die auf lediglich einem gleichrichtenden Kontakt basieren (single junction). In den sogenannten Tandem-Solarzellen-Systemen (s. Abschn. 6.1) lassen sich durch Einsatz von mehreren Halbleitern verschiedener, aufeinander abgestimmter Energielücke diese Verluste zum großen Teil vermeiden. Hierdurch steigt der maximal und real erreichbare Wirkungsgrad; es treten jedoch zahlreiche materialwissenschaftliche Probleme auf. Abbildung 2.22b zeigt Rekombinationsprozesse über Störstellen im Volumen, wobei hier willkürlich zwei Niveaus im Bereich der Energielücke angenommen worden sind (Prozeß 2). Prozeß 1 symbolisiert die direkte Rekombination, die zur Aussendung eines Photons der Energie $h\nu$ führt (Lumineszenz).

Sowohl der in Abb. 2.22b mit (1) als auch der mit (2) bezeichnete Prozeß über ein Defektniveau werden im folgenden Abschnitt ausführlicher behandelt. Abbildung 2.22c zeigt Rekombination über intrinsische (ins Halbleiterinnere gezeichnete) und extrinsische Oberflächenzustände. Auf diese Vorgänge wird in Abschn. 2.3.3 näher eingegangen.

2.3.2 *Rekombinationsprozesse im Volumen

Man geht von bereits thermalisierten Überschußträgern aus und betrachtet die Prozesse, die zur Einstellung des Ladungsträgergleichgewichts führen. Hierbei wird angenommen, daß die Lichtabsorption weit im Volumen des Halbleiters stattfindet, so daß Oberflächeneffekte keine Rolle spielen. Wenn ein Elektron vom Leitungsband in einen unbesetzten Zustand (Loch) des Valenzbandes übergeht, muß die potentielle Energie des Elektron-Loch-Paares in anderer Form frei werden. Der einfachste Rekombinationsprozeß ist der direkte oder senkrechte Übergang, bei dem die gesamte Energie als Photon abgestrahlt wird („strahlender Übergang") [6], [7].

Beim indirekten Übergang ist – wie im Falle der Absorption – aus Impulserhaltungsgründen die Mitwirkung eines Phonons erforderlich; dementsprechend geringer sind die Wirkungsquerschnitte für diesen Prozeß. Die Überschußenergie kann ferner an einen dritten Partner in Form von kinetischer Energie übertragen werden (Auger-, Stoß- oder Drei-Körper-Rekombination) [7]. Neben dem Übergang vom Leitungs- zum Valenzband besteht die Möglichkeit, daß das Elektron zunächst einen in der Energielücke befindlichen Defektplatz besetzt und von diesem dann in einen unbesetzten Platz des Valenzbandes übergeht [7], [8]. Beide Teilschritte können im Prinzip wieder über die bereits beschriebenen Formen der Energieabgabe (Strahlung, Gitterschwingung, kinetische Energie eines dritten Körpers) ablaufen.

Welcher Rekombinationsprozeß im einzelnen die entscheidende Rolle spielt, hängt von der Reinheit des Materials, der Bandlücke und der Konzentration der Überschußladungsträger ab: Die direkte Rekombination wird in Halbleitern mit hinreichend großer Bandlücke und nicht zu großen lichterzeugten Überschußladungsträgerkonzentrationen Δn in der Regel von der Rekombination über Rekombinationszentren (Shockley-Read-Hall-(SRH)-Rekombination) überschattet. Das ändert sich jedoch mit abnehmender Breite der verbotenen Zone. In Halbleitern wie InSb ($E_g = 0.24$ eV) ist die strahlende Rekombination der bestimmende Prozeß. In Halbleitern mit für die Sonnenenergienutzung interessanten Bandlücken ($E_g \geq 1$ eV) spielt die strahlende Rekombination nur dann eine Rolle, wenn es sich um sehr reine direkte Halbleiter (z.B. epitaktisches GaAs) handelt und hohe Überschußladungsträgerkonzentrationen (Konzentratorsolarzellen; vgl. Abschn. 6.2) vorliegen, d.h. die SRH-Rekombinationszentren gesättigt sind. Die strahlende Rekombination besitzt stets auch eine Auger-Komponente. Mit wachsendem Δn gewinnt die Auger-Rekombination an Bedeutung und überwiegt gegenüber der strahlenden Rekombination. Wenn die strahlende Rekombination nicht möglich ist (indirekter Halbleiter wie Silizium), wird das Rekombinationsverhalten von Auger-Prozessen dominiert.

Die Elektronen- bzw. Löcherkonzentrationen im thermischen Gleichgewicht (d.h. im Dunkeln) seien n_0 und p_0, n^* und p^* die entsprechenden Größen unter Belichtung, wobei $n_0 + \Delta n = n^*$ und $p_0 + \Delta p = p^*$ gelten soll (Δn, Δp Überschußkonzentrationen durch Belichtung); G sei die Rate, mit der Elektron-Loch-Paare durch Belichtung, U die Rate, mit der die Überschußladungsträger durch Rekombination verlorengehen. Alle Raten haben die Einheit cm^{-3}s^{-1}.
Für Δn und Δp gelten folgende Gleichungen:

$$\frac{\partial(\Delta n)}{\partial t} = G - U_n \; ; \; \frac{\partial(\Delta p)}{\partial t} = G - U_p. \qquad (2.34)$$

Im folgenden sollen für die verschiedenen Rekombinationsmechanismen Ausdrücke für Rekombinationsraten und Lebensdauern der lichterzeugten Ladungsträger abgeleitet werden. Dabei wird im Hinblick auf die Verhältnisse in Konzentratorsolarzellen auch der Einfluß größerer Abweichungen von der Gleichgewichtsladungsträgerkonzentration behandelt.

Direkte Rekombination. Hier rekombinieren ein Elektron und ein Loch unter Aussendung eines Lichtquants, dessen Energie der Energiedifferenz $E_L - E_V = E_g$ entspricht. Da in diesem Fall stets ein Elektron und ein Loch simultan erzeugt bzw. vernichtet werden, gilt $U_n = U_p = U$.
Die Wahrscheinlichkeit für Rekombination hängt von der Dichte der Reaktionspartner ab. Rekombinieren können lichterzeugte Elektronen Δn mit den

William B. Shockley (l) und John Bardeen (r). Zusammen mit W.H. Brattain erhielten sie 1956 für ihre Arbeiten zur Entdeckung und Anwendung des Transistoreffekts den Nobelpreis für Physik. ©Photos Deutsches Museum München

Löchern p_0, lichterzeugte Löcher Δp mit den Elektronen n_0 sowie lichterzeugte Elektronen Δn mit lichterzeugten Löchern Δp. Man setzt daher für U an:

$$U = K_{bb}\{\Delta n p_0 + \Delta p n_0 + \Delta p \Delta n\} \tag{2.35}$$

(K_{bb} Rekombinationskonstante für Band-zu-Band-Rekombination). Zu jedem lichterzeugten Elektron gehört ein lichterzeugtes Loch. Daher gilt $\Delta n = \Delta p$, so daß (2.35) geschrieben werden kann als

$$U = K_{bb}[(n_0 + p_0)\Delta n + \Delta n^2]. \tag{2.36}$$

Für den Fall *geringer Belichtungsstärke* gilt $\Delta n \ll n_0 + p_0$. Damit vereinfacht sich (2.36) zu

$$U = K_{bb}\Delta n(n_0 + p_0). \tag{2.37}$$

Hier rekombinieren die lichterzeugten Ladungsträger überwiegend mit n_0 bzw. p_0. Die Rekombinationsrate hängt linear von Δn ab (Rekombinationsprozeß erster Ordnung). Im stationären Fall ist $G = U$; aus (2.37) folgt

$$\Delta n = \Delta p = \frac{G}{K_{bb}(n_0 + p_0)}. \tag{2.38}$$

2. Physik der Solarzelle

Für das Abklingverhalten $\Delta n(t)$ nach Abschalten der Lichtquelle ($G = 0$ zur Zeit $t = 0$) ergibt sich mit (2.34) und (2.37):

$$\frac{\partial \Delta n}{\partial t} = -K_{bb}\Delta n\,(n_0 + p_0). \tag{2.39}$$

Die Lösung lautet:

$$\Delta n(t) = C e^{-K_{bb}(n_0+p_0)\cdot t}. \tag{2.40}$$

C ergibt sich aus der Bedingung, daß für $t \leq 0$ (Zeitraum bis zum Abschalten der Lichtquelle) (2.38) erfüllt sein muß. Man erhält

$$C = \frac{G}{K_{bb}\,(n_0 + p_0)}. \tag{2.41}$$

Definiert man

$$\tau_{bb0} = \frac{1}{K_{bb}\,(n_0 + p_0)}, \tag{2.42}$$

so läßt sich die Überschußladungsträgerkonzentration im stationären Fall (2.38) schreiben als

$$\Delta n = G\tau_{bb0}, \tag{2.38a}$$

während für das Abklingverhalten (2.40) gilt:

$$\Delta n(t) = G \cdot \tau_{bb0}\, e^{-t/\tau_{bb0}}. \tag{2.40a}$$

Die durch (2.42) definierte Größe τ_{bb0} hat eine doppelte Bedeutung: Nach (2.40a) ist sie die Zeit, nach der Δn auf $1/e$ seines Anfangswertes gesunken ist, hat also die Bedeutung einer mittleren Lebensdauer. Laut (2.38a) ist sie das Verhältnis von (stationärer) Überschußladungsträgerdichte zu optischer Erzeugungsrate G, hat auch im stationären Zustand die Bedeutung einer mittleren Lebensdauer. Daß die Lebensdauer für den stationären und nichtstationären Fall identisch ist, ist nicht selbstverständlich, sondern hängt mit dem vorliegenden Beispiel zusammen.

Für den Fall sehr hoher Belichtungsstärken gilt $\Delta n \gg n_0, p_0$. Aus (2.36) folgt dann $U \approx K_{bb}\Delta n^2$; hier rekombinieren die lichterzeugten Ladungsträger überwiegend miteinander, und die Rekombinationsrate hängt quadratisch von Δn ab. Im stationären Fall gilt wieder $U = G$; man erhält aus (2.36)

$$\Delta n = \Delta p = G \cdot \tau_{bb\infty}, \tag{2.43}$$

wobei $\tau_{bb\infty}$ durch

$$\tau_{bb\infty} = \frac{1}{K_{bb}\,(n_0 + p_0 + \Delta n)} \approx \frac{1}{K_{bb}\Delta n} \tag{2.44}$$

definiert ist. In diesem Fall hat $\tau_{bb\infty}$ wieder die Bedeutung einer mittleren Lebensdauer, wie man durch Vergleich mit (2.42) erkennt. Das Abklingverhalten folgt jedoch nicht mehr einem Exponentialgesetz. Aus (2.36) und (2.34) ist

$$\frac{\partial}{\partial t}\Delta n = -K_{bb}\Delta n^2 \qquad (2.45)$$

mit der Lösung

$$\Delta n(t) = \frac{\Delta n_0}{1 + \Delta n_0 K_{bb} \cdot t}, \qquad (2.46)$$

so daß sich eine mittlere Lebensdauer wie in (2.40) bzw. (2.40a) nicht angeben läßt.
Im stationären Fall ($U = G$) läßt sich die Lebensdauer für niedrige und hohe Belichtungsstärken als das Verhältnis von Überschußladungsträgerkonzentration zur Erzeugungs- bzw. Vernichtungsrate angeben ((2.38a) und (2.43)). Daher definiert man:

$$\tau \equiv \frac{\Delta n}{U}. \qquad (2.47)$$

Durch diese Beziehung wird die Lebensdauer lichterzeugter Ladungsträger nicht nur bei strahlender Rekombination, sondern auch bei anderen Rekombinationsmechanismen definiert.
Bei strahlender Rekombination ist die Lebensdauer lichterzeugter Ladungsträger im Falle niedriger Belichtungsintensität lediglich umgekehrt proportional zur Dotierkonzentration, wenn $n_0 \approx N_D$ und $p_0 \approx N_A$ und ist damit für einen gegebenen Halbleiter eine Konstante. Bei höheren Belichtungsstärken hängt die Lebensdauer nicht nur von der Dotier-, sondern auch von der Überschußladungsträgerkonzentration ab, bis diese (bei sehr großen Δn) allein die Lebensdauer bestimmt (2.44).

Shockley-Read-Hall-(SRH)-Rekombination. Wie einleitend bereits festgestellt, wird die direkte („strahlende") Rekombination in den meisten realen Halbleitern für nicht zu hohe Überschußladungsträgerkonzentrationen von der SRH-Rekombination überschattet. Dabei wird für eine modellhafte Beschreibung vereinfachend angenommen, daß nur eine Art von Rekombinationszentren vorliegt, die in der Bandlücke liegen. Bei dem in Abb. 2.23 dargestellten Fall handelt es sich bei dem Rekombinationszentrum um einen lokalisierten Zustand, der – wenn unbesetzt – elektrisch neutral und negativ geladen, wenn er besetzt ist. Man spricht in diesem Fall von einem akzeptorähnlichen Rekombinationszentrum. Ein Rekombinationszentrum kann jedoch auch ein donatorähnliches Verhalten besitzen: es ist dann im unbesetzten Fall positiv geladen und elektrisch neutral, wenn es besetzt ist. Auch sind Zentren möglich, bei denen sich der Ladungszustand z.B. von -1 nach -2 ändert.
Die an einem akzeptorähnlichen Rekombinationszentrum möglichen Prozesse sind in Abb. 2.23 dargestellt. Ein Elektron wird von dem Zentrum eingefangen („Elektroneneinfang"; Abb. 2.23a), um danach mit einem Loch zu rekombinieren („Locheinfang"; Abb. 2.23c). Diesem Prozeß ist statistisch die Entleerung des Niveaus durch thermische Anregung („Elektronenemission"; Abb. 2.23b) sowie die Besetzung durch thermisch angeregte Valenzbandelektronen

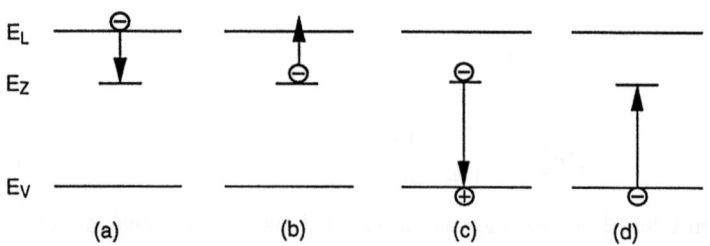

Abb. 2.23a–d Schematische Darstellung der elementaren Prozesse, die bei der Rekombination über ein akzeptorähnliches Rekombinationszentrum eine Rolle spielen

("Lochemission"; Abb. 2.23 d) überlagert. Wenn N_Z die Konzentration der insgesamt vorhandenen Zentren bezeichnet und n_Z die Konzentration an negativ geladenen, dann ist $N_Z - n_Z$ die Konzentration der ungeladenen Zentren. Im stationären Gleichgewicht muß dann gelten $d(N_Z - n_Z)/dt = dn_Z/dt$. Mit Hilfe dieser Bedingung und den Ratengleichungen für Prozeß (a)–(d) in Abb. 2.23 fanden Shockley, Read und Hall:

$$U_{SRH} = \frac{(p_0 + \Delta p)(n_0 + \Delta n) - n_i^2}{\tau_{p0}(n_0 + \Delta n + n_1) + \tau_{n0}(p_0 + \Delta p + p_1)} \quad (2.48)$$

mit:

- n_i intrinsische Ladungsträgerkonzentration
- $n_1 = N_L \exp[-(E_Z - E_L)/kT]$
- $p_1 = N_V \exp[-(E_Z - E_V)/kT]$
- $\tau_{n0} = 1/\sigma_n N_Z v_{th}$
- $\tau_{p0} = 1/\sigma_p N_Z v_{th}$
- N_Z Dichte der Rekombinationszentren
- $N_{L,V}$ effektive Leitungsband- bzw. Valenzbandzustandsdichte
- E_Z Energetische Lage der Rekombinationszentren
- σ_n, σ_p Wirkungsquerschnitte für Elektronen- bzw. Locheinfang
- v_{th} thermische Geschwindigkeit der Elektronen bzw. Löcher.

Dabei ist τ_{p0} die minimale Lochlebensdauer für den Fall, daß alle Zentren besetzt sind; τ_{n0} ist die minimale Elektronenlebensdauer für den Fall, daß alle Zentren unbesetzt sind. Nimmt man an, daß $N_Z \ll \Delta n, \Delta p$ ist (z.B. $N_Z = 10^{10}\,\text{cm}^{-3}$ und $\Delta p, \Delta n = 10^{12}\,\text{cm}^{-3}$ für p-Silizium unter AM1.5-Bedingungen), so beeinflußt die Aufladung der Zentren die Bedingung $\Delta n = \Delta p$ praktisch nicht. Einsetzen von (2.48) in (2.47) liefert mit $\Delta n = \Delta p$ für die effektive Lebensdauer:

$$\tau_{SRH} = \frac{\tau_{p0}(n_0 + \Delta n + n_1) + \tau_{n0}(p_0 + \Delta p + p_1)}{n_0 + p_0 + \Delta n}. \quad (2.49)$$

Für *kleine Belichtungsstärken* ($\Delta n \ll n_0, n_1$) gilt näherungsweise

$$\tau_{SRH} = \tau_{p0}\left(\frac{n_0 + n_1}{n_0 + p_0}\right) + \tau_{n0}\left(\frac{p_0 + p_1}{n_0 + p_0}\right). \quad (2.50)$$

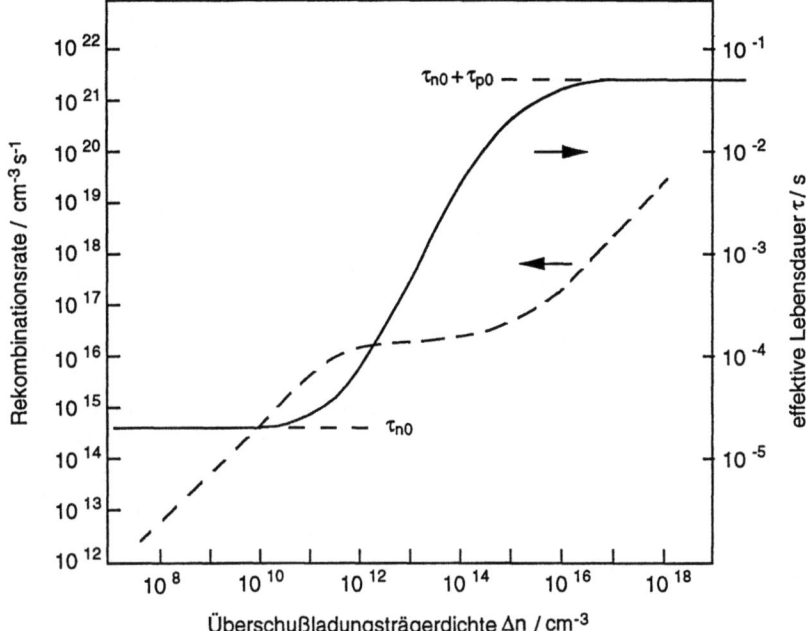

Abb. 2.24. Rekombinationsrate und effektive Lebensdauer von Überschußladungsträgerpaaren als Funktion der Überschußladungsträgerdichte Δn. Verwendet wurden (2.48) und (2.49) mit den im Text angegebenen Werten

Für $E_Z = E_i$ wird n_1 identisch mit n_i. Gleichzeitig wird damit n_1 bzw. p_1 sowie nach (2.49) und (2.50) auch die Lebensdauer minimal. Das heißt tiefe, im Bereich der Bandlückenmitte liegende Zentren haben einen besonders ungünstigen Einfluß auf die Lebensdauer. Dies kann man auch so verstehen, daß Zentren, die näher an den Bandkanten liegen, mit höherer Wahrscheinlichkeit thermisch wieder entleert werden können. Nimmt man ferner an, daß ein p-Halbleiter ($n_0 \ll p_0$) vorliegt und $n_0 \ll n_i \ll p_0$ gilt, so wird der erste Term in (2.50) klein gegen den zweiten, und man erhält

$$\tau_{SRH0} \approx \tau_{n0}. \qquad (2.51)$$

Für *große Belichtungsstärken* ($\Delta n \gg n_0, n_1, \Delta p \gg p_0, p_1$) gilt

$$\tau_{SRH\infty} \approx \tau_{n0} + \tau_{p0}. \qquad (2.52)$$

Abbildung 2.24 zeigt die nach (2.48) berechnete Rekombinationsrate U in p-Silizium als Funktion der Überschußladungsträgerdichte. Abweichend von Abb. 2.23 wurden hier donatorähnliche Rekombinationszentren angenommen. Verwendet wurden (2.48) und (2.49) mit folgenden Werten: $p_0 = N_A = 10^{15} \text{cm}^{-3}$, $n_i = n_1 = 1.4 \cdot 10^{10} \text{cm}^{-3}$ ($E_Z = E_i$), $\sigma_n = 10^{-12} \text{cm}^2$, $\sigma_p = 10^{-15} \text{cm}^2$, $N_Z = 10^{10} \text{cm}^{-3}$, $n_0 = 10^5 \text{cm}^{-3}$, $v_{th} = A^* T^2/eN_{L,V}$ (A^* Richardson-Konstante,

40   2. Physik der Solarzelle

vgl. Abschn. 2.5.1, $T = 300$ K; N_L, N_V s. Tabelle 2.2). Die ebenfalls dargestellten effektiven Lebensdauern sind mit diesen Werten nach (2.49) berechnet worden; experimentell konnte dieser Verlauf in verschiedenen Halbleitern bestätigt werden. Man erkennt das Plateau im Bereich niedriger Δn; hier wird entsprechend (2.51) die effektive Lebensdauer durch τ_{n0} bestimmt. τ steigt für $\Delta n > n_i$ um Größenordnungen an und erreicht dann wieder ein Plateau, das für hohe Δn durch τ_{p0} bestimmt wird (s. (2.52)). Diese Berechnung zeigt, daß in dem für die Solarenergie wichtigen Bereich die effektive Lebensdauer der Überschußladungsträger durch Konzentration des Sonnenlichts drastisch verändert werden kann: Unter $AM1.5$-Bedingungen beträgt die Konzentration an lichtinduzierten Minoritätsladungsträgern in Silizium $\approx 10^{12} \text{cm}^{-3}$ (entspricht $\tau \approx 7 \cdot 10^{-5}$s); bei einer hundertfachen Konzentration wird $\Delta n = 10^{14} \text{cm}^{-3}$, und man erhält bereits eine um knapp zwei Größenordnungen höhere Lebensdauer. Die nach diesem Modell zu erwartende Sättigung der Lebensdauer im Bereich sehr hoher Δn wird jedoch praktisch nicht erreicht, da dann zunehmend strahlende Rekombination (direkte Halbleiter) bzw. *Auger-Rekombination* (indirekte Halbleiter) wirksam wird. Die Lebensdauer hängt ferner umgekehrt proportional von der Dotierkonzentration ab (vgl. (2.49)).

Auger-Rekombination. Sie beruht auf der Wechselwirkung zweier Elektronen (1) und (3) im Leitungsband. Während das erste Elektron seine Energie verliert und mit einem Loch (2) im Valenzband rekombiniert, wird die Rekombinationsenergie an das Elektron (3) als kinetische Energie abgegeben wird (s. Abb. 2.25; Band-zu-Band-Auger-Rekombination). Das Elektron (3) relaxiert dann unter Phononenemission wieder. Analoge Prozesse können auch mit Löchern im Valenzband stattfinden. Der inverse Prozeß ist die Bildung eines Elektron-Loch-Paares durch hochenergetische Leitungsbandelektronen.

Für die Rekombination sind also zwei Elektronen und ein Loch erforderlich; die entsprechende Rate sollte also proportional zu $n^{*2}p^*$ sein:

$$R_{Au} = \frac{C_{ee}}{n_0^2 p_0}(n^{*2}p^*) = \frac{C_{ee}}{n_0^2 p_0}(n_0 + \Delta n)^2 \cdot (p_0 + \Delta p). \tag{2.53}$$

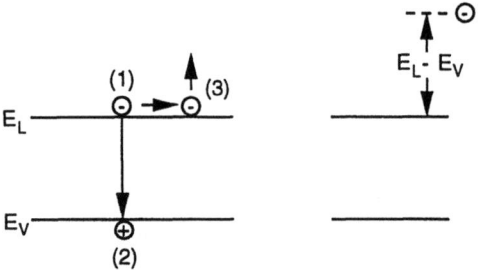

Abb. 2.25. Drei-Körper-(Auger)-Rekombination. Elektron (3) nimmt die freiwerdende Rekombinationsenergie auf, wodurch sich seine kinetische Energie um $E_L - E_V$ erhöht

Für $\Delta n = \Delta p = 0$, d.h. keine Anregung durch Licht, gilt $R_{Au} = C_{ee}$ (C_{ee} ist eine materialspezifische Konstante, die nach einem Modell von Beattie und Landsberg berechnet werden kann. Diese Berechnung ist jedoch recht aufwendig und soll hier nicht weiter verfolgt werden). Gleichung (2.53) beschreibt die Gesamtrate für die Auger-Rekombination ohne Berücksichtigung des inversen Auger-Prozesses. Wenn dieser mit der Rate g_{Au} abläuft, ergibt sich die Rekombinationsrate U aus der Differenz von R_{Au} und g_{Au}. Die Wahrscheinlichkeit für einen inversen Auger-Prozeß steigt mit der Zahl der insgesamt vorhandenen Elektronen. Man setzt an:

$$g_{Au} = \frac{C_{ee}}{n_0} \cdot n^* = \frac{C_{ee}}{n_0}(n_0 + \Delta n). \tag{2.54}$$

Die Rekombinationsrate U_{ee} ist dann für den $n^{*2}p^*$-Prozeß

$$U_{ee} = C_{ee}\left(\frac{(n_0 + \Delta n)(p_0 + \Delta p) - n_i^2}{n_i^2}\right)\left(\frac{n_0 + \Delta n}{n_0}\right). \tag{2.55}$$

Dabei handelt es sich um die Rekombinationsrate für die Überschußladungsträger; für $\Delta n = 0$ folgt $U_{ee} = 0$.
Aufgrund analoger Überlegungen gilt für den $p^{*2}n^*$-Prozeß:

$$U_{ll} = C_{ll}\left(\frac{(n_0 + \Delta n)(p_0 + \Delta p) - n_i^2}{n_i^2}\right)\left(\frac{p_0 + \Delta p}{p_0}\right). \tag{2.56}$$

Mit $U_{Au} = U_{ee} + U_{ll}$ erhält man

$$U_{Au} = \frac{[(n_0 + \Delta n)(p_0 + \Delta p) - n_i^2][C_{ee}p_0(n_0 + \Delta n) + C_{ll}n_0(p_0 + \Delta p)]}{n_i^4}. \tag{2.57}$$

Mit (2.35) ergibt sich nach Umformung für die Lebensdauer

$$\tau_{Au} = \frac{\Delta n}{U_{Au}} = \frac{n_i^4}{(n_0 + p_0 + \Delta n) \cdot [C_{ee}p_0(n_0 + \Delta n) + C_{ll}n_0(p_0 + \Delta p)]}. \tag{2.58}$$

Für *kleine Überschußladungsträgerkonzentrationen* ($\Delta n, \Delta p \ll n_0, n_i, p_0$) reduziert sich (2.58) auf

$$\tau_{Au0} = \frac{n_i^4}{(n_0^2 p_0 + p_0^2 n_0)(C_{ee} + C_{ll})}. \tag{2.59}$$

Die Lebensdauer hängt nicht von Δn ab und ist im Falle nicht zu hoher Dotierung groß gegen τ_{SRH}. In hoch dotierten Materialien (N_A bzw. $N_D \geq 10^{17}$cm^{-3}) kann die Auger-Rekombination jedoch zunehmend in Konkurrenz zur SRH-Rekombination treten.
Für *größere Überschußladungsträgerkonzentrationen* $\Delta n, \Delta p \gg n_0, n_i, p_0$ ergibt sich

$$\tau_{Au\infty} = \frac{n_i^2}{\Delta n^2(C_{ee} + C_{ll})}. \tag{2.60}$$

Die Lebensdauer nimmt mit hoher Überschußladungsträgerkonzentration dra-

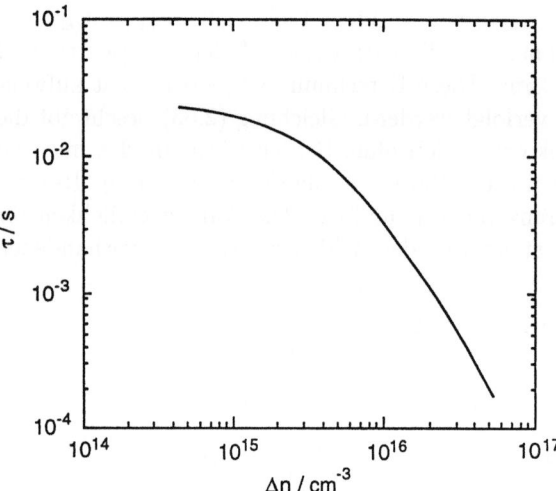

Abb. 2.26. Volumenlebensdauern τ von Überschußladungsträgerpaaren in Abhängigkeit von ihrer Konzentration Δn

stisch ab. In Silizium, das als indirekter Halbleiter vernachlässigbare Wirkungsquerschnitte für strahlende Rekombination aufweist, dominiert die (Band-zu-Band-) Auger-Rekombination im Falle hoher Überschußladungsträgerkonzentrationen alle anderen Rekombinationsmechanismen. In Abbildung 2.26 sind gemessene Lebensdauern als Funktion der Überschußladungsträgerkonzentration in Silizium (float-zone-Material, Waferdichte 430 μm, passivierte Oberfläche, $\rho = 500$ Ωcm) [9] aufgetragen; der beobachtete Verlauf entspricht im wesentlichen der nach (2.58) bis (2.60) zu erwartenden Abhängigkeit von Δn.

2.3.3 Rekombination an Oberflächen

Abbildung 2.22c zeigt Energieniveaus im Bereich der Energielücke, die in der Nähe der Oberfläche lokalisiert sind. Man unterscheidet sogenannte intrinsische und extrinsische Oberflächenzustände. Erstere entstehen aus dem Abbruch der Kristallsymmetrie an der Oberfläche und Umorientierung freiwerdender Bindungen und Oberflächenrelaxationsprozesse (Änderung der Gitterkonstanten im Bereich der Oberfläche). Sie sind in der Abbildung der Anschaulichkeit wegen nach innen gezeichnet.

Die Frage, weshalb bereits die intrinsischen Oberflächenzustände energetisch im Bereich der verbotenen Zone liegen können, kann qualitativ mit der von Madelung vorgeschlagenen Betrachtungsweise verständlich gemacht werden. Dieses Modell bezieht sich auf ionische Kristalle, wie etwa ZnO oder ZnSe, bei denen die zur Bindung benötigten Ladungen weitgehend ausgetauscht werden, so daß sich negative Ladung am Chalkogenid-Atom befindet, während das Kation (hier Zn) ionisiert ist. Man stellt sich nun vor, daß sich ein im Unendlichen

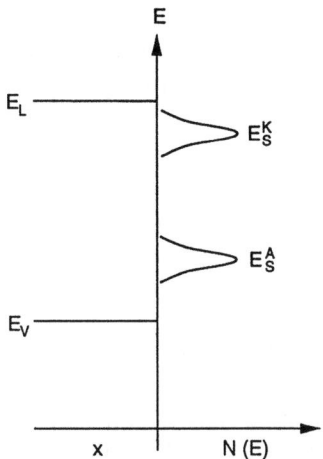

Abb. 2.27. Schema zur Entstehung von Oberflächenzuständen im Bereich der verbotenen Zone $(E_g)_A$ für ionische Kristalle; E_S^K: von Kationen abgeleiteter Oberflächenzustand; E_S^a: Anionen-Oberflächenzustand

befindendes Anion in den Kristall hineinbewegt, wobei das Anion von Kationen umgeben wird. Die Elektronenaffinität der Energieniveaus der Elektronen des Anions nimmt wegen der benachbarten positiven Ladungen stark zu, das zu einer energetischen Absenkung führt. Die entsprechenden Orbitale werden mit Elektronen aufgefüllt und bilden das Valenzband. In ähnlicher Weise entsteht das Leitungsband durch Abnahme der Elektronenaffinität der Elektronen des Kations aufgrund der benachbarten negativen Anionen. Entsprechend werden die Niveaus energetisch angehoben und bilden die weitgehend unbesetzten Leitungsbänder. An der Oberfläche sind die Verhältnisse nun geändert: sowohl die Anionen als auch die Kationen sind jeweils von geringerer positiver bzw. negativer Ladung wegen des Abbruchs des Kristalls umgeben. Daher ist das Energieniveau des Anions nicht so niedrig wie im Volumen, so daß der zugehörige Oberflächenzustand energetisch über der Valenzbandkante zu liegen kommt. Ebenso ist das energetische Niveau der Kationen an der Oberfläche nicht so weit angehoben wie das der Leitungsbandunterkante, wodurch auch hier ein Oberflächenzustand im Bereich der Energielücke entsteht, in diesem Fall unterhalb des Leitungsbandes [10]. Diese Situation ist in Abb. 2.27 veranschaulicht.

Die in Abb. 2.27 gezeigten Oberflächenzustände bezeichnet man als sog. Tamm-Zustände nach Tamm, der sie erstmals ausführlich beschrieben hat. Sie treten z.B. auch bei Metallen auf. Das Konzept der Azidität und Basizität von Oberflächen (Lewis-Säure- bzw. -Base-Definition) läßt sich anhand der Tamm-Zustände besonders gut veranschaulichen. Sogenannte Lewis-Säure-Plätze auf der Oberfläche sind durch ein vollständig unbesetztes Orbital mit niedrigerer Energie als das Leitungsband gekennzeichnet, mit der Eigenschaft, ein Elektronenpaar mit einer Spezies, die ein überzähliges Elektronenpaar (NH_3) besitzt, zu teilen. Der kationische Charakter des Elektronenakzeptors hat zu der Begriffs-

2. Physik der Solarzelle

bildung Lewis-Säure beigetragen. Entsprechend werden Lewis-Base-Plätze über ihre Fähigkeit zum Teilen eines Elektronenpaars mit einem Elektronenakzeptor definiert. Viele Halbleiter besitzen solche Lewis-Säure und -Base-Plätze. Kationen von ionischen Halbleitern sind demnach Lewis-Säure-Plätze und Anionen Lewis-Base-Plätze.

Im Fall kovalent gebundener Halbleiter befindet sich die der Bindung angerechnete Ladung mehr zwischen den jeweiligen Atomen, wobei jedes Atom ein Elektron für die Bindung bereitstellt, um Zwei-Elektronenbindungen zu bilden. Den obersten Atomen an der Oberfläche fehlen hier die Nachbarn, und es kommt zu sog. dangling bonds, d.h. aus dem Kristall herausragenden Bindungen. Die partiell mit Elektronen gefüllten dangling bonds können nun entweder ein weiteres Elektron aufnehmen oder ihre Elektronen an das Leitungsband abgeben. Im ersten Fall spricht man von Elektronenakzeptor-Zuständen, im zweiten von Elektronendonatoren. Die an kovalent gebundenen Kristallen auftretenden Oberflächenzustände nennt man Shockley-Zustände.

Den Ursprung extrinsischer Oberflächenzustände verknüpft man mit dem Auftreten von chemischen Wechselwirkungen zwischen Oberflächenatomen und der jeweiligen Umgebung. Aus diesem Grund sind diese Oberflächenzustände in Abb. 2.22c nach außen gezeichnet; die energetische Verschiebung zwischen intrinsischen und extrinsischen Oberflächenzuständen dient lediglich der Verdeutlichung. Für Anwendungen in der Mikroelektronik und bei Solarzellen ist die Oberflächenrekombinationsgeschwindigkeit S ein wichtiger Parameter. Dafür gilt folgende Überlegung: Die Oberflächenrekombinationsrate U_{OF} läßt sich mit einem zu (2.48) analogen Ausdruck berechnen (Δn und Δp sind nun die Überschußladungsträgerkonzentrationen an der Oberfläche, N_Z die Zahl der Oberflächenrekombinationszentren in cm^{-2}). Für den Fall niedriger Δn bzw. Δp gilt in Analogie zu (2.51) für die Lebensdauer τ_{OF} an der Oberfläche (wiederum p-Material):

$$\tau_{OF} = \tau_{n0} = (\sigma_n N_Z v_{th})^{-1}. \qquad (2.61)$$

Da N_Z die Einheit cm^{-2} besitzt (vgl. Erklärung zu (2.48)), hat τ_{OF} hier die Dimension einer reziproken Geschwindigkeit. Mit (2.47) folgt daher

$$\frac{1}{\tau_{OF}} = \frac{U_{OF}}{\Delta n} = S. \qquad (2.62)$$

Hierbei heißt S *Oberflächenrekombinationsgeschwindigkeit*. Der Anstieg der Lebensdauer mit zunehmendem Δn entsprechend dem SRH-Mechanismus gilt auch für die Oberflächenrekombination. Daher kann eine Konzentration des Sonnenlichts zu einer Reduzierung der Oberflächenrekombination in Solarzellen führen.

Die Bedeutung der Oberflächenrekombination soll durch die folgende Überlegung abgeschätzt werden: Das vergleichsweise defektreiche amorphe Silizium weist im Volumen eine Defektzustandsdichte von etwa 10^{17} Defekten cm^{-3} im Bereich der Energielücke auf. Nimmt man an, daß an der Oberfläche jedes hundertste Atom zu einem Energiezustand innerhalb der Energielücke führt, so wäre die Oberflächenzustandsdichte von der Größenordnung 10^{13} pro cm^2. Die-

se Schicht an der Oberfläche verhält sich so wie eine entsprechende Schicht in einem Halbleiter mit über 10^{20} Defekten cm^{-3}. Das bedeutet, daß selbst in vergleichsweise schlechtem Halbleitermaterial vornehmlich die Oberfläche als Senke für Überschußladungsträger in Betracht kommt. Die Werte von S differieren von 1 cms^{-1} für nahezu defektfreie Oberflächen bis zu mehr als 10^6 cms^{-1} für stark gestörte Oberflächen, wie sie z.B. durch Sandstrahlbehandlung entstehen.
Die bisher beschriebenen Vorgänge lassen sich zusammenfassen

$$\frac{\partial n^*}{\partial t} = G - U + D_e \frac{\partial^2 n^*}{\partial t^2}. \quad (2.63)$$

Gleichung (2.63) wird als Transportgleichung bezeichnet. Sie beschreibt das Ladungsträgerverhalten unter Belichtung (Generationsrate G). Der zeitliche Verlauf der Ladungsträgerkonzentration $n = n_0 + \Delta n$ wird bestimmt durch die Wechselwirkung von Erzeugung (G), Rekombination (U) und Diffusion der Ladungsträger. Hierbei bezeichnet D den Diffusionskoeffizienten. Die Gleichung gilt für den feldfreien Fall und wird in Abschn. 2.5.3 genauer behandelt.

2.3.4 Überschußladungsträger und Quasiferminiveaus

Im folgenden wird abgeschätzt, wie sich die Ladungsträgerkonzentrationen in Leitungs- und Valenzband von dotierten Halbleitern bei Belichtung verhalten. Als Beispiel wird von einem Halbleiter ausgegangen, dessen intrinsische Ladungsträgerkonzentration 10^{10} cm^{-3} ist. Für n-Leitung mit einer Dotierung von 10^{16} cm^{-3} ergibt sich aus dem Massenwirkungsgesetz für Halbleiter als Defektelektronenkonzentration im Dunkeln $p_0 = 10^4$ cm^{-3}. Man geht von einem Photonenfluß der Größe $p = 10^{17}$ cm^{-2}s^{-1} aus (entspricht rotem Licht von 2 eV im AM1.5 Solarspektrum (84.4 mWcm^{-2} Lichtleistung)); (vgl. Abschn. 2.6) und nimmt als Ladungsträgerlebensdauer $\tau = 10^{-6}$ s an. Unter der Voraussetzung, daß die Photonen innerhalb eines Volumens der Grundfläche 1 cm^2 und der Tiefe $x = 10$ μm absorbiert werden, ergibt sich für die stationäre Konzentration der durch Licht erzeugten Überschußladungsträger

$$\Delta p = \Delta n = P\tau/x = 10^{17} \cdot 10^{-6}/10^{-3} \text{ cm}^{-3} = 10^{14} \text{ cm}^{-3}.$$

Wir vergleichen diesen Wert mit den Ladungsträgerkonzentrationen im Dunkeln und betrachten die relativen Änderungen. Es ist $n^* = n_0 + \Delta n = 10^{16}$cm^{-3}+$10^{14}$cm^{-3}, d.h. die relative Änderung für die Majoritätsladungsträger beträgt in diesem Fall 1%. Die Änderung der Minoritätsladungsträgerkonzentration ergibt sich aus $p^* = p_0 + \Delta p = 10^4$cm^{-3} + 10^{14}cm^{-3}, d.h. man erhält eine Änderung um 10 Größenordnungen. Dies bedeutet, daß sich die Belichtung eines dotierten Halbleiters ganz überwiegend auf die Minoritätsladungsträgerkonzentration auswirkt. Die beobachteten Photoeffekte werden durch die Minoritätsladungsträger bewirkt. Zur Veranschaulichung sind diese Überlegungen in Abb. 2.28 gezeigt. Die Abbildung zeigt Konzentrationsprofile im Dunkeln und bei Belichtung über der Tiefe in der Probe im Vergleich mit dem Profil, das durch die Lichtabsorption entsteht. Während sich für die Majoritätsladungsträger wenig ändert, ergibt sich ein neues Ladungsträgerprofil für die

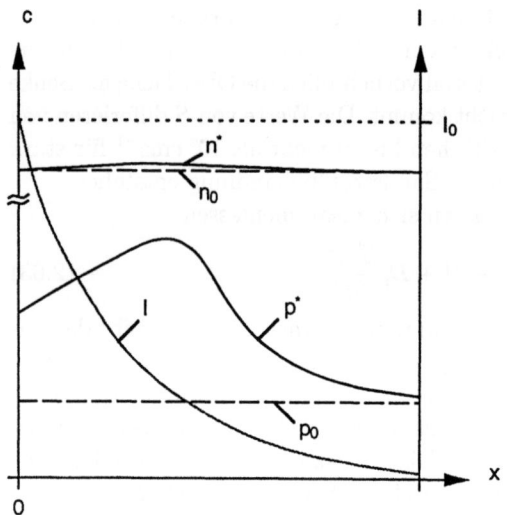

Abb. 2.28. Schematische Darstellung der Ladungsträgerkonzentrationen c von Elektronen und Löchern im Dunkeln und bei Belichtung in Abhängigkeit von der Entfernung zur Oberfläche x; ebenfalls aufgetragen ist das Lichtabsorptionsprofil $I(x)$

Minoritätsladungsträger. Es ist bestimmt durch die drastische Änderung der Konzentration durch Lichtabsorption, die Verschiebung des abklingenden Teils ins Halbleiterinnere kommt durch die Diffusion (Diffusionslänge L_p) der Minoritätsladungsträger zustande. Dies führt dazu, daß auch im unbelichteten Teil des Halbleiters Überschußladungsträger existieren können. Die reduzierte Konzentration der Überschußladungsträger an der Oberfläche ($x = 0$) ist eine Folge von Oberflächenrekombinationsverlusten.

Bei stationärer Belichtung existieren bei genügend großer Lebensdauer der Überschußladungsträger an den Bandkanten für Elektronen im Leitungsband und Löcher im Valenzband getrennte gleichgewichtsähnliche Zustände. Man versucht die Elektronen und Löcher im Rahmen der Terminologie von Gleichgewichtszuständen zu beschreiben. Da in dieser Darstellung stationäre Zustände behandelt werden, spricht man von Quasiferminiveaus (im Engl. auch Imref, d.h. Fermi rückwärts gelesen!). Diese Quasigleichgewichtsniveaus werden betrachtet, um den Energieinhalt des Systems aufgrund der Belichtung auszudrücken. Die Vorgehensweise wird deutlich, wenn man vom Ferminiveau eines Halbleiters im unbelichteten Fall ausgeht und dann die Änderung bei Belichtung erfaßt. In Abwesenheit von Aufladungen und Oberflächendipolen gilt, daß das Ferminiveau dem chemischen Potential der Elektronen entspricht. Aus statistischen Betrachtungen folgt [1]:

$$E_F = E_V + kT\ln\left(\frac{N_V - p}{p}\right) \tag{2.64}$$

bzw.

$$E_F = E_L + kT \ln\left(\frac{n}{N_L - n}\right). \tag{2.64a}$$

Diese Form entspricht der eines chemischen Potentials $\mu = \mu^0 + kT \ln c/c^0$. Im Fall nicht entarteter Halbleiter gilt $N_V \gg p$ $N_L \gg n$, so daß in den obigen Gleichungen die Terme $N_V - p$ und $N_L - n$ jeweils durch N_V und N_L in genügender Genauigkeit beschrieben werden. Die entsprechenden Beziehungen

$$E_F = E_V + kT \ln\frac{N_V}{p}, \tag{2.64b}$$

$$E_F = E_L + kT \ln\frac{n}{N_L} \tag{2.64c}$$

sind die nach E_F aufgelösten Ausdrücke für die Ladungsträgerkonzentration im Rahmen der Boltzmann-Näherung (s. (2.8), (2.10)).
In der Terminologie von (2.64) wird die Belichtung durch den Übergang $n \to n^*(x)$ (nicht homogene Belichtung) beschrieben:

$$_nE_F^*(x) = E_L + kT \ln\frac{n^*(x)}{N_L} = E_L + kT \ln\left(\frac{n + \Delta n(x)}{N_L}\right). \tag{2.65}$$

Hierbei bezeichnet $_nE_F^*(x)$ das ortsabhängige Quasiferminiveau für Elektronen im Leitungsband. Für die Löcher im Valenzband ergibt sich in analoger Weise das Quasiferminiveau zu

$$_pE_F^*(x) = E_V + kT \ln\frac{N_V}{p^*(x)} = E_V + kT \ln\left(\frac{N_V}{p + \Delta p(x)}\right). \tag{2.65a}$$

Auflösung von (2.65) nach $n^*(x)$ und $p^*(x)$ führt zu den Ausdrücken

$$n^*(x) = N_L e^{-\frac{E_L - _nE_F^*(x)}{kT}} \tag{2.66}$$

$$p^*(x) = N_V e^{-\frac{_pE_F^*(x) - E_V}{kT}}. \tag{2.66a}$$

Berücksichtigt man die Beziehungen für n und p in Abhängigkeit von $E_L - E_F$ bzw. $E_F - E_V$ (s. (2.25), (2.26)), so erhält man aus (2.65) und (2.65a)

$$_nE_F^*(x) = E_F + kT \ln\frac{n^*(x)}{n} = E_F + kT \ln\left(1 + \frac{\Delta n(x)}{n}\right), \tag{2.67}$$

$$_pE_F^*(x) = E_F - kT \ln\left(1 + \frac{\Delta p(x)}{p}\right). \tag{2.67a}$$

Die Vorzeichen in (2.67), (2.67a) besagen, daß im Fall der Elektronen das Quasiferminiveau energetisch oberhalb des Ferminiveaus im unbelichteten Fall liegt (die Elektronenenergie wird in Richtung Vakuumniveau positiv gezählt). Das Quasiferminiveau der Defektelektronen liegt energetisch unterhalb des Ferminiveaus für den unbelichteten Fall.
In Abbildung 2.29 sind die Quasiferminiveaus für den Fall eines belichteten n-Halbleiters aufgetragen. Dort, wo keine Überschußladungsträger existieren,

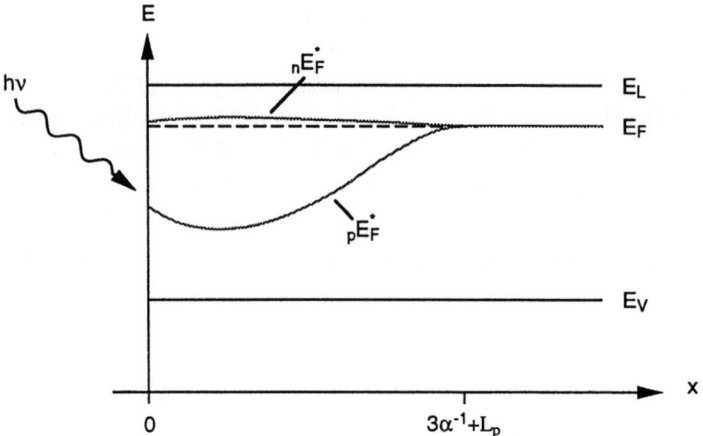

Abb. 2.29. Ortsabhängigkeit des Quasiferminiveaus für einen belichteten, nicht kontaktierten n-Halbleiter

ist die Aufspaltung zwischen $_nE_F^*$ und $_pE_F^*$ aufgehoben. Die Krümmung beider Quasiferminiveaus an der Oberfläche soll wiederum eine verringerte stationäre Konzentration kennzeichnen.

Die unterschiedliche Lage des Quasiferminiveaus für Elektronen und Löcher an der Oberfläche stellt eine Energiedifferenz dar. Die Quasiferminiveaus leiten sich entsprechend (2.67) aus Überschußladungsträgerprofilen her, die stationär sind. Prozesse wie Thermalisierung der hochangeregten Ladungsträger sind bereits implizit als Verlust enthalten. Somit beschreiben $_nE_F^*(x)$ und $_pE_F^*(x)$ die innere Energie des Systems U abzüglich des Entropieterms TS bei konstanter Temperatur und konstantem Volumen. Die Differenz der Quasiferminiveaus kann durch die Größe $\Delta F = \Delta U - T\Delta S$ beschrieben werden. Diese Größe gibt die maximale, dem System entnehmbare Arbeit an, sie wird als freie Energie bezeichnet. Für den belichteten Halbleiter gibt $\Delta F = |_nE_F^*(0) - {}_pE_F^*(0)|$ die maximal erzielbare Photospannung $V_{Ph} = \frac{1}{e}\Delta F$ an.

2.4 Gleichrichtende Kontakte

2.4.1 Gleichgewichtseinstellung zwischen Systemen mit geladenen Teilchen

Allgemein gilt für die Einstellung von Gleichgewichten die Bedingung, daß die freie Enthalpie $G = H - TS$, wobei H die Enthalpie beschreibt, minimal sein muß, d.h. $\Delta G = 0$. Während für die Einstellung des Gleichgewichts zwischen Phasen aus ungeladenen Teilchen, wie z.B. Gasen, die Betrachtung der chemischen Potentiale genügt, müssen für Phasen aus geladenen Teilchen die elektrochemischen Potentiale betrachtet werden. Damit trägt man der Tatsache Rechnung, daß bei Konzentrationsänderungen geladener Teilchen Aufladungen

2.4 Gleichrichtende Kontakte

entstehen können; außerdem wird der Einfluß von Dipolschichten an Grenzflächen erfaßt. Man schreibt $\Delta G = \sum \tilde{\mu}_i = 0$, wobei $\tilde{\mu}_i$ das elektrochemische Potential der jeweiligen Phase definiert. Für ein freies Elektronengas ist dessen chemisches Potential gleich dem Ferminiveau des Elektronengases (s. Abschn. 2.2). Für bewegliche Elektronen in einem realen Festkörper müssen der Einfluß der Oberfläche und eventuell auftretende geladene Randschichten berücksichtigt werden. In diesem Fall entspricht dem Ferminiveau des Festkörpers das elektrochemische Potential. Man definiert als elektrochemisches Potential

$$\tilde{\mu} = \mu + e\varphi, \qquad (2.68)$$

wobei, wie bereits im vorigen Abschnitt erwähnt, $\mu = kT\ln c$ gilt. Hierbei gibt μ die Fähigkeit des Systems an, aufgrund der Änderung seiner Teilchenzahl Arbeit zu leisten. In (2.68) bezeichnet φ das Galvanipotential im Inneren der betrachteten Phase. Es läßt sich in zwei Komponenten aufteilen:

$$\varphi = \delta + \psi. \qquad (2.69)$$

Hierbei ist ψ, das Voltapotential, ein durch Aufladung erzeugtes Potential. In Systemen ohne Überschußladungen ist $\psi = 0$. Jedoch können in Abwesenheit von Überschußladungen Potentialänderungen an Phasengrenzen auftreten, die auf Grenzflächendipole zurückgeführt werden. Derartige Änderungen werden in (2.69) durch das Potential δ erfaßt. Im folgenden werden Gleichgewichtseinstellungen zwischen zwei Phasen betrachtet, von denen eine Phase ein Halbleiter ist, und die andere Phase zur Erzeugung eines gleichrichtenden Kontaktes (Halbleiter, Metall, Redoxelektrolyt) dient. Die Phasen sind durch ihre jeweiligen elektrochemischen Potentiale charakterisiert.
Vor Kontaktbildung gilt

$$\tilde{\mu}_1 = \mu_1 + e\varphi_1 \text{ (Phase 1)},$$

$$\tilde{\mu}_2 = \mu_2 + e\varphi_2 \text{ (Phase 2)}. \qquad (2.70)$$

Bei ungeladenen Teilchen fände nach der Kontaktbildung ein Teilchenfluß statt, bis sich ein gemeinsames chemisches Potential eingestellt hat. Bei geladenen Teilchen (wie in (2.70)) ist mit dem Teilchenfluß zugleich eine Aufladung beider Phasen verbunden, d.h. in beiden Phasen entstehen Voltapotentiale und damit neue Galvanipotentiale. Das Gleichgewicht ist erreicht, wenn sich ein gemeinsames elektrochemisches Potential eingestellt hat. Nach der Kontaktbildung gilt:

$$\tilde{\mu}_1' = \tilde{\mu}_2' = \tilde{\mu}_K = E_F^K. \qquad (2.71)$$

Die elektrochemischen Potentiale nach Kontaktbildung in den Phasen 1 und 2 werden durch $\tilde{\mu}_i'$, $(i = 1, 2)$ bezeichnet; sie sind ortsunabhängig und gleich dem elektrochemischen Potential $\tilde{\mu}_K$ im Gleichgewicht nach Kontaktbildung. Dieses ist zugleich das entsprechende Ferminiveau E_F^K. Nach Kontaktbildung existiert demnach ein neues, i. allg. von den elektrochemischen Potentialen $\tilde{\mu}_i'$ vor Kon-

2. Physik der Solarzelle

taktbildung verschiedenes elektrochemisches Potential (Ferminiveau $\tilde{\mu}_K = E_F^K$). Es gilt vor Kontakt (2.70) und nach Kontakt

$$\tilde{\mu}'_1 = \mu'_1 + e\varphi'_1,$$

$$\tilde{\mu}'_2 = \mu'_2 + e\varphi'_2. \qquad (2.72)$$

Wegen $\tilde{\mu}'_1 = \tilde{\mu}'_2$ gilt:

$$\mu'_1 + e\varphi'_1 = \mu'_2 + e\varphi'_2 = \tilde{\mu}_K, \qquad (2.73)$$

wobei $\tilde{\mu}_1$ und $\tilde{\mu}_2$ in ein gemeinsames $\tilde{\mu}_K$ übergehen.
Wir betrachten $\Delta\tilde{\mu}_{1,K} = \tilde{\mu}_K - \tilde{\mu}_1$:

$$\Delta\tilde{\mu}_{1,K} = \mu'_1 + e\varphi'_1 - (\mu_1 + e\varphi_1)$$
$$= \mu'_1 + e(\psi'_1 + \delta_1) - \mu_1 - e(\psi_1 + \delta_1).$$

Da das System vor Kontaktbildung nicht aufgeladen war, gilt $\psi_1 = 0$. Es folgt:

$$\tilde{\mu}_K - \tilde{\mu}_1 = \Delta\mu_{1,K} + e\psi'_1 \text{ (Phase 1)}. \qquad (2.74)$$

Analog gilt für die Änderung $\Delta\tilde{\mu}_{2,K}$

$$\tilde{\mu}_K - \tilde{\mu}_2 = \Delta\tilde{\mu}_{2,K} = \Delta\mu_{2,K} + e\psi'_2 \text{ (Phase 2)} \qquad (2.75).$$

Dies besagt, daß die Änderung der energetischen Lage des Ferminiveaus durch die Änderung des chemischen Potentials und des Voltapotentials gegeben ist, falls durch die Kontaktbildung Grenzflächendipole unbeeinflußt bleiben. Im allgemeinen gilt $\Delta\tilde{\mu}_{1,K} \neq \Delta\tilde{\mu}_{2,K}$, und ψ wird wieder durch das Galvanipotential φ ersetzt.

Dabei sind $\Delta\mu_{i,K}$ ($i = 1, 2$) und $\Delta\varphi_{i,K}$ in den Phasen ortsabhängig. Dort, wo durch Ladungsaustausch Konzentrationsprofile entstanden sind, die das chemische Potential verändern, ist zugleich eine Aufladung vorhanden, derart, daß die Summe aus chemischem Potential konstant über dem Ort ist. Zur Veranschaulichung wird als System ein p-Halbleiter und ein hoch n-dotierter Halbleiter aus dem gleichen Material (Homojunction) angenommen, das z.B. in der klassischen Si-Solarzelle Verwendung findet. Aus der Kontaktpotentialdifferenz $_nE_F - {_pE_F}$ ergibt sich die Gesamtzahl der auszutauschenden Ladungen. Die in Halbleitern zur Verfügung stehenden freien Ladungen stammen überwiegend von ionisierten ortsfesten Donatoren bzw. Akzeptoren. Entsprechend der jeweiligen Konzentration von Donatoren und Akzeptoren kann der Bereich, in dem die Umladung stattfindet, räumlich unterschiedlich ausgedehnt sein. Die zugehörige Potentialänderung im Innern jeder Phase wird durch die Poisson-Gleichung beschrieben. Aus ihr wird auch der exakte Potentialverlauf in den aufgeladenen Bereichen (Randschicht, Raumladungszone) bestimmt (s. Abschn. 2.4.2). In der Terminologie der elektrochemischen Potentiale bedeutet die Kontaktbildung zwischen unterschiedlich geladenen Phasen, daß sich durch den Ladungsaustausch (Änderung der Elektronenkonzentration) das chemische Potential verändert.

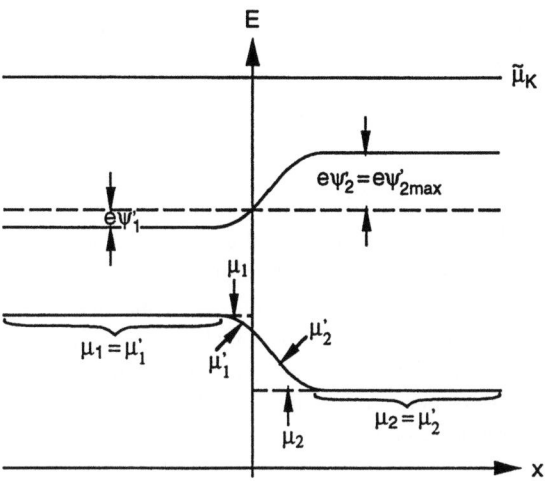

Abb. 2.30. Schematische Darstellung der Ortsabhängigkeit von chemischem Potential, Voltapotential und elektrochemischem Potential

Diese Änderung wird durch eine simultane Änderung des Voltapotentials derart kompensiert, daß das elektrochemische Potential nach Kontaktbildung auch im Bereich der Aufladung ortsunabhängig (konstant) ist (Abb. 2.30). Außerhalb der Raumladungszonen ist der Halbleiter elektrisch neutral. Dies ist der Bereich, in dem in Abb. 2.30 sowohl das Voltapotential als auch das chemische Potential konstant sind. Aus Gründen der Allgemeinheit sind die auf beiden Seiten des Kontaktes auftretenden Voltapotentiale verschieden groß gezeichnet. Im hochdotierten Material kann die Umladung aus ortsfesten flachen Haftstellen aus einem kleineren räumlichen Bereich erfolgen als bei niedriger Dotierung.

Im einfachsten Fall betrachtet man die jeweilige Raumladungszone eines Kondensatormodells. Es ist $C_i = 2\varepsilon_i\varepsilon_0 F/W_i$, wobei F die Fläche, ε_i die Dielektrizitätskonstante des Materials und W_i die Ausdehnung des aufgeladenen Bereiches bezeichnet. Damit ergibt sich für das Voltapotential (Ableitung im folgenden Abschnitt):

$$\psi_{i\,\text{max}} = \frac{Q_i}{2C_i} = \frac{Q_i W_i}{2\varepsilon_i\varepsilon_0 F}. \tag{2.76}$$

Hierbei bezeichnen Q_i die insgesamt bei Kontaktbildung geflossene Ladung, C_i die differentiellen Kapazitäten, F die Fläche und W_i die Ausdehnung der Raumladungszonen; ε_i ist die statische Dielektrizitätskonstante des Halbleiters. Da W für einen hochdotierten Halbleiter kleiner ist als im niedrig dotierten Material, ist die entsprechende Kapazität größer, das wiederum zu einem geringeren Potentialabfall führt. Das bedeutet, daß sich bei Kontaktbildung zwischen hoch und niedrig dotiertem Halbleiter bzw. zwischen Metall und Halbleiter (Schottky-Kontakt) die Kontaktpotentialdifferenz weitgehend in der niedrig dotierten Phase aufbaut. Die parabolische Form des Verlaufs von Voltapotential und chemischem Potential in Abb. 2.30 erhält man unter der Annahme, daß innerhalb von W eine homogene Verteilung der ortsfesten Donatoren bzw. Akzeptoren vorliegt (Poisson-Gleichung, vgl. folgenden Abschnitt).

2.3.2 Kontaktpotentiale und Raumladungszonen

Es wird zunächst der Fall eines abrupten p-n-Überganges behandelt. Man versteht darunter den sprunghaften Übergang vom n-leitenden zu p-leitenden Gebiet innerhalb eines Halbleiters oder von einem n-Halbleiter zu einem anderen p-Halbleiter. Im folgenden wird davon ausgegangen, daß die Donatorkonzentration im p-Gebiet und die Akzeptorkonzentration im n-Gebiet vernachlässigt werden können. Die ortsfesten Ladungen in den jeweiligen Raumladungszonen werden als homogen verteilt angenommen. Im p- bzw. n-Gebiet gilt für die Ladungsdichte (mit $e = |e_0|$, e_0 Elementarladung):

$$\rho_p = \begin{cases} -eN_A \text{ für } -W_p \leq x \leq 0 \\ 0 \text{ für } x \leq -W_p \end{cases},$$

$$\rho_n = \begin{cases} eN_D \text{ für } 0 \leq x \leq W_n \\ 0 \text{ für } x \geq W_n \end{cases}. \qquad (2.77)$$

Abbildung 2.31a und b zeigen schematisch den Verlauf. Damit lautet die Poisson-Gleichung (eindimensionaler Fall) für das p- bzw. n-Gebiet:

$$\frac{d^2\varphi(x)}{dx^2} = -\frac{\rho}{\epsilon_p\epsilon_0} = \frac{eN_A}{\epsilon_p\epsilon_0}, \qquad (2.78)$$

$$\frac{d^2\varphi(x)}{dx^2} = -\frac{\rho}{\epsilon_n\epsilon_0} = \frac{-eN_D}{\epsilon_n\epsilon_0}. \qquad (2.79)$$

Mit

$$E(x) = -\frac{d\varphi}{dx} \qquad (2.80)$$

erhält man durch Integration aus (2.78)

$$E(x) = -\frac{eN_A}{\epsilon_p\epsilon_0} \cdot x + C \text{ für } -W_p \leq x \leq 0. \qquad (2.81)$$

Die Integrationskonstante ergibt sich aus der Nebenbedingung, daß das elektrische Feld außerhalb der Raumladungszone ($x \leq -W_p$) verschwindet, zu $C = -eN_A/\epsilon_p\epsilon_0 |W_p|$. Gleichung (2.81) lautet daher

$$E_p(x) = -\frac{eN_A}{\epsilon_p\epsilon_0}(x + |W_p|) \text{ für } -W_p \leq x \leq 0. \qquad (2.82)$$

Analog erhält man für das n-Gebiet durch Integration von (2.79)

$$E_n(x) = \frac{eN_D}{\epsilon_n\epsilon_0}(x - W_n) \text{ für } 0 \leq x \leq W_n. \qquad (2.83)$$

Das Feld wird maximal bei $x = 0$:

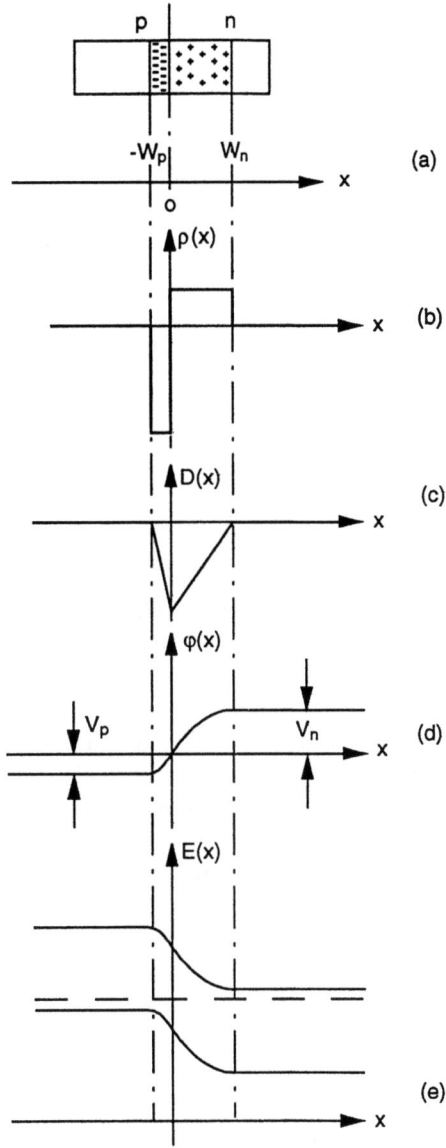

Abb. 2.31a–e. Abrupter p-n-Übergang (a) Verteilung der ortsfesten Ladungen im Halbleiter; (b) Ladungsdichte; (c) dielektrische Verschiebung; (d) Potential; (e) Energiebanddiagramm als Funktion des Ortes x

$$E_p(0) = -\frac{eN_A W_p}{\epsilon_p \epsilon_0}, \qquad (2.84)$$

$$E_n(0) = -\frac{eN_D W_n}{\epsilon_n \epsilon_0}. \qquad (2.85)$$

Da aus Ladungserhaltungsgründen gelten muß

54   2. Physik der Solarzelle

$$N_A \cdot W_p = N_D \cdot W_n, \qquad (2.86)$$

folgt unmittelbar

$$D_p(0) = \epsilon_p E_p(0) = \epsilon_n E_n(0) = D_n(0). \qquad (2.87)$$

Der Verlauf der dielektrischen Verschiebung D ist in Abb. 2.31c dargestellt. Eine wichtige Beziehung folgt aus (2.84):

$$\frac{N_A}{N_D} = \frac{W_n}{W_p} \qquad (2.88)$$

Die Ausdehnung der Raumladungszonen verhält sich umgekehrt proportional zu den Ladungsträgerkonzentrationen. Für das Potential ergibt sich mit (2.80) aus (2.82) und (2.83) durch Integration

$$\varphi(x) = \frac{eN_A}{\epsilon_p \epsilon_0} \left(\frac{1}{2}x^2 + |W_p|\, x\right) + C \text{ für } -W_p \leq x \leq 0, \qquad (2.89)$$

$$\varphi(x) = -\frac{eN_D}{\epsilon_n \epsilon_0} \left(\frac{1}{2}x^2 - W_n x\right) + D \text{ für } 0 \leq x \leq W_n. \qquad (2.90)$$

Ohne Raumladungszone ($eN_A = eN_D = 0$) wäre das Potential im n- und p-Gebiet identisch; daraus folgt $C = D$. Da die interessierenden Größen Spannungen, d.h. Potentialdifferenzen sind, braucht dieser additive Term nicht weiter berücksichtigt zu werden, und man kann $\varphi(x=0) = C = D \equiv 0$ setzen. Das bedeutet, daß man für $x > 0$ eine Potentialanhebung, für $x < 0$ eine Absenkung erhält; Abb. 2.31d zeigt den berechneten Potentialverlauf. Das durch Aufladung erzeugte Voltapotential verändert die potentielle Energie der Leitungs- und Valenzbandelektronen um $e\varphi$, wobei e hier die negative Elementarladung bezeichnet. Daher erhält man für das Energiebanddiagramm gerade umgekehrte Verhältnisse wie für das Potential: im p-Gebiet eine Anhebung, im n-Gebiet eine Absenkung (Abb. 2.31e).

Das maximale Voltapotential in der jeweiligen Phase erhält man für $x = -W_p$ bzw. $x = W_n$ (vgl. (2.89) und (2.90)). Die zwischen $x = 0$ und $x = -W_p$ bzw. $x = W_n$ abfallende Spannung wird als Diffusionsspannung V_p bzw. V_n bezeichnet:

$$V_p = \varphi(0) - \varphi(-W_p) = \frac{eN_A W_p^2}{2\epsilon_p \epsilon_0}, \qquad (2.91)$$

$$V_n = \varphi(W_n) - \varphi(0) = \frac{eN_D W_n^2}{2\epsilon_n \epsilon_0}. \qquad (2.92)$$

Die gesamte Kontaktpotentialdifferenz bzw. Kontaktspannung V_K ist dann:

$$V_K = V_p + V_n = \varphi(W_n) - \varphi(-W_p) = \frac{e}{2\epsilon_0}\left(\frac{N_D W_n^2}{\epsilon_n} + \frac{N_A W_p^2}{\epsilon_p}\right) \qquad (2.93)$$

Aus (2.91) und (2.92) folgt für die Ausdehnung der jeweiligen Raumladungszone

$$W_p = \left(\frac{2\epsilon_p \epsilon_0 V_p}{eN_A}\right)^{1/2}, \qquad (2.94)$$

$$W_n = \left(\frac{2\epsilon_n\epsilon_0 V_n}{eN_D}\right)^{1/2}. \tag{2.95}$$

Die Ausdehnung W der gesamten Raumladungszone ist durch die Summe von (2.94) und (2.95) gegeben. Als Funktion der gesamten Kontaktpotentialdifferenz V_K ergibt sich für eine Homojunction ($\epsilon_p = \epsilon_n = \epsilon$):

$$W = \sqrt{\frac{2\epsilon\epsilon_0}{e}\frac{(N_A+N_D)}{N_A N_D}V_K}. \tag{2.96}$$

Aus (2.86), (2.91) und (2.92) folgt weiterhin

$$\frac{V_p}{V_n} = \frac{\epsilon_n N_D}{\epsilon_p N_A} \tag{2.97}$$

Die Zusammenhänge in den Gleichungen (2.86) und (2.94)–(2.97) bedeuten, daß bei einem abrupten p-n-Übergang mit z.B. $N_D \gg N_A$ (man bezeichnet derartige Übergänge als n$^+$-p-Übergänge) die Ausdehnung der Raumladungszone sowie der Spannungsabfall im hoch dotierten Bereich gegenüber den entsprechenden Größen im niedrig dotierten Bereich näherungsweise vernachlässigt werden können. Dies gilt z.B. für die klassischen Si-Solarzelle (typischerweise findet man hier $N_D/N_A \geq 10^3$; vgl. Abschn. 3.1.2) und insbesondere für den Metall-Halbleiterkontakt, bei dem der Unterschied in der Ladungsträgerkonzentration oft fünf Größenordnungen beträgt.

Abbildung 2.32 zeigt den Einfluß der Dotierung auf die Ausdehnung der Raumladungszone in GaAs ($\epsilon = 13.1, T = 300$ K); als Parameter ist eine unterschiedliche Kontaktpotentialdifferenz V_n angenommen worden, wie sie z.B. durch Verwendung verschiedener Metalle als Frontkontakt auftreten kann. Die in den Raumladungszonen gespeicherte Ladung $Q_p = eN_A \cdot W_p \cdot F = eN_D \cdot W_n \cdot F = Q_n$ (F Querschnittsfläche des p-n-Überganges) hängt wegen (2.94)–(2.96) nicht linear von V_p bzw. V_n ab. Infolgedessen ist die Kapazität C_p bzw. C_n des p- bzw.

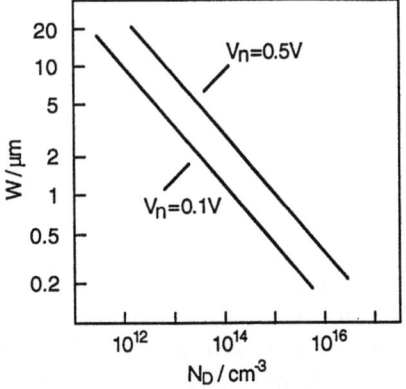

Abb. 2.32. Ausdehnung der Raumladungszone W als Funktion der Dotierung N_D für GaAs und zwei unterschiedlicher Kontaktspannungen

2. Physik der Solarzelle

n-leitenden Halbleitergebiets keine konstante Größe (wie die Kapazität eines metallischen Plattenkondensators). Man definiert stattdessen die differentielle Kapazität $C' = dQ/dV$. Für eine Raumladungszone (z.B. W_p) ergibt sich mit (2.91) und (2.94):

$$C'_p = \frac{dQ_p}{dV_p} = \frac{d(eN_A \cdot W_p \cdot F)}{d\left(eN_A \cdot W_p^2/(2\epsilon_p\epsilon_0)\right)} = \frac{\epsilon_p\epsilon_0 F}{W_p} = F \cdot \sqrt{\frac{\epsilon_p\epsilon_0 eN_A}{2V_p}}, \qquad (2.98)$$

bzw. nach Umformung

$$V_p = \frac{Q_p \cdot W_p}{2\epsilon_p\epsilon_0 F} = \frac{1}{2}\frac{Q_p}{C'_p} \qquad (2.99)$$

(s. (2.76)). Im folgenden werden der Metall-Halbleiter-Kontakt und – für den Fall einer Heterojunction – der Halbleiter-Halbleiter-Kontakt anhand von ortsabhängigen Energiebanddiagrammen näher beschrieben.

2.4.3 Der ideale Metall-Halbleiter-Kontakt

Die Vorgänge zur Kontaktbildung sind schematisch in Abbildung 2.33 gezeigt.
In Abbildung 2.33a ist die Ausgangssituation zwischen einem vergleichsweise elektropositiven Metall, charakterisiert durch seine Austrittsarbeit Φ_M, und einem n-Halbleiter, gekennzeichnet durch sein Ferminiveau E_F^{HL} sowie die Elektronenaffinität χ, dargestellt. Der Abstand d zwischen Metall und Halbleiter habe makroskopische Dimensionen. Verbindet man Metall und Halbleiterrückkontakt leitend, so stellt sich ein neues Gleichgewicht ein. Auf der Basis der vorangegangenen Betrachtungen ändert sich das Ferminiveau des Metalls praktisch nicht, wogegen sich das Ferminiveau des Halbleiters um nahezu die gesamte Kontaktpotentialdifferenz $e\Delta\Phi$ verschiebt. Bei genügend großem Abstand fällt diese Kontaktpotentialdifferenz vollständig in der Zwischenschicht (z.B. Luft) ab, wie in Abb. 2.33b gezeigt. Veranschaulicht man sich die Verhältnisse anhand eines einfachen Kondensatormodells (eine Halbleiterplatte, die von einer Metallplatte durch den Abstand d getrennt ist), so gilt für den Zusammenhang zwischen Ladung, Potential und Abstand

$$Q = CV = \frac{\varepsilon\varepsilon_0 F}{d}V,$$

bzw.

$$V = \Delta\varphi = \frac{Qd}{\varepsilon\varepsilon_0 F} \qquad (2.100)$$

d.h., daß bei großem Abstand wenige Ladungen genügen, um die Kontaktpotentialdifferenz auszugleichen. Bringt man Metall und Halbleiter einander näher (wie in Abb. 2.33c), so fließt eine Anzahl Ladungen über den Rückkontakt vom Halbleiter zum Metall. Dies bewirkt eine positive Aufladung des Halbleiters an seiner Oberfläche und eine negative Aufladung des Metalls. Die Gesamtkontaktpotentialdifferenz verteilt sich auf die Zwischenschicht sowie auf die sich ausbil-

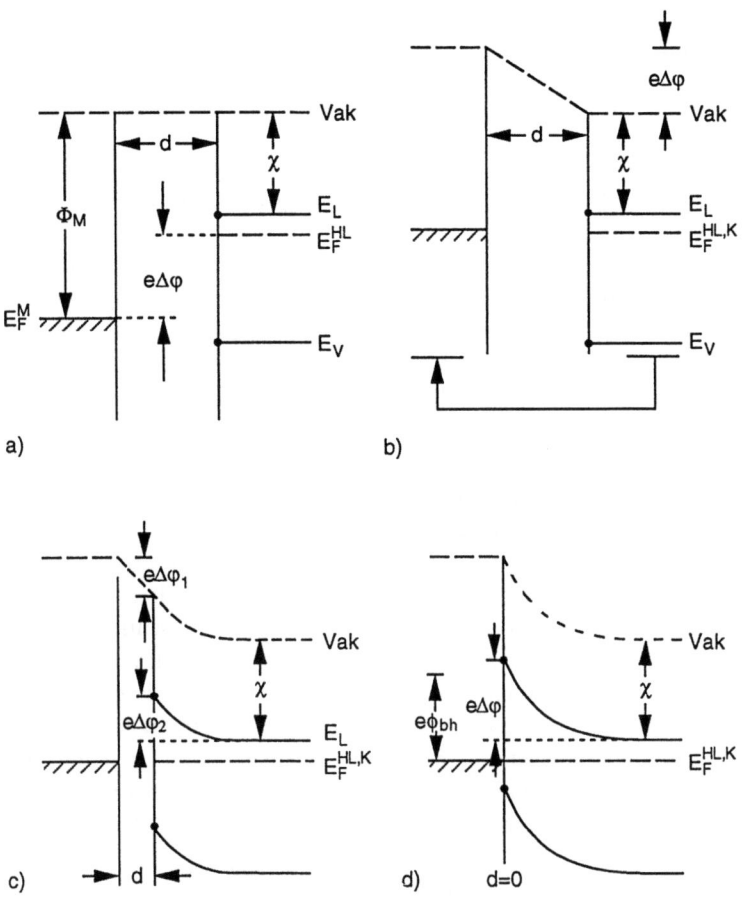

Abb. 2.33a–d. Schematische Darstellung zur Bildung eines gleichrichtenden Halbleiter-Metall-Kontaktes

dende Halbleiterrandschicht, so daß $e\Delta\phi = e\Delta\phi_1 + e\Delta\phi_2$. Die Auflagung des Halbleiters bewirkt eine Verschiebung des Vakuumniveaus (siehe z.B. Feldionenemission). Da sich die Elektronenaffinität als Materialkonstante nicht ändert, bedeutet dies, daß die Energiebänder über dem Ort den gleichen parabolischen Verlauf zeigen, wie dies für das Voltapotential der Fall war (vgl. Abb. 2.30). Für den Fall des idealen Kontaktes, wobei $d = 0$ ist, fällt die gesamte Kontaktpotentialdifferenz im Halbleiter ab (s. Abb. 2.33d). Hinsichtlich der Energiebänder hat sich die maximale Bandverbiegung ausgebildet; es ist $eV_b = e\Delta\phi$. Die Barrierenhöhe $E_{bh} = e\Phi_{bh} = eV_b + E_L - E_F$ definiert z.B. den Sättigungsstrom in Sperrichtung einer solchen gleichrichtenden Diode. Allerdings sind Änderungen von Oberflächendipolen (s. (2.69)) durch die Wechselwirkung bei der Kontaktierung hier nicht berücksichtigt. In diesen Betrachtungen wurde die Verringerung der Barrierenhöhe durch das Auftreten von Bildladungen im Metall im Zusammenhang mit der thermischen Emission von Elektronen von der Halbleiterseite in das Metall vernachlässigt. Die Änderung der Barrierenhöhe ist in den meisten Fällen klein und beträgt weniger als 50 meV. Sie kann von Bedeutung werden, wenn der Majoritätsladungsträgertransport von Halbleitern in Metalle betrachtet wird, da die Barrierenhöhe exponentiell eingeht (s. Abschn. 2.5).

2.4.4 Das Anderson-Modell einer Halbleiter-Heterostruktur

Zwei verschiedene Halbleiter werden miteinander in Kontakt gebracht. Es wird angenommen, daß die Halbleiter sich in der Größe der Energielücke, der Dotierung, der statischen Dielektrizitätskonstanten und der Elektronenaffinität unterscheiden. Die Voraussetzungen des Anderson-Modells bestehen in den Annahmen, daß auftretende Ströme ausschließlich durch Injektionsprozesse über die Leitungs- und Valenzbandbarrieren gegeben sind. In der Realität müssen häufig zusätzlich Tunnelprozesse und Grenzflächenrekombination berücksichtigt werden. Das Anderson-Modell beinhaltet implizit noch weitere Annahmen: so ändern sich durch die Kontaktbildung im atomaren Bereich die Elektronenaffinitäten der beteiligten Halbleiter nicht. Diese Annahme bedeutet, daß Oberflächen- bzw. Grenzflächendipole unbeeinflußt bleiben. Dies stellt eine Vereinfachung dar, die sich vielfach als zu grob erwiesen hat (s. Abschn. 2.7); des weiteren ist die Grenzfläche, an der die Kontaktbildung stattfindet, als abrupter aber ungestörter Übergang konzipiert, d.h. eventuelle Gitterfehlanpassungen bzw. durch unterschiedliche thermische Ausdehnungskoeffizienten hervorgerufene Verspannungen und die Entstehung daraus resultierender Grenzflächenzustände werden ebenso vernachlässigt. Auch die durch die Kontaktbildung erfolgende Beeinflussung von bereits vorhandenen Oberflächenzuständen wird nicht berücksichtig.

Die Schärfe, d.h. die Abruptheit des Überganges, ist oft nicht gewährleistet, da chemische Wechselwirkungen zwischen den kontaktierten Phasen auftreten können. Darüberhinaus gelten die oben gemachten Einschränkungen hinsichtlich des Oberflächendipols, da die Überlappung atomarer Wellenfunktionen der beiden Phasen i. allg. zu einem geänderten Oberflächendipol führt. Abbildung 2.34 zeigt die energetischen Verhältnisse für eine Halbleiter-Heterostruktur vor bzw. nach Kontaktbildung. Das gezeigte Beispiel entspricht einer p−CuInSe$_2$/n-CdS-Solarzelle. Die Werte für die Elektronenaffinitäten sind 4.6 eV und 4.5 eV. Als Dotierung wird angenommen 10^{16}cm^{-3} (CuInSe$_2$) und $2 \cdot 10^{17}$cm^{-3} (CdS). Die Energielücken betragen 1.05 eV und 2.4 eV. Die Lage des Ferminiveaus relativ zu den Bandkanten ist durch die Dotierung gemäß (2.25) und (2.26) gegeben. Man sieht in Abb. 2.34a, daß sowohl hinsichtlich des Leitungsbandes als auch im Valenzband Diskontinuitäten vorliegen. Während die Leitungsbanddiskontinuität klein ist, ist diejenige im Valenzband sehr groß. Zur Bestimmung der Verhältnisse nach Kontaktbildung verwendet man die folgenden Beziehungen. Die gesamte Kontaktpotentialdifferenz ist gegeben durch die Differenz der Ferminiveaus vor Kontaktbildung, so daß

$$E_F^n - E_F^p = e\left(V_n + V_p\right). \tag{2.101}$$

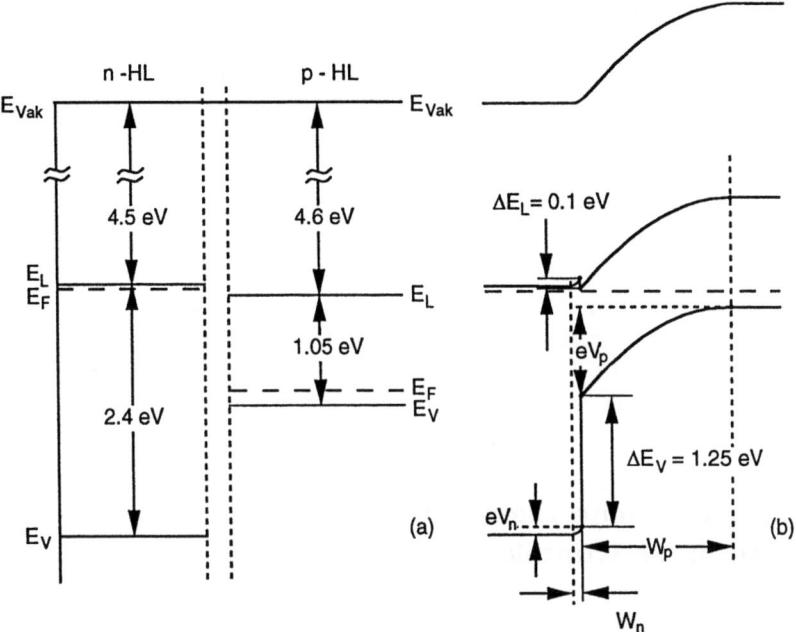

Abb. 2.34a,b. Schematisches Energiebanddiagramm einer Halbleiter-Hetero-Struktur (a) vor und (b) nach Kontaktbildung; die verwendeten Daten entsprechen denen von CdS und CuInSe$_2$

Hierbei bezeichnen V_n und V_p die Diffusionsspannungen im n- bzw. p-leitenden Halbleiter. Unter Verwendung von (2.91) und (2.92) können die Diffusionsspannungen bestimmt werden. Für die Diskontinuitäten in Leitungs- und Valenzband gelten die Zusammenhänge:

$$\Delta E_L = \chi_{CIS} - \chi_{CdS}, \tag{2.102}$$

$$\Delta E_V = E_g^{CdS} + \chi_{CdS} - E_g^{CIS} + \chi_{CIS}$$

$$= E_V^{CdS} - E_V^{CIS}. \tag{2.103}$$

Die Summe der Energiebanddiskontinuitäten ist gegeben durch:

$$\Delta E_L + \Delta E_V = E_g^{CdS} - E_g^{CIS} = \Delta E_g. \tag{2.104}$$

Das Energiebanddiagramm nach Kontaktbildung ist in Abb. 2.34b dargestellt, wobei die eingetragenen Banddiskontinuitäten und Diffusionsspannungen sowie die Raumladungszonen mit den oben gegebenen Zahlen bestimmt wurden.
Man erkennt bei genauer Betrachtung von Abb. 2.34, daß das Ferminiveau nach der Kontaktbildung etwas niedriger liegt als vor Kontaktbildung in CdS. Darin

spiegelt sich die geringe Potentialdifferenz im CdS wieder. Man wird jedoch keine Bandverbiegung in CuInSe$_2$ induzieren können, bei der sich das Ferminiveau derart dicht an der Bandkante befindet. Diese starke Inversionsschicht (wesentlich mehr Elektronen als Löcher in diesem Bereich vorhanden) würde auf das vorhandene elektrische Feld kompensierend wirken. Diese Betrachtungen stellen den Idealfall dar. In realen Systemen ist beispielsweise die mikroskopische Kontaktbildung zwischen den Halbleitern von großer Bedeutung. Dabei sind die Anpassung der Gitterkonstanten sowie der thermischen Ausdehnungskoeffizienten wichtig. Außerdem sind eventuell auftretende Grenzflächenzustände innerhalb der Energielücken, die als Rekombinationszentren wirken, abhängig von der jeweiligen Konditionierung der Oberfläche (Oxide, Verunreinigungen, Rauhigkeit). Eine detaillierte Darstellung der Eigenschaften realer CuInSe$_2$/CdS-Solarzellen findet man in Abschn. 4.4.

2.5 Photovoltaische Eigenschaften gleichrichtender Kontakte

Walter Schottky entwickelte unter anderem die Theorie der gleichrichtenden Wirkung von Halbleiter-Metall-Kontakten. ©Photo Deutsches Museum München

2.5 Photovoltaische Eigenschaften gleichrichtender Kontakte

2.5.1 Stromfluß an einer unbelichteten Diode

Man betrachtet als Beispiel einen Metall-Halbleiter-Kontakt (Schottky-Kontakt) wie er in Abb. 2.35 gezeigt ist. Um den Stromfluß über die Barriere in Abhängigkeit von der angelegten negativen Spannung zu beschreiben, werden zunächst die Voraussetzungen für die verschiedenen existierenden Modelle genannt.

Im Fall der *thermionischen Emission* wird angenommen: (i) Barrierenhöhe $e\Phi_{bh} \gg kT$, (ii) thermisches Gleichgewicht existiert in der Emissionsebene, (iii) das Gleichgewicht wird durch einen resultierenden Stromfluß nicht gestört, so daß die Teilströme (vom Metall zum Halbleiter und vom Halbleiter zum Metall) überlagert werden können. Die Theorie der thermionischen Emission findet Anwendung für Halbleiter mit hohen Ladungsträgerbeweglichkeiten (z.B. Si, GaAs). Die *Diffusionstheorie* ist anwendbar für Materialien mit niedriger Beweglichkeit. Die Annahmen dieser von Schottky entwickelten Theorie sind: (i) $e\Phi_{bh} \gg kT$, (ii) Elektronenstöße innerhalb der Raumladungszone werden berücksichtigt, (iii) die Ladungsträgerkonzentrationen an der Oberfläche ($x = 0$) und bei $x = W$ werden durch den Stromfluß nicht beeinflußt, (iv) der Halbleiter ist nicht entartet.

Im folgenden wird der Stromfluß aufgrund der thermionischen Emission beschrieben: Dabei wird von der Boltzmannverteilung für die Majoritätsladungsträgerkonzentration im Halbleiter ausgegangen. Zunächst wird die Dunkelstromdichte $j_D^{(1)}$ ($HL \to M$) vom Halbleiter zum Metall definiert:

$$j_D^{(1)}(V) = en_S(V)v_{th}. \tag{2.105}$$

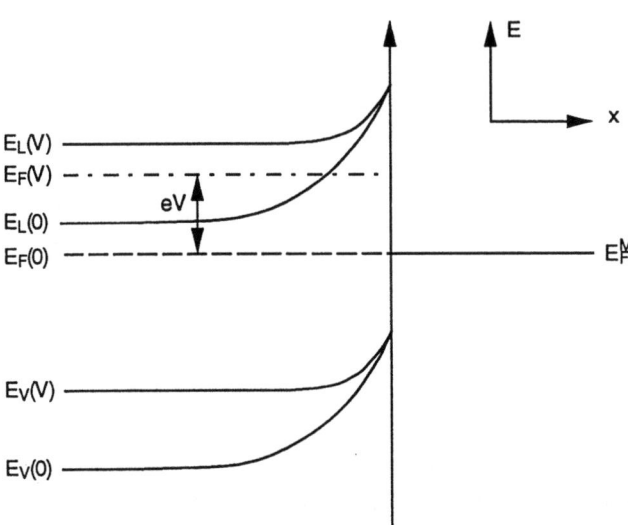

Abb. 2.35. $E(x)$ für eine Schottky-Barriere im thermischen Gleichgewicht und bei angelegter Vorwärtsspannung V (vgl. Abb. 2.33d)

2. Physik der Solarzelle

Die Oberflächenkonzentration der Elektronen hängt exponentiell vom energetischen Abstand $E_L(V) - E_F(V)$ ab:

$$n_S(V) = N_L e^{-\frac{E_L(V)-E_F(V)}{kT}}. \quad (2.106)$$

Da E_L (an der Oberfläche) unabhängig von V ist (vgl. Abb. 2.31d, e), ergibt sich die Spannungsabhängigkeit aus der Verschiebung des Ferminiveaus. Definiert man die Lage des Ferminiveaus für $V = 0$ als E_F^0, so gilt $E_F(V) = E_F^0 + eV$, da die Elektronenenergie erhöht wird. In dieser, als Durchlaßrichtung bezeichneten Situation ist die Spannung negativ. Mit (2.105) und (2.106) erhält man

$$j_D^{(1)}(V) = e v_{th} N_L e^{-\frac{E_L-E_F^0}{kT}} e^{\frac{eV}{kT}}. \quad (2.107)$$

Der Ausdruck $E_L - E_F^0$ stellt die Barrierenhöhe der Struktur dar und ist für das gewählte Metall-Halbleiterpaar konstant. Damit wird (2.107) zu

$$j_D^{(1)}(V) = e v_{th} N_L e^{-\frac{e\Phi_{bh}}{kT}} e^{\frac{eV}{kT}}. \quad (2.108)$$

Mit

$$v_{th} = \left(\frac{kT}{2m_e^*\pi}\right)^{1/2}, \quad N_L = 2\left(\frac{2\pi m_e^* kT}{h^2}\right)^{3/2}$$

erhält man für (2.108)

$$j_D^{(1)}(V) = A^* T^2 e^{-\frac{e\Phi_{bh}}{kT}} e^{\frac{eV}{kT}}, \quad (2.109)$$

wobei $A^* = e N_L / T^2 v_{th}$ ist.

Da die Barrierenhöhe für den Fluß von Elektronen vom Metall zum Halbleiter gleich bleibt, ist der entsprechende Stromfluß unabhängig von der angelegten Spannung. Der Strom muß deshalb entgegengesetzt gleich dem Strom vom Halbleiter zum Metall für den Fall $V = 0$ sein. Die Stromdichte erhält man aus (2.109) für $V = 0$

$$j_D^{(2)} = -A^* T^2 e^{-\frac{e\Phi_{bh}}{kT}}. \quad (2.110)$$

Die Gesamtstromdichte ist dann

$$j_D = j_D^{(1)} + j_D^{(2)} = A^* T^2 e^{-\frac{e\Phi_{bh}}{kT}} \left(e^{\frac{eV}{kT}} - 1\right). \quad (2.111)$$

Man definiert $j_S = A^* T^2 e^{-e\Phi_{bh}/kT}$ als Sättigungsstrom in Sperrichtung und schreibt (2.111) in verkürzter Form

$$j_D = j_S \left(e^{\frac{eV}{kT}} - 1\right). \quad (2.112)$$

Bei negativer Spannung (Durchlaßrichtung) wird wegen $e = -q$ ein exponentielles Ansteigen des (negativen) Dunkelstroms beobachtet. In Sperrichtung ($V > 0$) wird der exponentielle Teil in (2.112) rasch kleiner, und man bekommt mit $j_D(V < 0) \approx -j_S$ einen kleinen Sperrstrom umgekehrten Vorzeichens. Ströme und Spannung in Durchlaßrichtung werden häufig als positiv, in Sperrichtung als negativ definiert.

2.5 Photovoltaische Eigenschaften gleichrichtender Kontakte

A^* bezeichnet die effektive Richardson-Konstante:

$$A^* = \frac{eN_L}{T^2} v_{th} \left[\frac{A}{cm^2 K^2}\right];\qquad(2.113)$$

sie beschreibt die Glühemissionseigenschaften des Halbleiters.
Die Diodengleichung für einen p-n-Übergang hat den gleichen exponentiellen Verlauf. Der Sättigungsstrom in Sperrichtung wird bei einer p-n-Diode jedoch nicht durch die Majoritätsladungsträger bestimmt wie im Falle des Schottky-Kontaktes, sondern durch die Minoritätsladungsträger. Abweichend ergibt sich für die Sättigungsstromdichte nach dem Modell des diffusionskontrollierten Stroms (auf eine Ableitung wird hier verzichtet):

$$j_S = \frac{eD_p p_{n0}}{L_p} + \frac{eD_n n_{p0}}{L_n}.\qquad(2.114)$$

Hier ist p_{n0} die Löcherdichte im n-Gebiet, n_{p0} die Elektronendichte im p-Gebiet. D_p bzw. D_n sind die Diffusionskoeffizienten der Löcher bzw. Elektronen, L_p und L_n die Diffusionslängen von Löchern und Elektronen. Hierfür gilt $L_p = \sqrt{D_p \tau_p}$ bzw. $L_n = \sqrt{D_n \tau_n}$, wobei τ_p die Lebensdauer der Löcher im n-Gebiet und τ_n die Lebensdauer der Elektronen im p-Gebiet ist. Für einen n$^+$p-Übergang ($p_{n0} \ll n_{p0}$) gilt näherungsweise $j_S \approx eD_n n_{p0}/L_n$.
Der durch (2.112) gegebene Verlauf gilt in der Praxis oft nicht streng. Ursache hierfür können Rekombinationsprozesse in der Raumladungszone sowie Tunnelprozesse von Majoritätsladungsträgern durch die Raumladungszone sein. Man faßt diese Einflüsse in dem sog. Diodenidealitätsfaktor n zusammen. Gleichung (2.112) wird dann

$$j_D = j_S \left(e^{\frac{eV}{nkT}} - 1\right),\qquad(2.115)$$

mit $1 \leq n \leq 2$. Überwiegt Ladungsträgerinjektion, gilt $n = 1$, überwiegen Verlustprozesse, gilt $n = 1.5$ bis 2.

2.5.2 Einfaches Modell für die belichtete Diode

Es wird ein gleichrichtender Metall-Halbleiter-Kontakt unter Belichtung (Lichtintensität I) betrachtet. Im einfachsten Fall wird der zugehörige Photostrom als unabhängig von der angelegten Spannung und Materialparametern angenommen. Er hat in diesem Fall die Form:

$$j_L = e n_{Ph}(E_g)(1 - R)\qquad(2.116)$$

(R Reflektivität der Oberfläche). Der Photostrom setzt sich somit aus der Zahl der absorbierten Photonen $n_{Ph}(1 - R)$ multipliziert mit der Elementarladung zusammen. Es werden keinerlei Verlustprozesse berücksichtigt. Die Abhängigkeit von der Energielücke in (2.116) bringt zum Ausdruck, daß die Absorption von Photonen natürlich für unterschiedliche Halbleiter je nach Energielücke dif-

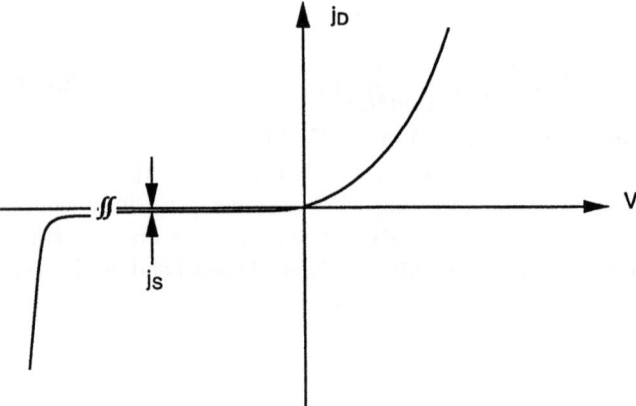

Abb. 2.36. $I - V$ Charakteristik einer unbelichteten Diode (schematisch)

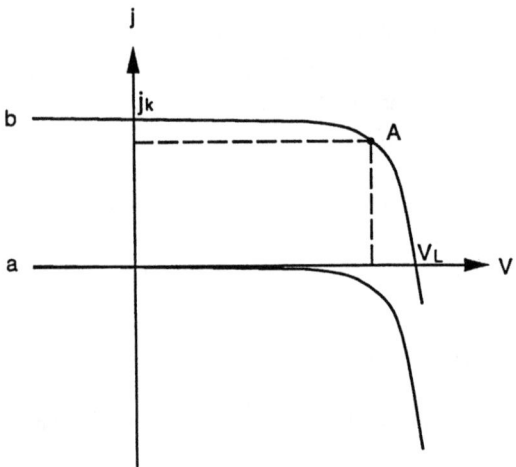

Abb. 2.37. Strom-Spannungscharakteristik eines n-Halbleiter/Metallkontaktes im Dunkeln und unter Belichtung (schematisch). A bezeichnet den Arbeitspunkt

feriert. Für einen belichteten n-Halbleiter ergibt sich aus der Richtung des elektrischen Feldes bei Kontaktbildung ein anodischer Photostrom. Dieser konstante Photostrom wird der Dunkelstrom-Spannungs-Charakteristik in Abb. 2.36 überlagert. Der resultierende Photostrom ist in Abb. 2.37 schematisch aufgetragen.

Im dritten Quadranten haben Dunkel- und Photostrom das gleiche Vorzeichen. Dieser Bereich wird als Sperrichtung bezeichnet; das Ferminiveau ist gegenüber dem des Metalls zu positiven Energien hin verschoben. Der resultierende Konzentrationsgradient führt zu einem Elektronenfluß vom Metall zum Halbleiter über die Barriere, woraus der anodische Dunkelstrom resultiert. Der Photostrom kommt durch lichterzeugte Minoritätsladungsträger (Löcher) zustande, die aus dem Valenzband des Halbleiters stammen. Im vierten Quadranten ist der Dunkelstrom kathodisch und erheblich größer, da jetzt Elektronen über die verringerte Barriere zum Metall fließen können (Vorwärtsrichtung). Photo- und Dunkelstrom besitzen ein entgegengesetztes Vorzeichen und kompensieren sich, wenn bei einer vorgegebenen Lichtintensität die Leerlaufspannung erreicht wird. Für den Photostrom gilt

$$j_{Ph} = j_S \left(e^{\frac{eV}{kT}} - 1 \right) - j_L. \tag{2.117}$$

Die Leerlaufspannung V_L erhält man, indem der Ausdruck für den Photostrom in (2.117) gleich Null gesetzt wird:

$$V_L = \frac{kT}{e} ln \left(\frac{j_L}{j_S} + 1 \right). \tag{2.118}$$

Demnach wächst die Photospannung logarithmisch mit der Lichtintensität an, da j_L und diese proportional zueinander sind (s. (2.116)). Für kleine Sättigungsströme in Sperrichtung ergibt sich bereits bei geringer Lichtintensität eine deutliche Photospannung. So schwanken die Werte für j_S bei n-p-Übergängen mit kristallinem Silizium zwischen 10^{-5} und 10^{-11}Acm^{-2} und erreichen bei p-n-Übergängen mit GaAs bis zu 10^{-17}Acm^{-2}. Nimmt man eine Lichteinstrahlung von 1 mWcm^{-2} mit Licht einer Energie $h\nu = 2$ eV an, so ergibt sich für eine GaAs-Homojunction als Leerlaufspannung bei dieser niedrigen Lichtintensität ein Wert von 0.66 V.

2.5.3 Das Gärtner-Modell

Anstatt den Photostrom als konstant anzusehen, wird nun versucht, zumindest die Abhängigkeit des Photostroms von den Materialparametern des Halbleiters für einfache Fälle analytisch darzustellen. Dabei werden folgende Annahmen gemacht [33]: weder an der Oberfläche noch im Bereich der Raumladungszone findet Rekombination von Überschußladungsträgern statt. Die Volumenrekombination im feldfreien Bereich ist diffusionskontrolliert (d.h. sie ergibt sich aus der Lebensdauer der Ladungsträger). Weiterhin ist der Ladungsübertritt an der Halbleiteroberfläche beliebig schnell, und bei den folgenden Betrachtungen wird der Dunkelstrom nicht berücksichtigt. Das elektrische Feld der Raumladungszone wird nur insofern in die Betrachtungen einbezogen, als daß dort eine unendliche Senke für lichterzeugte Minoritätsladungsträger angenommen wird. Zur mathematischen Behandlung des Problems geht man von der Kontinuitätsgleichung aus:

$$\frac{1}{e} div \boldsymbol{j} + \frac{\partial \rho}{\partial t} = 0, \tag{2.119}$$

die sich für den eindimensionalen Fall reduziert auf

$$\frac{1}{e} \frac{dj}{dx} + \frac{\partial \rho}{\partial t} = 0. \tag{2.119a}$$

2. Physik der Solarzelle

In belichteten Halbleitern ergibt sich die Ladungsänderung zu (es gilt wie in Abschn. 2.3 $p^* = p_0 + \Delta p$)

$$\frac{\partial \rho}{\partial t} = \frac{\partial p^*}{\partial t} - (G - U). \qquad (2.120)$$

Hierbei ist G die Generationsrate der Überschußladungsträger im n-Halbleiter, U die Rekombinationsrate. Man ersetzt $\frac{\partial \rho}{\partial t}$ in (2.120) durch (2.119a) und erhält im stationären Fall $\frac{\partial p^*}{\partial t} = 0$:

$$\frac{1}{e}\frac{dj}{dx} + G - U = 0. \qquad (2.121)$$

Unter der Voraussetzung, daß die Minoritätsladungsträgerdichte im Dunkeln klein gegen die der Überschußladungsträger und diese wiederum klein gegen die der Majoritätsladungsträger ist, gilt, daß U in guter Näherung durch $\Delta p/\tau$ beschrieben wird (Rekombinationsprozeß erster Ordnung, vgl. Abschn. 2.3.2). Bei der Ermittlung des Photostroms nach dem Gärtner-Modell wird zwischen einem Driftstrom, der aus dem Bereich der Raumladungszone stammt und einem Diffusionsstrom, der aus dem belichteten neutralen Bereich des Halbleiters herrührt, unterschieden. Zur Veranschaulichung der Verhältnisse dient Abb. 2.38.

Zunächst wird der Driftstrom bestimmt. Im Rahmen dieses Modells entsteht er durch die in der Raumladungszone durch Belichtung erzeugten Überschußlöcher. Dabei wird angenommen, daß alle Defektelektronen zum Strom beitragen und das elektrische Feld innerhalb der Raumladungszone konstant ist; dies ist – wie Abb. 2.31 zeigt – eine vereinfachende Annahme, die das Lösen der Transportgleichung erleichtert. Der Strom ergibt sich durch Integration der Generationsrate $G = -dI/dx$ (I Photonenflußdichte) in den Grenzen $x = 0$ und $x = W$. Man erhält mit

$$I = I_0 e^{-\alpha x}; G = \alpha I_0 e^{-\alpha x}; I_d = \alpha I_0 \int_0^W e^{-\alpha x} dx = I_0 \left(-e^{-\alpha W} + 1\right)$$

$$I_{dr} = I_0 - I_0 e^{-\alpha W},$$

so daß die Driftkomponente der Photostromdichte gegeben ist durch

$$j_{dr} = eI_0 \left(1 - e^{-\alpha W}\right). \qquad (2.122)$$

Für die Diffusionskomponente des Photostroms gilt (stationärer Fall)

$$j_{diff} = -eD_p dp^*/dx \qquad (2.123)$$

die Differentialgleichung

$$D_p \frac{d^2 p^*}{dx^2} + G - U = 0, \qquad (2.124)$$

(D_p Diffusionskoeffizient der Löcher).
Setzt man für die Generations- und Rekombinationsrate die entsprechenden Ausdrücke ein, so ergibt sich als zu lösende Differentialgleichung

2.5 Photovoltaische Eigenschaften gleichrichtender Kontakte

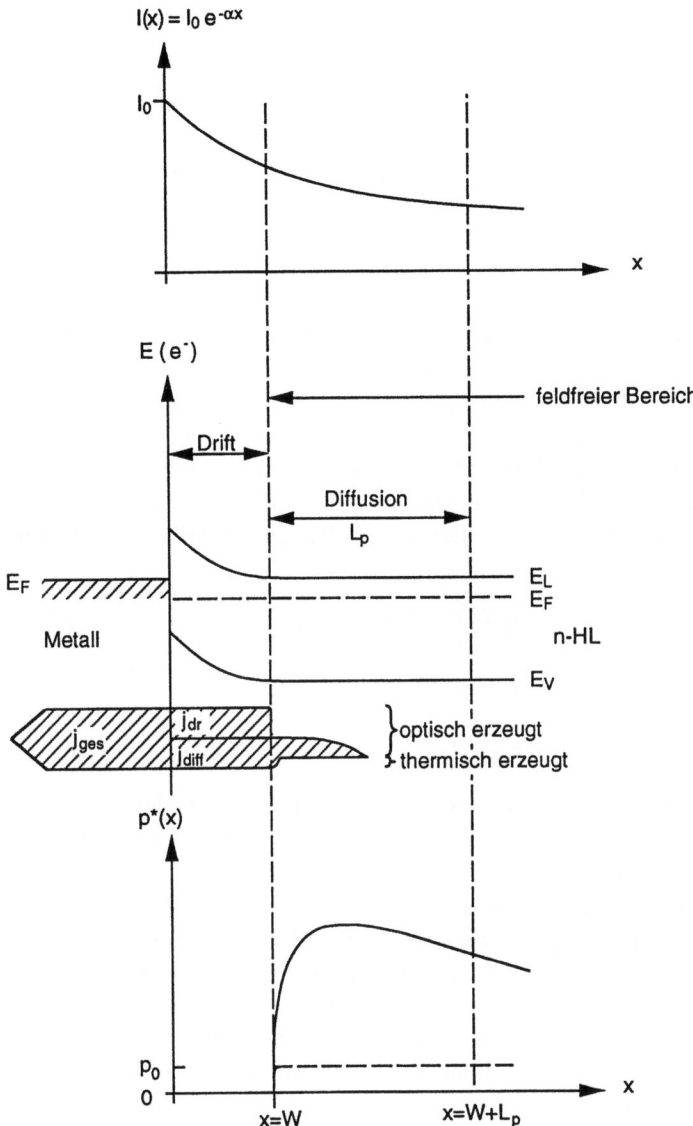

Abb. 2.38. Auftragung des Absorptionsprofils, der Energiebänder, des Diffusions- und Driftstroms sowie der Minoritätsladungsträgerkonzentration für einen belichteten n-Halbleiter (schematisch)

$$D_p \frac{d^2 p^*}{dx^2} + \alpha I_0 e^{-\alpha x} - \frac{\Delta p}{\tau} = 0. \tag{2.125}$$

Mit den Randbedingungen $p^* = 0$ für $x = W$, $p^* = p_0$ für $x = \infty$ wird der Lösungsansatz

$$p^* = p_0 - \left(p_0 + A e^{-\alpha W}\right) e^{\frac{W-x}{L_p}} + A e^{-\alpha x}, \tag{2.126}$$

bzw.
$$p^* = p_0 \left(1 - e^{\frac{W-x}{L_p}}\right) + A\left(e^{-\alpha x} - e^{-\alpha W} \cdot e^{\frac{W-x}{L_p}}\right) \qquad (2.126a)$$

mit
$$A = \frac{I_0}{D_p} \frac{\alpha^2 L_p^2}{\alpha \left(1 - \alpha^2 L_p^2\right)} \qquad (2.127)$$

gemacht. Die Minoritätsladungsträgerdiffusionslänge L_p ergibt sich aus dem Zusammenhang mit dem Diffusionskoeffizienten D_p und der Ladungsträgerdauer τ zu $L_p = (D\tau)^{\frac{1}{2}}$. Die Randbedingung $p(W) = 0$ bedeutet, daß das elektrische Feld der Raumladungszone sowie der Ladungsträgertransport durch die Grenzfläche großgenug sind, um die effektive Minoritätsladungsträgerkonzentration im Bereich $0 \leq x \leq W$ zu Null anzunehmen. Dadurch bleiben die Gleichungen noch analytisch lösbar, und die Lösungen sind vergleichsweise anschaulich interpretierbar. Man erhält den Diffusionsstrom durch Differentiation des Lösungsansatzes aus (2.126) nach dem Ort an der Stelle $x = W$. Aus Abbildung 2.38 wird ersichtlich, daß der Konzentrationsgradient dort seinen größten Wert hat. Man erhält

$$j_{diff} = -eI_0 \frac{\alpha L_p}{1 + \alpha L_p} e^{-\alpha W} - ep_0 \frac{D_p}{L_p}. \qquad (2.128)$$

Der erste Term in (2.128) läßt sich umschreiben:

$$j_{diff(1)} = eI(W) \frac{L_p}{\alpha^{-1} + L_p}. \qquad (2.129)$$

Dieser Anteil des Diffusionsstromes ergibt sich als Produkt der durch die Lichtintensität am Rand der Raumladungszone erzeugten Ladung und des Verhältnisses von Diffusionslänge zur maximalen Tiefe, aus der die Ladungsträger noch in die Raumladungszone gelangen können. Im Grenzfall hoher Absorption (kleine Absorptionslänge) wird der Quotient eins, und damit erreicht dieser Teil des Diffusionsstromes seinen maximalen Wert. Für schwach absorbierende Materialien wird die Absorptionslänge groß. Das bedeutet, daß Ladungsträger so weit hinter der Raumladungszone erzeugt werden, daß sie durch Diffusion nicht bis $x = W$ gelangen können. Dies drückt sich darin aus, daß der Quotient klein gegen eins werden kann.
Der zweite Term in (2.128) beinhaltet die Diffusion der thermisch erzeugten Ladungsträger. Bei den üblichen Dotierstoffkonzentrationen und Energielücken oberhalb 1 eV kann dieser Term seiner Kleinheit wegen vernachlässigt werden. Der Gesamtstrom nach dem Gärtner-Modell ergibt sich aus der Summe von Drift- und Diffusionsstrom

$$j_{ges} = eI_0 \left[1 + e^{-\alpha W} \frac{\alpha L_p}{1 + \alpha L_p} - e^{-\alpha W}\right] - \frac{ep_0 D_p}{L_p}. \qquad (2.130)$$

Man erhält nach algebraischer Umformung:

$$j_{ges} = -eI_0 \left(1 - \frac{e^{-\alpha W}}{1 + \alpha L_p}\right) - \frac{ep_0 D_p}{L_p}. \qquad (2.130a)$$

2.5 Photovoltaische Eigenschaften gleichrichtender Kontakte   69

Man hat somit einen analytischen Ausdruck zur Verfügung, durch den der Photostrom über die Parameter Absorptionslänge, Diffusionslänge, Ausdehnung der Raumladungszone (und damit Einfluß von Dotierung und Kontaktpotentialdifferenz) gegeben wird.

2.5.4 Anwendungen des Gärtner-Modells

Man geht aus von der vereinfachten (2.130a) in der Form:

$$j_{ph} = -eI_0 \left(1 - \frac{e^{-\alpha W}}{1 + \alpha L_p}\right). \tag{2.131}$$

Diese Beziehung kann benutzt werden, um z.B. das Flachbandpotential (Lage des Ferminiveaus vor Kontaktbildung) oder die Diffusionslänge der Minoritätsladungsträger zu bestimmen. Zunächst wird der Grenzfall $\alpha L_p \ll \alpha W \ll 1$ untersucht. Die Ungleichung läßt sich schreiben

$$L_p \ll W \ll \alpha^{-1}. \tag{2.132}$$

In diesem Fall ist die Absorptionslänge größer als die Ausdehnung der Raumladungszone, die wiederum größer als die Diffusionslänge ist. Solche Bedingungen lassen sich experimentell einstellen, indem man die Wellenlänge des eingestrahlten Lichts entsprechend wählt und z.B. vergleichsweise niedrig dotierte Halbleiter verwendet ($W > L_p$). Gleichung (2.131) vereinfacht sich zu

$$j_{ph} = -eI_0 \alpha W = konst.W. \tag{2.133}$$

Nun ist W proportional zur Wurzel aus der Kontaktspannung (entsprechend (2.95)). Damit wird

$$j_{ph} = a\left(V - V_{fb}\right)^{1/2}; \tag{2.133a}$$

(a Konstante).
Trägt man das Quadrat des Photostroms gegen die Spannung V auf, so läßt sich das Flachbandpotential aus der Bedingung $j_{ph} = 0$ extrapolieren. In diesem Fall stammt der Photostrom überwiegend aus dem Bereich der Raumladungszone, wobei das Absorptionsprofil nahezu konstant ist. Daher kann durch Variation der aufgeprägten Spannung der Photostrom empfindlich geändert werden.
Eine weniger einschränkende Bedingung lautet

$$\alpha W \ll 1.$$

In diesem Fall ist $\alpha^{-1} \gg W$, d.h. die überwiegende Zahl der Ladungsträger wird im Bereich hinter der Raumladungszone erzeugt. Gleichung (2.131) lautet dann

$$j_{ph} = -e\alpha I_0 \frac{L_p + W}{1 + \alpha L_p}, \tag{2.134}$$

2. Physik der Solarzelle

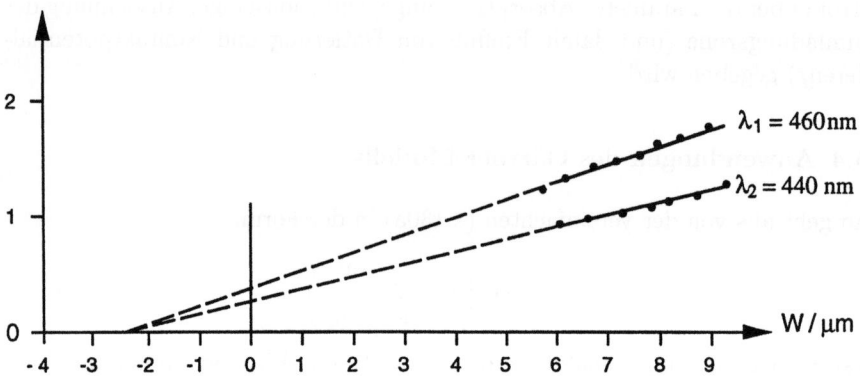

Abb. 2.39. Bestimmung der Diffusionslänge nach dem Gärtner-Modell am Beispiel ZnSe; Parameter: Wellenlänge λ

bzw.
$$j_{ph} = konst. (L_p + W). \tag{2.135}$$

Eine Auftragung des Photostroms über der Ausdehnung der Raumladungszone erlaubt die Extrapolation $j_{ph} = 0 : W = -L_p$. Abbildung 2.39 zeigt ein solches Beispiel für ZnSe und zwei verschiedene Wellenlängen. Die dort erhaltene Diffusionslänge beträgt etwa 2.5 μm.

Eine andere Möglichkeit zur Bestimmung der Diffusionslänge bekommt man wiederum durch Umformung von (2.131). Voraussetzung ist, daß die Lichtintensität, der Reflexionskoeffizient und der Absorptionskoeffizient genau bekannt sind. Mit der Korrektur $I_0 = n_{ph}(1 - R)$ wird definiert: $-j_{ph}/eI_0 = Q$, wobei Q die Quantenausbeute bezeichnet. Es ergibt sich:

$$1 - Q = \frac{e^{-\alpha W}}{1 + \alpha L_p}, \tag{2.136a}$$

bzw.
$$-ln(1 - Q) = \alpha W + ln(1 + \alpha L_p). \tag{2.136}$$

Zur Bestimmung von L_p trägt man $ln(1 - Q)$ gegen die Wurzel der angelegten Spannung V (vgl. (2.95)) auf und extrapoliert den linearen Teil auf $W = 0$. Dort ist $-ln(1 - Q) = ln(1 + \alpha L_p)$. Für $ln(1 - Q)$ wird in der Auftragung eine Zahl abgelesen, so daß durch Entlogarithmieren L_p leicht errechnet werden kann. Abbildung 2.40 gibt ein Beispiel dieses Verfahrens. Für n-CdSe bei $\lambda = 700$ nm ($\alpha = 3 \cdot 10^4 \text{cm}^{-1}$) ergibt sich $L_p = 1.46$ μm.

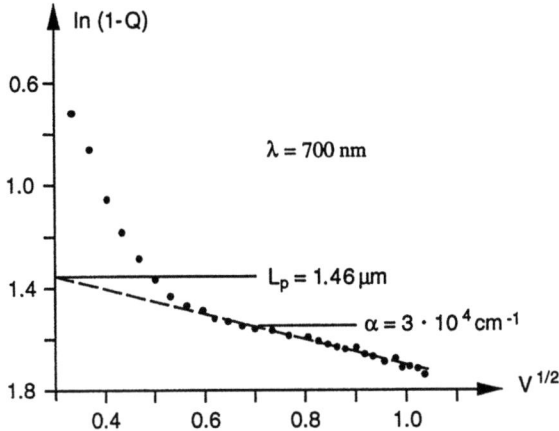

Abb. 2.40. Bestimmung der Minoritätsladungsträgerdiffusionslänge durch Auftragung von $ln(1-\eta)$ gegen $V^{1/2}$ für n-CdSe

2.6 Sonnenspektrum und Auswahlkriterien für Solarzellen

2.6.1 Spektrale Eigenschaften des Sonnenlichts

Das Sonnenspektrum außerhalb der Atmosphäre ähnelt dem eines schwarzen Strahlers mit der Temperatur $T = 5762$ K. Die spektrale Strahlungsdichte ergibt sich nach dem Planckschen Gesetz zu:

$$L(\nu)d\nu = \frac{2}{c^2}\frac{h\nu^3}{e^{h\nu/kT}-1}d\nu. \qquad (2.137)$$

$L(\nu)d\nu$ ist die pro Frequenzintervall $d\nu$ und pro Flächeneinheit von der Sonnenoberfläche in ein Raumwinkelelement abgestrahlte Leistung. Aufgrund der Entfernung Erde – Sonne reduziert sich diese Leistung am Ort der Erde um den Faktor $2.18 \cdot 10^{-5}$ [12] und beträgt 135.3 mWcm^{-2} (Solarkonstante) für das AM0-Spektrum. Als AM0-Spektrum bezeichnet man die Strahlencharakteristik außerhalb der Erdatmosphäre. AM ist die Abkürzung für air mass, die Null symbolisiert, daß dieses Licht keine Verluste erlitten hat.
Begriffe wie AM1, AM1.5 bzw. AM2 beschreiben die Länge des Weges, den das eingestrahlte Licht in der Atmosphäre zurücklegt. Für AM1 gilt, daß das Licht eine Atmosphärendicke d_a durchlaufen hat. Man erhält ein AM1-Spektrum durch Messung auf Seeniveau, wenn die Sonne am Äquator im Zenith steht. Daraus ergibt sich die Definition von AM2. In diesem Fall ist der Lichtweg 2 d_a, so daß der Einfallswinkel unter den obigen Bedingungen 60° beträgt. Die AM-Zahl x errechnet sich aus dem Einfallswinkel α entsprechend AMx = AMscα (s. Abb. 2.41).

72 2. Physik der Solarzelle

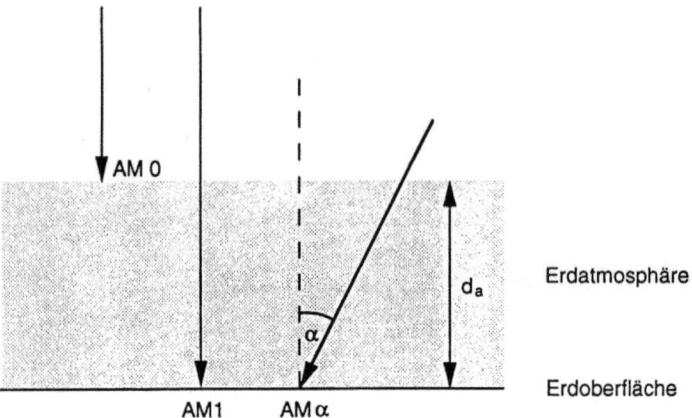

Abb. 2.41. Illustration zur Bedeutung der AM-(Air mass-)Zahl

Beim Durchtritt durch die Atmosphäre treten spezifische spektrale Verluste auf:

(i) Rayleigh-Streuung ($I = $ konst. λ^{-4}); diese Art der Streuung tritt an Teilchen auf, die klein gegen die Wellenlänge des eingestrahlten Lichts sind ($d < 50$ nm). Aufgrund der Wellenlängenabhängigkeit wird blaues Licht überproportional stärker gestreut als rotes Licht;

(ii) elektronische Absorptionsbanden von O_2, N_2 und O_3; fast alle Strahlung mit $\lambda < 290$ nm wird durch Ozon absorbiert;

(iii) molekulare Rotations- und Schwingungsbanden in H_2O und CO_2 führen zu Absorption überwiegend im infraroten Bereich. Für $\lambda > 3\,\mu$m wird bis auf atmosphärische Fenster die gesamte Strahlung absorbiert;

(iv) Streuung an Aerosolen und Staubteilchen;

(v) Variation des Brechungsindexes mit der Temperatur und dem Druck, Einfluß von atmosphärischer Turbulenz;

(vi) Wasserdampfgehalt der Atmosphäre unter den jeweiligen Wetterbedingungen.

Zusätzlich zu den Verlusten muß der Einfluß der diffusen Strahlung auf die spektrale Charakteristik berücksichtigt werden. Dies ist wegen der Abhängigkeit von einer großen Anzahl Parametern nur grob möglich. So hängt die Intensität der diffusen Strahlung von der Schwebteilchenkonzentration, der Bewölkung und den Reflexionseigenschaften der Erdoberfläche ab. Selbst an klaren Tagen kann sie mittags bereits einen Beitrag von 10% zur Gesamteinstrahlung ausmachen. Man unterscheidet daher oft zwischen direkter und globaler Sonneneinstrahlung, wobei die globale Strahlungscharakteristik aus dem direkten und dem diffusen

2.6 Sonnenspektrum und Auswahlkriterien für Solarzellen

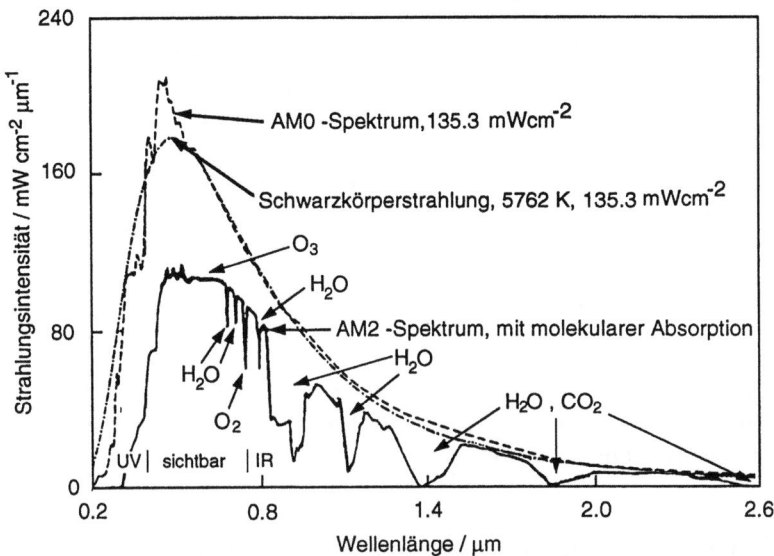

Abb. 2.42. Spektrale Strahlungsverteilung des Sonnenlichts für AM0- und AM2-Bedingungen als Funktion der Lichtwellenlänge

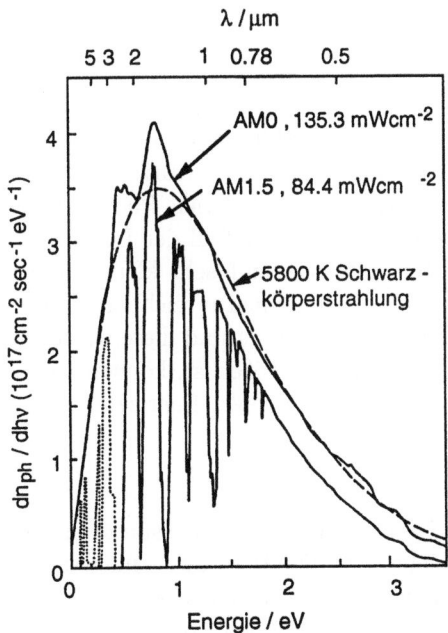

Abb. 2.43. Solares Spektrum (Zahl der Photonen dn_{ph} pro Energieintervall $dh\nu$) als Funktion der Energie für AM0- und AM1.5-Bedingungen

Teil zusammengesetzt ist. Die Abbildungen 2.42 und 2.43 zeigen solare Strahlungscharakteristiken für AM0, AM und AM1.5-Spektren, wobei in Abb. 2.42 die Strahlungsintensität als Funktion der Wellenlänge [13] und in Abb. 2.43 die pro cm² und Sekunde einfallende Zahl von Photonen im Energieintervall $dh\nu$ in Abhängigkeit von der Energie [14] aufgetragen ist. Die insgesamt pro cm² eingestrahlte Intensität p_S erhält man durch numerische Integration der entsprechenden Kurven; aus Abb. 2.43 z.B. gemäß

$$p_S = \int_0^\infty h\nu \left(\frac{dn_{ph}}{dh\nu}\right) dh\nu. \qquad (2.138)$$

Sie beträgt für ein AM1.5-Spektrum 84.4 mWcm^{-2} bei direkter Einstrahlung und etwa 100 mW für die globale Intensität. Die globale Lichtintensität für AM2 liegt zwischen 70 und 75 mWcm^{-2}.

2.6.2 Optimierungsbedingungen für den Wirkungsgrad photovoltaischer Systeme

Der Wirkungsgrad für die Umwandlung von Lichtenergie in elektrische Energie war gegeben durch (2.3) - (2.5):

$$\eta = \frac{ff \cdot I_K \cdot V_L}{P_S} = \frac{I_A \cdot V_A}{P_S}. \qquad (2.139)$$

Wie dort bereits erwähnt, müssen Füllfaktor, Kurzschlußstrom und Leerlaufspannung simultan (d.h. als Produkt) optimiert werden. Der Kurzschlußstrom wird groß, wenn die Energielücke möglichst klein ist, so daß viele Photonen aus dem Sonnenspektrum absorbiert werden können. Der Einfluß der Lebensdauer thermisch angeregter Ladungsträger für Halbleiter mit sehr kleinen Energielücken wird hier nicht berücksichtigt. Da die maximal erreichbare Photospannung durch die Kontaktpotentialdifferenz begrenzt ist und diese wiederum größer gemacht werden kann, wenn die Energielücke größer ist, können besonders große Photospannungen nur für Halbleiter mit großen Energielücken erwartet werden. Es gilt

$$V_L(\max) \approx E_g - 2|E_F - E_L|. \qquad (2.140)$$

Diese Spannung bezeichnet den Maximalwert, für den noch keine starke Inversion auftritt. Diese ist dadurch gekennzeichnet, daß die Minoritätsladungsträgerkonzentration an der Oberfläche aufgrund der Bandverbiegung ebenso groß wird wie die Majoritätsladungsträgerkonzentration im feldfreien Volumen. Aus den beiden sich widersprechenden Forderungen folgt, daß es bei einer bestimmten Energielücke ein Leistungsmaximum geben muß. Die Lage des Maximums hängt wiederum von der Strahlungscharakteristik des einfallenden Lichts ab. Zur Bestimmung des theoretischen Wirkungsgrades in Abhängigkeit von der Energielücke wird zunächst die entsprechende Abhängigkeit des Photostroms unter-

2.6 Sonnenspektrum und Auswahlkriterien für Solarzellen

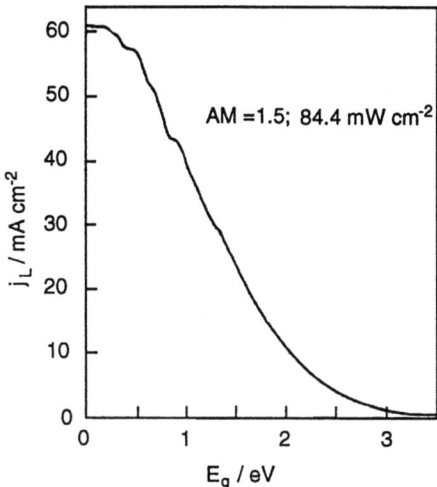

Abb. 2.44. Maximal theoretisch zu erwartende Photostromdichte j_L als Funktion der Energielücke E_g

sucht: $j_L(h\nu) = e(dn_{ph}/dh\nu) \cdot Q(h\nu)$. Q stellt die Quantenausbeute dar, d.h. die Zahl der pro einfallendem Photon gesammelten Ladungsträger. Die gesamte Kurzschlußphotostromdichte ergibt sich durch Integration zu

$$j_L = e \int_0^\infty Q(h\nu) \frac{dn_{ph}}{dh\nu} dh\nu. \tag{2.141}$$

Unter der Annahme, daß die Reflektivität der Solarzellenoberfläche vernachlässigbar ist und für Q stark vereinfacht

$$Q(h\nu) = 1 \quad \text{für} \quad h\nu \geq E_g$$
$$Q(h\nu) = 0 \quad \text{für} \quad h\nu < E_g \tag{2.142}$$

angesetzt werden kann, reduziert sich (2.141) zu

$$j_L = e \int_{h\nu=E_g}^\infty \left(\frac{dn_{ph}}{dh\nu}\right) \cdot dh\nu. \tag{2.143}$$

Mit dem AM1.5-Spektrum der Abb. 2.43 erhält man die in Abb. 2.44 gezeigte Abhängigkeit der theoretisch erreichbaren Kurzschlußstromdichte der Energielücke E_g (nach [14]).

Wie bereits in Abschn. 2.1 angedeutet, läßt sich die maximale Leistung $P_m = I_A \cdot V_A$ (d.h. Spannung V_A und Strom I_A am Arbeitspunkt) ermitteln durch

$$\frac{dP}{dV} = \frac{d(V \cdot I)}{dV} = 0. \tag{2.144}$$

2. Physik der Solarzelle

Mit (2.117) lautet (2.144) ($I_{S,L} = j_{S,L} \cdot F$, F Fläche der Solarzelle)

$$\frac{dP}{dV} = F \cdot \frac{d}{dV}\left\{\left[j_S\left(e^{\frac{eV}{kT}} - 1\right) - j_L\right] \cdot V\right\} = 0. \tag{2.145}$$

Man erhält für V_A die transzendente Gleichung

$$V_A = \frac{kT}{e} ln\left(\frac{j_L/j_S + 1}{eV_A/(kT) + 1}\right),$$

bzw. mit (2.118)

$$V_A = V_L - \frac{kT}{e} ln\left(\frac{eV_A}{kT} + 1\right). \tag{2.146}$$

Für I_A erhält man entsprechend

$$I_A = -F \cdot j_S \cdot \frac{eV_A}{kT} \cdot e^{\frac{eV_A}{kT}},$$

bzw. nach Umformung mit (2.117)

$$I_A = -F\frac{j_L}{\left(1 + \frac{kT}{eV_A}\right)} \approx -Fj_L\left(1 - \frac{kT}{eV_A}\right). \tag{2.147}$$

Rechnet man den von der Solarzelle an einen Lastwiderstand abgegebenen Strom positiv, erhält man für den Wirkungsgrad η mit (2.139), (2.146) und (2.147) sowie $P_S = F \cdot p_S$

$$\eta = \frac{|I_A| \cdot V_A}{P_S} \simeq j_L \frac{\left(1 - \frac{kT}{eV_A}\right)\left(V_L - \frac{kT}{e} ln\left(\frac{eV_A}{kT} + 1\right)\right)}{p_S}. \tag{2.148}$$

Anhand der Abb. 2.44 läßt sich j_L für eine gegebene Energielücke E_g, V_A mit Hilfe von (2.146) numerisch oder graphisch bestimmen. Damit läßt sich prinzipiell $\eta(E_g)$ berechnen. Voraussetzung ist jedoch die Kenntnis der Sättigungsstromdichte j_S, die V_L über (2.118) beeinflußt. Für einen p-n-Übergang ist j_S durch (2.114) gegeben; die zur Berechnung erforderlichen Größen wie Diffusionskoeffizienten und Lebensdauern können jedoch als Meßgrößen immer nur die Qualität des jeweils untersuchten Materials widerspiegeln und um Größenordnungen variieren. Wie der Wirkungsgrad einer realen Wärmekraftmaschine sich letztlich am Wirkungsgrad einer (idealen) Carnot-Maschine messen läßt, so ist man auch bei Solarzellen an den – unabhängig von spezifischen Materialeigenschaften – prinzipiell erreichbaren Wirkungsgraden interessiert. Dazu geht man von der Überlegung aus, daß Verluste in der Solarzelle nur aufgrund strahlender Rekombination auftreten, daß also die in realen Halbleitern oft dominierende SRH-Rekombination (vgl. Abschn. 2.3.2) unberücksichtigt bleibt.

Eine Abschätzung des Dunkelstroms unter der Annahme der strahlenden Rekombination als alleinigem Verlustprozeß erhält man aus folgenden Überlegungen: Aus (2.67) ergibt sich:

$$\Delta E_F^* = {}_nE_F^* - {}_pE_F^* = kT\left[ln\left(1 + \Delta n/n\right) + ln\left(1 + \Delta p/p\right)\right] \tag{2.149}$$

2.6 Sonnenspektrum und Auswahlkriterien für Solarzellen

oder – nach Umformung und Multiplikation mit K_{bb} (Rekombinationskoeffizient, vgl. Abschn. 2.3.2):

$$K_{bb}n_i^2 e^{\frac{\Delta E_F^*}{kT}} = K_{bb}(n + \Delta n)(p + \Delta p) = U. \tag{2.150}$$

Die Rekombinationsrate U muß im thermischen Gleichgewicht (d.h. $\Delta n = \Delta p = 0$) der Generationsrate entsprechen: $K_{bb}n_i^2 = g$. Anders ausgedrückt: im Dunkeln werden (bei einer Umgebungstemperatur von 300 K) im Halbleiter genau so viele thermische Elektron-Loch-Paare erzeugt wie – aufgrund strahlender Rekombination – als Lumineszenzphotonen emittiert werden. Bei Belichtung steigt die Emissionsrate um den Exponentialfaktor $exp\,(\Delta E_F^*/kT)$. Im stationären Zustand unter solarer Bestrahlung muß nun die Rate der emittierten Lumineszenzphotonen gleich der der absorbierten solaren Photonen sein, korrigiert um einen Anteil f, der der Zahl der Ladungsträgerpaare entspricht, die durch einen äußeren Stromkreis abgezogen werden. Schreibt man diese Größen als Stromdichte, ergibt sich

$$j_{lum} = j_L(1-f), \tag{2.151}$$

bzw.

$$j_S e^{\frac{\Delta E_F^*}{kT}} = j_L(1-f). \tag{2.152}$$

Am Ende von Abschn. 2.3.4 wurde darauf hingewiesen, daß die Differenz der Quasiferminiveaus ein Maß für die erzielbare Photospannung ist. Gleichung (2.152) läßt sich daher mit $f \cdot j_L = j$ wieder in Form der bekannten Strom-Spannungs-Charakteristik schreiben:

$$j = j_L - j_S e^{\frac{eV}{kT}} \tag{2.153}$$

(der nutzbare Photostrom ist hier positiv gerechnet). Der Vorfaktor j_S ergibt sich nun aus der Generationsrate g im Dunkeln (vgl. Abschn. 2.3.2). Faßt man die Solarzelle als schwarzen Hohlraumstrahler ($T = 300$ K) auf, so ist die darin befindliche Photonenkonzentration durch die Planckverteilung gegeben. Elektron-Loch-Paare werden von den Photonen erzeugt, deren Energie $h\nu \geq E_g$ ist. Die Stromdichte, die wegen $g = R$ der (thermischen) Lumineszenzphotonenemission entspricht, läßt sich daher ansetzen:

$$j_S = \int_{E=0}^{\infty} \int_{\vartheta=0}^{\pi/2} \int_{\varphi=0}^{2\pi} Q(E)b(E)d\varphi \cos\vartheta \sin\vartheta d\vartheta dE, \tag{2.154}$$

wobei $b(E)$ die pro Flächeneinheit in das Raumwinkelelement $d\Omega$ abgestrahlte Zahl der Lumineszenzphotonen im Energieintervall dE ist:

$$b(E,T)d\Omega\,dE = \frac{2n^2}{h^3 c^2} \frac{E^2}{exp\left(\frac{E}{kT}\right) - 1} d\Omega\,dE \tag{2.155}$$

(n: Brechungsindex des Halbleiters; vgl. (2.137)).

2. Physik der Solarzelle

Die Solarzelle wird an der Rückseite als ideal verspiegelt angenommen, so daß Photonen nur an der Frontseite austreten; daher wird über ϑ von 0 bis $\pi/2$ integriert. Der Faktor $\cos\vartheta$ in (2.154) trägt dem Umstand Rechnung, daß die Photonenflußdichte bei gegebener Austrittsfläche mit zunehmendem Austrittswinkel ϑ sinkt. Wegen $exp(E/kT) \gg 1$ für $E > E_g$ kann das Integral in (2.154) mit (2.142) analytisch angegeben werden:

$$j_S = \frac{e\pi 2n^2}{h^3 c^2} exp\left(-\frac{E_g}{kT}\right) \left[kTE_g^2 + kT^2 2E_g + 2(kT)^3\right]. \qquad (2.156)$$

Für GaAs ($n = 3.6$, $E_g = 1.42$ eV) ergibt sich $j_S = 2.1 \cdot 10^{-20}$ Acm^{-2}.

Da j_S nur noch von der Bandlücke E_g abhängt, läßt sich der Wirkungsgrad als Funktion der Bandlücke mit Hilfe von (2.148) angeben. Abbildung 2.45 zeigt das Ergebnis für ein direktes AM1.5-Spektrum ($p_S = 84.4$ mWcm^{-2}) [14] und für ein globales AM1.5-Spektrum ($p_S = 97$ mWcm^{-2}) [15]. Aus den Abbildungen ist ersichtlich, daß die höchsten Wirkungsgrade im Bandlückenbereich zwischen etwa 1 und 1.6 eV zu erwarten sind; die wichtigsten Halbleitermaterialien für photovoltaische Anwendungen weisen entsprechende Bandlücken auf.

Die hier skizzierte Ableitung gilt für Halbleiter, in denen strahlende Rekombination der Verlustprozeß ist, der – bei Vernachlässigung aller anderen Verlustprozesse wie SRH-, Oberflächen- und Auger-Rekombination – die Lebensdauer lichterzeugter Überschußladungsträger begrenzt. Das ist für direkte Halbleiter (z.B. GaAs) richtig, trifft jedoch für einen indirekten Halbleiter wie kristallines Silizium nicht mehr zu, da hier die wesentlichen Verlustprozesse (bei Abwesenheit von SRH-Rekombinationszentren) in Form von Auger-Rekombination auftreten (vgl. Abschn. 2.3.2): Bei Leerlaufspannung ist die Auger-Rekombination der dominierende Verlustprozeß, am Arbeitspunkt betragen die Verluste durch strahlende Rekombination etwa 20% von denen durch Auger-Rekombination. Interessanterweise sind die Füllfaktoren (theoretisch) bei diesem Verlustmechanismus größer als bei strahlender Rekombination [14]. Ferner ist die Annahme einer Stufenfunktion für die Quantenausbeute (d.h. für das Absorptionsverhalten) bei indirekten Halbleitern problematischer als in hoch absorbierenden direkten Halbleitern (vgl. Abb. 2.20, Abschn. 2.2.5). Das gegenüber direkten Halbleitern geringere Absorptionsverhalten von Silizium bedingt im Normalfall relativ hohe Schichtdicken der Solarzellen (~ 0.2 mm). Durch Texturierung der Oberfläche (s. Abschn. 3.1) und Verspiegelung der Rückseite läßt sich jedoch erreichen, daß das einfallende Licht zwischen den Grenzflächen eingefangen und so lange reflektiert wird, bis vollständige Absorption eintritt („light trapping"). Berücksichtigt man eine entsprechende Solarzellengeometrie und bezieht Auger- sowie strahlende Rekombination ein, dazu Reabsorptionsprozesse und zusätzliche Verlustprozesse durch Anregung freier Ladungsträger, so ergibt eine numerische Auswertung eine Schichtdickenabhängigkeit des Wirkungsgrades (Abb. 2.46), bei der der Maximalwert etwa 10% unter dem aus Abb. 2.45 ersichtlichen Wert liegt und knapp 30% beträgt (nach [15]).

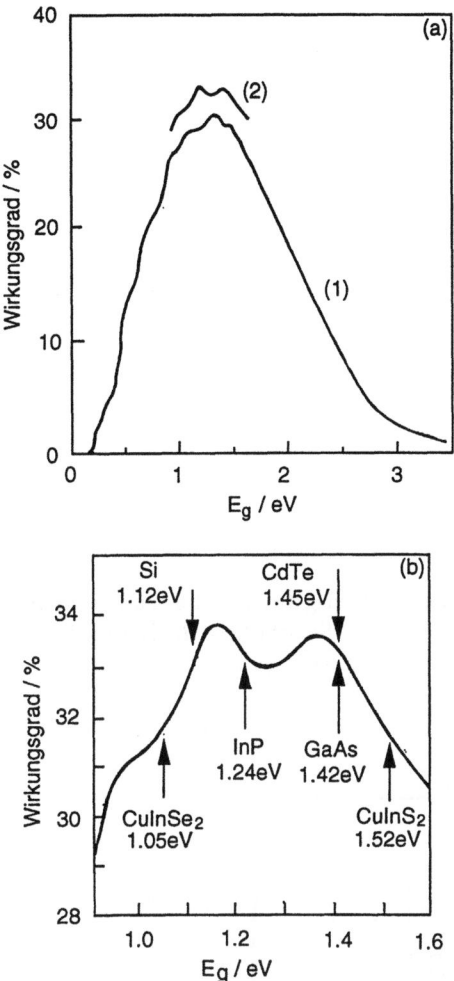

Abb. 2.45a,b. Theoretischer Wirkungsgrad nach (2.148) und (2.156) als Funktion der Bandlücke. (a): AM1.5 direkt (1), AM1.5 global (2). (b) vergrößerter Ausschnitt des Bereiches hoher theoretischer η für AM1.5 global und Energielücken einiger Halbleiter

Die praktisch erzielten Wirkungsgrade liegen teilweise erheblich unter den berechneten Werten. Dafür sind zusätzliche, teilweise bereits genannte Verlustmechanismen verantwortlich (u.a. SRH- und Oberflächenrekombination).

Abbildung 2.47 zeigt ein Ersatzschaltbild einer photovoltaischen Solarzelle unter Berücksichtigung von Verlustprozessen. R_P bezeichnet einen Parallel-Widerstand, dessen physikalische Bedeutung durch Oberflächenrekombinationsprozesse gegeben ist.

Zusätzlich findet man in Abb. 2.47 R_S, der Verluste aufgrund von Serienwiderständen beschreibt. Die Ursachen für das Auftreten von zu großen Werten

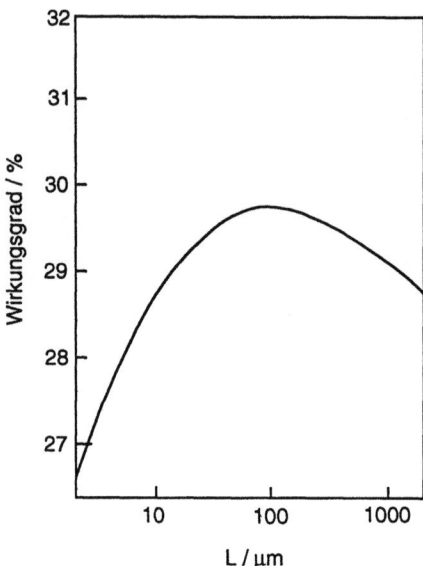

Abb. 2.46. Berechneter Wirkungsgrad einer frontseitig texturierten und rückseitig verspiegelten Si-Solarzelle in Abhängigkeit von der Schichtdicke L. Berücksichtigt sind Auger- und strahlende Rekombination sowie Anregung freier Ladungsträger

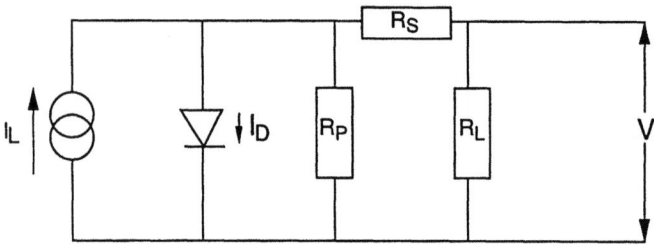

Abb. 2.47. Ersatzschaltbild einer photovoltaischen Solarzelle unter Berücksichtigung von Verlustprozessen. Der bei Betrieb der Solarzelle bestehende Lastwiderstand wird mit R_L bezeichnet

von R_S sind z.B. schlechte Leitfähigkeit, schlechter ohmscher Rückkontakt und generell Kontaktwiderstände. Die Abbildung 2.48 faßt diese Einflüsse am Beispiel von Si-Solarzellen zusammen.

Nach der Behandlung der zum Verständnis der Funktionsweise von Solarzellen nötigen Grundlagen werden in Kap. 3 und 4 Fallbeispiele festkörperphysikalischer Solarzellen behandelt. Die Auswahl ist sowohl an klassischen als auch an modernen Dünnschichtsystemen orientiert.

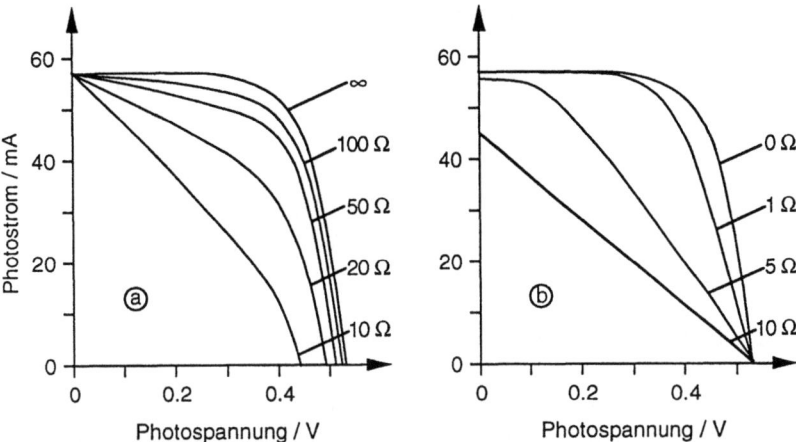

Abb. 2.48a,b Einfluß von Parallel- und Serienwiderstand auf die Photostrom-Spannungscharakteristik kristalliner Si-Solarzellen; **(a)** Einfluß des Parallelwiderstands; **(b)** Einfluß des Serienwiderstands

2.7 *Jenseits des Anderson-Modells

2.7.1 Übersicht

Vielfach beobachtet man, daß gemessene Strom-Spannungskurven von Heteroübergängen deutlich von dem nach dem Anderson-Modell erwarteten Verhalten abweichen. Betrachtet man die Kontaktbildung im Bereich atomarer Dimensionen, so werden die im Anderson-Modell implizit enthaltenen wichtigen Vereinfachungen bereits anschaulich deutlich:

(i) *Nicht abrupte Grenzfläche:* Beim Aufeinanderbringen der Halbleiter durch thermische Verdampfung, Molekularstrahl-Epitaxie, metallorganische Abscheidung aus der Gasphase oder auch durch chemische bzw. elektrochemische Abscheidung aus Lösungen können Grenzflächenreaktionen und/oder Interdiffusion bei Hochtemperaturprozessen zu einem nicht abrupten Übergang führen. In den im üblichen Maßstab dargestellten $E(x)$-Diagrammen wäre ein solcher, eventuell nur einige Atomlagen ausgedehnter Bereich, nicht erkennbar. Aufgrund der gebildeten Zwischenphase wären jedoch die nach dem Anderson-Modell ermittelten charakteristischen Daten wie ΔE_V, ΔE_L, V_n, V_p sicherlich mit großen Fehlern behaftet. Hinsichtlich dieser Komplikation muß jedes System unter Einbeziehung der Verfahrensschritte bei der Bildung des Überganges einzeln analysiert werden. Dazu bieten sich im Ultrahochvakuum durchgeführte elektronenspektroskopische Verfahren wie XPS (X-ray photoelectron-spectroscopy) an, bei denen die Anfänge der Kontaktbildung nachgestellt werden können (z.B. Aufbringen von CdS-monoatomaren Schichten und submonoatomaren Schichten auf InP bei der Prozeßtemperatur, die beim Aufdampfen existiert). Aus den Verschiebungen der charakteristischen Linien kernnaher Elektronenzustände (chemical shift) läßt sich auf die Änderung der Oxidationszustände der Komponenten Cd, In, S, P schließen. Die Tiefe der durchreagierten Region läßt sich aus den jeweiligen Signalintensitäten abschätzen. Eine detaillierte Darstellung der Prinzipien dieses Verfahrens findet der interessierte Leser z.B. in den Artikeln von Grunthaner [16] und als Erweiterungen auf andere Methoden in der Arbeit von Brillson [17].

(ii) *Einfluß von Grenzflächenzuständen, Fermi-level pinning:* Sowohl bei der Ausbildung reagierter Phasen als auch bei Gitterfehlanpassung und bei Vorhandensein intrinsischer bzw. extrinsischer Oberflächenzustände können Grenzflächenzustände am Ort des Heteroüberganges entstehen. Dies bewirkt gegenüber dem nach dem Anderson-Modell erwarteten Verhalten zwei Änderungen; zum einen führt die in den Grenzflächenzuständen gespeicherte Ladung zu einer Beeinflussung des Verlaufs von $E(x)$ im Bereich der Grenzfläche, d.h. die Lage der Bänder relativ zum Ferminiveau der Gesamtstruktur ändert sich. Da das Ferminiveau ein elektrochemisches Potential ist, für das gilt $\mu_e = \mu_e + e\varphi$, wobei φ das Galvani-Potential bedeutet, führt jede zusätzliche Aufladung zu einer Änderung des Galvani-Potentials, das unter Vernachlässigung von Grenzflächendipolen (s. unten) direkte Analogie zum Verlauf der Energiebänder aufweist. Der zweite Einfluß von Grenzflächenzuständen betrifft das Rekombinationsverhalten von Überschuß- und Majoritätsladungsträgern und nachfolgende Transportprozesse senkrecht zur Heterostruktur. Zur Veränderung der Bandverläufe wird im folgenden unter dem Begriff Fermi-level pinning, d.h. trotz Kontaktbildung weitgehende Unveränderlichkeit einer bereits bestehenden Bandverbiegung, eingegangen werden. Bei den Transportprozessen werden an verschiedenen Strukturen sehr unterschiedliche Verhaltensweisen beobachtet. Daher wird hier lediglich auf zwei Modelle hingewiesen: (1) Transport durch direkte Rekombination über Grenzflächenzustände. Um zu den Grenzflächenzuständen zu gelangen, ist eine thermische Aktivierung über die eingebaute Barriere nötig. Das Modell kann daher die Temperaturabhängigkeit von $log j_D$ vs V Kurven vieler Heterostrukturen nicht erklären. (2) Als Alternative bietet sich ein kombiniertes Tunnel-Rekombinationsmodell an. Ein solches Modell erfordert im Fall ausgedehnter Barrieren eine Reihe von Tunnelprozessen als Teilschritte des Transportmechanismus, wobei die energetische Lage und die räumliche Verteilung der angenommenen Defektzustände im Kontaktbereich zugleich das Ausmaß der notwendigen thermischen Aktivierung über Teile der Barriere bedingen. Nachfolgend wird in diesem Modelltyp Rekombination über eine Art Treppe dicht benachbarter Defektzustände in der Halbleiterrandschicht angenommen.

2.7 *Jenseits des Anderson-Modells

An vielen Halbleiterheterostrukturen beobachtet man ein gemischtes Verhalten: Tunneln und Rekombination, sowie thermische Aktivierung zu Energien, die so hoch sind, daß die Spitze der Barriere durchtunnelt werden kann. Die Rekombination erfolgt dann überwiegend an der Grenzfläche. Dort wird die höchste Dichte von Grenzflächenzuständen angenommen. Es wird versucht, das Verhalten des Vorwärtsstromes einer Heterostruktur im Dunkeln über parametrisierte Formeln zu beschreiben, in denen eine exponentielle Abhängigkeit von der angelegten Spannung besteht. Für das Tunnel-Rekombinationsmodell gilt:

$$j_D \propto \exp(\beta T)\exp(\alpha V) \propto \gamma \exp(\beta T + \alpha V) \qquad (2.157)$$

Für eine p-CdTe/n-CdS Heterostruktur beobachtet man bei Temperaturen ($T > 290$ K) ein Verhalten, wie es (2.157) voraussagt, mit den Parameteranpassungen $\alpha = 22\text{V}^{-1}$ und $\beta = 0.015\text{K}^{-1}$ [18].

(iii) *Grenzflächendipole:* Beim Aufeinanderbringen zweier Halbleiter und der damit verbundenen Kontaktbildung im atomaren Bereich kommt es zu einer gegenseitigen Beeinflussung der jeweiligen Energiezustände, da diese mit einer Dämpfungslänge beschrieben, zum Teil einige Ångström aus dem Halbleiter in den Außenraum ragen. Dabei können sowohl Valenzband- als auch Leitungsband- und Oberflächenzustände in Wechselwirkung treten. Da hier die mikroskopisch-atomare Struktur und die entsprechenden elektronischen Eigenschaften das Verhalten bestimmen, sind die Eigenschaften nach Kontaktbildung stark von den Voraussetzungen, d.h. Präparation und Zustand der jeweiligen Halbleiteroberfläche abhängig. Da die Abscheideprozesse die Oberflächeneigenschaften verändern, sind die resultierenden Eigenschaften von Heterostrukturen oft schwer vorhersehbar. Eine einfache Abschätzung zeigt, daß derartige Effekte von großer Wichtigkeit sein können: wir betrachten eine Situation, in der durch Kontaktierung an der Grenzflächenschicht ein Dipol gebildet wird, dessen Ladung 1/5 einer Atomlage entspricht, und die in einem Abstand von 3 Å angeordnet sei, ähnlich einem Plattenkondensator. Die entsprechende Potentialänderung ergibt sich aus

$$\Delta \varphi = \frac{0.2 \cdot 10^{15}\,\text{cm}^{-2} \cdot 1.6 \cdot 10^{-19}\,\text{As}}{8.85 \cdot 10^{-14}\,\frac{\text{F}}{\text{cm}} \cdot \frac{1}{3 \cdot 10^{-8}\text{cm}}} \approx 3.7\,\text{V}. \qquad (2.158)$$

Es können folglich ausgeprägte Potentialsprünge auftreten. In (2.158) wurde angenommen, daß die statische Dielektrizitätskonstante $\varepsilon = 1$ ist. Dies stellt den Fall des größtmöglichen Potentialsprungs für die gegebene Situation dar. Für $\varepsilon = 5$ reduziert sich der erhaltene Wert auf deutlich unter 1 V. Es ist jedoch schwierig und problematisch, in diesem mikroskopischen Bereich mit makroskopischen Größen wie der statischen Dielektrizitätskonstante eines Mediums zu operieren, und die Rechnung dient somit lediglich der Veranschaulichung der möglichen Größenordnung des Effektes. In realen Systemen wird die nach der Kondensatorgleichung flächenhaft verteilt angenommene Ladung zumeist kleiner sein, und der Abstand (3 Å angenommen im Beispiel) kann ebenfalls geringer sein. Dennoch können sog. Dipolsprünge in der Größenordnung von 1 V bzw. einigen Zehntel Volt erhalten werden.

Neben den bisher angeführten Abweichungen vom idealisierten Bild des Anderson-Modells werden die folgenden Effekte in der Literatur diskutiert: bei Halbleiterstrukturen mit großen Unterschieden der Energielücken werden z.T. graduelle Änderungen von E_g mit dem Ort beobachtet; bei Belichtung ändern sich häufig die Diodenparameter n (Diodenqualitätsfaktor) und j_S (Sperrsättigungsstrom), das teilweise auf das Vorhandensein tiefer Haftstellen im Bereich des Kontaktes zurückgeführt wird. Bei Belichtung stellt sich ein neuer dynamischer quasi-Gleichgewichtszustand ein. Aus dem Vorangehenden werden zwei Aspekte näher analysiert: das sog. Fermi-level pinning, das auch bei Metall-Halbleiterkontakten von großer Bedeutung sein kann, und die Rolle der Grenzflächendipole bei Kontaktbildung. Insbesondere zu dem letzten Thema sind in den 80er Jahren eine Reihe von Arbeiten entstanden, in denen versucht wird, zumindest für bestimmte Systeme quantitative bzw. halbquantitative Vorhersagen zu machen.

2.7.2 Fermi-level pinning

Die Terminologie Fermi-level pinning, d.h. energetische Unveränderlichkeit des Ferminiveaus eines Halbleiters bei Kontaktbildung mit Metallen, Elektrolyten oder Halbleitern wurde bereits in den Arbeiten von Bardeen 1947 [19] und Mead und Spitzer [20] beschrieben. Man beobachtet z.B. an Metall-Halbleiter-Kontakten, daß sich die von den einfachen Betrachtungen der energetischen Lage der zwei Ferminiveaus erwartete Kontaktpotentialdifferenz im Halbleiter nicht einstellt. Bereits Bardeen führte dies auf das Vorhandensein von Oberflächenzuständen zurück, die sich im thermischen Gleichgewicht mit dem Halbleiter befinden. Dadurch wird bewirkt, daß im Fall eines n-Halbleiters Elektronen aus dem Leitungsband die Oberflächenzustände auffüllen, bis das durch die Aufladung entstandene elektrische Feld einen weiteren Ladungsaustausch verhindert. In Abbildung 2.49 ist dieser Vorgang schematisch dargestellt. Zunächst ist über die Energieabhängigkeit der Zustandsdichte der Oberflächenzustände keine Annahme gemacht worden. Einfache Modelle gehen von einer gleichförmig verteilten Zustandsdichte aus, das eine grobe Vereinfachung bedeutet. In diesem Zusammenhang, in dem die Prinzipien und Auswirkungen des Fermi-level pinning beschrieben werden, wird von möglichst einfachen Voraussetzungen ausgegangen werden.
Zunächst wird die klassische Version des Fermi-level pinnings beschrieben, die die Gleichgewichtseinstellung des Halbleiters mit seinen Oberflächenzuständen und dem Kontaktmetall zum Inhalt hat. Dabei ist auch der Fall des partiellen Fermi-level pinnings zugelassen, wie es beispielsweise an Halbleiter-Elektrolyt-

2.7 *Jenseits des Anderson-Modells 85

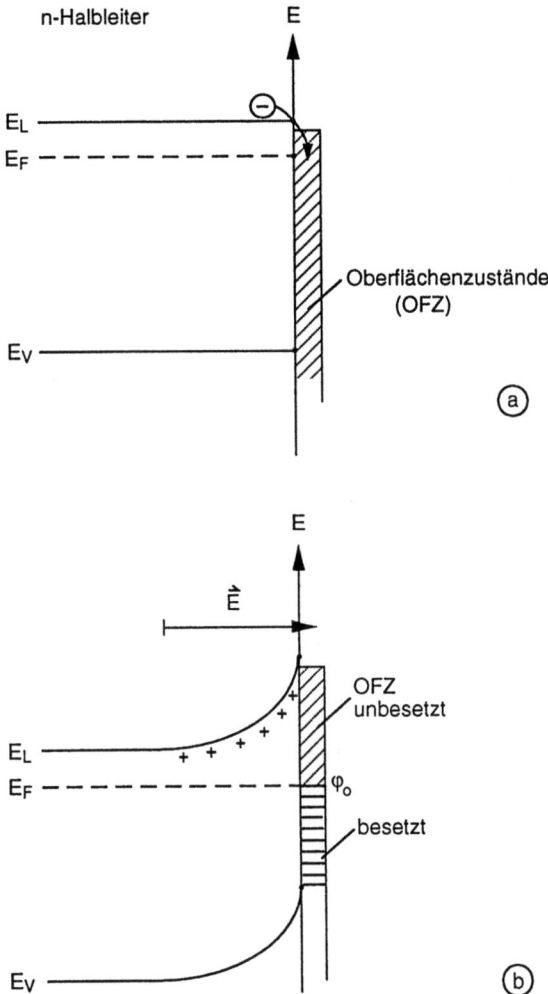

Abb. 2.49a,b. Schema zur Gleichgewichtseinstellung zwischen n-Halbleiter und Oberflächenzuständen. (a) vor, (b) nach Gleichgewichtseinstellung; ϕ_0 Besetzungsgrenze

Grenzflächen experimentell beobachtet wird [21]. Abschließend wird auf neuere Konzepte eingegangen, die auf der Einwirkung von Metall-induzierten Bandlückenzuständen beruhen, da dieses Konzept die Eigenschaften von Schottky-Barrieren gut beschreibt und sich mit Einschränkungen auch auf Halbleiter-Heterostrukturen übertragen läßt.

Wir betrachten die in Abb. 2.49b gezeigte Situation und untersuchen das Verhalten einer solchen Struktur (Halbleiter im Gleichgewicht mit seinen Oberflächenzuständen) hinsichtlich der Kontaktbildung mit einer Fremdphase; um die Situation einfach zu halten, wird hier als Fremdphase ein Metall gewählt, das in seinem Kontaktverhalten durch die Austrittsarbeit beschrieben wird.

2. Physik der Solarzelle

Nimmt man als Beispiel für Kontakte mit Metallen und verschiedene Austrittsarbeiten Cu und Au, so muß zunächst spezifiziert werden, in welcher Art die Metalle vorliegen: polykristallin (niedrigere Austrittsarbeit) oder einkristallin (auf den am dichtest gepackten (111)-orientierten Flächen ist die Austrittsarbeit am größten) und welchen Halbleiter man wählt. Als einfacheres System wird der Kontakt n-Si/polykristallines Au bzw. polykristallines Cu gewählt. In Abwesenheit von Oberflächenzuständen erwartet man, daß sich die Kontaktpotentialdifferenz aus der Differenz der Austrittsarbeiten des Halbleiters und des entsprechenden Metalls ergibt (s. Abb. 2.50a). Darüberhinaus sollte die Differenz der Austrittsarbeiten der Metalle, wenn man statt Cu einen (polykristallinen) Au-Film aufdampft, zu einer analogen Differenz in der Größe der Bandverbiegung des Halbleiters führen. Aus Abb. 2.50b entnimmt man, daß idealisiert gilt

$$eV_b^{Cu} = \Phi_{Cu} - \Phi_{Si} \qquad (2.159a)$$

sowie

$$eV_b^{Au} = \Phi_{Au} - \Phi_{Si} \qquad (2.159b)$$

und

$$e\left(V_b^{Au} - V_b^{Cu}\right) = \Phi_{Au} - \Phi_{Cu}. \qquad (2.159c)$$

In Messungen der Kapazitäts-Spannungsabhängigkeit sowie in Photoemissionsexperimenten beobachtete man bereits sehr früh, daß die meisten realen Systeme von dem in (2.159) und Abb. 2.50 beschriebenen Verhalten abwichen. Um die Eigenschaften eines Systems mit bestimmter Oberflächenzustandsdichte kennenzulernen, werden nun wiederum idealisierte Annahmen gemacht: es wird von einem Halbleiter mit extrem hoher Oberflächenzustandsdichte ausgegangen, so daß die Halbleiterraumladungszone, d.h. somit auch die Bandverbiegung vollkommen unbeeinflußt von der Austrittsarbeit des jeweilig kontaktierenden Metalls bleibt. Zur Veranschaulichung zeigt Abb. 2.51 die Situation, wobei der Halbleiter im Unterschied zu Abb. 2.50 vor der Kontaktbildung bereits im Gleichgewicht mit seinen Oberflächenzuständen ist. Der Wert von φ_0, bis zu dem die Oberflächenzustände aufgefüllt sind, wurde so gewählt, daß gilt $\Phi_{Cu} < \varphi_0 < \Phi_{Au}$, wodurch bei Kontaktbildung unterschiedliche Effekte auftreten könnten. Bei geringer Oberflächenzustandsdichte erwartet man beim Aufbringen von Cu eine Verringerung der eingeprägten Bandverbiegung eV_b, bei der Kontaktierung mit Au eine entsprechende Vergrößerung. Nun sind hier besonders hohe Zustandsdichten an der Oberfläche im Bereich der Energielücke angenommen, und bei der Kontaktbildung mit Cu werden Elektronen von Cu auf die Oberflächenzustände übertragen (da φ_0 energetisch tiefer liegt als E_F^{Cu}). Aufgrund der hohen Zustandsdichte erhöht sich das Niveau φ_0 nur unwesentlich, und es tritt ein Dipol an der Grenze Oberflächenzustände/Metall auf, bei dem die Metallseite positiv aufgeladen ist. Die Bandverbiegung eV_b^{Cu} bleibt unbeeinflußt, die Kontaktpotentialdifferenz

$$\Delta E_F = E_F^{Cu} - E_F = E_F^{Cu} - \varphi_0 \qquad (2.160)$$

2.7 *Jenseits des Anderson-Modells

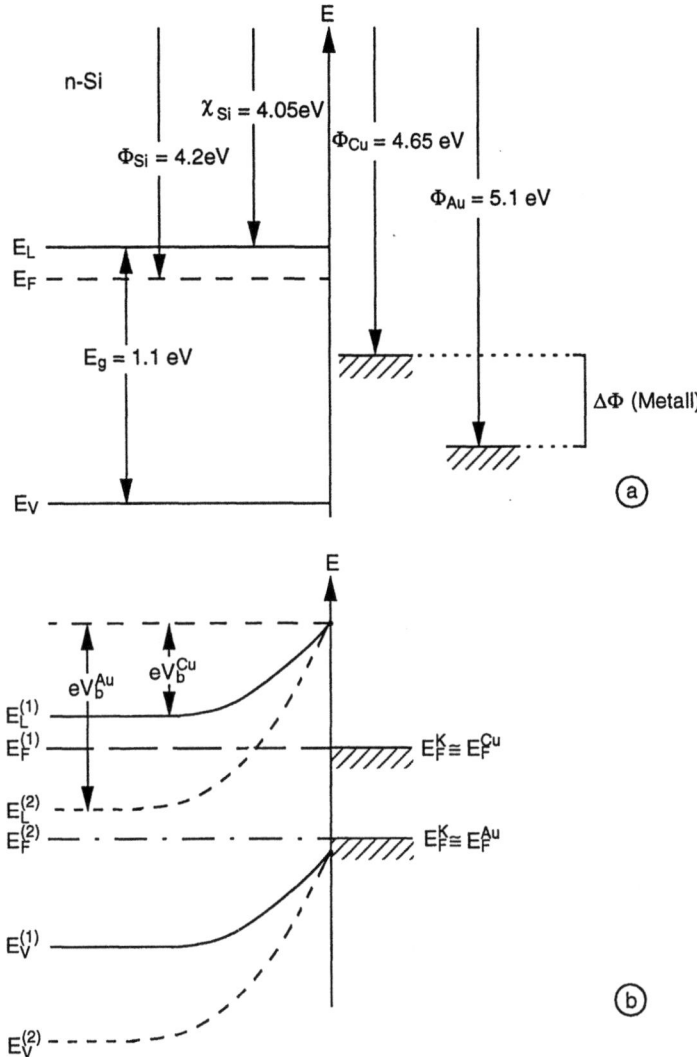

Abb. 2.50a,b. Ausbildung gleichrichtender Kontakte zwischen n-Halbleitern und zwei Metallen unterschiedlicher Austrittsarbeit für den idealisierten Schottky-Grenzfall, d.h. $\Delta\Phi$ (Metall) = ΔE_F (Halbleiter). **(a)** vor, **(b)** nach Kontaktbildung

tritt an der Halbleiter-Metall-Grenzfläche im mikroskopischen Bereich von Atomlagen auf. Da sowohl der Halbleiter als auch das Metall positiv aufgeladen sind, nimmt das resultierende Galvani-Potential einen entsprechenden Verlauf. Es fällt wegen der Richtung der elektrischen Felder auf beiden Seiten der Oberflächenzustände ab. Bei der schematischen Darstellung in Abb. 2.51 muß man berücksichtigen, daß die Ausdehnung der Oberflächenzustände stark vergrößert wiedergegeben ist. Üblicherweise geht man von Bereichen zwischen 1 und 3 Å aus, wogegen die Ausdehnung der Raumladungszone etwa 1000 Å beträgt. Man

88   2. Physik der Solarzelle

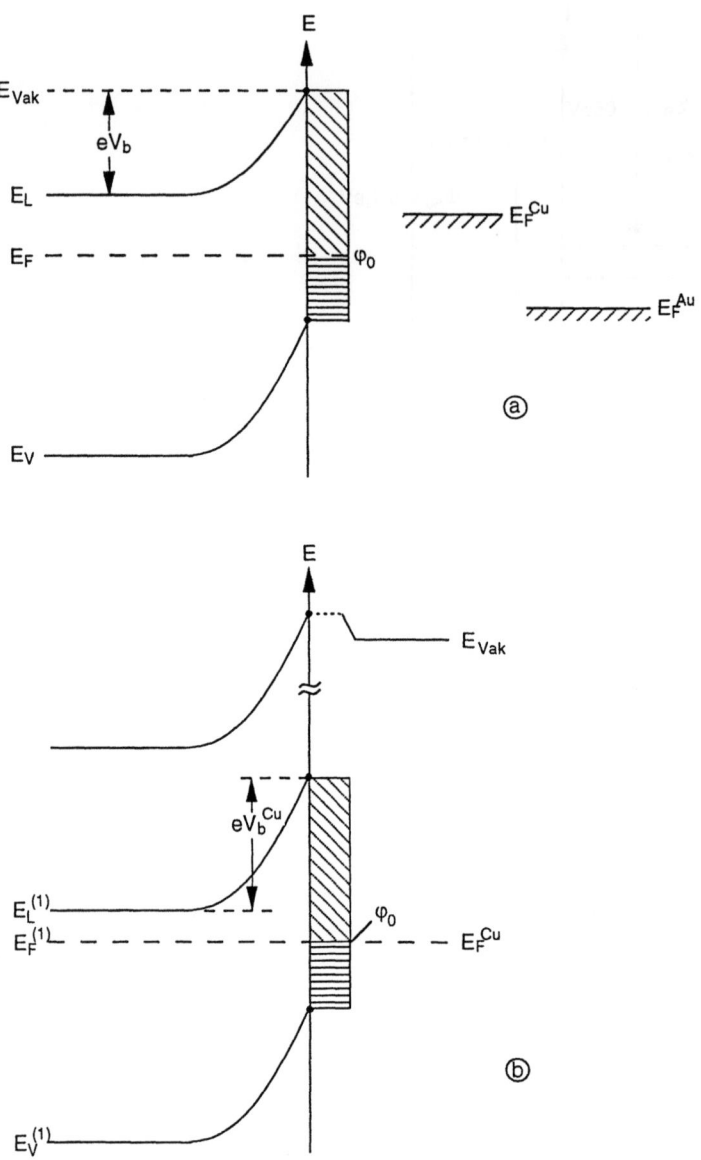

Abb. 2.51a,b. Kontaktbildung zwischen n-Halbleiter und Metallen für den Fall des Fermi-level pinnings; **(a)** vor Kontakt, **(b)** nach Kontakt mit Cu

merke sich also, daß in der Zeichnung senkrecht zur Struktur ein Maßstabsprung an der Grenze Halbleiter/Oberflächenzustände auftritt. Für den Fall des Kontaktes mit Gold ergibt sich, daß sich nach Kontaktbildung eine negative Teilladung auf dem Gold befindet, die Oberflächenzustände tragen die entsprechende positive Gegenladung. Jetzt ist die Richtung des elektrischen Feldes umgekehrt verglichen mit der Kontaktierung durch Kupfer. Es wird ein Potentialsprung

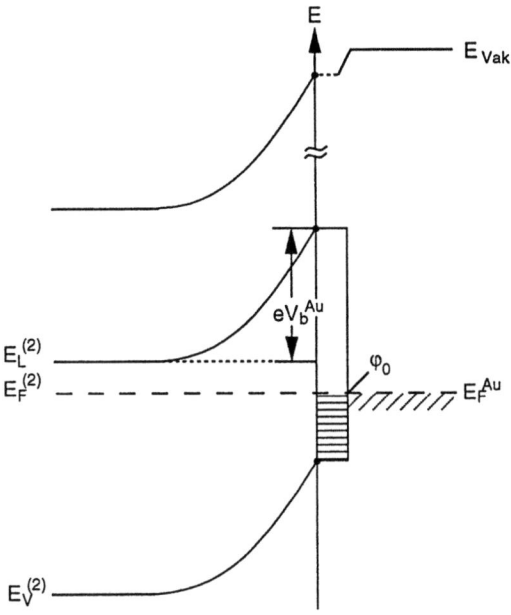

Abb. 2.52. Kontaktbildung für komplettes Fermi-level pinning zwischen n-Halbleiter und Gold (vgl. 2.51(a))

umgekehrten Vorzeichens an der Grenzschicht zwischen Oberflächenzuständen und dem Gold erwartet, wie in Abb. 2.52 gezeigt wird. Von der Kontaktpotentialdifferenz überträgt sich kein Anteil auf die Bandverbiegung im Halbleiter; d.h. es gilt: $eV_b^{Cu} = eV_b^{Au}$ in diesem idealisierten Fall. In der Abb. 2.53 ist das Verhalten für die beiden Extremfälle veranschaulicht. Dort ist die eingeprägte Bandverbiegung eV_b als Funktion der Austrittsarbeit von Kontaktmetallen dargestellt. Die Flachbandverbiegung wurde, ähnlich wie sie real für nicht zu hoch dotiertes n-Si gilt, bei $eV_{fb} = 4.3$ eV angenommen. Das bedeutet, daß mit einem Metall mit dieser Austrittsarbeit ($\Phi = 4.3$ eV) keine Kontaktpotentialdifferenz besteht. In Abwesenheit von Oberflächenzuständen gibt es folglich auch keine induzierte Bandverbiegung, eV_b ist Null, da kein Ladungsaustausch stattfindet. Im Fall sehr hoher Dichte der Oberflächenzustände (Abb. 2.53, Linie (b)) besteht die durch Wechselwirkung zwischen Halbleiter und Oberflächenzuständen eingestellte Gleichgewichtssituation unabhängig von der Austrittsarbeit der kontaktierenden Phase. Lediglich die Potentialssprünge an der Grenze zum Metall ändern sich (s. Abb. 2.51 und 2.52). Daher ist Linie (b) in Abb. 2.53 in einem weiteren Bereich durchgezogen gezeichnet, da in diesem Fall Probleme der Inversions- bzw. Akkumulationsschichtbildung nicht berücksichtigt zu werden brauchen. Linie (a) in Abb. 2.53 ist oberhalb einer Bandverbiegung von 0.6 eV gestrichelt fortgesetzt worden, um anzudeuten, daß man sich z.B. bei Si mit $E_g = 1.1$ eV bereits im Gebiet der Inversionsschichtbildung befindet. Für $\Phi < 4.3$ eV ist Linie (a) nicht weitergezeichnet worden, da in diesem Bereich die Akkumulation von Majoritätsladungsträgern (Elektronen) beginnt.

90   2. Physik der Solarzelle

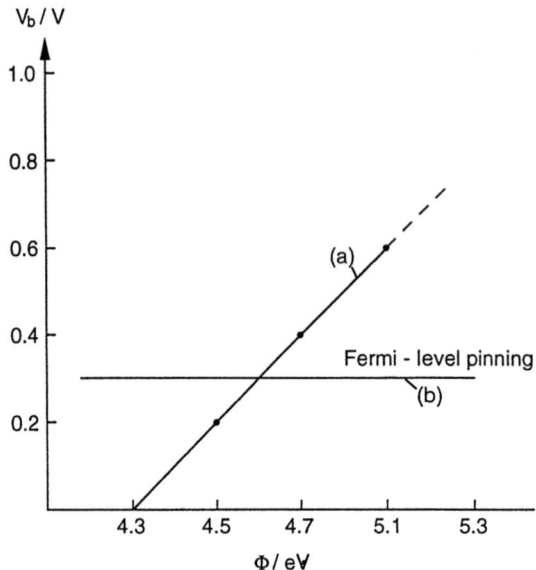

Abb. 2.53a,b. Einfluß der Austrittsarbeit Φ einer Kontaktphase auf die Bandverbiegung V_b eines n-Halbleiters; **(a)** Schottky-Grenzfall, **(b)** komplettes Fermi-level pinning. Annahme: $\Phi_{HL} = 4.3$ eV

Die oben dargestellten idealisierten Verhaltensweisen bei Kontaktbildung werden i.a. in realen Systemen nicht angetroffen. Vielmehr liegt eine bestimmte Oberflächenzustandsdichte vor, die so geartet ist, daß bei Kontaktbildung die Kontaktpotentialdifferenz zum Teil durch Umladung der Oberflächenzustände und außerdem durch Veränderung der Bandverbiegung aufgebracht wird. Das bedeutet, daß die Potentialsprünge, wie sie in Abb. 2.51 und 2.52 gezeichnet sind, immer mitberücksichtigt werden müssen. Zusätzlich muß die Änderung der Raumladungszone hinsichtlich der Bandverbiegung über die Dichte der Oberflächenzustände D_{SS} möglichst quantitativ erfaßt werden. Dazu werden die Verhältnisse im Bereich der Halbleiteroberfläche vergrößert dargestellt (s. Abb. 2.54). Für den unkontaktierten Halbleiter ist zur Einstellung des Ferminiveaus wiederum das φ_0-Niveau verantwortlich. Diese Situation ist in der Abbildung mit 1 bezeichnet. Es existiert durch die Gleichgewichtseinstellung eine Bandverbiegung eV_b. Bei Kontaktbildung mit dem Metall, charakterisiert durch E_F^M entladen sich die Oberflächenzustände teilweise von φ_0 bis zu einem Niveau φ_K. Um diesen Teil nimmt die Bandverbiegung zu. Der nicht durch Umladung von Oberflächenzuständen ausgeglichene Teil der Kontaktpotentialdifferenz, $\varphi_K - E_F^M$ wird als Potentialsprung im Bereich einer noch näher zu definierenden Zwischenschicht auftreten und führt zu einer Verschiebung der Lage der Bandkanten von 1 nach 2 in Abb. 2.54. Der Wert der Verschiebung von $E_L^{(1)}(0)$, d.h. an der Oberfläche $x = 0$, nach $E_L^{(2)}(0)$ ist gleich $\left|\varphi_K - E_F^M\right|$, und die Vergrößerung der Bandverbiegung $e\left(V_b^K - V_b\right)$ ist gleich $|\varphi_0 - \varphi_K|$. Die Summe ist

2.7 *Jenseits des Anderson-Modells 91

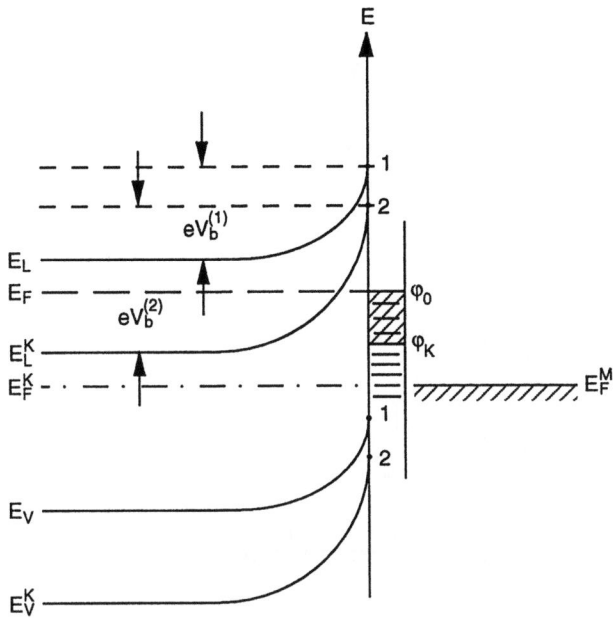

Abb. 2.54. Kontaktverhalten zwischen n-Halbleiter und Metall für partielles Fermi-level pinning. Umladung der Oberflächenzustände erfolgt zwischen φ_0 und φ_K. (1) vor, (2) nach Kontaktbildung

$$|\varphi_0 - \varphi_K| + |\varphi_K - E_F^M| = |E_F - E_F^M|. \tag{2.161}$$

Zur Quantifizierung der Betrachtungen wird der Verlauf des Vakuumniveaus (s. Galvani-Potential, Abschn. 2.4) über dem Ort vor und nach Kontaktbildung bestimmt. Die zugehörige graphische Darstellung findet man in Abb. 2.55. Dabei beschränken wir uns auf die Auftragung des Leitungsbandes und der Galvanipotentiale. Die idealisiert gedachte Situation vor Gleichgewichtseinstellung mit den Oberflächenzuständen ist durch einen flachen Verlauf des Leitungsbandes E_L^{fb} und die entsprechend energetisch höhere Lage des Ferminiveaus, hier E_F^{fb} genannt, gekennzeichnet. Das zugehörige Vakuumniveau, das ebenfalls flach verläuft, ist aus Gründen der Übersichtlichkeit nicht eingezeichnet worden. Im Gleichgewicht mit den Oberflächenzuständen stellt sich die mit 1 bezeichnete Situation ein. Der Halbleiter wird positiv aufgeladen, die Oberflächenzustände werden bis zu dem Niveau φ_0 gefüllt. Die Höhe der Barriere, E_{bh}, ist in diesem Fall durch die Differenz $E_L^{fb} - \varphi_0$ gegeben, da $\varphi_0 = E_F$ gilt. Bei Kontaktbildung mit teilweiser Umladung von Oberflächenzuständen fällt ein gewisser Anteil der Kontaktpotentialdifferenz $|E_F - E_F^M| = \Delta E_K$ im Bereich einer Zwischenschicht der Ausdehnung δ ab, die überwiegend durch die Ausdehnung der Oberflächenzustände senkrecht zur Oberfläche gegeben ist. Die Größe von δ beträgt also wenige Å. Die nicht durch Umladung von Oberflächenzuständen erfolgte Veränderung führt zu einer Potentialdifferenz im Bereich der Zwischenschicht,

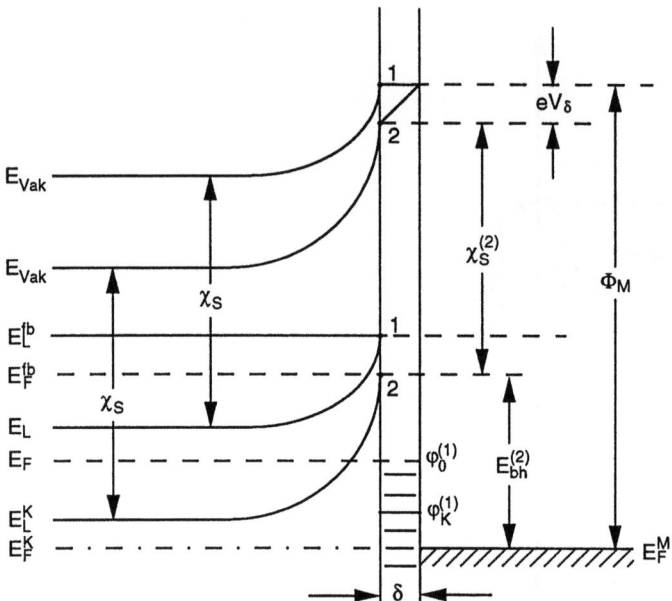

Abb. 2.55. Aufteilung der Kontaktpotentialdifferenzen und Verlauf des Vakuumniveaus für partielles Fermi-level pinning (s. Text). Index fb bezeichnet die Flachbandsituation. (1) vor, (2) nach Kontakt

eV_δ, wie in Abb. 2.55 gezeigt. Zur quantitativen Beschreibung der Abhängigkeit der Bandverbiegung bzw. der Barrierenhöhe E_{bh} von D_{SS} ermitteln wir zunächst eV_δ graphisch aus Abb. 2.55. Es ist

$$\Phi_M = E_{bh}^{(2)} + \chi_S^{(2)} + eV_\delta \tag{2.162}$$

oder

$$eV_\delta = \Phi_M - \left(E_{bh}^{(2)} + \chi_S^{(2)}\right). \tag{2.162a}$$

Sieht man die Struktur Halbleiter mit Oberflächenzuständen/Metall als Plattenkondensator mit homogen verteilter Flächenladungsdichte an, so läßt sich unter diesen Voraussetzungen ein Ausdruck für eV_δ aus der Ladung und Kapazität ermitteln. Es gilt

$$Q_M = -(Q_{SS} + Q_{RLZ}). \tag{2.163}$$

Die negative Ladung auf dem Metall Q_M nach Kontaktbildung ist entgegengesetzt gleich der Summe der positiven Ladung der Oberflächenzustände Q_{SS} sowie der Halbleiterraumladungszone Q_{RLZ}. In der Darstellung von Abb. 2.55 entspricht dem jeweils die Ladungsänderung von φ_K nach E_F^M bzw. von φ_0 nach φ_K. Unter Verwendung der Kondensatorgleichung $Q = CV$ wird aus (2.163)

$$V_\delta = \frac{-Q_M \cdot \delta}{\epsilon_0 \epsilon_\delta}, \tag{2.164}$$

wobei ϵ_δ die statische Elektrizitätskonstante des Bereiches der Ausdehnung δ bedeutet. Dabei wurde benutzt, daß $C = \epsilon_0 \epsilon_\delta \cdot F/\delta$ gilt; für eine Einheitsfläche (1 cm^2) enthält der Ausdruck F nicht explizit. Es läßt sich nun aus (2.164) unter Verwendung von (2.163) ein Zusammenhang zwischen V_δ und Q_{SS} herstellen:

$$V_\delta = \frac{\delta}{\epsilon_0 \epsilon_\delta} \left(Q_{SS} + Q_{RLZ} \right). \tag{2.165}$$

Man kann zeigen, daß der Beitrag von Q_{RLZ} aufgrund des quadratischen Zusammenhangs zwischen Ladung und Potential (s. Abb. 2.31 in Abschn. 2.4.2) zu Termen der Form $\delta^2/\epsilon_\delta^2$ in (2.165) führt. Unter der Annahme, daß δ etwa 1 – 5 Å Ausdehnung besitzt und ϵ_δ zwischen 1 und etwa 6 liegt, kommt es zu Korrekturtermen in der Größenordnung von 1/20 eV in V_δ, bestimmt nach (2.165). Daher wird (2.165) vereinfacht und der Beitrag von Q_{RLZ} vernachlässigt. Somit gilt

$$V_\delta = \frac{\delta Q_{SS}}{\epsilon_0 \epsilon_\delta}. \tag{2.166}$$

Es wird ein Ausdruck für Q_{SS} gesucht. Zur Vereinfachung wird angenommen, daß die Oberflächenzustandsdichte, wie sie in Abb. 2.55 dargestellt ist, konstant über der Energie, d.h. gleichförmig verteilt, ist. Aus den Abbildungen 2.55 und 2.54 ergibt sich der Zusammenhang

$$Q_{SS} = e D_{SS} \left(\varphi_K - E_F^M \right). \tag{2.167}$$

Hier bezeichnet D_{SS} die Zustandsdichte, φ_K und E_F^M sind von der Valenzbandoberkante aus gemessen, e ist die Elementarladung. Um zu einem Zusammenhang zwischen Austrittsarbeitsänderung und deren Einfluß auf die Barrierenhöhe in Abhängigkeit von der Oberflächenzustandsdichte zu gelangen, wird (2.162a) mit (2.165) in der abgekürzten Form (ohne Q_{RLZ}) verglichen

$$\Phi_M - (E_{bh} + \chi_S) = eV_\delta = \frac{e\delta Q_{SS}}{\epsilon_0 \epsilon_\delta}. \tag{2.168}$$

Nun wird Q_{SS} aus (2.167) eingesetzt, und man erhält

$$\Phi_M - (E_{bh} + \chi_S) = \frac{e^2 \delta D_{SS}}{\epsilon_0 \epsilon_\delta} \left(\varphi_K - E_F^M \right). \tag{2.169}$$

Zur Vereinfachung der Schreibweise definieren wir

$$\alpha = \frac{e^2 \delta D_{SS}}{\epsilon_0 \epsilon_\delta} \tag{2.170}$$

und schreiben für den Ausdruck $\varphi_K - E_F^M$ in (2.167) und (2.169), s. Abb. 2.54 und 2.55

$$\varphi_K - E_F^M = \varphi_K - \left(E_g - E_{bh}^{(2)} \right).$$

Aus (2.169) wird nach diesen Umformungen

$$\Phi_M - E_{bh} - \chi_S = \alpha \left(\varphi_K - E_g + E_{bh} \right) \tag{2.171}$$

2. Physik der Solarzelle

$$\Phi_M - \chi_S = -\alpha (E_g - \varphi_K) + E_{bh}(\alpha + 1). \tag{2.172}$$

Um zu dem gewünschten funktionalen Zusammenhang $E_{bh} = f(\Phi_M, D_{SS})$ zu gelangen, wird (2.172) so umgeformt, daß nach E_{bh} aufgelöst werden kann:

$$\frac{1}{1+\alpha} \cdot (\Phi_M - \chi_S) = E_{bh} - \frac{\alpha}{1+\alpha}(E_g - \varphi_K). \tag{2.172a}$$

Da α unter vorgegebenen Bedingungen (D_{SS}, δ, ϵ_δ) konstant ist, gilt dies auch für den Term $1/(1+\alpha)$. Man erkennt bereits an (2.172a), daß ein linearer Zusammenhang zwischen Barrierenhöhe und Metallaustrittsarbeit erwartet wird. Wir setzen

$$c = \frac{1}{1+\alpha}, \tag{2.172b}$$

lösen nach E_{bh} in (2.172a) auf und erhalten

$$E_{bh} = c(\Phi_M - \chi_S) + (1-c)(E_g - \varphi_K); \tag{2.173}$$

demnach gilt in verkürzter Schreibweise

$$E_{bh} = c\Phi_M + b. \tag{2.174}$$

Bringt man Metalle verschiedener Austrittsarbeit mit dem betreffenden Halbleiter in Kontakt, so ändert sich die Barrierenhöhe linear mit der Austrittsarbeit, die Steigung der Geraden c ist durch die Oberflächenzustandsdichte D_{SS} bestimmt. Da $\alpha \sim D_{SS}$ und $c \sim 1/\alpha$, ist die Steigung c umgekehrt proportional zur Oberflächenzustandsdichte. Ein Vergleich von (2.170) mit (2.172b) zeigt dies explizit:

$$c = \frac{a}{a + e^2 \delta D_{SS}}, \tag{2.175}$$

wobei $a = \epsilon_0 \epsilon_\delta$ ist. Für hohe Oberflächenzustandsdichten ist die Steigung demnach niedrig, während für $D_{SS} \to 0$ die Steigung 1 ist, wie im idealisierten Bild erwartet wird (vgl. Abb. 2.53). Gleichung (2.174) zusammen mit (2.175) ergibt andererseits die Möglichkeit, aus real gemessenen Änderungen der Barrierenhöhe mit der Matallaustrittsarbeit die existierende Oberflächenzustandsdichte abzuschätzen. Darüberhinaus läßt sich aus dem linearen Verhalten auch der Achsenabschnitt für $\Phi_M = 0$ bestimmen, wodurch eine Abschätzung für die energetische Lage des Niveaus φ_K erhalten werden kann. Die Extrapolation zur Ermittlung von φ_K ist häufig recht ungenau, da Daten aus einem Energiebereich für die Austrittsarbeit, die um 1 eV schwanken, linear über mehrere Elektronenvolt extrapoliert werden müssen. Abbildung 2.56 zeigt ältere Messungen am Si-Metall-System, wobei der Fall der Abwesenheit von Oberflächenzuständen, auch als Schottky-Modell bezeichnet, ebenfalls dargestellt ist. Es ergibt sich eine Steigung von E_{bh} mit Φ_M von $c = 0.22$ sowie ein Achsenabschnitt $b = -0.36$. Damit läßt sich D_{SS} ermitteln (s. (2.175)):

$$D_{SS} = \frac{\epsilon_0 \epsilon_\delta (1-c)}{e^2 \delta c}. \tag{2.176}$$

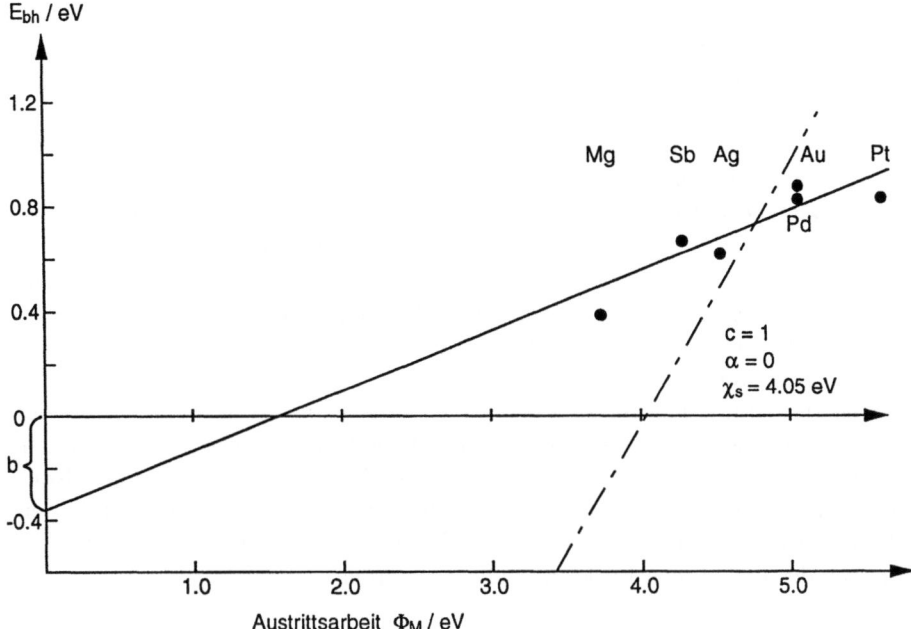

Abb. 2.56. Experimentell bestimmte Variation der Barrierenhöhe von Si im Kontakt mit verschiedenen Metallen; (– · –·) Schottky-Grenzfall

Die Einheiten in (2.176) ergeben sich zu

$$[D_{SS}] = \frac{F}{cm} \cdot \frac{1}{(As)^2 \, cm} = \frac{1}{As \cdot V \cdot cm^2},$$

1 As entspricht der $6.25 \cdot 10^{18}$ fachen Elementarladung e. Daher kann dieser Ausdruck umgeschrieben werden:

$$[D_{SS}] = \frac{1}{6.25 \cdot 10^{18} \cdot e \cdot V \cdot cm^2} = \frac{|e|}{eV \cdot cm^2}.$$

Mit $c = 0.22$ und $\epsilon = 1$ erhält man

$$D_{SS} = \frac{8.85 \cdot 10^{-14} \cdot 1 \cdot 0.73}{1.6 \cdot 10^{-19} \cdot 3 \cdot 10^{-8} \cdot 0.27 \, eVcm^2} = 6.5 \cdot 10^{13} \, eV^{-1} cm^{-2}.$$

Also ist die Oberflächenzustandsdichte $D_{SS} = 6.5 \cdot 10^{13}$ Zustände je eV und cm². Für φ_K erhält man durch Auflösen nach φ_K in (2.173) den Zusammenhang

$$\varphi_K = E_g + \frac{-b}{1-c} - \frac{c\chi_S}{1-c}, \qquad (2.177)$$

und es ergibt sich mit $b = -0.55$ eV, $\chi_S = 4.05$ eV, $E_g = 1.1$ eV und $c = 0.27$ ein Wert von $\varphi_K = 0.42$ eV oberhalb der Valenzbandkante. Durch die Extrapolation ist der Wert allenfalls als grobe Abschätzung brauchbar und mit einem Fehler in der Größenordnung von $70\% - 80\%$ versehen.

2. Physik der Solarzelle

Die bisher angestellten Überlegungen lassen sich auch auf den realistischeren Fall einer Variation der Dichte der Oberflächenzustände mit der Energie übertragen. Unter bestimmten Voraussetzungen, wie z.B. daß die Änderung der Zustandsdichte mit der Energie nicht zu drastisch erfolgt, können ähnliche Beziehungen wie in (2.173) und (2.174) hergeleitet werden [21], [22]. Im Rahmen dieses Textes wird darauf nicht näher eingegangen.

Die am einfachen Modell des Metall-Halbleiter-Kontaktes angestellten Überlegungen lassen sich auf den Fall des Halbleiter-Elektrolyt-Kontaktes und des Halbleiter-Halbleiter-Heteroüberganges übertragen. Für einen abrupten p-n-Heteroübergang gelten wegen der hohen Dotierung der Kontaktphase (meistens handelt es sich um n^+-p-Übergänge) ähnliche Überlegungen wie für den Metall-Halbleiter-Kontakt. Allerdings ist der aufgeladene Bereich im hochdotierten Heterojunction-Teil deutlich weiter ausgedehnt als in Metallen, bei denen die Thomas-Fermi-Abschirmlänge für statische elektrische Felder oft unter 1 Å liegt. Ein weiterer Unterschied betrifft die Möglichkeit, daß durch die Kontaktbildung zum Metall Metallzustände, die unterhalb E_F^M besetzt sind, in den Halbleiter hineinragen, wodurch an der Oberfläche des Halbleiters Zustände im Bereich der verbotenen Lücke E_g induziert werden.

Zum Einfluß von Oberflächenzuständen auf die Photospannung. Die eingeprägte Bandverbiegung eV_b bestimmt die für ein vorgegebenes System maximal erzielbare Photospannung. Aufgrund der logarithmischen Abhängigkeit der Photospannung von der Lichtintensität wird jedoch immer gelten $V_{Ph} < V_b$. Da (Abb. 2.55)

$$E_{bh} = eV_b + E_L - E_F \qquad (2.178)$$

und für vorgegebene Lichtintensität und Oberflächenrekombinationsgeschwindigkeit $V_{Ph} = rV_b$ mit $r < 1$ gilt, ergibt sich ein Zusammenhang zwischen Photospannung und Barrierenhöhe, der zu einer entsprechenden Beziehung zwischen Photospannung und Metallaustrittsarbeit führt. Gleichung (2.174) wird dann zu

$$eV_{Ph} = \frac{c}{r}\Phi_M + b. \qquad (2.179)$$

Die erzielbare Photospannung ändert sich ebenfalls linear mit der Austrittsarbeit der Kontaktphase, allerdings muß in der Steigung eine Abschätzung für die Effekte der Belichtungsintensität und der Oberflächenrekombination gemacht werden. Das vorgestellte Modell berücksichtigt zudem nicht, daß sich aufgrund von Änderungen in der Oberflächenchemie, wenn die Kontaktphase gewechselt wird, auch Änderungen in den elektronischen Zuständen an der Halbleiteroberfläche auftreten können. Hier sind für jeden Einzelfall detaillierte Untersuchungen nötig.

In Arbeiten aus den letzten Jahren wird versucht, die physikalischen Ursachen des Kontaktverhaltens detaillierter zu erfassen. Dabei wird ein sog. Neutralitätsniveau im Halbleiter definiert, das durch den relativen Einfluß der Zustandsdichten von Valenz- und Leitungsband auf die Zustände in der Energielücke definiert ist. Ein anderer Ansatz betrachtet die Energien sog. dangling bonds (herausragende Bindungen), wobei die entsprechende Energie des dangling bonds die Rolle des Neutralitätsniveaus übernimmt. Diese Modelle zielen auf den physikalischen Mechanismus ab. Zugleich ist ihnen eigen, daß versucht wird, das Kontaktverhalten für möglichst viele Systeme möglichst einfach zu beschreiben. Bereits angesichts der präparativen Verschiedenheiten der Systeme (Oberflächenbandstruktur, Rekonstruktion, geometrische Defekte, chemische Prozesse, Temperatureffekte, Oberflächenpräparationsverfahren u.ä.) erscheint dieses Vorhaben zumindest äußerst schwierig. Das auf dem Neutralitätsniveau basierende Konzept beinhaltet jedoch die Festlegung des Ferminiveaus auf der Basis der Halbleitervolumeneigenschaften im Bereich der Oberfläche. Es erlaubt somit teilweise die Vernachlässigung von reinen Oberflächeneffekten und wird hier kurz dargestellt, da die Übertragung auf Heterostrukturen prinzipiell möglich ist.

Fermi-level pinning und das Neutralitätsniveau. Zunächst werden Metall und Halbleiter vor der Kontaktbildung getrennt auf ihre Oberflächen- und Volumeneigenschaften hin betrachtet. Bei Raumtemperatur sind die metallischen Zustände (es wird ein Metall angenommen, dessen Verhalten mit dem Bild fast freier Elektronen beschrieben werden kann [23]) bis zum Ferminiveau, das thermisch verbreitert ist, besetzt. Wir gehen hier der Einfachheit halber von einem scharfen Energieniveau aus. Die erlaubten Zustände des Metalls werden als Blochwellen dargestellt, d.h. sie sind Überlagerungen von sinus- bzw. cosinusförmigen Summanden, die die Gestalt der Wellenfunktion $\Psi_{nk}(r)$ definieren; dabei ist n der Bandindex und k der Wellenzahlvektor. Es ist in der Einelektronennäherung [24]

$$\Psi_k(r) = \sum_\nu C_\nu e^{i(k+G_\nu)r} \qquad (2.180)$$

mit G: reziproker Gittervektor, C_ν: Impulseigenfunktion [25]. Im Fall fast freier Elektronen vereinfacht sich der Ausdruck (2.180) auf wenige Summanden, da das freie Elektron durch eine ebene Welle beschrieben werden kann. An der Oberfläche des Metalls sind die Blochzustände exponentiell gedämpft, die Abklinglänge wird mit λ bezeichnet. Die Amplitude der Wellenfunktion ist bei $x = \lambda$ um den Faktor $1/e$ abgeklungen. Derartige Zustände, die unterhalb des Ferminiveaus besetzt und oberhalb von E_F unbesetzt sind, werden bei der Kontaktbildung mit anderen Phasen berücksichtigt. Dabei ist die Zustandsdichte von entscheidender Bedeutung für das elektronische Verhalten des Kontaktes. Für einen Halbleiter ergibt die Bestimmung der Bandstruktur, daß neben den Zuständen des Valenz- und Leitungsbandes im Bereich der verbotenen Energielücke Zustände mit komplexem Wellenzahlvektor $\tilde{k}$ existieren. Für eine Teilwelle der Gestalt $exp(i\tilde{k}r)$ bedeutet der Imaginärteil von $\tilde{k}$ eine exponentielle Dämpfung:

$$exp(i\tilde{k}r) = exp(ik_r r)exp(-k_i r), \qquad (2.181)$$

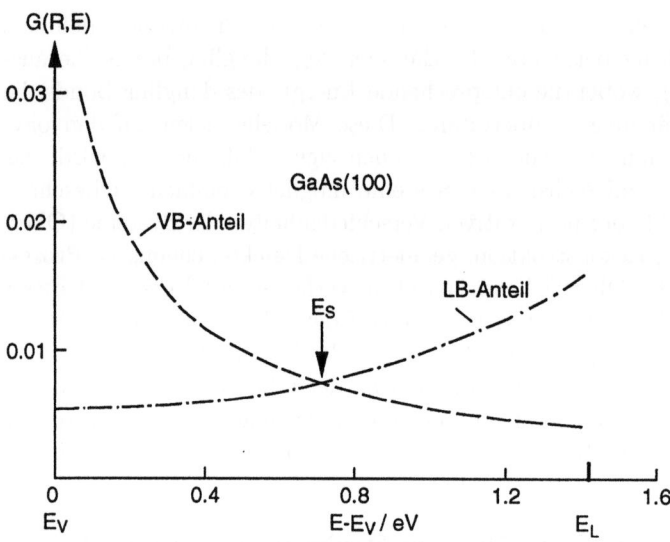

Abb. 2.57. Beitrag von Valenz- und Leitungsbandzuständen zur Greensfunktion $G(R, E)$ im Bereich der Energielücke; $R = a(100)$

wobei $\tilde{k} = k_r + ik_i$ gilt. Aus einer Summenregel für die Zustandsdichte ergibt sich, daß die relative Gewichtung der gedämpften Zustände in der Energielücke durch die Beiträge des Valenz- und Leitungsbandes, die energetisch nahe an der Energielücke liegen, gegeben ist [26] [27]. Abbildung 2.57 zeigt einen derartigen berechneten Ausschnitt einer komplexen Bandstruktur, wobei der Leitungs- und Valenzbandcharakter aufgetragen sind. Die Energie, bei der sich die Kurven schneiden, wird mit E_S (für Schnittpunkt) bezeichnet. Die Dämpfung bzw. die Ausdehnung der Zustände variiert innerhalb der Energielücke, wobei die Ausdehnung zu den Bandkanten hin zunimmt. Für eine exaktere Beschreibung der Zustände in der Energielücke und somit des Kontaktverhaltens wäre es notwendig, von der hier bisher gezeigten eindimensionalen Betrachtungsweise zu einer dreidimensionalen Darstellung von $E(\tilde{k})$ überzugehen. Aus Gründen der Anschaulichkeit und wegen der Komplexität der Vorgehensweise werden die einfacheren Modelle bevorzugt. Sie genügen zur Veranschaulichung des Kontaktverhaltens.

In einem Gedankenexperiment bringt man nun das Metall und den Halbleiter in Kontakt, der im atomaren Bereich gebildet wird. Das neue Modell der Kontaktbildung beruht auf der Annahme, daß die aus dem Metall herausragenden Zustände, die partiell mit Elektronen besetzt sein können, in der Energielücke des Halbleiters im Bereich der Zustände mit imaginärem k zu einer Besetzung dieser Zustände führen (Abb. 2.58). Dabei kommt dem Niveau E_S eine besondere Bedeutung zu. Die Ladungsneutralität erfordert die Besetzung solcher Metall-induzierter Bandlückenzustände, die überwiegend Valenzbandcharakter besitzen, während Zustände mit mehr Leitungsbandcharakter unbesetzt bleiben. Für eine genügend hohe Zustandsdichte der Metall-induzierten Zustände

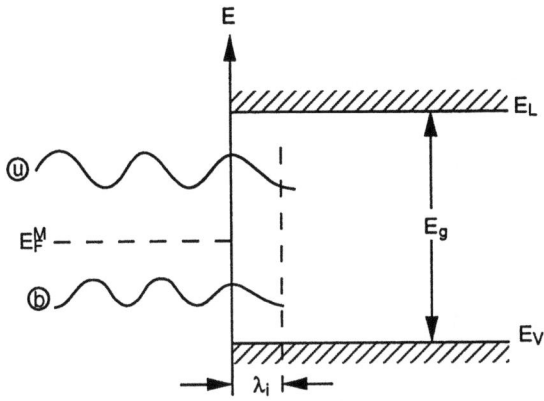

Abb. 2.58. Schematische Darstellung Metall-induzierter Bandlückenzustände; u: unbesetzt, b: besetzt, λ_i: Dämpfungslänge der induzierten Zustände, E_F^M: Metall-Ferminiveau

kann das Niveau E_S als ein Ferminiveau an der Oberfläche angesehen werden. Das bedeutet, daß das Ferminiveau des Halbleiters nahe oder bei E_S „gepinnt" ist, wodurch die Barrierenhöhe zu einem Kontaktmetall durch die Lage von E_S vorgegeben wird. Damit würde in diesem Bild eine Volumeneigenschaft des Halbleiters (die Bandstruktur) über die Oberflächeneigenschaften (Defekte u.ä.) dominieren (Abb. 2.59), da angenommen wird, daß deren Zustandsdichte deutlich geringer als die der Metall-induzierten Bandlückenzustände ist. Da die Grenzfläche im Bereich der Metall-induzierten Zustände und der Metallzustände selbst liegt, bewirkt die dielektrische Abschirmung von Ladungen eine ausgeprägte Reduzierung von Potentialsprüngen an der Grenzfläche. Abbildung 2.59 zeigt eine schematische Darstellung des Fermi-level pinnings im Modell Metall-induzierter Bandlückenzustände. In der Abbildung sind schematisch die Valenz- und Leitungsbandanteile abnehmend vom jeweiligen Band zur Vereinfachung anhand von Zahlen dargestellt. (Die in Abb. 2.59a vorhandene Symmetrie ist nicht zwingend. Man sieht in Abb. 2.57, daß die Valenzband- und Leitungsbandanteile unterschiedlich sein können.) Dabei wird davon ausgegangen, daß unbesetzte Leitungsbandanteile ungeladen sind, ebenso wie besetzte Valenzbandanteile. Unbesetzte Valenzbandanteile werden positiv gezählt, besetzte Leitungsbandanteile negativ. So entsteht das Ladungsschema auf der rechten Seite von Abb. 2.59a. Die Gesamtladung bei Kontaktbildung ist Null, da $E_F^M = E_S$ gilt. Die positiven und negativen Ladungen der jeweiligen Bandanteile heben sich auf. In Abbildung 2.59b liegt E_F^M energetisch zwischen dem zweiten und dritten eingezeichneten Niveau (die Niveaus sind zur Vereinfachung künstlich eingeführt; der Verlauf über der Energie ist kontinuierlich). Es entsteht eine resultierende Gesamtladung ($Q_{ges} = -2$). Der Grenzflächendipol ergibt ein zusätzliches Potential, das den Potentialsprung $\Delta\Phi$ auf Δ/ϵ_{HL} verringert. Damit wird das Fermineau des Metalls in Richtung auf das Neutralitätsniveau E_S des Halbleiters gezwungen, d.h. $E_F^M \approx E_S$.

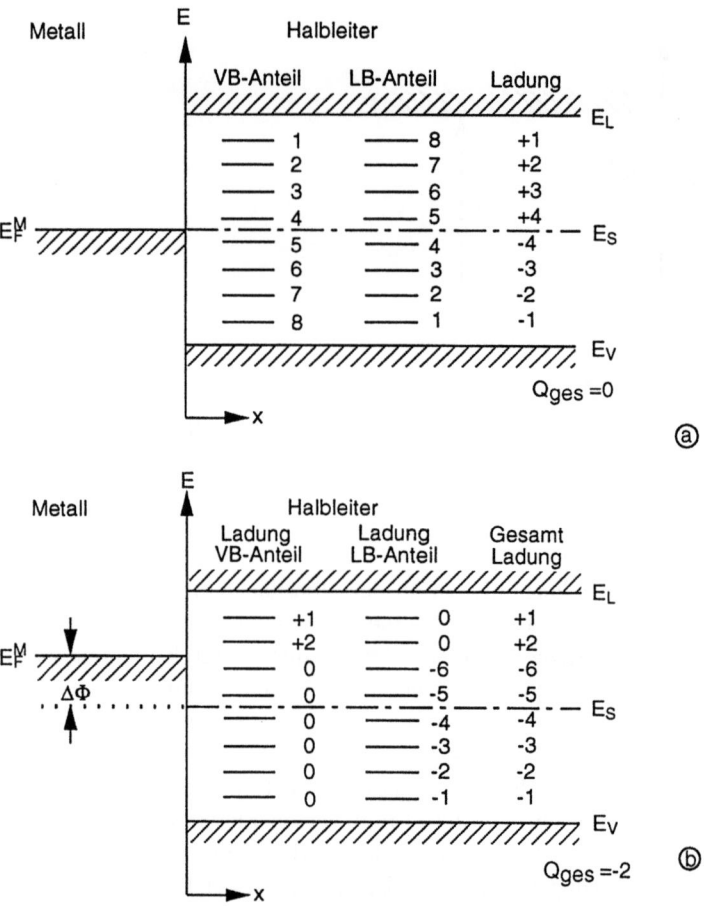

Abb. 2.59a,b. Schematische Darstellung des Kontaktverhaltens zwischen Metall und Halbleiter nach Tersoff, Harrison und Heine; (a) $E_F^M = E_S$, kein Dipol; (b) $E_F^M \neq E_S$, Dipol

Abbildung 2.60 zeigt Berechnungen der Zustandsdichte im Bereich der Energielücke für ausgewählte Halbleiter und zugleich das Niveau E_S [28]. Abbildung 2.61 zeigt die räumliche Ausdehnung Metall-induzierter Zustände für diese Halbleiter senkrecht zur Kontaktfläche [28]. Tatsächlich stimmen die mit diesem Elektroneutralitätsmodell berechneten Barrierenhöhen für Schottky-Kontakte gut mit experimentellen Daten überein. Einschränkend sollte berücksichtigt werden, daß die vorgestellten Modellbetrachtungen für (110)-orientierte fcc Grenzflächen, bei denen die räumliche Ausdehnung der induzierten Zustände am größten ist, angestellt wurden. Für (111)- und (100)-Orientierungen werden andere Barrierenhöhen gefunden, die auf eine Kristallorientierungsabhängigkeit der Barrierenhöhe schließen lassen. Auf die Ursache dieses Verhaltens wird weiter unten näher eingegangen.

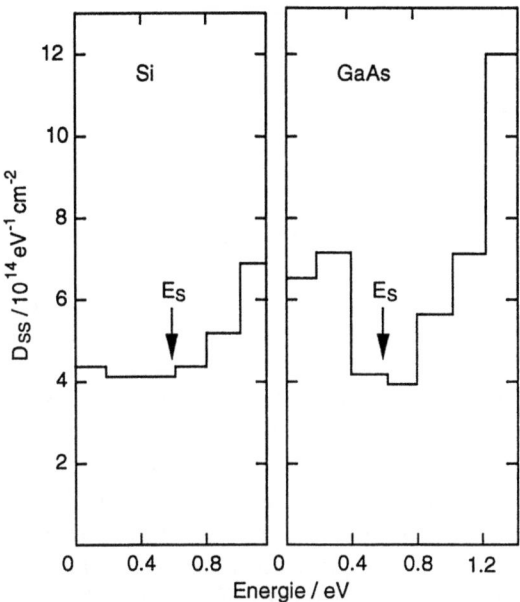

Abb. 2.60. Dichte D_{SS} Metall-induzierter Zustände für Si und GaAs und Lage des Neutralitätsniveaus E_S

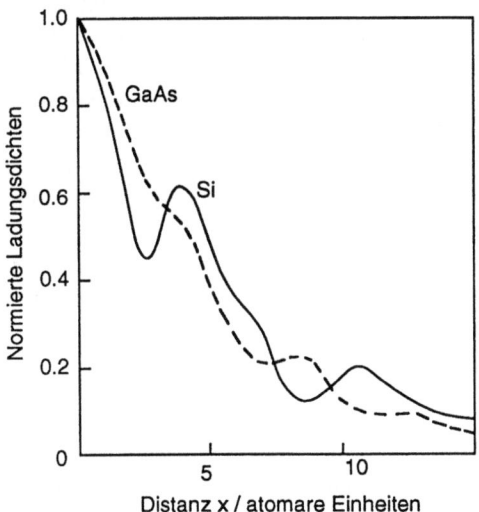

Abb. 2.61. Verhalten Metall-induzierter Bandlückenzustände in Abhängigkeit vom Ort; $x = 0$ Halbleiteroberfläche

Aus der Betrachtung des Fermi-level pinnings folgt die Überleitung zum nächsten Kapitel nahezu zwangsläufig: man stelle sich vor, daß zwei Halbleiter, von denen jeder durch eine sehr hohe Zustandsdichte gekennzeichnet ist, miteinander in Kontakt gebracht werden sollen. Bei beiden liegt starkes Fermi-level pinning vor ($D_{SS} \geq 10^{14}\mathrm{cm}^{-2}\mathrm{eV}^{-1}$), d.h. sie verhalten sich wie Rücken an Rücken kontaktierte Schottky-Barrieren, wobei die Oberflächenzustände das entsprechende Metall simulieren. Die bestehende Kontaktpotentialdifferenz muß dann am Kontakt zwischen den Oberflächenzuständen auftreten, d.h. es wird eine Dipolschicht im atomaren Grenzflächenbereich gebildet, die Bandverbiegungen bleiben unverändert.

2.7.3 Grenzflächendipole und Banddiskontinuitäten

Dünnschichtsolarzellen werden vielfach in Form von Halbleiter-Heterostrukturen hergestellt (siehe Kap.4). Bei der Präparation der Strukturen werden i.a. die Energielücken, die jeweilige Dotierung, Lichtabsorption und – zur Verringerung von induzierten Defekten – die Gitterkonstanten und thermischen Ausdehnungskoeffizienten berücksichtigt. Bisher unberücksichtigt blieben eventuelle Beiträge aufgrund von Oberflächen- bzw. Grenzflächendipolen, die einen Einfluß auf Valenz- und Leitungsbanddiskontinuitäten nehmen können. Wegen des Effektes auf den Ladungsträgertransport ist die Kenntnis der Valenz- und Leitungsbanddiskontinuitäten von großer Wichtigkeit für die erwartete Funktionsweise der betreffenden Solarzelle. Leider existieren zur Zeit wenige Modellvorstellungen zu diesem Thema, von denen der im vorigen Kapitel behandelte, auf dem Neutralitätsniveau beruhende Ansatz auf die diesbezüglichen Eigenschaften von Heterostrukturen übertragen wird. Zunächst werden allgemeine Betrachtungen zur Bedeutung von Oberflächendipolen an Festkörpern angestellt, um die Problematik aufzuzeigen. Anschließend wird vereinfachend, d.h. ohne Berücksichtigung der weiter unten erläuterten Korrugation, die Kontaktbildung zwischen zwei Halbleitern und deren Grenzflächendipol behandelt.

Die Austrittsarbeit für Elektronen von einem Festkörper in den Außenraum ist durch die energetische Lage des Ferminiveaus bzw. das elektrochemische Potential der Elektronen im Festkörper gegeben. In diese Größe geht das chemische Potential der Elektronen μ_e^0, sowie das Galvani-Potential $\varphi = \psi + \delta$ ein, wobei ψ das Volta-Potential und δ ein durch Dipole hervorgerufenes Potential bedeutet (s. Abschn. 2.4). Es gilt demnach für die Austrittsarbeit

$$\Phi = E_{Vak} - E_F = E_{Vak} - \tilde{\mu}_e = E_V - \left[\mu_e^0 + e\left(\psi + \delta\right)\right]. \qquad (2.182)$$

Für den einfachen Fall eines Metalles, das durch eine konstante Elektronendichte (freier Elektronen) bis dicht an die Oberfläche gekennzeichnet sein soll, ergibt sich anschaulich der Beitrag des Oberflächendipols zur Austrittsarbeit (Abb. 2.62a). Durch die angenommene stetige Änderung der Elektronendichte entsteht im Bereich der geometrischen Oberfläche, gekennzeichnet durch eine senkrechte Linie, ein Ladungsmangel (innerhalb des Festkörpers) bzw. ein Elektronenüberschuß durch die von Null verschiedene endliche Aufenthaltswahrscheinlichkeit für Elektronen im Außenraum. Der entsprechende Dipol bewirkt ein senkrecht nach außen weisendes elektrisches Feld, das abstoßend für Elektronen wirkt. Somit erzeugt der Dipol eine Potentialbarriere, die einen wesentlichen Einfluß auf die Austrittsarbeit, d.h. die Lage des Ferminiveaus relativ zum Vakuumniveau

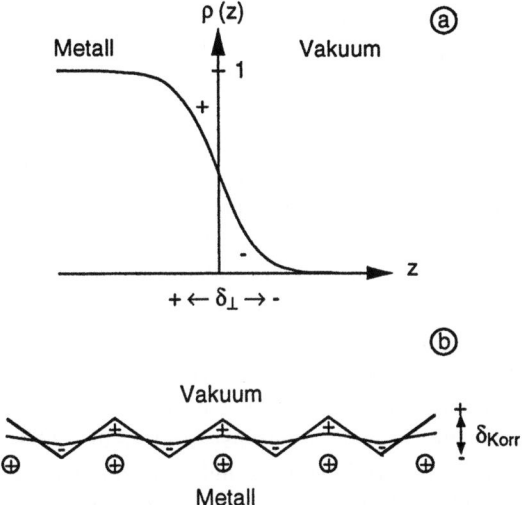

Abb. 2.62a,b. Dipolbeiträge zur Austrittsarbeit; (a) Elektronendichte $\rho(z)$ senkrecht zur Oberfläche, (b) lateraler Korrugationsanteil

hat. Nun ist sowohl von Halbleitern als auch von Metallen bekannt, daß deren Austrittsarbeit von der Kristallorientierung abhängt. Dabei zeigt sich, daß dicht gepackte Kristallflächen – bei kubisch flächenzentrierten Gittern (fcc) sind das die (111)-Flächen – eine größere Austrittsarbeit aufweisen als offenere Flächen ((110)-Flächen). Eine Veranschaulichung findet man für den hier einfacher zu behandelnden Fall des fast freien Elektronengases in Metallen in Abb. 2.62b. Die geometrische Grenzfläche einer Oberfläche parallel zur letzten Atomlage ist dargestellt. Der stetige Verlauf der Elektronendichte führt zu einer Ansammlung von Ladungsdichte in den Tälern und zu einer Verarmung an den Spitzen. Der entsprechende Dipol und das resultierende elektrische Feld senkrecht zur Oberfläche haben die umgekehrte Orientierung, verglichen mit dem Elektronendichteausläufer in Abb. 2.62a. Dies führt zu einem zusätzlichen Term in (2.182)

$$\tilde{\mu}_e = \mu_e^0 + e\left(\psi + \delta_\perp - \delta_{\text{korr}}\right). \tag{2.183}$$

Das elektrochemische Potential $\tilde{\mu}_e$ ist zusätzlich durch einen der Oberflächenkorrugation zugeordneten Dipolterm δ_{korr} gegeben. Da δ_{korr} prinzipiell ein anderes Vorzeichen als $\delta_\perp$ hat ($\delta_\perp$ bezeichnet den in Abb. 2.62a gezeigten Term), erfolgt auf Flächen mit großem δ_{korr} eine Absenkung der Austrittsarbeit. Bei fcc-Kristallen nimmt die Korrugation entsprechend der Reihe (111) → (100) → (110) usw. zu. Daraus folgt eine relative Änderung der Austrittsarbeit $\Phi(111) > \Phi(100) > \Phi(110)$, die sowohl für Si als auch für Metalle (Cu, Ag, Au) beobachtet wird. Das einfache Bild für die Elektronendichte von Metallen läßt sich nicht ohne Verfeinerung auf Halbleiter übertragen. Hier ist die Situation wesentlich komplizierter, da i.a. die gesamte Elektronendichte an der Oberfläche durch die in den herausragenden Bindungen (energetisch verteilt) befindliche Ladung gegeben ist. Diese ist für jeden Halbleiter in Abhängigkeit von der Oberflächenpräparation eine spezifische Eigenschaft, die sehr schwer zu ermitteln ist. Wie man an dem Einfluß der Korrugation erkennt, kommen lateral-geometrische Einflüsse zusätzlich in Betracht.

Bei den zur Zeit existierenden Konzepten für Halbleiterheterostrukturen werden Korrugationseffekte zwar erwähnt, aber nicht in die Modellbindung einbezogen. Vielmehr wird das an Metall-Halbleiter-Kontakten entwickelte Konzept weitgehend auf die Heteroübergänge übertragen. Da eine weitergehende theoretische Beschreibung noch nicht entwickelt wurde, werden die Modelle für Halbleiterheterostrukturen verkürzt dargestellt. Sie beruhen auf der Übertragung des Modells für Halbleiter-Metall-Grenzflächen auf die Kontaktbildung zwischen zwei Halbleitern mit unterschiedlicher Energielücke. Auch hier wird das Ladungsneutralitätsniveau E_S für jeden Halbleiter bestimmt. Dazu betrachten wir die Situation für zwei Halbleiter, bei denen E_S nicht übereinstimmt (Abb. 2.63). Es existiert eine Energiedifferenz ΔE_S. Im Anderson-Modell wäre die Valenz- bzw. Leitungsbanddiskontinuität $E_V(1) - E_V(2)$ bzw. $E_L(1) - E_L(2)$, wie in Abb. 2.63a gezeigt. Im Bild des Neutralitätsniveaus ragen jedoch evaneszente Zustände des Halbleiters (1) (mit kleinerer Energielücke) in die verbotene Lücke von Halbleiter (2). Da die in Abb. 2.63a dargestellte Situation nicht auf der Übereinstimmung der Neutralitätsniveaus beruht, ergibt sich im Bild der Neutralitätsniveaus eine gegenüber Abb. 2.63a deutlich geänderte Situation. Am Neutralitätsniveau $E_S(1)$ und $E_S(2)$ zeigen die herausragenden (evaneszenten) Zustände den gleichen Anteil von Valenz- und Leitungsbandcharakter. Würde man die Heterostruktur entsprechend Abb. 2.63a bilden, so bliebe wegen des Unterschiedes in E_S beider Halbleiter ein resultierender Dipol im Bereich der Grenzfläche. Das entsprechende elektrische Feld bewirkt nach Tersoff [29], [30], daß die Situation mit möglichst geringem Grenzflächendipol (auch kanonische Bandanordnung genannt) bevorzugt wird. Demnach wird die neue Situation (Abb. 2.63b) eine geringere Valenzbanddiskontinuität und eine größere Stufe im Leitungsband aufweisen als nach dem Anderson-Modell. In guter Näherung gilt dann $\Delta E_L^b = \Delta E_L^a + \Delta E_S$ und $\Delta E_V^b = \Delta E_V^a - \Delta E_S$. Dies bedeutet, daß bei großen Unterschieden in ΔE_S die Anordnung nach dem Anderson-Modell nicht mehr als Näherung für das Verhalten eines Systems verwendet werden kann. Dies ist in jedem Einzelfall zu prüfen. Die bekannten experimentellen Daten wei-

Tabelle 2.4. Energetische Lage des Neutralitätsniveaus E_S für verschiedene Halbleiter im Vergleich mit experimentellen Daten

Halbleiter	E_S theoretisch/eV	E_{bh} (Au)/eV	E_{bh} (Al)/eV
Si	0.36	0.32	0.40
Ge	0.18	0.07	0.18
GaAs	0.70	0.52	0.62
AlAs	1.05	0.96	-
InP	0.76	0.77	-
GaP	0.81	0.94	1.17

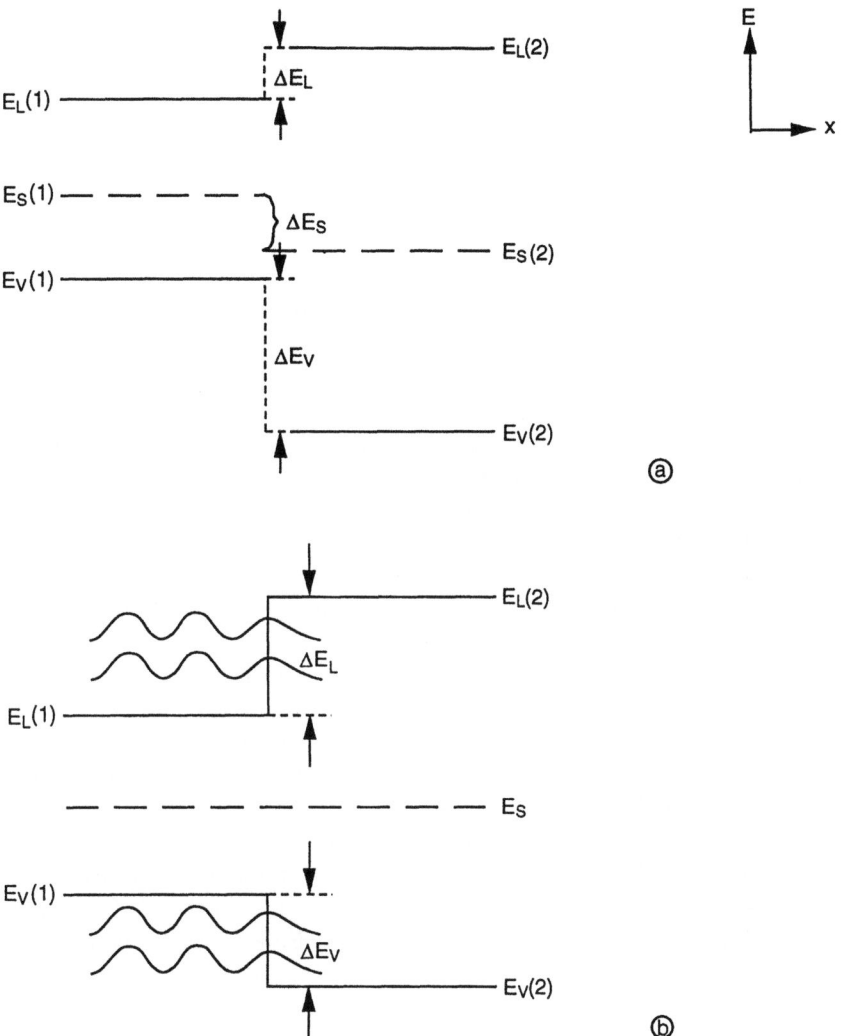

Abb. 2.63a,b Energieschema zur Kontaktbildung zwischen Halbleitern mit unterschiedlicher Energielücke. (a) Banddiskontinuitäten nach dem Anderson-Modell, (b) nach dem Modell des Neutralitätsniveaus

sen deutlich auf die Gültigkeit der Neutralitätsniveaumodelle von Tersoff und Harrison hin [29] - [31]. Zugleich besteht die Möglichkeit, aus den an Metall-Halbleiter-Kontakten gemessenen Barrierenhöhen die jeweiligen Werte für E_S zu erhalten. Dies ist in den Tabellen 2.4 und 2.5 dargestellt. In Tabelle 2.4 finden sich die berechneten Werte für E_S (erste Spalte) sowie die experimentell erhaltenen Barrierenhöhen für die Kontaktbildung mit Au bzw. Al. Daraus ersieht man z.B., daß für Ge E_S etwa 0.18 eV oberhalb der Valenzbandkante liegt. Bei GaAs ist der (theoretische) Wert $E_S = 0.7$ eV. Eine Halbleiterheterostruktur mit Ge und GaAs ließe folglich eine Valenzbanddiskontinuität von

2. Physik der Solarzelle

Tabelle 2.5. Experimentell erhaltenen Valenzbanddiskontinuiäten

Heterostruktur	ΔE_V theoretisch/eV	ΔE_V Experiment/eV
GaAs/Ge	0.52	0.53
Si/Ge	0.18	0.20
AlAs/GaAs	0.35	0.4

$\Delta E_S = 0.7$ eV - 0.18 eV = 0.52 eV erwarten. Derartige Werte sind in Tabelle 2.5 dargestellt. Der Vergleich mit experimentell erhaltenen Valenzbanddiskontinuitäten zeigt eine erstaunlich gute Übereinstimmung in Anbetracht der Vielfalt und Komplexität der Systeme. In Abbildung 2.64 sind die diesbezüglichen energetischen Verhältnisse aufgezeigt. Dabei ist in Abb. 2.64a die Kontaktbildung unter Einbeziehung der Elektronenaffinitäten dargestellt. Auf der rechten Seite erkennt man die resultierenden Valenz- und Leitungsbanddiskontinuitäten. Im unteren Teil der Abbildung (Abb. 2.64b) wird von der Valenzbandoberkante als energetischem Bezugspunkt ausgegangen und die Lage der Leitungsbandunterkante aus der Größe der Energielücke bestimmt. Nach Angleichung von E_S ergibt sich auf der rechten Seite (nach Kontaktbildung) das gleiche Bild wie in Abb. 2.64a.

Abschließend soll eine Weiterentwicklung des ursprünglichen Modells beschrieben werden, die auf der gemittelten sog. Hybridenergie E_h der sp^3-Orbitale tetraedrisch koordinierter Halbleiter beruht. In diesem Bild ist $E_h = (E_s + 3E_p)/4$, wobei E_s und E_p die atomaren Eigenwerte der im Halbleiter vorhandenen Atomsorte sind. Die Methode beruht folglich auf der Ermittlung von Energiezuständen und -bändern, ausgehend von atomaren Zuständen unter Einbeziehung der Kristallumgebung über interatomare Kopplungsgrößen [31]. Derartige Methoden werden als „tight binding" Theorie oder auch LCAO-Theorie (*linear combination of atomic orbitals*) bezeichnet. Näheres findet man in der angeführten Literatur [32]. Für Verbindungshalbleiter ergibt sich die gemittelte Hybridenergie zu

$$\bar{E}_h = \left(E_h^A + E_h^K\right)/2 \qquad (2.184)$$

mit E_h^A anionischen und E_h^K kationischen Zuständen. In der einfachsten Betrachtungsweise, und nur diese wird hier behandelt, bestünde zwischen zwei Halbleitern eine Differenz in $\bar{E}_h$ der Größe $\Delta \bar{E}_h$. Die resultierende Banddiskontinuität ist demnach nicht durch $\Delta \bar{E}_h$ bestimmt, sondern analog zu den von Tersoff vorgeschlagenen Modellen durch $\Delta \bar{E}_h/\epsilon_\infty$, wobei ϵ_∞ die optische anstatt die statische Dielektrizitätskonstante bedeutet. Der Dipolsprung wird auch hier durch die Polarisierbarkeit des Mediums deutlich reduziert, so daß in grober Näherung von einer Angleichung von $\bar{E}_h$ bei Kontaktbildung zwischen Halbleitern ausgegangen werden kann. Die Werte für $\bar{E}_h$ verschiedener Halbleiter und die resultierende Übereinstimmung mit experimentell ermittelten Valenzbanddiskontinuitäten sind geringer als bei dem weiter oben beschriebenen Verfahren. Dies liegt z.T. daran, daß die Bestimmung der atomaren Eigenwerte E_S,

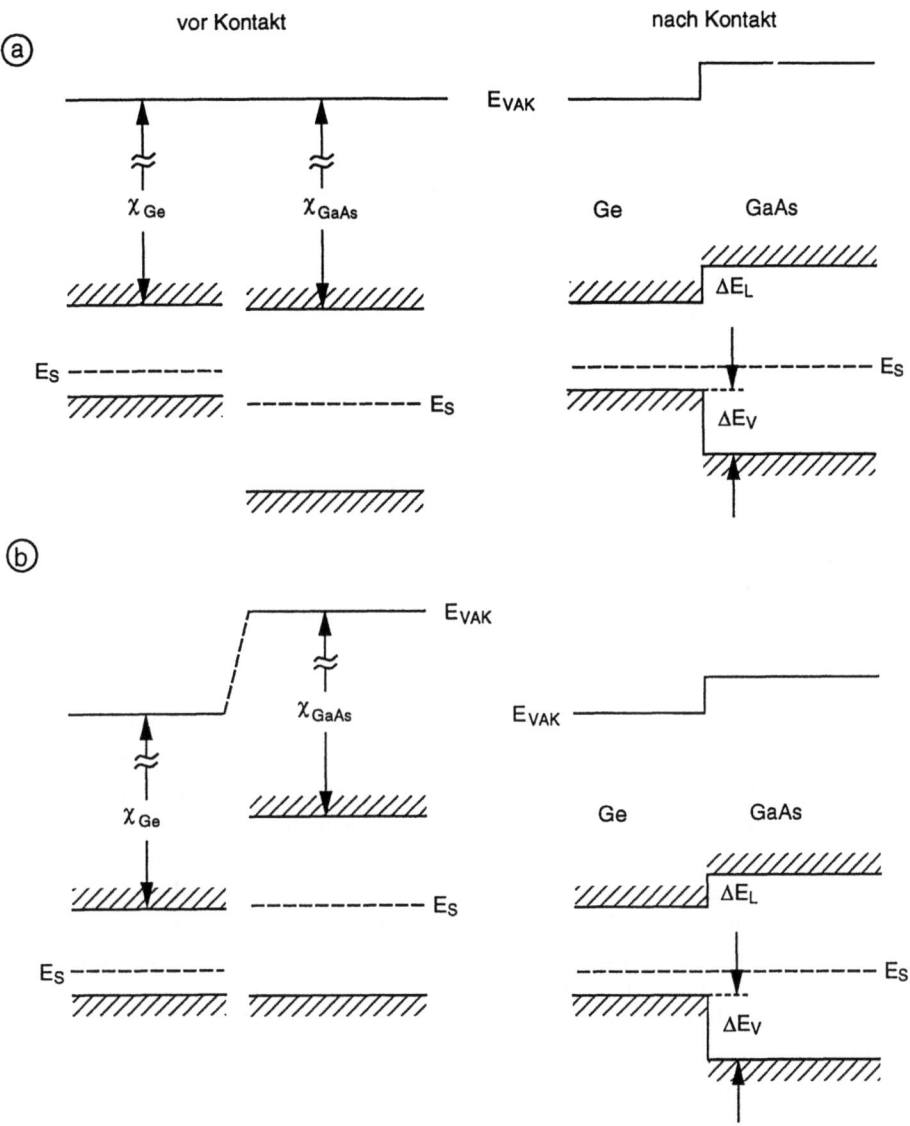

Abb. 2.64. Energieschema zur Heterostrukturbildung nach Tersoff und Harrison am Beispiel von Ge und GaAs

E_P empfindlich von den verwendeten Eigenfunktionen und der Berechnungsmethode (Hartree-Fock, Herman-Skillman usw.) abhängt und damit $\bar{E}_h$ ungenau werden kann.

Wir haben dieses Verfahren dennoch hier vorgestellt, da Harrison Werte $\bar{E}_h$ für CdS angibt und $\bar{E}_h - E_V$ (CdS) = 2.14 eV erhält. Mit der Kenntnis der Barrierenhöhe von Metallen auf CuInSe$_2$ ließe sich damit ein revidiertes Energieschema der p-CuInSe$_2$/n-CdS Heterostruktur (Abb. 2.65) angeben. Kontakte mit Au,

108   2. Physik der Solarzelle

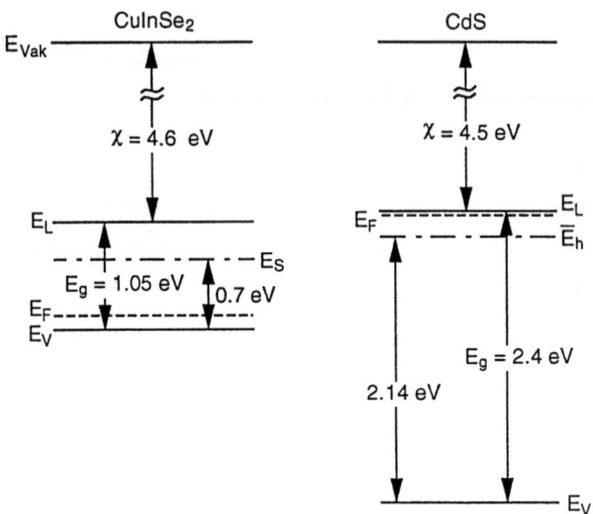

Abb. 2.65. Energieschema zur Kontaktbildung zwischen p-CuInSe$_2$ und n-CdS vor Kontaktbildung

Ag und Mo ergeben Abstände vom Ferminiveau des Metalles zur Valenzbandoberkante von (110)-orientiertem CuInSe$_2$ von 0.65 eV – 0.75 eV. Allerdings finden an der Grenzfläche chemische Reaktionen statt. Aus Bindungsenergieverschiebungen in Photoelektronenspektren läßt sich zwar die Aufladung, d.h. die Ausbildung und Größe der entstandenen Randschicht abschätzen; das bestimmende Ferminiveau auf der Metallseite ist jedoch mit einer gewissen Unsicherheit bezüglich seiner energetischen Lage behaftet. Diese Unsicherheit ist allerdings nicht größer als die der oben angeführten Modelle. Mit einem mittleren Wert von $E_S = 0.7$ eV für CuInSe$_2$ und $\bar{E}_h = 2.14$ eV für CdS ergibt sich die in Abb. 2.65 gezeigte Situation. Sie sollte mit der nach dem Anderson-Modell in Abb. 2.34 erhaltenen verglichen werden. In Abbildung 2.65 ist die als konventionell zu bezeichnende energetische Situation vor Kontaktbildung aufgetragen. Die Energiebanddiskontinuitäten ergeben sich allein aus den jeweiligen Elektronenaffinitäten und dem Unterschied in den Energielücken. Mit der entsprechenden p-Dotierung von CuInSe$_2$ und n-Dotierung des CdS ergäbe sich eine Kontaktpotentialdifferenz von etwa 0.9 eV, wobei berücksichtigt wurde, daß das Ferminiveau des CuInSe$_2$ an der Oberfläche nicht das Leitungsband schneiden sollte. Zusätzlich sind die Neutralitätsniveaus E_S, aus experimentellen Daten erhalten, und die mittlere Hybridenergie $\bar{E}_h$ für CuInSe$_2$ und CdS jeweils eingezeichnet. Abbildung 2.66 zeigt die Situation unter der Annahme, daß $E_S \approx \bar{E}_h$ sei, wobei der 0.2 eV breite Streifen die Unsicherheit und die nicht vollständige Abschirmung des Grenzflächendipols wegen der Größe von ϵ_∞ andeutet. In diesem Fall liegt das Leitungsband von CdS energetisch unterhalb dem des CuInSe$_2$, die Banddiskontinuitäten haben sich um 0.2 eV verschoben. Die Leitungsbanddiskontinuität hat ihr Vorzeichen umgekehrt, die Valenzbanddiskontinuität ist größer geworden. Das nun vorhandene Kontaktpotential bei

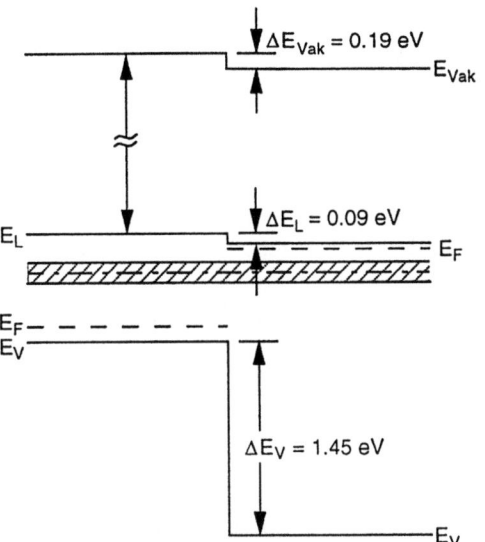

Abb. 2.66. Energieschema aus der Abb. 2.65 nach Kontaktbildung ohne Berücksichtigung von Aufladungen. Die Strich-Punkt-Linie kennzeichnet die Angleichung von E_S und $\bar{E}_h$

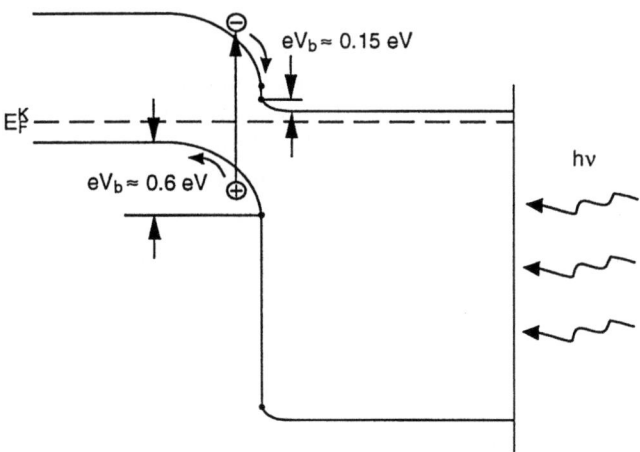

Abb. 2.67. Kontaktbildung mit den Verhältnissen der Abb. 2.66 unter Berücksichtigung von Aufladung (Halbleiterrandschichten)

Dotierung ist deutlich geringer; es beträgt etwa 0.76 eV. In Abbildung 2.67 ist ein Energiebanddiagramm unter Berücksichtigung von Dotierung und geänderten Oberflächendipolen dargestellt. Man erkennt, daß die Spitze im Leitungsband der Abb. 2.34b nicht mehr vorhanden ist und unter den gegebenen Bedingungen ein effizienter Minoritätsladungsträgertransport (Elektronen) über die Grenzfläche gewährleistet ist. Die erhöhte Barriere am Valenzband für Löcher bewirkt eine weitere Reduzierung des Dunkelstroms. Dieses Bild erklärt somit die Funktionsweise deutlich besser. Da reale CuInSe$_2$/CdS Solarzellen jedoch aus einem sog. Bilayer CuInSe$_2$ (Cu-reich, dann In-reich) bestehen und der gleichrichtende Kontakt eher im Sinn eines sog. vergrabenen Übergangs (buried junction) im CuInSe$_2$ exisitert, sind die tatsächlichen Verhältnisse noch komplizierter. In diesem Kontext wurde das System betrachtet, um zu zeigen, daß es sich lohnen kann, bei der Entwicklung neuer Systeme und Strukturen über die einfachen, vom Anderson-Modell vorgegebenen Konzepte hinauszugehen. Abschließend wird auf weitere Modelle (gemittelte Energien der dangling bonds [33] und Energien von Übergangsmetallen in Halbleitern [34]) verwiesen.

2.8 Probleme

1. Wir betrachten zwei hypothetische Halbleiter, deren Eigenschaften bezüglich elektrochemischer Reaktionen vereinfacht durch die Größe der Energielücken und die energetische Lage der Bandkanten gegeben sind (vgl. Abb. 2.4; Halbleiter 1: $\chi = E_{vak} - E_L = 4$ eV, $E_g = 1.3$ eV. Halbleiter 2: $\chi = 4.7$ eV, $E_g = 2.5$ eV. An welchem Halbleiter kann H$_2$ bzw. O$_2$ aus H$_2$O (pH 0) entwickelt werden?

2. In Gleichung (2.22) wird (in guter Näherung) $n = N_D$ gesetzt. Das bedeutet, daß alle Donatoren im n-Halbleiter ihr Elektron an das Leitungsband abgegeben haben. Die Energiedifferenz zwischen Donatorniveau und Leitungsband liegt in der Regel bei etwa 2 kT. Aus energetischen Gründen wäre eine Teilbesetzung der Donatorniveaus bei Raumtemperatur zu erwarten. Warum findet man dennoch die Elektronen überwiegend im Leitungsband?

3. In Abb. 2.21 sind die Absorptionskoeffizienten verschiedener Halbleiter dargestellt. Wir wählen kristallines Silizium und Indiumphosphit aus und belichten sie, wobei $h\nu = 1.4$ eV ist. Wie dick müssen diese Materialien sein, damit mehr als 90% des Lichtes in ihnen absorbiert wird?

4. n-Silizium (300 K, $N_D = 2 \cdot 10^{17}$cm^{-3}) wird belichtet; die Überschußladungsträgerkonzentration der Minoritäten an der Oberfläche ist $\Delta p(0) = 10^{14}$cm^{-3}. Man gebe die energetische Lage des Quasiferminiveaus für Löcher und Elektronen bzgl. des Ferminiveaus des unbelichteten Halbleiters an.

5. Wir betrachten einen p-n-Übergang, der sich entsprechend dem Anderson-Modell verhält. Die Struktur hat eine Dicke von 4.5 μm (Dünnschichtsolarzelle). Dotierungen: $N_D = 10^{19}$, $N_A = 10^{16}$; $\epsilon_n = 10$, $\epsilon_p = 13$; Kontaktpotential: 0.8 V. Wie breit ist der feldfreie Bereich der Struktur?

6. Ein Halbleiter wird in Elektrolytlösungen getaucht. Die Redoxelektrolyte haben Austrittsarbeiten von $\varphi_1 = 4.5$ eV und $\varphi_2 = 5.1$ eV. Das Fermini-

veau des Halbleiters liegt 4.3 eV unter dem Vakuumniveau $E_L - E_F = 0.2$ eV. Es wird angenommen, daß durch (genügend intensive) Belichtung die im Dunkeln vorhandene Bandverbiegung gänzlich rückgängig gemacht wird. Anstatt der erwarteten Photospannungen $V_{ph1} = 0.2$ V und $V_{ph2} = 0.8$ V beobachtet man 0.1 V bzw. 0.4 V. Wie groß ist die Oberflächenzustandsdichte?

Literatur

[1] W: Shockley : *Electrons and Holes in Semiconductors* D. van Nostrand Company, Inc., Toronto (1951)
[2] S.M. Sze : *Physics of Semiconductor Devices* John Wiley & Sons, New York (1981)
[3] K. Seeger : *Semiconductor Physics* Springer Verlag Berlin - Heidelberg - New York (1982)
[4] J.I. Pankove : *Optical processes in semiconductors*, Dover Publications, Inc. New York (1971)
[5] H. Laucht, J.K. Sass, H.J. Lewerenz, K.L. Kliewer : Surf. Sci. *62*, 106 (1977)
[6] O. Madelung: Halbleiter in : *Handbuch der Physik* Band XX Elektrische Leitungsphänomene II, Springer Verlag, Berlin - Göttinger - Heidelberg (1957)
[7] J.S: Blakemore : *Semiconductor Statistics* Pergamon Press, Oxford (1962)
[8] W. Shockley W.T. Read, jr. : Phys. Rev. *87*, 835 (1952) und R.N. Hall: Phys. Rev. *87*, 387 (1952)
[9] D.E. Kane, R.A. Sinton, J.Y. Gan, R.M. Swanson : Proc. Twenty First IEEE Photovoltaics Specialist Conf. (1990) S: 439
[10] S.R. Morrison : *Chemical Physics of Surfaces* Plenum Press, New York (1977)
[11] W.W. Gärtner : Phys. Rev. *116*, 84 (1959)
[12] W. Shockely and H.J. Queisser : J. Appl. Phys. *32*, 510 (1961)
[13] M.P. Thekaekara, Data on incident solar energy; in: *The Energy Crisis and Energy from the Sun*, Inst. Environ. Sci., Mt. Prospect, Illinois (1974)
[14] C. Henry : J. Appl. Phys. *51*, 4494 (1980)
[15] T. Tiedje, E. Yablonovitch, G.D. Cody and B.G. Brooks, IEEE Trans. Electron Devices, ED-31, 711 (1984)
[16] F.J. Grunthaner, J. Maserjian : J. Vac. Sci. Technol. *15*, 1518 (1978)
[17] L.J. Brillson : J. Vac. Sci. Technol. *15*, 1378 (1978)
[18] K.W. Mitchell, A.L. Fahrenbruch, R.H. Bube : J. Appl. Phys. *48*, 4365 (1977)
[19] J. Bardeen : Phys. Rev. *71*, 717 (1947)
[20] C.A. Mead, W.G. Spitzer : Phys. Rev. A *134*, 713 (1964)
[21] H.J. Lewerenz : J. Electroanal. Chem. (1993)
[22] A.M. Cowley, S.M. Sze : J. Appl. Phys. *36*, 3212 (1965)
[23] N.W. Ashcroft, N.D. Mermin : *Solid State Physics* (Verlag Holt, Rineheart and Winston, New York, 1976), S. 60ff
[24] R.F. Willis, B. Feuerbacher in : *Photoemission from Surfaces* (ed. B. Feuerbacher et al., Verlag Wiley-Interscience, 1978)
[25] A. Haug : *Theoretische Festkörperphysik I* Deuticke Verlag, Wien (1964)
[26] J.A. Appelbaum, D.R. Hamann : Phys. Rev. B *10*, 4973 (1974)

2. Physik der Solarzelle

[27] F. Claro : Phys. Rev. B *17*, 699 (1978)
[28] S.G. Loui, J.R. Chelikowsky, M.L. Cohen : Phys. Rev. B *15*, 2154 (1977)
[29] J. Tersoff : Phys. Rev. Lett. *52*, 465 (1984)
[30] J. Tersoff : Phys. Rev. B *30*, 4874 (1984)
[31] W.A. Harrison, J. Tersoff : J. Vac. Sci. Technol. B *4*, 1068 (1986)
[32] W.A. Harrison : *Electronic Structure and the Properties of Solids* Verlag Freeman, New York (1980)
[33] I. Lefebre, M. Lannoo, C. Priester, G. Allan, C. Delerue : Phys. Rev. B *36*, 1336 (1987)
[34] J.M. Langer, C. Delerue, M. Lannoo, H. Heinrich : Phys. Rev. B *38*, 7723 (1988)

3. Solarzellen auf Silizium-Basis

3.1 Die klassische Silizium-Solarzelle

3.1.1 Historisches

Daryl M. Chapin (l), Calvin S. Fuller (m), Gerald L. Pearson (r) entwickelten 1953 die erste Silizium-Solarzelle. Mit freundlicher Genehmigung ©Ullstein-Krupp AG 1981

Photoeffekte an Festkörpern sind bekannt seit der Arbeit von Becquerel im Jahre 1839. Gegen Ende des letzten Jahrhunderts wurde bereits die Lichtempfindlichkeit von Selen gezeigt. Ausschlaggebend für die Entwicklung von Solarzellen war jedoch vermutlich die Entwicklung des Transistors 1947 bei Bell Laboratories. Hierzu war die Herstellung gleichrichtender Kontakte in Silizium notwendig. Die entsprechende Technologie stand damit für die Entwicklung von Solarzellen im Prinzip zur Verfügung. 1953 entwickelten Chapin, Fuller und Pearson – ebenfalls bei Bell Labs – eine Solarzelle aus kristallinem Si mit diffundiertem p-n-Übergang. Die Solarzelle erreichte einen Wirkungsgrad von 4%, war jedoch beschränkt durch Diffusionsprobleme in Zusammenhang mit der Li-Dotierung des entarteten n-Halbleiters. Durch Wahl eines anderen Dotierstoffes konnte der Wirkungsgrad 1954 auf 6% verbessert werden. In den 50er

114   3. Solarzellen auf Silizium-Basis

Jahren wurde wegen der allseits verfügbaren fossilen Energieträger einer Energiegewinnung aus Solarzellen für terrestrische Anwendungen wenig Bedeutung beigemessen.

Der Status der Solarzellen änderte sich erst ab etwa 1960 mit dem Beginn des Zeitalters der Raumfahrt. Solarzellen wurden zur Stromversorgung von Satelliten eingesetzt, und diese Anwendung prägte die Entwicklung des gesamten Gebietes zumindest für die folgenden 15 Jahre. Im Vordergrund standen hohe Effizienz der Solarzelle, große Lebensdauer und Strahlenresistenz. Der Preis war weniger wichtig. Die verbesserte Standard-Silizium-Solarzelle besaß um 1960 einen Wirkungsgrad von 10.4% bei $AM0$-Bedingung und wurde z.B. zur Stromversorgung des Satelliten Vanguard I eingesetzt, der als Radiotransmitter arbeitete. Der Satellit arbeitete acht Jahre; seine Lebensdauer wurde begrenzt durch Strahlenschäden in den Solarzellen.

Die nächste Verbesserung in der Silizium-Solarzellen-Technologie stammte von Mandelkorn und Lamneck (1972). Sie bestand darin, in der Nähe des Rückkontakts in den photoaktiven p-leitenden Teil ein sog. back surface field (BSF) einzubringen. Dadurch erreichte man eine Reflexion der Minoritätsladungsträger, bevor sie den Rückkontakt erreichen konnten und erhöhte so die Lebensdauer der Ladungsträger. Im Jahr 1973 haben Lindmayer und Ellison die sog. violette Zelle vorgestellt. Hierbei wurden die spektralen Verluste besonders im blauvioletten Wellenlängenbereich dadurch reduziert, daß die photoinaktive n^+-dotierte Schicht in ihrer Dicke verringert wurde, das zu einer erheblich besseren spektralen Charakteristik führte. Der Wirkungsgrad dieser Zelle betrug 14%. Ein weiterer wesentlicher Fortschritt war die Einführung der CNR-Solarzelle (*C*omsat *N*on *R*eflecting; Comsat = communication satellite) durch Arndt und Mitarbeiter im Jahre 1975. Durch Texturierung der Oberfläche wurde einerseits das Reflexionsvermögen drastisch reduziert, andererseits brauchten die mittleren Weglängen der lichterzeugten Minoritätsladungsträger wegen des überwiegend schrägen Lichteinfalls nicht mehr so groß zu sein, d.h. die Qualitätsanforderungen an das Material konnten reduziert werden. Die CNR-Zelle erreichte einen Wirkungsgrad von 16%. Neben vielen anderen Neuerungen erscheint aus der letzten Zeit insbesondere die Inversionsschicht-Silizium-Solarzelle interessant (Hezel, 1985). Sie zeichnet sich durch besonders gute elektronische Passivierung der Vorder- und Rückseite durch Siliziumnitritschichten aus und erreichte auf Anhieb 16%. Inzwischen sind von Green und Mitarbeitern sowie an der Stanford Universität und bei Telefunken Solarzellen mit Wirkungsgraden um 20% hergestellt worden, und man diskutiert die Möglichkeit, Dünnschichtsolarzellen aus kristallinem Silizium zu entwickeln. Hierzu sind neue optische und elektronische Konzepte notwendig.

3.1.2 Das physikalische Konzept der kristallinen Silizium p-n-Solarzelle

Diese Solarzelle beinhaltet einen p-n-Übergang in Silizium (homojunction). Damit vereinfachen sich die Betrachtungen, die zum Anderson-Modell für Hetero-

3.1 Die klassische Silizium-Solarzelle   115

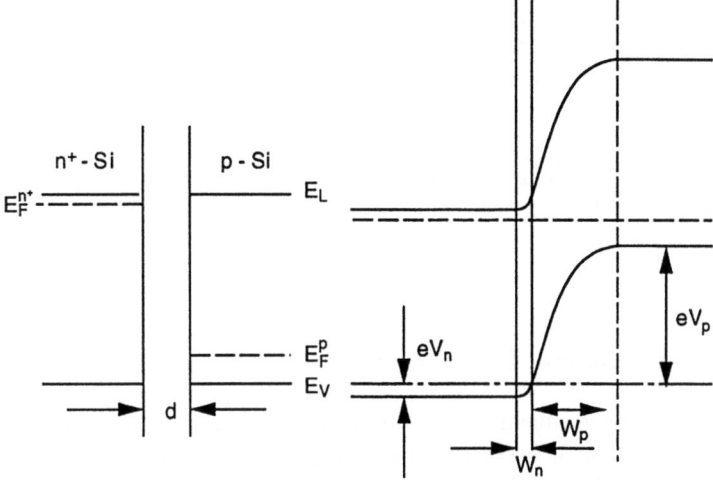

Abb. 3.1. n$^+$-p-Übergang für x-Si vor und nach Kontaktbildung

strukturen gemacht wurden. So sind hier die Energielücken und die Elektronenaffinitäten gleich, so daß z.B. Banddiskontinuitäten bei Kontaktbildung nicht auftreten. Die entsprechenden Gleichungen für Heterostrukturen vereinfachen sich insofern, als lediglich eine statische Dielektrizitätskonstante eingeht.

Welche Parameter spielen für die Entwicklung einer effizienten Zelle eine Rolle? Würde man beide Seiten des p-n-Übergangs gleich dotieren, so ließe sich vermutlich eine mäßige Photospannung erzielen, der Photostrom wäre jedoch nicht maximal. Da Silizium ein schwach absorbierendes Material ist, müssen die meisten lichtgenerierten Minoritätsladungsträger den gleichrichtenden Kontakt durch Diffusion erreichen. Nun sind die Beweglichkeiten für Elektronen und Löcher um den Faktor 3 verschieden. Bei Verwendung der Einsteinrelation $D = kT\mu/e$ ergibt sich für die Diffusionslänge $L = (D\tau)^{1/2}$, d.h. die Diffusionslänge für Elektronen ist etwa doppelt so groß wie die für Löcher. Daher empfiehlt es sich, den photoaktiven Teil als p-Halbleiter auszulegen und eine möglichst hohe und abrupte Barriere durch starke n-Dotierung der Frontschicht zu erreichen. Außerdem wäre es schwierig, eine sog. burried junction (vergrabener Kontakt) in einem gewissen Abstand (einige W) von der Oberfläche mit einem vorgegebenen Dotierungsprofil herzustellen. Abbildung 3.1 zeigt die elektronischen Verhältnisse eines n$^+$-p-Silizium-Übergangs vor und nach Kontaktbildung. Dabei wird ausgenutzt, daß gilt $V_D/V_A = N_A/N_D$ und $W_n/W_p = N_A/N_D$ (vgl. Abschn. 2.4.2). Um eine große Raumladungszone und Diffusionsspannung im p-geladenen Teil zu erhalten, muß demnach gelten, daß $n_D \gg n_A$ ist. Abbildung 3.1 zeigt eine Struktur, in der die Kontaktpotentialdifferenz nahezu ausschließlich im p-leitenden Teil der Solarzelle abfällt. Ein solcher Kontakt verhält sich ähnlich wie ein Metall-Halbleiterkontakt mit transparenter Frontkontaktseite. Der Unterschied zum Metall-Halbleiterkontakt besteht z.B. darin, daß der n$^+$-leitende Teil hier dicker ist (0.5 μm in den frühen Systemen) als die

116   3. Solarzellen auf Silizium-Basis

Metallschichten in Schottky-Solarzellen. Dafür ist der Flächenwiderstand geringer als bei Metallen, und der Frontkontakt absorbiert weit weniger Licht als übliche Metalle. Dieser Unterschied ist für das schwach absorbierende Silizium (indirekte Energielücke) besonders groß.
Bei Belichtung erhält man aus der in Abb. 3.1 gezeigten Struktur Photospannungen um 0.5–0.6 V und sehr gute Quantenausbeuten. Die etwas zu geringe Photospannung gibt auch heute noch Anlaß zu wissenschaftlichen Untersuchungen der Grenzfläche, da man sie vielfach mit Oberflächenrekombinationsprozessen in Verbindung bringt.

3.1.3 Von Sand zu Silizium: Herstellung von Einkristallen

Wegen der vergleichsweise geringen Absorptionseigenschaften von Silizium müssen die Diffusionslängen der lichterzeugten Ladungsträger möglichst groß sein, damit diese noch in die Raumladungszone gelangen können, wo sie erst wirksam getrennt werden können. Das bedeutet hohe Anforderungen an den Reinheitsgrad des Siliziums: jede Verunreinigung kann als Rekombinationszentrum wirken und damit die Diffusionslängen verkleinern. Reinst-Silizium mit Verunreinigungen im ppb-Bereich wird in drei Schritten aus Sand (SiO_2) gewonnen [1]:

1. Reduktion von (noch unreinem) SiO_2 im Lichtbogen. Dabei wirken Kohlenstoffelektroden als Reduktionsmittel: $SiO_2 + C \rightarrow Si + CO_2$. Man erhält Silizium mit einem Reinheitsgrad von ca. 99% (sog. metallurgisches Silizium).

2. Elementspezifische Chlorierung gemäß $Si + 2Cl_2 \rightarrow SiCl_4$. Während die Verunreinigungen (meist Alkali- oder Erdalkalimetalle) mit Chlor Salze bilden, ist $SiCl_4$ gasförmig und läßt sich daher gut abscheiden.

3. Reduktion in H_2-Atmosphäre bei 950°C entsprechend $SiCl_4 + H_2 \rightarrow Si + 4HCl$.

Als nächster Schritt folgt die Züchtung von Einkristallen aus dem gereinigten Silizium. Zwei Verfahren, das Czochalski-(CZ)-Verfahren und das sogenannte Float-Zone-Verfahren (FZ) [2] werden vorgestellt.
Beim CZ-Verfahren (Abb. 3.2) wird ein Stab, an dessen Ende ein Si-Kristallkeim definierter Orientierung aufgebracht ist, in eine Si-Schmelze eingetaucht. Die Schmelze befindet sich in einem Quarzbehälter, der von einem Graphitmantel umgeben ist. Eine Induktionsheizung hält die Schmelze auf einer Temperatur von 1415°C. Aus der Schmelze kristallisiert Silizium unter Abkühlung am Kristallkeim aus. Das Ziehen eines Einkristallblocks erfolgt durch langsames Emporziehen (1 µm–0.1 mm/s; vgl. Abschn. 3.2.3) des Stabes, der sich gleichzeitig langsam um seine Achse dreht (10–40 U/min). Der gesamte Prozeß wird unter Vakuum oder in Inertgas-Atmosphäre durchgeführt. Durch Wahl geeigneter Parameter (Temperatur der Schmelze, Ziehrate, Rotationsgeschwindigkeit)

3.1 Die klassische Silizium-Solarzelle   117

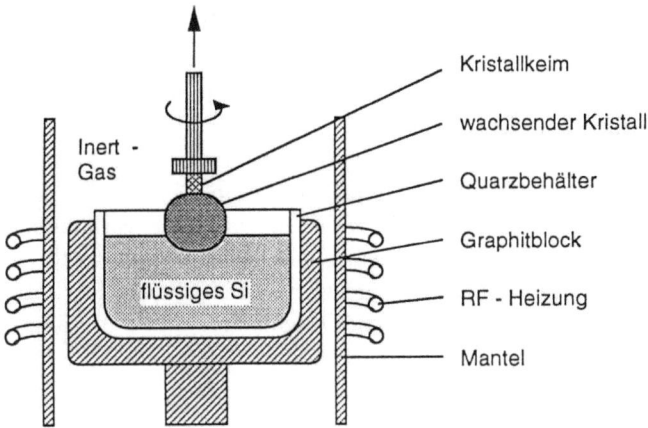

Abb. 3.2. Schematische Darstellung des Czochalski-Ziehverfahrens für einkristallines Silizium

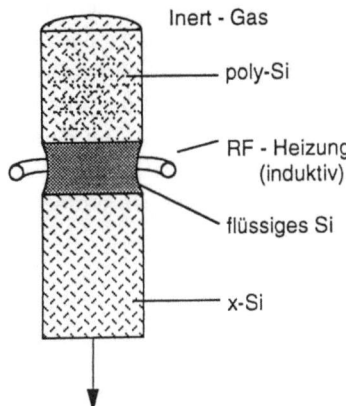

Abb. 3.3. Float Zone Verfahren (schematisch)

ist es möglich, Barren mit bis zu 30 cm Durchmesser und mehreren Metern Länge zu ziehen. Die Dotierstoffe werden beim CZ-Verfahren in der Schmelze gelöst, ihre Gleichverteilung muß vor dem Kristallziehen abgewartet werden. Problematisch ist bei dem Verfahren, daß sich Sauerstoff aus dem Quarz in der Schmelze löst, obgleich Quarz erst bei ca. 1600°C weich wird. Ein möglichst günstiges Verhältnis von Quarzbehälteroberfläche zum Volumen der Schmelze ist anzustreben.

Beim Float-Zone-Verfahren werden Si-Einkristalle aus polykristallinem Silizium hergestellt. Polykristallines Silizium erhält man durch einfaches Abkühlen einer Si-Schmelze im Tiegel. Bei einem anderen Verfahren wird Silizium chemisch aus der Gasphase (z.B. durch Zersetzung von $SiCl_4$) auf einen dünnen Stab oder Draht aus Silizium abgeschieden. Man vermeidet auf diesem Weg die Kontamination mit Verunreinigungen, die aus dem Tiegel kommen. Beim Float-Zone-Verfahren (Abb. 3.3) werden ein Si-Einkristallkeim definierter Orientierung sowie die Stirnseite eines polykristallinen Si-Zylinders erhitzt und miteinander verbunden.

Eine ringförmige Induktionsheizung wird – von dieser Verbindung ausgehend – langsam über den Zylinder bewegt, wobei eine enge Zone (Breite ca. 2 cm) geschmolzenen Siliziums aufwärts durch den Zylinder wandert. Beim Wiedererstarren bildet das Silizium dabei durch Umkristallisation Einkristalle. Das Verfahren hat gegenüber der CZ-Methode den Vorteil, daß noch vorhandene Verunreinigungen mit der flüssigen Zone aufwärts geschoben werden; mehrfache Wiederholung des Vorgangs ergibt einen zusätzlichen Reinigungseffekt. Mit diesem Verfahren erhält man Zylinder bis 10 cm Durchmesser und 1 m Länge.

3.1.4 Verunreinigungen und Dotierung

Man betrachtet die Phasengrenze zwischen Kristall und flüssiger Schmelze. Unter der Annahme, daß vorhandene Verunreinigungen senkrecht zur erstarrenden Grenzfläche wandern, erhält man im einfachsten Fall einen linearen Zusammenhang zwischen der Konzentration N_S, der Störatome in der festen Phase (Index S = solid) und der entsprechenden Konzentration N_L in der flüssigen Phase (Index L = liquid): $N_S = k_0 N_L$; k_0 ist dabei der (dimensionslose) Segregations- oder Trennungskoeffizient. Es gilt $k_0 < 1$ und damit $N_S < N_L$. Für „lifetime killers" wie Cr, Fe, Mn, Na, Mg etc. liegt k_0 zwischen 10^{-3} und 10^{-5}. Bei beiden Kristallzüchtungsverfahren bedeutet das, daß sich die Konzentration der Verunreinigungen in der festen Phase nicht mit dem oben angegebenen einfachen linearen Zusammenhang beschreiben lassen. Vielmehr gilt

(i) für das CZ-Verfahren:

$$N_S = k_0 N_0 (1-z)^{k_0 - 1} \qquad (3.1)$$

(N_0: Konzentration der Verunreinigung in der Schmelze vor Beginn des Ziehverfahrens, z: Anteil der erstarrten Schmelze am insgesamt vorhandenen Material, also Schmelze plus Kristall). Abbildung 3.4 zeigt den Zusammenhang für verschiedene k_0-Werte. Für kleine k_0-Werte (z.B. 0.01) läßt sich die Ansammlung von Verunreinigungen im Festkörper dadurch vermeiden, daß man Schmelze übrig läßt, d.h. den Ziehvorgang bei $z \approx 0.5$ abbricht.

Während man bei Verunreinigungen daran interessiert ist, daß sie in der Schmelze zurückbleiben (entsprechend (3.1) einen möglichst kleinen k_0-Wert besitzen), wünscht man sich für in der Schmelze gelöste Dotierstoffe, daß sie in den Kristall eingebaut werden. Nach (3.1) bedeutet das für die Dotierstoffe möglichst hohe k_0-Werte. In der Tat belaufen sich die k_0-Werte für Phosphor und Bor (für p-Dotierung von Silizium) auf 0.35 bzw. 0.80, liegen also um mehrere Größenordnungen über denen der oben genannten Verunreinigungen. Dotierstoffe können nicht in beliebigen Konzentrationen beigegeben werden, da eine Konzentration ab ca. 2% das Kristallwachstum stört bzw. verhindert.

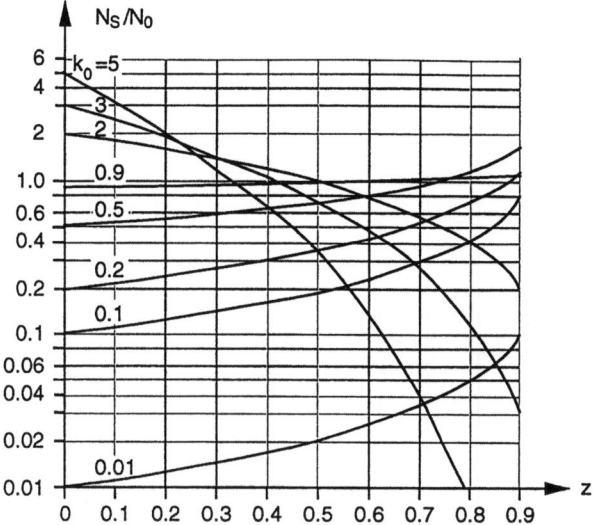

Abb. 3.4. Verhältnis von Verunreinigungskonzentration in fester Phase zu Verunreinigungskonzentration im Ausgangsmaterial als Funktion von z. z bezeichnet den Anteil des kristallisierten Materials am insgesamt vorhandenen Material

(ii) für das FZ-Verfahren:

$$N_S = N_0 \left(1 - (1 - k_0) \exp\left(-k_0 x/L\right)\right) \quad (3.2);$$

(x: Abstand der geschmolzenen Zone vom Kristallkeim, L: Länge der geschmolzenen Zone, übrige Größen wie oben). Der geänderte funktionale Zusammenhang rührt daher, daß beim Zonenschmelzen in Vorwärtsrichtung an der Grenzschicht zwischen flüssiger und fester Phase Verunreinigungen akkumuliert werden; dies führt zu einem erhöhten Einbau von Verunreinigungen (vgl. Abb. 3.4).

Abbildung 3.5 zeigt den Verlauf von N_S/N_0 für verschiedene k_0-Werte beim FZ-Verfahren als Funktion von x/L. Wie man erkennen kann, ist N_S/N_0 bereits für kleine x/L-Werte größer als beim CZ-Verfahren. Man kann jedoch durch mehrfaches Wiederholen des Zonenschmelzens gute Ergebnisse erzielen. Für gezieltes (nachträgliches) Dotieren gilt beim FZ-Verfahren für die Dotierkonzentration N_S im erstarrten Bereich:

$$N_S = k_0 N_d \exp\left(-k_0 x/L\right) \quad (3.3)$$

mit N_d der anfänglichen Dotierkonzentration in der Zone. Im Gegensatz zum CZ-Verfahren wird $k_0 \ll 1$ gefordert, um eine homogene Verteilung zu erreichen ($\exp\left(-k_0 x/L\right) \approx 1$). Einer Verarmung des Dotiermittels begegnet man in der Praxis durch Einbringen des Dotierstoffes in

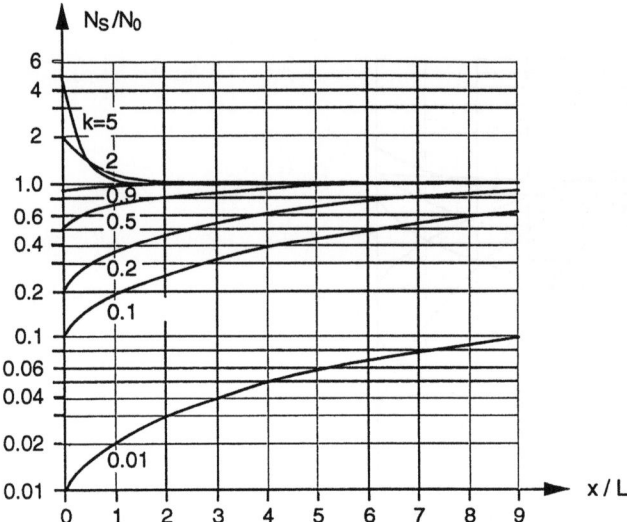

Abb. 3.5. N_S/N_0 als Funktion von x/L beim FZ-Verfahren

sich regelmäßig wiederholende, eingesägte, ringförmige Nuten. Alternativ besteht die Möglichkeit, die Dotierstoffe gasförmig einzubringen (Eindiffundieren von Phosgen (PH_3) oder Diboran (B_2H_6)).

3.1.5 Herstellung von p-n-Übergängen und Optimierung der Solarzellen

Das Ausgangsmaterial wird p-dotiert (zur Erinnerung: in photoaktiven Halbleitern sind die Minoritätsladungsträger entscheidend, d.h. in p-leitendem Material die Elektronen mit ihrer im Vergleich zu den Löchern größeren Beweglichkeit!). Wichtige Kriterien für geeignete Dotiermaterialien sind:

– geeignetes Energieniveau (dicht an der Bandkante);

– Löslichkeit in der Si-Schmelze;

– hinreichende Diffusion: zu kleine Diffusionskonstanten verhindern die Gleichverteilung in der Schmelze, zu große Diffusionskonstanten bewirken Wanderung der Dotieratome im erstarrten Kristall bei Raumtemperatur und z.B. Ansammlung an der Oberfläche, das sich negativ auf die Lebensdauer der Solarzelle auswirkt.

– Es werden *langsam diffundierende Substanzen mit Energieniveau nahe den Bandkanten* ausgewählt (d.h. flache Haftstellen wie P, As, Sb als flache Donatoren und B, Al, Ga als flache Akzeptoren). Tiefe Haftstellen wie Cu, Au, Fe (sog. lifetime killers) können sehr gut in Si diffundieren (vgl. Abb. 3.6).

3.1 Die klassische Silizium-Solarzelle

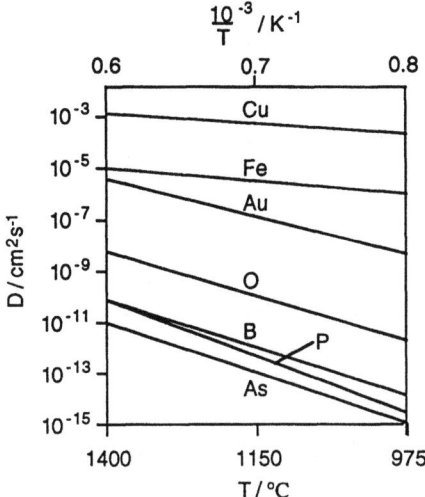

Abb. 3.6. Diffusionskoeffizienten in Abhängigkeit von der (inversen) Temperatur für verschiedene elementare Verunreinigungen in Si

Die Dotierung in Si sollte im Bereich $N_D, N_A \leq 10^{16} \text{cm}^{-3}$ bleiben, da die Elektronenbeweglichkeit bei höherer Dotierung abnimmt (Streuung an ionisierten Störstellen). Für die Herstellung eines p-n-Übergangs läßt man nun in den (etwa durch B, Al, Ga) p-dotierten Kristall ein Dotiermittel (z.B. Phosphor) eindiffundieren, das ihn in diesem Bereich n-leitend macht. Dafür gibt es mehrere Möglichkeiten:

- Aufdampfen oder elektrolytisches Abscheiden des Dotiermittels (z.B. As oder Sb) und anschließendes Heizen;

- Einbringen des Dotiermittels in Gasform (z.B. P_2O_5 in einem trockenen Gas);

- Diffusion aus einem aufgepreßten inerten Festkörper, der das Dotiermittel in hoher Konzentration enthält;

- Abscheiden aus der Gasphase (CVD; *C*hemical *V*apor *D*eposition);

- Ionenimplantation.

Der Verlauf des Konzentrationsprofils (Konzentration des Dotierstoffs) als Funktion des Abstands x von der Oberfläche hängt davon ab, ob

(i) eine begrenzte Menge S an Dotierstoff (etwa durch Aufdampfen) auf die Oberfläche gebracht wird, die dann bei einer festen Temperatur in der Zeit t eindiffundiert, oder

(ii) eine stets gleichbleibende Konzentration C_S (etwa durch gasförmiges Einbringen des Dotiermittels) an der Oberfläche während des Prozesses angeboten wird.

Das Konzentrationsprofil $N(x,t)$ ergibt sich in beiden Fällen aus dem Fickschen Gesetz

$$\frac{\partial N(x,t)}{\partial t} = D \frac{\partial^2 N(x,t)}{\partial x^2}, \tag{3.4}$$

wobei (i) und (ii) verschiedene Randbedingungen beinhalten. Für eine begrenzte Menge S (S Zahl der abgeschiedenen Atome pro cm² Siliziumoberfläche) ergibt sich [3]

$$N(x,t) = \frac{S}{\sqrt{\pi D t}} \exp\left(-\frac{x^2}{4Dt}\right). \tag{3.5}$$

Für eine während des Prozesses gleichbleibende Konzentration C_S an der Oberfläche erhält man

$$N(x,t) = C_S \left(1 - \mathrm{erf}\left(\frac{x}{2\sqrt{Dt}}\right)\right), \tag{3.6}$$

wobei erf (x) definiert ist als

$$\mathrm{erf}(x) \equiv \frac{2}{\sqrt{\pi}} \int_0^x e^{-y^2} dy.$$

Für länger werdende Diffusionszeiten (Fall (ii), s.o.) bildet sich an der Löslichkeitsgrenze des Dotiermittels in Si ein immer tiefer reichendes Konzentrationsplateau aus (Abb. 3.7, nach [4]). Beim Abkühlen schädigt die hohe Konzentration an Dotieratomen den Gitteraufbau, es kommt zu Versetzungen und anderen Störstellen mit tiefen Haftstellen, die ihrerseits eine empfindliche Verkürzung

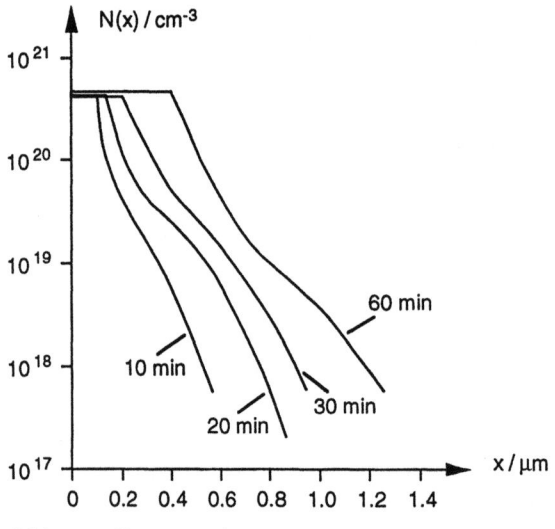

Abb. 3.7. Dotierprofil für P in Si bei 950°C (Parameter: Zeit)

der Ladungsträgerlebensdauer zur Folge haben. Diese Schicht (sog. dead layer) begrenzte die UV- und Blau-Empfindlichkeit vieler früherer Si-Solarzellen. Man kann ihn vermeiden durch

- Eindiffundieren mengenmäßig begrenzten Ausgangsmaterials und zeitliche Begrenzung des Diffusionsvorgangs;

- Kurzzeitdiffusion über chemische Transportreaktionen, nachfolgend Entfernen der Dotierquelle, dann Weiterführung der Diffusion (in der Wirkung wie eine begrenzte Quelle);

- Abtragen der inaktiven Schicht durch Ätzen oder Sputtern.

Die so hergestellte Zelle besitzt ein im Blauen und Violetten verbessertes spektrales Verhalten („violette Zelle"). Kurzwelliges Licht besitzt einen höheren Absorptionskoeffizienten als langwelliges, wird also eher an der Oberfläche absorbiert. Der Wegfall der inaktiven Schicht bedeutet, daß die oberflächennah (durch kurzwelliges Licht) erzeugten Ladungsträgerpaare nicht mehr durch Rekombination verlorengehen, das die Leerlaufspannung und den Füllfaktor verbessert. Das verbesserte spektrale Verhalten machte andererseits auch die Entwicklung modifizierter Antireflexionsschichten erforderlich (Ta_2O_3 anstelle von SiO_2 oder TiO_2). Die dünnere Schicht besitzt ferner eine geringere Leitfähigkeit, so daß die Kontaktfingerabstände geändert werden mußten.

Wegen der geringen Absorption in Silizium werden noch viele Ladungsträgerpaare außerhalb der Raumladungszone erzeugt. Aufgrund der großen Diffusionslänge der Elektronen (Minoritätsladungsträger in p-Silizium) können diese bis zur Oberfläche des Rückkontaktes diffundieren und dort durch Rekombination über Oberflächenzuständen verloren gehen. Das kann dadurch verhindert werden, daß man einen schmalen Bereich am Rückkontakt hoch p-dotiert. Dadurch entsteht ein kleiner Potentialwall im Leitungsband, an dem die Elektronen reflektiert werden. Dadurch können sie in die Raumladungszone gelangen und so zum Photostrom beitragen (sog. Back Surface Field, s. Abb. 3.8).

Eine weitere Verbesserung entsteht dadurch, daß man eine (100)-Oberfläche alkalisch (z.B. mit NaOH oder Methanol) ätzt. Diese Ätzverfahren sind anisotrop, d.h. es werden Terrassen der thermodynamisch stabileren (111)-Oberfläche erzeugt. Diese sind gegenüber der (100)-Fläche um 35° geneigt. Es entstehen durch das Ätzen vierseitige Pyramiden mit einem eingeschlossenen Winkel von 70.5° (vgl. Abb. 3.9; sog. CNR - *Comsat Non Reflecting* - Zelle, nach [5]). Diese Texturierung der Oberfläche hat zwei wesentliche Vorteile:

Verringerung von Reflexionsverlusten, da ein von einer Pyramidenseite reflektierter Lichtstrahl von der benachbarten Pyramidenseite absorbiert werden kann; fällt überwiegend schräg ein, dadurch werden mehr Ladungsträger im Bereich der Raumladungszone und dahinter erzeugt. Die effektive Eindringungstiefe des Lichtes, d.h. die effektive Absorptionslänge wird somit deutlich verringert. Dies verbessert den Wirkungsgrad besonders für niederenergetisches

124   3. Solarzellen auf Silizium-Basis

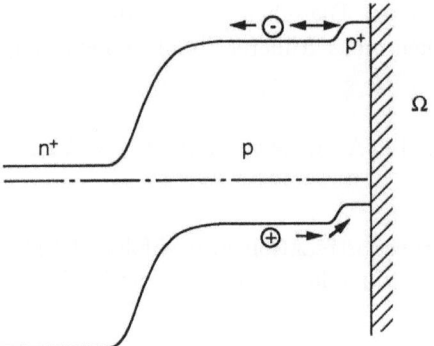

Abb. 3.8. Back Surface Field (schematisch)

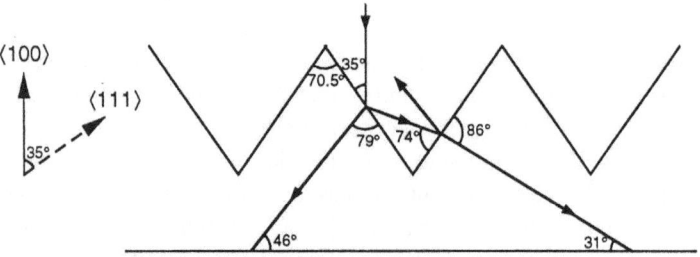

Abb. 3.9. Comsat Non Reflecting-Zelle

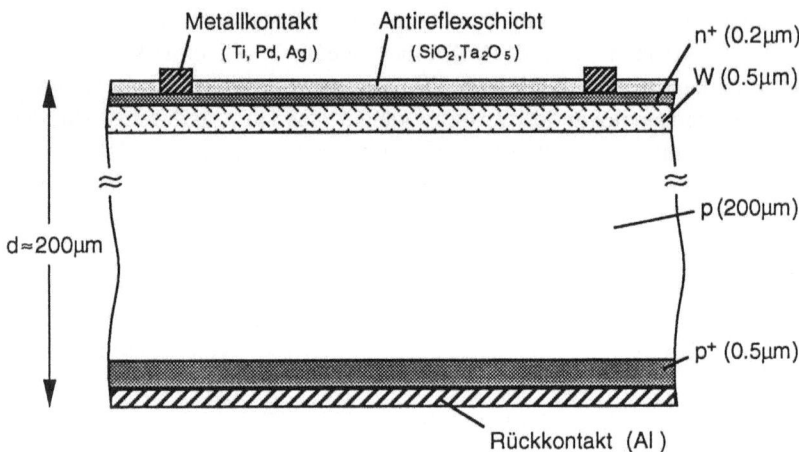

Abb. 3.10. Aufbau einer kommerziell erhältlichen Solarzelle aus x-Si

Licht. Die CNR-Zelle hat einen um 10 − 15% höheren Wirkungsgrad als die beste violette Zelle.

Abbildung 3.10 zeigt abschließend schematisch den Aufbau einer kommerziellen Solarzelle auf der Basis eines n^+-p-Übergangs mit einkristallinem Material.

3.1.6 Hochleistungssolarzellen mit kristallinem Si

Gegenüber den bisher behandelten Solarzellen, die Wirkungsgrade von etwa 15% erreichen, hat es in letzter Zeit durch teilweise geänderte Konzepte einen wesentlichen Fortschritt gegeben. So werden zur Zeit Solarzellen mit $\eta \geq 20\%$ in verschiedenen Laboratorien erreicht. Die Bestrebungen zur Entwicklung derartiger Solarzellen basieren auf Berechnungen des US-amerikanischen Energieministeriums. Sie besagen, daß Zellen mit 15% Wirkungsgrad und Kosten von etwa 15 Cents pro Watt mit konventionellen Energieträgern konkurrieren könnten. Als Beispiel für eine Hochleistungssolarzelle mit kristallinem Silizium wird im folgenden die Punktkontakt-Solarzelle diskutiert.

Die Punktkontakt-Solarzelle. Hierbei handelt es sich um eine sog. Konzentratorzelle, die für Lichteinstrahlung mit bis zu 500 Sonnen (500fache Lichtintensität von AM1) gedacht sind. Die Zelle ist als Rückseitensystem konstruiert. Dabei wird der gleichrichtende Kontakt im Bereich des Rückkontaktes angelegt. Abbildung 3.11 zeigt den Aufbau dieser Struktur. Das Licht fällt durch eine mit thermischer Oxidation hergestellte SiO_2-Schicht in (100)-Float-Zone-Si (100 - 200 Ωcm), das durch Ladungsträgerlebensdauern von mehreren hundert μs gekennzeichnet ist. Die Trennung der lichterzeugten Elektron-Loch Paare erfolgt an der Rückseite, die p^+- und n^+-Kontakte im Abstand von etwa 50 μm über die Fläche verteilt enthält. Dieser Abstand liegt deutlich unter der Größe der Diffusionslänge für Minoritätsladungsträger. Das photoaktive Material ist leicht n-leitend (herstellungsbedingt). Eine analytische Beschreibung der Zelle ist schwierig, da das Vorhandensein von n^+- und p^+-Kontakten an der Rückseite einen zweidimensionalen Ladungsträgerfluß erzeugt. Es konnte gezeigt werden, daß die Minoritäts- und Majoritätsladungsträger überwiegend senkrecht zur Oberfläche fließen. Von der elektronischen Wirkungsweise handelt es sich um eine n-p^+ Solarzelle. Die Abweichung vom Konzept, p-Si als Basismaterial we-

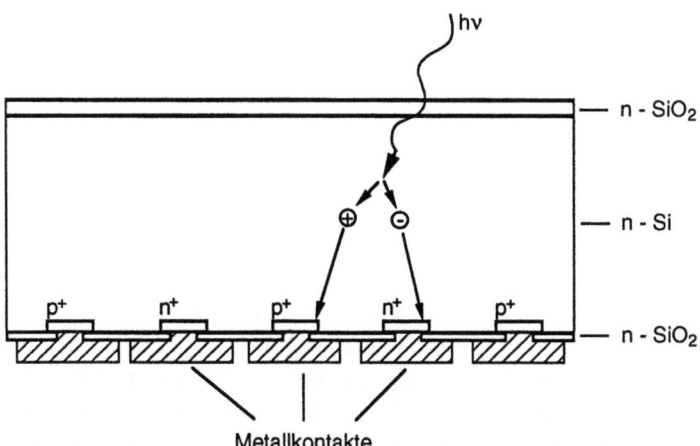

Abb. 3.11. Schematischer Querschnitt durch eine Punktkontakt-Solarzelle

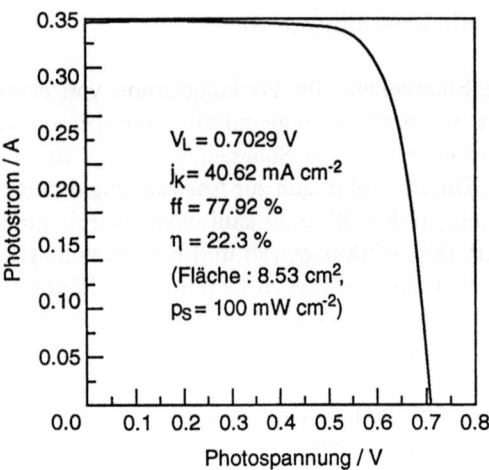

Abb. 3.12. I-V-Charakteristik einer Punkt-Kontakt-Solarzelle

gen seiner höheren Diffusionslänge für Minoritätsladungsträger zu verwenden liegt offenbar in der Möglichkeit, hochqualitatives n-Si mit dem FZ-Prozeß zu erzeugen, das den Anforderungen genügt.

Die Punkt-Kontakt-Solarzelle hat gegenüber konventionelleren Strukturen mehrere Vorteile. So gibt es keine Abschattungsverluste durch Kontaktfinger, der Serienwiderstand ist drastisch verringert, weil der Strom nicht lateral in einer dünnen Schicht fließen muß, und die Oberflächen- und Rückflächenrekombination sind deutlich reduziert durch Aufbringen von SiO_2. Der Kollektionswirkungsgrad ist stark von der Dicke der n-Schicht, der Lebensdauer der Ladungsträger und der Oberflächenrekombination abhängig, da die Ladungsträger den Rückkontakt erreichen müssen. Abbildung 3.12 zeigt eine I-V-Charakteristik einer der ersten derartigen Zellen (nach [6]).

3.2 Polykristallines Silizium

3.2.1 Übersicht

Einer der begrenzenden Faktoren bei der Anwendung kristallinen Siliziums in der Photovoltaik ist der hohe Preis des notwendigerweise hochreinen Materials. Es fragt sich nun, inwieweit man Kompromisse hinsichtlich der Reduzierung des erzielbaren Wirkungsgrades eingehen kann, wenn man mit billigerem, d.h. weniger reinem und polykristallinem Material arbeitet. Eine einfache Möglichkeit der Kostenersparnis ergibt sich dadurch, daß ein Siliziumblock nicht nach dem CZ-Verfahren aus der Schmelze gezogen wird, sondern daß man das Silizium direkt und gerichtet im Tiegel erstarren läßt (s.u.). Dabei entsteht ein polykristalliner Block, der wie der einkristalline Block in Scheiben zersägt wird. Für eine Solarzelle aus diesem Material verschlechtert sich der Wirkungsgrad. Man erhält anstelle von 15.1%, die eine Solarzelle aus einkristallinem Silizium aufweist, 13.1% (s. Abb. 3.36). Der geringere Wirkungsgrad erfordert für die Bereitstellung einer bestimmten Ausgangsleistung zwar eine größere Solarzellenoberfläche, d.h. mehr Material. Aufgrund des geringeren Preises für polykristalline Wafer [7] ergibt sich aber dennoch eine Kostensenkung um rund 1/3 für das Ausgangsmaterial, wenn anstelle einkristallinen Siliziums polykristallines Block-Silizium verwendet wird. Die Herstellung von Wafern aus ein- und polykristallinen Silizium-Blöcken erfolgt durch Zersägen der Blöcke. Dabei geht rund die Hälfte des Materials verloren. Daher sind viele Bemühungen darauf gerichtet worden, Siliziumscheiben direkt aus der Schmelze herzustellen. In diesem Zusammenhang sind zahlreiche sog. Bänder- und Plattenverfahren entwickelt worden. Solarzellen aus entsprechenden Materialien weisen ebenso wie Solarzellen aus polykristallinem Block-Silizium Wirkungsgrade auf, die unter denen von Solarzellen aus einkristallinem Silizium liegen. Gelingt es, die hierfür verantwortlichen elektronischen Zustände (Rekombinationszentren) zu passivieren bzw. den Einbau von Verunreinigungen, wie sie bei einigen Verfahren prozeßbedingt sind, zu reduzieren, so ergibt sich eine sehr aussichtsreiche Möglichkeit für großflächige Anwendungen von polykristallinem Silizium in der Photovoltaik.

Im folgenden werden einige Verfahren zur Herstellung polykristalliner Solarzellen vorgestellt. Begonnen wird mit dem Prozeß der gerichteten Erstarrung, da dieses Verfahren bereits wirtschaftlich verwertet wird und hinsichtlich Herstellungskapazität und erzielbarem Wirkungsgrad vergleichsweise gute Ergebnisse erzielt werden. Es werden in Abschn. 3.2.3 Verfahren zur Herstellung von Siliziumscheiben direkt aus der Schmelze beschrieben. In Abschnitt 3.2.4 findet man einige grundlegende Betrachtungen zur physikalischen Wirkung von Korngrenzen; in Abschn. 3.2.5 werden Möglichkeiten zu ihrer Passivierung diskutiert. Zum Abschluß dieses Abschnitts findet der interessierte Leser detailliertere Modellbetrachtungen zum Ziehen von Kristallbändern aus der Schmelze.

3.2.2 Blockgießen mit gerichteter Erstarrung

Bei dieser von Fischer und Pschunder 1976 entwickelten Methode wird Silizium, das nach der in Abschn. 3.1.3 beschriebenen Weise hergestellt worden ist, zunächst im Vakuum bei 1500°C aufgeschmolzen. Danach wird die Temperatur bis knapp über den Schmelzpunkt (1412°C) abgesenkt. Die gerichtete Erstarrung erfolgt dann durch langsames Herausfahren des Schmelztiegels aus der Heizzone; Abb. 3.13 zeigt das Prinzip [8]. Silizium erstarrt dabei faserförmig. Das Produkt ist ein polykristalliner Block mit einer Grundfläche von ca. $40 \cdot 40\,\text{cm}^2$ und einer Höhe von ca. 30 cm. Der Durchmesser der Fasern liegt typischerweise zwischen 0.1 und 1 cm, ihre Länge ist im günstigsten Fall gleich der Höhe des fertigen Blocks (ca. 30 cm). Wird der Block senkrecht zur Faser-

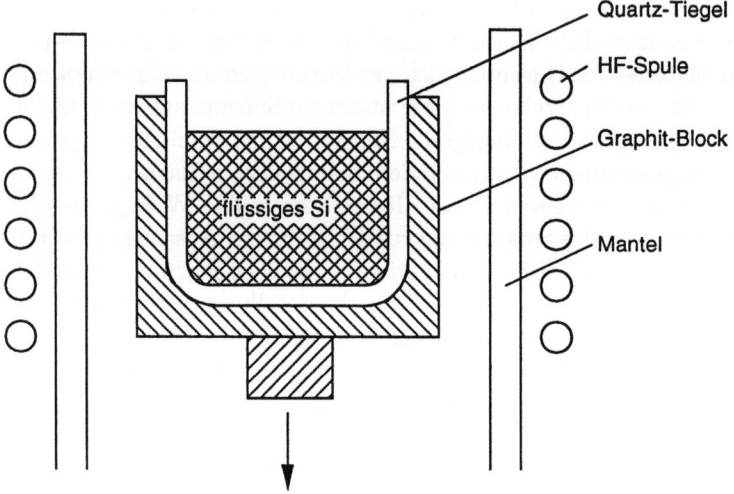

Abb. 3.13. Schematische Darstellung einer Anlage für gerichtete Erstarrung

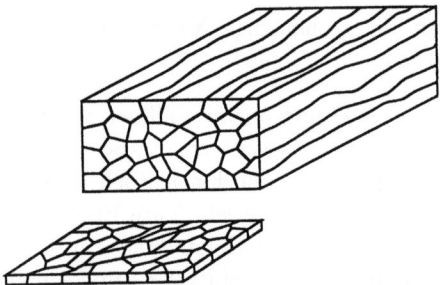

Abb. 3.14. Polykristalliner Si-Block mit faserförmigen Korngrenzen

richtung zerschnitten, so erhält man in den Scheiben Korngrenzen, die im wesentlichen senkrecht zur Scheibenoberfläche verlaufen (Abb. 3.14). Die Herstellung von Solarzellen aus diesen Wafern erfolgt in gleicher Weise wie mit einkristallinen Wafern. Unter AM1.5-Bedingungen weisen entsprechende serienmäßig hergestellte $10 \cdot 10\,\text{cm}^2$ große polykristalline Solarzellen Wirkungsgrade von 13% auf [7], [9]. Für einen Vergleich mit Verfahren, bei denen Flächensilizium direkt aus der Schmelze erzeugt wird, ist die Herstellungsrate beim Blockgießen interessant: man erhält 1600 cm^2/min, wobei die Zeit für den Sägeprozeß enthalten ist [7].

3.2.3 Verfahren zur Herstellung von Siliziumscheiben aus der Schmelze

Das Düsenverfahren (EFG, Edge defined Film-fed Growth) wurde 1971 von La-Belle u.a. für die Herstellung von Saphir entwickelt. 1972 wurden erstmals nach diesem Verfahren Siliziumbänder aus der Schmelze gezogen [10]. Dabei wird ein Graphitblock, der innen einen engen Schlitz aufweist, in eine Siliziumschmelze getaucht (Abb. 3.15). Durch Kapillarwirkung steigt flüssiges Silizium im Schlitz auf. Als nächster Schritt muß ein Kristallkeim mit der Schmelze an der Oberkante der Düse so vernetzt werden, daß der Keim weder wegschmilzt noch aufgrund zu hoher Wärmeableitung auf der Kapillaroberfläche „anfriert". Zwischen Keim und oberer Kapillaröffnung besteht darum ein schmaler Bereich aus flüssigem Silizium (edge definition). Das Kristallwachstum wird nun durch langsames Emporziehen des Keims eingeleitet. Obgleich bei dem Verfahren die Siliziumscheiben mit Kohlenstoff kontaminiert werden können (ppm-Bereich), ist Graphit wegen seiner geringeren Reaktivität und dem Umstand, daß es von flüssigem Silizium sehr gut benetzt wird, offensichtlich das am besten geeignete Düsenmaterial. Bei Mobil Solar/USA wird durch eine entsprechende Anordnung der Düsen erreicht, daß das Flächensilizium in Form von Röhren mit achteckigem Querschnitt hergestellt wird (vgl. auch Abschn. 3.2.5). Die erhaltenen Siliziumscheiben weisen große Körner (einige cm^2) auf; Solarzellen aus diesem Material zeigen Wirkungsgrade bis zu 15%. Die Ziehleistung liegt bei etwa 160 cm^2/min. Wichtigste Ursachen für die Begrenzung des Wirkungsgrades sind Gitterdefekte, die durch thermisch induzierte Spannungen während des Kristallwachstums hervorgerufen werden (Versetzungen: 10^4 cm^{-2}; vgl. auch Abschn. 3.2.5) und Kohlenstoffkontamination durch das Düsenmaterial.

Beim Düsenverfahren erhält man als Phasengrenze eine Ebene, deren Normale parallel zur Ziehrichtung verläuft (Abb. 3.15). Andere Bänderziehverfahren arbeiten mit keilförmigen Erstarrungsfronten, bei denen Ziehrichtung und Phasengrenze nahezu senkrecht aufeinanderstehen (vgl.Abb.). Dadurch sind wesentlich höhere Ziehleistungen möglich; eine detailliertere Betrachtung findet sich in Abschn. 3.2.5. Zum Bänderziehen mit keilförmigen Erstarrungsfronten gibt es zwei Entwicklungen: S-WEB (Siemens) und RGS (Bayer).

Beim S-WEB-(*Supported Web*)-Verfahren – 1982 von Falckenberg und Grabmaier entwickelt – wird ein Kohlefasernetz in Kontakt mit der Oberfläche einer Siliziumschmelze kontinuierlich nahezu horizontal über die Schmelze geführt. An der Unterseite des Netzes kristallisiert eine Si–Schicht aus, deren Dicke von der Ziehgeschwindigkeit abhängt. Abbildung 3.16 zeigt schematisch den Aufbau einer entsprechenden Anlage, die bereits zusätzliche Komponenten zur Herstellung eines p/n-Übergangs enthält. Dabei wird auf das kristalline p-leitende Si-Substrat mit Hilfe einer Glimmentladung aus Silan und Phosphin (s. Abschn. 4.5) eine amorphe n-leitende Schicht ($\approx$ 60 nm dick) aufgebracht, die als Dotierquelle für die nachfolgende Herstellung eines im Substrat liegenden p/n-Übergangs dient. Die Leiterbahnen für den Frontkontakt werden abschließend mit Mikropentechnik auf die Si-Platten gespritzt.

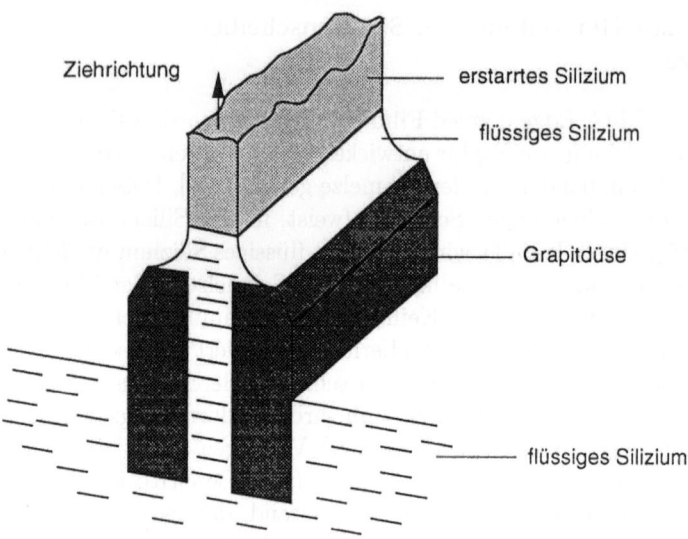

Abb. 3.15. Düsenverfahren zur Herstellung von Siliziumscheiben

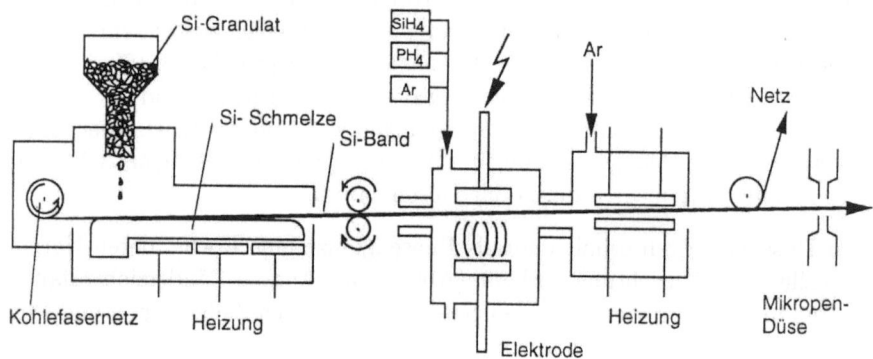

Abb. 3.16. Prinzipieller Aufbau einer Anlage zur Herstellung von Solarzellen nach dem S-Web-Verfahren

Mit dem Verfahren können Si-Bänder mit einer Breite von 12 cm und 150 Metern Länge hergestellt werden, wobei die Herstellungsgeschwindigkeit bei etwa 1000 cm^2/min liegt. Der Korndurchmesser beträgt einige Zehntel mm bis einige mm, die Defektdichte ist vergleichsweise hoch (10^4 bis 10^6 Versetzungen cm^{-2}). Der höchste erzielte Wirkungsgrad liegt z.Zt. bei etwa 12.3% für 2·2 cm^2 große Zellen; 5·10 cm^2 große Zellen weisen 9.8% auf. Abbildung 3.17 zeigt die Kornstruktur des Materials, Abb. 3.18 Strom-Spannungscharakteristiken (nach [11]). Als Hauptursache für die Begrenzung des Wirkungsgrades wird eine verfahrensbedingte Kontamination des Siliziumbandes mit Verunreinigungen angegeben, von der man annimmt, daß sie sich bei kontinuierlichem Betrieb der Anlage verringern läßt [12].

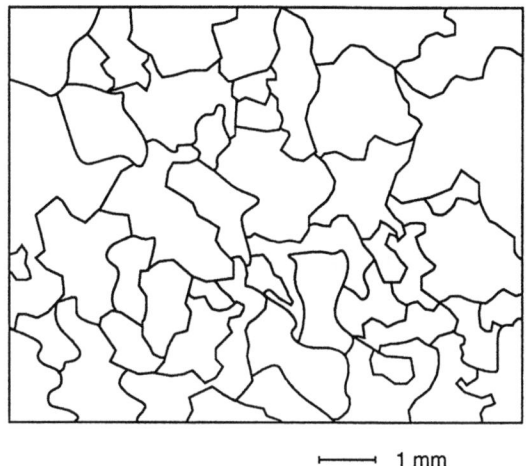

Abb. 3.17. Oberflächenkornstruktur von S-Web-Siliziumbändern

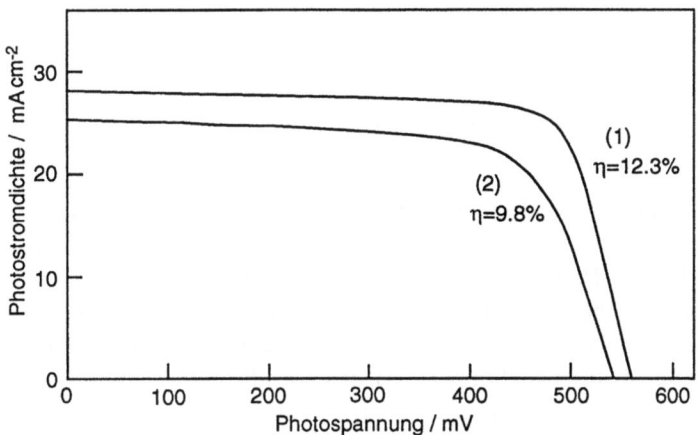

Abb. 3.18. I-V-Charakteristik zweier S-Web-Zellen: $2 \cdot 2$ cm^2 (**1**) und $5 \cdot 10$ cm^2 (**2**)

Ein rasches Folienziehen läßt sich dadurch erzielen, daß ein nach oben und unten offener Ziehrahmen (gefüllt mit flüssigem Silizium) verwedet wird, unter dem ein bandförmiges Substrat weggezogen wird (Abb. 3.19; Ribbon-Growth-on-Substrate, RGS, [13]). Dabei kristallisiert die Silizium-Schmelze innerhalb des als Vorratsbehälter dienenden Ziehrahmens keilförmig aus. Kristallitdurchmesser bis in den Millimeterbereich konnten mit diesem Verfahren erreicht werden. Eine nachfolgende Temperaturbehandlung senkt die Zahl der intrinsischen Gitterfehler (Einzelversetzungen, Versetzungsbänder) von anfänglich 10^8 cm^{-2} auf einen für Solarzellenmaterial akzeptablen Wert (ca. 10^4 cm^{-2}). Folien von 1 m Länge und 10 cm Breite bei einer Dicke von 300 μm können reproduzierbar hergestellt werden (Ziehrate: 6000 cm^2/min). Angaben über erzielbare Wirkungsgrade liegen bislang jedoch noch nicht vor.

3. Solarzellen auf Silizium-Basis

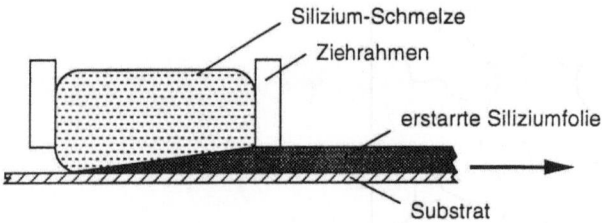

Abb. 3.19. Schematische Darstellung des RGS-Verfahrens

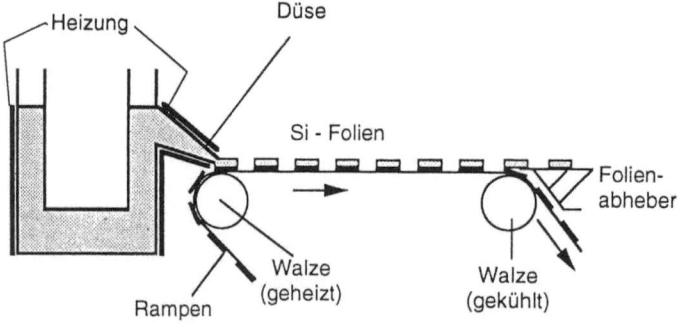

Abb. 3.20. Anlage für Siliziumfoliengießen (schematisch)

Im Vergleich zu anderen Verfahren zur direkten Herstellung von Siliziumscheiben können mit dem *Foliengießen* (RAFT: *R*amp *A*ssisted *F*oil *C*asting *T*echnique) noch höhere Produktionsleistungen erzielt werden (bis zu 20000 cm²/min, [13]) Die entstehenden Scheiben können direkt zu den weiteren Prozeßschritten (Dotierung, Kontaktierung etc.) weitergeleitet werden. Bei dem Verfahren wird ein Substrat (sog. Rampen, z.B. aus hochdichtem Graphit) so an einem Si-Schmelzmeniskus vorbeigeführt, daß die Schmelze das Substrat benetzt und ein Film auf dem Substrat entsteht (Abb. 3.20). Die Siliziumfolienstücke sind etwa $5 \cdot 5$ cm groß, besitzen Korngrößen von etwa 1 mm² und können zu Solarzellen mit Wirkungsgraden von bis zu 10% verarbeitet werden. Aufgrund der hohen Kristallisationsgeschwindigkeit ist die Defektdichte vergleichsweise hoch: 10^7 Versetzungen cm^{-2}.

In einer weiteren Herstellungsmethode wird ein bestimmter Betrag geschmolzenen Siliziums durch einen Trichter auf das Zentrum einer rotierenden Substratscheibe gegossen (Abb. 3.21). Das Silizium wird sofort aufgrund der Zentrifugalkraft über die Substratscheibe verteilt und erstarrt augenblicklich („Spin Cast"; Hoxan Corporation, Japan) [14], [15]. Durch geeignete Wahl der Prozeßparameter (Rotationsgeschwindigkeit der Substratscheibe sowie deren Temperatur) lassen sich polykristalline kolumnare Strukturen mit Korngrößen bis zu 1 cm² herstellen. Mit einer verbesserten Version des Verfahrens ist die kontinuierliche Herstellung von vier $10 \cdot 10$ cm² großen Scheiben pro Minute möglich (Dicke 400 μm). Die erzielten Wirkungsgrade lagen bei maximal 13.2%;

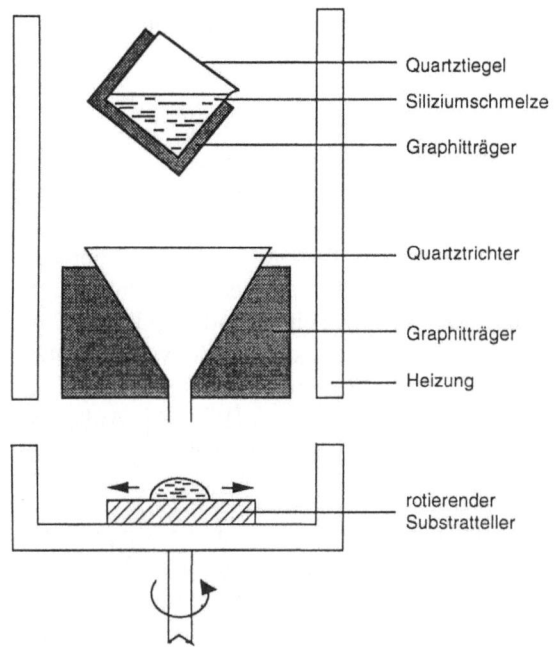

Abb. 3.21. Herstellung von Siliziumscheiben nach dem Spin-Cast-Verfahren (schematisch)

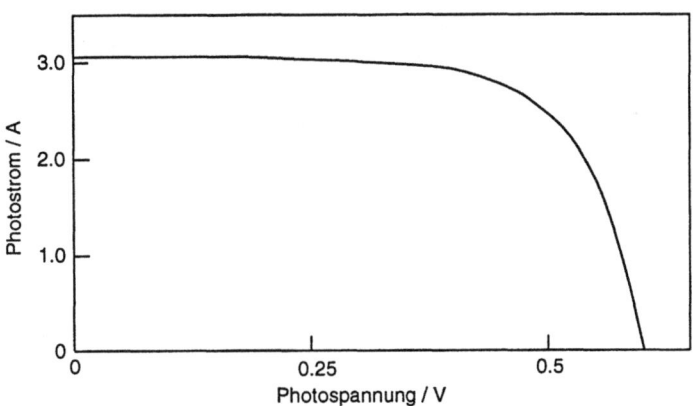

Abb. 3.22. Strom-Spannungs-Charakteristik (AM 1.5) einer Solarzelle, hergestellt nach dem Spin-Cast-Verfahren; $U_L = 0.593$ V, $I_K = 3.05$ A, $FF = 0.728$, $\eta = 13\%$; Zellfläche 100 cm^2

Abb. 3.22 zeigt die Strom-Spannungs-Charakteristik einer nach dem Spin-Cast-Verfahren hergestellten Solarzelle.

Die weitere Verarbeitung (Dotierung, Antireflex-Belag, Kontaktierung usw.) erfolgt bei flächenartig hergestelltem Silizium meist in gleicher Weise wie bei Scheiben, die aus Kristallblöcken geschnitten werden (vgl. Abschn. 3.1.5).

3.2.4 Einfluß von Korngrenzen auf Ladungsträgertransport und Absorption

Polykristalline Festkörper unterscheiden sich von Einkristallen darin, daß sie aus zahlreichen Kristalliten (Körnern) aufgebaut sind, die einzeln für sich die Periodizität des Einkristalls aufweisen, voneinander aber durch sog. Korngrenzen getrennt sind (Abb. 3.23). Die Korngrenzen sind Gebiete, an denen Kristallite unterschiedlicher Orientierung aufeinander treffen; neben Strukturdefekten (aufgebrochene Bindungen, Versetzungen) enthalten sie Verunreinigungen, die sowohl aus den Körnern kommen als auch von außen eindiffundieren können. Als zusätzliche Oberflächen im Inneren des Festkörpers können sie wie jede Oberfläche lokalisierte Zustände in der Bandlücke aufweisen, die als Rekombinationszentren für lichterzeugte Ladungsträger wirksam werden [16], [17]. Außerdem ist – wenn die Grenzflächenzustände aufgeladen sind – die Bildung von Energiebarrieren möglich, die den Ladungsträgertransport behindern.

Korngrenzen wirken sich experimentell meist als Senken für die Minoritätsladungsträger und als Barrieren für die Majoritätsladungsträger aus (Abb. 3.24). Sie verursachen damit eine Verringerung des Parallelwiderstandes und eine Vergrößerung des Serienwiderstandes, reduzieren somit die erzielbare Photospannung, den Photostrom und den Füllfaktor; (Möglichkeiten und Grenzen der Korngrenzenpassivierung s. Abschn. 3.2.5, vgl. außerdem Abschn. 4.6.3).

Bei zufälliger Verteilung, Orientierung und Größe der Körner im Halbleiter wird ein Beitrag zum Photostrom nur von den obersten Körnern (z.B. B in Abb. 3.23) bzw. den Körnern zu erwarten sein, die keine Korngrenze zwischen Front- und Rückseite aufweisen (z.B. A in Abb. 3.23). Tieferliegendere Körner (C in Abb. 3.23) sind durch Korngrenzen vom p-n-Übergang abgeschnitten. Ein derartiges

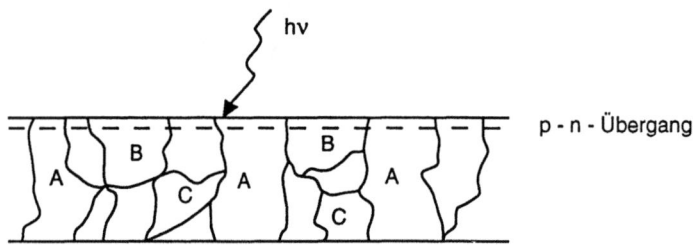

Abb. 3.23. Querschnitt durch einen polykristallinen Halbleiterfilm mit p-n-Übergang

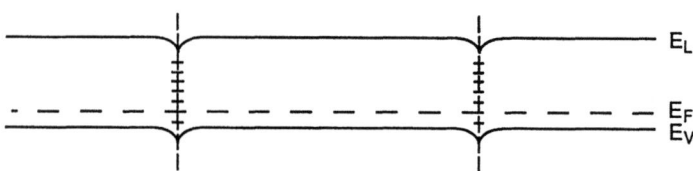

Abb. 3.24. Energiebanddiagramm mit zwei Korngrenzen

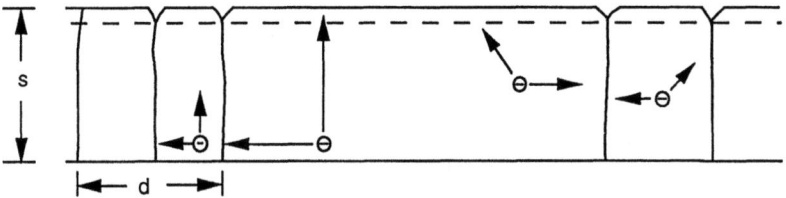

Abb. 3.25. Querschnitt durch einen polykristallinen Halbleiterfilm, der aus zueinander parallelen faserförmigen Körnern aufgebaut ist

Bauteil wird schlechte elektronische Eigenschaften aufweisen. Man bemüht sich daher, Material herzustellen, das nur aus parallel angeordneten säulenförmigen Körnern besteht (Abb. 3.25, vgl. Blockguß mit gerichteter Erstarrung Abschn. 3.2.2): in diesem Fall findet eine Rekombination lichtinduzierter Ladungsträger nur noch an den seitlichen Korngrenzen statt, das Bauteil entspricht im wesentlichen zahlreichen, zueinander parallel angeordneten Solarzellen.

Das Verhältnis von Korndurchmesser zu Schichtdicke d/s sollte möglichst groß (5:1 und größer) sein. Der Weg zu den Korngrenzen ist dann für die meisten Minoritätsladungsträger weiter als zum Frontkontakt, was hingegen nicht mehr der Fall ist, wenn der Korndurchmesser etwa der Schichtdicke entspricht oder noch kleiner wird (vgl. Pfeile in Abb. 3.25). Während sich die Säulenstruktur beim Filmwachstum häufig erzielen läßt, bleibt der Korndurchmesser bisweilen unter den gewünschten Abmessungen. Dies könnte die Ursache für die derzeit noch oft zu geringen erzielbaren Wirkungsgrade sein. In bestimmten Fällen läßt sich durch eine Veränderung der Prozeßparameter oder eine gezielte Nachbehandlung (z.B. Aufheizen mit nachfolgender Rekristallisation) eine Verbesserung erreichen.

Die erforderliche Dicke der photoaktiven Halbleiterschicht richtet sich nach dem Absorptionsverhalten des betreffenden Halbleiters und beträgt meist das zwei- bis dreifache von $1/\alpha$. Das bedeutet, daß bei sehr dünnen Filmen (z.B. ≈ 200 nm photoaktive Schicht $CuInSe_2$) der Korndurchmesser aufgrund der oben angestellten Betrachtungen mindestens 1 bis 2 μm betragen sollte. Bei Silizium muß die Korngröße schon erheblich größer sein: ein 10 μm dicker Film, erfordert bereits Korngrößen von 50 μm bis 0.1 mm. Bei polykristallinen Wafern mit einer Dicke von 200 μm (entsprechend der Dicke einer Solarzelle aus einkristallinem Silizium) müssen die Körner dann Durchmesser von 1 bis 2 mm aufweisen. Abbildung 3.26 zeigt Ergebnisse einer Berechnung, die den Einfluß der Korngröße auf den theoretisch zu erwartenden Wirkungsgrad einer polykristallinen GaAs- bzw. Si-Solarzelle wiederspiegeln [16]. Deutlich erkennbar ist das unterschiedliche Sättigungsverhalten für Si und GaAs: aufgrund des besseren Absorptionsverhaltens von GaAs sind geringere Schichtdicken und damit geringere Korngrößen für ein günstiges Verhältnis Korndurchmesser zu Schichtdicke erforderlich. Die experimentell, insbesondere mit polykristallinem GaAs erzielten Wirkungsgrade sind jedoch wesentlich geringer (vgl. Abschn. 4.6.3).

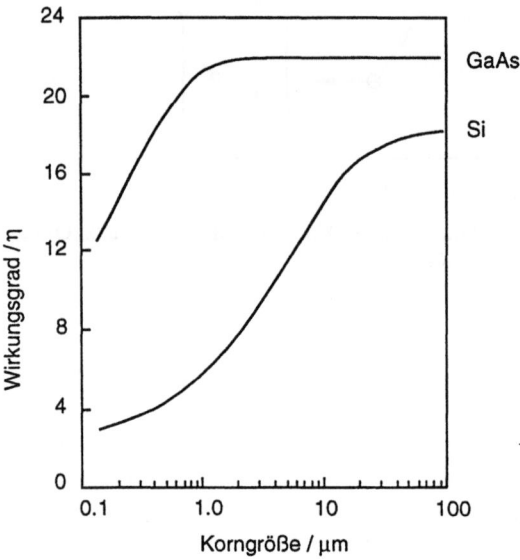

Abb. 3.26. Berechnete Wirkungsgrade für polykristalline Si- und GaAs-Solarzellen unter AM1 Bedingungen, Schichtdicken 10 μm (Si) bzw. 1 μm (GaAs). In beiden Fällen ist ein back surface field angenommen (s. Abb. 3.8)

Die Absorptionskoeffizienten polykristalliner Materialien entsprechen im wesentlichen denen der entsprechenden Einkristalle. Im Bereich $h\nu \leq E_g$ ist die Absorption aufgrund von Anregungen im Bereich der Korngrenzen (hohe Dichte von besetzten Zuständen in der Bandlücke) erhöht. Die Korngrenzen können außerdem einfallendes Licht so streuen, daß es effektiv einen längeren Weg im Film zurücklegt. Starke elektrische Felder können schließlich die fundamentale Absorptionskante in Festkörpern verschieben (Franz-Keldisch-Effekt); derartige Felder können an Korngrenzen existieren (s. Abb. 3.24).

3.2.5 Passivierung von Kristallfehlern in polykristallinem Silizium

Die geringeren Wirkungsgrade von Solarzellen aus polykristallinem Silizium beruhen darauf, daß lichterzeugte Minoritätsladungsträger an einer im Vergleich zum Einkristall erheblich höheren Zahl von Rekombinationszentren (Korngrenzen, Versetzungen, Fehlstellen) verloren gehen. Derartige Verluste werden mit den geänderten Bindungsverhältnissen im Bereich von Korngrenzen und anderen Defektstrukturen erklärt. Ladungsträgerrekombination verringert die Lebensdauer der Minoritätsladungsträger und damit letztlich die Leerlaufspannung. Der Einfluß von Gitterdefekten läßt sich in polykristallinem Silizium in ähnlicher Weise wie bei amorphem Silizium reduzieren: durch Absättigung von ungesättigten Bindungen mit atomarem Wasserstoff. Hierzu sind im Labormaßstab verschiedene Techniken entwickelt worden [18]: Wasserstoffionen-

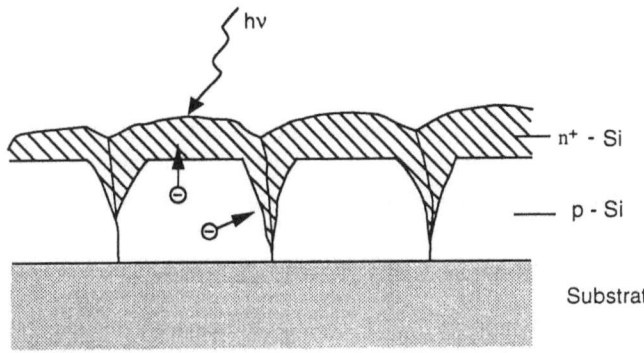

Abb. 3.27. Passivierung von Korngrenzen in einer Solarzelle aus polykristallinem Silizium durch Phosphordotierung

implantation, Hydrogenisierung der Probe in einer mit Wasserstoff niedrigen Drucks beschickten Glimmentladungskammer, Abscheidung einer wasserstoffhaltigen Si_3N_4-Schicht (ebenfalls in einer Glimmentladungskammer durch Zersetzung von SiH_4 und NH_3), die zusätzlich – bei einer Dicke von 700 bis 800 Å – ähnliche optische Eigenschaften wie eine TiO_2-Antireflexschicht aufweist. Die beobachtete Erhöhung der Diffusionslängen (bis zu 70%) kann durch Ausheizen wieder rückgängig gemacht werden. Deshalb muß die Hydrogenisierung zeitlich nach der n^+-Dotierung erfolgen, da diese durch Diffusion von Phosphor bei 865°C erreicht wird.

Ein anderes, von T.H. DiStefano und J.J. Cuomo vorgeschlagenes Verfahren besteht darin, Phosphor-Dotierstoff mittels eines Niedertemperatur-Diffusionsprozesses vorzugsweise in die Korngrenzenbereiche einzuführen [19] – die Diffusion von Fremdstoffen an Korngrenzen entlang ist wesentlich effektiver als in den Kristall hinein. Mit Hilfe eines nachfolgenden Temperschrittes erzielt man den in Abb. 3.27 dargestellten Effekt: jedes Korn ist von einem n^+-leitenden Bereich umgeben. Die Minoritätsladungsträger rekombinieren nicht länger an den Korngrenzen, sondern können dort gesammelt werden und tragen zum Photostrom bei. Wichtig ist, daß das Dotierprofil an keiner Stelle den Rückkontakt berührt (Kurzschlußgefahr!).

Da die Dotierung ohnehin bei der Solarzellenherstellung vorgenommen werden muß, könnte eine Schlußfolgerung darin bestehen, dieser Behandlung den Vorzug gegenüber der Hydrogenisierung zu geben. Es hat sich jedoch gezeigt, daß bei den meisten polykristallinen Silizium-Materialien die Defekte innerhalb der Körner eine mindestens ebenso große Rolle wie die Korngrenzen selbst spielen, so daß wahrscheinlich eine Kombination beider Verfahren sinnvoll erscheint. Hier dürften Kostengesichtspunkte wieder eine wichtige Rolle spielen.

3.2.6 *Modellbetrachtungen zum Bänderziehverfahren

Beim Bänderziehverfahren handelt es sich – wie beim CZ-Verfahren (vgl. Abschn. 3.1.3) – um Kristallzucht aus der Schmelze. Es soll gezeigt werden, welche Parameter den Ziehprozeß beeinflussen und welche Ziehleistungen möglich sind. Dazu betrachtet man den Fall, bei dem ein (ebener) Kristallisationskeim bereits mit der Oberfläche der Schmelze in Kontakt gebracht und die Kristallisation an ihm eingeleitet worden ist. Die Kristallisationsgrenze wachse mit der Geschwindigkeit v_K nach unten fort. Wird der wachsende Kristall senkrecht aus der Schmelze gezogen (mit der Ziehgeschwindigkeit v_Z) und soll ein vorgegebener Querschnitt erhalten bleiben, so müssen v_Z und v_K entgegengesetzt gerichtet und gleich groß sein (*vertikales Bänderziehen*, s. Abb. 3.28). Die Kristallisationsgeschwindigkeit v_K (in cms^{-1}) bestimmt die maximal mögliche Geschwindigkeit, mit der der wachsende Kristall vertikal aus der Schmelze gezogen werden kann. Bei der Kristallisation wird latente Wärme L (in J/g) frei; es handelt sich dabei um die gleiche Wärmemenge, wie sie für den inversen Prozeß (Schmelzen des Kristalls) aufgewendet werden muß. Diese Wärme muß abgeführt werden. Ein Wärmefluß findet immer von Gebieten höherer Temperatur in Gebiete niedrigerer Temperatur statt. Da die Temperatur in der Schmelze T_S höher ist als im Kristall T_K, wird die latente Wärme, die bei der Kristallisation frei wird, in den Kristall geleitet. Die Massenflußdichte des an der Phasengrenze auskristallisierenden Materials ist:

$$\rho_k \cdot v_Z = j_m \tag{3.7}$$

(ρ_K Dichte des Kristalls in gcm^{-3}). Die pro g auskristallisierende freiwerdende Wärme verursacht eine Wärmeflußdichte q_L in z-Richtung, für die an der Phasengrenze gilt:

$$L \cdot \rho \cdot v_Z = q_L. \tag{3.8}$$

Die Wärmemenge, die pro cm^2 und s durch den Kristall fließen kann, wird bestimmt durch den negativen Temperaturgradienten im Kristall und die spezifische Wärmeleitfähigkeit K_K (in Jcm^{-1} Grad^{-1}s^{-1}) des Kristalls:

$$\boldsymbol{q}_K = -K_K \operatorname{grad} T_K, \tag{3.9}$$

(T_K Temperatur des Kristalls).

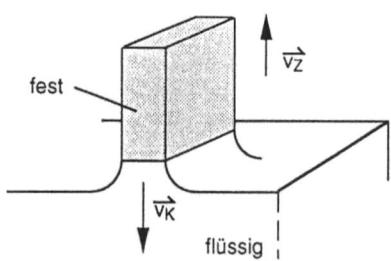

Abb. 3.28. Schematische Darstellung des vertikalen Bänderziehens. v_K Kristallisations-, v_Z: Ziehgeschwindigkeit

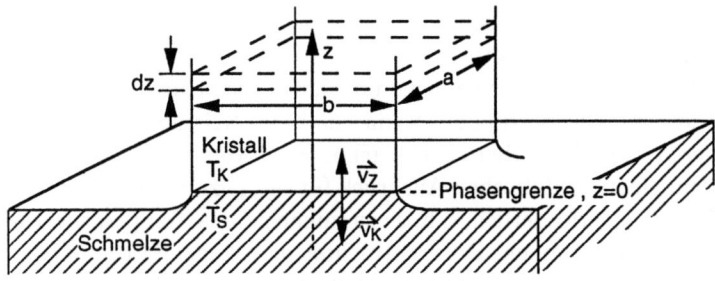

Abb. 3.29. Zur Bilanz des Wärmeflusses beim vertikalen Bänderziehen

Nimmt man eine ebene Wachstumsgrenze an, hat q_K nur eine z-Komponente:

$$q_{Kz} \equiv q_K = -K_K\left(\frac{dT_K}{dz}\right). \tag{3.10}$$

Um eine Bedingung für die maximale Ziehgeschwindigkeit zu erhalten, setzt man q_L und q_K ($z = 0$) nach (3.8) und (3.10) gleich und löst nach v_Z auf:

$$v_{Z\max} = -\frac{K_K}{\rho_K L}\left(\frac{dT_K}{dz}\right)_{z=0}. \tag{3.11}$$

Dabei bezeichnet $z = 0$ den Ort der Phasengrenze (vgl. Abb. 3.29). Neben der latenten Wärme kann in den Kristall auch Wärme aus der Schmelze strömen. Für diese Wärmeflußdichte gilt in Analogie zu (3.9) an der Phasengrenze:

$$q_{Sz} = -K_S\left(\frac{dT_S}{dz}\right)_{z=0} \tag{3.12}$$

(T_S Temperatur der Schmelze, K_S Wärmeleitfähigkeit der Schmelze). Unter Berücksichtigung dieses Terms lautet (3.8)

$$q'_L = q_L + q_{Sz} = L \cdot \rho \cdot v_Z - K_S\left(\frac{dT_S}{dz}\right)_{z=0} \tag{3.8a}$$

und (3.11)

$$v_{Z\max} = \frac{-K_K\left(\frac{dT_K}{dz}\right)_{z=0} + K_S\left(\frac{dT_S}{dz}\right)_{z=0}}{L \cdot \rho}. \tag{3.11a}$$

Für die weiteren Betrachtungen wird idealisierend angenommen, daß innerhalb der Schmelze – also auch bis z = 0 – kein Temperaturgradient existiert, d.h. $(dT_S/dz)_{z=0} = 0$. Dann gilt $q_{Sz} = 0$ und v_Z wird allein durch (3.11) bestimmt. Die in (3.11) enthaltene Wärmeleitfähigkeit K_K ist nicht konstant, sondern selbst temperaturabhängig. Für viele Halbleiter kann die Temperaturabhängigkeit näherungsweise durch

$$K_K = \frac{K_{KS} \cdot T_S}{T_K} \tag{3.13}$$

(T_S Schmelztemperatur des Kristalls, K_{KS} (extrapolierte) Wärmeleitfähigkeit des Kristalls bei T_S) beschrieben werden [20].

Für die folgenden Betrachtungen wird angenommen, daß die bei der Kristallisation freiwerdende latente Wärme zum einen innerhalb des Kristalls weitergeleitet wird, zum anderen von seiner Oberfläche allein in Form von Wärmestrahlung abgegeben wird. Um einen analytischen Ausdruck für $v_{Z\max}$ zu erhalten, ist die Kenntnis von $(dT_k/dz)_{z=0}$ erforderlich, d.h. es ist zunächst das Temperaturprofil $T_K(z)$ im Kristall zu bestimmen. Dazu betrachtet man folgende Bilanz: der Wärmefluß in z-Richtung durch die Querschnittsfläche $b \cdot a$ (s. Abb. 3.29), die oberhalb der Phasengrenze liegen soll ($z \neq 0$), ist mit (3.10) und (3.13)

$$q_K = -ba \frac{K_{KS}T_S}{T_K(z)} \left(\frac{dT_K(z)}{dz} \right). \tag{3.14}$$

Die Änderung von q_K beim Fortschreiten von z nach $z + dz$ ist

$$\left(\frac{dq_K}{dz} \right) \cdot dz = dq_k = -b \cdot a \cdot K_{KS} \cdot T_S \cdot \frac{d}{dz} \left(\frac{1}{T_K(z)} \cdot \frac{dT_K(z)}{dz} \right) dz. \tag{3.15}$$

Aus Energieerhaltungsgründen muß diese Änderung der Wärmeflußdichte dq_K gleich der von der Oberfläche $2(b+a)dz$ abgestrahlten (differentiellen) Wärmeflußdichte dq'_K sein. Für diese erhält man mit dem Stefan-Boltzmann-Gesetz:

$$dq'_K = -\sigma \epsilon T_K^4 \cdot 2(b+a)dz \tag{3.16}$$

(σ Stefan-Boltzmann-Konstante, ϵ relatives Emissionsvermögen; dabei handelt es sich um eine Größe, die die Abweichung eines realen strahlenden Körpers vom idealen scharzen Körper beschreibt).

Die durch (3.16) gegebene differentielle Wärmeflußdichte verläßt den Kristall und besitzt deshalb das negative Vorzeichen. Mit $dq'_K = dq_K$ erhält man aus (3.15) und (3.16)

$$\left(\frac{d}{dz} \right) \left(\frac{1}{T_K(z)} \cdot \frac{dT_K}{dz} \right) = \frac{2(b+a)\sigma\epsilon T_K^4}{baK_{KS}T_S}. \tag{3.17}$$

Mit der Randbedingung, daß für $z = \infty$ die Temperatur und das Temperaturgefälle im Kristall verschwinden (d.h. $T_K = 0$ und $dT_K/dz = 0$), und daß T_K an der Phasengrenze gleich der Schmelztemperatur ist ($T_K(z = 0) = T_S$), lautet die Lösung von (3.18)

$$T_K(z) = \left\{ 2 \left(\frac{(b+a)\sigma\epsilon}{baK_{KS}T_S} \right)^{1/2} \cdot z + \frac{1}{T_s^2} \right\}^{-1/2}. \tag{3.18}$$

Die z-Komponente des Temperaturgradienten an der Phasengrenze ($z = 0$) ist

$$\left(\frac{dT_K}{dz} \right)_{z=0} = -\left(\frac{(b+a)\sigma\epsilon T_S^5}{baK_{KS}} \right)^{1/2}. \tag{3.19}$$

Einsetzen von (3.19) in (3.11) liefert mit (3.13) und $T_K(z = 0) = T_S$ für die maximale Ziehgeschwindigkeit

3.2 Polykristallines Silizium

$$v_{Z\max} = \frac{1}{\rho_K(T_S)L}\left(\frac{(b+a)\sigma\epsilon K_{KS}T_S^5}{ba}\right)^{1/2}. \tag{3.20}$$

Setzt man $2(b+a) = p$ (Umfang) und $b \cdot a = A$ (Fläche), läßt sich (3.20) auch als Funktion des Verhältnisses p/A schreiben. Es ist identisch mit dem Ergebnis für das Czochralski-Wachstum (zylindrische Kristallform, vgl. Abschn. 3.1.3):

$$v_{Z\max} = \frac{1}{\rho_K(T_S)L}\left(\frac{p}{2A}\sigma\epsilon K_{KS}T_S^5\right)^{1/2}. \tag{3.20a}$$

Für $b/a > 10$ ist (3.20) praktisch kaum noch von b abhängig. Daher reduziert sich (3.20) für dünne Bänder ($a \ll b$) auf

$$v_{Z\max} = \frac{1}{\rho_K(T_S)L}\left(\frac{\sigma \in K_{KS}T_S^5}{a}\right)^{1/2}. \tag{3.21}$$

Mit den entsprechenden Zahlenwerten für Silizium ($\rho_K(T_S) = 2.29\,\text{g/cm}^{-3}$, $K_{KS} = 0.287\,\text{W/(cmK)}$, $T_S = 1685\,\text{K}$, $L = 12.1\,\text{kcal/mol}$, $\epsilon = 0.46$, $\sigma = 5.67 \cdot 10^{-8}\,\text{J/K}^4\text{m}^2\text{s}$) [20] erhält man:

$$v_{Z\max} = 0.024 \cdot \frac{1}{\sqrt{a}}\,\text{cms}^{-1}; \tag{3.22}$$

für 0.05 cm dicke Bänder erhält man z.B. $v_{Z\max} = 0.11\,\text{cms}^{-1}$. Interessant ist ein Vergleich der Herstellungsrate bei CZ- und Bänderverfahren. Mit (3.20a) ergibt sich für einen zylindrischen Siliziumkristall mit 10 cm Durchmeser eine Ziehgeschwindigkeit von 0.015 cm/s. Um einen 1 cm langen Zylinder zu ziehen, sind 64 s erforderlich. Wird der Block in 0.05 cm dicke Scheiben zersägt und berücksichtigt man dabei einen Materialverlust von 50%, so liegt die Herstellungsrate (ohne Berücksichtigung der Zeit, die für das Sägen benötigt wird) bei 12.3 cm² Waferoberfläche pro s. Für ein 10 cm breites und 0.05 cm dickes Band ergibt sich nach (3.22) eine Rate von 1.07 cm²/s, so daß trotz höherer Ziehgeschwindigkeiten beim Bänderziehverfahren geringere Herstellungsraten für Flächensilizium erzielt werden als mit dem CZ-Verfahren. Praktisch läßt sich die Herstellungsrate dadurch erhöhen, daß nicht ein einzelnes Band aus der Schmelze gezogen wird, sondern z.B. mit Hilfe einer entsprechenden Düsengeometrie eine Röhre mit achteckigem Querschnitt.

Beim *horizontalen* Bänderziehen (Abb. 3.30) wird die Schmelzwärme zunächst durch die keilförmige Erstarrungsfront transportiert, ehe sie an deren Oberfläche abgestrahlt werden kann. Daher können Wärmetransport und Wärmestrahlung getrennt behandelt werden – im Gegensatz zum vertikalen Bänderziehen, wo beide Vorgänge simultan ablaufen (vgl. (3.16)). Wegen der keilförmigen Erstarrungsfront muß das Problem jedoch zweidimensional behandelt werden. Die Rechnung soll im einzelnen nicht durchgeführt, sondern nur das Ergebnis angegeben werden. Man erhält für $v_{Z\max}$ [21]:

$$v_{Z\max} = 5 \cdot 10^{-3}\left(\frac{l}{d}\right)\text{cms}^{-1}, \tag{3.23}$$

142 3. Solarzellen auf Silizium-Basis

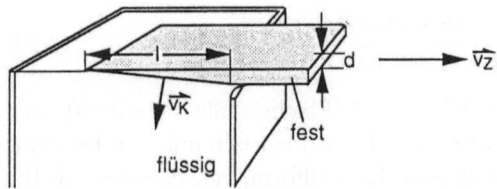

Abb. 3.30. Schematische Darstellung des horizontalen Bänderziehens. v_Z: Zieh-, v_K: Kristallisationsgeschwindigkeit

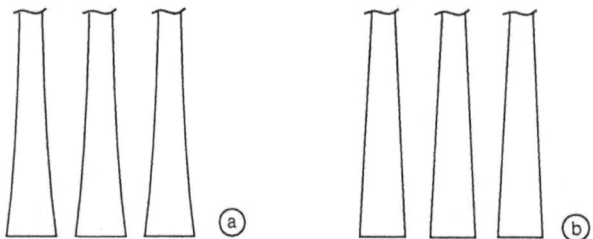

Abb. 3.31a,b. Kristallstreifen im Temperaturfeld mit inhomogenem (a) und homogenem (b) Temperaturgradienten

wobei l/d das Verhältnis von Länge zu Dicke der keilförmigen Erstarrungsfront bezeichnet (s. Abb. 3.30). Die Isothermen verlaufen im Kristall parallel zur schrägen Wachstumsfront, der zugehörige Temperaturgradient ist konstant und beträgt etwa 100 Kcm^{-1}. Er ist damit wesentlich kleiner als an der Phasengrenze beim vertikalen Bänderziehen: mit (3.19) erhält man für ein 0.05 cm dickes Band knapp 1600 Kcm^{-1}. Dadurch ergibt sich beim horizontalen Bänderziehen eine wesentlich geringere Kristallisationsgeschwindigkeit v_K als beim vertikalen Bänderziehen. Dies wird durch eine ausgedehnte keilförmige Kristallisationsfront (großes l/d) kompensiert, so daß trotz geringerer Kristallisationsgeschwindigkeiten höhere Ziehgeschwindigkeiten möglich sind als beim vertikalen Bänderziehen: für $l = 2$ cm und $d = 0.05$ cm erhält man mit $v_{Z\max} = 0.2$ cm/s eine doppelt so hohe Ziehgeschwindigkeit wie beim vertikalen Bänderziehen. Bei Ausdehnung der keilförmigen Erstarrungsfront auf $l = 20$ cm liegt die Ziehgeschwindigkeit bei 2 cm/s bzw. 1.20 m/min [8].

Das vertikale Bänderziehen weist – neben geringeren Ziehgeschwindigkeiten – gegenüber dem horizontalen Bänderziehen einen weiteren Nachteil auf: der Temperaturgradient an der Phasengrenze beträgt im o.g. Beispiel 1600 Kcm^{-1} und sinkt auf 0 für den Bereich des Bandes, der sich auf Raumtemperatur abgekühlt hat. Diese unvermeidbare starke Veränderung des Temperaturgradienten verursacht starke Spannungen im Material, die so groß sein können, daß das Band reißt. Denkt man sich das Kristallband während des Ziehprozesses aus parallelen vertikalen Streifen zusammengesetzt, so besitzt ein sich rasch ändernder Temperaturgradient eine ungleichmäßige Verringerung der Breite dieser Streifen entsprechend ihrer thermischen Ausdehnung (Abb. 3.31a); ein konstanter Temperaturgradient würde eine gleichmäßige Verjüngung bewirken (Abb. 3.31b; [22]). Während letztere ohne Verspannungen zusammengefügt werden können, ist dies bei ersteren nicht möglich: jeder Streifen müßte (vom zentralen Streifen im Inneren abgesehen) außen gestaucht und innen gedehnt werden. Bei vollständig elastischem Verhalten des Materials würden die resultierenden Spannungen zu einer Verformung des Bandes (z.B. Torsion, Wellung) führen. Silizium bei hohen Temperaturen verhält sich nicht vollständig elastisch; die resultierenden Spannungen werden daher teilweise intern in Form von Gitterfehlern abgefangen. Eine Verbesserung der Verhältnisse läßt sich durch Nachheizen erreichen, d.h. durch Herstellung eines Temperaturfeldes mit einem über weite Bereiche konstanten Temperaturgradienten. Einen ähnlichen Effekt bewirkt auch das gruppenweise Ziehen von Bändern. Thermisch induzierte Spannungen spielen dagegen beim horizontalen Bänderziehen wegen des viel geringeren Temperaturgradienten (und der dadurch drastisch reduzierten vertikalen Kristallisationsrate) eine geringere Rolle.

Bei der Herleitung von (3.22) und (3.23) ist von einem vernachlässigbaren Temperaturgradienten in der Schmelze ausgegangen worden. In der Realität muß jedoch auch in der Schmelze ein Temperaturgradient existieren. Denn nicht nur Keimwachstum, sondern auch stabiles Kristallwachstum erfordern eine gewisse Unterkühlung der Schmelze, weil sie nicht exakt bei der Temperatur des Phasenübergangs ablaufen. Gemäß (3.11a) verringert dies die Kristallisations- bzw. Ziehgeschwindigkeit. Beim vertikalen Bänderziehen, wo sich ein Temperaturgradient von 100 Kcm^{-1} in der Schmelze als vorteilhaft für eine stabile Phasengrenze und damit für ein stabiles Wachstum erweist, wird v_K lediglich um knapp 10% reduziert (grad T_K > gradT_S). Beim horizontalen Bänderziehen würde ein Temperaturgradient von 100 Kcm^{-1} in der Schmelze gerade dem Temperaturgradienten in der keilförmigen Erstarrungsfront entsprechen und damit die Kristallisation zum Erliegen bringen (praktisch tritt dieser Fall bereits bei 33 Kcm^{-1} ein). Daher muß in diesem Fall der Temperaturgradient in der Schmelze beträchtlich kleiner oder die Wärmeableitung aus der Erstarrungsfront effektiver sein.

Bei der Wahl des Temperaturgradienten in der Schmelze ist das Problem der sog. konstitutionellen Unterkühlung zu berücksichtigen: Wenn eine Schmelze kristallisiert, reichern sich Verunreinigungen vor der Wachstumsfront an (Segregation, vgl. Abschn. 3.1.4). Diese Verunreinigungen bewirken eine Erniedrigung der Erstarrungstemperatur. Wenn diese linear mit der Konzentration der Verunreinigung abnimmt, ergibt sich für den Verlauf der Erstarrungstemperatur $T_E(z)$ (z Abstand von der Phasengrenze) eine Kurve, wie sie schematisch in Abb. 3.32 dargestellt ist. Verläuft das aktuelle Temperaturprofil in der Schmelze so, wie es in Abb. 3.32 durch T(I) angenommen worden ist, so liegt die Temperatur der Schmelze außer bei $z = 0$ (Phasengrenze) stets oberhalb der Erstarrungstemperatur, und man erhält eine stabile Wachstumsfront. Ist der Temperaturverlauf in der Schmelze jedoch so, wie durch T(II) in Abb. 3.32 angedeutet, so liegt die Temperatur der Schmelze zunächst unter der Erstarrungstemperatur (sog. konstitutionelle Unterkühlung). Dies führt zur Destabilisierung einer zunächst

144   3. Solarzellen auf Silizium-Basis

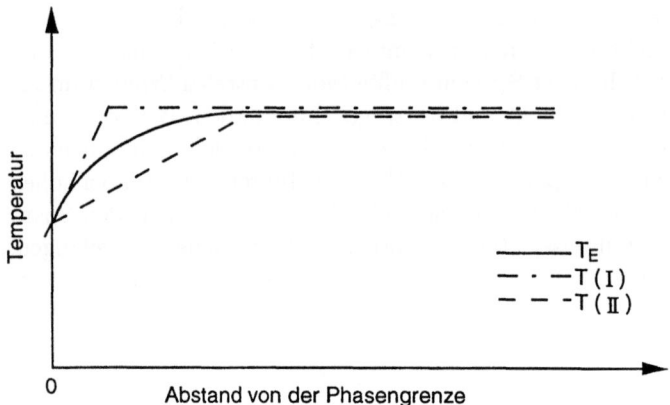

Abb. 3.32. Temperaturverlauf für Erstarrungstemperatur T_E und zwei angenommene aktuelle Temperaturprofile I und II in der Schmelze als Funktion des Abstandes z von der Phasengrenze

glatten Wachstumsfront: jede kleine, durch eine zufällige Störung entstandene vorspringende Kante reicht in ein Gebiet stärkerer Unterkühlung und wächst dort schneller als seine Umgebung. Es erfolgt ein Übergang von glattem zu zellularem Wachstum, so daß polykristallines Material entsteht. Bei größerer konstitutioneller Unterkühlung kommt es auch zu dendritischem Wachstum, bei dem baumartige, verästelte Strukturen entstehen. Verunreinigungen werden nicht mehr homogen im Kristall eingebaut, sondern lagern sich bevorzugt in Bereichen zwischen diesen unregelmäßig wachsenden Strukturen an.

Für vertikales Bänderziehen gilt nun: Geringere Temperaturgradienten in der Schmelze ermöglichen zwar höhere Wachstumsgeschwindigkeiten, können aber zu Instabilitäten in der Wachstumsfront führen; hohe Temperaturgradienten stabilisieren die Wachstumsfront, verringern jedoch die Ziehgeschwindigkeit. Hohe Ziehgeschwindigkeiten verringern ferner den Segregationseffekt, d.h. Verunreinigungen können leichter in den Kristall eingebaut werden.

Aufgrund der geringen vertikalen Wachstumsrate ist der Segregationseffekt beim horizontalen Bänderziehen kleiner, so daß auch die Gefahr der konstitutionellen Unterkühlung geringer ist. Dies in Verbindung mit wesentlich geringeren thermisch induzierten Spannungen läßt das horizontale Bänderziehen als geeigneteren Kandidaten für die Herstellung von Solarzellen erscheinen. Das kritische Problem hierbei ist jedoch die Stabilität der äußersten Kante der keilförmigen Erstarrungsfront: hier besteht – insbesondere bei hohen Ziehgeschwindigkeiten – die Gefahr, daß sich an dem in Kontakt zur unterkühlten Schmelze befindlichen Keilende vorstehende Keime ausbilden, die zu unregelmäßigem bzw. dendritischem Wachstum führen können. Die Erzielung einer homogenen Schichtdicke in den Bändern ist daher auch ein Problem beim horizontalen Bänderziehen.

3.3 Schottky-, MIS und SIS-Solarzellen

Als Schottky-Solarzelle bezeichnet man einen belichteten gleichrichtenden Metall-Halbleiter-Kontakt. Wegen der üblicherweise hohen Absorption von Metallen müssen möglichst dünne Front-Metallschichten verwendet werden. Die Grundzüge zum Verhalten von Metall-Halbleiter-Kontakten sind in Kap. 2 dargestellt. Schottky-Solarzellen besitzten gegenüber Strukturen, die aus abrupten n^+p-Übergängen bestehen, einige Nachteile: der Sperr-Sättigungsstrom ist in der Regel größer (vgl. die Definition zu (2.111) und (2.114)), der Flächenwiderstand und die Morphologie der Metallfilme verändern sich nachteilig, wenn man sie so dünn präpariert, daß die Lichtverluste denen in Heterostrukturen ähneln. Diese Nachteile wirken sich jeweils auf die ereichbare Leerlaufspannung und den Kurzschlußstrom aus. Weiterhin wurde beobachtet, daß sich die Barrierenhöhe bei Kontaktbildung, die aus Überlegungen zur Austrittsarbeit und Elektronenaffinität erwartet wird (vgl. 2.33)

$$e\Phi_{bh} = \Phi_M - \chi \qquad (3.24)$$

nicht gemäß $d\Phi_{bh}/d\Phi_M = 1$ verhält, sondern Werte zwischen 0.1 und 0.7 annimmt. Zur Erklärung dieses Verhaltens existieren verschiedene Modellvorstellungen. Nach dem in Abschn. 2.7 diskutierten Konzept wird die Barrierenhöhe durch das sog. Neutralitätsniveau des Halbleiters und nicht mehr durch die Austrittsarbeitsunterschiede zwischen Metall und Halbleiter bestimmt. Dadurch kann die Barrierenhöhe wesentlich niedriger sein als aufgrund von (3.24) zu erwarten wäre. Dies reduziert ebenfalls die Leerlaufspannung, da sich der Zusammenhang zwischen Barrierenhöhe und Leerlaufspannung nach Umformung zu

$$V_L \approx \Phi_{bh} + \frac{kT}{e} ln\left(\frac{j_L}{A^*T^2}\right) \qquad (3.25)$$

ergibt (vgl. Definition zu (2.111) sowie (2.118)).

Experimentell gefundene zu niedrige Leerlaufspannungen sind daher ein grundlegender Mangel aller Schottky-Solarzellen. Die Ergebnisse lassen sich wesentlich verbessern, wenn zwischen Metall und Halbleiter ein dünner isolierender Film eingebracht wird. Derartige Systeme werden als MIS- (*M*etal *I*nsulator *S*emiconductor) bzw. MOS- (*M*etal *O*xide *S*emiconductor) Strukturen bezeichnet. Das Einbringen einer Oxidschicht, die von den Minoritätsladungsträgern durchtunnelt werden kann, hat mehrere Vorteile. Üblicherweise werden durch die Oxidation elektronische Zustände (Oberflächen-, Grenzflächenzustände) energetisch aus dem Bereich der Energielücke entfernt. Dies reduziert die Oberflächenrekombinationsgeschwindigkeit und bewirkt eine Erhöhung der erzielbaren Leerlaufspannung V_L, die sich ebenfalls durch die zusätzlich vorhandene Aktivierungsbarriere für den Dunkelstrom erhöht. Die Ausbildung der Kontaktpotentialdifferenz kann mehr nach den oben angeführten idealisierten Vorstellungen erfolgen, da die Metall-induzierten Bandlückenzustände wegen ihrer räumlichen Entfernung vom Halbleiter kaum noch wirksam werden. Die Barrierenhöhe kann

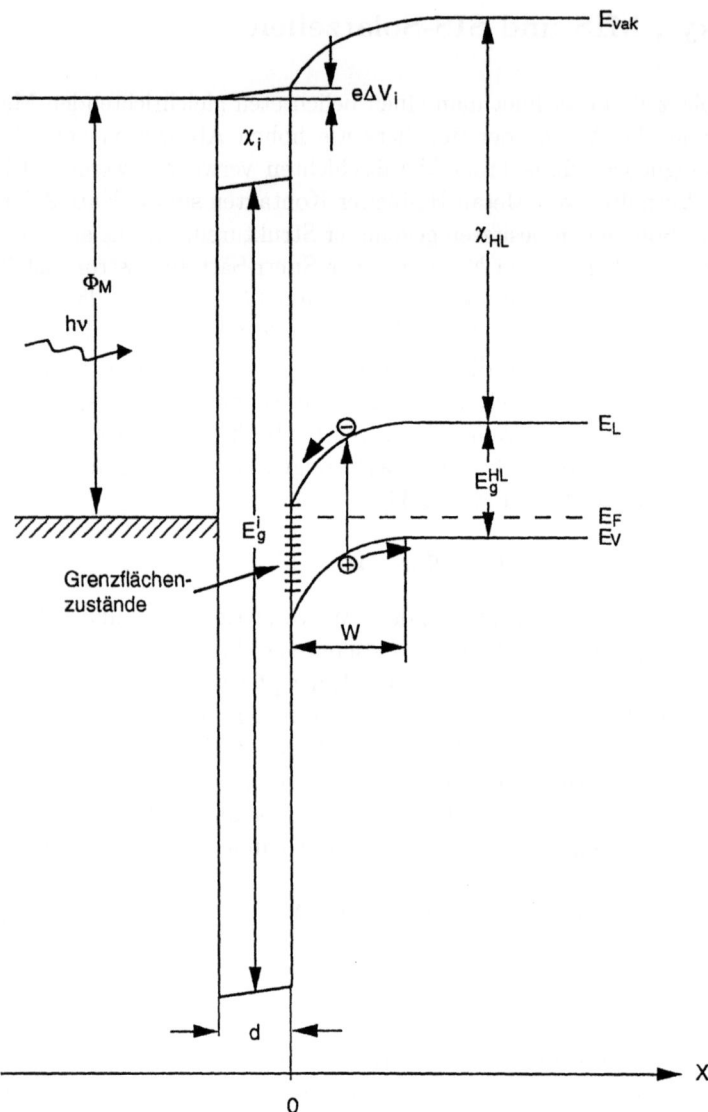

Abb. 3.33. Schematisches Energiebanddiagramm einer MIS-Solarzelle mit einem p-Halbleiter. Die angedeuteten Grenzflächenzustände können durch die dünne Isolatorschicht erheblich reduziert werden

ferner durch in der Isolierschicht fixierte Ladungen beeinflußt werden. Abbildung 3.33 zeigt schematisch das Banddiagramm einer Al-SiO$_2$/p-Si-Solarzelle. Dabei liegen folgende Werte zugrunde: $\Phi_M = 4.1$ eV, Bandlücke des Oxids $E_g^i = 9$ eV, $e\chi_i = 0.9$ eV, $E_g^{HL} = 1.12$ eV $e\chi_{HL} = 4.05$ eV, $e\Delta V_i = 0.1$ eV [23], [24] (ΔV_i Potentialabfall in der Isolierschicht).

Die Oxidschicht ist aufgrund ihrer großen Energielücke für Licht transparent. Die Wirkungsweise einer MIS-Struktur ist aus Abb. 3.33 ersichtlich: Lichtinduzierte Minoritätsladungsträger (Elektronen) diffundieren in die Raumladungszone, werden dort beschleunigt, tunneln durch die Oxidschicht und werden im Metallkontakt gesammelt. In der theoretischen Beschreibung der Struktur lassen sich zwei Grenzfälle unterscheiden: eine Oxidschichtdicke $d > 50\text{Å}$ führt aufgrund vernachlässigbarer Tunnelströme zur konventionellen MIS-(Kapazitäts)-Diode, $d < 10\text{Å}$ ergibt im wesentlichen das Verhalten der Schottky-Diode (vgl. Abschn. 2.5). Für $10\text{Å} \leq d \leq 50\text{Å}$ ist eine von beiden Grenzfällen abweichende Behandlung des Problems erforderlich: mit abnehmender Isolatordicke d wird aufgrund des anwachsenden Tunnelstroms ($\propto \exp(-d\sqrt{\Phi})$, Φ effektive Potentialbarriere für den Tunnelprozeß) zunehmend das Gleichgewicht der MIS-Kapazitätsdiode gestört. Andererseits bedeutet eine Zunahme von d eine Verringerung des quantenmechanischen Tunnelstroms und somit ein Abweichen vom idealen Schottky-Verhalten. Gleichzeitig wird die Tunnelwahrscheinlichkeit von der in der isolierenden Schicht abfallenden Spannung ΔV beeinflußt. Abbildung 3.34 zeigt berechnete Werte von Kurzschlußstrom, Leerlaufspannung, Füllfaktor und Wirkungsgrad einer Al/SiO_2/p-Si-Struktur ($N_A = 8 \cdot 10^{17}\text{cm}^{-3}$) in Abhängigkeit von der Oxidschichtdicke d. Die der Berechnung zugrunde liegenden numerischen Methoden ergeben selbstkonsistente Lösungen, die sowohl die den Tunnelprozeß als auch die den Ladungsträgertransport im Halbleiter (vgl. Gärtner Modell, Abschn. 2.5.3) beschreibenden Gleichungen erfüllen. Oberflächenzustände und -rekombination sowie im Isolator fixierte positive Ladungen sind ebenfalls berücksichtigt, wobei die entsprechenden Zahlenwerte aus experimentellen Ergebnissen stammen [24] [25]. Die Berechnungen zeigen:

i) der Kurzschlußstrom ist bis zu einer Oxiddicke $d \leq 18\text{Å}$ konstant und fällt danach rasch ab;

ii) die Leerlaufspannung fällt im gesamten untersuchten Bereich nur leicht linear ab;

iii) Füllfaktor und Wirkungsgrad sind offenbar optimal für $d \leq 15\text{Å}$.

Diese Ergebnisse sind konsistent mit experimentellen Befunden, die generell ein Absinken des Kurzschlußstromes für $d \geq 20\text{Å}$ zeigen.
Die Bandverbiegung in einer MIS-Struktur (Abb. 3.33) wird im Idealfall im wesentlichen durch die Austrittsarbeit des Metalls festgelegt. Da das Metall zugleich den Frontkontakt bildet, darf es – um hinreichend transparent zu sein – nicht viel dicker als ca. 50Å sein. Solche Metallfilme sind mechanisch sehr empfindlich, unterliegen Oxidation, sind homogen schwer herzustellen und weisen einen hohen Flächenwiderstand auf. Die Bandverbiegung im photoaktiven Halbleiter läßt sich alternativ auch dadurch erreichen, daß auf die Tunnelbarriere ein (dickerer) Isolator aufgebracht wird, der ortsfest fixierte positive Ladungen geeigneter Dichte aufweist (z.B. Siliziumnitrid, das durch Plasmaabscheidung hergestellt wird, s.u.). Im Gegensatz zu Schottky- bzw. MIS-Strukturen wird in diesem Fall die Bandverbiegung (Inversion) nicht durch Ladungsaustausch zwischen Metall und Halbleiter, sondern durch das von den positiven Ladun-

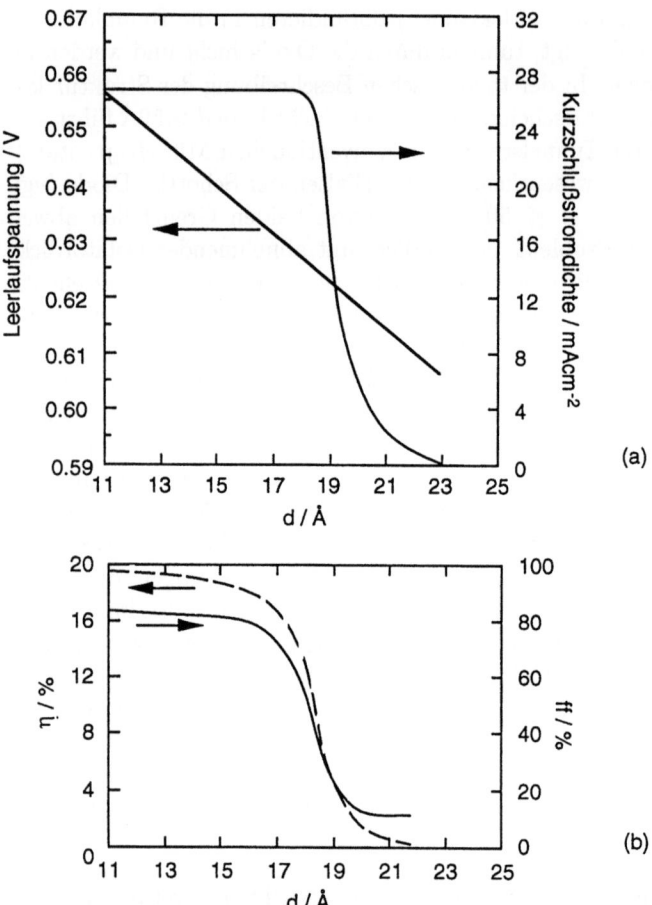

Abb. 3.34a,b. Berechnete Kurzschlußstromdichte j_K und Leerlaufspannung V_L (a) sowie Füllfaktor ff und Wirkungsgrad η (b) einer MIS-Struktur gemäß Abb. 3.28 in Abhängigkeit von der Isolatordichte d

gen ausgehende elektrische Feld induziert („Inversionsschicht-Solarzelle"). Wie bei konventionellen Solarzellen werden die lichterzeugten Ladungsträger dann durch regelmäßig auf der Oberfläche aufgebrachte Metallfinger gesammelt. Abbildung 3.35 zeigt schematisch den Querschnitt durch eine derartige Struktur. Die energetischen Verhältnisse entsprechen weitgehend denen der Abb. 3.33: im Bereich Metallfinger/Tunneloxid/Halbleiter tunneln die lichterzeugten Minoritätsladungsträger vom Halbleiter zum Metall, im Bereich zwischen den Metallfingern (gleiche Bandverbiegung) bewegen sie sich parallel zur Oberfläche in der Potentialmulde zwischen Halbleiteroberfläche und dünnem Isolator. Aufgrund der Inversion ist die Leitfähigkeit in diesem Bereich hoch, und eine Rekombination zwischen Elektronen und Löchern über Oberflächenzustände wird vermieden, wenn diese durch das dünne Oxid wirksam passiviert werden.

3.3 Schottky-, MIS und SIS-Solarzellen

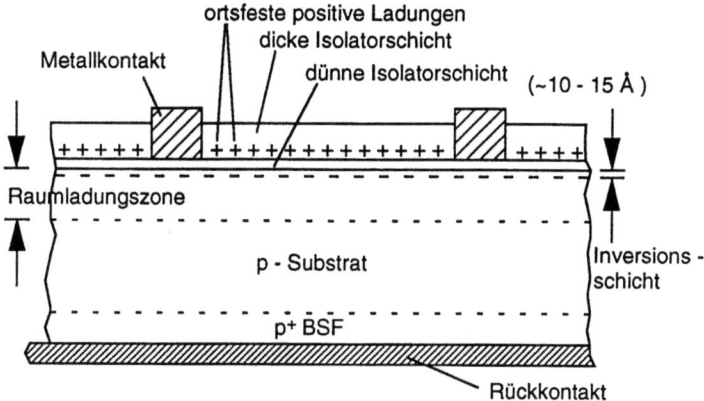

Abb. 3.35. Schematischer Querschnitt durch eine Inversionsschicht-Solarzelle

MIS-Strukturen sind hauptsächlich mit Silizium als Halbleitermaterial untersucht worden, daneben auch mit GaAs, InP, a-Si:H und CdTe. Die entsprechenden Wirkungsgrade lagen bei 13.1% (Silizium), 17.1% (GaAs) [26], 14.5% (InP [27]), 5% (a-Si:H [28]) und 8.6% (CdTe [29]). Nach zahlreichen Arbeiten über MIS-Strukturen in der Zeit zwischen Mitte der 70er und Anfang der 80er Jahre hat das Interesse an diesen Strukturen offensichtlich spürbar nachgelassen. Möglicherweise liegt der Grund hierfür in den genannten prinzipiellen Nachteilen, die mit der Verwendung dünner transparenter Metall-Frontkontakte zusammenhängen. Demgegenüber wird die Inversionsschicht-Solarzelle auf Siliziumbasis gegenwärtig bereits serienmäßig hergestellt und erreicht einen Wirkungsgrad von 15.1% (einkristallines Silizium) bzw. 13.1% (polykristallines Silizium [30]). Abbildung 3.36 (nach [30]) zeigt Strom-Spannungscharakteristiken dieser etwa $10 \cdot 10\,\text{cm}^2$ großen Zellen. Die dünne Isolatorschicht (vgl. Abb. 3.35) besteht hier aus Siliziumoxid, das sich in trockener N_2/O_2-Atmosphäre während einer fünfzehnminütigen Wärmebehandlung bei 500°C auf der zuvor geätzten und gereinigten Oberfläche bildet. Danach werden die Kontaktgitter mittels Elektronenstrahlverdampfung durch eine Aufdampfmaske aufgebracht. Die ca. 80 nm dicke Isolatorschicht besteht aus Siliziumnitrid (Si_3N_4), das in einer Plasmadepositionsanlage aus einer Atmosphäre aus Silan und Ammoniak ($SiH_4 : NH_3 = 1 : 7$) abgeschieden wird. Diese Schicht dient gleichzeitig als Antireflexschicht; ihre Absorption beginnt wegen der großen Bandlücke von ca. 5 eV erst im Wellenlängenbereich unterhalb 250 nm. Vor Aufbringen dieser Schicht werden die Siliziumscheiben in alkoholische Cäsiumlösungen getaucht, wodurch die Oberfläche mit zusätzlichen positiven Ladungen zur Erzeugung der Inversionsschicht versehen wird. Der Rückkontakt entspricht dem der klassischen Si-Solarzelle mit Back-Surface-Field [31]. In einer Weiterentwicklung erhält die Rückseite lediglich ein grobes Gitter ohmscher Kontaktstreifen, die Oberflächenbereiche dazwischen werden mit einer Siliziumnitridschicht passiviert. Mit dieser Anordnung erhält man eine beidseitig lichtempfindliche Solarzelle („bifacial cell"), die bei geschickter Ausnutzung der Umgebungsalbedo (z.B. Reflexion an einer weißen Wand)

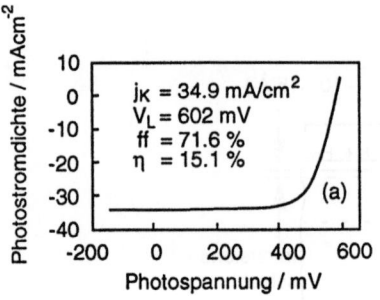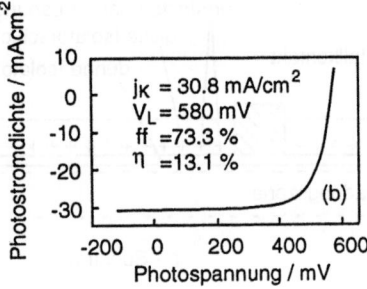

Abb. 3.36a,b Leistungsdaten und Strom-Spannungs-Charakteristiken der NUKEM-Inversionssolarzelle; **(a)** einkristallines, **(b)** polykristallines p-Silizium

einen vergrößerten Wirkungsgrad aufweist. Diese Strukturen können ohne nennenswerte Leistungseinbußen bis zu einer Si-Substratdicke von unter 100 μm hergestellt werden, das eine deutliche Verringerung des Materialeinsatzes bedeutet. Entscheidend hierfür ist eine möglichst wirksame Unterdrückung von Oberflächenrekombinationsprozessen [32], [33].

Anstelle des transparenten Metallfilms in einer MIS-Struktur kann ein sehr hoch dotierter, entarteter Halbleiter großer Bandlücke die Funktion des Metalls übernehmen (SIS-Solarzelle, *S*emiconductor *I*nsulator *S*emiconductor). Hierfür eignen sich Metalloxide wie SnO_2, In_2O_3 oder Mischungen von beiden, die als Indium-Zinn-Oxide (ITO, *I*ndium *T*in *O*xide) bezeichnet werden. Sie besitzen – abhängig vom Herstellungsverfahren – Bandlücken um 3 eV und Elektronendichten von 10^{21}cm^{-3} (entspricht etwa $2 \cdot 10^{-4}\Omega$ cm). Wegen der großen Bandlücke sind diese Materialien im sichtbaren Wellenlängenbereich transparent und dürfen daher höhere Schichtdicken aufweisen als die Metallfilme in MIS-Strukturen, wodurch sich der Flächenwiderstand des Frontkontaktes erheblich verringern läßt. Aufgrund ihres Brechungsindexes können ITO-Filme zugleich als Antireflexschicht dienen; aufgrund ihrer glasartigen Beschaffenheit stellt eine ITO-Deckschicht ferner eine witterungsfeste Versiegelung der Solarzelle dar. Abbildung 3.37 zeigt schematisch das Banddiagramm einer ITO/SiO_2/p-Si-Solarzelle (die Bezeichnungen und Zahlenwerte für die Isolator- und Halbleiterseite entsprechen denen in Abb. 3.33; ferner gilt $E_g^{ITO} = 3.6$ eV, für $e\Phi_{bh}$ wird 3.3 eV angegeben, so daß mit einem wie in Abb. 3.33 angenommenen $\chi_i = 0.9$ eV für $\chi_{ITO} = 4.2$ eV folgt). Der höchste berichtete Wirkungsgrad für SIS-Solarzellen mit einkristallinem p-Silizium liegt bei 16.5% [26], für polykristallines n-Si, bei dem der ITO-Film mittels Spray-Pyrolyse aufgebracht wurde, um 14% [34]. Mit GaAs sind keine interessanten Ergebnisse berichtet worden, von einer ITO-InP-Konfiguration mit 14.4% wird angenommen, daß sie zwischen ITO und InP eine Zwischenschicht aufweist und daher als SIS-Struktur betrachtet werden muß [26]. Die theoretische Beschreibung von SIS-Strukturen folgt im wesentlichen der von MIS-Strukturen, wobei zusätzliche Grenzflächenzustände in der Isolator/ITO-Grenzschicht zu berücksichtigen sind. Trotz der z.T. beachtlichen Erfolge mit SIS-Strukturen auf Si-Basis [34] haben die Aktivitäten in jüngster Zeit zu diesem Thema offenbar abgenommen.

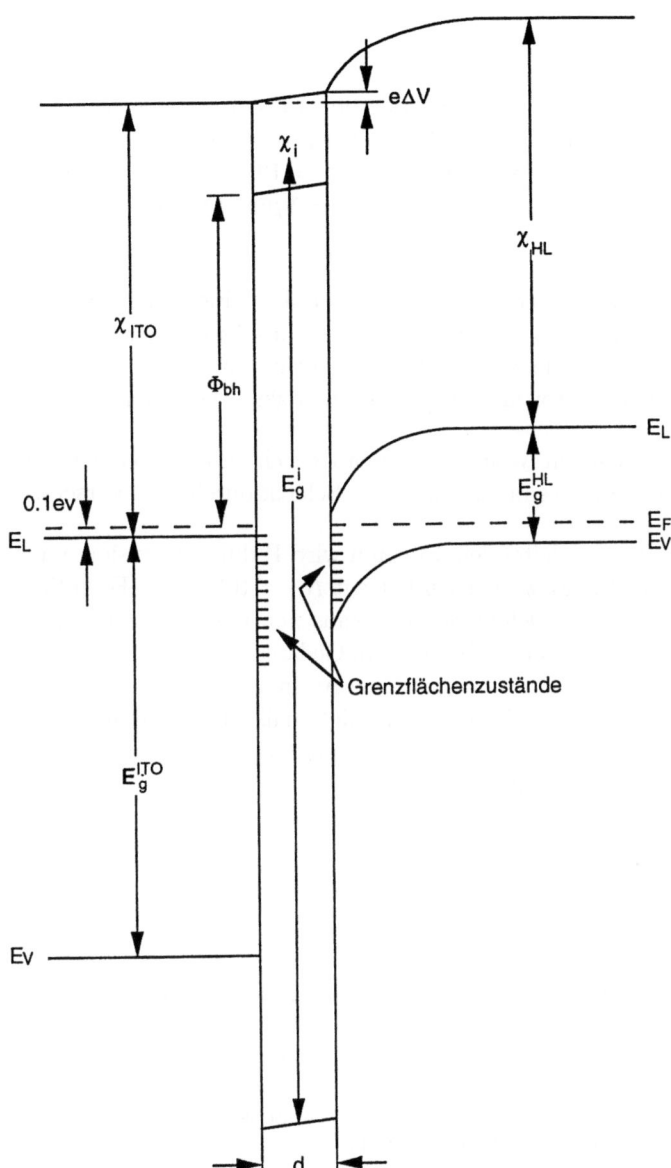

Abb. 3.37. Schematisches Energiebanddiagramm einer SIS-Solarzelle mit einem p-Halbleiter

3.4 Probleme

1. Für eine klassische Si-Solarzelle gemäß Abb. 3.1 soll aus den folgenden charakteristischen Größen (j_S, L_e, W, ff) der Wirkungsgrad bei monochromatischer Belichtung ($\alpha = 10^2\,\text{cm}^{-1}$, $I_0 = 10^{17}\,\text{cm}^{-2}\text{s}^{-1}$) bestimmt werden; $j_S = 10^{-10}\,\text{Acm}^{-2}$, $L_e = 100\,\mu\text{m}$, $W = 1\,\mu\text{m}$, $ff = 0.7$, Fläche = 1 cm².

2. In einer Si-Solarzelle, bei der der photoaktive Teil aus Float-Zone-Silizium mit $N_A = 2 \cdot 10^{14}\,\text{cm}^{-3}$ besteht, soll ein back surface field erzeugt werden, so daß die Barriere für die Minoritätsladungsträger größer als 5 kT (300 K) ist. Um welchen Faktor muß die Dotierung dazu erhöht werden?

3. Welche charakteristischen Änderungen ergäben sich für eine Solarzelle mit kristallinem p-Silizium, wenn man die n$^+$-Si-Schicht durch n-CdS ersetzte?

4. Zur Herstellung von n$^+$-leitendem Silizium wird P durch Diffusion eingebracht. Die Dotierstoffkonzentration beträgt $N_D = 10^{19}\,\text{cm}^{-3}$. Fe in Si ist eine tiefe Störstelle mit Defektenergieniveaus von 0.55 eV und 0.72 eV oberhalb der Valenzbandkante. In unserem Gedankenexperiment wird angenommen, daß sich zu Prozeßbeginn eine Atomlage Eisen an der Oberfläche befindet (950°C). Abbildung 3.7 zeigt, daß nach 60 min in einer Tiefe von 1.2 μm $N_D = 10^{18}\,\text{cm}^{-3}$ ist. Wie groß ist die Fe-Konzentration nach dieser Zeit an dieser Stelle?

Literatur

[1] W.R. Runyan: *Silicon Semiconductor Technology* McGraw Hill, New York (1965)

[2] K.Th. Wilke, J. Bohm: *Kristallzüchtung* VEB Deutscher Verlag der Wissenschaften (1988)

[3] S.M. Sze: *Semiconductor Devices* John Wiley & Sons (1985)

[4] J.C.C. Tsai: Proc. IEEE 57 (1969) p. 1499

[5] R.A. Arndt, J.F. Allison, J.G. Haynos, A. Meulenberg, Jr.: Proc. 11th IEEE Photovoltaic Specialist Conf. (1975) p. 40

[6] R.R. King, R.A. Sinton, R.M.Swanson: Proc. 20th IEEE Photovoltaic Specialist Conf. (1988), p. 538

[7] H.Herzer: Proc. 10th E.C. Photovoltaic Energy Conf. (1991) p. 501

[8] Statusreport 1990 Photovoltaik, herausgegeben vom Bundesminister für Forschung und Technologie

[9] D. Helmreich, R.M.Knobel, W. Ermer: Proc. 20th IEEE Photovoltaic Specialist Conf. (1988) p. 1390

[10] T.F. Ciszek: Proc. 15th IEEE Photovoltaic Specialist Conf., San Diego (IEEE New York, 1982), p. 316

[11] R. Falckenberg, J.G. Grabmaier, K.H. Eisenrith, B. Freienstein, A. Lerchenberger: Proc. 21st IEEE Photovoltaic Specialist Conf. (1990) p. 695
[12] F.C. Cammerer, R. Falckenberg, J.G. Grabmaier, K.A. Münzer: Proc. 20th IEEE Photovoltaic Specialist Conf. (1988) p. 1409
[13] Statusreport 1993 Photovoltaik, herausgegeben vom Bundesminister für Forschung und Technologie
[14] Y. Maeda, T. Yokoyama, I. Hide, T. Matsuyama, K. Sawaya: Proc. 17th IEEE Photovoltaic Specialist Conf. (1984), p. 1112
[15] M. Suzuki, I. Hide, T. Matsuyama, H. Yamashita, T. Suzuki, T. Moritani, Y. Maeda: Proc. 21st IEEE Photovoltaic Specialist Conf., Kissimee (IEEE New York, 1990), p. 700
[16] H.J. Hovel : Semiconductors and Semimetals, Vol. II, Solar Cells, Academic Press, N.Y. (1975)
[17] R.J. Overstraaten, R.P. Mertens: *Physics, Technology and Use of Photovoltaics* Adam Hilger Ltd., Bristol (1986)
[18] S.J. Pearton, J.W. Corbett, T.S. Shi: J. Appl. Phys. *A43*, 153 (1987)
[19] T.H. DiStefano, J.J. Cuomo: Appl. Phys. Lett. *30*, 335 (1977)
[20] T.F. Ciszek: J. Appl. Phys. *47*, 440 (1976)
[21] J.A. Zontendyk: J. Appl. Phys. *49*, 3927 (1978)
[22] B. Chalmers: J. Cryst. Growth *5*, 99 (1969)
[23] S.M. Sze: *Physics of semiconductor devices* John Wiley & Sons, New York (1981)
[24] M.A. Green, F.D. King, J. Shewchun: Solid-State Electron. *17*, 551 (1974)
[25] J. Shewchun, R. Singh, M.A. Green: J. Appl. Phys. *48*, 765 (1977)
[26] J. Shewchun, D. Burk, M. Spitzer: IEEE Trans. Electron. Devices, Vol. ED-27, 705 (1980)
[27] K. Kamimura, T. Suzuki, A. Kunioka: Appl. Phys. Lett. *38*, 259 (1981)
[28] J. Meier, G. Kragler, G. Willeke, E. Bucher: Proc. 10th E.C. Photovoltaic Solar Energy Conf. (1991) p. 192
[29] G. Fulop, M. Doty, P. Meyers, J. Betz, C.H. Liu: Appl. Phys. Lett. *40* (4), 327 (1982)
[30] NUKEM GmbH, Geschäftsbereich Solartechnik, D-63755 Alzenau (Produktprospekt)
[31] R. Hezel, R. Schörner: J. Appl. Phys. *52*, 3076 (1981); R. Hezel: Proc. 16th IEEE Photovoltaic Specialist Conf. (1982) p. 1237
[32] K. Jaeger, R. Hezel: Proc. 19 IEEE Photovoltaic Specialist Conf. (1987) p. 388
[33] R. Hezel, Bericht Nr. 15 im „Statusreport 1990 Photovoltaik", herausgegeben vom Bundesminister für Forschung und Technologie (1990)
[34] E. Soursos, J. Shewchun, G. Schwartz, V. Plichota, I. Lehto: Proc. 16th IEEE Photovoltaic Specialist Conf. (1982) p. 1243

4. Dünnschichtsolarzellen

4.1 Einleitung

Bei der Suche nach Alternativen zu Solarzellen aus kristallinem Silizium wurde bereits frühzeitig eine Reihe von höher absorbierenden Halbleitern auf ihre Eignung als Solarzellenmaterial hin untersucht. Dabei stand zunächst der Einsatz in der Raumfahrt im Vordergrund. Bedingt durch die große Vielfalt an Materialien sind diese Forschungen und Entwicklungen durch eine Heterogenität gekennzeichnet, die sich auch in diesem Kapitel widerspiegelt. Bereits in den 60er Jahren existierten einerseits funktionierende Systeme (z.B. CdTe, Cu_xS/CdS), andererseits wurden die Voraussetzungen für die Entwicklung neuartiger Dünnschichtsolarzellen (z.B. amorphes Silizium, GaAs) gelegt (Glimmentladung, Entwicklung der UHV-Technik). Auf diesem Gebiet haben die Ölkrisen zu einer deutlichen Intensivierung der Entwicklungsarbeiten geführt. Aus diesen Bemühungen resultieren mehrere in den 80er Jahren vorgestellte effiziente Systeme, die in den Abschnitten 4.3–4.7 behandelt werden. Ihnen ist gemeinsam, daß sie bereits industriell hergestellt werden. Trotz der z.T. sehr großen Unterschiede zwischen den Materialien und Systemen läßt sich ihre Entwicklung offenbar auf einer Abwägung von Herstellbarkeit, Verfügbarkeit der Ausgangsmaterialien, Ungiftigkeit und Wirkungsgrad zurückführen.

Für die Herstellung von Dünnschichtsolarzellen existieren zahlreiche Verfahren. Zu diesen gehören die hier beschriebenen Methoden wie thermische Verdampfung, Elektrodeposition, Abscheidung aus einer Glimmentladung, Präparation durch Festkörperreaktion, Siebdruck, Molekularstrahlepitaxie, chemische Abscheidung aus der Gasphase etc.. CdTe läßt sich mit vielen Verfahren präparieren. Es wird daher an den Anfang gestellt. Daran schließt sich die Behandlung ternärer Chalkopyrite auf I-II-VI_2-Materialbasis an. In Abschnitt 4.5 werden Systeme mit epitaktischen GaAs-Schichten beschrieben. Als letztes werden Solarzellen mit amorphem Silizium, einem Material, das in diesem Rahmen eine Sonderstellung einnimmt, behandelt.

4.2 Stöchiometrie und elektronische Eigenschaften in Verbindungshalbleitern

Betrachtet man die Entwicklung von Verbindungshalbleitern für elektronische Anwendungen, so stellt sich die Frage, weshalb bestimmte Materialkombina-

156   4. Dünnschichtsolarzellen

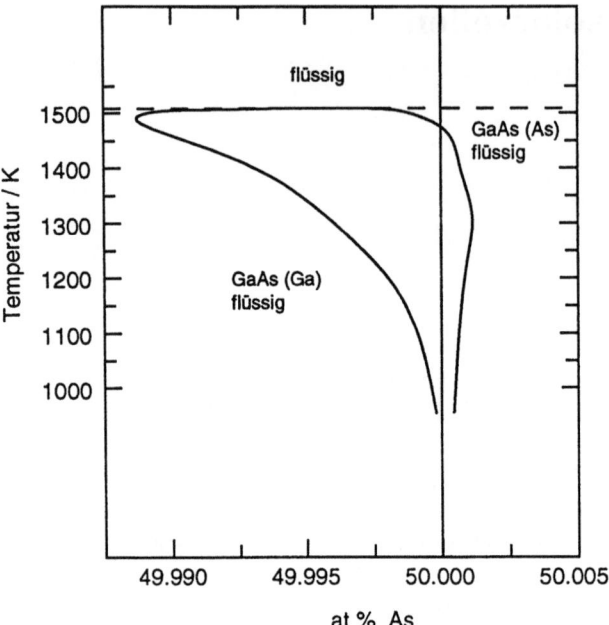

Abb. 4.1. Berechnetes Phasendiagramm für GaAs

tionen offenbar leichter und gezielter optimiert werden können als andere. Die dieser Frage zugrundeliegende Problematik hat große Bedeutung für die Entwicklungsaussichten neuartiger Materialkombinationen, wie sie in Kap. 7 beschrieben werden. Einen wichtigen Hinweis liefert die Betrachtung des Phasendiagramms in der Nähe der Raumtemperatur. Abbildung 4.1 zeigt ein solches Phasendiagramm, berechnet für GaAs. Dabei interessiert die Größe des sog. Homogenitätsbereiches. Sie gibt an, wieviele Stöchiometrieabweichungen (s. Abschn. CIS) in dem Material toleriert werden, ohne daß sich Fremdphasen bilden. Extrapoliert man die geschlossene Kurve in Abb. 4.1 zu niedrigeren Temperaturen, so liegt die zulässige Stöchiometrievariation im Bereich von etwa 10^{-5} at%. Die dadurch entstandene Defektdichte liegt im Bereich von einigen 10^{15} cm^{-3}. Ein Beispiel eines resultierenden Defektes ist das bekannte EL2-Zentrum in GaAs, das mit dem Einbau von As auf Galliumplätzen (antisite) zusammenhängt. Das Niveau liegt im Bereich von 0.8 eV oberhalb der Valenzbandkante und stellt somit eine tiefe Störstelle dar. Dennoch läßt sich das Material wegen der vergleichsweise geringen Defektdichte (im ppb-Bereich) gezielt durch Einbringen von Fremdatomen (z.B. Zn, Cd für p-Leitung) dotieren. Das Material ist demzufolge technologisch gut handhabbar und zählt zu den avancierteren Halbleitern.

Eine andere Situation stellt sich dar, wenn man z.B. CuInS$_2$ entlang des binären Schnittes Cu$_2$S-In$_2$S$_3$ betrachtet (Abb. 4.2, vgl. Abb. 4.22 Abschn. 4.4.6). In diesem Fall ergibt die Extrapolation auf Raumtemperatur eine Phasenbreite des Homogenitätsbereiches in dieser Richtung von 2 at% (man beachte den unter-

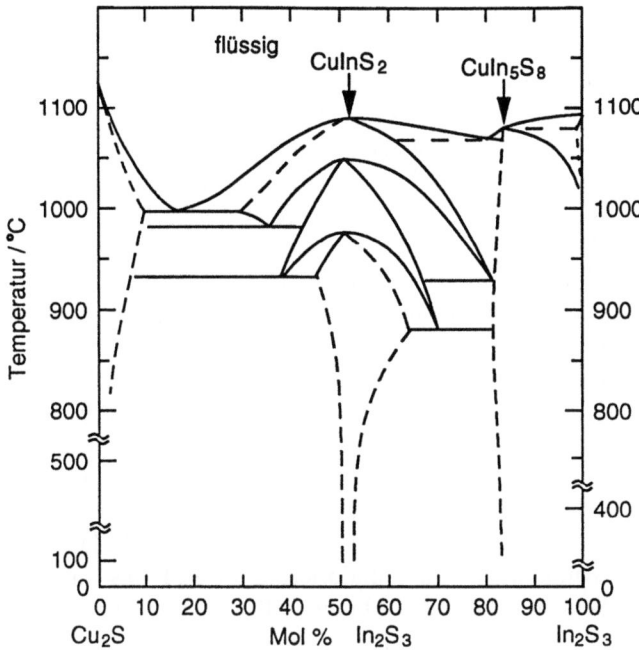

Abb. 4.2. Phasendiagramm für CuInS$_2$ entlang des binären Schnittes Cu$_2$S-In$_2$S$_3$

schiedlichen Maßstab auf der Abszisse). Die zugehörige Eigendefektdichte liegt im Bereich von 10^{20} cm^{-3}. Damit ist die Fremddotierung des Materials problematisch, und es ist schwierig, eine Richtung im Phasendiagramm zu identifizieren, in der eine geringe Defektdichte vorhanden ist. Man ist überwiegend auf empirisches Optimieren angewiesen, wobei sich die Frage stellt, ob nicht eher mehrphasige Systeme, d.h. Zusammensetzung außerhalb des Homogenitätsbereiches, optimiert werden können.

Die hier vorgestellten Dünnschichtsolarzellen werden überwiegend mit Verfahren hergestellt, bei denen kein thermodynamisches Gleichgewicht eingestellt ist. Dies relativiert die obigen Betrachtungen, ermöglicht aber eventuell die Präparation von Halbleitern mit guten elektronischen Eigenschaften trotz hoher Eigendefektdichte von der Thermodynamik her.

4.3 Cadmium-Tellurid-Solarzellen

4.3.1 Historisches

CdTe ist bereits 1956 von J.J. Loferski als geeignetes Solarzellenmaterial vorgeschlagen worden [1]. Es besitzt eine ideale Bandlücke ($E_g = 1.45$ eV), einen hohen Absorptionskoeffizienten (direkter Übergang, $\alpha = 5 \cdot 10^4$ cm^{-1} für Photonenenergien 0.2 eV oberhalb E_g), und es läßt sich p- und n-leitend herstellen. Der hohe Absorptionskoeffizient in Verbindung mit der hohen Oberflächenrekombinationsgeschwindigkeit führt jedoch für CdTe-Homojunctions zu relativ niedrigen Wirkungsgraden. Der höchste für eine entsprechend optimierte p^+-n-n^+-Homojunction berichtete Wirkungsgrad lag bei η = 10.7% [2]. Als günstigerer Weg hat sich – analog zu Solarzellen mit $CuInSe_2$ bzw. $CuInS_2$, vgl. Abschn. 4.3 – der Aufbau in Form von Heterostrukturen erwiesen, insbesondere von p-CdTe/n-CdS-Strukturen. Dabei werden dünne Filme aus p-CdTe und Fenstermaterial CdS mit Hilfe von verschiedenen Dünnfilmtechniken auf einem geeigneten Substrat abgeschieden. Die erste CdTe-Dünnschichtsolarzelle, die als p-Cu_{2-x}Te/n-CdTe aufgebaut war und einen Wirkungsgrad von 6% erzielte [3], wurde von D.A. Cusano 1963 vorgestellt. Sie zeigte allerdings Degradationserscheinungen in der Cu_{2-x}Te-Schicht. Auf der Suche nach stabileren Fenstermaterialien wurden in den 60er Jahren bei General Electric Schottky-Zellen – ebenfalls mit n-CdTe – unter dem Gesichtspunkt einer Anwendung im Weltraum untersucht; 1967 wurden großflächige Panels mit ca. 3% Wirkungsgrad vorgestellt. Die erste p-CdTe/n-CdS-Solarzelle wurde 1969 von E.I. Adirovich präsentiert und hatte einen Wirkungsgrad von 1% [4]. Hergestellt wurde sie durch Aufdampfen eines undotierten CdTe-Films auf eine CdS/SnO_2/Glassubstrat-Schicht. Diese Anordnung sollte sich in den folgenden Jahren als die sinnvollste erweisen. 1972 wurde von D. Bonnet und H. Rabenhorst bereits ein Wirkungsgrad von 5% erreicht. Ab etwa 1980 wurden von verschiedenen Gruppen weltweit unterschiedliche Abscheideverfahren eingesetzt und Wirkungsgrade über 10% erzielt, darunter von Kodak, Ametek, British Petrol und Matsushita. In drei Ländern werden CdTe-Solarzellen kommerziell hergestellt. Der höchste bisher berichtete Wirkungsgrad liegt bei 15.8% für eine Gesamtzellfläche von ca. 1 cm^2 (photoaktive Fläche plus Frontkontakt-Metallgitter) [5]. CdS/CdTe-Solarzellen lassen sich mit einer Vielzahl unterschiedlicher Verfahren mit vergleichbaren Resultaten herstellen. Aus Umweltschutzgründen ist man jedoch generell bemüht, die Verwendung des giftigen Schwermetalls Cd zu vermeiden. Dieser Umstand stellt das Haupthindernis für eine Solarzellenanwendung mit CdS/CdTe in größerem Maßstab dar.

4.3.2 Physikalische Eigenschaften der CdS/CdTe-Heterostruktur

Da im wesentlichen alle transparenten leitenden Halbleiter, auch CdS, n-leitend sind, wird als absorbierendes CdTe p-leitendes Material verwendet. Aufgrund des hohen Absorptionskoeffizienten sind nur geringe Schichtdicken ($\approx 2\,\mu m$) für eine nahezu vollständige Lichtabsorption erforderlich. Das bedeutet, daß bereits geringe Dotierkonzentrationen ($\approx 10^{15}$ cm^{-3}) Serienwiderstände ergeben, die Wirkungsgrade oberhalb von 10% ermöglichen. Dies ist bei CdTe insofern von besonderer Bedeutung, als Konzentrationen dieser Größenordnung sich aus der natürlichen Defektdichte bei den meisten Dünnschicht-Abscheideverfahren ergeben und eine gezielte Höherdotierung mit Akzeptoren offensichtlich auf erhebliche Schwierigkeiten stößt [6] (s. Abschn. 4.2.3).

Tabelle 4.1.

	n-CdS	p-CdTe
E_g	2.4	1.5
χ	4.5	4.3
Dotierung	$N_D = 2 \cdot 10^{17}\,\text{cm}^{-3}$	$N_A = 8 \cdot 10^{15}\,\text{cm}^{-3}$
Zustandsdichte	$N_L = 1.9 \cdot 10^{18}\,\text{cm}^{-3}$	$N_V = 1.8 \cdot 10^{19}\,cm^{-3}$
ϵ_{stat}	8	9.4

Das Energiebanddiagramm einer n-CdS/p-CdTe-Heterostruktur mit den Annahmen des Anderson-Modells ergibt sich in Analogie zu den Ausführungen in Abschn. 2.4.2 und 2.4.4 mit den in Tabelle 4.1 enthaltenen Werten.

Abbildung 4.3 zeigt die Verhältnisse vor und Abb. 4.4 nach Kontaktbildung. Die Kontaktpotentialdifferenz beträgt unter den gemachten Annahmen etwas über 1 V. Mit (2.93) und (2.97) erhält man für die Kontaktspannung in CdTe 0.99 V und in CdS 0.05 V. Die Kontaktpotentialdifferenz fällt fast ausschließlich im p-leitenden CdTe ab. Zwei Banddiskontinuitäten sind erkennbar: eine Leitungsband- ($\Delta E_L = 0.1$ eV) und eine Valenzbanddiskontinuität ($\Delta E_V = 1.0$ eV).

Die in der Praxis erhaltenen Leerlaufspannungen liegen etwa 0.2–0.4 V unter der Kontaktpotentialdifferenz. Wie im Falle anderer Heterostrukturen (vgl. z.B. CdS/CuInSe$_2$, Abschn. 4.3.3) existiert eine Fehlanpassung der Kristallgitter zwischen CdS und CdTe, die zur Entstehung von zusätzlichen Energiezuständen in der Bandlücke führt, die als Rekombinationszentren wirken können. Der Ein-

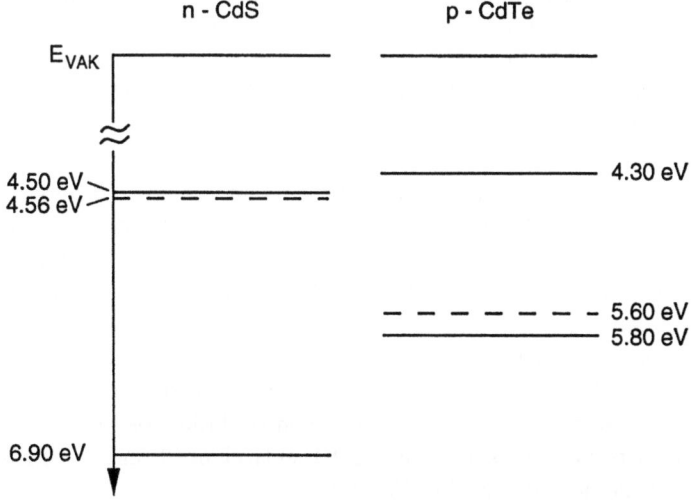

Abb. 4.3. Energiebanddiagramm für n-CdS und p-CdTe relativ zum Vakuumniveau vor Kontaktbildung

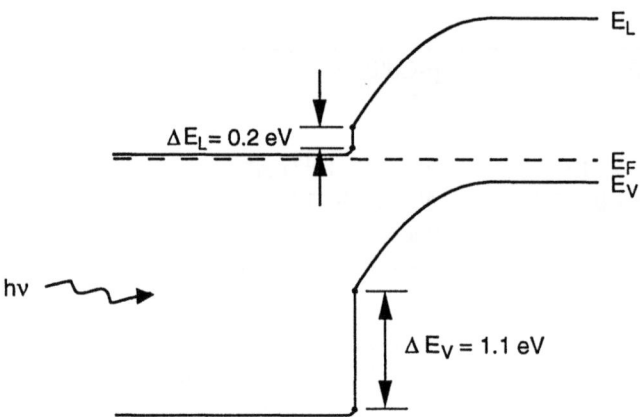

Abb. 4.4. Energiebanddiagramm der n-CdS/p-CdTe-Heterostruktur nach Kontaktbildung

fluß dieser Fehlanpassung läßt sich teilweise durch Einbau einer Zwischenschicht aus einer Mischung von CdS und CdTe reduzieren, in der das Verhältnis von CdS/CdTe stufenweise verändert wird (CdS_xTe_{1-x}, $x = 0...1$).

4.3.3 Herstellungsverfahren für CdS/CdTe-Solarzellen

Interessanterweise lassen sich mit einer Vielzahl unterschiedlicher Abscheideverfahren effiziente Solarzellen realisieren. Mittels *Elektrodeposition* können CdTe-Filme aus einer wäßrigen Lösung von $CdSO_4$ und Te_2O_3 bei ca. 90°C abgeschieden werden. Man erhält polykristalline Filme von 1–2 μm Dicke mit einer Korngröße von 0.5–1 μm bei Wachstumsraten von 1–2 μm pro Stunde. Als Substrat dient eine Schichtfolge Glas-leitendes Oxid-CdS; der CdS-Film ist sehr dünn (50–100 nm) und wird ebenfalls in einem vorhergehenden Prozeßschritt elektrochemisch abgeschieden. Ein wichtiger Prozeßschritt ist das anschließende Aufheizen des Bauteils auf 400°C an Luft, wodurch erst eine Umwandlung des ursprünglich n-leitenden CdTe in hochohmiges p-CdTe stattfindet und ein gleichrichtender Kontakt an der CdS/CdTe Grenzschicht entsteht („*T*ype *C*onversion *J*unction *F*ormation", *TCJF*). Die galvanische Abscheidung ist für die Herstellung von Solarzellen in größerem Maßstab geeignet. Sie erfordert keine aufwendige Technik und gewährleistet eine effektive Materialverwertung, da eine Abscheidung nur auf dem Substrat stattfindet. Bei entsprechender Vorreinigung der wäßrigen Lösungen lassen sich hochreine Filme herstellen. Nachteilig können sich Stöchiometrieschwankungen auswirken, die wegen der niedrigen Abscheidetemperatur nicht von selbst korrigiert werden. Auch sind die Abscheideraten relativ klein. Der höchste Wirkungsgrad einer mit Elektrodeposition hergestellten CdS/CdTe-Solarzelle liegt derzeit bei 13% [7].

Ein auch kommerziell eingesetztes Herstellungsverfahren ist der *Siebdruck*, der hauptsächlich von der Fa. Matsushita entwickelt worden ist. Eine Mischung

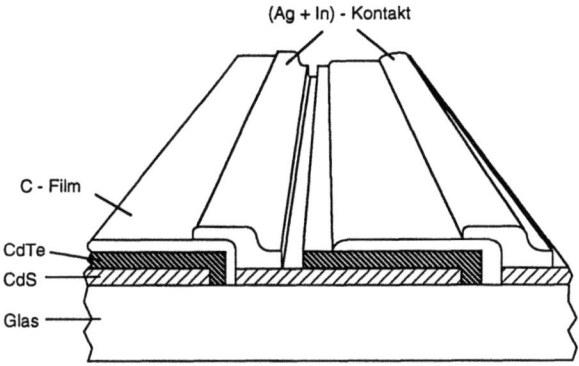

Abb. 4.5. Querschnitt durch eine im Siebdruckverfahren hergestellte CdS/CdTe-Solarzelle

aus CdS-Pulver (Korngröße 1–2 μm) und $CdCl_2$ im Gewichtsverhältnis 100 : 10 wird mit Propylenglykol zu einer Paste verarbeitet und auf Borosilikatglas gedruckt. Nach einstündigem Trocknen bei 120°C wird der CdS-Film 90 min lang in Stickstoffatmosphäre bei 690°C gesintert. Für den CdTe-Film wird eine Paste aus Cd- und Tellurpulver (Molverhältnis etwa 1 : 1, Korngröße etwa 0.5 μm, und destilliertem Wasser verwendet, die ebenfalls mit $CdCl_2$ und Propylen versetzt wird. Die Paste wird auf den CdS-Film gedruckt; Trocknen und Sintern erfolgt wie beim CdS-Film, allerdings beträgt die Temperatur beim Sintern 620°C. Während des Sinterns reagieren Cd und Te und bilden den CdTe-Film. $CdCl_2$ spielt bei der Temperaturbehandlung eine physikalisch noch nicht ganz verstandende Rolle: es fördert das Wachsen der Korngrenzen, führt zu ihrer Passivierung und unterstützt die Herausbildung einer CdS_xTe_{1-x}-Zwischenschicht, die die Gitterfehlanpassung zwischen CdS und CdTe verringert. Als Rückkontakt wird in der Regel ein Kohlenstofffilm verwendet, der 50–100 ppm Kupfer enthält und ebenfalls im Siebdruckverfahren auf den Te-Film gedruckt wird. Eine nachfolgende Wärmebehandlung erfolgt bei 400°C in einer N_2-Atmosphäre mit O_2-Beimischung von 1–1.5 mol%. Die Sauerstoffbeimengung hat empirisch zu den besten Resultaten geführt, ihre Rolle ist gegenwärtig noch unklar. Die Kontaktierung des Fenstermaterials erfolgt mit einer ebenfalls im Siebdruckverfahren aufgebrachten Paste aus Silberfarbe und Indiumpulver (Gewichtsverhältnis 67 : 33, Trocknen bei 180°C für 1 h), auf den Kohlefilm wird gewöhnliche Silberfarbe gedruckt und bei 150°C 30 min getrocknet. Abbildung 4.5 zeigt einen Querschnitt durch eine fertige Struktur [8].

Abbildung 4.6 (nach [8]) zeigt die Leistungscharakteristik einer optimierten Solarzelle mit einer Fläche von ca. $30 \cdot 40$ cm^2 ($I_K = 217$ mA, $V_L = 58.8$ V, $ff = 0.58$, $\eta = 6.2\%$). Der Wirkungsgrad erhöht sich auf 8.7%, wenn nur die aktive Fläche berücksichtigt wird. Kleinere Flächen (ca. 1 cm^2) ergeben noch höhere Wirkungsgrade (um 11%). Der Grund hierfür liegt vermutlich in geringeren Homogenitätsschwankungen und geringeren Verlusten aufgrund kleinerer Seri-

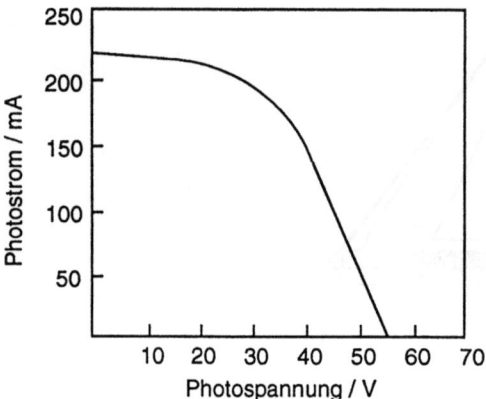

Abb. 4.6. Leistungscharakteristik eines $30 \cdot 40 \text{ cm}^2$ großen Solarzellenmodells aus CdTe/CdS, das im Siebdruckverfahren hergestellt worden ist (AM1.5-Bedingungen, $p_S = 100\,\text{mWcm}^{-2}$)

enwiderstände. Als höchster Wirkungsgrad einer Solarzelle, die mit dem Siebdruckverfahren hergestellt wurde, wurde $\eta = 12.5\%$ angegeben. Das Verfahren eignet sich wegen seiner Einfachheit für die Serienfertigung; als Nachteile stehen dem allerdings ein hoher Materialverbrauch (Schichtdicken 30 µm statt der erforderlichen 1–2 µm) und Prozeßschritte mit hohen Temperaturen gegenüber. Ein weiteres, von Kodak entwickeltes Verfahren zur Herstellung effektiver Dünnschichtsolarzellen mit CdTe besteht in der Sublimation des Materials aus einer Quelle mit anschließender Desublimation auf einem eng benachbarten Substrat (*C*lose *S*paced *S*ublimation, *CSS*). Als Quellen dienen nacheinander heiß gepreßte polykristalline CdS- und CdTe-Scheiben, als Substrat Glas, das mit einem durchsichtigen leitenden ITO-(*I*ndium *T*in *O*xide) bzw. Zinnoxidfilm versehen ist und etwa 1 mm von der Quelle entfernt ist. Als günstig hat sich dabei eine Substrattemperatur erwiesen, die ca. 100°C unter der Temperatur der Quelle liegt. Die Substrattemperatur T_S hat einen großen Einfluß auf das Wachstumsverhalten der CdTe-Filme: während für $T_S = 500°C$ nur Korngrößen von unter 1 µm erreicht werden, wachsen diese auf 3–5 µm bei $T_S = 600°C$. Gute Ergebnisse scheinen ferner von einer Gasatmosphäre abzuhängen, die entweder aus 1 .. 1.5 Torr Sauerstoff oder etwa 30 Torr Helium besteht. Das hier vorgestellte Verfahren unterscheidet sich vom *CSVT-Verfahren* (*C*lose *S*paced *V*apor *T*ransport) im wesentlichen durch einen erheblich geringeren Druck der Arbeitsatmosphäre; beim CSVT beträgt dieser eine Atmosphäre. Mit beiden Verfahren konnten Solarzellen mit Wirkungsgraden von über 10% realisiert werden [7]; eine mit dem CSS-Verfahren hergestellte Solarzelle wies den bisher höchsten berichteten Wirkungsgrad von 15.8% auf [5].

Beim *chemischen Sprühverfahren*, auch Spraypyrolyse genannt, wird ein Aerosol aus Wassertröpfchen, in denen $CdCl_2$ und Thiorea (CH_4N_2S) gelöst ist, auf ein mit einer leitenden Oxidschicht versehenen Glassubstrat aufgesprüht (Substrattemperatur ca. 400°C), wodurch sich ein dünner CdS-Film bildet. Auf diesen

4.3 Cadmium-Tellurid-Solarzellen

polykristallinen Film wird dann in gleicher Weise eine Lösung aufgesprüht, die neben Cd- auch Te-Spezies enthält. Die Einzelheiten des Verfahrens sind bisher nicht publiziert worden. Bekannt ist lediglich, daß eine zusätzliche nachfolgende Wärmebehandlung zu einer nachträglichen Vergrößerung der Körner sowie zur Ausbildung einer $CdTe_xS_{1-x}$-Zwischenschicht führt. Der höchste bisher berichtete Wirkungsgrad liegt bei 12.3%. Das Verfahren ist einfach, preiswert und leistungsfähig. Diesem Vorteil steht allerdings gegenwärtig noch der für leistungsfähige Zellen notwendige energieaufwendige Temperschritt gegenüber [7].

Am Anfang von Abschn. 4.2.2 ist erwähnt worden, daß eine gezielte höhere Dotierung mit Akzeptoren auf Schwierigkeiten stößt; dieses Problem gewinnt u.a. bei der Herstellung ohmscher Rückkontakte an Bedeutung (s.u.). CdTe-Filme, die z.B. mit dem CSVT-Verfahren, auf Glas, einkristallinem CdTe oder Graphit abgeschieden wurden, zeigen ohne beabsichtigte Dotierung durchweg p-Leitung. Dabei hing die Löcherkonzentration stark von der Substrattemperatur T_S ab: 10^{14} cm^{-3} bei $T_S = 400°C$ bis 10^{16} cm^{-3} bei $T_S = 600°C$. Sie ließ sich über 10^{16} cm^{-3} hinaus jedoch nicht steigern, weder mit unterschiedlichen Dotierstoffen und -konzentrationen in der Quelle, noch durch eine Veränderung der Wachstumsrate. Ähnliche Ergebnisse wurden auch mit Schichten erhalten, die durch thermisches Verdampfen im Vakuum hergestellt wurden. Für dieses Verhalten wird u.a. verantwortlich gemacht

- geringer Haftkoeffizient der Dotieratome auf der wachsenden CdTe-Oberfläche, insbesondere bei höheren Temperaturen;

- viele der Dotierstoffe gelangen als Moleküle mit hoher Dissoziationsenergie (z.B. As_4, Sb_2) auf die Oberfläche;

- als Verbindung läßt CdTe eine relativ hohe Dichte an natürlichen Gitterleerstellen und Zwischengitterdefekten mit hoher Beweglichkeit auch bei niedrigen Temperaturen zu. Diese Defekte können mit Verunreinigungen und Dotierstoffzusätzen reagieren und zu einer Selbstkompensation führen [6].

Mit Hilfe spezieller Verfahren konnte eine gewisse Erhöhung der Löcherkonzentration erzielt werden: Ionenstrahlimplantation mit As- und P-Ionen führte zu maximalen Werten von 10^{17} cm^{-3}. Bei Einsatz des *MOCVD*-Verfahrens (*M*etal *O*rganic *V*apor *D*eposition, s. Abschn. 4.7.3) und AsH_3 als Dotiermittel konnte ein Wert von $2 \cdot 10^{17}$ cm^{-3} in epitaktisch auf CdTe-Einkristallen aufgewachsenen CdTe-Filmen erreicht werden. Dennoch stellt die begrenzte Dotierbarkeit von CdTe ein noch nicht befriedigend gelöstes Problem dar.

In diesem Zusammenhang sind auch die Schwierigkeiten zu sehen, die der Rückkontakt bei der Herstellung effizienter Solarzellen mit CdTe darstellt. Für einen idealen ohmschen Kontakt benötigt man ein Metall, dessen Austrittsarbeit Φ_M größer als die des Halbleiters Φ_{HL} ist. Nur dann erhält man einen Kontakt, der für die Majoritätsladungsträger keine Barriere, sondern eine Senke darstellt (Abb. 4.7a). Für $\Phi_M < \Phi_{HL}$ erhält man eine Bandverbiegung, die eine Barriere

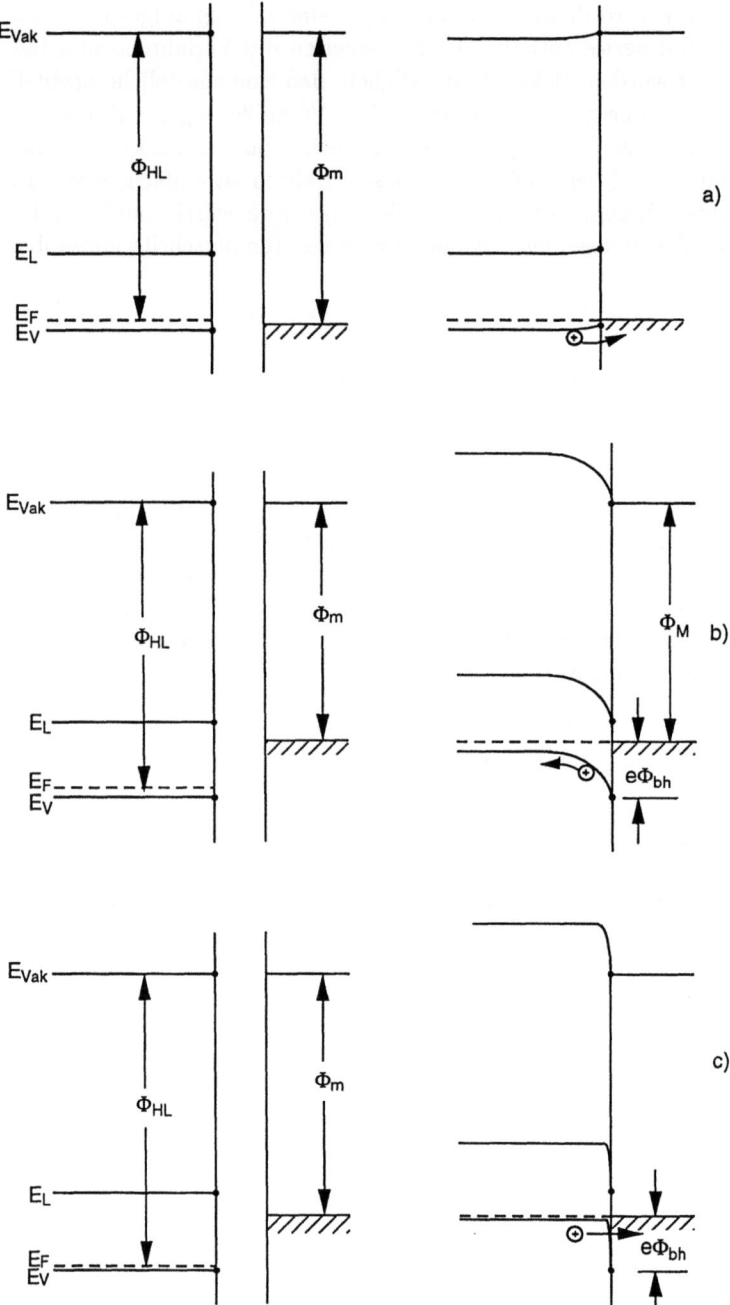

Abb. 4.7a–c. Halbleiter-Metall-Rückkontakte vor und nach Kontaktbildung; ideal ohmscher Kontakt (**a**), Sperrverhalten (**b**), quasi-ohmscher Kontakt (**c**)

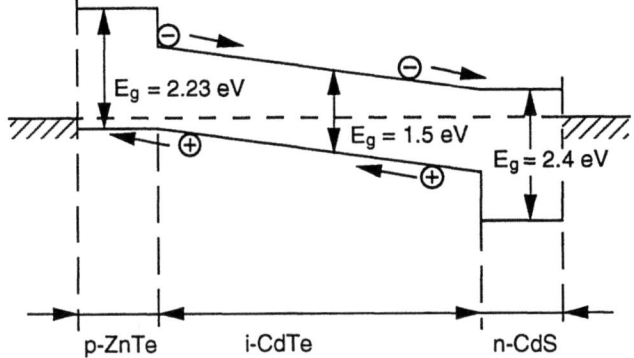

Abb. 4.8. Idealisiertes Energiebanddiagramm einer p-ZnTe/i-CdTe/n-CdS-Solarzellenstruktur

für die Majoritätsladungsträger darstellt (Abb. 4.7b). Da es für einige ionische Halbleiter – wie z.B. CdTe – kein Metall mit $\Phi_M > \Phi_{HL}$ gibt, behilft man sich mit einem Trick: Man dotiert die Oberfläche des Halbleiters so hoch mit Akzeptoren, daß die Kontaktpotentialdifferenz in einer so schmalen Raumladungszone (< 100 Å) aufgebaut wird, daß ein effektiver quantenmechanischer Tunnelprozeß wirksam werden kann (Abb. 4.7c). Durch Wahl eines geeigneten Metalls mit möglichst hoher Austrittsarbeit kann die Barrierenhöhe $e\Phi_{bh}$ zusätzlich minimiert und damit die thermische Emission erhöht werden (vgl. Abschn. 2.5). Eine hohe p-Dotierung läßt sich aufgrund der eingangs diskutierten Schwierigkeiten in CdTe jedoch nicht ohne weiteres einstellen. Man behilft sich mit einem chemischen Ätzprozeß der Oberfläche, der eine tellurreiche p^+-leitende Oberfläche hinterläßt, auf die dann ein Metall hoher Austrittsarbeit (gewöhnlich Gold oder Nickel) abgeschieden wird. Da Gold relativ leicht in CdTe eindiffundiert, besteht der Verdacht, daß diese Rückkontakte über eine angestrebte Lebensdauer der Solarzelle von 20 bis 30 Jahren nicht stabil sind [9].

Diese Problematik in Verbindung mit der begrenzten p-Dotierbarkeit (d.h. begrenzte Leitfähigkeit und daher höhere Serienwiderstände) und einer generell in CdTe beobachteten niedrigen Lebensdauer der Minoritätsladungsträger führte zur Entwicklung alternativer Strukturen mit CdTe. Ein erfolgversprechender Ansatz könnte die Herstellung von p-i-n-Strukturen sein, bei denen ZnTe als p-Material dient. Abbildung 4.8 (nach [9]) zeigt ein idealisiertes Energiebanddiagramm einer derartigen Struktur. Man erkennt, daß das elektrische Feld die gesamte photoaktive Schicht durchsetzt und damit eine ähnlich effektive Ladungsträgertrennung bewirkt wie in vergleichbaren a-Si:H-Solarzellen (vgl. Abschn. 4.5) [9]. Die Ladungstrennung wird dabei zusätzlich unterstützt durch die Valenzbanddiskontinuität an der CdS/CdTe-Grenzfläche, die eine Barriere für Löcher darstellt; ähnlich wirkt die CdTe/ZnTe-Grenzfläche auf den Elektronenfluß. Andererseits gelangen Elektronen ungehindert in das CdS und Löcher in das ZnTe.

166   4. Dünnschichtsolarzellen

Die Verbindung ZnTe eignet sich auch als Zwischenschicht zwischen p-CdTe und dem Metall-Rückkontakt in gewöhnlichen n$^+$-CdS/p-CdTe-Solarzellenstrukturen: hoch dotierte p$^+$-ZnTe-Filme lassen sich im Gegensatz zu entsprechenden p$^+$-CdTe-Schichten herstellen und erfüllen zusätzlich die Rolle eines back surface field (vgl. Abb. 3.8).

4.4 Ternäre Chalkopyrite (CuInSe$_2$ und CuInS$_2$)

4.4.1 Vorbetrachtungen

Die Suche nach alternativen Materialien für Dünnschichtsolarzellen erfolgt teilweise empirisch, folgt andererseits aber durchaus auch einem Schema. Dieses ist in der folgenden Darstellung veranschaulicht:

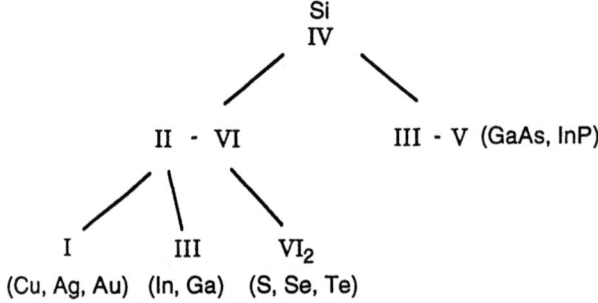

Ausgehend von Silizium (VI. Hauptgruppe des Periodensystems) lassen sich zunächst II-VI-Verbindungen wie CdS oder ZnO und III-V-Halbleiter wie GaAs und InP ableiten. Die weitere Aufspaltung des zweiwertigen Teils der II-VI-Verbindungen führt zu den I-III-VI$_2$-Verbindungen. Sie werden aufgrund ihrer Struktur und Zusammensetzung als ternäre Chalkopyrite bezeichnet. Chalkopyrite kristallisieren in einer doppelten Zinkblende-(ZnS-)Struktur, wobei die Metalle (z.B. Cu und In) jeweils abwechselnd schichtweise angeordnet sind.

4.4.2 Historisches

1975 entwickelte ein Team bei Bell Laboratories die erste effiziente Solarzelle mit einem ternären Chalkopyrit als photoaktivem Teil. Hierbei wurde einkristallines CuInSe$_2$ verwendet, das im Kontakt mit n-CdS einen Wirkungsgrad von $\eta = 12\%$ aufwies. Der frühzeitig erzielbare hohe Wirkungsgrad läßt sich aus den optoelektronischen Eigenschaften des Materials verstehen: Mit einer Energielücke von $E_g = 1.05$ eV und einem Absorptionskoeffizienten von $\alpha \approx 5 \cdot 10^5$ cm^{-1} nur wenige Zehntel eV oberhalb der Energielücke kann nahezu alles eingestrahlte Licht im Bereich der Raumladungszone absorbiert werden.

4.4 Ternäre Chalkopyrite (CuInSe$_2$ und CuInS$_2$) 167

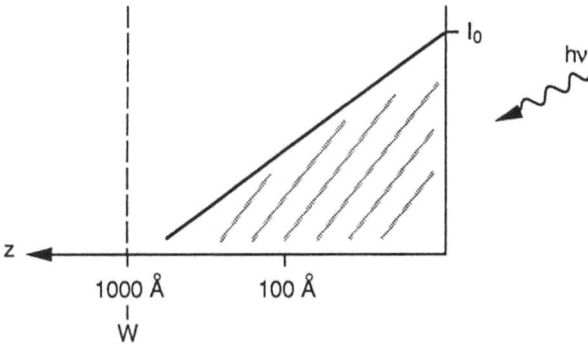

Abb. 4.9. Logarithmische Darstellung der Lichtabsorption über dem Ort für CuInSe$_2$; als Ausdehnung der Raumladungszone wurde 0.1 μm angenommen

Abbildung 4.9 zeigt schematisch den Zusammenhang zwischen Lichtabsorption, Eindringtiefe und Ausdehnung der Raumladungszone.
Man erkennt, daß nahezu alle Elektron-Loch-Paare im Bereich des elektrischen Feldes der Randschicht erzeugt werden, wo sie effektiv getrennt werden können. Somit ist die Diffusionslänge der Minoritätsladungsträger nicht so bedeutsam wie z.B. bei x-Si, und es liegt nahe, Dünnschichtsolarzellen mit diesem Material zu entwickeln, da offenbar nur etwa 1 - 2 μm Dicke des Materials zur Umwandlung von Licht in elektrische Energie benötigt werden. Tatsächlich berichteten Mickelsen und Chen (Boeing Aerospace) 1981 von der erfolgreichen Herstellung einer Dünnschichtstruktur mit n-CdS/p-CuInSe$_2$, die einen Wirkungsgrad von $\eta = 9.4\%$ besaß [10]. Der Wirkungsgrad solcher Zellen liegt inzwischen bei über 14%, wie von Mitchell 1988 berichtet wurde. Er verwendete eine komplexere Struktur von ZnO/n-CdS/p-CuInSe$_2$/Mo/Glas. Da diese Zellen keine Photodegradation aufweisen, werden sie als aussichtsreiche Alternative im Bereich von Dünnschichtsolarzellen angesehen. Mit einer ähnlichen Struktur wie bei CuInSe$_2$-Filmen, ZnO/n-CdS/p-CuInS$_2$ wurde vor kurzem erstmals ein Wirkungsgrad oberhalb von 10% erzielt. Auch die Eigenschaften dieses Systems werden weiter unten detailliert dargestellt. Mittlerweile konnten die Wirkungsgrade weiter verbessert werden [11]; man erreicht Werte deutlich über 15%. Die physikalischen Eigenschaften der hocheffizienten Solarzellen auf CuInSe$_2$-Basis werden im folgenden Abschnitt beschrieben. Allerdings bestehen ökologische Probleme wegen der Giftigkeit des Selens und des Cadmiums. Daher werden einerseits Anstrengungen unternommen, CuInS$_2$ entsprechend zu entwickeln (es besitzt zudem eine energetisch günstiger gelegene Energielücke) und andererseits das Cd im Frontmaterial der Heterostruktur durch ein anderes Element zu ersetzen, ohne daß die günstigen Eigenschaften (gute Leitfähigkeit, Energielücke, absolute Lage der Energiebänder) verloren gehen.

4.4.3 Die n-CdS/p-CuInSe$_2$-Heterostruktur; physikalische Eigenschaften

Idealisierte Betrachtungen. Die prinzipiellen optoelektronischen Eigenschaften der Heterostruktur werden anhand ihres Energiebanddiagramms vor und nach der Kontaktbildung diskutiert: Zunächst werden die Verhältnisse im Rahmen des Anderson-Modells betrachtet (s. Abschn. 2.4.4). Zugleich wird davon ausgegangen, daß die CuInSe$_2$-Schicht homogen zusammengesetzt ist und bei der Beschichtung mit CdS keine Grenzflächenreaktionen und Interdiffusionsprozesse auftreten (Idealvorstellung einer abrupten Heterostruktur). Die aus dieser Betrachtungsweise resultierenden elektronischen Eigenschaften werden dargestellt, und die sich ergebenden Diskrepanzen zwischen Minoritätsladungsträgertransport und Energiebanddiagramm $E(x)$ werden zum Anlaß für eine verbesserte Modellbildung auf der Basis der sog. Neutralitätsmodelle (s. Abschn. 2.7.2) genommen.

Zunächst betrachtet man die Abb. 4.10. In ihr ist das Vakuumniveau sowie die Lage der jeweiligen Valenz- und Leitungsbänder von CdS und CuInSe$_2$ einschließlich der Ferminiveaus eingezeichnet. Die hierfür zugrunde liegenden Datensätze sind in Tabelle 4.2 zusammengefaßt.

Tabelle 4.2.

	n-CdS	p-CuInSe$_2$ (CIS)
E_g	2.4 eV	1.05 eV
χ_{HL}	4.5 eV	4.6 eV
Dotierung	$N_D = 2 \cdot 10^{17}\,\text{cm}^{-3}$	$N_A = 10^{16}\,\text{cm}^{-3}$
eff. Zustandsdichte	$N_L = 1.9 \cdot 10^{18}\,\text{cm}^{-3}$	nicht bekannt angenommen: $N_V = 10^{19}\,\text{cm}^{-3}$
ϵ_{stat}	8	13

Wie man erkennt, beträgt die Kontaktpotentialdifferenz ΔE_F etwa 0.9 eV. Aus den Beziehungen für Heterostrukturen (2.88) und (2.97) lassen sich die jeweiligen Diffusionsspannungen ermitteln:

$$V_n/V_p = N_A \varepsilon_p / (N_D \varepsilon_n)$$

und

$$V_n + V_p = 0.94\,\text{V} = V_K,$$

d.h.

$$V_K = N_A \varepsilon_p / (N_D \varepsilon_n) V_p + V_p,$$

$$V_p (N_A \varepsilon_p / (N_D \varepsilon_n) + 1) = 0.94\,\text{V},$$

$$V_p = 0.94\,\text{V}/1.08 = 0.87\,\text{V},$$

$$V_n = 0.07\,\text{V}.$$

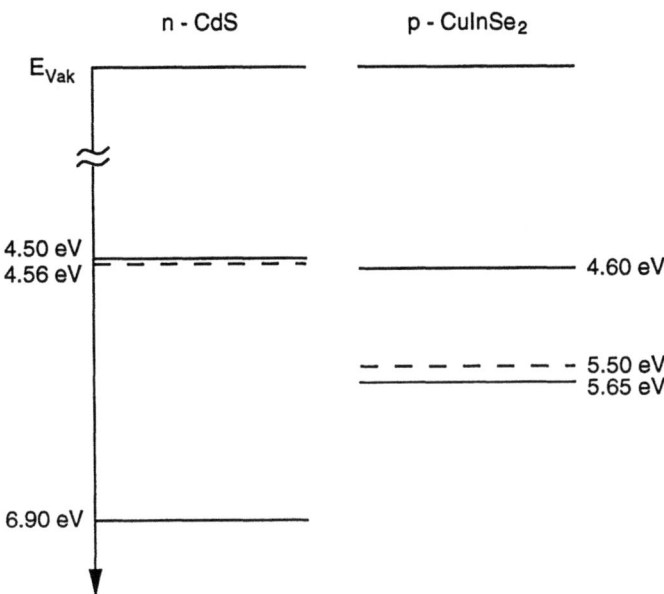

Abb. 4.10. Darstellung von E(x) für n-CdS und p-CuInSe$_2$ relativ zum Vakuumniveau vor Kontaktbildung

Das bedeutet, daß die Kontaktpotentialdifferenz ganz überwiegend im p-leitenden CuInSe$_2$ abfällt, in dem auch die Sammlung der Minoritätsladungsträger erfolgen soll. Daraus ergibt sich für die Kontaktbildung das in Abb.4.11 gezeigte Energieschema.

Zunächst fällt auf, daß Diskontinuitäten in den Energiebändern auftreten, die durch die unterschiedlichen Elektronenaffinitäten und Energiebandlücken bedingt sind. Während die Valenzbanddiskontinuität von 1.25 eV keinen wesentlichen Einfluß auf die Funktionsweise des Bauteils hat, entsteht im Leitungsband eine Spitze, auch „spike" genannt, die den Transport lichterzeugter Minoritätsladungsträger (Elektronen aus p-CuInSe$_2$) zum CdS behindern kann. Der Lichteinfall erfolgt, wie in Abb. 4.11 gezeigt, von links durch das Fenstermaterial hindurch. Zusätzlich zu den genannten Problemen können elektronisch wirksame Defektzustände an der Grenzfläche zwischen den Halbleitern entstehen. Ein Teil der Defekte kann von geometrischen Bedingungen herrühren. So ist eine Fehlanpassung der Gitter oft die Ursache für das Entstehen der schematisch eingezeichneten Zustände im Bereich der Energielücke. Diese Zustände können als Rekombinationszentren wirken und so die Effizienz der Solarzelle erheblich reduzieren. Leider gibt es außer der besseren Anpassung der atomaren Gitterkonstanten wenig Möglichkeiten, diese Fehlstellen zu passivieren, d.h. elektronisch unwirksam zu machen. Abbildung 4.12 zeigt die Funktionsweise der Solarzelle.

Bei Belichtung werden die im Bereich $h\nu \leq 2.4$ eV eingestrahlten Photonen im CuInSe$_2$-Substrat absorbiert. Die Elektronen als Minoritätsladungsträger drif-

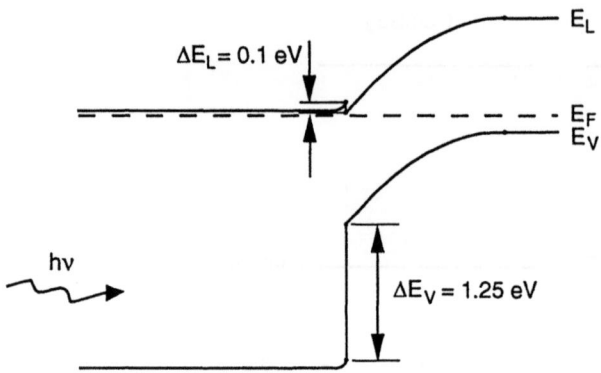

Abb. 4.11. E(x) der n-CdS/p-CuInSe$_2$-Solarzelle nach Kontaktbildung

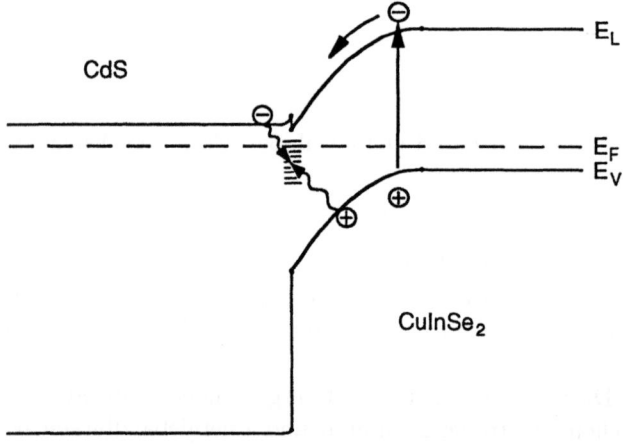

Abb. 4.12. Funktionsweise einer n-CdS/p-CuInSe$_2$-Solarzelle im Kurzschlußfall nach dem Anderson-Modell

ten zur Grenzfläche, wo sie als Majoritätsladungsträger im CdS gesammelt werden. Die Leitungsbanddiskontinuität beträgt $\Delta E_L = \chi_{CdS} - \chi_{CIS} \approx 0.1$ eV. Danach würde eine Behinderung des Ladungstransportes von lichterzeugten Elektronen in das CdS erwartet werden. Phänomenologisch könnte dies durch einen erhöhten Serienwiderstand der Solarzelle und der daraus folgenden Reduktion des Füllfaktors und des Kurzschlußstroms beschrieben werden. Dieses Verhalten wird jedoch nicht beobachtet. Man erzielt hohe Quantenausbeuten und gute Füllfaktoren. Daher stellt sich die Frage nach der Gültigkeit der Modelle, die zur Erstellung des Energiebanddiagramms führten. In Abschn. 2.7 wurden verbesserte Konzepte zur Halbleiterheterostrukturbildung behandelt. Auf der Basis des dort definierten Neutralitätsniveaus bzw. der gemittelten Energie der Hybridorbitale für tetraedrisch koordinierte Halbleiter (sp^3-Hybride) ist in Abb. 2.66 ein revidiertes Diagramm $E(x)$ aufgetragen. Dabei ist eine Leitungsbanddiskontinuität von $\Delta E_L \approx 0.1$ eV in umgekehrter Richtung erhalten worden, die

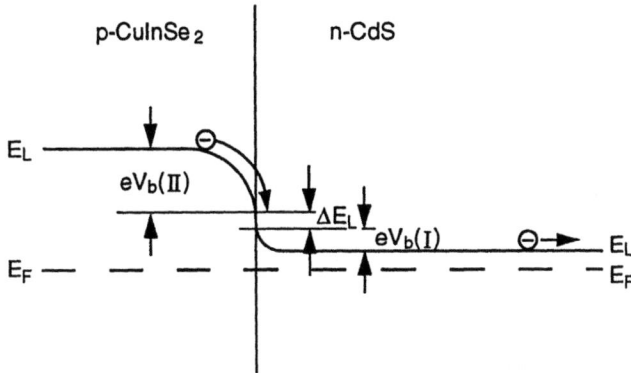

Abb. 4.13. Schematischer Verlauf des Leitungsbandes $E_L(x)$ für eine idealisierte p-CuInSe$_2$/n-CdS-Heterostruktur unter Berücksichtigung von Neutralitätsniveaus

effizienten Ladungsträgertransport gewährleistet; die Valenzbanddiskontinuität beträgt $\Delta E_V \approx 1.45$ eV, sie ist um 0.2 eV größer. Damit ergibt sich die in Abb. 4.13 gezeigte Funktionsweise bei Belichtung. Hier ist lediglich der Verlauf des Leitungsbandes $E_L(x)$ mit dem Ort gezeigt. Reale Systeme auf CuInSe$_2$-Dünnschichtbasis sind jedoch komplexer aufgebaut. Zudem ist die Kontaktbildung mit ZnO noch nicht berücksichtigt. Dies wird im Anschluß an die im nächsten Kapitel beschriebenen Präparationsverfahren behandelt.

4.4.4 Herstellungsverfahren für Dünnschichtsolarzellen mit CuInSe$_2$ und erste Leistungsdaten

Zahlreiche Herstellungsverfahren für dünne Schichten von halbleitendem Material sind verfügbar. Dazu gehören reaktives bzw. nicht reaktives Sputtern (Kathodenzerstäubung), Abscheidung aus einer Glimmentladung (s. Abschn. 4.5.2), konventionelle thermische Verdampfung, chemische und elektrochemische Abscheidung, Sprühverfahren (Spray-Pyrolyse), das Anlassen (oxidieren, sulfurieren, selenisieren) von Metallfilmen und aufwendigere Verfahren, überwiegend zur Erzeugung epitaktischer Schichten. Im Zusammenhang mit den Halbleiterheterostrukturen auf der Basis ternärer Chalkopyrite kommen Verfahren wie thermische Verdampfung, Anlassen von intermetallischen Cu-In-Schichten mit Selen bzw. Schwefel, die chemische Abscheidung von CdS und das Aufsputtern von ZnO in Betracht. Hieran erkennt man bereits die Vielfalt von präparativen Verfahren und Methoden, die beherrscht werden muß, um brauchbar effiziente Dünnschichtsolarzellen mit Verbindungshalbleitern herzustellen. Es zeigte sich Anfang der 80er Jahre, daß sich photoaktives Material durch einfache thermische Verdampfung verhältnismäßig gut herstellen ließ. Während das CuInSe$_2$ komponentenweise aus Tiegeln simultan verdampft wurde, konnte für das CdS ausgenutzt werden, daß die Substanz kongruent verdampft. Daher läßt sich CdS aus einem Tiegel einfach aufdampfen. Die p-Leitung des CuInSe$_2$ wurde

172 4. Dünnschichtsolarzellen

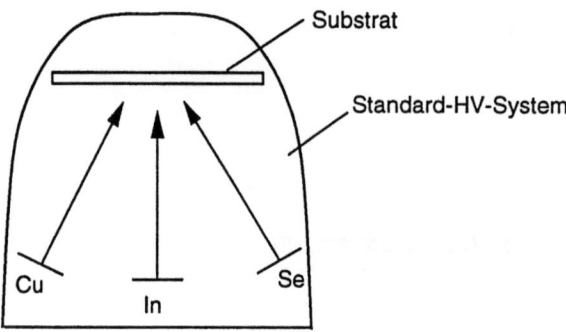

Abb. 4.14. Drei-Tiegel-Aufdampfverfahren zur Herstellung von CuInSe$_2$-Schichten

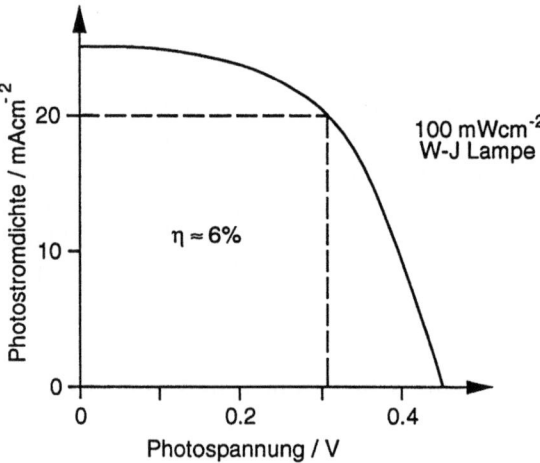

Abb. 4.15. Leistungscharakteristik einer Dünnschicht-n-CdS/p-CuInSe$_2$-Solarzelle

durch entsprechende Einstellung des Cu/In-Verhältnisses zur Se-Konzentration erreicht.

Erste Versuche wurden bereits 1975 - 1977 durchgeführt. Abbildung 4.14 zeigt das Schema einer Aufdampfanlage zur Herstellung der Solarzellen auf der Basis eines Standard-Hochvakuumsystems. Die Ergebnisse waren bereits recht vielversprechend. Abbildung 4.15 zeigt die Kenndaten einer CdS/CuInSe$_2$-Solarzelle. Man erreichte $\eta = 6{,}6\%$, allerdings bei Belichtung mit einer W-J-Lampe.

4.4.5 Präparation und Eigenschaften effizienter Dünnschichtsolarzellen auf CuInSe$_2$-Basis – reale Systeme

Für die Entwicklung von effizienten Solarzellen ist es erforderlich, die einzelnen Komponenten in möglichst guter (opto)elektronischer Qualität herzustellen und zusätzlich störende Einflüsse beim Aufeinanderbringen der einzelnen

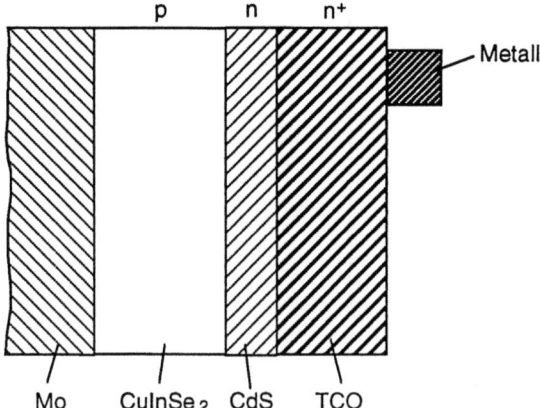

Abb. 4.16. Schematischer Aufbau einer effizienten Solarzelle mit CuInSe$_2$

Schichten zu vermeiden. Um die Probleme zu verdeutlichen, ist ein Strukturschema in Abb. 4.16 gezeigt. Entsprechend werden im folgenden die Präparation und die Eigenschaften der einzelnen Komponenten getrennt in der Reihenfolge photoaktives Basismaterial, Zwischenschicht, leitendes transparentes Oxid, TCO (*transparent conductive oxide*) behandelt. Anschließend werden die physikalisch-elektronischen Eigenschaften der Gesamtstruktur analysiert und interpretiert.

Die Präparation von CuInSe$_2$-Schichten durch thermische Verdampfung nach Abb. 4.14 ist durch die Schwierigkeit gekennzeichnet, daß die Geometrie der Aufdampfquellen zu einer deutlichen Stöchiometrievariation entlang des Substrates führt. Dies betrifft vor allem das Cu/In Verhältnis, da üblicherweise mit großem Se-Überschuß gearbeitet wird. Um zu besser definierten Schichten zu gelangen, wurden gegenüber der in Abb. 4.14 gezeigten rudimentären Anordnung zwei Verbesserungen vorgenommen. So wurde eine Koverdampferquelle entwickelt, die mit getrennten Regelungen und Thermoelementen für Cu und In arbeitet und die Stöchiometrievariation entlang des Substrates weitgehend unterdrückt. Außerdem wurde versucht, die Stöchiometrie genauer einzustellen. Hierbei wird über ein senkrecht durchsetztes Massenspektrometer die Zusammensetzung des Aufdampfstrahls gemessen und über eine computergesteuerte Regelung die Temperatur der Aufdampfquellen so eingestellt, daß die gewünschte Zusammensetzung entsteht. Eine entsprechende Darstellung findet man in Abb. 4.17. Mit derartigen Systemen wurde eine deutliche Verbesserung der Eigenschaften der photoaktiven Schicht erreicht. Allerdings zeigte es sich, daß die Rückkopplung vielfach zu träge reagierte, um die Stöchiometrie in der gewünschten Genauigkeit durch Beeinflussung der Aufdampfraten einzustellen. Zwar wurde in den weiteren Versuchen die kollineare Anordnung der Cu- und In-Verdampferquellen beibehalten, die Aufdampfraten wurden jedoch teilweise empirisch optimiert.

Dabei zeigte es sich, daß CuInSe$_2$-Schichten, die zunächst (etwa 2 μm) Cu-reich und anschließend ($\approx$ 1 μm) In-reich präpariert wurden, deutlich bes-

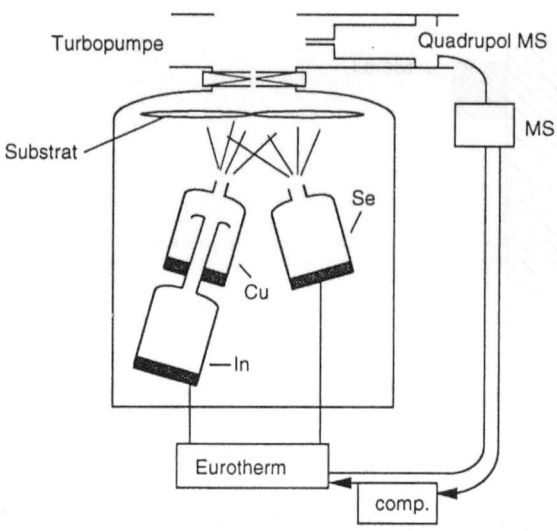

Abb. 4.17. Aufdampfanlage mit Rückkopplung

sere Ergebnisse hinsichtlich des Wirkungsgrades ergaben. Diese sog. Bilayer-Anordnung wird z.Zt. in hocheffizienten CuInSe$_2$ Solarzellen verwendet und wurde gewählt, da p-leitendes CuInSe$_2$ zu präparieren ist und der Ladungsträgertyp entsprechend der Stöchiometrie eingestellt werden kann. Abbildung 4.18 zeigt ein Raumtemperatur-Phasendiagramm für CuInSe$_2$. Die dort eingetragene Konode Cu$_2$Se-In$_2$Se$_3$, die CuInSe$_2$ schneidet, trennt das Gebiet der p-Leitung (oberhalb der Linie) von dem der n-Leitung (unterhalb der Linie). Man ersieht, daß für Cu-reiches Material eine p-Leitung mit geringerem Se-Anteil erreicht werden kann als für In-reiche Proben. Diese Eigenschaft wird durch den Koeffizienten

$$m = \frac{[Cu]}{[In]} - 1$$

beschrieben, wobei die eckigen Klammern die Konzentration der jeweiligen Spezies bedeutet. Da CuInSe$_2$ jedoch eine nicht vernachlässigbare Cu$^+$-Ionenleitung besitzt und die Randschicht des CuInSe$_2$ im Kontakt mit n-CdS negativ aufgeladen ist, besteht die Möglichkeit, daß Cu$^+$-Ionen zur Oberfläche wandern. Neben dem Entstehen von Fremdphasen als Ausscheidung (wie z.B. Cu$_2$Se) würde das Material an der Oberfläche besonders Cu-reich werden können, so daß sich Minoritätsladungsträgerlebensdauern, Kontaktverhalten und die Aufteilung der Kontaktpotentiale ändern. Hieraus erklärt sich das Konzept, auf die Cu-reiche (untere Schicht) eine dünnere In-reiche Schicht aufzudampfen, deren In-Überschuß und Dicke so gewählt sind, daß die gesamte Schicht noch p-Leitung zeigt.

Detaillierte Untersuchungen einer derart präparierten Struktur zeigen jedoch, daß die Oberfläche des Bilayers aus CuInSe$_2$ deutlich In-reich ist. Da als Ana-

4.4 Ternäre Chalkopyrite (CuInSe$_2$ und CuInS$_2$)

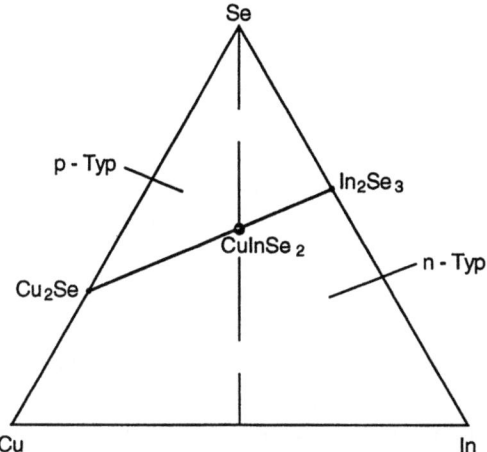

Abb. 4.18. Phasenbeziehung und Ladungsträgertyp im Cu-In-Se-System

lyseverfahren Röntgenfluoreszenz für die Bestimmung der Volumenzusammensetzung und XPS für die Oberflächenstöchiometrie eingesetzt werden, bedeutet dies, daß der In-reiche Oberflächenbereich deutlich weniger als 1 μm tief ausgedehnt sein muß. Außerdem zeigt sich ein abrupter Übergang von Cu-reich nach In-reich. Die Zusammensetzung der Oberfläche weist auf die Verbindung CuIn$_3$Se$_5$ hin. Man findet mit der Valenzbandphotoelektronenspektroskopie einen Abstand zwischen Ferminiveau und Valenzbandoberkante von etwa 1 eV. Bei einer Energielücke von $E_g = 1.3$ eV für die Verbindung CuIn$_3$Se$_5$ bedeutet dies, daß ein n-leitendes Material auf p-leitendem CuInSe$_2$ gebildet wird. Der photoaktive gleichrichtende Kontakt moderner CuInSe$_2$-Dünnschichtsolarzellen existiert demnach nicht, wie bisher angenommen, zwischen p-CuInSe$_2$ und n-CdS, sondern an der Phasengrenze p-CuInSe$_2$/n-CuIn$_3$Se$_5$. Eine ähnliche Heterostruktur auf der Basis von n-CuInSe$_2$ wurde auch am Elektrolytkontakt gebildet. Dort war der entsprechende Halbleiterpartner eine in-situ bei Belichtung gebildete Verbindung der Zusammensetzung CuJSe$_3$, die Einschlüsse elementaren Selens aufwies (s. Kap. 5).

Bevor ein Energiebandschema der Struktur aufgestellt wird, werden zunächst noch die Präparation und die Eigenschaften des CdS und des ZnO dargestellt. Für das Aufbringen von CdS sind zwei einfache Verfahren denkbar. Da CdS kongruent verdampft, d.h. als Verbindung aus einem Tiegel aufgedampft werden kann, bietet sich zunächst dieses Verfahren an. Die Schichtdicke läßt sich über einen Schwingquarz genügend genau ermitteln. Sowohl wegen der Giftigkeit des Cd als auch wegen der Absorptionseigenschaften ($E_g = 2.42$ eV) sollte die CdS-Schicht möglichst dünn sein. Die Mikromorphologie der aufgedampften CuInSe$_2$-Schichten weist für Cu-reiche Proben Korngrößen der Kristallite um 1 – 2 μm mittleren Durchmesser auf. In-reiche Schichten zeigen eine eher plättchenartige feiner unterteilte Struktur. Aus diesem Grund können beim Aufdampfen dünner CdS-Schichten Risse in den Schichten und abgeschattete, nicht bedeckte Bereiche auf dem CuInSe$_2$ entstehen. Deshalb verwendet man bevorzugt die chemische Abscheidung, da sich die damit gebildeten Schichten an die Substratmorphologie anpassen. Der Abscheidungsprozeß besteht aus drei Teilschritten; man verwendet für die Abscheidung einen Cd-Komplex und Thioharnstoff als S-Quelle in wäßriger Lösung. Der erste Teilschritt beinhaltet die Diffusion der reaktiven Spezies zur Oberfläche des CuInSe$_2$-Films. Nachfolgend finden die Adsorption von Cd^{2+} an der Oberfläche und dessen Weiterrreaktion mit Thioharnstoff zu CdS statt [12]:

$$\text{Cd}(\text{NH}_3)_n^{2+} \longleftarrow \text{Cd}_{\text{OF}}^{2+} + n(\text{NH}_3).$$

Der Cd-Ammoniak-Komplex zersetzt sich an der Oberfläche und bildet eine Oberflächenbindung zum Substrat (hier mit dem Index OF bezeichnet). In der zweiten Teilreaktion erfolgt die Bindung von S^{2-} aus der Zersetzung von Thioharnstoff in alkalischer Lösung

$$(\text{NH}_2)_2\text{CS} + \text{OH}^- \rightarrow \text{CH}_2\text{N}_2 + \text{H}_2\text{O} + \text{HS}^-,$$

$$\text{HS}^- + \text{OH}^- \rightarrow \text{S}^{2-} + \text{H}_2\text{O}.$$

Dabei wird die Hydroxylgruppe zu Wasser oxidiert und Schwefel reduziert. Auf diesem simultanen Ablauf von Oxidations- und Reduktionsreaktion basieren stromlos verlaufende Abscheidereaktionen, die industriell vielfältig Verwendung finden (Galvanisieren). Der nächste Schritt besteht in der Reaktion von S^{2-} mit dem an der Oberfläche angelagerten Cd^{2+}:

$$\text{Cd}_{\text{OF}}^{2+} + \text{S}_{\text{solv}}^{2-} \rightarrow \text{CdS}.$$

Die Gesamtreaktion lautet demnach

$$\text{Cd}(\text{NH}_3)_n^{2+} + (\text{NH}_2)_2\text{CS} + 2\text{OH}^- \rightarrow \text{CdS} + \text{CH}_2\text{N}_2 + 2\text{H}_2\text{O} + (\text{NH}_3)_n.$$

Aus der Temperaturabhängigkeit der Wachstumsrate der CdS-Filme ergibt sich eine recht hohe Aktivierungsenergie von 0.8 eV – 0.9 eV, die mit der Zersetzung von Thioharnstoff begründet wird. Untersuchungen zum Zusammenhang von spektraler Empfindlichkeit, Dicke der CdS-Schicht, Füllfaktor und Leerlaufspannung an kompletten Strukturen ZnO-CdS-CuInSe$_2$ ergeben eine optimale Schichtdicke im Bereich von 30 nm.

Als leitende Schicht für den Frontkontakt wird ZnO verwendet. ZnO besitzt eine Energielücke von 3.3 eV, jedoch ist das Absorptionsverhalten im langwelligen Bereich ($\lambda > 1000$ nm) stark abhängig von der Ladungsträgerkonzentration. Ist diese zu hoch, so sinkt die Transmission in diesem Bereich aufgrund der Absorption freier Ladungsträger drastisch. Andererseits ist eine gute Leitfähigkeit zur Ladungsträgersammlung nötig, und wegen der vergleichsweise geringen Beweglichkeit der Elektronen in diesem Material ($\mu \approx 40$ cm^2/Vs) muß diese durch eine hohe Dotierung erzielt werden. Da CuInSe$_2$ im Bereich von 1300 nm beginnt zu absorbieren, ist ein Kompromiß zur Einstellung der optima-

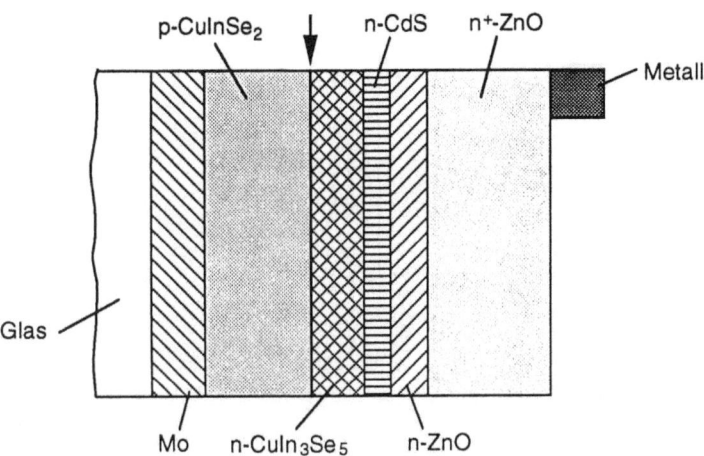

Abb. 4.19. Schema des strukturellen Aufbaus moderner Dünnschichtsolarzellen auf CuInSe$_2$-Basis; der Pfeil kennzeichnet die vermutete Lage des gleichrichtenden Kontaktes

len Schichtdicke notwendig. Um Leitfähigkeiten im Bereich $\sigma > 10^3 (\Omega\mathrm{cm})^{-1}$ zu erzielen, sind Ladungsträgerkonzentrationen von $n > 10^{20}\mathrm{cm}^{-3}$ nötig. Bei $\lambda = 1400$ nm ist die Transmission einer solchen ZnO-Schicht dann auf etwa die Hälfte des Wertes bei kürzeren Wellenlängen (80% Transmission) abgesunken. Eine Dicke der dotierten ZnO-Schicht von etwa 300 nm mit einer Leitfähigkeit um 800 $(\Omega\mathrm{cm})^{-1}$ ergibt vergleichsweise gute Werte in der spektralen Ausbeute entsprechender p-CuInSe$_2$/n-CdS/ZnO Bauteile. Dabei zeigt sich, daß es von Vorteil ist, zunächst eine nicht dotierte Zwischenschicht aus ZnO mit hohem Widerstand aufzusputtern. Sie wird durch RF-Kathodenzerstäubung von einem ZnO-Target in einer gemischten O$_2$/Ar-Atmosphäre präpariert. Die besten Kenndaten für Solarzellen erhält man für Schichtdicken (des nominell undotierten Teils des ZnO-Films) um 50 nm und Leitfähigkeiten $\sigma < 10^{-4}(\Omega\mathrm{cm})^{-1}$. Damit ergibt sich der in Abb. 4.19 dargestellte Aufbau der Struktur. Das CdS ist demzufolge nicht als der Heterostrukturpartner anzusehen. Diese Funktion hat die Verbindung n-CuIn$_3$Se$_5$ innerhalb des Schichtaufbaus übernommen. In der Abbildung 4.20 wird die mit einer solchen Konfiguration erzielte spektrale Quantenausbeute, in Abb. 4.21a die Leistungscharakteristik gezeigt. Unter simulierten AM1.5 Bedingungen ergibt sich ein Wirkungsgrad von $\eta = 12.8\%$. Für diese Zelle wurde CdS aus einem CdJ$_2$-Bad abgeschieden. Außerdem wurde als Antireflexschicht MgF$_2$ auf die oberste Schicht (vgl. Abb. 4.20) aufgebracht. Die hier gezeigten Daten entsprechen noch nicht dem gegenwärtig erreichten Stand hinsichtlich der Effizienz, und es stellt sich die Frage, welche Änderungen man vornehmen könnte, um den Wirkungsgrad weiter zu verbessern. Dazu zählt eine Verbesserung der Filmqualität, d.h. Reduzierung von Verlustprozessen an Korngrenzen, die Vergrößerung der Kristallite und eine einheitlichere Ausrichtung der Körner in der bevorzugten Wachstumsrichtung, sowie weitere Optimierungen der Beschichtung mit CdS und ZnO.

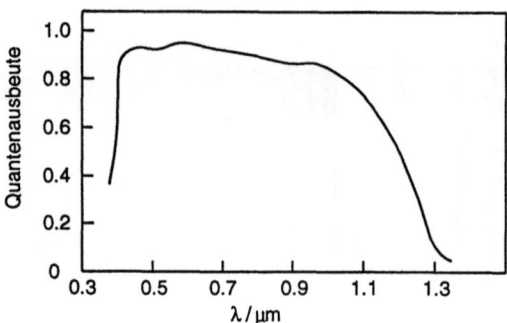

Abb. 4.20. Spektraler Verlauf der Quantenausbeute einer optimierten CdS/CuInSe$_2$-Dünnschichtsolarzelle

Hinsichtlich der Verbesserung der Filmqualität ist der Einfluß der Substrate auf die Wachstumseigenschaften von Bedeutung. So zeigt sich, daß bereits die Art des verwendeten Glases signifikante Änderungen der Filmmorphologie bewirkt. Auf Borsilikatglas-Mo-Substraten ist beispielsweise die bevorzugte Wachstumsrichtung ⟨112⟩ um mehr als den Faktor 10 geringer ausgeprägt als auf sog. soda-lime-Glas. Man vermutet, daß dies mit den unterschiedlichen thermischen Ausdehnungskoeffizienten zusammenhängt. Für die Komponenten Borsilikatglas, CuInSe$_2$ und soda-lime Glas sind die entsprechenden Werte 4.5 ppm/K – 8 ppm/K – 10 ppm/K. Die auf soda-lime-Glas aufgebrachten CuInSe$_2$-Schichten sind demzufolge einem kompressiven Streß ausgesetzt, da das Substrat sich weniger stark ausdehnt als der photoaktive Film. Tatsächlich findet man bei Schichten, die auf Borsilikatglas aufgebracht wurden, eine größere Anzahl von Rissen und Hohlräumen, die durch Dehnungsstreß erklärt werden. Die Textur des CuInSe$_2$ wird besonders ausgeprägt werden, wenn die Beschichtung bei einer Substrattemperatur von etwa 480°C unterbrochen wird. Nachfolgendes Heizen bis 550°C verbessert die Eigenschaften weiter.

Das Problem der Verunreinigung der CuInSe$_2$-Filme mit Fremdsubstanzen wurde bisher nicht betrachtet, da Ausgangsmaterialien hoher Reinheit zum Aufdampfen verwendet wurden. Überraschenderweise ergeben Tiefenprofilanalysen mit UHV-Oberflächentechniken wie SIMS (*S*ekundär-*I*onen-*M*assenspektroskopie) einen deutlichen Mo-Anteil in den CuInSe$_2$-Filmen und einen bis zu 10 at% hohen Gehalt an Na für Filme, die auf soda-lime-Glas hergestellt wurden. Die Rolle des Na auf das Filmwachstum, die optoelektronischen Eigenschaften und das Kontaktverhalten sind bisher unklar.

Die empirischen Versuche in Bezug auf Verbesserungen der Frontkontaktschicht beziehen sich auf geänderte Schichtdicken der intrinsischen und n$^+$-dotierten ZnO-Struktur. Gegenüber den zur Abb. 4.21a gehörigen Werten wurde die 50 nm dicke intrinsische Schicht (die Dicke bleibt unverändert) in einer Mischung von Ar-20%O$_2$ gesputtert, und die hochdotierte Schicht wurde auf eine Dicke von 0.3 µm verringert. Die Solarzellen wurden mit einer MgF$_2$-AR-Schicht versehen. Eine typische Kennlinie ist in Abb. 4.21b gezeigt. Unter simulierten *AM*1.5

4.4 Ternäre Chalkopyrite (CuInSe$_2$ und CuInS$_2$)

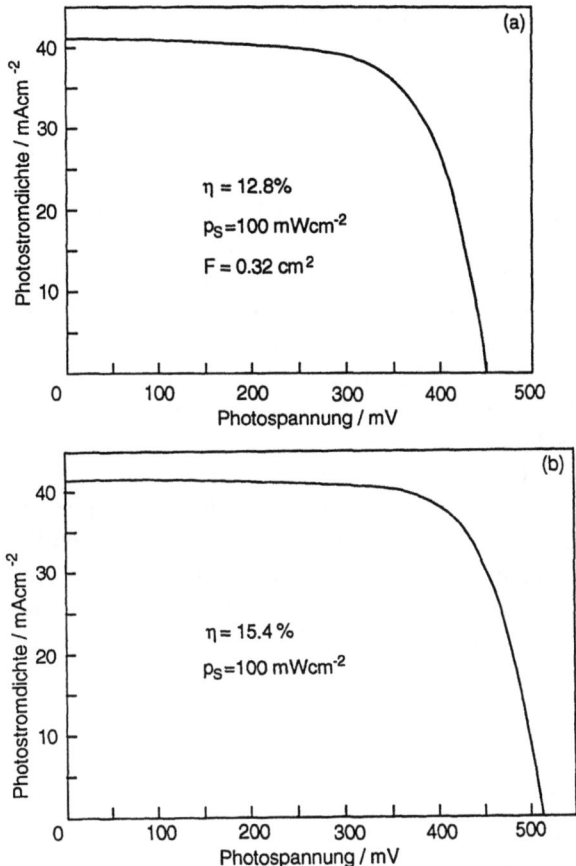

Abb. 4.21a,b. Leistungscharakteristik einer ZnO/CdS/CuInSe$_2$-Solarzelle entsprechend dem Aufbau in Abb. 4.19 (**a**); mit modifiziertem Frontkontakt und MgF$_2$-AR-Schicht (**b**)

Bedingungen wird der beachtliche Wirkungsgrad von $\eta = 15.4\%$ erreicht [13]. Über die Fläche der Proben wurden keine Angaben gemacht. Es liegt nahe, daß ähnlich große Zellen wie in Abb. 4.21a gezeigt (0.3 cm^2) verwendet wurden.

Wenn gute Stabilität auf größeren Flächen erreicht werden kann, sind Solarzellen auf CuInSe$_2$-Basis eine interessante Alternative zu den existierenden polykristallinen und amorphen Dünnschichtstrukturen, trotz der Giftigkeit des Selens. Weitere Erhöhungen des Wirkungsgrades können durch quaternäre Mischungen Cu (In, Ga) (Se, S)$_2$ erwartet werden, die größere Energielücken aufweisen und damit näher am Maximum des theoretisch erwarteten Wirkungsgrades liegen. Mit Cu(In, Ga)Se$_2$-Dünnschichtsolarzellen wurden bereits Wirkungsgrade von knapp 17% berichtet.

4.4.6 Effiziente Dünnschichtsolarzellen mit $CuInS_2$

Vorbetrachtungen. Die Verbindung $CuInS_2$ gehört ebenfalls zur Familie der Chalkopyrite. Gegenüber dem Selenid-Analog ist die Energielücke mit $E_g = 1.54$ eV bei Raumtemperatur besser an das Sonnenspektrum angepaßt, so daß im Prinzip höhere Wirkungsgrade erreicht werden könnten. Zudem bedeutet das Ersetzen des Selens durch Schwefel eine Verbesserung bezüglich der Ungiftigkeit der Verbindung. Trotz dieser Vorteile sind die mit kristallinem sowie aufgedampftem $CuInS_2$ erzielten Wirkungsgrade über viele Jahre hinweg deutlich begrenzt geblieben. Erst 1986 gelang es, mit In-reichem $CuInS_2$ in einer elektrochemischen Solarzelle (s. Kap. 5) einen Wirkungsgrad von knapp 10% in natürlichem Sonnenlicht zu erzielen [14]. Mit Dünnschicht-$CuInS_2$ wurde 1988 ein Wirkungsgrad von $\eta = 7.3\%$ berichtet [15]. Allerdings besaßen diese Solarzellen bereits eine Antireflex-Schicht, so daß die Wirkungsgrade nicht direkt verglichen werden können. Da die effizienten photoaktiven Kristalle und Schichten aus einem mehrphasigen Gemisch bestanden, wurden in der Folge umfangreiche Untersuchungen zu den Phasenbeziehungen im Cu-In-S-System durchgeführt. In Abbildung 4.22 ist als Ergebnis das zur Zeit bekannte Raumtemperatur-Phasendiagramm dargestellt. Es wurde aus Röntgenbeugungsdaten sowie Messungen mit nuklearen Sondenmethoden gewonnen [16]. Wegen der anfänglich ermutigenden Ergebnisse konzentrierten sich die Arbeiten zunächst auf den In-

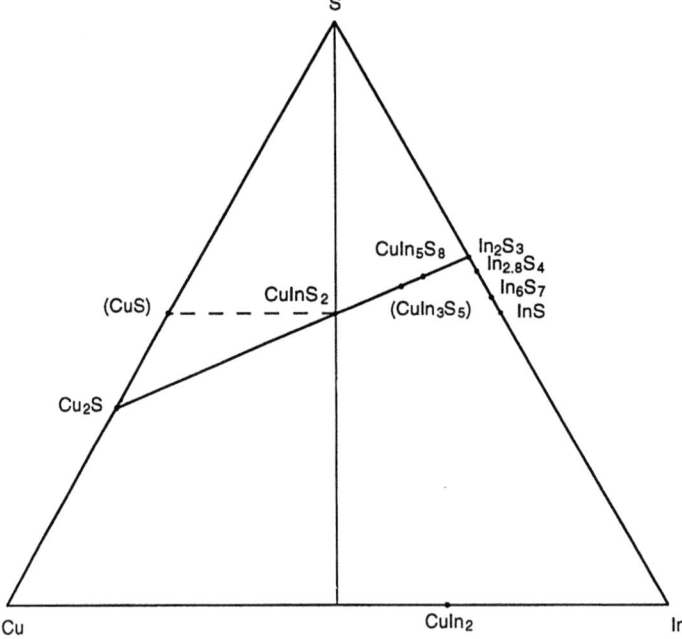

Abb. 4.22. Raumtemperatur-Phasendiagramm im Cu-In-S-System, erhalten aus Röntgenbeugungsexperimenten und mit nuklearen Sondenmethoden; die in Klammern gesetzten Verbindungen wurden bei dünnen Schichten nach Abkühlen gefunden

4.4 Ternäre Chalkopyrite (CuInSe$_2$ und CuInS$_2$)   181

reichen Bereich des Phasendiagramms, allerdings ohne ähnliche Erfolge, sowohl in der Kristallzucht als auch in der Präparation thermisch aufgedampfter Filme. Erst mit kombinierten elektronenmikroskopischen und oberflächenanalytischen (Photoelektronenspektroskopie)-Untersuchungen gelang es, einen Zusammmenhang zwischen Herstellung, Stöchiometrie und photoelektrischen Eigenschaften herzustellen.

Oberflächenstöchiometrie und Phasenbildung. Wird CuInS$_2$ unter konstanten Bedingungen bezüglich Aufdampfrate, Substrattemperatur und S-Partialdruck in einer 3-Tiegel-Anordnung hergestellt [17], so zeigen die aus der Kammer entnommenen Filme zwei deutlich mit dem Auge unterscheidbare Oberflächen. Die Flächen sind durch eine scharfe Grenze voneinander getrennt. Dabei ist die Cu-reiche Seite vergleichsweise matt und leicht bläulich, wohingegen der In-reiche Bereich durch eine blauschwarz glänzende Erscheinung geprägt ist. Rasterelektronenmikroskopische Aufnahmen (Abb. 4.23) zeigen einen ausgeprägten Unterschied in der Textur der Schichten: die Cu-reichen Schichten sind aus etwa 1 - 2 μm großen Kristalliten aufgebaut und besitzen eine Rauhigkeit von ungefähr 0.5 μm (s. Abb. 4.23a), die In-reichen Partien bestehen aus eng gepackten Plättchen mit einer Dicke von etwa 0.1 μm (Abb. 4.23b), die die Oberfläche glatt erscheinen lassen. Die beobachtete morphologische Grenze entspricht der Zusammensetzung In/(In + Cu) = 0.50, gemessen mit energiedispersiver Röntgenfluoreszenz (EDS), die hier wegen der Eindringtiefe der Elektronen und der Austrittstiefe der Röntgenstrahlen als Verfahren zur Bestimmung der Volumenstöchiometrie angesehen werden kann. Die morphologische mit dem Auge erkennbare Grenze trennt demnach den In-reichen vom Cu-reichen Bereich hinsichtlich der Volumenstöchiometrie. Die Zusammensetzung der Proben im oberflächennahen Bereich kann mit Röntgenphotoemission gemessen werden. Die Anregung ist üblicherweise MgK$_\alpha$-

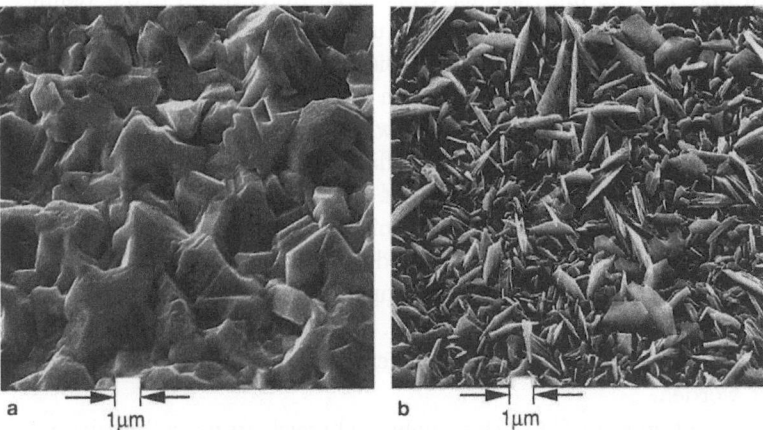

Abb. 4.23a,b. Rasterelektronenmikroskopische Aufnahmen von Cu-reichen (**a**) und In-reichen (**b**) CuInS$_2$-Schichten

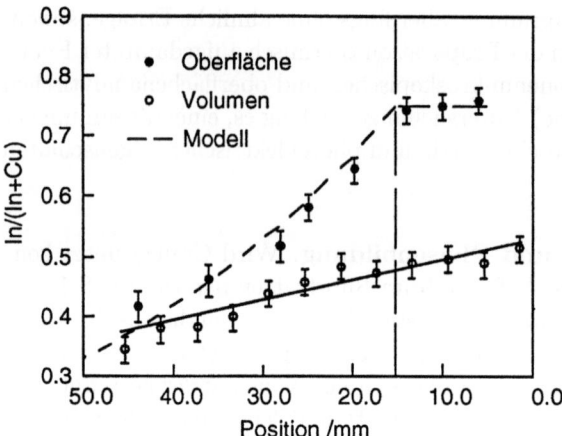

Abb. 4.24. Oberflächen- und Volumenzusammensetzung einer CuInS$_2$-Schicht in Abhängigkeit von der Probenposition

Strahlung mit $h\nu = 1256$ eV. Die Austrittstiefe der aus kernnahen Elektronenschalen angeregten ungestreuten Elektronen beträgt 30 – 50 Å, wodurch die Oberflächenempfindlichkeit des Verfahrens gegeben ist. Ergebnisse der Messungen mit EDS (*E*nergie*d*ispersive Röntgenfluoreszenz*s*pektroskopie; Volumeneigenschaft) und XPS (Oberflächenzusammensetzung) über dem Substratort sind in Abb. 4.24 aufgetragen. Die senkrechte Linie kennzeichnet die mit dem Auge sichtbare Morphologie-Grenze. Es wird deutlich, daß bei $x = 16$ mm die Volumenstöchiometrie (s. oben) den Wert 0.5, d.h. [Cu] = [In] ergibt. Die Abbildung zeigt jedoch, daß die Zusammensetzung im oberflächennahen Bereich ganz anders ist. Bis weit über $x = 30$ ist die Oberfläche In-reich. Demzufolge sind Schichten, die von der Volumenzusammensetzung Cu-reich sind (zwischen $x = 16$ mm und $x = 32$ mm) an der Oberfläche In-reich. Es findet demnach offensichtlich Phasensegregation, d.h. die Ausscheidung von Fremdphasen, die nicht räumlich isotrop verteilt sind, statt. Dies gilt auch für den In-reichen Teil der Filme ($x < 16$ mm), für den mit In/(In + Cu) = 0.75 ein sehr deutlicher In-Überschuß an der Oberfläche gefunden wird. Dieser Wert des Konzentrationsverhältnisses der Kationen an der Oberfläche entspricht der Zusammensetzung CuIn$_3$S$_5$. Für den Spinell CuIn$_5$S$_8$ (s. auch Abb. 4.22) ergäbe sich der Wert 0.85. Dessen Bildung tritt offenbar nicht auf, denn mit zunehmendem In-Gehalt im Volumen (Abb. 4.24) bleibt der Wert für In/(In + Cu) an der Oberfläche praktisch konstant. Diese Sättigung ist ein Hinweis für die Bildung einer zusätzlichen Phase an der Oberfläche. Allerdings ist diese Phase anders, als bei dem Selenid-Analogon, bisher nicht eindeutig mit Röntgenbeugung u.ä. identifiziert worden.

Um die Phasenbildung im Cu-reichen Volumenbereich zu charakterisieren, betrachten wir die Stöchiometrieabweichung von dem binären Schnitt Cu$_2$S–In$_2$S$_3$ in Abb. 4.22. Sie ist definiert als

4.4 Ternäre Chalkopyrite (CuInSe$_2$ und CuInS$_2$)

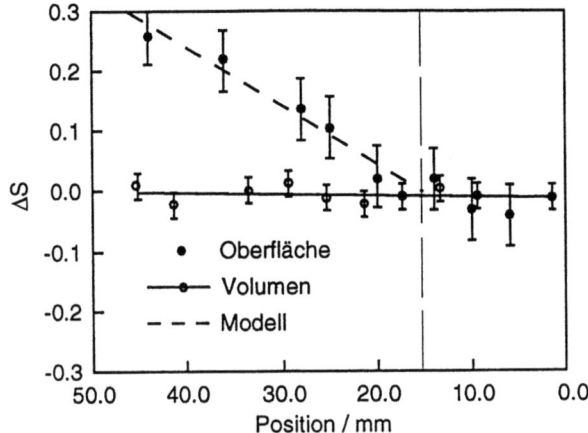

Abb. 4.25. Vergleich von Oberflächen- und Volumenstöchiometrieabweichungen dünner CuInS$_2$-Filme in Abhängigkeit von der Probenposition

$$\Delta S = \frac{2[S]}{[Cu] + 3[In]} - 1.$$

Bleibt man mit der Stöchiometrie auf der Linie Cu$_2$S − CuInS$_2$ − In$_2$S$_3$, so ist $\Delta S = 0$. Für die Ergebnisse der Abb. 4.24 ist ΔS für die Oberflächen- und Volumenzusammensetzung in Abb. 4.25 aufgetragen. Während die Volumenzusammensetzung bei $\Delta S = 0$ im In-reichen wie Cu-reichen Gebiet bleibt, zeigt sich eine deutliche Abweichung im Cu-reichen Bereich in der Oberflächenzusammensetzung. Bereits für In/(In + Cu) = 0.4 ist $\Delta S = 0.25$. Es handelt sich also um eine ausgeprägte Abweichung, für die eine Verbindung wie CuS (hier wäre $\Delta S = 1$) in Frage kommt. Da die Oberfläche im Cu-reichen Gebiet insgesamt über einen weiten Bereich In-reich bleibt, stellt sich das Problem, die Abweichung ΔS mit einer Cu-reichen und einer In-reichen Phase zu erklären. Dabei muß insgesamt der In-Anteil überwiegen. Da für CuIn$_3$S$_5$ ebenfalls wie für CuInS$_2$ $\Delta S = 0$ gilt, kann die in Abb. 4.25 gezeigte Abweichung auf die Gegenwart von CuS bei Vorhandensein von CuIn$_3$S$_5$ zurückgeführt werden. Nimmt man an, daß Inseln von CuS auf oder in CuIn$_3$S$_5$ Schichten, die auf CuInS$_2$ gebildet werden, vorhanden sind, so läßt sich die Oberflächenzusammensetzung als Summe der Konzentrationen von CuIn$_3$S$_5$ und CuS schreiben. Dabei zeigt sich, daß über den gemessenen Bereich die Daten ΔS über dem Konzentrationsverhältnis In/(In + Cu) an der Oberfläche über Summen der Form $\Delta S = \Delta S(\text{CuIn}_3\text{S}_5)_{(1-y)} + \Delta S(\text{CuS})_y$ in sehr guter Näherung dargestellt werden können. Eine entsprechende Kurve ist in Abb. 4.26 gezeigt. Die Annahme einer geschlossenen CuS-Schicht wurde als weniger plausibel angesehen, da sie eine mittlere Dicke von 6 Å besitzen würde, woraus sich der leicht bläuliche Glanz, sichtbar mit dem Auge, kaum erklären ließe. Außerdem ergibt die Anpassung der XP-Spektren im Modell einer geschlossenen Schicht eine deutlich geringere Übereinstimmung mit den experimentellen Werten der Abb. 4.26. In

184   4. Dünnschichtsolarzellen

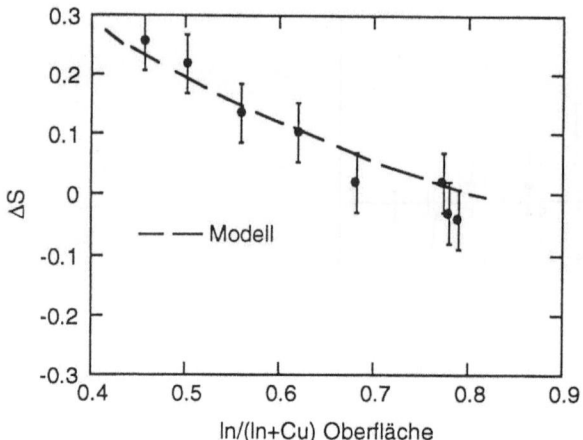

Abb. 4.26. Oberflächenstöchiometrieabweichung von $CuInS_2$-Filmen als Funktion des Kationenverhältnis

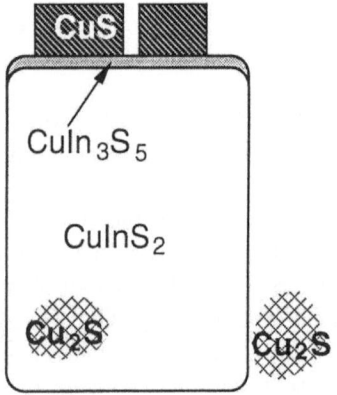

Abb. 4.27. Mikrostrukturmodell einer Cu-reich präparierten $CuInS_2$-Schicht

Abbildung 4.27 ist ein Schema des Strukturaufbaus Cu-reicher Proben links der morphologischen Grenze gezeigt. Es stellt sich nun die Frage, wie sich ein derartiges Phasengemisch elektronisch verhält und welche Ansätze zur Optimierung verfolgt werden können.

Elektronische Oberflächeneigenschaften. Bei Abwesenheit von Fremddotierung bestimmt die Zusammensetzung der Proben den Leitfähigkeitstyp. Oberhalb des pseudo-binären Schnittes $Cu_2S-In_2S_3$ (s. Abb. 4.22) geht man von p-Leitung aus, unterhalb wird n-leitendes Verhalten erwartet. Dies bedeutet, daß die Lage des Ferminiveaus von der Zusammensetzung der Proben abhängen sollte. Mit ultravioletter Photoelektronenspektroskopie (UPS) bei der mit Licht der Energie $h\nu = 21.2$ eV (He I) bzw. 40.8 eV (He II) angeregt wird, läßt sich aus dem energetischen Abstand zwischen Einsatz der Photoemission von

4.4 Ternäre Chalkopyrite (CuInSe$_2$ und CuInS$_2$)

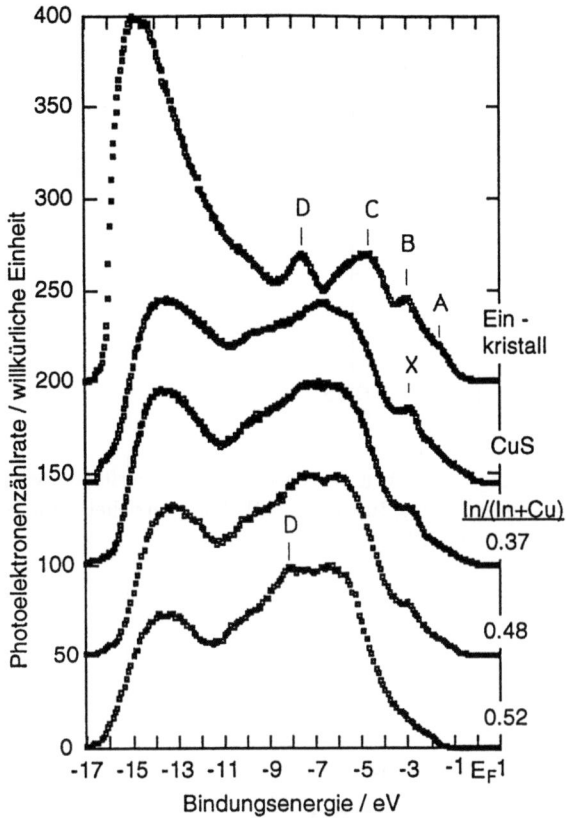

Abb. 4.28. UP-Spektren von CuInS$_2$-Schichten (CIS) verschiedener Zusammensetzung In/(In + Cu) im Vergleich mit CuS und kristallinem CIS. Anregungsenergie: 21.2 eV (He I)

der Valenzbandoberkante und der durch die Apparatur vorgegebenen energetischen Lage des Ferminiveaus als Referenzenergie der Abstand $|E_F - E_V|$ messen [18]. Die Abbildung 4.28 zeigt eine solche Spektrensequenz für drei Werte des In/(In + Cu)-Verhältnisses sowie für CuS. Man erkennt, daß für CuS und für Cu-reiche Proben das Ferminiveau dicht an der Valenzbandoberkante liegt, während für In/(In + Cu) = 0.52 der Abstand $|E_F - E_V|$ größer als 1 eV ist. Auch sieht man, daß die im UP-Spektrum des CuS mit X bezeichnete Struktur in den Cu-reichen, nicht aber in den In-reichen Schichten gefunden wird. Eine Auswertung der Änderung der Lage des Ferminiveaus mit dem normierten Kationenverhältnis ist für einen größeren Bereich in Abb. 4.29 gezeigt. Hier ist das normierte Kationenverhältnis der mit REM (Rasterelektronenmikroskopie) bestimmten Zusammensetzung im Volumen aufgetragen (vgl. Abb. 4.24, 4.25). Mit der Änderung der Stöchiometrie von In-reich nach Cu-reich (In/(In + Cu) = 0.5) ist ein drastischer Sprung des Ferminiveaus verbunden. Im Volumen In-reiche Filme sind n-leitend ($E_F - E_V \approx 1.3 - 1.45$ eV). Cu-reiche

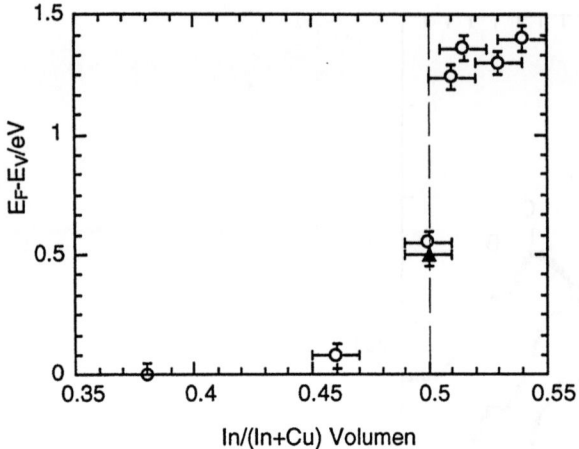

Abb. 4.29. Relative energetische Lage des Ferminiveaus an der Oberfläche von CIS-Schichten verschiedener Zusammensetzung In/(In + Cu). Die gestrichelte Linie kennzeichnet die ideale Stöchiometrie von CIS

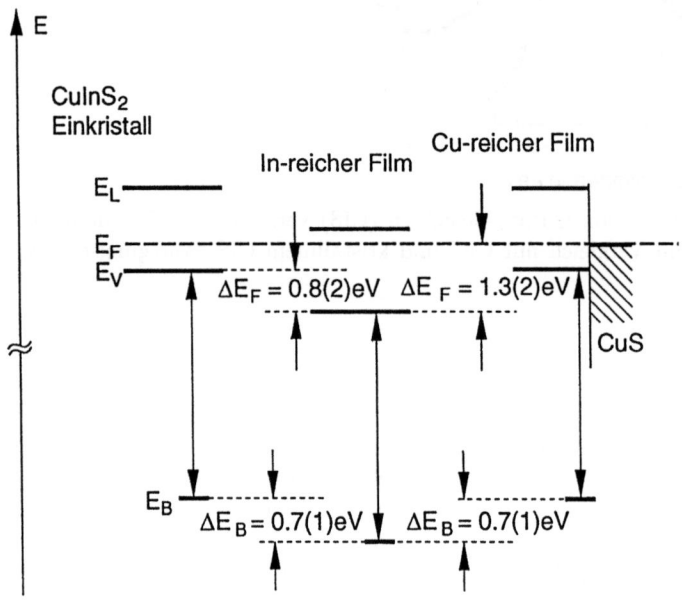

Abb. 4.30. Relative Lage der Bandkanten und Rumpfelektronenniveaus E_B von CIS-Filmen verschiedener Zusammensetzung und einer kristallinen CIS-Probe im oberflächennahen Bereich

4.4 Ternäre Chalkopyrite (CuInSe$_2$ und CuInS$_2$)

sind stark p-leitend, da E_F hier praktisch am Valenzbandmaximum liegt. Für stöchiometrische Proben liegt E_F etwa 0.5 eV oberhalb von E_V, das auf leicht p-leitenden Charakter hinweist. Neben der Analyse des energetischen Abstands $E_F - E_V$ können die entsprechenden Verschiebungen der kernnahen Niveaus Cu 2p, In 3d und S 2p bestimmt werden. Ein Vergleich mit einkristallinem CuInS$_2$ zeigt, daß für In-reiche Filme ($E_F - E_V \approx 1.3$ eV) die entsprechende Verschiebung der Kernniveaus gefunden wird, jedoch nur eine Verschiebung von $\geq \Delta E_B \approx 0.7$ eV zwischen den In-reichen und Cu-reichen Filmen gefunden wird, obwohl man $\Delta E_B = 1.3$ eV erwarten würde. Dies ist ein starker Hinweis darauf, daß der Einsatz der Photoemission Cu-reicher Filme nicht vom Valenzband des CuInS$_2$ herrührt, sondern von CuS. Die energetischen Zusammenhänge zwischen Einkristall, Cu- und In-reichen Schichten sind in Abb. 4.30 schematisch dargestellt. Für den leicht p-leitenden Kristall ist eine Struktur bei E_B unterhalb des Valenzbandes angenommen worden. Für den In-reichen Film liegt wegen des Unterschiedes der Ferminiveaus die Valenzbandkante um den Wert ΔE_F verschoben. Entsprechend ist die Energie, bei der die Emission aus E_B gemessen wird (z.B. In 3d), um $\Delta E_B \approx \Delta E_F$ verschoben. Für den Cu-reichen Film erwartet man wegen $\Delta E_F \approx 1.3$ eV eine Verschiebung der Niveaus E_B um diesen Betrag. Tatsächlich wird $\Delta E_B \approx 0.7$ eV beobachtet. Dies kann erklärt werden durch den Einsatz der Photoemission von CuS, wodurch eine andere energetische Lage der Position des Ferminiveaus in Cu-reichem CuInS$_2$ vorgetäuscht wird. Offenbar ist der Einsatz der Valenzbandphotoemission des CuInS$_2$ unter dem des CuS verborgen, und es besteht eine Valenzbanddiskontinuität. Diese Untersuchungen zeigen wie aussagekräftig oberflächenanalytische Charakterisierungen für die Beschreibung der elektronischen Verhältnisse in Halbleiterstrukturen sein können.

Die Entwicklung effizienter Solarzellen. Wie aus Abb. 4.30 ersichtlich ist, bewirkt die Gegenwart des CuS sowohl eine Verringerung der Kontaktpotentialdifferenz mit einem n-leitenden Heterostrukturpartner als auch, aufgrund der hohen Dotierung, eine Verringerung der Lebensdauer im Bereich der Oberfläche. Metallchalkogenide wie CuS können in zyanidhaltigen Lösungen gelöst werden, wobei das Kupfer Zyanokomplexe bildet. Das unterliegende CuInS$_2$ bzw. die In-reiche Phase werden offenbar nicht angegriffen. Das bedeutet, daß das durch den Cu-Überschuß entstandene CuS selektiv durch Ätzen entfernt werden kann. Aus den Photoelektronenspektren ist ersichtlich, daß sich CuS im Bereich der Oberfläche befindet (s. Abb. 4.26 - 4.28). Wäre dies nicht der Fall, so bestünde die Gefahr, daß beim Ätzen von CuS Löcher im Film entstehen, die bis zum Mo-Rückkontakt reichen und bei nachfolgender Kontaktierung zu Kurzschlüssen führen. Dieses Verhalten wird nicht beobachtet, wodurch die schematische Darstellung zur Phasensegregation in Abb. 4.27 zusätzliche Unterstützung findet. Nach dem Ätzen in alkalischer KCN-Lösung entsprach die Zusammensetzung der Filme innerhalb der Nachweisgrenzen der energiedispersiven Röntgenfluoreszenz der Stöchiometrie von CuInS$_2$. Die Heterostruktur wurde dann durch Tauchabscheidung von CdS — wie bei den CuInSe$_2$ Solarzellen beschrieben – gebildet. Anschließend wurden Al-dotierte ZnO Schichten als leitendes Oxid

188   4. Dünnschichtsolarzellen

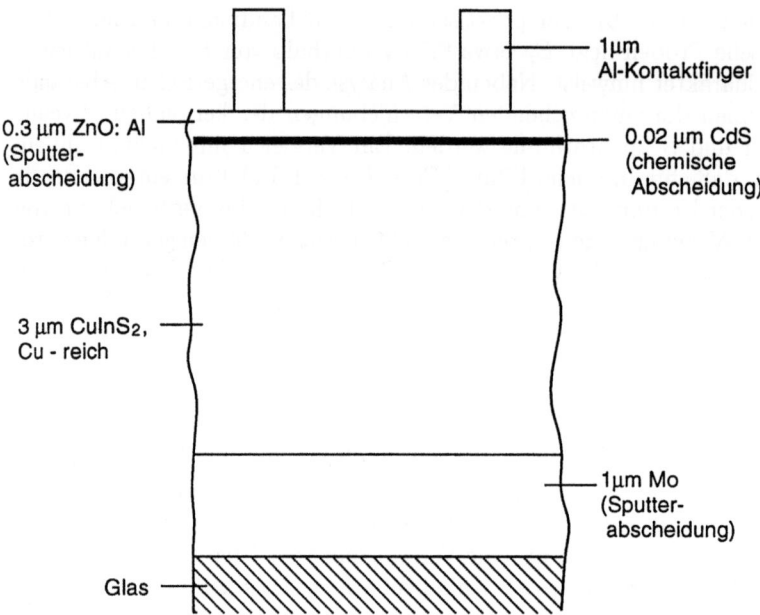

Abb. 4.31. Schematischer Aufbau einer effizienten Solarzelle mit CuInS$_2$

durch Kathodenzerstäubung aufgebracht. Als letztes wurden Al-Fremdkontakte angebracht. Auf eine Antireflexionsschicht (wie MgF$_2$ bei CuInSe$_2$) wurde bei den ersten Versuchen noch verzichtet. Ein Schema des Strukturaufbaus mit Angabe der Dicken der jeweiligen Bestandteile ist in Abb. 4.31 gezeigt. Man erkennt, daß im Gegensatz zum CuInSe$_2$ der photoaktive Übergang an der CuInS$_2$/CdS Grenzfläche lokalisiert zu sein scheint, d.h. hier handelt es sich um eine vermutlich echte Heterostruktur zwischen CuInS$_2$ und CdS, während bei CuInSe$_2$ ein vergrabener p-n-Übergang vorzuliegen scheint. Eine typische Strom-Spannungscharakteristik bei Belichtung ist in Abb. 4.32 aufgetragen. Für simulierte AM1.5 Bedingungen ergibt sich ein Wirkungsgrad von 10.2%, der nachfolgend auf 10.9% verbessert werden konnte [19]. Die spektrale Charakteristik (s. Abb. 4.33) zeigt eine Quantenausbeute von etwa 0.8 über einen recht weiten Wellenlängenbereich. Zu kürzeren Wellenlängen ($\lambda < 500$ nm) macht sich die Absorption des CdS bemerkbar. Hier wäre die Erweiterung des Bereiches der spektralen Empfindlichkeit durch Wahl eines Heterostrukturpartners mit höherer Energielücke wünschenswert.

Die Auswertung einer Vielzahl von Solarzellen, hergestellt mit unterschiedlicher Stöchiometrie, hinsichtlich der Solarzellencharakteristika V_L, ff und j_K findet man in der Abb. 4.34. Es zeigt sich, daß in einem Bereich Δm (= [Cu]/[In] − 1) von $0.3 \leq \Delta m \leq 0.8$ praktisch kein Unterschied im Wirkungsgrad gefunden wird. Ein Cu-Überschuß zwischen 1.3 : 1 und 1.8 : 1 ist demnach ohne erkennbaren Einfluß auf die Kenndaten. Dies liegt offensichtlich daran, daß die zusätzlich gebildete Kovellit Phase (CuS) in diesem Zusammensetzungsbereich durch

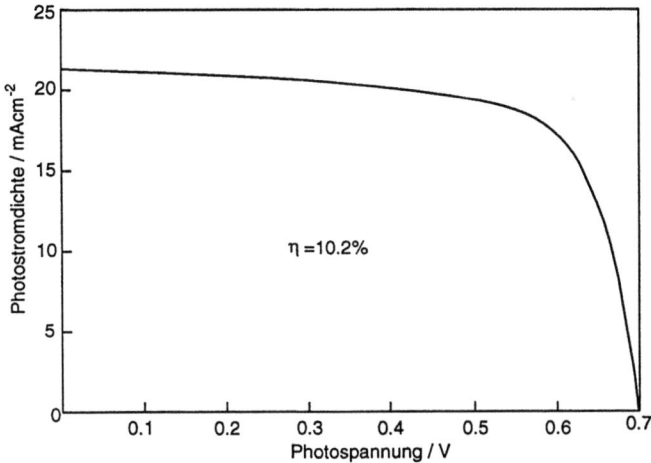

Abb. 4.32. Leistungscharakteristik der in Abb. 4.31 dargestellten Solarzelle unter simulierter AM1.5-Beleuchtung (100 mWcm^{-2})

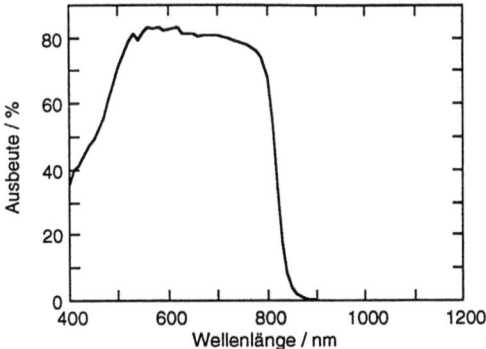

Abb. 4.33. Quantenausbeute einer CuInS$_2$/CdS/ZnO-Solarzelle als Funktion der Wellenlänge

Ätzen entfernt werden kann, ohne daß die Eigenschaften der darunter befindlichen CuInS$_2$ Schicht beeinflußt werden. Folglich ist es bei diesem System nicht nötig, die Stöchiometrie beim Aufdampfen genau einzuhalten. Daher ergibt sich die Möglichkeit, größere Flächen (bisher 0.4 cm^2) ohne wesentliche Verluste zu präparieren. Derartige Versuche werden zur Zeit durchgeführt. Abschließend wird ein Energiebandschema für diese Struktur aufgestellt (Abb. 4.35). Da keine Daten zum Neutralitätsniveau von CuInS$_2$ vorliegen, wurde in erster Näherung vom Anderson-Modell ausgegangen. Wegen der größeren Elektronenaffinität von CdS gegenüber dem CuInS$_2$ ergibt sich eine positive Leitungsbanddiskontinuität. Der Unterschied $\Delta E_L = 0.4$ eV bedeutet eine entsprechende Verringerung der maximal erreichbaren Kontaktpotentialdifferenz; hinzu kommt der jeweilige energetische $E_L - E_F$ (CdS) bzw. $E_F - E_V$ (CuInS$_2$). Damit reduziert sich die Kontaktpotentialdifferenz auf Werte um 1 eV. Hierin vermutet man eine

190   4. Dünnschichtsolarzellen

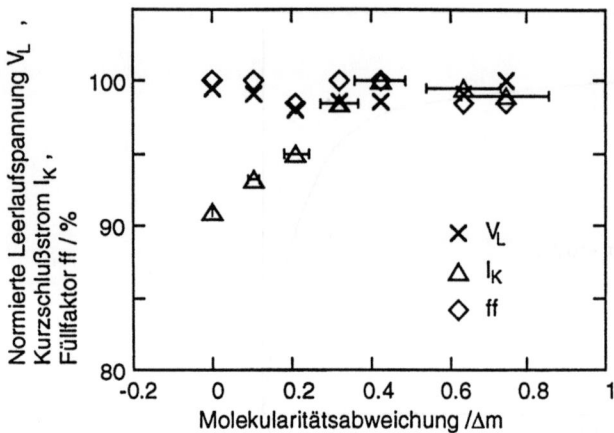

Abb. 4.34. Einfluß der Molekularitätsabweichung Δm ($= [Cu]/[In] - 1$) auf die normierten Parameter einer $CuInS_2/CdS/ZnO$-Solarzelle

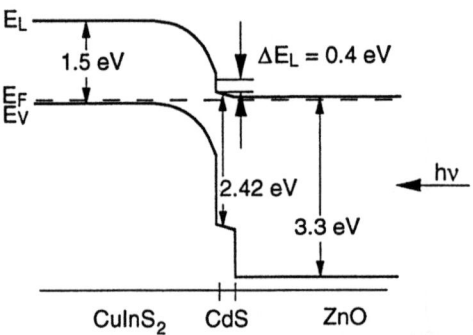

Abb. 4.35. Energiebandschema einer $CuInS_2/CdS/ZnO$-Struktur

der Ursachen für die recht geringe Photospannung von 0.7 V in Abb. 4.32. Bevor genauere Betrachtungen angestellt werden können, sind sowohl theoretische als auch experimentelle Untersuchungen zur Kontaktbildung an Einkristallen im UHV notwendig, die Aussagen über das Vorhandensein und die Lage des Neutralitätsniveaus erlauben.

4.5 Die Galliumarsenid-Solarzelle

4.5.1 Einleitung

Galliumarsenid ist ein direkter Halbleiter und daher aufgrund seines hohen Absorptionskoeffizienten (vgl. Abschn. 2.2.5) ein guter Kandidat für Dünnschichtsolarzellen. Mit einer Bandlücke von $E_g = 1.42$ eV gehört GaAs zu den Halbleitern, mit denen sich theoretisch hohe Wirkungsgrade erzielen lassen. (vgl. Abb.

2.45, Abschn. 2.6.2). Für eine vollständige Absorption des einfallenden Lichtes sind photoaktive Schichten von nur wenigen μm Dicke erforderlich.
Aufgrund des hohen Absorptionskoeffizienten werden sehr viele Elektron-Loch-Paare im oberflächennahen Bereich erzeugt. Sie können nur erfolgreich getrennt werden, wenn sie nicht vorher durch Oberflächenrekombination verloren gehen. Unbehandelte GaAs-Oberflächen weisen in der Regel hohe Oberflächenrekombinationsgeschwindigkeiten ($S > 10^5$ cm/s) auf. Dies macht eine wirksame Passivierung der Oberfläche erforderlich. Hierfür eignen sich Legierungen aus AlAs und GaAs besonders gut: sie weisen ähnliche Gitterkonstanten auf wie GaAs, und ihre Bandlücke läßt sich mit dem Al-Gehalt verändern. Die ersten GaAs-Solarzellen, die als Homojunctions zu Beginn der 60er Jahre gebaut wurden und nicht mit $AlGa_xAs_{1-x}$ passiviert waren, wiesen relativ geringe Wirkungsgrade auf (11% bei AM1-Bedingungen [20]). Demgegenüber besaßen bereits die ersten 1972 entwickelten und mit AlGaAs passivierten Solarzellen einen Wirkungsgrad von mehr als 17% (AM1.5) [21].
Wegen der hohen Lichtabsorption in GaAs sind zwar nur dünne (einige μm dicke) photoaktive Schichten für eine Solarzelle erforderlich; aus Gründen, auf die in Abschn. 4.6.3 näher eingegangen wird, können diese Schichten aber nicht polykristallin auf einem preiswerten Substrat abgeschieden werden. Es ist vielmehr – zur Zeit jedenfalls noch – ein epitaktisches Aufwachsen dieser Schichten auf einkristallinem GaAs-Substrat erforderlich. Für großflächige terrestrische Anwendungen sind GaAs-Solarzellen z.Z. noch zu teuer: die Herstellung eines GaAs-Wafers kostet zehn- bis fünfzehnmal mehr als die eines Siliziumwafers. Wegen der guten Strahlenresistenz eignen sich GaAs-Solarzellen jedoch für den Einsatz in der Raumfahrt. GaAs gilt weiterhin als aussichtsreiches Solarzellenmaterial für Konzentratoranwendungen, da hier die Solarzellenkosten gegenüber den optischen und mechanischen Komponenten eine vergleichsweise geringe Rolle spielen (s. Abschn. 6.2). AlGaAs/GaAs-Solarzellen erreichen gegenwärtig Wirkungsgrade bis zu 25% unter AM1.5-Bedingungen; mit 150 bis 1000fach konzentriertem Sonnenlicht werden über 28% erzielt.

4.5.2 Physikalische Eigenschaften von GaAs und Konzept der AlGaAs/GaAs-Solarzelle

Galliumarsenid, das nach dem CZ-Verfahren (vgl. Abschn. 3.1.3) hergestellt wird, weist in der Regel eine relativ hohe Defektdichte (Versetzungen, Punktdefekte u.a.) auf [22]. Diese begrenzt die Lebensdauer lichterzeugter Minoritätsladungsträger auf den Bereich von Nanosekunden. In defektarmen Schichten, wie man sie z.B. mit Hilfe epitaktischer Verfahren herstellen kann, wird die Lebensdauer durch strahlende Rekombination begrenzt (direkter Halbleiter); hier sind Lebensdauern zwischen $\tau = 1$ ns und 2 μs im Dotierbereich zwischen $1 \cdot 10^{19}$ cm^{-3} und $2 \cdot 10^{15}$ cm^{-3} (vgl. (2.42)) in guter Übereinstimmung mit theoretischen Vorhersagen für strahlende Rekombination gefunden worden [22]. Bei den in der Regel hohen Dotierkonzentrationen in GaAs-Solarzellen

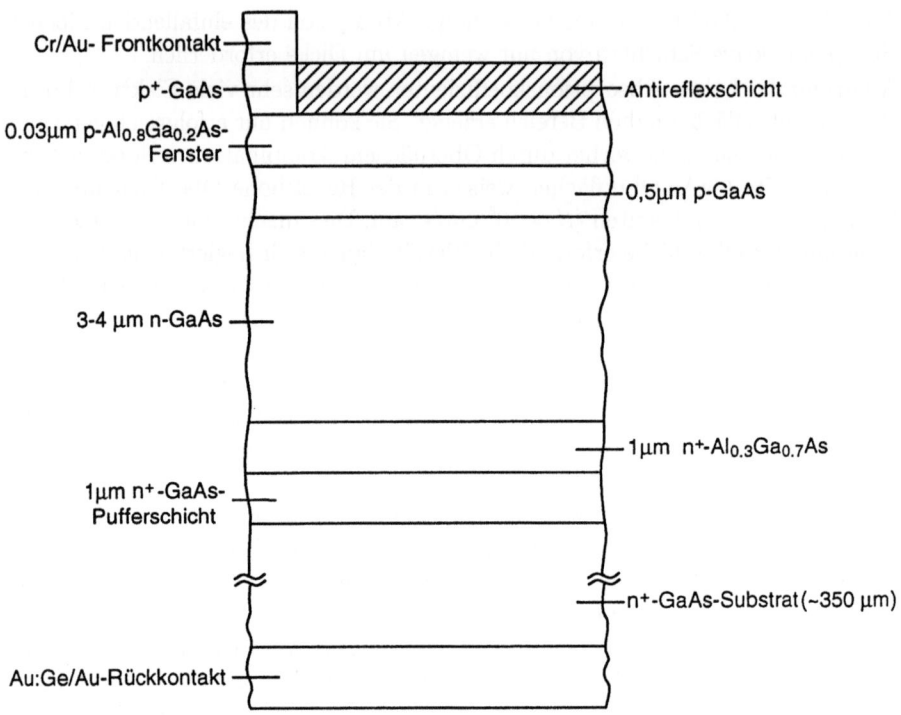

Abb. 4.36. Schematischer Querschnitt durch eine GaAs-Hochleistungssolarzelle

(10^{17}–10^{18} cm^{-3}) bedeutet das, daß auch in guten Materialien die Lebensdauern etwa vier bis fünf Größenordnungen unter denen in Silizium ($\tau \sim 10^{-4}$ s) liegen. Mit Hilfe der Beweglichkeit μ, die für Elektronen 4000 cm^{2}V^{-1}s^{-1} und für Löcher 400 cm^{2}V^{-1}s^{-1} beträgt, lassen sich die Diffusionskonstanten D aus der Einstein-Relation ($\mu/D = e/kT$) bestimmen; die Diffusionslängen L folgen dann aus $L = \sqrt{D\tau}$ (vgl. Abschn. 2.5). Nimmt man $\tau = 5$ ns an, erhält man für die Elektronen $L_n \approx 7\mu$m, für die Löcher $L_p \approx 2\mu$m; dieses Ergebnis entspricht auch den experimentellen Befunden für L_n und L_p im Dotierbereich N_D, $N_A = 10^{17}...10^{18}$cm^{-3} [23]. Trotz der geringen Lebensdauern erhält man also Diffusionslängen, die größenordnungsmäßig den erforderlichen Schichtstrukturen entsprechen: 97% aller Photonen eines AM1-Spektrums werden in einer 2 μm dicken GaAs-Schicht absorbiert.

Das Konzept einer effizienten GaAs-Solarzelle soll anhand von Abb. 4.36 und 4.37 erläutert werden. Abbildung 4.36 zeigt schematisch den Aufbau einer Solarzelle, die unter AM1.5-Bedingungen knapp 25% Wirkungsgrad erreicht [24]. Abbildung 4.37 zeigt das dazugehörige Energiebanddiagramm vor und nach Kontaktbildung, beschränkt auf den photoaktiven GaAs-p-n-Übergang sowie die angrenzenden Al$_x$Ga$_{1-x}$As-Schichten.

Der Darstellung liegen die Ergebnisse und Überlegungen des Abschn. 2.4.2 (Kontaktpotentiale; Raumladungszonen), 2.4.4 (Anderson-Modell) sowie die in Tabelle 4.3 zusammengefaßten Materialparameter zugrunde [25].

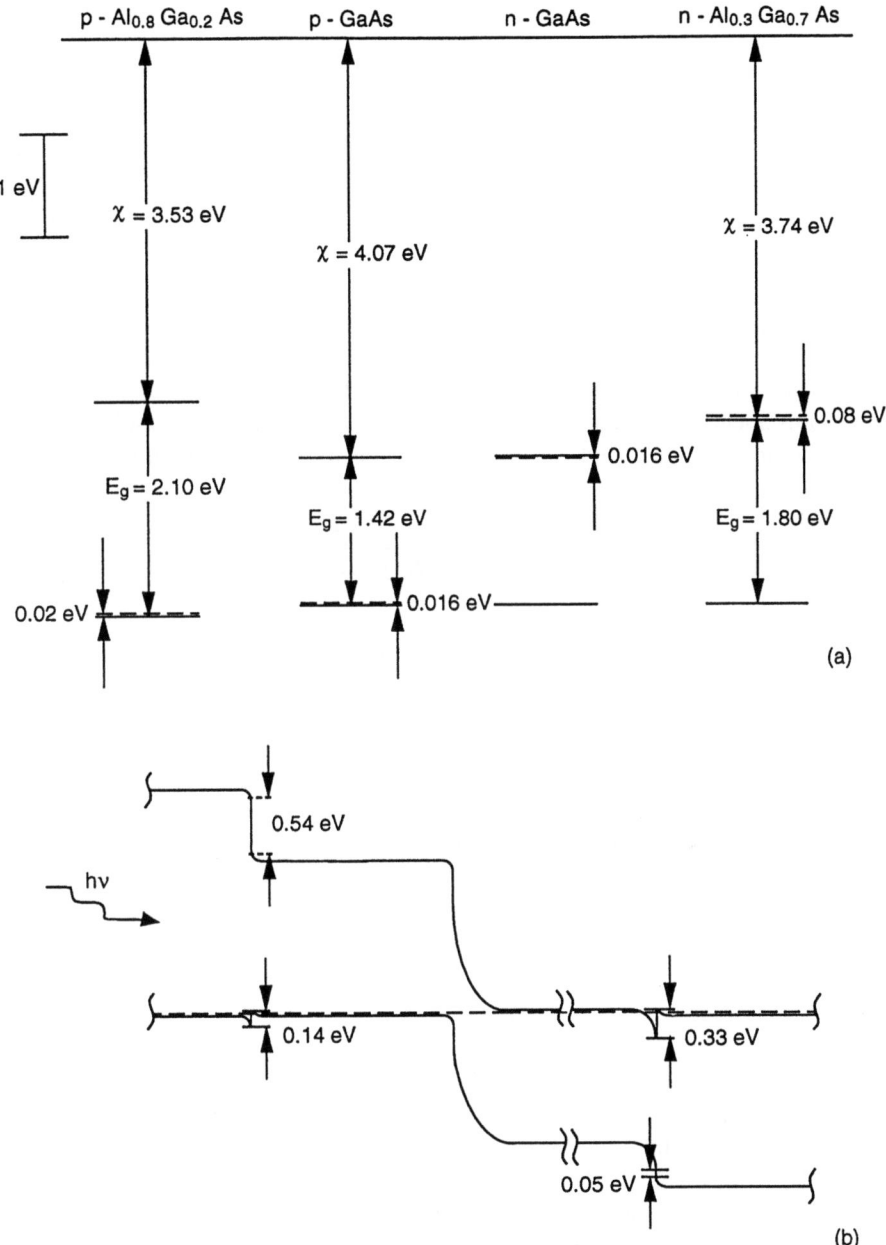

Abb. 4.37a,b. Energiebanddiagramm des photoaktiven Teils der in Abb. 4.36 dargestellten $Al_xGa_{1-x}As/GaAs$-Heterostruktur vor (a) und nach Kontaktbildung (b). Eingezeichnet sind Valenz- und Leitungsbanddiskontinuitäten

Tabelle 4.3. Materialkonstanten für die Berechnung der Bandstruktur in Abb. 4.37

	N_V cm^{-3}	N_L cm^{-3}	N_A cm^{-3}	N_D cm^{-3}	χ (eV)	E_g (eV)	ε
p-Al$_{0.8}$Ga$_{0.2}$As	10^{19}	-	$4 \cdot 10^{18}$	-	3.53	2.10	10.7
p-GaAs	$8.6 \cdot 10^{18}$	-	$4 \cdot 10^{18}$	-	4.07	1.42	13.2
n-GaAs	-	$4.3 \cdot 10^{17}$	-	$2 \cdot 10^{17}$	4.07	1.42	13.2
n-Al$_{0.3}$Ga$_{0.7}$As	-	$6.8 \cdot 10^{17}$	-	$1 \cdot 10^{18}$	3.74	1.80	12.2

Da die Dotierkonzentrationen in der Größenordnung der effektiven Zustandsdichten liegen, hat man es mit entarteten Halbleitern zu tun, d.h. $|E_F - E_{V,L}| <$ 4 kT. Das bedeutet, daß (2.25) und (2.26) zur Bestimmung der Lage des Ferminiveaus nicht mehr angewendet werden dürfen. Stattdessen muß von den Fermi-Dirac-Integralen (vgl. (2.7)) ausgegangen werden. Diese lauten explizit

$$n = \int_{E_L}^{\infty} \frac{4\pi \left(\frac{2m_e^*}{h^2}\right)^{3/2} \sqrt{E - E_L}\, dE}{\exp\left((E - E_F)/kT\right) + 1}. \tag{4.1}$$

Mit

$$\epsilon = (E - E_L)/kT,\ \eta = (E_F - E_L)/kT \tag{4.2}$$

und (2.11) erhält man:

$$n = N_L \frac{1}{\sqrt{2\tau}} \int_0^{\infty} \frac{\epsilon^{1/2}\, d\epsilon}{1 + \exp(\epsilon - \eta)} = N_L \cdot F(\eta). \tag{4.3}$$

Für die Löcher findet man entsprechend aus

$$p = N_V F(\eta')\ ;\ \eta' = E_V - E_F. \tag{4.4}$$

Mit $n \simeq N_D$ und $p \simeq N_A$ ergibt sich daher

$$\frac{N_D}{N_L} = F(\eta)\ ,\ \frac{N_A}{N_V} = F(\eta'). \tag{4.5}$$

Die Fermi-Dirac-Integrale $F(\eta)$ liegen tabelliert vor [26]; Abbildung 4.38 zeigt eine graphische Darstellung, mit deren Hilfe die Lage des Ferminiveaus (in Einheiten von $kT = 0.026$ eV) bestimmt werden kann.

Man erkennt aus Abb. 4.36 und 4.37, daß sich der photoaktive p-n-Übergang aus GaAs sandwichartig zwischen zwei AL$_x$Ga$_{1-x}$As-Schichten befindet. GaAs und AL$_x$Ga$_{1-x}$As haben sehr ähnliche Gitterkonsten, so daß die Gittertranslation am AL$_x$Ga$_{1-x}$As/GaAs-Heteroübergang nahezu ungestört ist. Die an derartigen Übergängen noch verbleibende, auf Gitterfehlanpassung beruhende Defektdichte ist um Größenordnungen geringer als die an reinen GaAs-Oberflächen. Dadurch wird die Oberflächenrekombinationsgeschwindigkeit drastisch reduziert: sie sinkt von $S > 10^5$ cms^{-1} (freie GaAs-Oberfläche) auf einige 10^2 cm^{-1} (an guten AlGaAs/GaAs-Grenzflächen [27]). Durch Variation des Al-Gehalts in AlGaAs kann die Bandlücke (und Elektronenaffinität) verändert werden. Als

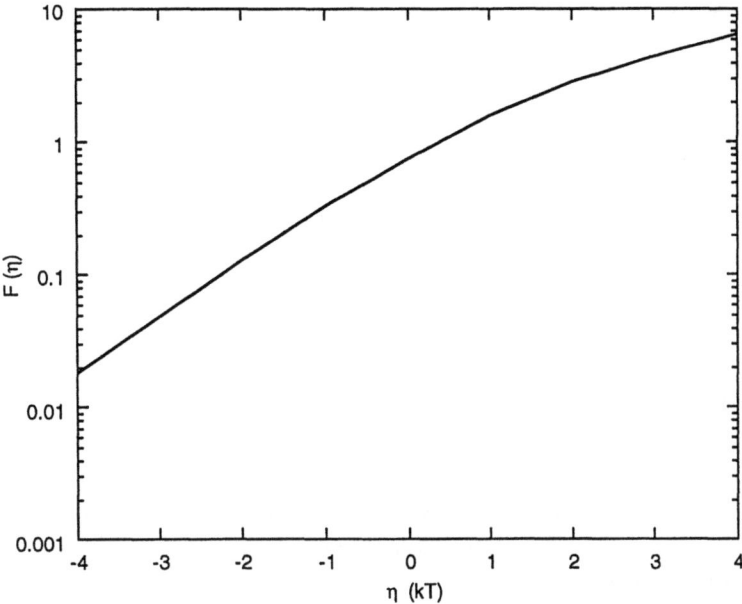

Abb. 4.38. Graphische Darstellung der Fermi-Dirac-Integrale $F(\eta)$ (4.3); $\eta = E_F - E_L$ bzw. $\eta = E_V - E_F$

passivierende Frontschicht wird eine Legierung mit großer Bandlücke (2.1 eV) gewählt. In dieser nahezu transparenten Schicht wird nur wenig Licht absorbiert, so daß die Rekombinationsverluste an der dem Licht zugewandten AlGaAs-Oberfläche gering sind.

Die Wirkungsweise der Solarzelle wird aus Abb. 4.37 ersichtlich: zwischen p- und n-GaAs besteht eine Kontaktspannung von 1.3 V, die im wesentlichen im n-Gebiet abfällt. Die Leitungsbanddiskontinuität zwischen dem $Al_{0.8}Ga_{0.2}As$-Fenster und dem p-GaAs wirkt als effektiver Spiegel für die lichterzeugten Elektronen, die daher in geringerem Umfang durch Grenzflächenrekombination verloren gehen und wirkungsvoller in der Raumladungszone gesammelt werden können. Ähnlich beeinflußt die Bandverbiegung an der Rückseite die lichterzeugten Löcher (vgl. Back Surface Field in der Silizium-Solarzelle; Abschn. 3.1.5). Mit einer hohen n^+-Dotierung der Rückseite der n-GaAs-Schicht ließe sich kein vergleichbarer Effekt erzielen, da der Halbleiter bereits entartet ist. Hier wirkt sich günstig aus, daß sowohl Bandlücke als auch Elektronenaffinität von $Al_xGa_{1-x}As$ über den Al-Gehalt verändert werden können. Die Leitungsbanddiskontinuität am n-GaAs/n-AlGaAs-Übergang hat offensichtlich keinen nennenswerten Einfluß auf die Leistungscharakteristik der Solarzelle, da ihre Spitze mit der Lage des Ferminiveaus zusammenfällt (unter Berücksichtigung der in Abschn. 2.7 definierten Neutralitätsniveaus ergeben sich zudem möglicherweise ähnliche Verschiebungen wie im Falle der $CdS/CuInSe_2$-Heterostruktur; vgl. Abschn. 4.3.3). Vergleichsweise gering dürfte der Einfluß der Valenzbanddiskontinuität zwischen Fenster und p-GaAs sein.

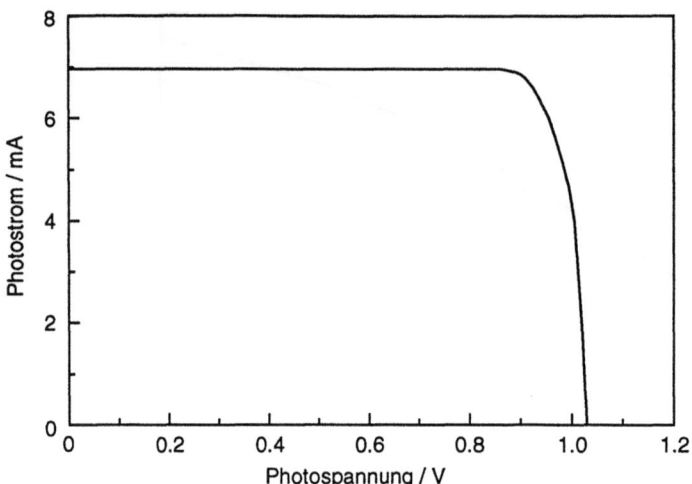

Abb. 4.39. Strom-Spannungs-Kurve der AlGaAs/GaAs-Solarzelle der Abb. 4.37 ($F = 0.25$ cm^2, $j_K = 27.8$ mAcm^{-2}, $V_L = 1.03$V, $ff = 86.4\%$, $\eta = 24.8\%$; AM1.5 (global), ohne Konzentration)

Die p$^+$-GaAs-Schicht zwischen Frontkontakt und Fenstermaterial (Abb. 4.36) dient einer besseren Haftung des Metallkontakts und soll außerdem ein Eindiffundieren des Metalls in die aktive Schicht während des Herstellungsprozesses verhindern. Die n$^+$-GaAs-Pufferschicht zwischen Substrat und der n$^+$-Al$_{0.3}$Ga$_{0.7}$As-Schicht soll verhindern, daß
(i) vom Polieren der Substratoberfläche herrührende chemische Restkontaminationen in die photoaktive Schicht diffundieren,
(ii) durch das Polieren entstandene Oberflächendefekte oder Wachstumsfehler im Substrat in die epitaktisch aufzubringenden photoaktiven Schichten hineinwachsen.

Abbildung 4.39 zeigt die Leistungscharakteristik der Solarzelle unter AM1.5-Bedingungen (global) [24]. Die Leerlaufspannung liegt etwa 0.3 V unter dem theoretisch zu erwartenden Wert; hierfür dürften vor allem noch vorhandene Oberflächenrekombinationsprozesse verantwortlich sein.

Abbildung 4.40 zeigt die Quantenausbeute dieser Zelle in Abhängigkeit von der Wellenlänge des Lichts [24]. Der steile Anstieg bei $\lambda = 900$ nm (entspricht 1.4 eV) ist auf Absorption durch GaAs zurückzuführen, das Abklingverhalten unterhalb von $\lambda = 600$ nm auf zunehmende teilweise Absorption durch das Fenstermaterial AL$_{0.8}$Ga$_{0.2}$As: es besitzt zwei indirekte Bandlücken von 2.10 und 2.23 eV sowie eine direkte von 2.6 eV.

Anstelle der hier vorgestellten p-n-Dotierfolge in der photoaktiven GaAs-Schicht ist auch eine n-p-Folge möglich. Da die Diffusionslängen von Löchern in n-GaAs kleiner ist als die von Elektronen in p-GaAs, wird man dann die n-GaAs-Schicht etwas dünner wählen als die p-Schicht in dem behandelten Beispiel (als zweckmäßig haben sich Schichtdicken um 0.2 μm erwiesen).

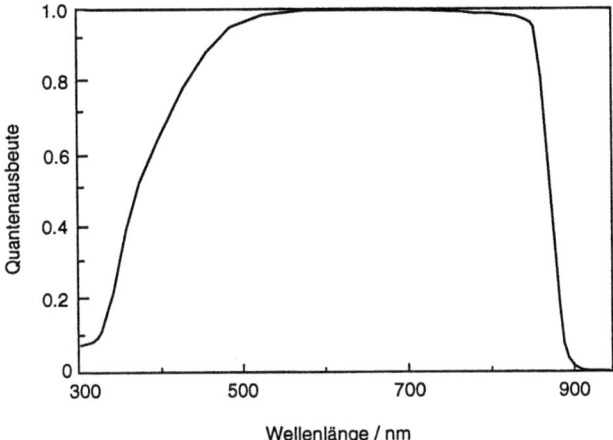

Abb. 4.40. Quantenausbeute (gleiche Solarzelle wie in Abb. 4.37 und 4.39) als Funktion der eingestrahlten Lichtwellenlänge

Vor einer Fertigung von Hochleistungssolarzellen wird deren Funktion in der Regel mit Hilfe entsprechender Computerprogramme simuliert. Bei diesen Berechnungen werden optimale Schichtfolgen und -dicken sowie die dazugehörige Dotierungsverhältnisse gesucht, wobei Größen wie Absorptionsverhalten, effektive Massen von Elektronen und Löchern, Lebensdauern und Beweglichkeiten der Minoritätsladungsträger, Diodenidealität, Rekombinationsverhalten im Volumen und an Oberflächen (abhängig auch vom Herstellungsverhalten), die gewünschte Lichtkonzentration, resultierender Serienwiderstand usw. eingehen.

4.5.3 Herstellungsverfahren

Dünnschichttechniken, die – wie z.B. bei $CuInSe_2$, $CuInS_2$ oder CdTe – polykristalline Solarzellenstrukturen ergeben, eignen sich nicht für GaAs. Polykristalline GaAs-Solarzellen wiesen bisher stets zu geringe Leerlaufspannnungen und Füllfaktoren auf. Hauptursache hierfür sind die als Parallelwiderstände wirkenden Korngrenzen. Alle Versuche zur Passivierung der Korngrenzen (thermische und anodische Oxidation, Oxidation in Wasserdampf, Rutheniumbehandlung, Hydrogenisierung) zeigten bisher keine nennenswerten Erfolge. Man ist daher darauf angewiesen, Dünnschichtverfahren einzusetzen, die ein einkristallines (epitaktisches) Wachstumsverhalten ergeben. Als Substrat müssen Einkristalle mit entsprechenden Gitterkonstanten verwendet werden, die zwar nicht die Qualität der photoaktiven Schichten zu besitzen brauchen, aber über eine hinreichend gute elektrische Leitfähigkeit sowie einen an GaAs angepaßten thermischen Ausdehnungskoeffizienten verfügen müssen. Die besten Ergebnisse sind bisher mit GaAs-Einkristallen selbst erzielt worden; GaAs-Einkristalle werden – wie Si-Einkristalle – aus der Schmelze gezogen (z.B. nach dem CZ-Verfahren; vgl. Abschn. 3.1.3). Dies hat jedoch einige Nachteile: GaAs-Wafer sind nicht nur teuer, sondern haben auch nicht optimale mechanische Eigenschaften (hohe Zerbrechlichkeit, hohes Gewicht). Man sucht daher seit längerem geeignetere Substratmaterialien. Gute Ergebnisse sind mit Germanium erzielt worden. Ge hat ähnliche Gittereigenschaften wie GaAs. Fertigt man aus dem Ge-Substrat ($E_g = 0.66$ eV) weiterhin selbst eine Solarzelle, so erhält man mit der darauf epitaktisch aufgebrachten GaAs-Solarzelle insgesamt eine Tandem-Solarzelle (vgl. Abschn. 6.1). Die Wirkungsgrade von GaAs/Ge-Tandem-Zellen erreichen derzeit jedoch noch nicht die der besten GaAs-Solarzellen auf GaAs-Substrat. GaAs-Solarzellen auf Ge-Substrat (ohne Tandem-Struktur) finden derzeit hauptsächlich in der Weltraumfahrt Verwendung. Aus Gewichtsgründen (Germanium hat die gleiche Dichte wie GaAs, 5.3 gcm^{-3}) wird dabei das Substrat unter 100 μm Dicke heruntergeätzt.

Aus Gründen der mechanischen Stabilität, seines häufigen Vorkommens (und damit günstigen Preises) sowie seiner guten thermischen Leitfähigkeit wird seit einiger Zeit versucht, Silizium als Substratmaterial zu verwenden. Hier bestehen die Hauptprobleme in der Gitterfehlanpassung zwischen Si und GaAs (4.1%) sowie in den sehr unterschiedlichen thermischen Ausdehnungskoeffizienten (GaAs: $6.9 \cdot 10^{-6}{}^\circ C^{-1}$, Si: $2.6 \cdot 10^{-6}{}^\circ C^{-1}$), die zur Bildung von Rissen und Versetzungen führen können. Außerdem kommt es bei der Abscheidung des polaren GaAs auf dem unpolaren Si zur Bildung sog. Antiphasendomänen; diese wirken als elektrisch geladene Grenzflächen und können die Eigenschaften der Solarzelle verschlechtern. Trotz einiger Teilerfolge bei dem Versuch, die genannten Probleme zu lösen, weisen GaAs-Solarzellen auf Si-Substrat gegenwärtig immer noch deutlich geringere Wirkungsgrade auf als solche auf GaAs-Substrat.

Im folgenden werden daher die wichtigsten Abscheideverfahren für Al$_x$Ga$_{1-x}$As/GaAs-Strukturen auf GaAs-Substrat diskutiert.

Die *Flüssigkeitsphasen-Epitaxie* [28] (engl. *L*iquid-*P*hase *E*pitaxy, *LPE*) ist ein speziell für III-V-Halbleiter geeignetes Verfahren zur Abscheidung dünner ($\leq$ 0.2 μm) Schichten aus der Schmelze auf ein Einkristallsubstrat. Abbildung 4.41 zeigt das Prinzip:

Ein Substratträger aus hochreinem Graphit enthält – in entsprechenden Vertiefungen – ein oder mehrere GaAs-Substrate. Dieser Träger kann durch einen paßgenauen Graphitblock geschoben werden, in den mehrere topfartige Hohlräume eingearbeitet sind, die eine Schmelze aus Ga und As enthalten. Graphitblock und Substratträger befinden sich in einem mit Wasserstoffgas gespülten Quarzrohr. Das gesamte System ist von einer Heizung umgeben. Die Substratkristalle sind zunächst vollständig von Graphit umschlossen. Wenn die gewünschte Substrattemperatur erreicht ist, wird das erste Substrat unter die erste Schmelze geschoben. Deren Temperatur muß unter der Schmelztemperatur des Substrates liegen, da dieses sonst ebenfalls schmelzen würde. Man arbeitet daher mit Ga-Schmelzen, die einen Gewichtsanteil von etwa 5–10% As enthalten und Schmelztemperaturen zwischen etwa 700–900°C aufweisen. Diese Temperaturen liegen weit unterhalb des Schmelzpunktes von GaAs (1238°C). Wird eine derartige Lösung unter ihren – von dem As-Anteil abhängigen – Schmelzpunkt abgekühlt, kristallisiert GaAs aus. Der Prozeß wird bei der LPE

4.5 Die Galliumarsenid-Solarzelle

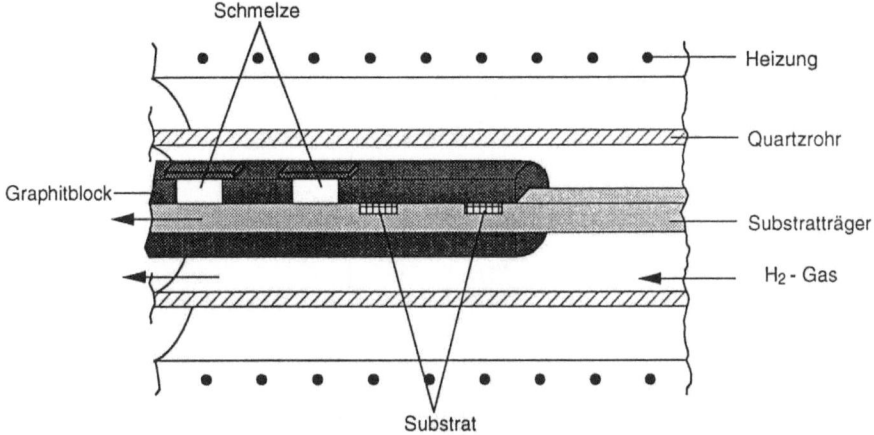

Abb. 4.41. Anordnung für Flüssigphasen-Epitaxie (schematisch)

durch einfaches Weiterschieben des Substratträgers gestoppt bzw. dadurch fortgesetzt, daß das Substrat unter die nächste Schmelze gelangt. Deren Zusammensetzung (und Temperatur) ermöglicht dann die Abscheidung einer anders zusammengesetzten Folgeschicht, usw. In den Schmelzen sind die Dotierstoffe enthalten: für p-Leitung eignen sich z.B. Zn, Be, Mg, für die n-Leitung S, Se, Te. Die elemente C, Si, Ge und Sn sind amphoter in GaAs, d.h. sie können n- und p-Leitung bewirken. Da die LPE in einer Umgebung von SiO_2 (Quarzrohr), C (Substratträger und Behälter für die verschiedenen Schmelzen) und H_2 stattfindet, bestimmen die Wachstumsbedingungen wesentlich die elektrischen Eigenschaften der aufgewachsenen Schichten. Mit wachsendem Al-Gehalt der $Al_xGa_{1-x}As$-Verbindungen ist außerdem ganz allgemein ein Nachlassen der elektrischen Aktivität aller Dotierstoffe zu beobachten.

Die LPE spielte die Schlüsselrolle bei der frühen Erforschung von II/V- und II/VI-Halbleitern. Das Verfahren ist relativ einfach zu handhaben, die Ergebnisse sind hinsichtlich Reinheit und Stöchiometrie der Schichten sehr gut. Die Abscheidung von Filmen aus einer Ga-reichen Schmelze verhindert offensichtlich Ga-Leerstellen und den Einbau von As-Atomen auf Ga-Plätzen. Man nimmt an, daß der letztgenannte Gitterfehler mit der tiefen Haftstelle EL2 zusammenhängt, die einige Materialeigenschaften von GaAs nachteilig beeinflußt. Aus Al-haltigen Schmelzen wird außerdem kein Sauerstoff in den wachsenden Kristall eingebaut, da sich an den Oberflächen der Schmelzen Al_2O_3 bildet (O-Atome stellen aktive Rekombinationszentren dar). Diesen Vorteilen stehen einige Nachteile gegenüber: gleichmäßig dicke Filme lassen sich nur schwer herstellen, ebenso Vielfachstrukturen mit äußerst abrupten Grenzflächen.

Das einzige Verfahren, mit dem die Herstellung von Schichten genau definierter Dicke und mit abrupten Grenzflächen über viele Jahre hinweg möglich war, ist die *Molekularstrahlepitaxie* (engl. *Molecular Beam Epitaxy*, *MBE*) [28]. Abbildung 4.42 zeigt schematisch den Aufbau einer MBE-Anlage. Die Effusionsöfen

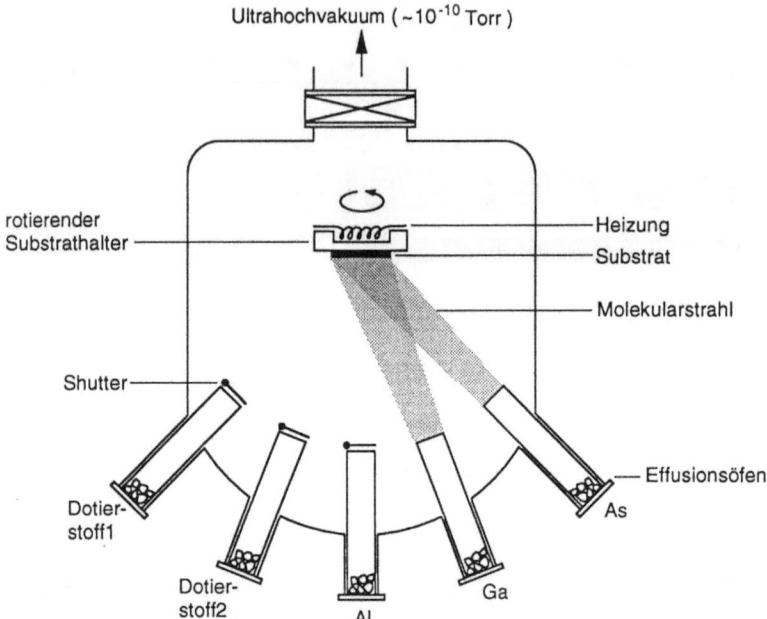

Abb. 4.42. Querschnitt durch eine Molekularstrahl-Epitaxieanlage zur Herstellung von AlGaAs/GaAs-Schichten (schematisch)

mit den Elementen Ga, As, Al sowie den Dotierstoffen sind direkt mit einer Ultrahochvakuumkammer ($p \sim 10^{-10}$ Torr) verbunden, die einen aufheizbaren rotierenden Substrathalter mit einem GaAs-Substrat enthält. Die gewünschte Abscheiderate wird über die Temperatur der Effusionsöfen sowie der Substrattemperatur geregelt. Der Abscheideprozeß eines bestimmten Materials kann mit Hilfe der vor den Öfen befindlichen Shutter begonnen bzw. gestoppt werden.

Für Versuchszwecke stellt die MBE eines der besten Verfahren dar. Zur Herstellung von Solarzellen in größerem Maßstab ist das Verfahren weniger geeignet. Das Ergänzen von Ausgangsmaterial erfordert das häufige Öffnen der Ultrahochvakuumanlage, die danach wieder sorgfältig ausgeheizt werden muß, bevor mit dem Wachstum neuer Schichten begonnen werden kann. Zudem sind entsprechend ausgelegte UHV-Anlagen teuer in Anschaffung und Unterhalt.

Einen Ausweg aus den bisher genannten Schwierigkeiten bietet die *organometallische Gasphasenepitaxie* [29], [30] (engl. *Organo metallic Vapor-Phase Epitaxy*, *OMVPE*; oft findet man auch *Metal-Organic Chemical Vapour Deposition*, *MOCVD* oder Permutationen wie *MOVPE* und *OMCVD*. Chemical Vapour Deposition sagt nichts über den Wachstumsprozeß aus; mit CVD lassen sich ein-, polykristalline oder amorphe Schichten herstellen. Im folgenden wird daher in Zusammenhang mit dem Wachstum einkristalliner Schichten die Abkürzung OMVPE verwendet). Man nutzt dabei aus, daß viele technisch interessante metallorganische Verbindungen einerseits einen hohen Dampfdruck besitzen und daher als gasförmige Verbindungen in einem Trägergas leicht transportiert werden können, diese Verbindungen sich andererseits aber bei Temperaturen zwischen 550 und 750°C irreversibel zersetzen. Für Kristallwachstum hat das den Vorteil, daß sich die Abscheideraten sowohl über die Konzentration im Trägergas als auch über die Temperatur relativ unabhängig voneinander regulieren lassen. Bei der Herstellung von GaAs-Schichten wird Trimethylgallium $(CH_3)_3Ga$ und Arsin (AsH_3) über ein aufgeheiztes GaAs-Einkristallsubstrat geleitet, wobei Wasserstoff als Trägergas dient. Bei der Reaktion der metallorganischen Gase mit dem Substrat wird Ga und As abgeschieden. Die Gesamtreaktion lautet:

$$[(CH_3)_3 Ga]_{Gas} + [AsH_3]_{Gas} \rightarrow [GaAs]_{fest} + [3CH_4]_{Gas}$$

Aus Sicherheitsgründen wird Arsin teilweise durch Triethylarsen $(C_2H_5)_3As$ ersetzt. Für die Herstellung von $Al_xGa_{1-x}As$-Schichten wird dem Gasgemisch Trimethylaluminium $(CH_3)_3Al$ in der erforderlichen Konzentration zugegeben. Das gleiche gilt für die Dotierstoffe, die z.B. in Form von Diethylzink $(C_2H_5)_3Zn$ (p-Leitung) oder Diethyltellur $(C_2H_5)_3Te$ (n-Leitung) eingesetzt werden. Für die Durchführung der Reaktion ist nur die Heizung des Substrates erforderlich; man benutzt daher sog. cold wall Reaktoren. Der Partialdruck der Reaktanden ist klein gegen den des Trägergases, so daß der letztere den Gesamtdruck des Systems bestimmt. Je nach System unterscheidet man atmosphärische (1 bar) oder Niederdruck-OMVPE (1 mbar bis 0.1 bar). Der Reaktor selbst ist im einfachsten Fall ein Rohr, in dem ein heizbarer Substrathalter mit Substrat so angeordnet ist, daß sich ein möglichst laminarer Gasfluß im System ergibt. Dies ist keine triviale Forderung, da große Temperaturgradienten die Bildung von Wirbeln begünstigen, die zu inhomogenen Abscheideraten führen können. Eine Vielzahl unterschiedlicher Reaktortypen ist realisiert worden, auf die hier im einzelnen nicht näher eingegangen wird. Für größeren Materialeinsatz, wie er bei der Herstellung von Solarzellen erforderlich ist, haben sich sog. „barrel"-Reaktoren durchgesetzt; Abb. 4.43 zeigt schematisch den Aufbau eines derartigen OMVPE-Reaktors.

Der Substrathalter kann zwanzig 3'-Wafer als Substrat aufnehmen. Mit der Kegelstumpfgestalt des rotierenden Substrathalters soll erreicht werden, daß die Abscheidung im unteren Bereich des Reaktors mit der gleichen Rate abläuft wie im oberen (dies wäre bei zylindrischer Gestalt nicht der Fall, da das parallel zur Oberfläche strömende Gasgemisch nach unten hin an Reaktanden verarmen würde). Der Gasdurchsatz bei diesem Reaktortyp liegt bei 20–100 $lmin^{-1}$, der Zelldruck zwischen 0.1 und 0.4 bar, der jeweilige Partialdruck der Reaktanden im Millibarbereich, die Substrattemperatur zwischen 650 und 750°C (anstelle der RF-Heizung findet in neueren Ausführungen eine im Substrathalter untergebrachte Infrarotheizung Anwendung).

Trotz anfänglicher Schwierigkeiten – insbesondere bei der Reinheit der mit OMVPE abgeschiedenen Schichten sowie der Abruptheit von Heteroübergängen – liefern MBE und OMVPE heutzutage Schichten vergleichbarer Qualität. Mit Hilfe von OMVPE sind jedoch höhere Herstellungsleistungen möglich als mit MBE. Dem steht als Nachteil gegenüber, daß es sich bei OMVPE um ein Verfah-

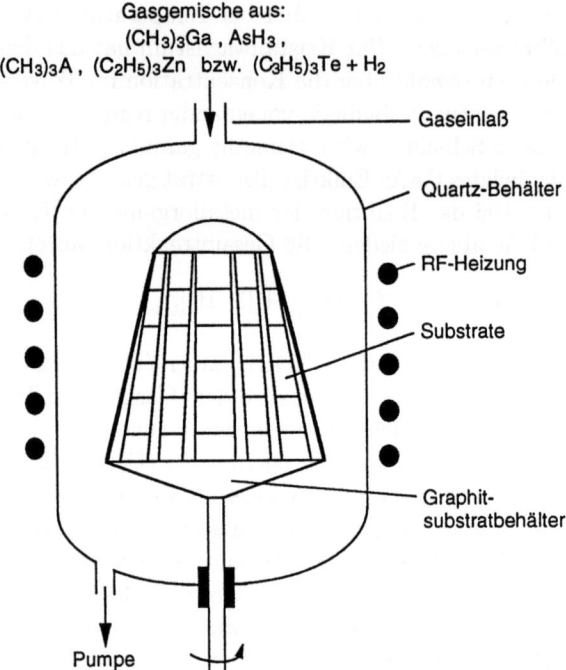

Abb. 4.43. Aufbau eines „barrel"-OMVPE-Reaktors

ren handelt bei dem sehr viele Parameter (z.B. Partialdrücke der Reaktanden, Druck und Durchflußraten des Trägergases, Temperaturen) gleichzeitig und genau einzustellen sind, die Reaktanden teuer und außerdem teilweise hochgiftig (AsH_3) sind. Dennoch hat sich das Verfahren zur Herstellung von elektronischen Schaltkreisen, Dioden und Lasern weitgehend durchgesetzt. Die in Abb. 4.36 dargestellte Solarzelle ist ebenfalls mittels OMVPE hergestellt worden.

Das Problem, daß man bei der Herstellung hocheffizienter Solarzellen nicht auf einkristalline GaAs-Substrate verzichten kann, wird mit Hilfe des *CLEFT*-Prozesses (*C*leavage of *L*ateral *E*pitaxial *F*ilms for *T*ransfer) möglicherweise erheblich verringert [31]. Dabei wird die epitaktisch auf ein GaAs-Einkristallsubstrat abgeschiedene Struktur durch einen Kunstgriff wieder abgetrennt, und das Substrat kann erneut verwendet werden. Abbildung 4.44 zeigt das Prinzip: Auf einen ⟨110⟩-orientierten polierten GaAs-Wafer wird ein Photoresistmaterial aufgetragen. Mittels Photolithographie werden dann im Abstand von 50 µm Streifen mit einer Breite von 2.5 µm herausgeätzt. Diese freigelegten Streifen dienen als Kristallisationskeime für das Filmwachstum. Mit OMVPE wird nun GaAs abgeschieden, das zunächst in den Vertiefungen, dann aber bevorzugt lateral über das Resistmaterial aufwächst. Unter den verwendeten Wachstumsbedingungen ist das Verhältnis von lateraler zu vertikaler Wachstumsrate 25 : 1 (Abb. 4.44b), so daß der Film bereits bei einer Dicke von 1 µm zusammenwächst (Abb. 4.44c). Das Schichtwachstum erfolgt nun in der gleichen Reihenfolge wie für entsprechende Solarzellen auf reinem GaAs-Substrat. Wenn es abgeschlossen

4.5 Die Galliumarsenid-Solarzelle

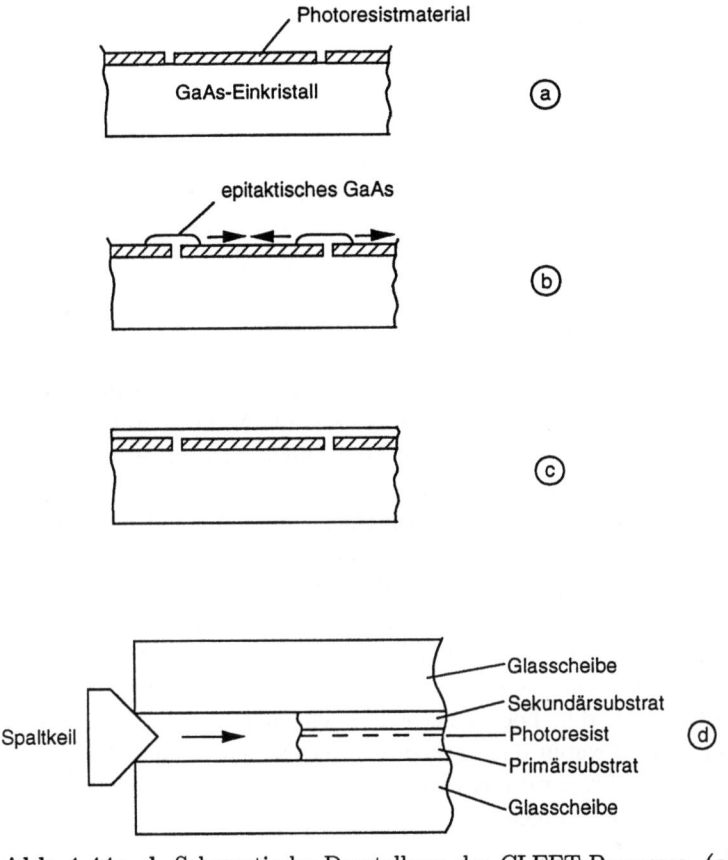

Abb. 4.44a–d. Schematische Darstellung des CLEFT-Prozesses. (a) Substrat mit Resist vor OMVPE, (b) und (c) unterschiedliche Phasen des Wachstums; (d) Trennung von Film und Substrat

ist, wird auf den Film ein Glas-Sekundärsubstrat (0.25 mm dick) geklebt. Sowohl das GaAs-Substrat als auch das Sekundärsubstrat werden mit Wachs auf 0.5 cm dicken Glasscheiben befestigt, zwischen die dann vorsichtig ein Keil getrieben wird (Abb. 4.44d). Zwischen dem Resistmaterial und dem Film besteht nur geringe Haftung, so daß eine feste Verbindung zwischen Film und Substrat nur in den vom Resistmaterial nicht bedeckten 2.5 μm breiten Streifen besteht. Da die $\langle 110 \rangle$-orientierte Fläche jedoch eine natürliche Spaltfläche von GaAs darstellt, ist eine zerstörungsfreie Abspaltung des Films vom Substrat möglich. Das Substrat wird danach vom Photoresistmaterial gereinigt, leicht poliert und steht dann für die nächste Beschichtung zur Verfügung; der Vorgang kann gegenwärtig mit einem Wafer etwa 10 mal wiederholt werden. Nach dem CLEFT-Verfahren hergestellte Solarzellen weisen Wirkungsgrade um 21.5% (AM1 global) auf. Mit diesem Verfahren eröffnen sich möglicherweise auch dem Einsatz von Flächen-GaAs-Solarzellen für die terrestrische Energiegewinnung neue Perspektiven.

4.6 Amorphes Silizium

4.6.1 Übersicht

Hydrogenisiertes amorphes Silizium ist eine glasartige Legierung aus Silizium und Wasserstoff, in der der Wasserstoffgehalt – je nach Herstellungsbedingungen – zwischen 1 und 50% betragen kann. Neben seinen Halbleitereigenschaften ist es für die Photovoltaik insbesondere wegen seiner guten Absorptionseigenschaften interessant, die die Möglichkeit eröffnen, Solarzellen aus dünnen Filmen, d.h. kostengünstig herzustellen. Das Material wurde erstmals 1969 von Chittick u.a. hergestellt. Im Gegensatz zu nicht hydrogenisierten a-Si-Filmen konnten hier große Photoleitfähigkeitseffekte beobachtet werden, doch wurde die Bedeutung des eingelagerten Wasserstoffs erst 1975 erkannt. Nicht-hydrogenisiertes amorphes Silizium enthält viele gebrochene und offene Bindungen (sog. dangling bonds), die zahlreiche lokalisierte Zustände in der Bandlücke erzeugen. Wasserstoff vermag diese Bindungen abzusättigen und somit die Zustände in der Bandlücke weitgehend zu entfernen. Die ersten elektronischen Bauteile unter Verwendung von a-Si:H wurden 1974 in den RCA Laboratories hergestellt; erste Publikationen erschienen 1976. 1975 publizierten Spear und LeComber eine Studie, die detailliert die substitutionelle Dotierung von a-Si:H beschreibt [32]. Damit wurde es möglich, homojunctions ähnlich der klassischen Silizium-Solarzelle zu entwickeln, d.h. hochdotierte Bereiche mit niedrig dotierten zu kontaktieren. Allerdings waren dazu große Schwierigkeiten zu überwinden. So mußten zahlreiche neue Präparationsschritte eingeführt werden, um letztlich zu effizienten Solarzellen zu gelangen.

4.6.2 Herstellung von a-Si:H Schichten

Die Herstellung von a-Si:H ist auf verschiedenen Wegen möglich:

(i) durch thermische Zersetzung (in der Literatur oft CVD: *C*hemical *V*apor *D*eposition genannt) einer gasförmigen Siliziumverbindung, meist Silan (SiH_4). Je nach verwendeter Konfiguration wird das hydrogenisierte amorphe Silizium nicht nur auf einem geeigneten Substrat, sondern auch auf den Wänden des Reaktionsgefäßes abgeschieden.

(ii) durch Sputtern. Dabei werden Siliziumatome aus einem Target durch Beschuß mit energiereichen Edelgasatomen (meist Argon) herausgeschlagen. Diese Si-Atome werden dann auf einem Substrat abgeschieden. Die Wasserstoffeinlagerungen wird dadurch gewährleistet, daß der gesamte Prozeß unter Wasserstoffatmosphäre geringen Drucks durchgeführt wird.

(iii) durch Abscheiden aus einer Glimmentladung (Literatur GD: *G*low *D*ischarge) in Silan. Im Prinzip ist der Vorgang dem CVD-Verfahren ähnlich, die Zersetzung von Silan erfolgt hierbei jedoch nicht thermisch, sondern

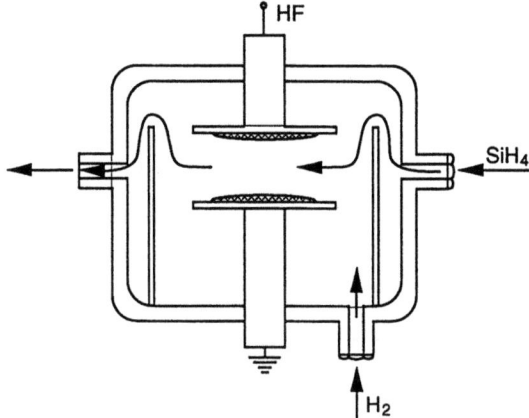

Abb. 4.45. GD-Kammer für die Herstellung von a-Si:H-Filmen

durch Erzeugen eines Plasmas mit Hilfe einer elektrischen Entladung. Dieses Verfahren hat sich für die Herstellung von Solarzellen als das vorteilhafteste erwiesen. Es wird deshalb im folgenden genauer beschrieben.

Das Prinzip des GD-Verfahrens geht aus Abb. 4.45 hervor. Eine Edelstahlkammer enthält zwei Elektroden, die zugleich das Substrat für das abscheidende amorphe Silizium darstellen, ferner eine Zu- und Ableitung für Silan und eine Zuleitung für Wasserstoff. Über die Elektroden wird ein Hochfrequenz-(HF)-Plasma (typische Frequenz 13.56 MHz) gezündet, aus dem sich Silan entsprechend $SiH_4 \rightarrow Si_{amorph} + 2H_2$ abscheidet. Der Umsatz wird allerdings durch diese Gleichung nicht vollständig beschrieben; es entstehen im Plasma außerdem Spezies wie SiH_3^+, SiH_2^+ etc.. Außerdem wird zusätzlich Wasserstoff in den Schichten eingebaut.

Wichtigste Herstellungsparameter sind bei dem Verfahren

- Silandruck und Wasserstoffpartialdruck p;
- Durchflußrate f für Silan und Wasserstoff (wird in Ncm^3/min = Normal kubikzentimeter/min angegeben, wobei $1\,Ncm^3 = 1\,cm^3$ unter Normalbedingungen ist, d.h. Atmosphärendruck und Raumtemperatur. Englische Bezeichnung scc/min = standard cubic centimeter/min);
- Substrattemperatur T_S;
- HF-Leistung P;
- Geometrie der Anordnung.

Typische Werte für die Herstellung von Schichten hoher Photoaktivität sind $p(Silan) = 0.2$ mbar, $f(Silan) = 20\,Ncm^3/min$, $T_S = 270°C$, $P = 5$ W. Druck und Durchflußrate beeinflussen natürlich die Abscheiderate d_r. Für technische Anwendungen ist sie ein wichtiger Kostenfaktor. Zur Zeit sind die Abscheideraten bei gleichzeitig guter Photoaktivität noch zu klein, um die Herstellung von Solarzellen wirtschaftlich erscheinen zu lassen. Abbildung 4.46 zeigt den Zu-

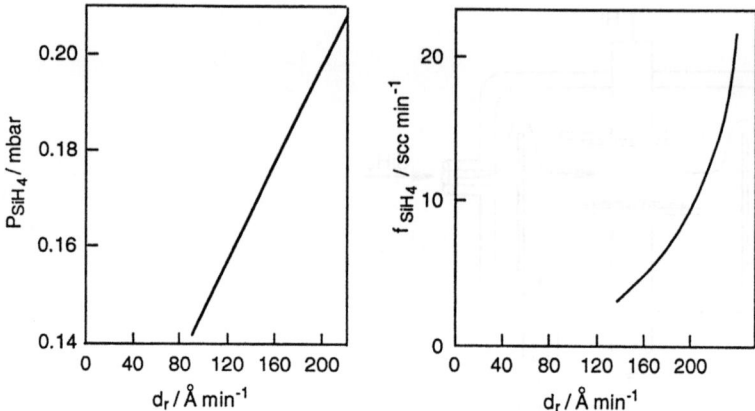

Abb. 4.46. Zusammenhang zwischen Abscheiderate d_r und Silandruck p bzw. Durchflußrate f

sammenhang zwischen Abscheiderate und Silandruck bzw. -durchflußrate. Gute photoelektrische Qualität der Schichten erzielt man nur $d_r < 180$ Å/min, bei höheren Abscheideraten verschlechtert sich die Qualität. Ferner muß die HF-Leistung so niedrig wie möglich sein, d.h. das Plasma gerade aufrechterhalten. Versuche, die Abscheidungsraten zu erhöhen, bestanden darin, Silan durch höhere Silane, etwa Si_2H_6 zu ersetzen. Weiterhin hat man dem HF-Feld konstante elektrische oder magnetische Felder überlagert. Wirkliche Verbesserungen sind bislang jedoch nicht zu verzeichnen.

4.6.3 Physikalische Eigenschaften

Struktur. Abbildung 4.47 stellt die Gitteranordnung von x-Si und a-Si:H gegenüber. Während x-Si in tetraedrischer (Diamant-) Struktur durch Ausbildung von je vier sp^3-Hybriden pro Atom (Winkel zwischen den Bindungen stets 109°) kristallisiert, erhält man bei amorphem Silizium zwar weitgehend noch einzelne Tetraeder (Bindungswinkel und -länge variieren gegenüber x-Si im Mittel

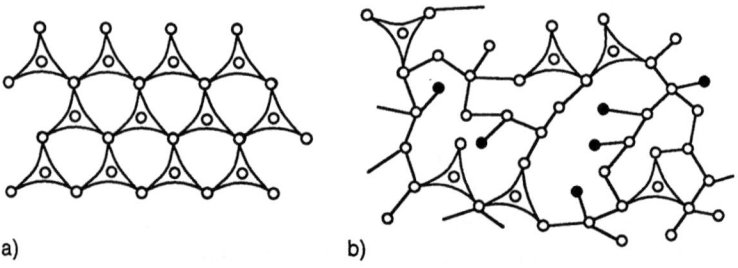

Abb. 4.47a,b. Struktur von x-Si (**a**) und a-Si:H (**b**); die Variationen von Bindungslänge und -winkel sind übertrieben dargestellt

um 5°–10° bzw. $\Delta l \approx 10\%$), doch ist die Translationssymmetrie des Gitters im wesentlichen zerstört. Vorhandene Gitterstörungen mit unabgesättigten Bindungen sind überwiegend durch Wasserstoff passiviert.

4.6.4 Elektronische Eigenschaften

Hierzu gehört insbesondere die Energiebandstruktur. Sie wird im Festkörper durch die Überlagerung der Elektronen-Wellenfunktionen bestimmt. Im Regelfall wird Translationssymmetrie (periodischer Kristall) und Gültigkeit des Bloch-Theorems angenommen. Man erhält dann eine definierte $E(k)$-Bandstruktur im reziproken Gitter. In a-Si:H ist die Translationssymmetrie jedoch weitgehend aufgehoben. Demzufolge gilt das Bloch-Theorem

$$(\Psi(x) = \Psi(x+a))$$

(a Gitterabstand) nicht mehr. Damit sind auch $E(k)$ und k-erhaltende (direkte) Übergänge nicht mehr definiert. Das Fehlen der Periodizität der Atomanordnung bewirkt eine vergleichsweise undefinierte Aufspaltung der Energiezustände der Elektronen: man erhält eine große Zahl von Zuständen innerhalb der verbotenen Zone (Abb. 4.48), so daß eine verbotene Zone (wie in x-Si) im eigentlichen Sinne nicht mehr existiert. Das Material verhält sich wie ein stark verunreinigter Halbleiter; anstelle der Bandkanten in x-Si erhält man „Valenz-" und „Leitungsbandkanten" E_{VB} bzw. E_{LB}, die als Schwellenenergien definiert sind: Elektronenzustände mit Energien $E > E_{LB}$ sind delokalisiert, mit $E < E_{LB}$ lokalisiert. Analog gilt für Löcher, daß Zustände mit $E < E_{VB}$ delokalisiert und mit $E > E_{VB}$ lokalisiert sind. Die Differenz $E_{LB} - E_{VB} = E_{PS}$ heißt Pseudoenergielücke. Da sich die Beweglichkeit der jeweiligen Ladungsträgerspezies beim Übergang von lokalisierten zu nicht lokalisierten Zuständen ändert, spricht man auch von Beweglichkeitskanten bzw. einer -lücke. In a-Si:H ist $E_{PS} \approx 1.7$ eV (abhängig von der H-Konzentration). Die Pseudoenergielücke läßt sich z.B. aus Absorptionsmessungen und modellhaften Annahmen extrapolieren.

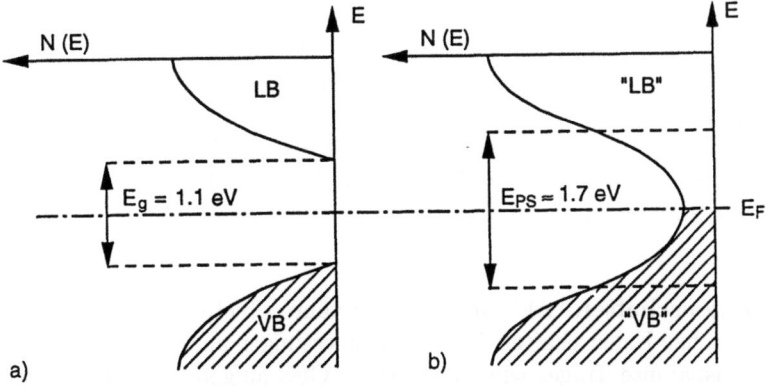

Abb. 4.48a,b. Verlauf der Zustandsdichte bei **(a)** x-Si und **(b)** a-Si:H

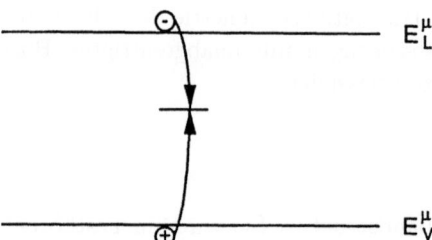

Abb. 4.49. Einfang freier Ladungsträger innerhalb der Beweglichkeitslücke

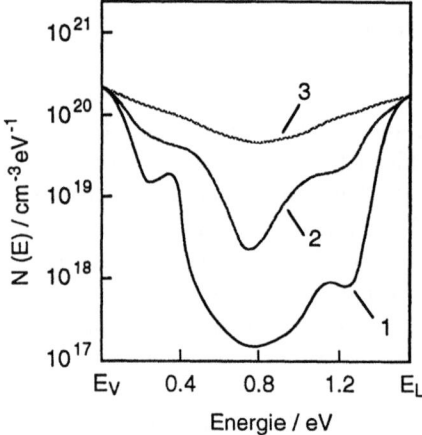

Abb. 4.50. Verlauf der Zustandsdichte innerhalb der Beweglichkeitslücke bei verschiedenen Herstellungsparametern

Das Vorhandensein von Zuständen innerhalb der Pseudoenergielücke bewirkt, daß dort freie Ladungsträger durch Haftstellen eingefangen werden oder rekombinieren können (Abb. 4.49). Es ist deshalb sinnvoll, das Herstellungsverfahren bzw. die -parameter so zu wählen, daß die Zustandsdichte innerhalb der Pseudoenergielücke um einige Größenordnungen kleiner ist als an den Bandkanten. Abbildung 4.50 zeigt einen Vergleich des Verlaufs der Zustandsdichte innerhalb der Beweglichkeitslücke von durch Glimmentladung bei einer Temperatur von 550 K (Kurve 1) bzw. bei 350 K (Kurve 2) erzeugten Proben mit durch Aufdampfen und Sputtern hergestellten Schichten (Kurve 3). In neueren Arbeiten konnte die Zustandsdichte in der Pseudolücke noch um ein bis zwei Größenordnungen verringert werden.

Optische Eigenschaften. Als einfachstes Verfahren bieten sich zur Bestimmung der optischen Eigenschaften Absorptionsmessungen an, da auf die Schichten leicht transparente Träger wie z.B. Corning-Glas aufgebracht werden können. In Analogie zu den Überlegungen, die die Gleichungen (2.30) bzw. (2.32)

4.6 Amorphes Silizium

für den Absorptionskoeffizienten in kristallinen Materialien ergeben, läßt sich auch in amorphen Halbleitern ein Ausdruck für α ableiten. Unter der Annahme, daß die Zustandsdichte oberhalb und unterhalb der Beweglichkeitskante der freier Teilchen entspricht (parabolischer Verlauf) und keine k-Erhaltung gefordert wird, ergibt sich für amorphe Halbleiter

$$\alpha = \text{konst.} \frac{1}{\omega} \left(\hbar\omega - E_{PS} \right)^2. \tag{4.6}$$

Die Bestimmung der Pseudoenergielücke E_{PS} erfolgt durch Auftragen von $\sqrt{\alpha\hbar\omega}$ gegen $\hbar\omega$; die Extrapolation des linearen Bereichs gegen $\sqrt{\alpha\hbar\omega} = 0$ definiert E_{PS} (sog. Tauc-Plot) [33]. Diesem Wert haftet eine gewisse Willkürlichkeit an, da aufgrund der vergleichsweise hohen Zustandsdichte in der Pseudolücke – anders als bei kristallinen Halbleitern – auch Licht mit $\hbar\omega < E_g$ absorbiert wird.

E_{PS} ist deutlich von der Substrattemperatur beim Herstellungsprozeß abhängig. Der Einfluß der Substrattemperatur T_S ist bedingt durch den sich ändernden Wasserstoffgehalt der Schichten. Mit steigendem H-Gehalt beobachtet man eine Zunahme der optischen Energielücke. Für photovoltaische Anwendungen wird eine optische Lücke von 1.3–1.6 eV als optimal angesehen. Bei $E_g^{\text{opt}} = 1.5$ eV ist jedoch der H-Gehalt in den Schichten zu klein, um die elektronischen Defekte des amorphen Si zu passivieren. Dadurch sind die Ladungsträgerbeweglichkeiten zu klein, und die Lebensdauer der Überschußladungsträger bei Belichtung ist drastisch reduziert. Man akzeptiert daher eine etwas größere optische Lücke (etwa bei 1.7 eV), um eine simultane Optimierung von optischen und elektronischen Eigenschaften zu erreichen.

Abbildung 4.51 zeigt den Einfluß der Substrattemperatur auf das Absorptionsverhalten der Schichten. Man erkennt, daß bei hoher Substrattemperatur die

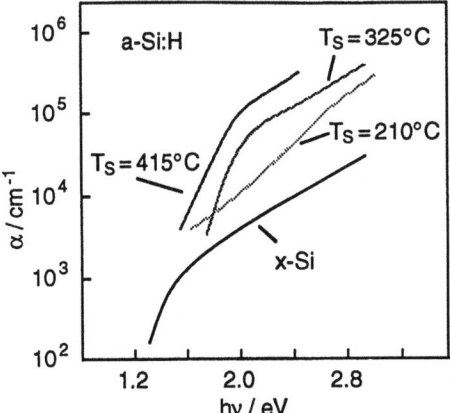

Abb. 4.51. Verlauf des Absorptionskoeffizienten mit der Photonenenergie für a-Si:H in Abhängigkeit von der Substrattemperatur T_S; ebenfalls dargestellt ist der Verlauf für kristallines Si

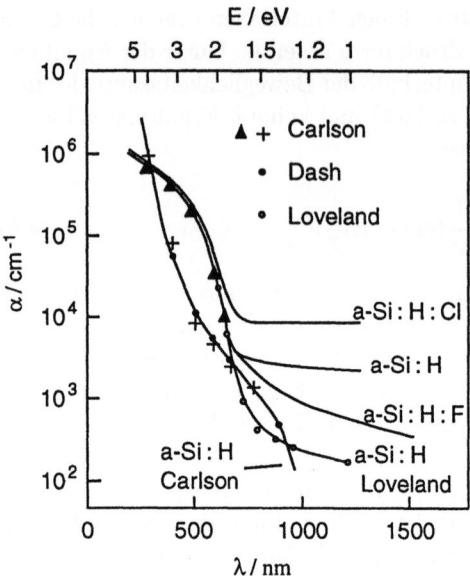

Abb. 4.52. Absorptionsverhalten von a-Si:H; im Vergleich zusätzlich mit F und Cl versetzte Schichten

„Absorptionskante" ins Langwellige verschoben ist, da bei diesen Temperaturen weniger H eingebaut wird. Bei niedriger Temperatur (z.B. 325°C) verschiebt sich der Absorptionsverlauf ins Kurzwellige. Bei sehr hohem H-Anteil wie z.B. bei $T_S = 210°C$ (H-Anteil 40 at%) ändert sich auch der Verlauf der Absorption. Bei $T_S = 415°C$ beträgt der H-Anteil ca. 10 at%. Beim Vergleich mit dem Verlauf des Absorptionskoeffizienten für kristallines Si wird deutlich, daß im geeigneten Bereich der Substrattemperatur das amorphe Material einen erheblich steileren Anstieg mit der Photonenenergie zeigt, so daß man optisch von einem ähnlichen Verhalten wie bei Halbleitern mit direkter Energielücke sprechen kann.

Die Herstellung der Schichten in einer Glimmentladung bedingt eine recht große Variabilität und Unsicherheit in den Herstellungsbedingungen und entsprechende Unterschiede in den resultierenden optischen (und natürlich auch elektronischen) Eigenschaften. So zeigt die Abb. 4.52 den Absorptionskoeffizienten in Abhängigkeit von der Wellenlänge des eingestrahlten Lichtes, wobei bereits deutliche Unterschiede im Verhalten für Herstellung von a-Si:H-Schichten in verschiedenen Labors beobachtet werden. Darüber hinaus zeigt sich ein deutlicher Einfluß des zusätzlichen Einbaus von Fremdatomen wie F oder Cl. Man erkennt am Absorptionsverhalten bei niedrigeren Photonenenergien grob, wie die Defektverteilung unterhalb des Bereiches der optischen Lücke aussieht. Gegenüber den recht guten Schichten von Loveland et al. zeigen mit F bzw. Cl angereicherte Schichten eine erhöhte Absorption zwischen $\alpha = 10^3 cm^{-1}$ und $\alpha = 10^4 cm^{-1}$ im Wellenlängenbereich $\lambda \geq 800$ nm. Auch die a-Si:H-Schicht der Siemens-Gruppe weist eine hohe Absorption unterhalb $h\nu = 1.5$ eV auf, das als Hinweis auf seinerzeit noch nicht optimierte Herstellungsbedingungen angese-

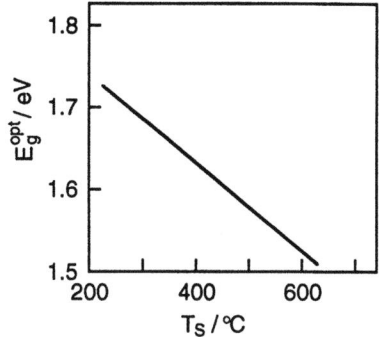

Abb. 4.53. Abhängigkeit von E_g^{opt} von der Substrattemperatur T_S für a-Si:H-Schichten

hen werden kann. Generell wird die Defektdichte im Bereich der Energielücke als Kriterium für die Qualität der Schichten angesehen. Auf diese Thematik wird im Abschn. 4.5.5 noch eingegangen werden. Eine Auswertung des Einflusses des H-Gehalts auf die extrapolierte optische Lücke wird in Abb. 4.53 gezeigt. Sie ergibt im Bereich von Substrattemperaturen zwischen 210°C und 600°C einen linearen Zusammenhang. Wie jedoch bereits erwähnt, erlaubt diese „Durchstimmbarkeit" nicht die beliebige Wahl der Energielücke allein aus optischen Kriterien heraus. Die Abbildungen 4.51 und 4.52 zeigen, daß eine erhebliche Absorption auch im Bereich $h\nu < E_g^{opt}$ beobachtet wird. Daher können Darstellungen wie in Abb. 4.53 lediglich als grobe Näherungen aufgefaßt werden. Die hinsichtlich des Absorptionsverhaltens für $h\nu < E_g^{opt}$ besseren Schichten erhält man bei $T_S \approx 250°C$.

Transporteigenschaften. Bei der Entwicklung des amorphen Si als Solarzellenmaterial bestand eines der Hauptprobleme in der geringen Leitfähigkeit und dem damit verbundenen hohen Serienwiderstand. Ein derartiger Serienwiderstand würde die Herstellung einer effizienten Solarzelle nicht zulassen. Es stellte sich nun die Frage, da das Material im Dunkeln fast isolierend ist, ob die Leitfähigkeit bei Belichtung wesentlich erhöht werden kann und welche Aussagen sich aus der Analyse der Transportprozesse der Ladungsträger machen lassen.

Dunkelleitfähigkeit: Neben dem Serienwiderstand bestimmt die Dunkelleitfähigkeit σ_D auch die Kontakteigenschaften der Probe (Barrierenhöhe, Ausdehnung und Form einer Raumladungszone) sowie Rekombinationsprozesse. Das üblicherweise hergestellte a-Si:H erweist sich als schlechter Leiter, wie es z.B. von intrinsischen Halbleitern mit entsprechend großer Energielücke bekannt ist. Bei derartigen, wenig definierten Systemen versucht man vielfach, die Lage des Ferminiveaus aus der Temperaturabhängigkeit der Leitfähigkeit zu bestimmen, indem man einen der Arrheniusgleichung ähnlichen Ausdruck auswertet. Die Dunkelleitfähigkeit wird definiert als

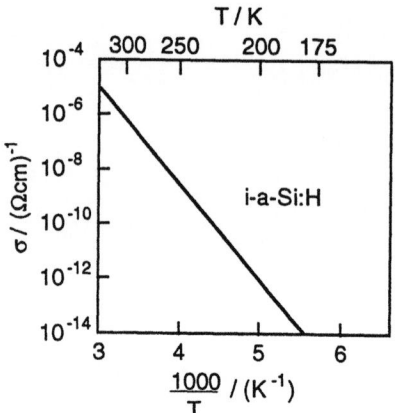

Abb. 4.54. Dunkelleitfähigkeit in Abhängigkeit von der inversen Temperatur für intrinsisches amorphes Si (i-a-Si:H)

$$\sigma_D = \sigma_{D0} \exp\left(-\frac{E_a}{kT}\right), \quad (4.7)$$

wobei E_a die Aktivierungsenergie für die Dunkelleitfähigkeit bezeichnet. Mit

$$ln\sigma_D = -\frac{E_a}{kT} + ln\sigma_{D0} \quad (4.8)$$

lassen sich die Aktivierungsenergie und der Vorfaktor σ_{D0} aus einer logarithmischen Auftragung über 1/T bestimmen. Abbildung 4.54 zeigt eine derartige Auftragung. Das dort dargestellte Verhalten läßt sich mit einer Aktivierungsenergie von $E_a = 0.68$ eV beschreiben. Üblicherweise liegt E_a zwischen 0.2 und 0.8 eV, je nach den Herstellungsbedingungen. Um einen Zusammenhang zwischen der Aktivierungsenergie E_a und der Lage des Ferminiveaus zu finden, betrachtet man den Einfluß der Temperatur auf die Leitfähigkeit. Es ist

$$\sigma_D = e\left(\mu_e n_0 + \mu_p p_0\right) \quad (4.9)$$

die Leitfähigkeit, die durch thermische Anregung von Elektronen aus der Pseudolücke in ausgedehnte Zustände ($E \geq E_{LB}$) des Leitungsbandes auftritt (Elektronenleitung) bzw. durch Anregung von Valenzbandelektronen in die Pseudolücke (Löcherleitung). Überwiegt Elektronenleitung, reduziert sich (4.9) zu

$$\sigma_D = e\mu_e n_0. \quad (4.9a)$$

Die Elektronenkonzentration läßt sich in Analogie zu (2.8) (Boltzmann-Näherung) darstellen, so daß (4.9a) geschrieben werden kann als

$$\sigma_D(T) = e\,\mu_e N_L \exp\left(-\frac{E_L - E_F}{kT}\right). \quad (4.10)$$

Die Temperaturabhängigkeit von N_L ist durch (2.11) gegeben: $N_L(T) \propto T^{3/2}$. Nimmt man der Einfachheit halber an, daß die Temperaturabhängigkeit der

Elektronenbeweglichkeit in einem Bereich zwischen etwa 200 und 800 K allein durch Streuung an akustischen Phononen bestimmt wird, so gilt $\mu_e \propto T^{-3/2}$. Wegen $E_F = E_F(T)$ (vgl. auch (2.17)) setzt man

$$E_F = E_F(0) + \gamma T, \qquad (4.11)$$

so daß (4.10) lautet

$$\sigma_D(T) = e\mu_e N_L \exp\left(\frac{\gamma}{k}\right) \exp\left(-\frac{E_L - E_F(0)}{kT}\right). \qquad (4.12)$$

Damit läßt sich als temperaturunabhängiger Term

$$\sigma_{DO} = e\mu_e N_L \exp\left(\frac{\gamma}{k}\right) \qquad (4.13)$$

definieren. Mit (4.13) und (4.10) sowie (4.7) ergibt sich

$$\sigma_D(T) = \sigma_{D0}\exp\left(-\frac{E_L - E_F(0)}{kT}\right) = \sigma_{DO}\exp\left(-\frac{E_a}{kT}\right). \qquad (4.14)$$

$N_L(T)$ ist in a-Si:H allerdings nicht bekannt, so daß σ_{DO} noch eine Temperaturabhängigkeit beinhalten kann. Nimmt man diese als schwach gegenüber der des Exponentialterms an, so sollte eine Auftragung von $\ln\sigma_D$ gegen $1/T$ in guter Näherung eine Gerade mit der Steigung $E_a/k = (E_L - E_F(0))/k$ ergeben (Arrhenius-Plot). Dies wird auch beobachtet (Abb. 4.54); man erhält für $E_L - E_F(0) = 0.68$ eV. Bei einer Energielücke von 1.7 eV weist dieses Ergebnis darauf hin, daß intrinsisches amorphes Silizium als leicht n-leitend angesehen werden kann.

Die Photoleitung. Unter Photoleitung versteht man die Erhöhung der Leitfähigkeit durch Belichtung. Zur Veranschaulichung des Vorgangs dient Abb. 4.55.
Ein mit ohmschem Rückkontakt versehener intrinsischer Halbleiter wird belichtet. Üblicherweise verwendet man weißes Licht, da der spektrale Anteil mit $h\nu$ im Bereich der Energielücke und $h\nu < E_g$ überwiegend für die Photoleitung verantwortlich ist. Da Licht mit $h\nu > E_g$ stark absorbiert wird, führt die Extinktion des Lichtes mit der Dicke des Materials möglicherweise zu einer Situation, in der ein Teil des Volumens vor dem Rückkontakt unbelichtet bleibt, d.h. dort werden durch das Licht keine zusätzlichen Ladungsträger erzeugt, die gemäß $\sigma = en\mu$ die Leitfähigkeit erhöhen [34], [35]. In diesem Fall würde man nur eine Leitfähigkeitsänderung beobachten, weil die Dicke der isolierenden Zone um den belichteten Bereich verringert wurde, so daß sich bei dünnen Schichten die Leitfähigkeit unwesentlich erhöhen kann. Bei Einstrahlung mit Licht der Energie $h\nu \leq E_g$ ist jedoch üblicherweise gewährleistet, daß auch am Rückkontakt noch zusätzliche Elektron-Loch-Paare durch Belichtung erzeugt werden. Die Dunkelleitfähigkeit (s. (4.9))

$$\sigma_D = e(\mu_e n_0 + \mu_p p_0) \qquad (4.15)$$

erhöht sich dann zu

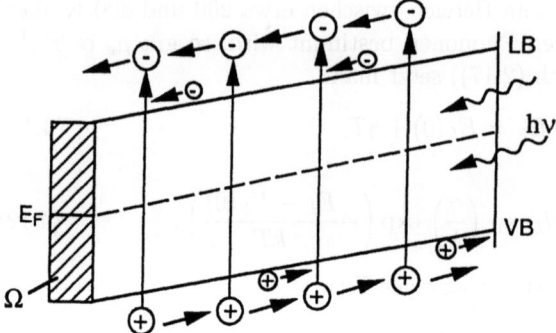

Abb. 4.55. Schematische Darstellung des Einflusses der Belichtung auf die Leitfähigkeit

$$\sigma_{ph} = e\left[\mu_e\left(n_0 + n_{ph}\left(I, \lambda, \alpha\right)\right) + \mu_p\left(p_0 + n_{ph}\left(I, \lambda, \alpha\right)\right)\right]. \quad (4.16)$$

Häufig definiert man die Änderung der Leitfähigkeit

$$\Delta\sigma = e\left(\mu_e \Delta n + \mu_p \Delta p\right). \quad (4.17)$$

Als Maß für die Probenqualität wird meist das Verhältnis von Photoleitfähigkeit zu Dunkelleitfähigkeit angesehen. Eine niedrige Dunkelleitfähigkeit bei gleichzeitig hoher Photoleitfähigkeit weist auf eine erhöhte Lebensdauer der lichtinduzierten Ladungsträger hin, womit Aussagen qualitativer Art über die jeweils vorliegende Verteilung der Defekte gemacht werden können. Nähere Informationen lassen sich erhalten, wenn σ_{ph}/σ_D hinsichtlich ihrer spektralen Abhängigkeit analysiert werden. Eine solche Messung wird in Abb. 4.56 vorgestellt. Man bekommt hier eine Erhöhung der Leitfähigkeit im Maximum der Kurve um $5 \cdot 10^3$. Der spektrale Verlauf läßt sich in Grundzügen erklären:

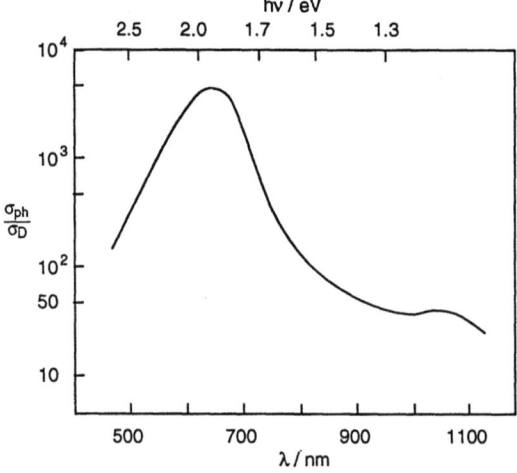

Abb. 4.56. Spektralverhalten des Quotienten σ_{ph}/σ_D für intrinsisches amorphes Si

Im langwelligen Bereich $h\nu < 1.6$ eV ist die Absorption des Materials recht gering, und die Beweglichkeit in den zum Transport beitragenden Zuständen ist ebenfalls klein, da diese unterhalb der Beweglichkeitskante liegen. Die Verstärkung bleibt auf maximal 50 beschränkt. Der Anstieg im Bereich $h\nu \approx E_g$ bis etwa $h\nu = 2$ eV wird durch die wesentlich erhöhte Absorption und den gleichzeitigen Transport in Zuständen höherer Beweglichkeit verstanden; die Beweglichkeitslücke liegt ebenfalls in diesem Energiebereich. Der Abfall von σ_{ph}/σ_D für $h\nu > 2.1$ eV ist durch die Absorption im oberflächennahen Bereich gekennzeichnet. Hierdurch erreichen weniger Photonen den Rückkontakt in diesen ca. 2 μm dicken Schichten. Bei 2.2 eV kann α bereits Werte von 10^5 cm^{-1} annehmen (vgl. Abb. 4.51). Die entsprechende Absorptionslänge ist 1000 Å oder 0.1 μm; das Licht erreicht den Rückkontakt bereits nicht mehr. Trotz guten Transports mit Diffusionslängen um 0.5 μm und guten Drifteigenschaften im Leitfähigkeitsexperiment macht sich das auf die Oberfläche beschränkte Anregungsprofil bei diesen Energien bereits bemerkbar.

Staebler-Wronski-Effekt. Die in den 70er Jahren fortschreitende Optimierung von amorphem Si erfuhr durch die von Staebler und Wronski 1977 berichtete sog. Photodegradation einen deutlichen Rückschlag [36]. Auch stellte sich zugleich die Frage, ob hier eine prinzipielle Einschränkung bei der Verwendung dieses Halbleiters vorlag und es Wege gebe, diese zu beheben. Selbstverständlich setzte mit der Veröffentlichung der Beobachtung eine intensive Suche nach den Ursachen und der Aufschlüsselung des zugrunde liegenden Mechanismus ein. Trotz einiger Erfolge gilt der Vorgang bis heute als nicht abschließend geklärt. Dem Effekt liegt die Beobachtung großer reversibler Leitfähigkeitsänderungen zugrunde, die mit Temperaturbehandlungen sowie Dauer und Intensität von Belichtung korrelieren. Abbildung 4.57 zeigt den von Staebler und Wronski publizierten Befund.
Der Ausgangszustand wird mit A bezeichnet. Er stellt einen vergleichsweise stabilen Zustand hinsichtlich der Leitfähigkeit der Probe dar, der durch 30-minüti-

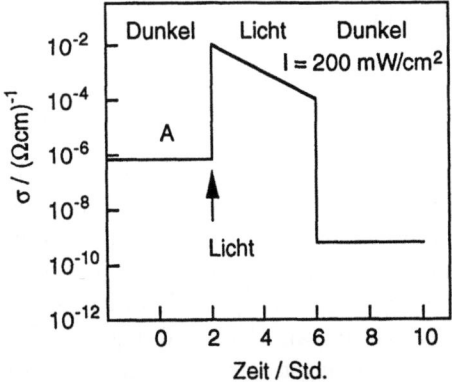

Abb. 4.57. Leitfähigkeit in Abhängigkeit von der Belichtung, aufgetragen über der Zeit

ges Heizen bei 200°C nach der Herstellung erreicht wird. Wird eine solcherart präparierte Probe nun mit weißem Licht der Intensität 200 mWcm^{-2} bestrahlt, so zeigt sich eine kontinuierliche Abnahme der Photoleitung. Dies stellt die Photodegradation dar und bedeutet eine ernstzunehmende Einschränkung, wenn man das Material als photoaktiven Teil in Solarzellen einsetzen will. Obwohl im terrestrischen Einsatzbereich die Lichtintensitäten selten 100 mWcm^{-2} überschreiten, wird auch hier diese Photodegradation beobachtet. Nach vier Stunden Belichtung ist die Dunkelleitfähigkeit ebenfalls um vier Größenordnungen verringert. Überraschenderweise läßt sich der so entstandene Schaden in dotiertem Material durch Tempern bei 130°C ausheilen. Bei der Suche nach den Ursachen herrscht die Vermutung vor, daß bestimmte Si-H-Bindungen durch rekombinierte Ladungsträger gebrochen werden, der dabei frei werdende atomare Wasserstoff an anderen Stellen im Netzwerk diffundiert, und sich so die Defektdichte drastisch erhöht. Die nachfolgende Temperaturbehandlung würde zu einer Umverteilung des Wasserstoffs führen, so daß ähnliche Verhältnisse wie vor der Photodegradation hergestellt werden können. Versuche zur Verminderung des Staebler-Wronski-Effektes waren in manchen Fällen erfolgreich. Hier sei auf die Fluor-Inkorporation in die Schichten hingewiesen. Zwar weisen a-Si:H:F-Schichten kaum eine Photodegradation auf, doch sind ihre elektronischen Eigenschaften nicht von der Qualität reiner a-Si:H-Schichten. Bei der Verwendung in Solarzellen befindet sich der überwiegende Teil des photoaktiven i-a-Si:H in einem elektrischen Feld, das durch die Kontaktierung entsteht (s. Abschn. 4.7.3). In solchen Anordnungen kann der Staebler-Wronski-Effekt verringert werden. Man nimmt an, daß die Ursache hierfür die drastisch verringerte Rekombination lichterzeugter Ladungsträger ist, da diese im elektrischen Feld getrennt werden. Jedoch weisen auch komplette Solarzellen Photodegradation auf; sie ist allerdings auf Abnahmen bis zu 20% des Anfangswertes beschränkt. Dennoch stellt sich das Problem der Langzeitstabilität hier sehr deutlich.

4.6.5 Rekombinationsprozesse

Zur Klassifizierung der grundlegenden Rekombinationsvorgänge wird die Lichtintensitätsabhängigkeit der Photoleitung betrachtet:

$$\sigma_{ph} \approx I^{\gamma}. \tag{4.17}$$

Über den Exponenten γ wird der jeweilige Mechanismus klassifiziert. Die Vorgänge werden in Abb. 4.58 veranschaulicht. Dort ist im ersten Teil (Abb. 4.58a) ein Rekombinationsverhalten dargestellt, bei dem die durch Licht erzeugten Überschußladungsträger von Haftstellen eingefangen werden und nachfolgend rekombinieren. Für diesen Fall ist $\gamma = 1$, d.h. $\sigma_{ph} \propto I$ wird beobachtet. Diese Situation tritt auf, wenn die Belichtung als kleine Störung aufgefaßt werden kann, wobei die Zahl der Überschußladungsträger Δn klein gegen die thermisch für die Rekombination zur Verfügung stehenden Ladungsträger n_0 ist ($\Delta n \ll n_0$). Daher rekombinieren die lichterzeugten Ladungsträger nicht mit-

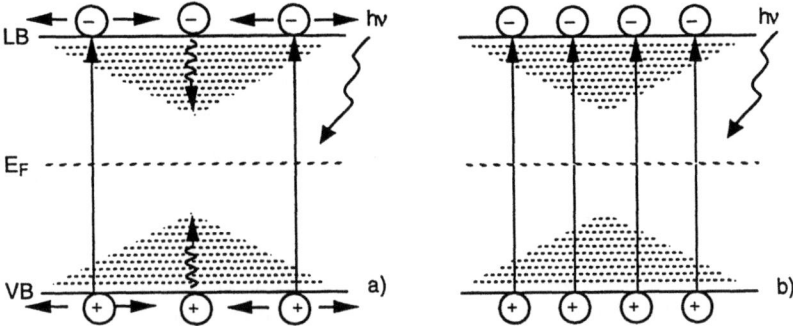

Abb. 4.58a,b. Schematische Darstellung monomolekularer (a) und bimolekularer (b) Rekombination

einander, sondern über Defekte in der Energielücke. Für den Fall $\Delta n \gg n_0$, d.h. bei größeren Lichtintensitäten, beobachtet man $\gamma = 0.5$, d.h. $\sigma_{ph} \propto I^{1/2}$. In diesem, in Abb. 4.58b gezeigten Fall spricht man von bimolekularer Rekombination, da hier paarweise Vernichtung der lichterzeugten Ladungsträger untereinander auftritt, während die Effekte durch Zwischenzustände in der Energielücke nur eine geringe Bedeutung haben.

Oft wird im Experiment für γ ein Wert von $\gamma = 0.75$ über vier Größenordnungen der Lichtintensität gefunden. Dies interpretiert man als monomolekulare Rekombination, wobei eine exponentiell verlaufende Verteilung von Rekombinationszentren von den Bandkanten zur Mitte der Energielücke hin angenommen wird. Eine solche Verteilung der Zustandsdichte stimmt mit entsprechenden Untersuchungen überein.

4.7 Solarzellen mit amorphem Silizium

4.7.1 Historisches

Bereits 1969 berichtete Chittick [37] über die Herstellung von amorphem Silizium, das einen deutlichen Photoeffekt aufwies. Drei Jahre später gelang es Spear und LeComber, die Lage des Ferminiveaus von a-Si durch ein elektrisches Feld zu beeinflussen. Offensichtlich hatten die Autoren ein Material mit vergleichsweise niedriger Defektdichte im Bereich der Pseudoenergielücke hergestellt. Der Durchbruch kam mit der Entdeckung, daß das Material dotierbar ist (Spear und LeComber 1975 [32]), weil dies die Möglichkeit zur Herstellung gleichrichtender Kontakte beinhaltet. In der Folge wurden bereits 1976 erste Bauteile auf der Basis von amorphem Silizium hergestellt. Man berichtete von sog. Schottky-Solarzellen, aber auch bereits von den später überwiegend eingesetzten p-i-n-Strukturen (Carlson bei RCA). Ab 1980 war man in der Lage, mit kleinen Flächen Wirkungsgrade um 10% zu erhalten. Überwiegend industrielle Gruppen (RCA, Sanyo, Siemens) waren mit der Optimierung befaßt.

4.7.2 Die Dotierung von a-Si:H

Die Dotierung des nahezu intrinsischen, bei der Glimmentladung von SiH_4 hergestellten a-Si:H erfolgt durch Beimischung von Dotiergasen, die die von kristallinem Si bekannten Dotierstoffe (z.B. B, P) enthalten. Die überwiegend verwendeten Gase sind Phosphin (PH_3) und Diboran (B_2H_6). Hierbei sind wegen der hohen Giftigkeit der Gase große Sicherheitsanforderungen zu erfüllen. Entsprechend dem Verhalten des kristallinen Si erzeugt die Beimengung im Bereich einiger Atomprozente von B_2H_6 p-Leitung und das Einbringen von PH_3 n-Leitung. Der Einfluß der Dotiergasbeimengung auf die Dunkelleitfähigkeit ist in Abb. 4.59 gezeigt. Man erkennt, daß sich die Dunkelleitfähigkeit um etwa zehn Größenordnungen ändern kann. Dabei erkennt man, daß durch Zugabe von B_2H_6 die Leitfähigkeit gegenüber dem undotierten Zustand noch verringert wird. Abbildung 4.60 zeigt den Einfluß der Dotiergaskonzentration auf die jeweilige Lage des Ferminiveaus, bestimmt aus temperaturabhängigen Leitfähigkeitsmessungen. Im Bereich von einigen Atomprozenten Dotierstoffzugabe ist das Ferminiveau nur etwa 0.2 eV von den jeweiligen Beweglichkeitskanten entfernt.

Trotz der hohen Dotierung läßt sich eine weitere Verschiebung kaum erreichen; das liegt offensichtlich an der hohen Defektzustandsdichte in der Pseudoenergielücke, denn es bedarf der Umladung vieler Zustände, um E_F zu verändern. Der Bereich um 10^{-4} Vol% B_2H_6, der mit einer extrem niedrigen Dunkelleitfähigkeit verknüpft ist (Abb. 4.59), entspricht offenbar dem eigentlichen intrinsischen Verhalten, wie aus der Größe der Aktivierungsenergie um 0.8 eV (Abb. 4.60) hervorgeht.

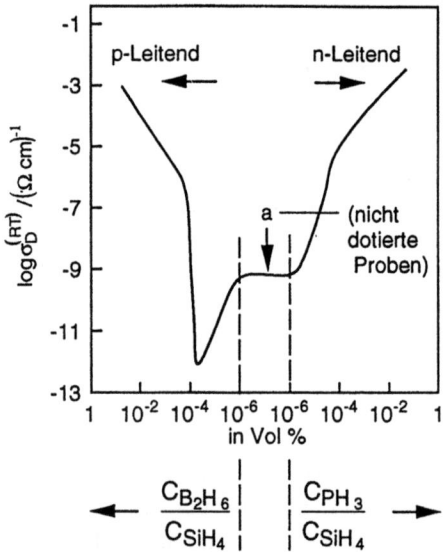

Abb. 4.59. Logarithmus der Dunkelleitfähigkeit von a-Si:H in Abhängigkeit von der Dotiergasbeimengung

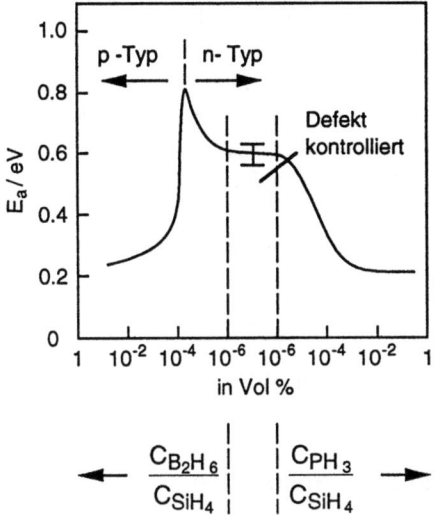

Abb. 4.60. Einfluß der relativen Dotiergasbeimischung auf die Lage des Ferminiveaus von a-Si:H

4.7.3 p-i-n-Struktur für Solarzellen

Da sich durch externe Dotierung die Lage des Ferminiveaus beeinflussen läßt, besteht die Möglichkeit, p-leitende, n-leitende und intrinsische Schichten aus amorphem Si zu präparieren. Ähnlich wie bei der klassischen Solarzelle auf der Basis kristallinen Siliziums wird hier ein großes elektrisches Feld (große Kontaktpotentialdifferenz) eingebaut, indem die intrinsische Schicht sowohl mit p- als auch mit n-leitendem Material kontaktiert wird. Abbildung 4.61a zeigt die Verhältnisse vor und 4.61b nach der Kontaktbildung im Dunkeln.

Die Struktur ist von der Dotierung her so eingestellt, daß ihr Ferminiveau nach Kontaktbildung, E_F^i, dem des Ferminiveaus im p-leitenden Teil, E_F^p, ent-

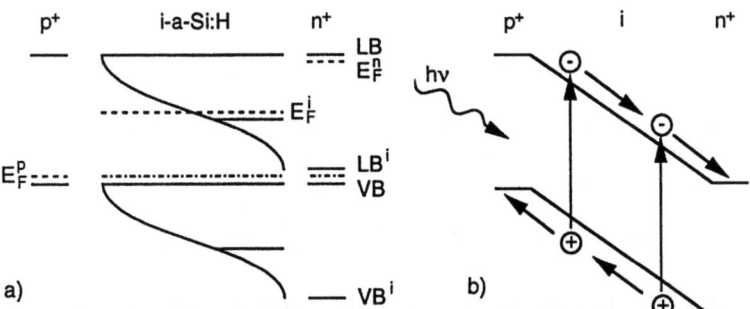

Abb. 4.61a,b. Schematische Darstellung des Energiebanddiagramms E(x) einer p-i-n-Struktur aus amorphem Silizium; **(a)** energetische Verhältnisse vor und nach Kontaktbildung im Dunkeln, **(b)** Funktionsweise bei Belichtung

spricht. Die Struktur bietet bei geschickter Aufteilung der Dicke der intrinsischen Schicht, Absorptionskoeffizient, statischer Dielektrizitätskonstante der intrinsischen Schicht und der Kontaktpotentialdifferenz $E_F^p - E_F^n$ die Möglichkeit, nahezu im gesamten intrinsischen Bereich ein elektrisches Feld wirken zu lassen. Damit existiert im Innern der Struktur eine ausgedehnte Randschicht, in der eine effektive Ladungsträgertrennung erfolgen kann (s. Abb. 4.61b). Diese Trennung ist hier besonders wichtig, da die Lebensdauer der angeregten Überschußladungsträger wegen der Defekte in der Pseudoenergielücke klein ist und ein Wettbewerb zwischen Trennung und Rekombination stattfindet.

Die Verringerung der Rekombinationsrate wirkt zusätzlich der Photodegradation entgegen. Die n^+- und p^+-Schichten dienen hier lediglich als quasitransparente Kontakte, sie sind weitgehend photoinaktiv.

4.7.4 Bedingungen für leistungsfähige p-i-n-Solarzellen

Um eine hohe Ausbeute bei der Energieumwandlung mit p-i-n-Strukturen zu erzielen, lassen sich fünf wichtige Kriterien angeben. Es gibt natürlich bei Optimierungsvorgängen üblicherweise eine weit größere Zahl von Parametern; hier jedoch sollen die wichtigsten und physikalisch grundlegenden Größen betrachtet werden. Die folgenden Bedingungen müssen gelten:

(i) Die p^+- und n^+-Schichten sollen möglichst dünn sein, da sie zur Photoaktivität nicht beitragen.

(ii) Die p^+- und n^+-Schichten müssen andererseits eine Mindestschichtdicke besitzen, damit sich die gesamte Kontaktpotentialdifferenz $\Delta V = 1/e(E_F^p - E_F^n)$ ausbilden kann.

(iii) An die intrinsische Schicht werden mehrere Anforderungen gestellt. Zu ihrer Erläuterung betrachtet man die Abb. 4.62. Zum einen muß die Schichtdicke d groß genug sein, um eine möglichst vollständige Absorption des einfallenden Lichtes zu gewährleisten. Zum anderen muß die Schicht dünn genug sein, damit kein neutraler Bereich mit erhöhter Rekombinationsrate entsteht. Außerdem muß der Serienwiderstand klein gehalten werden. Es gelten dennoch die Bedingungen (s. Abb. 4.62) $d \approx 3\alpha^{-1} \approx W_1 + W_2$.

(iv) Um einen möglichst kleinen Serienwiderstand R_S zu erhalten, müssen die Flächenwiderstände vom Rückkontakt und später aufzubringendem Frontkontakt (leitendes Oxid) klein gehalten werden.

(v) Die Transmission der leitenden Oxidschicht muß zugleich hoch sein.

Abbildung 4.63 zeigt schematisch die dem Licht zugewandte Seite einer kontaktierten p-i-n-Struktur. Man erkennt, daß die Sammlung der Ladungsträger unter Umständen durch Flächenwiderstände in zu dünnen leitenden Strukturen beeinträchtigt werden könnte.

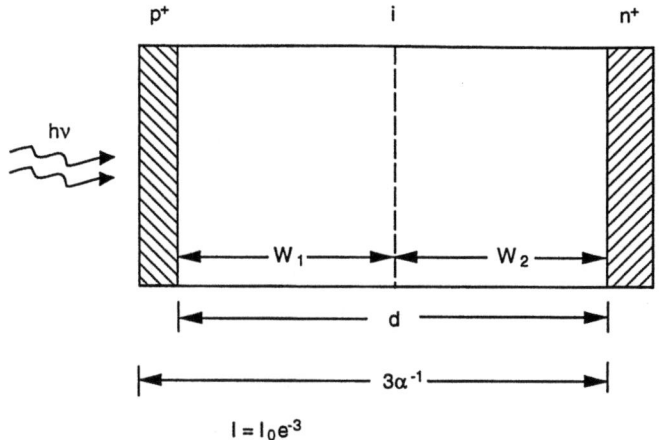

Abb. 4.62. Schematischer Aufbau einer p-i-n-Struktur mit den entsprechenden Parametern

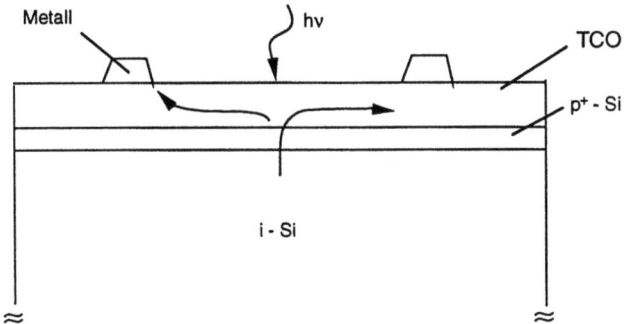

Abb. 4.63. Schemazeichnung der Frontseite einer p-i-n-Struktur

4.7.5 Verbesserungen bei der Herstellung von p-i-n-Strukturen

Es zeigte sich recht früh bei der Entwicklung der o.a. Bauteile, daß die Ergebnisse in Systemen mit nur einer Abscheidungskammer von der Vorgeschichte, d.h. von den vorher durchgeführten Experimenten abhingen. Man fand bald heraus, daß Dotiergasverschleppungen als Ursache angesehen werden konnten. Um diese Einflüsse weitgehend auszuschließen, wurden Mehrkammersysteme für die Plasmadeposition entwickelt. In ihnen wird in jeweils einer Kammer eine Schicht hergestellt. Die Abbildung 4.64 zeigt eine derartige 3-Kammer-Beschichtungsanlage inklusive der Gaszuleitungen und -abflüsse.

Entsprechend der Transportrichtung wird hier die Struktur in der Reihenfolge n → i → p hergestellt. Man vermeidet durch die Herstellung in getrennten Kammern und dem Probentransfer unter Vakuum über Schleusen Dotiergasverschleppungen und mögliche stärkere Oberflächenoxidation. Mit Systemen dieser

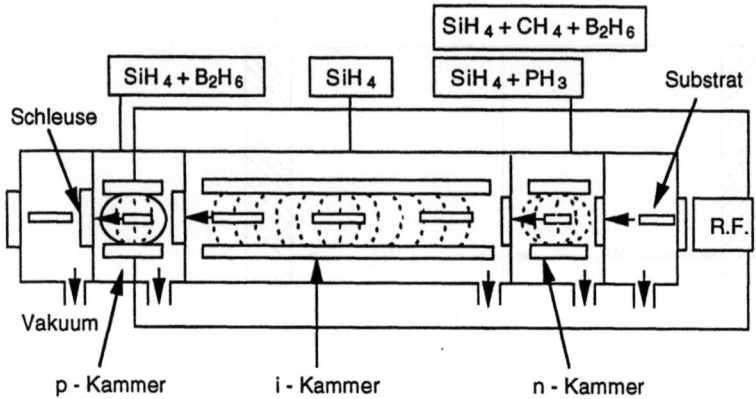

Abb. 4.64. 3-Kammer-Plasmadepositionsanlage zur Herstellung von p-i-n-Strukturen

Art kann das intrinsische Material in guter Qualität (niedrige Defektdichte) hergestellt werden, so daß man zu Solarzellen mit Wirkungsgraden um 10% kommt.

4.7.6 Technische Realisation von a-Si:H p-i-n-Solarzellen

Es sind prinzipiell vier Varianten für den Aufbau einer p-i-n-Solarzelle möglich. Im folgenden bezeichnet Su das Substrat, TCO ein leitendes Oxid (transparent conductive oxide) und Me ein Metall.
Auflistung der Varianten:

$$h\nu \Rightarrow Su/TCO/p-i-n/Me$$
$$h\nu \Rightarrow Su/TCO/n-i-p/Me$$
$$Su/Me/p-i-n/TCO \Leftarrow h\nu$$
$$Su/Me/n-i-p/TCO \Leftarrow h\nu$$

Hierbei kennzeichnet $h\nu$ die Seite, von der das Licht einfällt. Es hat sich gezeigt, daß p-i-n-Strukturen einen höheren Wirkungsgrad aufweisen, wenn sie auf der p-leitenden Seite belichtet werden. Der Grund könnte in einer größeren Bandverbiegung auf der stärker absorbierenden Seite liegen. Dies ist in Abb. 4.65 veranschaulicht.
Da intrinsisches Silizium leicht n-leitend ist ($E_a \approx 0.6$ eV), besteht zu p^+-Silizium eine größere Kontaktpotentialdifferenz von etwa 1 V, während zu n^+-Silizium dieser Wert nur etwa 0.4 V beträgt. Somit hätte man im Bereich hoher Absorption in der Nähe der Oberfläche ein größer wirkendes elektrisches Feld. Die Gründe für die Asymmetrie der Struktur hinsichtlich ihres Wirkungsgrades sind jedoch noch nicht abschließend geklärt. Die Abbildungen 4.66 und 4.67 zeigen jeweils Beispiele für technisch realisierte Solarzellen aus amorphem Silizium.

4.7 Solarzellen mit amorphem Silizium

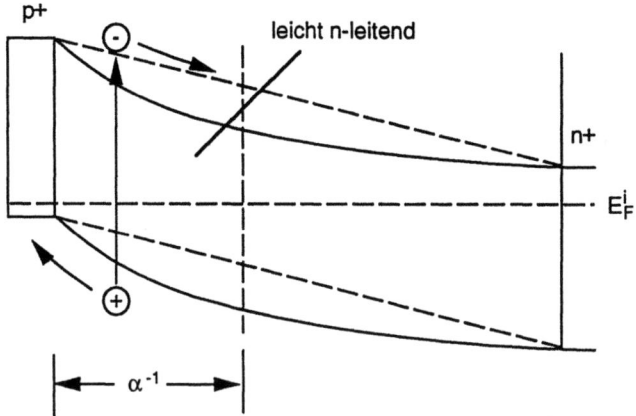

Abb. 4.65. Schematische Auftragung der energetischen Verhältnisse einer p-i-n-Struktur unter Belichtung

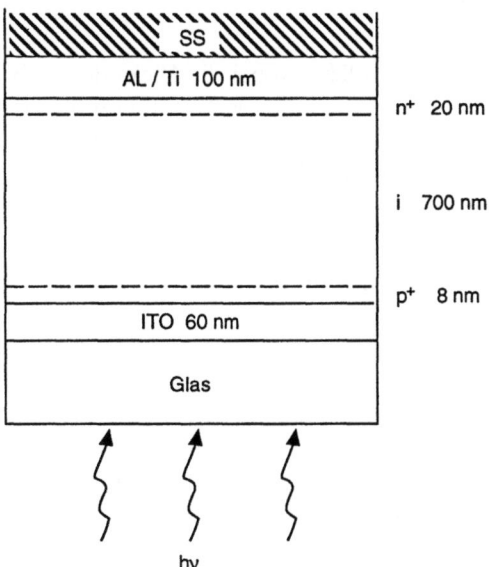

Abb. 4.66. p-i-n-Solarzelle aus amorphem Silizium

Abbildungen 4.66 und 4.67 zeigen neben den beim Aufbau der Zelle verwendeten Materialien (SS = Stainless Steel = Edelstahlblech) auch deren Dicke. Man sieht, daß die intrinsischen Schichten eine Dicke von 0.5 μm–0.7 μm aufweisen, so daß das Licht mit Absorptionskoeffizienten $\alpha > 10^4 \, \text{cm}^{-1}$ gut absorbiert wird. Die p^+- und n^+-Schichten leiten doch relativ schlecht, so daß TCOs verwendet werden und die n^+- und p^+-Schichten wegen ihrer Inaktivität möglichst dünn gehalten werden. Häufig verwendet man Indium-Zinn-Oxid (ITO) oder Zinnoxid SnO_2 als leitendes Oxid. Man sieht, daß sich eine gesamte Struktur

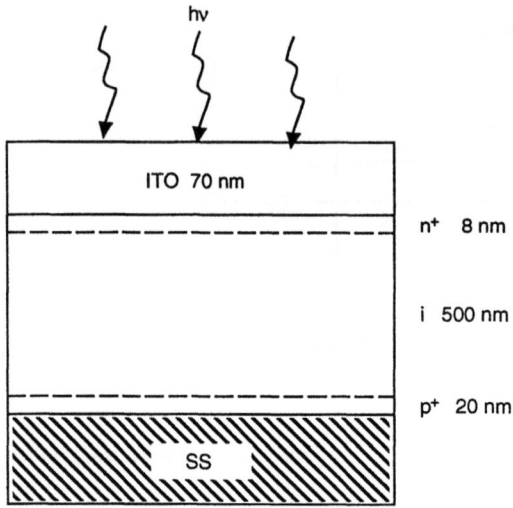

Abb. 4.67. n-i-p-Solarzelle aus amorphem Silizium

auch in einer Dicke von wenigen μm aufbauen läßt, wobei die Dicke des halbleitenden Teils ≤ 1 μm beträgt. Dies bedeutet eine große Flexibilität in den Anwendungen (Biegsamkeit etc.), aber auch eventuell Kostenreduzierung (geringer Materialverbrauch). Allerdings sind die Abscheidungsraten zu langsam, und große Flächen lassen sich nicht sehr homogen beschichten.

4.7.7 Entwicklung effizienter Systeme auf der Basis der p-i-n-Struktur

In diesem letzten Unterkapitel über Solarzellen aus amorphem Silizium werden die Entwicklungsschritte hin zu Systemen mit hohem Wirkungsgrad überschaubar aufgezeigt. Der große Umfang der diesbezüglichen Arbeiten bedingt, daß die hier vorgestellte Auswahl unvollständig sein muß. Der exemplarische Charakter der Weiterentwicklungen (Verwendung von anderen Fenstermaterialien, die Bedeutung mikrokristalliner Teilstrukturen usw.) soll vielmehr betont werden. Abbildung 4.68 zeigt die Leistungsdaten einer frühen Solarzelle aus a-Si:H. Kurve A bezeichnet die Strom-Spannungscharakteristik zu Beginn des Versuches, Kurve B nach 48 h Belichtung. Man erkennt, daß eine drastische Verschlechterung des ohnehin schon recht niedrigen Wirkungsgrades ($\eta = 3.7\%$ für die Kurve A) auftritt. Bei später entwickelten Systemen konnte die Photodegradation durch bessere Abstimmung von d, α^{-1} und W sowie Beschichtung in einer Drei-Kammer-Anlage erheblich verringert werden. Der Wirkungsgrad änderte sich dann von 3.7% auf 3.5% unter den angegebenen Bedingungen. Dennoch ist ein solches System zu ineffizient für geplante kommerzielle Anwendungen. Man ging zu Beginn der 80er Jahre dazu über, andere Teilstrukturen in die p-i-n-Struktur einzubauen. Die wesentlichen Schritte hierzu bestanden in der Verwendung von:

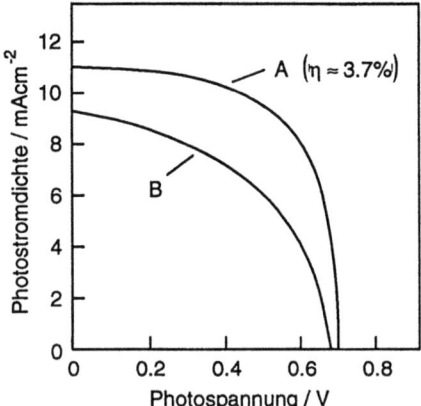

Abb. 4.68. Photostrom-Spannungscharakteristik einer p-i-n a-Si:H-Solarzelle; Belichtung unter AM1-Bedingungen. **(A)** zu Beginn des Versuchs, **(B)** Kennlinie nach 48 h Belichtung

(i) amorphem SiC als p-leitende Schicht, da dieses Material wegen seiner größeren Energielücke ein besseres Fenster abgibt;

(ii) mikrokristallinem Si (μ c-Si) als n-leitende Schicht und

(iii) einer Konfiguration mit abgestuften Energielücken und verbesserten Grenzflächeneigenschaften. Eine derartig aufgebaute Solarzelle ist in Abb. 4.69 gezeigt.

Als photoaktiver Teil bleibt das intrinsische a-Si:H natürlich erhalten; die neue Struktur ist nun aus acht Komponenten zusammengesetzt. Der hiermit erhaltene Wirkungsgrad beträgt 11% und liegt damit im Bereich der prinzipiellen wirtschaftlichen Mindestanforderung. Allerdings müssen Herstellungskosten, Langzeitstabilität und Leistung einer Solarzelle in Bezug gesetzt werden, so daß eine derartige Angabe des Wirkungsgrades im Zusammenhang mit Wirtschaftlichkeit nur als grobe Abschätzung zu verstehen ist. Eine zweite erwähnenswerte Möglichkeit, den Wirkungsgrad zu erhöhen, beinhaltet die folgenden Teilschritte bei der Herstellung:

(i) wiederum die Verwendung von p-a-SiC,

(ii) das Einbringen einer TCO-Schicht, auch milky tin oxide on glass (MTG) genannt und

(iii) das Einbringen einer Zwischenschicht aus ITO zwischen n^+-a-Si:H und den Rückkontakt, der aus Ag besteht. Abbildung 4.70 zeigt den Aufbau der Solarzelle.

Diese Struktur zeigt einen Wirkungsgrad von $\eta = 11.7\%$. Abbildung 4.71 gibt die zugehörige Leistungscharakteristik. An dieser Stelle wird erwähnt, daß die mikroskopischen Gründe bzw. Ursachen für die Verbesserung oft nicht vollständig aufgeklärt sind, da die Zellenentwicklung aus Gründen des wirt-

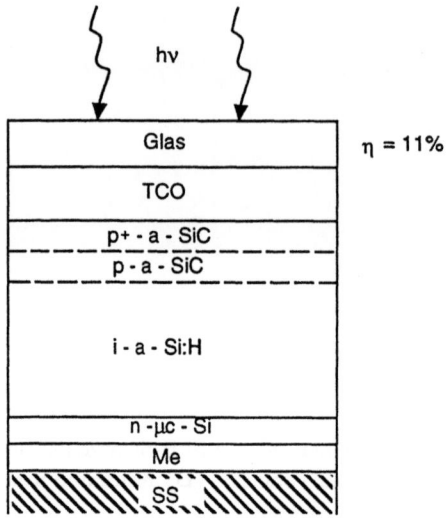

Abb. 4.69. Aufbau einer effizienten a-Si:H-Struktur

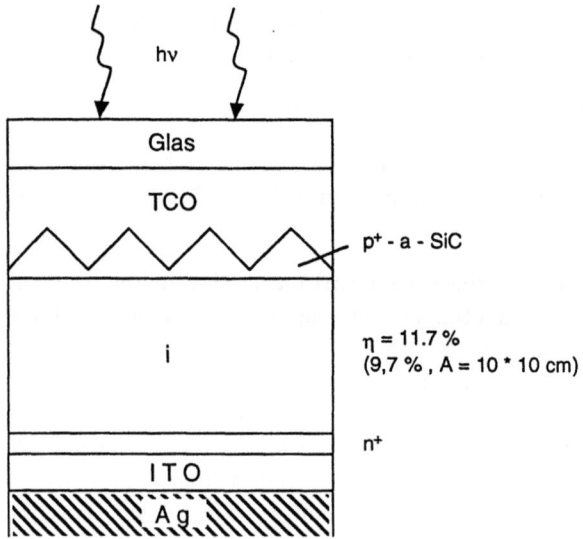

Abb. 4.70. Solarzelle aus a-Si:H mit Modifizierungen zur Erhöhung des Wirkungsgrades

schaftlichen Wettbewerbs stark empirisch betrieben wurde. Der Einfluß der Oberflächentextur entspricht natürlich weitgehend dem bei der Comsat-Zelle beschriebenen Effekt. Man erzeugt eine erhöhte Zahl von Minoritätsladungsträgern im Bereich des größten elektrischen Feldes.

Der Vergleich der Leistungsdaten der Struktur, die in Abb. 4.69 gezeigt ist, mit der in Abb. 4.70 gezeigten Zelle belegt, daß die Unterschiede offensichtlich

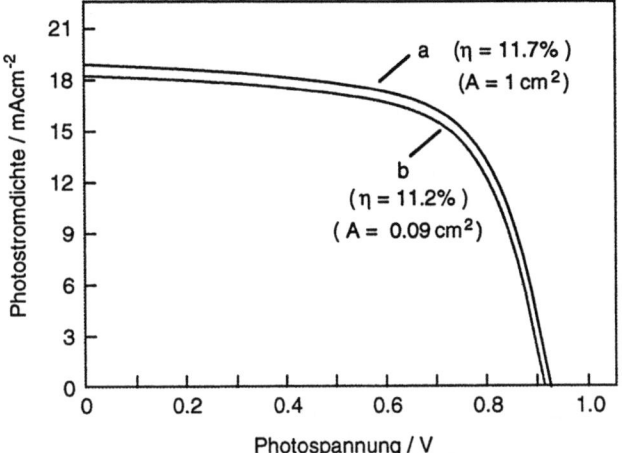

Abb. 4.71. Kenndaten optimierter Solarzellen auf der Basis von a-Si:H; **(a)** texturierte TCO-Schicht, **(b)** abgestufte Energielücken (graded gap); $p = 100$ mWcm^{-2}

vergleichsweise gering sind. Hier muß allerdings der Einfluß der Flächengröße von Solarzellen aus amorphem Silizium betont werden. Während die Zelle mit $\eta = 11.7\%$ eine Fläche von 1 cm² aufwies, sind es bei der Zelle mit $\eta = 11.1\%$ (Kurve B in Abb. 4.71) nur 9 mm². Der Wirkungsgrad sinkt mit zunehmender Größe, was unmittelbar mit Inhomogenitäten beim Plasmadepositionsprozeß zusammenhängt. So reduziert sich der Wirkungsgrad von $\eta = 11.7\%$ auf $\eta = 9.7\%$, wenn die Fläche von 1 cm² auf 100 cm² vergrößert wird. Zusätzlich weisen all die Systeme noch eine Photodegradation auf, die allerdings die Ausgangsleistung nur etwa um 20% reduziert. Leider ist dadurch das Erreichen der sog. payback-Zeit, nach der die Solarzelle ihre eigenen Herstellungskosten erwirtschaftet hat, zu größeren Zeiten verschoben. Zur Zeit werden noch stabilere Systeme z.B. aus dünnen CuInSe$_2$-Schichten favorisiert. Abschließend werden Schottky-Solarzellen mit a-Si:H beschrieben. Dies geschieht hauptsächlich der Vollständigkeit halber, denn diese Systeme werden seit dem Ende der 70er Jahre nicht weiterverfolgt, das überwiegend an der Degradation der Kontakte liegt. Abbildung 4.72 beschreibt den Aufbau einer solchen Schichtstruktur. Hier wurde Platin als Metall für die Bildung eines gleichrichtenden Kontaktes verwendet. Eine 20Å dicke SiO$_2$-Schicht bedeutet, daß hier die von den klassischen Solarzellen bekannte MOS-Struktur Anwendung findet. Solche Strukturen können in vorteilhafter Weise eine große Barriere für den Majoritätsladungsträgerstrom und (fast) keine für die Minoritätsladungsträger aufbauen. Die Abnahme des Sättigungsstromes in Sperrichtung bewirkt eine Zunahme der Photospannung (s. (2.118)). Außerdem können durch die Oxidbildung Grenzflächenzustände, die als Rekombinationszentren wirken, in ihrer Zahl bzw. Dichte reduziert werden. Die zugehörige Charakteristik zeigt Abb. 4.73. Zunächst erkennt man, daß der Photostrom unter gleichen Beleuchtungsbedingungen erheblich reduziert ist gegenüber den in Abb. 4.71 dargestellten Werten. Hier liegt eine prin-

228   4. Dünnschichtsolarzellen

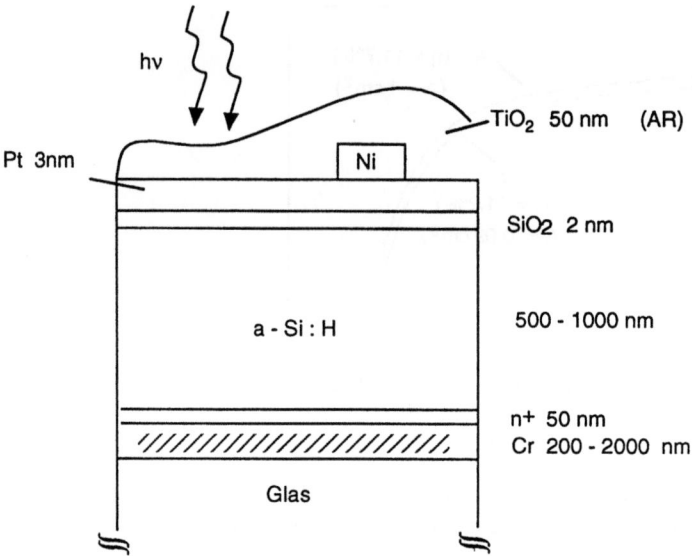

Abb. 4.72. Aufbau einer Schottky-Solarzelle mit a-Si:H (schematisch)

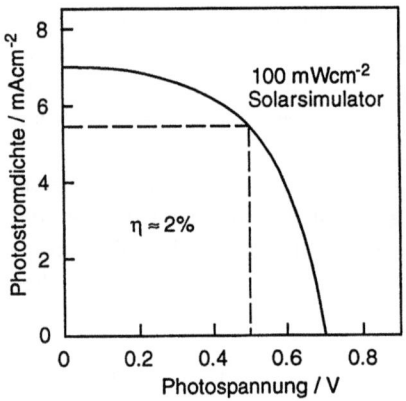

Abb. 4.73. Kenndaten einer Schottky-Solarzelle auf der Basis von a-Si:H; $p = 100$ mWcm^{-2} (Sonnensimulator)

zipielle Schwäche von Schottky-Solarzellen vor, die vermutlich Anwendungen dieses Typs verbietet: die Lichtabsorption ist auch in dünnen Metallen zu hoch, und das bewirkt eine deutliche Reduzierung des erreichbaren Kurzschlußstroms (vgl. Abschn. 3.3).

Der erzielte Wirkungsgrad beträgt hier nur 2%, da auch die Photospannung geringer ist als bei den p-i-n-Strukturen (vgl. Abb. 4.71). Zum Teil wird dies durch die logarithmische Abhängigkeit der Photospannung von der Lichtintensität bewirkt. Der blockierende Charakter des Kontaktes ist schlechter, wodurch die Photospannung ebenfalls reduziert wird. Die Möglichkeiten der Optimierung von Solarzellen mit amorphem Si als photoaktivem Material sind mit den hier beschriebenen Ansätzen nicht erschöpft. So werden z.b. Weiterentwicklungen in der Form von Tandemzellen (mehrere Halbleiter mit abgestuften Energielücken zur besseren Ausnutzung der Überschußenergie der lichterzeugten Elektron-Loch-Paare) betrieben und sog. Multiterminal-Strukturen (Aufeinanderbringen mehrerer elektrisch getrennter Dünnschichtsysteme wie z.B. eine p-i-n a-Si:H-Solarzelle auf eine p-CuInSe$_2$/n-CdS-Solarzelle; der von der a-Si:H-Solarzelle durchgelassene Teil des Spektrums $h\nu \leq 1.7$ eV wird in der Chalkopyritsolarzelle noch zur photovoltaischen Energieumwandlung benutzt), die Wirkungsgrade über 15% erzielen. Der überwiegende Einsatz von a-Si:H-Solarzellen liegt zur Zeit noch in der Unterhaltungselektronik.

4.8 Heterostrukturen aus amorphem und kristallinem Silizium

Bei den Bemühungen, die Kosten für Solarzellen aus kristallinem Silizium zu senken, eröffneten Forscher von Sanyo eine überraschende Möglichkeit: der pn-Übergang wurde in Form einer Heterostruktur aus p-dotiertem a-Si und n-dotiertem kristallinen Silizium (x-Si) hergestellt. Die a-Si-Schicht wird mittels Plasmadeposition bei niedriger Temperatur (120°C) auf x-Si aufgebracht, und man umgeht so den Hochtemperaturprozeß, der sonst für das Eindiffundieren des Dotierstoffs bei der Herstellung des n$^+$p-Übergangs in kristallinem Silizium erforderlich ist. Versuche mit Heterostrukturen aus n-leitendem CZ-Silizium und p-a-Si ergaben Wirkungsgrade um 12%. Durch Einfügen einer 50 nm dicken amorphen intrinsischen a-Si-Schicht zwischen p-a-Si und n-x-Si konnte die Leistung nochmals erheblich gesteigert werden: mit den besten Zellen wurden kürzlich 18.7% erreicht [38], [39] (Angaben für AM1.5, $p_S = 100\,\text{mWcm}^{-2}$).
Diese Ergebnisse sind aus mehreren Gründen überraschend: Bei vielen Heteroübergängen kann die Grenzflächenzustandsdichte Probleme bereiten. Demgegenüber scheint die Bedeckung von x-Si mit einer intrinsischen und einer p-dotierten a-Si-Schichtdie x-Si-Oberflächenzustände in ähnlicher Weise zu passivieren wie ein thermisch erzeugtes Oxid [39]. Weiterhin weisen a-Si und x-Si vergleichbare Elektronenaffinitäten aber unterschiedliche Bandlücken auf: E_g (x-Si) = 1.1 eV, E_g (a-Si) $\approx$ 1.7 eV (s. Abb. 4.74, [40]). Nach dem Anderson-Modell müßte man folglich mit einer Valenzbanddiskontinuität von mindestens 0.5 eV rechnen, die eine massive Barriere für die lichterzeugten Minoritätsladungsträger (Löcher in n-x-Si) darstellt, so daß eigentlich nur ein minimaler Photostrom fließen dürfte. Möglicherweise beeinflussen hier – wie im Fall der CdS/CuInSe$_2$-Heterostruktur – die in Abschn. 2.7 diskutierten Neutralitätsniveaus die Verhältnisse. Es ist weiterhin interessant, daß n-dotiertes kristallines Silizium als photoaktives Material Verwendung findet, während üblicherweise p-Silizium wegen der größeren Diffusionslängen der Elektronen eingesetzt wird. Die Funktionsweise dieser HIT- (*H*eterojunction with *I*ntrinsic *T*hin-layer) Solarzellen ist z.Zt. Gegenstand einer Reihe von Forschungsarbeiten (s. auch Ab-

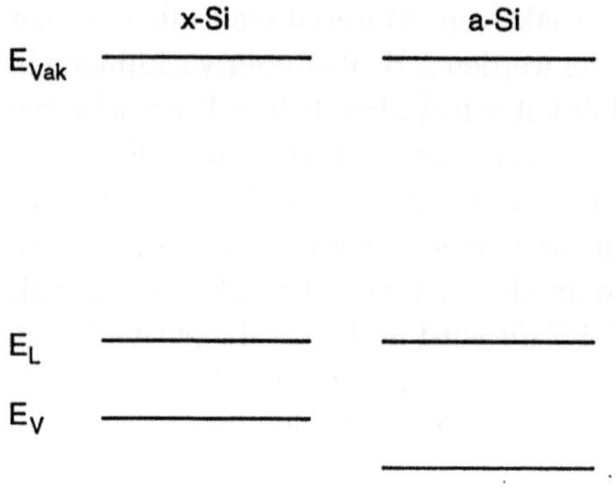

230 4. Dünnschichtsolarzellen

```
           x-Si        a-Si
E_Vak    _____      _____


E_L      _____      _____
E_V      _____
                     _____
```

Abb. 4.74. Lage von Leitungs- und Valenzband für a-Si und x-Si

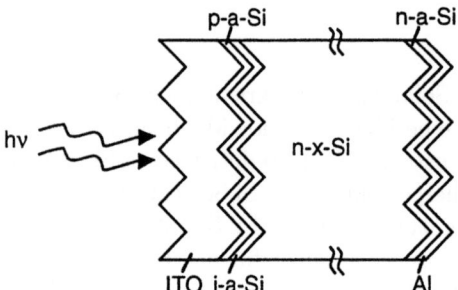

Abb. 4.75. Schematischer Querschnitt durch eine HIT-Solarzelle

schn. 4.4). Abbildung 4.75 zeigt schematisch den Aufbau einer HIT-Solarzelle mit hohem Wirkungsgrad. Das photoaktive kristalline n-(CZ)-Silizium besitzt einen spezifischen Widerstand im Bereich $\rho \approx 0.1...2\,\Omega$cm und weist eine Oberflächentexturierung auf. Die frontseitigen a-Si-Schichten werden mittels Plasmadeposition bei 120°C abgeschieden. Die niedrige Abscheidetemperatur bewirkt eine vergleichsweise große Bandlücke (vgl. Abb. 4.53). Dadurch wird die Absorption in den im wesentlichen als Fenstermaterial wirkenden a-Si-Frontschichten reduziert. Der Frontkontakt besteht aus ITO (vgl. Abschn. 4.7.6); die zwischen n-x-Si und dem Al-Rückkontakt befindliche n-a-Si-Schicht erfüllt offensichtlich die Funktion eines Back-Surface-Feldes. Abbildung 4.76a zeigt die Kennlinie dieser Zelle. Es wurden auch Versuche mit HIT-Solarzellen gleichen Aufbaus auf der Basis nicht texturierten polykristallinen Siliziums durchgeführt. Abbildung 4.76b zeigt die Leistungscharakteristik einer $10 \cdot 10\,\text{cm}^2$ großen Solarzelle (poly-Si hergestellt nach dem Blockgießverfahren mit gerichteter Erstarrung, s. Abschn. 3.2.2). Der Wirkungsgrad entspricht mit 13.6% dem einer guten konventionell dotierten poly-Si-Solarzelle.

Die Herstellung von a-Si/x-Si-Strukturen in der geschilderten Weise bietet eine interessante Perspektive: betrachtet man Abb. 6.3, so zeigt sich, daß ein dem Licht zugewandter pn-Übergang aus a-Si ($E_g^{(1)} \approx 1.8$ eV) mit nachgeschaltetem

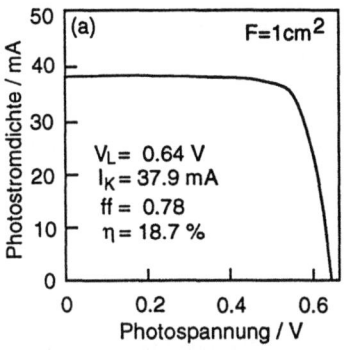 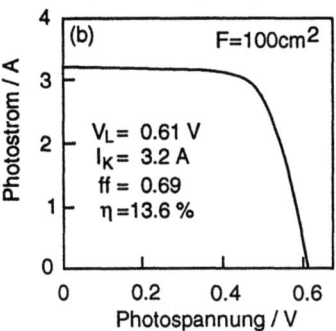

Abb. 4.76a,b. Leistungscharakteristik und Kenndaten von HIT-Solarzellen: texturiertes x-Si, Zellgröße 1 cm² (a); untexturiertes poly-Si, Zellgröße 10 · 10 cm² (b)

pn-Übergang aus x-Si ($E_g^{(2)} = 1.1$ eV) eine optimale Tandem-Solarzelle ergeben sollte (zu Grundlagen und Wirkungsweise von Tandem-Solarzellen s. Abschn. 6.1). Es liegt daher nahe, die für die Tandemstruktur erforderliche a-Si-Solarzelle durch weitere Prozeßschritte auf die bereits fertiggestellte HIT-Solarzelle aufzubringen.

Die Probleme des effizienten Ladungstransports der Barrierenbildung, des Einflusses der Textur auf Potentiale und Dipole im Grenzflächenbereich bedürfen noch der Klärung. Hierzu sind umfangreiche grenzflächenanalytische und elektronische Untersuchungen notwendig.

4.9 Probleme

1. Die Kontaktpotentialdifferenz in einer CdS-i-CdTe-ZnTe-Solarzelle betrage 1.1 V. Wie dick muß die Schicht sein, damit die elektrische Feldstärke mindestens 10^4 Vcm^{-1} beträgt? Wie groß ist die elektrische Feldstärke bei einer realen Struktur, bei der die intrinsische Schicht 1.5 μm dick ist?

2. Der Ladungsträgertyp des ternären Chalkopyrits CuInSe$_2$ wird durch das Vorzeichen der Größe

$$\Delta S = \frac{2[\text{Se}]}{[\text{Cu}] + 3[\text{In}]} - 1$$

gegeben. Man gebe den Ladungsträgertyp und den Wert von ΔS für (a) Cu$_{1.05}$In$_{0.95}$Se$_2$ sowie (b) Cu$_{0.99}$In$_{1.02}$Se$_{2.01}$ an. In der Verbindung wirken Cu und In als Donator, Se als Akzeptor. Man zeichne die betreffenden Zusammensetzungen schematisch in ein Raumtemperaturphasendiagramm analog Abb. 4.22 ein.

3. Eine Schicht intrinsischen amorphen hydrogenisierten Siliziums der Dicke d = 2 μm wird, versehen mit einem ohmschen Rück- und transparentem leitenden Frontkontakt, frontseitig mit monochromatischem Licht ver-

schiedener Wellenlängen belichtet. Bei etwa welcher Wellenlänge zeigt sich ein sprunghafter Anstieg des Photostroms, und worauf beruht dies?

4. Man schätze den Burstein-Moss-Shift für GaAs bei einer Dotierung von $N_D = 2 \cdot 10^{18}\,\mathrm{cm}^{-3}$ ab (300 K) und gebe die Photonenenergie des Einsatzes der Absorption an.

Literatur

[1] J.J. Loferski : J. Appl. Phys. *27*, 777 (1956)
[2] G. Cohen-Solal, D. Lincot, M. Barbé: Proc. 4th E.C. Photovoltaic Solar Energy Conf. (1982) p. 621
[3] D.A. Cusano: Solid-State Electron. *6*, 217 (1963)
[4] E.I. Adivorich, Y.M. Yuabov, G.H. Yagudaev: Sov. Phys. Semicond. *3*, 61 (1969)
[5] J. Britt, C. Ferekides: Proc. 11th E.C. Photovoltaic Solar Energy Conf. (1992), p. 276
[6] R.H. Bube: Solar Cells *23*, 1 (1988)
[7] B.M. Basol: Proc. 20th IEEE Photovoltaic Specialist Conf. (1990) p. 588
[8] S. Suyama, T. Arita, Y. Nishiyama, N. Ueno, S. Kitamura, M. Murozono: Proc. 20th IEEE Photovoltaic Specialist Conf. (1990) p.498
[9] P.V. Meyers: Solar Cells *23*, 59 (1988)
[10] R.A. Mickelsen, W.S. Chen: Proc. 15th IEEE Photovoltaic Specialist Conf. (1981) p. 800
[11] D. Schmid, M. Rukh, F. Grunwald, H.W. Schock: J. Appl. Phys. *73*, 2902 (1993)
[12] D. Lincot, R. Ortega, J. Vedel: Proc. 42nd Conf. International Soc. of Electrochemistry, Montreux (Schweiz) (1991) p. 207
[13] J. Hedström, H. OhlsÄn, M. Bodegård, A: Kylner, L. Stolt, D. Harisos, M. Rukh, H.W. Schock: Proc. 23rd IEEE Photovoltaic Specialist Conf. (1993)
[14] H.J. Lewerenz, H. Goslowsky, K.-D. Husemann, S. Fiechter: Nature *321*, 687 (1986)
[15] K.W. Mitchell, G.A. Pollock, A.V. Mason: Proc. 20th IEEE Photovoltaic Specialist Conf. (1988) p. 1542
[16] H. Metzner, M. Brüssler, K.-D. Husemann, H.J. Lewerenz: Phys. Rev. B *44*, 11614 (1991)
[17] R. Scheer, H.J. Lewerenz: J. Vac. Sci. Technol. A *12(1)*, 51 (1994)
[18] R. Scheer, H.J. Lewerenz: J. Vac. Sci. Technol. A *12(1)*, 56 (1994)
[19] R. Scheer, T. Walther, H.W. Schock, M.L. Fearheiley, H.J. Lewerenz: J. Appl. Phys. Lett. *63(24)*, 3294 (1993)
[20] A.R. Gobat, M.F. Lamorte, G.W. McIver: IRE Trans. Mil. Electron. *6*, 20 (1962)
[21] J.M. Woodall, H.J. Hovel: Appl. Phys. Lett. *21(8)*, 379 (1972)
[22] *Properties of Gallium Arsenide*, EMIS Datareviews Series No. 2, published by The Institution of Electrical Engineers, London and New York (1986)
[23] J.R. Casey, B.I. Miller, E. Pinkas: J. Appl. Phys. *44*, 1281 (1973)
[24] S.P. Tobin, S.M. Vernon, S.J. Wojtczuk, C. Bajgar, M.M. Sanfacon, T.M. Dixon: Proc. IEEE Photovoltaic Specialist Conf. (1990), p. 158

[25] S. Adachi: J. Appl. Phys. *58*(3), R1 (1985)
[26] J.S. Blakemore: *Semiconductor Statistics*, Pergamon Press Oxford (1962)
[27] R.J. Nelson, R.G. Sobers: J. Appl. Phys. *49*(12), 6103 (1978)
[28] S.M. Sze: *Semiconductor Devices – Physics and Technology*, John Wiley & Sons, New York (1985)
[29] W. Richter: *Physics of Metal Organic Vapour Deposition* in : Festkörperprobleme – Advances in Solid State Physics 26, herausgegeben von P. Grosse, Friedrich Vieweg & Sohn, Braunschweig (1986)
[30] G.B. Stringfellow: *Organometallic Vapor-Phase Epitaxy: Theory and Practice*, Academic Press, Inc. (1989)
[31] R. W. Clelland, C.O. Bozler, J.C.C. Fan: Appl. Phys. Lett. *37*(6), 560 (1980)
[32] W.E. Spear, P.G. LeComber: Solid State Commun. *17*, 1193 (1975)
[33] J. Tauc, R. Grigorovice, A. Vancv: Phys. Stat. Sol. *15*, 627 (1966)
[34] J. Stumper, H.J. Lewerenz: J. Electroanal. Chem. *274*, 11 (1989)
[35] R. Könenkamp, H.J. Lewerenz: J. Electrochem. Soc. *132*, 2297 (1985)
[36] D.L. Staebler, C.R. Wronski: Appl. Phys. Lett. *31*, 292 (1977)
[37] R.C. Chittick, J.H. Alexander, H.F. Sterling: J. Electrochem. Soc. *116*, 77 (1969)
[38] M. Taguchi, M. Tanaka, T. Matsuyama, T. Matsuoka, S. Tsuda, S. Nakano, Y. Kishi, Y. Kuwano: Proc. 5th Int'l PVSEC (1990) p. 689
[39] T. Takahama, M. Taguchi, S. Kuroda, T. Matsuyama, M. Tanaka, S. Tsuda, S. Nakano, Y. Kuwano: Proc. 11th E.C. Photovoltaic Solar Energy Conf. (1992) p. 1061
[40] J.M. Essick, J.D. Cohen: Appl. Phys. Lett. *55*, 1232 (1989)

5. Photoelektrochemische Solarzellen

5.1 Grundlegende Betrachtungen

5.1.1 Einleitung und Historisches

Die Verwirklichung von stromerzeugenden Solarzellen, bei denen Halbleiter-Elektrolyt-Kontakte verwendet werden, geht auf Arbeiten zur Photoelektrochemie zu Beginn der 60er Jahre zurück. Zunächst wurden die grundlegenden Eigenschaften des Ladungsaustausches zwischen Halbleitern und sog. Redox-Elektrolyten, die aus umladbaren Spezies in Lösung bestanden (daher der Name Redox: für Reduktion–Oxidation), untersucht und theoretisch beschrieben.

Die Erkenntnis, daß es möglich sein müßte, gleichrichtende Kontakte zwischen Halbleitern und Redoxelektrolyten bei entsprechender Wahl der jeweiligen Kom-

5. Photoelektrochemische Solarzellen

ponenten zu erzeugen, führte direkt auf die Möglichkeit der Sonnenenergieumwandlung. Die hierfür erforderliche Ladungstrennung im Halbleiter bedingt das Vorhandensein einer Raumladungszone in der Halbleiteroberfläche. Die Entstehung einer solchen Randschicht setzt eine entsprechende Gleichgewichtseinstellung voraus. Dabei nutzt man aus, daß das Potential des Redoxelektrolyten, das Redoxpotential, ein elektrochemisches Potential ist und somit als Äquivalent zum Ferminiveau eines Festkörpers (s. Kap. 2) angesehen werden kann.

Bei Eintauchen eines nicht zu hoch dotierten Halbleiters ($|N_D - N_A| < 10^{18} \text{cm}^{-3}$) in eine genügend konzentrierte Redoxelektrolytlösung ($c \geq 1$ M) unterscheiden sich die Kapazitäten derart, daß die Kontaktpotentialdifferenz zum größten Teil auf der Halbleiterseite abfällt. Der Potentialabfall im Bereich der Helmholtzschicht ist, anders als bei Metall-Elektrolyt-Kontakten, klein und wird in den folgenden Betrachtungen weitgehend vernachlässigt.

Heinz Gerischer – Pionier der Photoelektrochemie ©Ingrid von Kruse, Wuppertal 1985

Nachdem die Möglichkeit zur Erzeugung gleichrichtender Kontakte zwischen Halbleitern und Redoxelektrolyten erkannt worden war, wurde die erste sog. nasse photovoltaische Solarzelle 1975 vorgeschlagen [2]. Trotz der dabei auftretenden Photokorrosion (s.u.) wurden die spezifischen Vorteile photoelektrochemischer Solarzellen im Vergleich zu festkörperphysikalischen Systemen schnell erkannt. Dazu zählt:

(i) die einfache Kontaktbildung durch Eintauchen des Halbleiters in die Redoxelektrolytlösung;

(ii) die Konformität der Kontaktbildung bei rauhen und polykristallinen Proben auch mit unterschiedlicher Korngröße und Rauhigkeit;

(iii) die vergleichsweise große Transparenz der Elektrolytlösung sowie

(iv) die Möglichkeit, die Oberfläche des Halbleiters in–situ zu modifizieren.

Die dem entgegenstehenden Nachteile betreffen vor allem Photokorrosionsprozesse, d.h. die Zersetzung des Halbleiters bei Belichtung, Alterungsvorgänge des Elektrolyten sowie die geeignete Wahl und Konfiguration der jeweiligen Gegenelektrode. Auch die Giftigkeit der verwendeten Komponenten muß berücksichtigt werden.

5.1.2 Kontaktbildung zwischen Halbleiter und Elektrolyt

Die Charakteristika von Halbleiter-Elektrolyt-Kontakten sind einerseits durch die Eigenschaften von Redoxelektrolyten und andererseits durch die Verteilung der Kontaktpotentialdifferenz senkrecht zur Phasengrenze gekennzeichnet. Betrachtet man einen Elektrolyten, der umladbare Spezies entsprechend der Reaktionsgleichung

$$X^{z+} + ne^- \longleftrightarrow X^{(z-n)+} \tag{5.1}$$

enthält, so sind die gelösten Bestandteile X^{z+} (oxidiert) und $X^{(z-n)+}$ (reduziert) solvatisiert. Darunter versteht man die Ausrichtung von Lösungsmitteldipolen, z.B. Wasserdipolen, als Reaktion auf die vorhandene Ladung $z+$ bzw. $(z-n)+$. Die Solvatationsenergien E_S in wäßrigen Elektrolyten liegen typischerweise im Bereich von 0.4–1.2 eV, und sie hängen gemäß der Bornschen Gleichung

$$E_S = -\frac{z^2 e^2}{8\pi\varepsilon_0 r_{Red,Ox}} \left(1 - \frac{1}{\varepsilon_M}\right) \tag{5.2}$$

vom Radius r des betreffenden Ions, in Lösung, der statischen Dielektrizitätskonstanten ε_M des Mediums und der Ladung ze ab. Die thermischen Fluktuationen der Solvathülle führen zu einer energetischen Verbreiterung des Energieniveaus des äußeren Elektrons des solvatisierten Ions. Die entstehenden Verteilungen der Zustandsdichte D_{Ox} bzw. D_{Red} werden durch Gaußverteilungen

$$\begin{aligned} D_{Ox}(E) &= C_{Ox} \cdot W_{Ox}(E) \\ D_{Red}(E) &= C_{Red} \cdot W_{Red}(E) \end{aligned} \tag{5.3}$$

(C_{Ox} und C_{Red} Konzentrationen der oxidierten bzw. reduzierten Spezies) gegeben. W_{Ox} und W_{Red} sind thermische Verteilungsfunktionen für elektronische Zustände im Redoxelektrolyten (Marcus-Gerischer-Modell [2], [3]):

$$W_{Ox}(E) = (4\pi kT\lambda_{Ox})^{-1/2} \exp\left(-\frac{(E - E^0_{Ox})^2}{4\pi kT\lambda_{Ox}}\right)$$

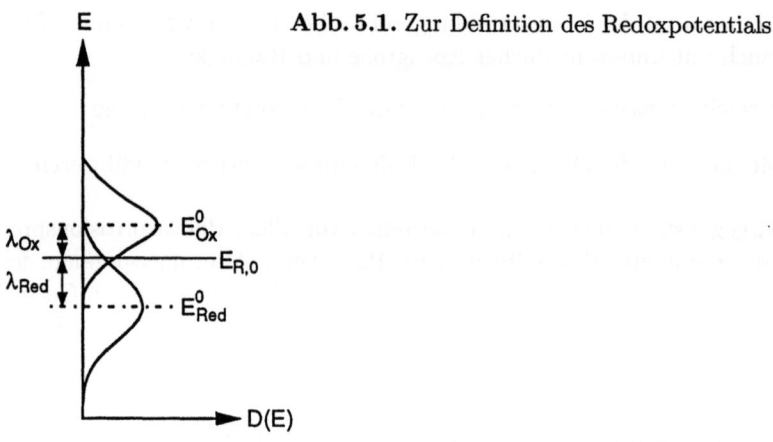

Abb. 5.1. Zur Definition des Redoxpotentials

$$W_{Red}(E) = (4\pi k T \lambda_{Red})^{-1/2} \exp\left(-\frac{(E - E^0_{Red})^2}{4\pi k T \lambda_{Red}}\right). \tag{5.4}$$

λ in (5.4) beschreibt die Reorganisationsenergie. Sie ist der aus einfacher elektrostatischer Betrachtung berechneten Energie E_S sehr ähnlich und ergibt sich zu

$$\lambda = \frac{e^2}{8\pi\varepsilon_0 r}\left(\frac{1}{\varepsilon_{op}} - \frac{1}{\varepsilon_M}\right), \tag{5.5}$$

(ε_{op} optische Dielektrizitätskonstante des Mediums). Da der Radius des Solvatkäfigs r für den oxidierten bzw. reduzierten Fall wegen der unterschiedlichen Ladung der Ionen verschieden ist, gilt i. allg. $\lambda_{Ox} \neq \lambda_{Red}$. $E^0_{Ox,Red}$ stellt das Maximum der jeweiligen Wahrscheinlichkeitsverteilung dar. Die Energie, für die gilt $D_{Ox} = D_{Red}$, bezeichnet das Redoxpotential des betreffenden Elektrolyten (s. Abb. 5.1).
Das Redoxpotential $\tilde{\mu} = \mu_0 + e\varphi$ stellt ein elektrochemisches Potential dar, dessen Wert auf einer absoluten Energieskala angegeben werden kann. Dazu ist die Bezugnahme auf den Wert der Austrittsarbeit einer geeigneten Referenzelektrode notwendig. Verläßliche theoretische und experimentelle Werte existieren für die Normalwasserstoffelektrode (NHE). Abbildung 5.2 zeigt die Werte einiger Redoxelektrolyte im Vergleich zum Vakuumniveau. Dabei wird angenommen, daß die Austrittsarbeit der Normalwasserstoffelektrode bei etwa 4.8 eV liegt.
Bei der Kontaktbildung zwischen Halbleitern und Redoxelektrolyten muß für energieumwandelnde Systeme eine genügend große Kontaktpotentialdifferenz vorhanden sein. Das bedeutet, daß die Lage des Ferminiveaus eines n-Halbleiters energetisch höher liegen muß als das Redoxpotential. Für p-leitende Elektroden gilt umgekehrt, daß E_F^{HL} unterhalb von $E_{R,O}$ auf der energetischen Skala liegen muß. In diesem Fall können sich prinzipiell Verarmungsrandschichten ausbilden. Als zusätzliche Bedingung muß gefordert werden, daß der überwiegende Teil der Kontaktpotentialdifferenz ähnlich dem Metall-Halbleiter-Kontakt auf der Halbleiterseite auftritt. Der relative Anteil des Kontaktpotentials V_{HL}/V_{EL} läßt

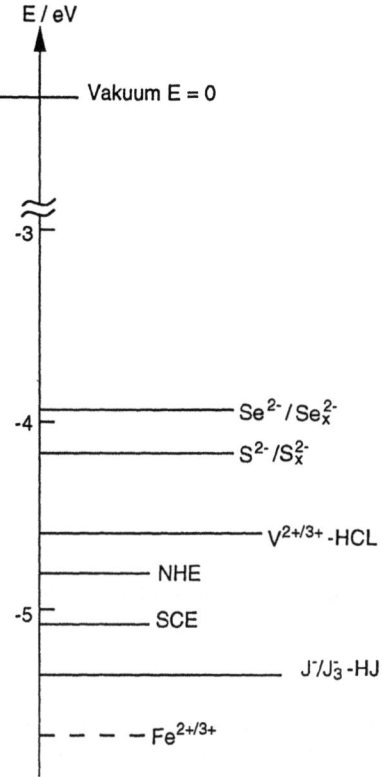

Abb. 5.2. Energetische Lage einiger Redoxelektrolyte sowie der Normalwasserstoffelektrode (NHE) und der gesättigten Kalomelelektrode (SCE)

sich aus Betrachtungen der einzelnen jeweiligen differentiellen Kapazitäten $C_d = \frac{dQ}{dV}$ abschätzen (wobei die Aufladung auf der Halbleiter- und Elektrolytseite gleich ist). Die gesamte Kontaktpotentialdifferenz teilt sich entsprechend den Kapazitäten

$$\frac{1}{C_d^{\text{ges}}} = \frac{1}{C_d^{EL}} + \frac{1}{C_d^{HL}} \tag{5.6}$$

auf. Die Verknüpfung der Kapazität mit der Ladungsträgerkonzentration ergibt sich im Halbleiter (es ist die differentielle Kapazität (2.98) anzusetzen) zu

$$C_d = \frac{\varepsilon_0 \varepsilon_i F}{W_i} = \sqrt{\frac{\varepsilon_i \varepsilon_0 e N_i}{2 V_i}} \cdot F, \tag{5.7}$$

wobei N_i ursprünglich die Konzentration der ortsfesten Ladungen bedeutet. Im Fall des Festkörper-Elektrolyt-Kontaktes befinden sich auf der Lösungsseite bewegliche Ladungen, die an die jeweilige Ionensorte gebunden sind. Bei genügend hoher Konzentration von Ionen in Lösung kann die bei der Kontaktbildung ausgetauschte Ladungsmenge Q auch für vergleichsweise große Kontaktpotential-

240 5. Photoelektrochemische Solarzellen

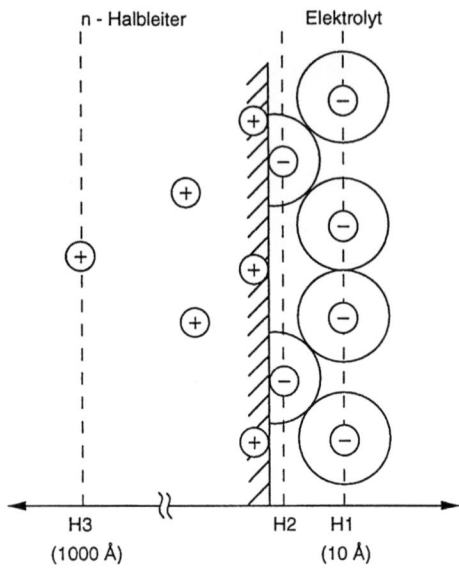

Abb. 5.3. Schematische Darstellung der Ladungsanordnung am Halbleiter-Elektrolyt-Kontakt; H1: äußere, H2: innere Helmholtzschicht, H3: Halbleiterrandschicht

differenzen (1 V) im Bereich einer dem Halbleiter gegenüberliegenden Schicht kompensiert werden. Da diese sog. Gegenionen mit ihrer Solvathülle eine nicht vernachlässigbare Ausdehnung haben, ist die Schicht der Gegenladung hinsichtlich der gemittelten Schwerpunkte der Ionen etwa 5 – 8 Å von der Halbleiteroberfläche entfernt. Die Kapazität der äußeren Helmholtzschicht ist, verglichen mit der von nicht entarteten Halbleitern in konzentrierten Elektrolyten ($C \geq 0.1$ M), um etwa 2 – 3 Größenordnungen höher, da in der Ebene der äußeren Helmholtzschicht etwa $10^{13} - 10^{14}$ Ionen pro cm^2 angeordnet sein können. Dies entspräche einer Konzentration von etwa $10^{20} - 10^{21}$ Ionen cm^{-3}. Die tatsächlichen Konzentrationen gelöster Spezies können natürlich geringer sein, da entsprechend der Größe der Kontaktpotentialdifferenz die Helmholtzdoppelschicht durch Drift der Ionen gebildet wird. Abbildung 5.3 zeigt ein schematisches Bild der Halbleiter-Elektrolyt-Phasengrenze für genügend konzentrierte Lösungen: Die innere Helmholtzschicht wird durch die Mittelpunkte von Ionen gelegt, die eine so starke Wechselwirkung mit der Halbleiteroberfläche eingegangen sind, daß die Solvathülle teilweise entfernt ist.

Hinsichtlich der Aufteilung der Kontaktpotentialdifferenz folgt dann aus (5.6) und (5.7), daß üblicherweise lediglich etwa ein tausendstel der Gesamtspannung ΔV im Bereich des Elektrolyten abfällt. Damit ergibt sich die Möglichkeit, durch geeignete Wahl von Redoxelektrolyten und Halbleitern gleichrichtende Kontakte ähnlich (aber nicht gleich) den Schottky-Barrieren an der Halbleiter-Elektrolyt-Phasengrenze zu erzeugen. Dennoch ist die elektrische Feldstärke im Bereich der elektrolytischen Doppelschicht noch von der Größenordnung 10^4 Vcm^{-1}. Dies liegt an der unterschiedlichen Ausdehnung (Faktor 100) der aufgeladenen Bereiche.

5.1.3 Ladungstransfer und Stromfluß

Der Ladungsübertritt zwischen Festkörpern (hier: Metalle, Halbleiter) in Elektrolyten basiert auf dem Franck-Condon-Prinzip. Dabei wird angenommen, daß der Elektronenaustausch so schnell ist, daß während dieser Zeit keine merklichen molekularen Bewegungen stattfinden. Der Elektrolyt ist auf dieser Zeitskala ($t < 10^{-14}$ s) quasi „eingefroren". Der Elektronentransfer zwischen der Elektrode und einem Elektrolytmolekül findet folglich statt, bevor das Molekül auf seine geänderte Ladung reagieren kann. Daher ist Elektronentransfer isoenergetisch, so daß er in einem Energie-Ort-Diagramm als horizontale Linien dargestellt werden kann. Für Elektronenübertritt von der Elektrode in den Elektrolyten muß das Lösungsmittelmolekül bei der Energie des Elektrons in der Elektrode ein ungefülltes Energieniveau (Orbital) besitzen, damit eine Reduktionsreaktion auftreten kann. Der Ladungsübertritt wird als quantenmechanischer Tunnelprozeß zwischen der Elektrode und Lösungsmittelmolekülen der äußeren Helmholtzschicht (s. Abb. 5.3) verstanden. Man spricht in diesem Fall von einem „outer sphere" Ladungstransferprozeß. Reaktionen mit adsorbierten Spezies („inner sphere" Reaktionen) werden in diesem Modell nicht erfaßt.

Zur Bestimmung des Stromflusses an einer Elektrode wird die Kinetik des Ladungstransfers durch die Festkörper-Elektrolyt Grenzfläche betrachtet. Darunter versteht man die Beschreibung des Stromes in der Form

$$j = qkc, \qquad (5.8)$$

wobei die Stromdichte allgemein als Produkt von Ladung (q), Reaktionsrate (k) und Konzentration (c) gegeben ist. Signifikante Unterschiede zwischen Halbleitern und Metallen ergeben sich aus dem Verlauf der elektrischen Feldstärke über dem Ort. Bei Metallen bewirkt der Potentialabfall im Bereich der Helmholtzschicht, daß der Ladungsübertritt potentialabhängig wird, da die Elektrolytseite gegenüber dem Metall energetisch verschoben werden wird. Man betrachtet die Verhältnisse üblicherweise mit Hilfe eines vereinfachten Diagramms, in dem die Gibbsche freie Energie $G = H - TS$ (H: freie Enthalpie, T: absolute Temperatur, S: Entropie) über einer Reaktionskoordinate aufgetragen wird. Abbildung 5.4a zeigt für den Fall, daß $C_{Ox} = C_{Red}$ (Konzentration im Bereich der äußeren Helmholtzschicht), daß symmetrische Verläufe auftreten. Für eine kathodisch polarisierte Elektrode ($V_e < V_{R,O}$) tritt eine Reduktion der Elektrolytspezies auf, da die Aktivierungsenergien für die Oxidations- bzw. Reduktionsreaktion verschieden sind (Abb. 5.4b). Die Reaktionsraten in (5.8) sind gegeben durch

$$k = k_0 \, exp(-E_A/kT), \qquad (5.9)$$

wobei k_0 den Transmissionskoeffizienten und eine Reaktionslänge (Größenordnung 5 Å) sowie physikalische Konstanten beinhaltet. Am Metall-Elektrolyt-Kontakt ist, wie in Abb. 5.5 gezeigt, die Aktivierungsenergie E_A potentialabhängig, da die Galvanipotentialdifferenz im Bereich zwischen der Metalloberfläche und der äußeren Helmholtzschicht auftritt [4]. Zusätzlich beeinflußt die räumliche Lage des aktivierten Komplexes die Reaktionsrate aufgrund der

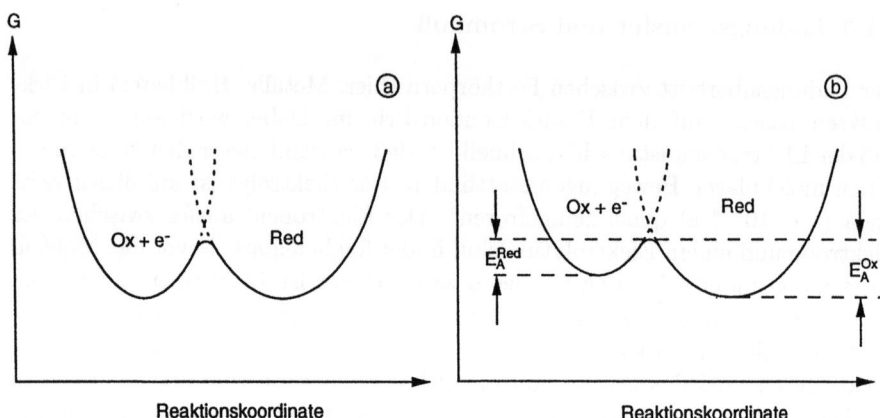

Abb. 5.4. Schematische Betrachtung der energetischen Verhältnisse beim Ladungstransfer

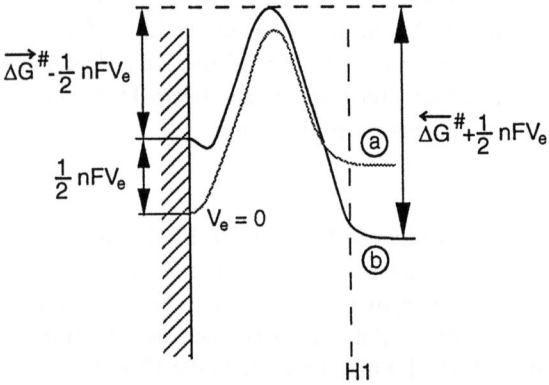

Abb. 5.5. Einfluß des elektrischen Feldes im Bereich der Helmholtzschicht auf die Aktivierungsenergie. (a) Gleichgewicht ($V_e = 0$); (b) für ein Elektrodenpotential V_e, negativ von der Gleichgewichtssituation, so daß Reduktion stattfindet

Ortsabhängigkeit des elektrischen Feldes senkrecht zur Grenzfläche. Daher ist die Reaktionsrate für den Metall-Elektrolyt-Kontakt potentialabhängig, wobei $E_A^{Red}(V) = E_A(0) + \alpha F \Delta V$. Hierbei heißt α Transferkoeffizient und liegt zwischen 0 und 1. Experimentell wird häufig $\alpha = 0.5$ beobachtet. Entsprechend gilt für die Oxidationsreaktion $E_A^{Ox}(V) = E_A(0) - (1-\alpha)F\Delta V$. Damit wird die Reaktionsrate (s. (5.9)) potentialabhängig, so daß (5.8) die Form bekommt

$$j_{an}^{(V)} = j_0 e^{-\frac{E_A(0)}{RT}} \cdot e^{\frac{(1-\alpha)F\Delta V}{RT}}$$

$$j_{kath}^{(V)} = j_0 e^{-\frac{E_A(0)}{RT}} \cdot e^{\frac{-\alpha F \Delta V}{RT}}. \tag{5.10}$$

Mit $j = j_{an} - j_{Kath}$ erhält man

$$j(V) = j_0^* \left[e^{\frac{F}{RT}(1-\alpha)\Delta V} - e^{-\frac{F}{RT}\alpha \Delta V} \right]. \tag{5.11}$$

Gleichung (5.10) ist die bekannte von Butler und Volmer entwickelte Beziehung für den Gesamtstromfluß an einer Metallelektrode.

Im Vergleich dazu bewirken Potentialänderungen im Bereich einer Verarmungsrandschicht überwiegend Veränderungen der Ausdehnung der Randschicht sowie in der Konzentration der Majoritätsladungsträger an der Oberfläche gemäß der Boltzmann-Relation (s. (2.106)). Daher ist die Potentialabhängigkeit des Stromflusses bei Halbleitern nicht durch die entsprechende Potentialabhängigkeit von k in (5.8) gegeben, sondern durch den Einfluß des Potentials auf n_S, die Oberflächenkonzentration der Majoritätsladungsträger.

Damit verhält sich der Halbleiter-Elektrolyt-Kontakt in Analogie zum Halbleiter-Metall-Kontakt (Abschn. 2.4.3), wobei die entsprechenden Austauschstromdichten im Gleichgewicht die unterschiedlichen physikalisch-chemischen Vorgänge beinhalten. In der Beziehung, z.B. für den kathodischen Dunkelstrom am n-Halbleiter

$$j(V) = e k_{Red} n_S(V) \tag{5.12}$$

(n_S Elektronenkonzentration an der Oberfläche ($x = 0$), k_{Red} Reaktionsrate für die Reduktion) ist die Spannungsabhängigkeit des Stroms gegeben durch

$$n_S(V) = n_S(0) \cdot e^{\frac{eV}{kT}}, \tag{5.13}$$

wobei $n_S(0)$ (vgl. (2.106)–(2.108)) gegeben war durch

$$n_S(0) = N_L e^{\frac{e\varphi_{bh}}{kT}}. \tag{5.13a}$$

Hinsichtlich der Summation der Teilströme werden die gleichen Betrachtungen angestellt wie am Metall-Halbleiter-Kontakt (Abschn. 2.4.2). Unter der Voraussetzung, daß die Konzentrationen der oxidierten und reduzierten Spezies in der Lösung bei Stromfluß unverändert bleiben, erhält man Dunkelstrom-Spannungscharakteristiken, die der in Abschn. 2.4.2 beschriebenen Diodengleichung entsprechen. Es ergibt sich z.B. für einen n-Halbleiter und ein Redoxsystem, das Elektronen mit dem Leitungsband austauschen kann,

$$j(V) = j_k^0 \left(e^{\frac{eV}{kT}} - 1 \right), \tag{5.14}$$

j_k^0 beschreibt die Austauschstromdichte im Gleichgewicht.

5.1.4 Regenerative Arbeitsweise photoelektrochemischer Solarzellen

Eine schematische Darstellung einer photoelektrochemischen Zelle in Laborausführung ist in Abb. 5.6 gezeigt. In ein becherartiges Gefäß, das den Redoxelektrolyten enthält, ist der zu belichtende Halbleiter als Arbeitselektrode (AE) und mit geeignetem Rückkontakt versehen eingetaucht. Die Gegenelektrode (GE), meistens aus Platin oder Graphit bestehend, ist über einen Draht mit der Arbeitselektrode verbunden. Bei Belichtung des Halbleiters ($h\nu > E_g$)

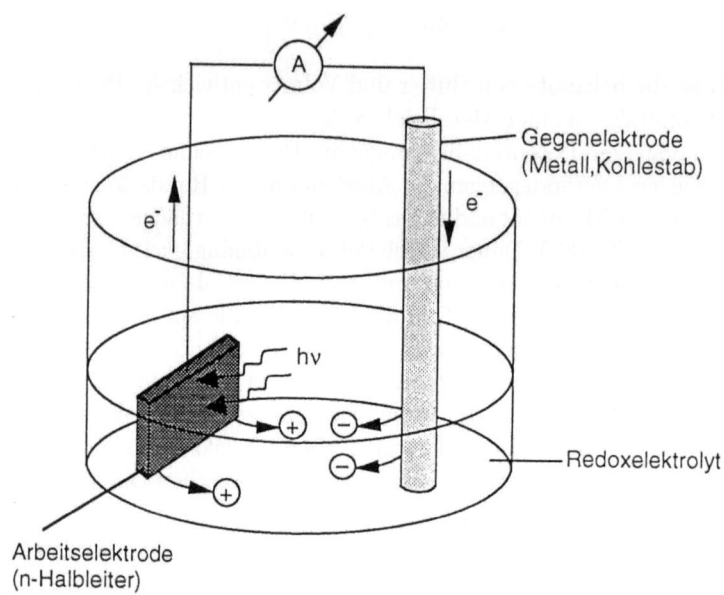

Abb. 5.6. Regenerative Funktionsweise einer elektrochemischen Solarzelle

durch ein Zellfenster bewegen sich die Minoritätsladungsträger (z.B. Löcher im Fall eines n-Halbleiters) zur Halbleiter/Elektrolyt-Grenzfläche, wo sie mit dem entsprechenden Redoxpartner reagieren:

$$\text{n - Halbleiter}: \quad Red^{n+} + ze^-(h\nu) \Longleftrightarrow Ox^{(n+z)+}, \tag{5.15}$$

$$\text{p - Halbleiter}: \quad Ox^{n+} + ze^-(h\nu) \Longleftrightarrow Red^{(n-z)+}. \tag{5.15a}$$

Als Beispiel mag die lichtinduzierte Reaktion von Defektelektronen mit dem $Fe^{2+/3+}$ Redoxpaar angesehen werden:

$$Fe^{2+} + h^+(h\nu) \Longleftrightarrow Fe^{3+}. \tag{5.16}$$

Für den Fall eines p-Halbleiters wird häufig die Reaktion mit $V^{2+/3+}$ betrachtet:

$$V^{3+} + e^-(h\nu) \Longleftrightarrow V^{2+}. \tag{5.16a}$$

Wenn an der Gegenelektrode der umgekehrte Prozeß im Dunkeln abläuft, z.B. für (5.15),

$$Ox^{(n+z)+} + ze^-(GE) \rightarrow Red^{n+}, \tag{5.17}$$

so fließt im äußeren Stromkreis ein Photostrom. Da im Idealfall, der leider praktisch sehr schwer zu verwirklichen ist, weder die Arbeitselektrode noch Gegenelektrode oder Elektrolyt verbraucht wird, spricht man in diesem Fall von regenerativer Funktionsweise.

Abbildung 5.7 zeigt die elektronischen und Ladungsübertrittvorgänge schematisch etwas detaillierter. Die lichterzeugten Minoritätsladungsträger wandern im

5.1 Grundlegende Betrachtungen 245

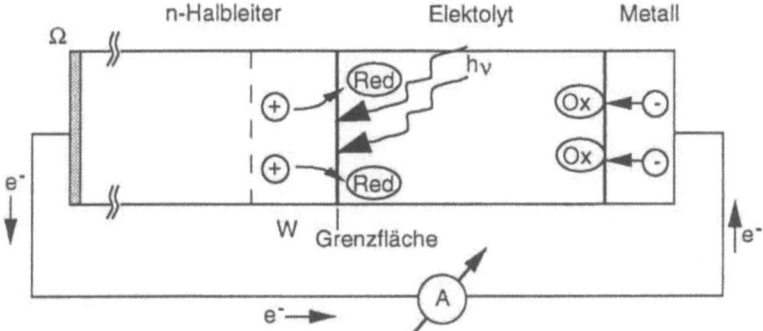

Abb. 5.7. Prinzipskizze zur Funktionsweise elektrochemischer Solarzellen

Abb. 5.8. Photoelektrochemische Solarzelle mit p-CuInSe$_2$

elektrischen Feld der Raumladungszone (Ausdehnung W) zur Oberfläche, wo sie mit dem entsprechenden Redoxpartner reversibel reagieren. Das Ablaufen der Gegenreaktion an der Gegenelektrode führt zum Fließen des Photostroms ohne Verluste an Material oder Stoffmenge. Hierbei ist es wichtig, daß an der Gegenelektrode keine Hemmung der Reaktion auftritt, da ein solcher Serienwiderstand den Wirkungsgrad der Solarzelle verringert. Eine weitere Photographie einer photoelektrochemischen Solarzelle mit dem ternären Chalkopyrit n-CuInSe$_2$ (112) ist in Abb. 5.8 gezeigt.

Die Strom-Spannungscharakteristik von Photoelektrochemischen Solarzellen (PECS) kann – wie bereits angeführt – in einfacher Näherung aus der Analogie zum Schottky-Kontakt hergeleitet werden. Hierbei sollten die wesentlichen Unterschiede, d.h. die vergleichsweise geringe Zustandsdichte des Redoxelektrolyten bei seinem Gleichgewichtsniveau, dem Redoxpotential, und der größere Abstand der Gegenionen (äußere Helmholtzschicht) im Vergleich zum Metall-Halbleiter-Kontakt nicht unerwähnt bleiben. Vielfach führt man höhere erzielte Photospannungen am Halbleiter-Elektrolyt-Kontakt auf die prinzipiell geringere Oberflächenrekombination zurück. Nicht betrachtet wurden Situationen, bei denen durch Eingehen von chemischen Bindungen Grenzflächenzustände erzeugt werden, ähnlich den sog. metal-induced gap states (MIG) bei Schottky-Barrieren. Der Photostrom ergibt sich in Abhängigkeit von der Spannung als Überlagerung des Dunkelstromes und in der einfachsten Näherung, eines potentialunabhängigen Stromes j_L aufgrund der Belichtung (vgl. (2.117) und (5.14)) zu

$$j_{Ph} = qk_r n_S - j_L = j_k^0 \left(e^{\frac{eV}{kT}} - 1\right) - j_L, \qquad (5.18)$$

wobei V die an den Halbleiter-Elektrolyt Kontakt angelegte Spannung bezeichnet und k_r die Geschwindigkeit des Ladungstransfers beinhaltet.

5.1.5 Photokorrosion und Stabilitätskriterien

Die beschriebene idealisierte Verhaltensweise von PECS (regenerative Mode) wird in realen Systemen praktisch nicht beobachtet. Selbst für noch zu besprechende sehr stabile PECS sind die bisher durchgeführten Versuche zur Langzeitstabilität für deutlich geringere Zeiträume vorgenommen worden als in festkörperphysikalischen Solarzellen. Als Einführung in die Problematik wird das Verhalten von n-CdS in wäßrigem Redoxelektrolyten $\left(Fe(CN)_6^{3-/4-}\right)$ betrachtet. Der anfänglich gute Photostrom nimmt mit zunehmender Belichtungsdauer drastisch ab, so daß die photoelektrochemische Solarzelle bereits nach kurzer Zeit photoinaktiv ist (vgl. hierzu auch Abb. 5.22).

An dem inaktiven System findet man nach Entnahme einen gelben Film auf der Oberfläche, das auf die Bildung von elementarem Schwefel während der Belichtung hinweist. Als Bruttoreaktionsgleichung für diesen Photokorrosionsvorgang läßt sich schreiben

$$CdS + 2h^+(h\nu) \longrightarrow Cd^{2+}_{solv} + S^0, \qquad (5.19)$$

wobei der Index „solv" auf die Hydratisierung des Cd^{2+}-Ions hinweisen soll. Die zunehmende Dichte des Schwefelfilms (S^0) führt ähnlich der Passivierung durch Oxide zu einer schnellen Inaktivierung der Zelle, da Ladungstransfer nur für dünne Zwischenschichten (Tunneloxide u.ä.) effizient möglich ist.

Ein allgemeineres Kriterium zur Stabilität von Halbleitern in elektrochemischen Systemen läßt sich auf der Basis thermodynamischer Betrachtungen entwickeln. Dazu bestimmt man die freie Enthalpie für die jeweiligen Zersetzungsreaktionen des betreffenden Halbleiters aus tabellierten Daten. Für GaAs beinhaltet die Korrosionsreaktion den Transfer von sechs Ladungen und für die Reaktionsgleichung der anodischen Zersetzung (durch Defektelektronen) in saurer Lösung (pH = 0)

$$\text{GaAs} + 2\text{H}_2\text{O} + 6h^+(h\nu) \longrightarrow \text{Ga}^{3+}_{(\text{solv})} + \text{AsO}_2^- + 4\text{H}^+ \quad (5.20)$$

bestimmt man ΔG^a_{korr}. Ebenso läßt sich für die kathodische Korrosionsreaktion

$$\text{GaAs} + 3\text{H}^+ + 3e^-(h\nu) \longrightarrow \text{Ga}_{(m)} + \text{AsH}_3 \quad (5.20a)$$

ΔG^a_{korr} bestimmen. Der Einfachheit halber bezeichnet man die Energien ΔG^a_{korr} als Dekompositionsniveau, wobei sich eingebürgert hat, für die anodische Zersetzung $^pE_{dec}$ und für die kathodische $^nE_{dec}$ zu schreiben. Die entsprechenden Energien für Reaktion (5.20) und (5.20a) liegen bei $^pE_{dec}$ = -4.74 eV (5.20) und $^nE_{dec}$ = -4.25 eV gegenüber dem Vakuumniveau. Hierbei wurde angenommen, daß die Austrittsarbeit der Normalwasserstoffelektrode 4.7 eV beträgt. Damit ergibt sich für die anodische Korrosionsreaktion ein thermodynamisch ermitteltes Potential $^pV_{dec}$ = -0.18 V gemessen gegen (SCE) und für die kathodische Zersetzung $^nV_{dec}$ = -0.71 V (SCE). Das der Lage der Bandkanten E_V und E_L entsprechende Potential beträgt unter den obigen Bedingungen (pH = 0) für GaAs $V_V = \frac{1}{e}E_V$ = +0.15 V (SCE) und V_L = -1.28 V (SCE). Somit erhält man das in Abb. 5.9 dargestellte energetische Schema.

Die in Abb. 5.9 gezeigten energetischen Verhältnisse bedeuten, daß die anodischen und kathodischen Zersetzungsreaktionen energetisch günstiger liegen als die Bandkanten des Halbleiters. Einen solchen Halbleiter bezeichnet man daher als anodisch sowie kathodisch instabil. Es tritt Photokorrosion auf, wobei für den hier gezeigten Fall die Produkte metallisches Ga ($Ga_{(m)}$ in (5.20a)) und Arsin für die reduktive Zersetzung, d.h. bei Belichtung von p-GaAs, auftreten. Bei der anodischen Zersetzung von n-GaAs treten ausschließlich lösliche Produkte auf (Ga^{3+}, AsO_2^-), die durch den Index „solv" gekennzeichnet sind. Er drückt die Solvation, d.h. die Ausrichtung der Wasserdipole um geladene Moleküle aus. Die Zersetzung von n-GaAs bei Belichtung geht daher mit fortschreitender Auflösung einher bis der metallische Rückkontakt erreicht ist, während sich auf p-GaAs ein metallischer Ga-Film bildet, der die Photoaktivität des Halbleiters zunehmend verringert. Die beispielhaft an GaAs gezeigten energetischen Verhältnisse lassen sich allgemeiner formulieren. Dies führt zu den sog. Stabilitätskriterien für Halbleiter am Elektrolyt-Kontakt. Die Verhältnisse sind in Abb. 5.10 gezeigt [5].

248   5. Photoelektrochemische Solarzellen

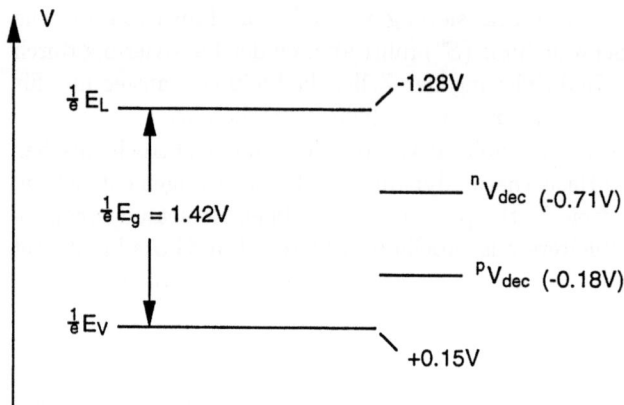

Abb. 5.9. Lage der anodischen und kathodischen Zersetzungspotentiale $^pV_{dec}$, $^nV_{dec}$ für GaAs in Relation zu den Bandkanten

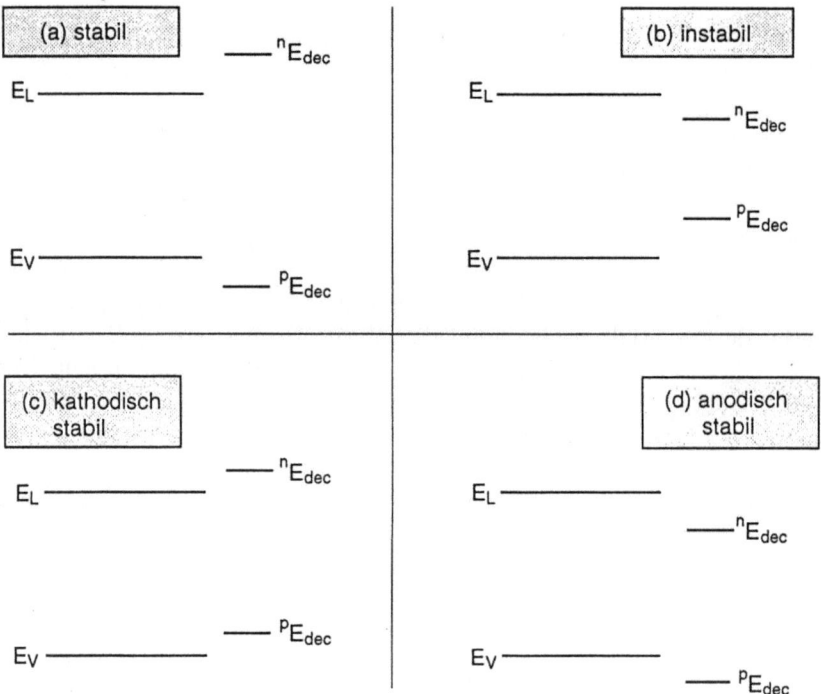

Abb. 5.10. Energieschema zur Stabilität von Halbleitern am Elektrolytkontakt

Der Fall (a) des thermodynamisch stabilen Halbleiters wird nicht beobachtet, ebensowenig wie Fall (d), bei dem der Halbleiter anodisch stabil ist aber kathodische Zersetzung zeigt. Die Halbleiter verhalten sich demnach entsprechend Fall (b), sind wie GaAs weder anodisch noch kathodisch stabil oder sie entsprechen Fall (c), sind demzufolge kathodisch stabil aber anodisch instabil. Wie (Abschn. 5.2.2) am Beispiel von InP gezeigt werden wird, gibt es Versuche, mit kathodisch stabilen Halbleitern stabile photoelektrochemische Solarzellen zu entwickeln.

Die bisher durchgeführten Betrachtungen zur Photokorrosion basieren überwiegend auf thermodynamischen Daten und beschreiben lediglich das Verhalten des Halbleiters bezüglich der Bruttozersetzungsreaktion. Da die Reaktionszwischenschritte (so z.B. in (5.20)) nicht explizit berücksichtigt werden, sind die rein thermodynamischen Betrachtungen in ihrer Gültigkeit eingeschränkt. So bestehen Möglichkeiten zur sog. kinetischen Stabilisierung, bei der die Reaktion mit einem Redoxpaar stark bevorzugt gegenüber der Korrosionsreaktion abläuft. Außerdem können die spezifischen Eigenschaften der Bandstruktur die Photokorrosion praktisch ausschließen. Auf diese Ansätze zur Unterdrückung der Photokorrosion wird in den Abschn. 5.2.1–5.2.4 eingegangen.

Verlustprozesse. Das Vorangehende hat gezeigt, daß photoelektrochemische Solarzellen und Solarzellen, die auf Schottky-Barrieren basieren, einige Analogien aufweisen. Da die Struktur Halbleiter/Metall bzw. Halbleiter/Leitelektrolyt besonders gut vereinfachende Betrachtungen erlaubt, werden die bei Solarenergieumwandlung auftretenden prinzipiellen Verluste an diesen Systemen beschrieben. Effiziente Schottky-Barrieren-Solarzellen sind bisher nicht hergestellt worden. Daher werden die Verlustprozesse am Beispiel photoelektrochemischer stromerzeugender Solarzellen gezeigt. Dazu betrachtet man Abb. 5.11. Sie zeigt einen Halbleiter-Elektrolyt-Kontakt bei Belichtung und die entsprechenden Folgeprozesse.

Ein Teil der Verlustprozesse wurde bereits in Abschn. 2.3 behandelt. Dies sind die mit 1 und 4 bezeichneten Prozesse der Thermalisierung (1) und Oberflächenrekombination (4). Die Oberflächenrekombination bewirkt eine Abnahme der Konzentration der lichterzeugten Überschußladungsträger an der Oberfläche, die wegen der geringeren Konzentration besonders deutlich für die Minoritätsladungsträger sichtbar wird. Deshalb ist das entsprechende Quasi-Ferminiveau aufwärts gebogen (vgl. Abb. 2.29; es war $p_0 \ll \Delta p \ll n_0$ und $_pE_F - E_F^*(x) \propto ln\Delta p(x)$). Entsprechend ist auch die vergrößert dargestellte Änderung von $_nE_F^* - E_F(x)$ an der Oberfläche abnehmend gezeichnet (s. auch Abschn. 2.3.4, Abb. 2.29). Ein weiterer Verlust tritt meist am metallischen Rückkontakt auf. Hier verlieren die aus der Photoanode am Rückkontakt austretenden Elektronen Energie aufgrund der Differenz zwischen energetischer Lage des Leitungsbandes und der Lage des Ferminiveaus des Metalles am Rückkontakt (Prozeß 2 in Abb. 5.11). Die Differenz, die sich aus der energetischen Lage des Quasiferminiveaus der Minoritätsladungsträger an der Oberfläche und der des Redoxelektrolyten ergibt, ist als Verlustprozeß 3 in der Abildung gezeigt. Bei höherer Lichtintensität und der Abwesenheit von Oberflächenrekombination würde $_pE_F^*(0)$ noch dichter an der Valenzbandoberkante liegen, so daß der Energieunterschied $\Delta E = E_{Redox} - {_pE_F^*}(0)$ noch größer wäre. Hier sind somit die Elektronenaffinität des Halbleiters, seine Dotierung und die Wahl

250 5. Photoelektrochemische Solarzellen

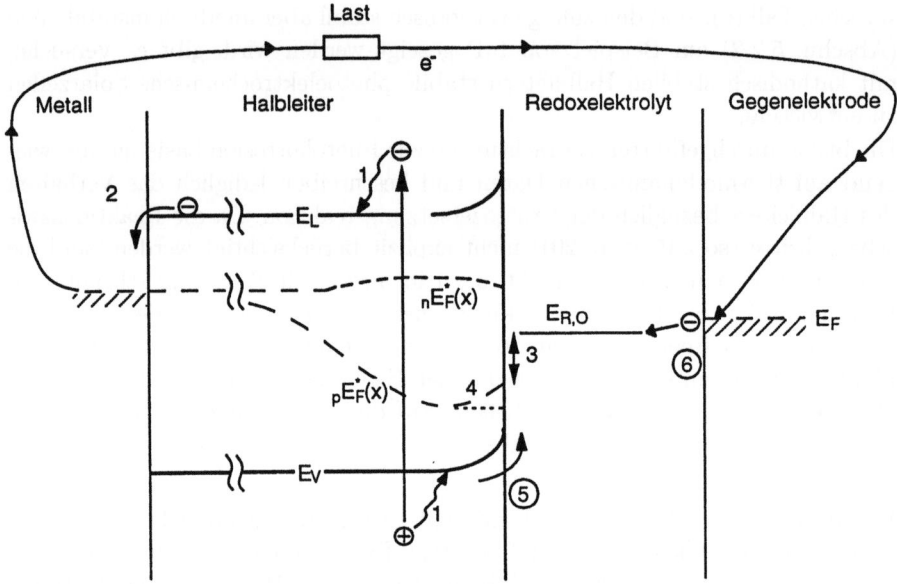

Abb. 5.11. Zu Verlustprozessen in photoelektrochemischen Solarzellen

des Redoxpaares nicht optimiert. Da Abbildung 5.11 eine Situation mit geringem Ladungsträgerfluß, d.h. Stau von Minoritätsladungsträgern an der Oberfläche, der sich durch ein ausgeprägtes Abweichen von $_pE_F^*(0)$ von E_F (dunkel) zeigt, entspricht die Situation einer Photospannungsmessung. Die restliche Bandverbiegung resultiert aus der Oberflächenrekombination. Während selbst in dem System mit Oberflächenrekombination eine Photospannung des Betrages $\frac{1}{e}(_nE_F^*(0) - _pE_F^*(0)) = V_{Ph}$ erhalten werden könnte, ergibt sich in der gezeigten Situation $V_{Ph} = \frac{1}{e}(E_F(\text{Rückkontakt} - E_{R,O})$. Die Verluste der Photospannung sind oft beträchtlich.

Die Prozesse 5 und 6 sind spezifisch für photoelektrochemische Systeme und können sich stark auf den erzielten Wirkungsgrad auswirken. Beide Vorgänge betreffen den Ladungsübertritt von einer festen Phase in den Elektrolyten. Wenn der Ladungstransfer gehemmt ist, so entspricht dies einer Zunahme des Serienwiderstands der Solarzelle, die zu einer Abnahme des Kurzschlußstromes führen kann. Prozeß 5 bezeichnet den Ladungsaustausch zwischen Halbleiter und Redoxelektrolyt, dessen Effizienz sowohl durch die Wahl des Redoxpaares (man unterscheidet sog. schnelle und langsame Redoxspezies) als auch durch den energetischen Abstand $\Delta E = E_{RO} - E_V$ gegeben ist. Da die Reaktionsrate exponentiell mit ΔE entsprechend zunimmt, bedeutet eine größere Energiedifferenz eine höhere Triebkraft für die Reaktion und eine entsprechend angestiegene Reaktionsrate, d.h. verringerten Serienwiderstand. Auch höhere Temperaturen, die bei belichteten Zellen üblicherweise auftreten, bewirken eine Erhöhung von $k_{Red,\,Ox}$.

An der Gegenelektrode läuft der inverse Vorgang, hier also Elektronentransfer in den Elektrolyten, im Dunkeln ab. Bei Prozeß 6 ist es wichtig, daß der Vorgang möglichst ungehemmt stattfinden kann. Die Gegenelektrode sollte folglich in dem entsprechenden Redoxelektrolyten eine steile Strom-Spannungscharakteristik aufweisen. Diese Charakteristik ist für Platindraht, der häufig verwendet wird, oft ungünstiger als für Kohlestäbe hoher Reinheit und Porosität. Bei sehr effizienten Systemen läßt sich der Wirkungsgrad durch chemische Behandlung des Kohlestabes noch steigern. Entsprechend werden in den meisten elektrochemischen Solarzellen Kohlestäbe als Gegenelektrode verwendet.

5.2 Fallstudien an ausgewählten Systemen

Aus der großen Zahl der photoelektrochemisch untersuchten Systeme wird hier eine Auswahl vorgestellt, die die Entwicklung des Gebietes und die dabei auftretenden Innovationen, die nicht immer vorhersehbar waren, symbolisiert. Die relative Begrenztheit des Gebietes erlaubt damit auch exemplarische Einsichten zu gewinnen, wie Forschung und Entwicklung ineinandergreifen und wie ein neues Forschungsgebiet sich entwickelt und voranschreitet. Da die Probleme der Photokorrosion als am schwerwiegendsten für eine technische Realisierung angesehen wurden, waren die Betrachtungen zunächst darauf ausgerichtet, die thermodynamisch vorhandene Instabilität zu beheben. Daher findet man in den Fallstudien, entsprechend der historischen Entwicklung, an erster Stelle Versuche, stabile photoelektrochemische Solarzellen auf der Basis von Schichtgitterhalbleitern zu entwickeln. Die weitere Abfolge der Abschnitte 5.2.2–5.2.5 folgt dieser Vorgehensweise und entspricht zugleich der historischen Reihenfolge der Entwicklung des Gebietes.

Um eine Auswahl von Halbleiter-Redoxelektrolyt-Systemen zu erhalten, erweist es sich als sinnvoll, die in Frage kommenden Halbleiter mit ihrer Elektronenaffinität und ihrer Energielücke gegenüber dem Vakuumniveau aufzutragen und der energetischen Lage einer Anzahl von Redoxpaaren gegenüberzustellen. Bei Annahme einer entsprechenden Dotierung lassen sich damit die Systeme, für die man eine große Kontaktpotentialdifferenz erwartet, auswählen. Allerdings kann die Kontaktbildung zu Abweichungen von diesem stark idealisierten Modell führen. Sowohl chemische Reaktionen, spezifische Adsorption als auch der Einfluß des Wassers an der Grenzfläche können die energetischen Verhältnisse verändern. Daher muß jedes System einzeln auf seine erfolgreiche Anwendbarkeit geprüft werden. In Abbildung 5.12 sind diese Daten für eine Reihe von Halbleitern und Redoxelektrolyten gegenübergestellt.

5.2.1 Stabilität mit Übergangsmetalldichalkogeniden als Photoanoden

Schichtgitterkristalle sind durch eine ausgeprägte Anisotropie in den Bindungseigenschaften gekennzeichnet. So lassen sich die Kristalle senkrecht zur Schicht-

252 5. Photoelektrochemische Solarzellen

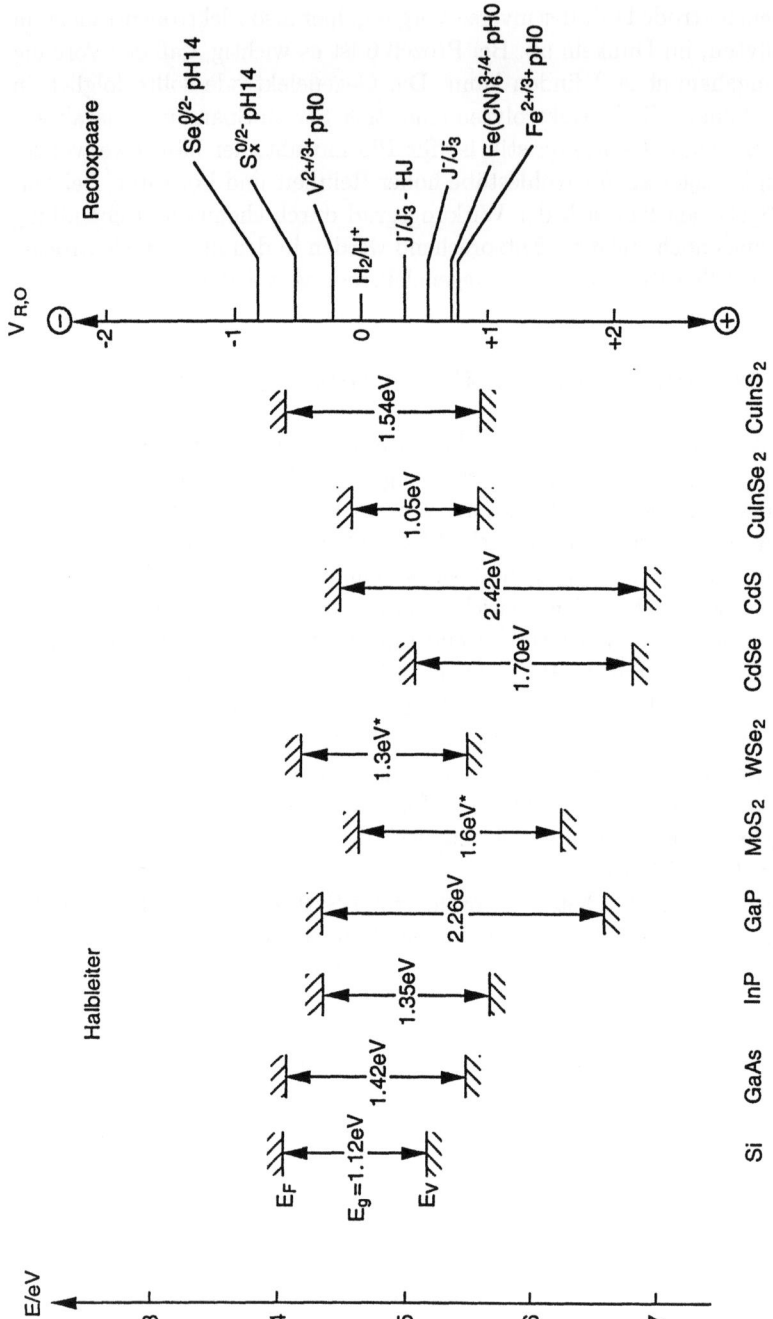

Abb. 5.12. Energetische Lage von Valenz- und Leitungsbandkanten verschiedener Halbleiter sowie elektrochemische Potentiale verschiedener Redoxelektrolyte

5.2 Fallstudien an ausgewählten Systemen   253

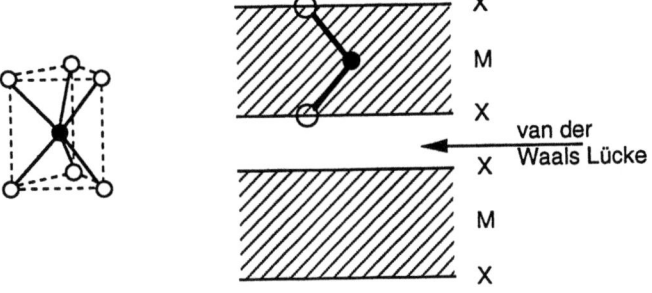

Abb. 5.13. Schematische Darstellung der geometrischen Struktur von Schichtgitterkristallen der Nebengruppe VI

struktur leicht spalten, man spricht von van der Waals-Bindungen senkrecht zu den Schichten, die damit chemisch weitgehend inert sein sollten, da die Bindungen zwischen den die Schichten aufbauenden Atomen innerhalb einer Schicht abgesättigt werden. Hieraus ergibt sich zumindest anschaulich eine Möglichkeit, aufgrund von Besonderheiten der Bindungsgeometrie ein stabiles System für die Photoelektrochemie zu erhalten. Abbildung 5.13 zeigt schematisch die geometrische Struktur von Schichtgitterkristallen der Nebengruppe VI, die halbleitende Eigenschaften haben (MX_2, M = W, Mo; X = S, Se, Te). Die Schichten werden durch trigonal prismatisch angeordnete Metall-Chalkogenid Strukturen aufgebaut, wobei sich das Metall im Zentrum der Anordnung befindet (links in der Abb. 5.13).

Die Außenseite der Schichten wird durch die Chalkogenidatome gebildet, zwischen den Schichten befindet sich eine sog. van der Waals-Lücke, die durch die schwache Wechselwirkung senkrecht zu den Schichten entsteht. Die elektronische Struktur dieser Halbleiter ist durch starke gerichtete Bindungen zwischen den Metall- und den Chalkogen n- und p-Orbitalen geprägt. Die daraus resultierende Energielücke, deren Größe je nach Verbindung zwischen 5 eV und 10 eV variieren kann, wird häufig als σ-σ^* Lücke bezeichnet, wobei σ die bindenden und σ^* die antibindenden Metall-Chalkogen Orbitale bezeichnet. Die Metall d-Zustände zeigen eine deutlich geringere Wechselwirkung mit den s- und p-Zuständen der Liganden, begründet durch die wesentlich geringere Überlappung, da die Zustände stärker lokalisiert sind als die Metall s- und p-Orbitale. Infolgedessen ist die Hybridisierung zum Teil sehr gering und die zugehörigen Orbitale, die überwiegend den Charakter der metallischen d-Zustände besitzen, spalten etwas auf, liegen aber innerhalb der σ-σ^* Lücke. Dies ist schematisch in Abb. 5.14 gezeigt. Die fundamentale Energielücke dieser Halbleiter wird demnach durch eine Aufspaltung der metallischen d-Zustände erzeugt. Dabei ist die Valenzbandoberkante durch das d_{z^2} Orbital gegeben, während das Leitungsband aus dem $d_{x^2-y^2}$ und den drei d_{xy}-artigen Orbitalen aufgebaut wird. Eine Beimischung von Chalkogen p-Orbitalen zu den Zuständen an der Energielücke existiert, ihr Ausmaß ist jedoch schwierig abzuschätzen.

Für die Anwendung in photoelektrochemischen Solarzellen interessiert das Verhalten bei Belichtung. Bei Halbleitern wie WSe_2 u.ä. bedeuten die Eigenschaf-

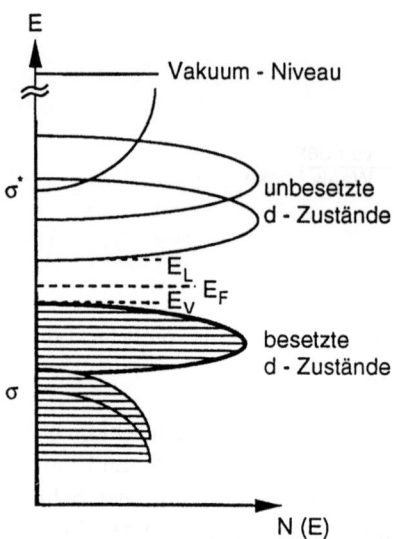

Abb. 5.14. Orbitale innerhalb der $\sigma - \sigma^*$ Lücke

ten der Bandstruktur, daß die durch Licht angeregten Elektronen und Löcher in Zustände thermalisieren, die quasi intrametallisch sind, d.h. durch die Belichtung werden keine oder zumindest drastisch weniger Elektronen aus der Bindung zwischen Metall und Chalkogenid entfernt [6]. Bei CdS z.B. findet die Anregung vom S 3p-Niveau in das Cd 5s-Niveau statt, wobei der Bindung zwischen Cadmium und Schwefel das entsprechende Elektron fehlt, das außerdem abgeführt wird und zum Photostrom beiträgt. Selbst im Fall einer deutlichen Hybridisierung von Metall d- und Chalkogen p-Zuständen bewirkt bei den Schichtgitterkristallen die σ-Bindung eine hohe Stabiltät, da sie energetisch tief genug liegt, um einer Zersetzung (Photokorrosion) entgegenzuwirken.

Die Herstellung der Materialien erfolgt häufig über sog. Gastransportreaktionen. Als Standard bei den Züchtungsmethoden hat sich das CVT-Verfahren (*C*hemical *V*apor *T*ransport) etabliert, bei dem die elementaren Ausgangsstoffe in einer Ampulle mit Halogengasen (Br_2, J_2, Cl_2) in die Gasphase überführt werden. Am kühleren Ende der Ampulle erfolgt dann das Kristallwachstum. Die Art des verwendeten Transportgases hat Einfluß auf die Dotierung der Kristalle. So wurden Cl- und Br-transportierte Proben n-leitend, während J-transportiertes Material auch p-Leitung zeigen kann. Die ersten photoelektrochemischen Zellen wurden mit n-leitendem WSe_2 hergestellt. Die Energielücke liegt um 1.2 eV, und die Absorption des Materials ist hoch, so daß es sich im Prinzip auch für Dünnschichtsolarzellen eignen würde. Allerdings lassen sich zur Zeit weder der Dotiergrad noch die Homogenität der Dotierung sowie die Morphologie (Dicke und Größe, Oberflächenstruktur) gut definiert und reproduzierbar herstellen.

Bei der Suche nach einem geeigneten Redoxpaar ergaben energetische Betrachtungen, daß eine Jod-Jodid Lösung zu einer großen Kontaktpotentialdifferenz von etwa 1 V führen sollte. Erste PECS mit Schichtgitterkristallen hatten z.B.

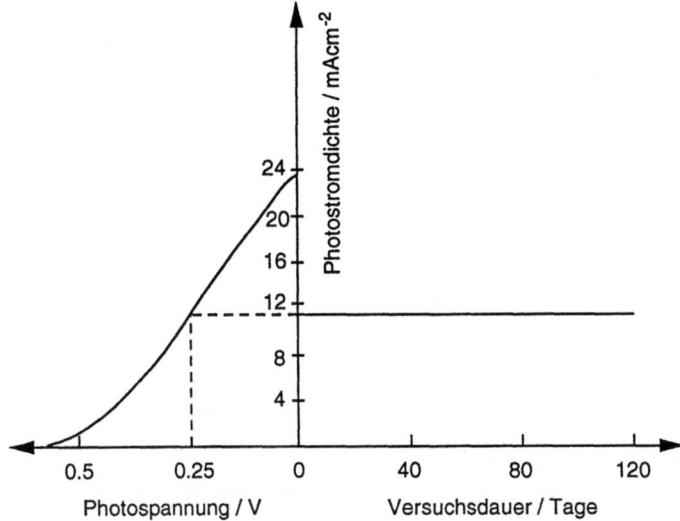

Abb. 5.15. Strom-Spannungskennlinie und Langzeitstabilität von n−MoSe$_2$/J$^-$J$_2$/Pt; Lichtleistung 150 Wcm^{-2}

den Zellenaufbau n−MoSe$_2$/J$^-$J$_2$/Pt, wobei Platindraht oder Blech als Gegenelektrode verwendet wurde. Eine Strom-Spannungskennlinie ist in Abb. 5.15 gezeigt. Der geringe Füllfaktor, die kleine Leerlaufspannung von < 0.6 V und der vergleichsweise niedrige Kurzschlußstrom zeigt für dieses Material zunächst wenig aussichtsreiches Verhalten. Die Stabilität ist jedoch hoch, wie sich in Langzeitexperimenten durch Vergleich der insgesamt geflossenen Ladung und der Änderung der Probendicke ergab (s. rechts in Abb. 5.15).

Abbildung 5.16 zeigt Strom-Spannungskennlinien von n-MoSe$_2$ und n-WSe$_2$ in Polyjodid-Redoxelektrolyten [7], die ein deutlich besseres Verhalten, vor allem hinsichtlich des Füllfaktors und der Leerlaufspannung, aufweisen. In den Abbildungen 5.15 und 5.16 sind I-V-Kurven von Proben gezeigt, die deutliche Unterschiede in ihrer Oberflächenmorphologie aufweisen. Tatsächlich zeigt die Untersuchung unterschiedlich stark strukturierter WSe$_2$-Photoanoden, daß die Leistungsdaten durch eine große Variation von Probe zu Probe gekennzeichnet sind. In Abbildung 5.17 sind die entsprechenden Solarzellenkennlinien für stark, mäßig und gering gestufte WSe$_2$ Proben aufgetragen [8]. Offenbar beeinträchtigen die Stufen sehr drastisch die erzielbaren Werte für den Kurzschlußstrom, die Leerlaufspannung und den Füllfaktor. Eine mögliche Erklärung für dieses Verhalten ergibt sich, wenn man die Bindungsverhältnisse im Bereich der Stufen betrachtet. Da an den Stufen die jeweiligen Schichten enden, bleiben zunächst starke kovalente Bindungen des Übergangsmetalls (Mo, W) ungesättigt. Diese reaktiven Zentren gehen vermutlich chemische Bindungen mit den Bestandteilen der Elektrolytlösung ein, und es scheint eine Anzahl von Zuständen im Bereich der Energielücke zu entstehen, die als Rekombinationszentren an der Oberfläche wirken. Über den genauen Charakter der Zustände und die einge-

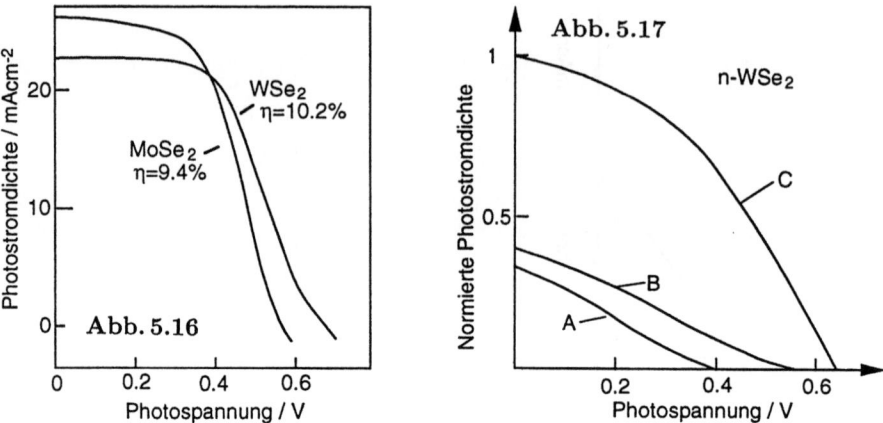

Abb. 5.16. Photostrom-Spannungscharakteristik für n-MoSe$_2$ bei 82.6 mWcm^{-2} und n-WSe$_2$ bei 84.7 mWcm^{-2} Sonneneinstrahlung in Polyjodid-Redoxelektrolyt

Abb. 5.17. Solarzellenkennlinien für stark (A), mäßig (B) und gering (C) gestufte n-WSe$_2$-Proben in Kontakt mit Jod-Jodid-Redoxelektrolyten für Oberflächen mit unterschiedlicher Morphologie

gangenen Bindungen ist bisher wenig bekannt, da die Stufen wenig regelmäßig sind, so daß eine Anzahl verschiedener Bindungen und Oberflächenkomplexe gebildet werden könnte.

Den Einfluß der Stufen auf die elektronischen Eigenschaften von Schichtgitterkristallen findet man in einem schematischen Modell in Abb. 5.18 dargestellt. Senkrecht zur Schichtstruktur stellt man sich den Minoritätsladungsträgertransport über Stapelfehler vor, die bei Raumtemperatur nahezu isoenergetisch sind, da sie durch Umorientierung der Chalkogenidbindungen um 120° entstehen. Die Beweglichkeit der Ladungsträger ist entlang den Schichten etwa um den Faktor 10 höher als senkrecht dazu. Die statische Dielektrizitätskonstante, die die Ausdehnung der Raumladungszone beeinflußt, ist parallel zu den Schichten doppelt so groß wie in Richtung der c-Achse, d.h. senkrecht zu den Schichten. Da an den Enden der Stufen ebenfalls Kontakt zum Elektrolyten besteht, werden die lichterzeugten Ladungsträger bevorzugt zu den Stufen bewegt, wo die Rekombinationsrate hoch ist. Daher wirken die Stufen wie Parallelwiderstände im Ersatzschaltbild der Solarzelle, und ihre Gegenwart führt zur deutlichen Verringerung von V_L, ff und bei hoher Stufendichte auch von I_K. Diese Deflektion der Minoritätsladungsträger in den Bereich, wo sie bevorzugt rekombinieren, ist in der Abb. 5.18 zusammengefaßt [9].

Im Zusammenhang mit den im nächsten Abschnitt zu besprechenden Halbleiter-Elektrolyt-Wechselwirkungen an GaAs erweist es sich als sinnvoll, eine weitere Eigenschaft der Stufen von Schichtgitterkristallen zu untersuchen: den Effekt der Wechselwirkung von Stufen mit Ionen der Lösung auf die absolute energetische Lage der Bandkanten bzw. auf das Flachbandpotential V_{fb}. In einer Ver-

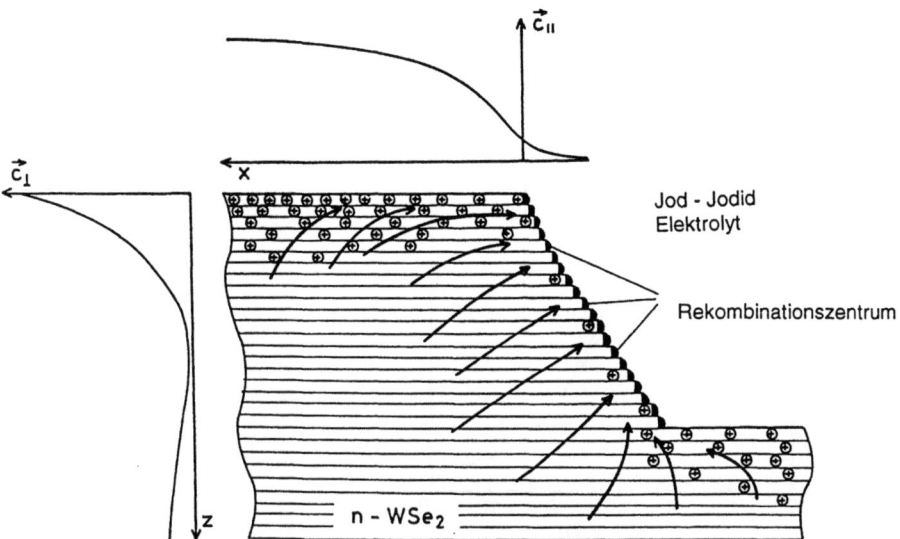

Abb. 5.18. Schematische Darstellung der Ablenkung lichterzeugter Minoritätsladungsträger zu Stufenflächen von Schichtgitterkristallen. $c_\parallel$ und $c_\perp$ bezeichnen die Minoritätsladungsträgerkonzentrationen.

suchsreihe zur Ionenabsorption von OH^-, J^-, Cl^-, Br^- und SO_4^{2-} konnte gezeigt werden, daß V_{fb} an gestuften Oberflächen mit der Chemisorption bestimmter Ionen (besonders Halogenide) um nahezu 1 V negativ verschoben wird. Dies ist in Abb. 5.19 dargestellt (nach [9]). Man erklärt dies über eine Änderung des Beitrages des Oberflächendipols zur Austrittsarbeit (s. auch Abschn. 2.4 und 2.7).

Als die abträgliche Wirkung von Stufen an Schichtgitterkristallen erkannt war, wurden Versuche durchgeführt, die Stufen chemisch und elektronisch zu passivieren, zumal die Korrosion an den Stufen bevorzugt stattfand. Unter elektronischer Passivierung versteht man dabei den Versuch, durch spezifische chemische Reaktionen an den Stufen Bedingungen zu erhalten, so daß keine Zustände im Bereich der verbotenen Zone vorhanden sind. So zeigen durch Photoätzen präparierte Elektroden erstaunlich hohe Wirkungsgrade (Abb. 5.20) [10].

Dieses Ergebnis zeigt das Potential, das Solarzellen auf der Basis von Schichtgitterkristallen besitzen, jedoch mußten gute Proben aus vielen Kristalliten mühsam herausgesucht werden, da der bisherige Herstellungsprozeß, wie oben erwähnt, nicht zu reproduzierbaren Bedingungen hinsichtlich der optoelektronischen Eigenschaften führt. Hier besteht auch heute noch Entwicklungsbedarf zum schichtweisen Wachstum dieser Materialien mit möglichst geringer lateraler Stöchiometrieschwankung, da sonst p- und n-leitende Bereiche auf einer Oberfläche entstehen können. Die Bereiche mit unerwünschter Dotierung sind dann photoinaktiv, tragen damit mit ihrer Fläche nicht zum Photostrom bei und bewirken eine Verringerung des Wirkungsgrades. Zudem können laterale

258   5. Photoelektrochemische Solarzellen

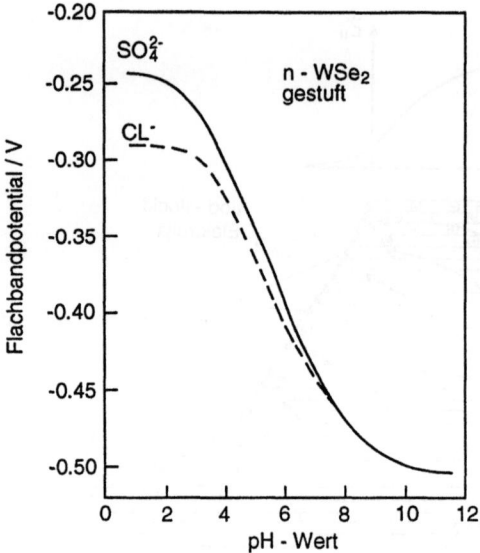

Abb. 5.19. Einfluß der Anionen und des pH-Wertes auf das Flachbandpotential stark gestufter n-WSe$_2$-Elektroden

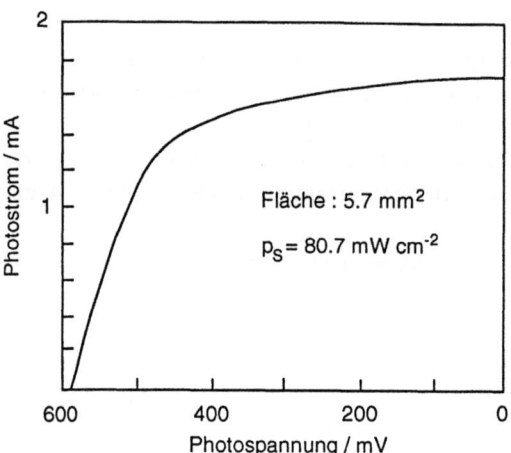

Abb. 5.20. Strom-Spannungscharakteristik einer oberflächenbehandelten WSe$_2$-Elektrode in 6 M KJ + 0.03 M J$_2$. Messung in natürlichem Sonnenlicht

p-n-Übergänge einen zusätzlichen Widerstand beim Fließen des Majoritätsladungsträgerstromes bewirken.

5.2.2 Effiziente Solarzellen durch Oberflächenmodifizierung von III-V Halbleitern

Im Gegensatz zu den im vorigen Abschnitt behandelten Schichtgitterkristallen, bei denen die Ergebnisse hinsichtlich des Wirkungsgrades wenig reproduzierbar sind und von der Auswahl entsprechender Kristalle nach der Züchtung abhängen, sind III-V Halbleiter wie GaAs und InP in reproduzierbar guter Qualität herstellbar. Es lag daher nahe, anstatt der zunächst in den Leistungsdaten begrenzten Schichtgitterkristallen PECS mit GaAs und InP herzustellen. Hierbei war zumindest keine Optimierung des Halbleitermaterials notwendig, und die Vorgehensweise konzentrierte sich dementsprechend auf die Auswahl des Redoxelektrolyten und die Eigenschaften der Halbleiter-Elektrolyt Grenzfläche.

GaAs: Abbildung 5.21 zeigt die energetische Situation von n-GaAs und entsprechenden Redoxelektrolyten vor Kontaktbildung. Genügend große Kontaktpotentialdifferenzen ergeben sich lediglich für vergleichsweise positive Redoxpaare wie z.B. $Fe^{2+/3+}$, $Fe(CN)_6^{3-/4-}$ und J^-/J_3^-. Die Stabilität dieser Solarzellen war jedoch zu gering, das zu einer stärker empirisch orientierten Suche nach geeigneten Elektrolyten führte. Man war schließlich erfolgreich bei Ver-

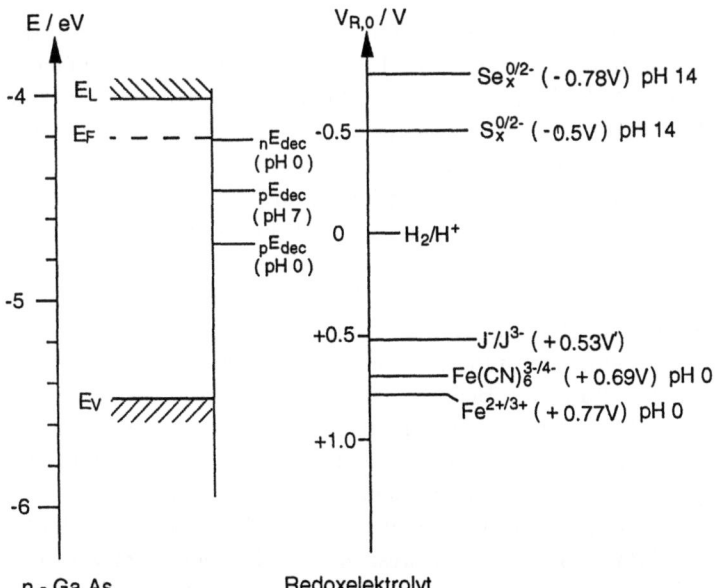

Abb. 5.21. Energetische Situation von n-GaAs und entsprechenden Redoxelektrolyten vor Kontaktbildung

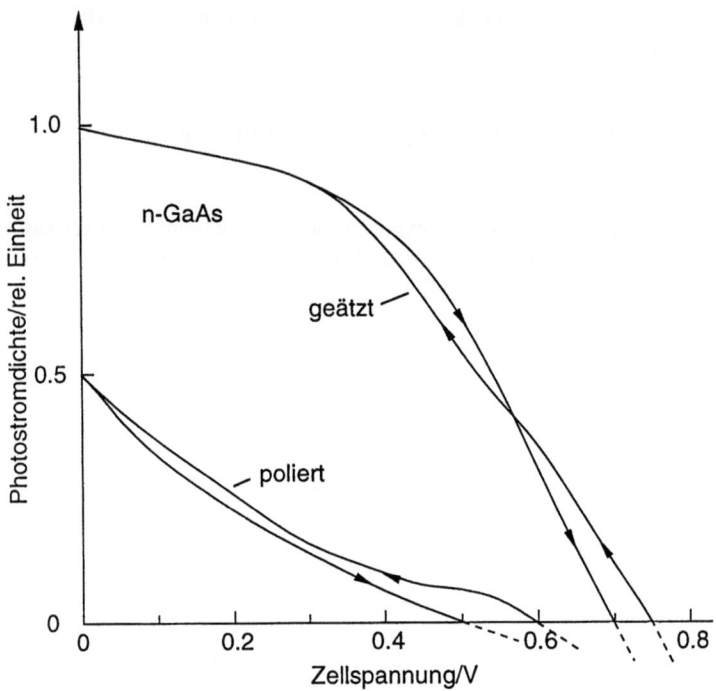

Abb. 5.22. Vergleich der I-V-Charakteristik einer polierten (Korngröße 1 μm) und einer in Methanol-1% Brom geätzten n-GaAs-Probe, Elektrolyt J^-/J_3^-

wendung einer Polyselenid-Lösung, deren Redoxpotential bei pH 14 (s. Abb. 5.21) eigentlich bei weitem zu negativ lag. Tatsächlich war aus der einfachen Betrachtungsweise der Abbildung, die der des Anderson-Modells ähnelt, kein gleichrichtender Kontakt zu erwarten. Dennoch zeigte sich, daß n-GaAs in Polyselenid eine gute Strom-Spannungscharakteristik bei Belichtung aufweist.

Ein Vergleich der I-V-Charakteristik der ungeätzten und der in Brom-Methanol geätzten Probe wird in Abb. 5.22 gegeben. Man erkennt, daß die Entfernung der durch Sägen und Polieren entstandenen stark defektreichen Schicht im Bereich der Oberfläche (je nach Größe der zum Polieren verwendeten Körner 0.1 $\mu \leq d \leq 5\mu$) zu einer drastischen Verbesserung der Kenndaten führt. Trotz oftmals spiegelnder Oberfläche sind die elektronischen Eigenschaften durch die mechanische Behandlung im Bereich nahe der Oberfläche deutlich verschlechtert. So findet Rekombination innerhalb der Raumladungszone statt, die Oberflächenrekombination ist erhöht, und bei entsprechender Ausdehnung des gestörten Bereiches ist auch die Rekombination im feldfreien Gebiet in der Nähe der Raumladungszone erhöht. Darüberhinaus sind die Barriereneigenschaften verschlechtert. Dies führt man auf die Anwesenheit zahlreicher neuer Zustände im Bereich der verbotenen Zone zurück, über die ein Transport von Majoritätsladungsträgern zur Kontaktphase hin möglich ist (Abb. 5.23). Hier ist schematisch der durch Polieren gestörte oberflächennahe Bereich (I in Abb. 5.23a)

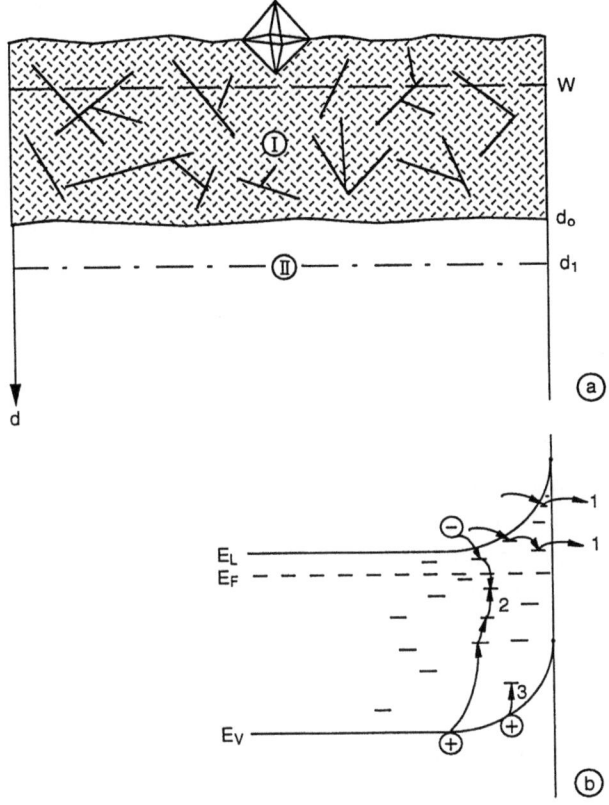

Abb. 5.23a,b. Schematische Darstellung des durch Polieren gestörten oberflächennahen Bereiches (a) und des Einflusses auf die elektronischen Eigenschaften (b)

und der Einfluß auf die elektronischen Eigenschaften (Abb. 5.23b) dargestellt. Durch das Ätzen wird der gestörte Bereich bis d_1 entfernt. II in Abb. 5.23a symbolisiert die neue, weitgehend ungestörte Oberfläche. Die Prozesse 1, 2, 3 in Abb. 5.23b zeigen den Transport von Majoritätsladungsträgern über Defekte im Bereich der Raumladungszone (1), Rekombination in der Raumladungszone (2) und Ladungsträgereinfang (3). Neben dem reduzierten Photostrom, der, wenn überhaupt, erst bei sehr anodischen Potentialen seinen Sättigungswert erreicht, fließt ein großer Dunkelstrom in Sperrichtung, wodurch die Diodeneigenschaften, dabei insbesondere die Photospannung, stark verschlechtert werden. Wie Abb. 5.22 zeigt, bewirkt das Entfernen des gestörten Bereiches eine ganz wesentliche Verbesserung im Kurzschlußstrom, Füllfaktor und der Photospannung.

n-GaAs zeigt in Polyselenid-Elektrolyt gute Strom-Spannungscharakteristiken, obwohl die in Abb. 5.21 gezeigten energetischen Verhältnisse dies nicht erwarten lassen. Als Erklärung hierfür besinnt man sich auf Abb. 5.19, in der der Einfluß der Ionosorption an Stufen von Schichtgitterkristallen auf das Flachbandpotential dargestellt ist. Die Adsorption negativ geladener Ionen bewirkt

5. Photoelektrochemische Solarzellen

eine negative Verschiebung von V_{fb}, die bei n-Halbleitern eine Verschiebung der Lage der Bandkanten bedeutet. Auf der Basis der in Abschn. 2.7 dargestellten Konzepte führt die Adsorption von Se_x^{2-} als Elektronendonator zur Bildung eines zusätzlichen Dipols, der aus den entsprechenden Partialladungen $Se_x^{\delta+}$ und einer negativen Ladung unterhalb der geometrischen Halbleiteroberfläche aufgebaut ist. Dieser Dipol schwächt den zur Austrittsarbeit beitragenden Dipol ab und führt so zu einer Erniedrigung der Elektronenaffinität. Die Änderung $\Delta\chi_S$ muß etwa 1 eV betragen, um das Kontaktverhalten mit dem Redoxpaar ($E_{R,O} = -0.78$ eV) anhand der beobachteten Photospannung von 0.6 - 0.7 V zu erklären. Die entsprechende Strom-Spannungscharakteristik (Abb. 5.22) der geätzten Probe ist durch eine deutliche Hysterese bei Spannungen in der Nähe der Leerlaufspannung ($V \geq 0.3$ V) gekennzeichnet. Betrachtet man die Spannungsachse von rechts, d.h. man untersucht, bei welcher Spannung positiv von der Leerlaufspannung der Photostrom deutlich ansteigt, so sieht man, daß mehr als 0.4 V Spannung angelegt sein müssen, um den Sättigungswert des Photostromes zu erhalten. Der allmähliche Anstieg von j_{Ph} mit V ist ein Kennzeichen für Rekombinationsprozesse an der Oberfläche: erst bei Spannungen, bei denen die Majoritätsladungsträgerkonzentration drastisch verringert ist, erreicht j_{Ph} seinen Sättigungswert, da dann weniger Rekombinationspartner (Elektronen) für die lichterzeugten Minoritätsladungsträger (Löcher) zur Verfügung stehen. Dieses Verhalten deutet an, daß die Solarzellencharakteristik eventuell verbessert werden kann, wenn es gelingt, die elektronischen Eigenschaften der Oberfläche zu verbessern. Dementsprechend wurde versucht, durch Adsorption von Ionen aus Lösungen den Wirkungsgrad der n-GaAs/Polyselenid Solarzellen zu erhöhen. Dabei wird die geätzte Probe in die entsprechenden Lösungen eingetaucht. Am erfolgreichsten waren salzsaure Lösungen von $RuCl_3$ und alkalische Lösungen von $Pb(OH)_2$ [12]. Abbildung 5.24 zeigt die Verbesserung der Kennlinie nach Ru-Behandlung an einer nach Ätzen glänzenden Probe. Das Tauchen in Ru^{3+}-Lösung bewirkt vor allem eine ausgeprägte Verbesserung des Füllfaktors, und es wird keine Hysterese in Abhängigkeit von der Richtung der Potentialänderung mehr beobachtet. Untersuchungen der Oberfläche mittels Rutherford Rückstreuspektroskopie (RBS) ergab, daß eine Drittel Atomlage Ru vom Halbleiter aufgenommen wurde. Zur Erklärung dieses Effektes existieren gegenwärtig zwei Hypothesen: die erste geht davon aus, daß durch die Ru-Anlagerung Oberflächenzustände, die sich im Bereich der Energielücke befinden, in Wechselwirkung mit den Ru^{3+}-Ionen treten und kovalente bindende und antibindende Zustände bilden, die energetisch außerhalb der Energielücke liegen (s. Abb. 5.25a). Dies würde die Oberflächenrekombinationsrate stark verringern, das auch beobachtet wurde. Die zweite Hypothese geht davon aus, daß durch die Ru^{3+}-Adsorption neue Oberflächenzustände erzeugt werden, die energetisch und strukturell geeignet sind, die Reaktion der lichterzeugten Löcher mit dem Elektrolyten zu beschleunigen, d.h. diese induzierten Oberflächenzustände würden den Ladungstransfer katalysieren. Auch in diesem Fall würden weniger Defektelektronen für die Rekombination an der Oberfläche zur Verfügung stehen, da sie schneller bzw. effizienter zum Elektrolyten hin abgezogen werden (s. Abb.

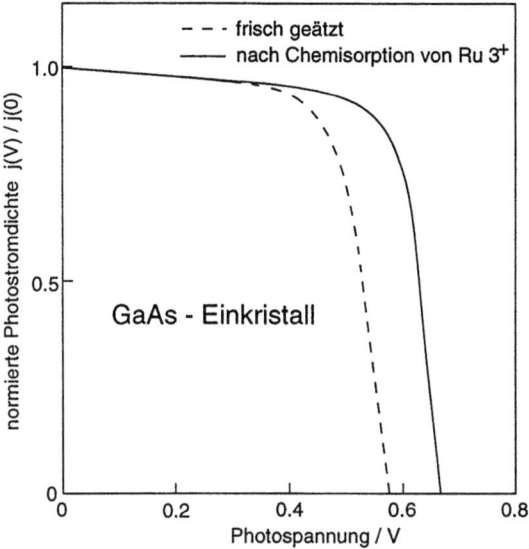

Abb. 5.24. Verbesserung der Solarzellencharakteristik von n-GaAs durch Ru-Oberflächenbehandlung

5.25b). Obwohl sich die Hinweise mehren, die die Gültigkeit der zweiten Hypothese unterstützen, kann die Frage noch nicht als endgültig geklärt angesehen werden, da die experimentellen Bedingungen und Vorgehensweisen in den verschiedenen Laboratorien deutlich unterschiedlich gewesen sind.

Eine weitere Verbesserung des Wirkungsgrades erhält man durch eine Modifizierung des Ätzverfahrens. Bisher wurden die GaAs-Proben mit Konvektion, d.h. Rühren der Ätzlösung bzw. Bewegen der Probe so geätzt, daß sie eine glänzende Oberfläche aufwiesen. Durch Ätzen ohne Konvektion entstehen auf (100) orientierten Oberflächen mattschwarze Bereiche, die die Probe allmählich überziehen. Diese mattschwarz geätzten Proben weisen einen deutlich erhöhten Kurzschlußstrom auf. Zusätzlich wird eine gewisse Zunahme des Füllfaktors beobachtet, und der Wirkungsgrad für Ru-behandelte, mattschwarz geätzte Proben erreicht 12% (Abb. 5.26). Mit einer kombinierten Oberflächenbehandlung, bei der nach der Ru-Einwirkung Pb aus alkalischer Lösung aufgebracht wurde, ergibt sich ein maximaler Wirkungsgrad von 12.8% für Einkristalle (s. Abb. 5.26) und von 7.8% für polykristallines GaAs mit kleien Körnern. Die Kennlinie für Ru-Pb-behandeltes poly-GaAs ist in Abb. 5.27 gezeigt [12]. Der Wirkungsgrad war seinerzeit der beste für eine polykristalline Solarzelle. Die anfänglichen Erfolge führten zu einer Reihe weiterer Versuche zur Chemisorption von Metallionen aus verschiedenen Lösungen, es wurden jedoch bisher keine über die Ru-Pb-Effekte hinausgehenden Verbesserungen erzielt. Bei der Auswirkung verschiedener Metallionen auf die Kennlinie der GaAs/Elektrolyt Solarzellen wurde keine Systematik im Verhalten nach Wertigkeit, Zugehörigkeit zu einer bestimmten Gruppe im Periodensystem u.ä. erkennbar, so daß hier noch eine Anzahl von Problemen und Fragestellungen ungelöst blieb.

264   5. Photoelektrochemische Solarzellen

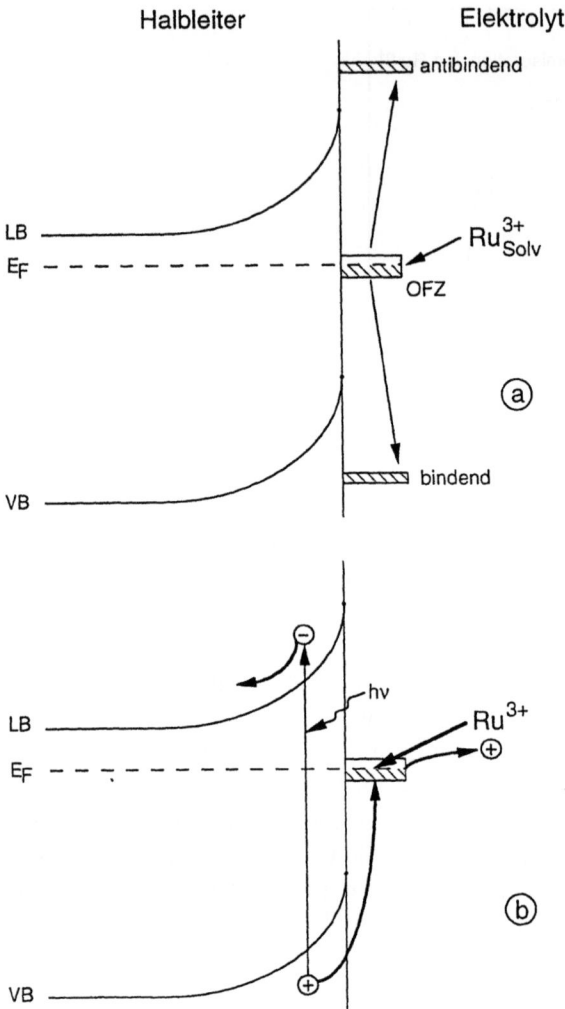

Abb. 5.25. Modellvorstellung zum Einfluß von Ru^{3+} auf die elektronischen Eigenschaften am GaAs/Polyselenid-Kontakt

InP: Die eingeschränkte Stabilität von photoelektrochemischen Solarzellen mit n-GaAs, d.h. als Photoanode, führte zu Überlegungen, p-leitendes Basismaterial zu verwenden. Die Neigung von Halbleitern zur reduktiven Zersetzung bei Belichtung wurde als geringer eingeschätzt als die zur Oxidation durch lichterzeugte Defektelektronen. Mit p-GaAs war man wenig erfolgreich. Im Kontakt mit entsprechenden Redoxelektrolyten ergaben sich geringere Photospannungen und schlechte Füllfaktoren. Eine weitere Möglichkeit, effektive Solarzellen mit III-V Halbleitern zu erhalten, bestand in der Verwendung von p-InP. Die Energielücke von InP liegt bei Raumtemperatur bei 1.35 eV und damit ebenfalls in dem Bereich, in dem theoretisch hohe Wirkungsgrade erwartet werden. Zudem

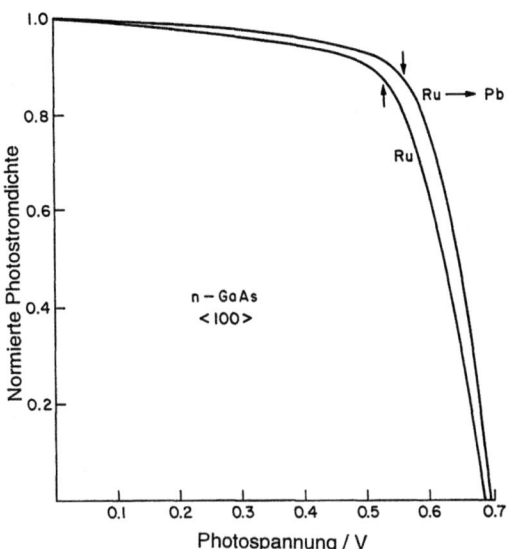

Abb. 5.26. Verbesserung der Solarzellenkennlinie von n-GaAs in Polyselenid-Elektrolyten durch chemische Behandlung

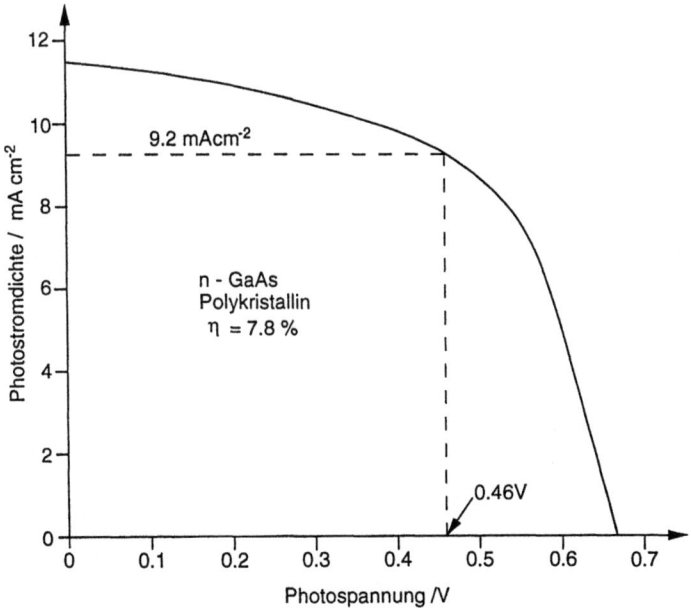

Abb. 5.27. Strom-Spannungscharakteristik einer Solarzelle mit polykristallinem n-GaAs in Kontakt mit Se^{2-}/Se_x^{2-}-OH-Elektrolyt nach Chemisorption von Ru^{3+} und nachfolgend Pb^{2+}

266 5. Photoelektrochemische Solarzellen

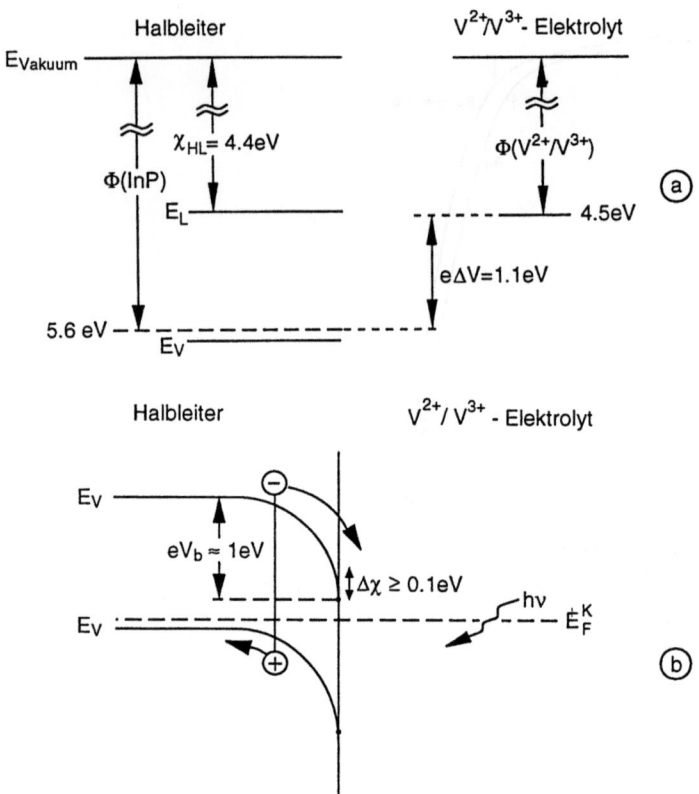

Abb. 5.28a,b. Energieschema zur Kontaktbildung zwischen p-InP und VCl$_2$-VCL$_3$-HCl-Elektrolyt; (a) vor Kontakt, (b) nach Kontakt

ist es p-leitend (Zn oder Cd-dotiert) in guter kristalliner Qualität zu erhalten. Abbildung 5.28 zeigt energetische Betrachtungen zur Kontaktbildung. Für p-Halbleiter kommen Elektrolyte in Betracht, deren Redoxenergie vergleichsweise negativ liegt, wie z.B. Se^0/Se_x^{2-} oder $V^{2+/3+}$. Für das letztere Redoxpaar sind die energetischen Verhältnisse vor und nach Kontaktbildung in der Abbildung vereinfachend dargestellt. Prinzipiell erwartet man eine Kontaktpotentialdifferenz von 1.1 eV und eine Bandverbiegung von etwa 1 eV. Dabei ist eine Verschiebung der Bandkanten um 0.1 eV in negative Richtung aufgrund des Auftretens von starker Inversion (Ferminiveau an der Oberfläche energetisch dichter an der Leitungsbandkante als im feldfreien Volumen an der Valenzbandkante) angenommen worden. Im Prinzip könnten demnach Photospannungen um 1 V erwartet werden. Tatsächlich zeigen sich in saurer VCl$_2$ − VCl$_3$ − HCl Lösung maximale Photospannungen um 0.67 V.

Die Abbildung 5.29 zeigt, daß die Strom-Spannungskurven bei Belichtung durch den Vorgang des zyklischen Polarisierens stark beeinflußt werden können. So beobachtet man an einer geätzten Probe zunächst eine Hysterese im Vor- und Rücklauf des Potentials (Kurve 1). Zyklisches Polarisieren zwischen V_L und

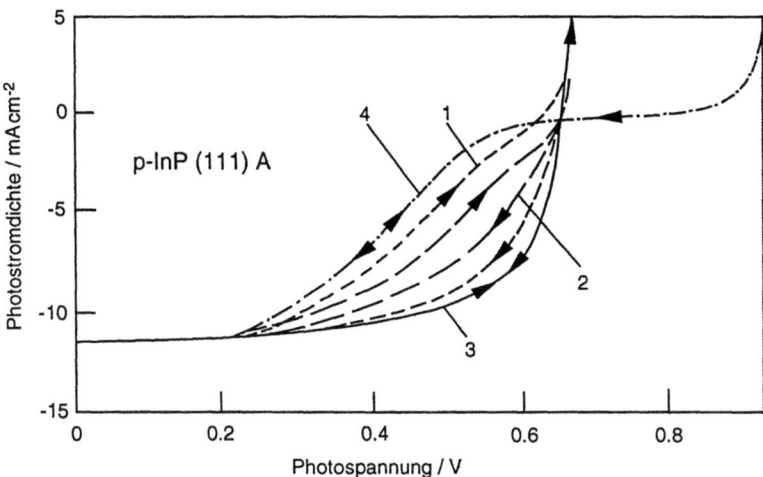

Abb. 5.29. Verhalten von p-InP in saurem V-Elektrolyten bei Belichtung

0.35 V positiv vom Redoxpotential (die Null auf der Potentialachse entspricht -0.47 V vs der gesättigten Kalomelelektrode, SCE) führt zu einer Verbesserung des Füllfaktors (Kurve 2), aber es wird weiter eine Hysterese beobachtet. Nach mehreren Zyklen zwischen V_L und 0.35 V bei Belichtung stabilisiert sich die Strom-Spannungskurve (Kurve 3) mit einem sehr guten Füllfaktor; eine Hysterese wird nicht mehr beobachtet. Wird der Potentialbereich über die Leerlaufspannung ins Positive ausgedeht, so findet man eine drastische Verschlechterung der Leistungscharakteristik (Kurve 4), die sich photoelektrochemisch nicht mehr verbessern läßt. Hier ist offenbar im anodischen Bereich durch ausgeprägte Oxidation der Probe ein nicht mehr reversibler Zustand im oberflächennahen Bereich geschaffen worden. Das durch zyklische Polarisation optimierte Verhalten (Kurve 3 in Abb. 5.29) ergibt einen Wirkungsgrad von $\eta = 9.4\%$ in natürlichem Sonnenlicht (110 mWcm^{-2} global, Abb. 5.30) [13]. Hierbei ist hervorzuheben, daß die Kurve in einem sog. 2-Elektroden-Experiment erhalten wurde, bei dem auch die Ladungsübertrittswiderstände an der Gegenelektrode (Kohlestab) eingehen, da sie nicht durch eine sog. potentiostatische Anordnung kompensiert wurden. Aufsehenerregend war an diesem System die hohe Stabilität, die keinerlei Degradation nach Fließen von einer Ladung von 30 000 C zeigte. Da die Schichtgitterkristalle Begrenzungen in der Effizienz und der Materialqualität (Reproduzierbarkeit) aufwiesen und GaAs nur begrenzt stabil war, hatte man mit der PECS p-InP/VCl$_2$-VCl$_3$-ZnCl$_2$/HCl/C erstmals eine simultan stabile und effiziente photoelektrochemische Solarzelle hergestellt.

In diesem Zusammmenhang stellte sich die Frage nach der Funktionsweise dieser Solarzelle und nach ihren Grenzflächeneigenschaften. Warum verbesserten sich der Füllfaktor und die Stabilität der Solarzelle durch zyklisches Passivieren? Obwohl eine abschließende Klärung dieser Fragen noch aussteht, werden die entsprechenden Befunde und Hypothesen hier kurz vorgestellt. An der optimier-

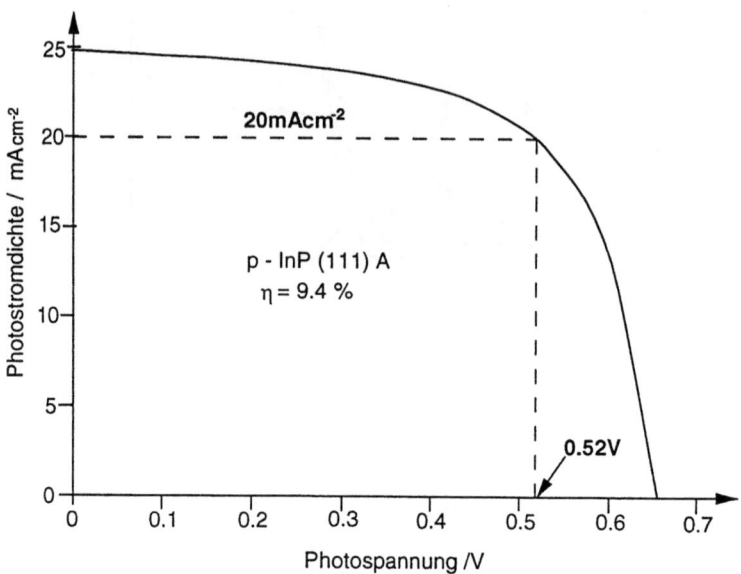

Abb. 5.30. Solarzellencharakteristik von p-InP, ⟨111⟩-orientiert, am V^{2+}/V^{3+}-HCl-Kontakt; die polare A-Fläche, bestehend aus In-Atomen, kontaktiert den Elektrolyten

ten Elektrode (Kurve 3 in Abb. 5.29) wurden oberflächenanalytische Untersuchungen (niederenergetische Ionenstreuung) durchgeführt, die ergaben, daß im Bereich von etwa 15Å an der Oberfläche überwiegend Indiumoxid in der Zusammensetzung In_2O_3 existiert. Ellipsometrische Experimente an der (111) A-Fläche von p-InP ergaben, daß sich an Luft ein dünner Indiumoxidfilm bildet. Da die (111) A-Fläche eine sog. polare Fläche ist, bei der sich die In-Atome um 1/4 Atomlage über den P-Atomen befinden, ist die Oxidation des In durch Luftsauerstoff oder anodisches Polarisieren recht plausibel. Daraus wurde gefolgert, daß die Oxidation durch anodische Polarisation (nahe V_L) und Reduktion durch Polarisation bei +0.35 V vs $E_{RO}(V^{2+/3+})$ bei Belichtung zum Aufbau eines geordneten Oxides führt, das sich in der umgebenden Salzsäure nicht auflöst. Daher wurde eine sog. Elektrolyt-Oxid-Halbleiter-(EOH)-Struktur postuliert. Die Struktur ist in Abb. 5.31 vor und in Abb. 5.32 nach Kontaktbildung schematisch dargestellt [14]. Wegen der nicht bekannten Lage des Ferminiveaus im Indiumoxid ist die Darstellung jedoch recht hypothetisch. Sie soll dazu dienen, die Verhältnisse und Unsicherheiten bei Kontaktbildung dreier Phasen zu zeigen sowie eine prinzipielle Funktionsweise des Systems anzugeben. Bei der Lage der Bandkanten und des Ferminiveaus wie in Abb. 5.31 angenommen, ergibt sich im Kontakt der Vorteil, daß das Oxid für die Minoritätsladungsträger wegen der Lage seiner Leitungsbandunterkante ungehinderten Transport zum Redoxelektrolyten ermöglicht. Zugleich besteht eine große Barriere für den Majoritätsladungsträgerfluß, das zu einer Verringerung des Sättigungsstromes in Sperrichtung und höherer maximal erzielbarer Photospannung führt. Die Barriere E_{bh} für den Majoritätsladungsträgerfluß ist eingezeichnet. Zusätzlich wird

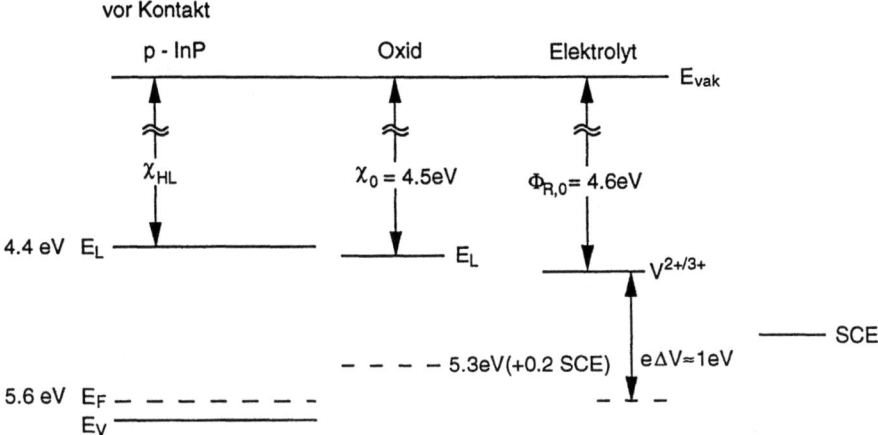

Abb. 5.31. Elektrolyt-Oxid-Halbleiter-(EOH)-Struktur vor Kontaktbildung

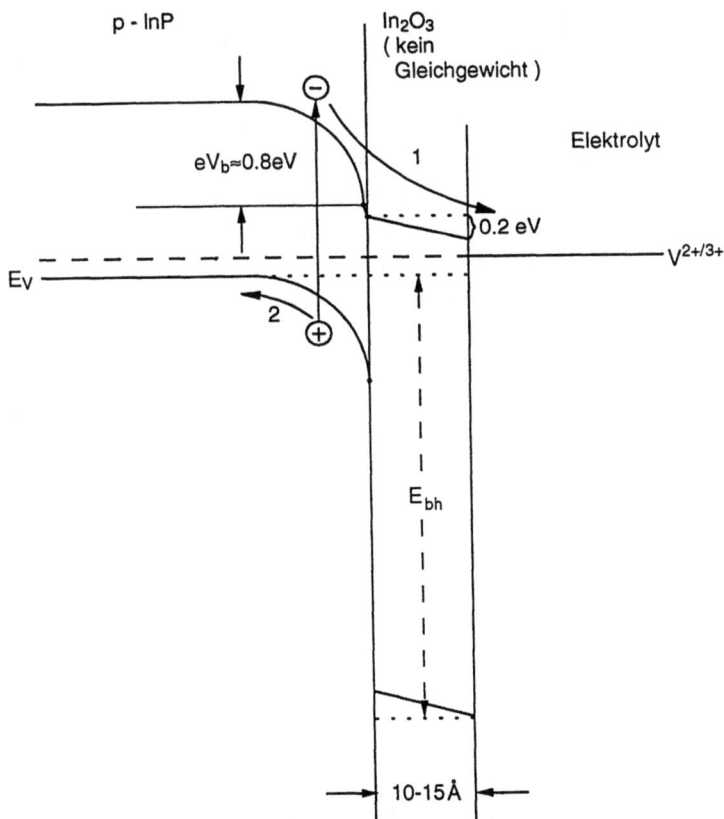

Abb. 5.32. Elektrolyt-Oxid-Halbleiter-(EOH)-Struktur nach Kontaktbildung; (1) Ladungstransfer über das Oxid zum Elektrolyten; (2) Majoritätsladungsträgertransport

durch das als Kompakt angenommene Oxid der Austausch ionisierter Spezies zwischen InP und dem Redoxelektrolyten verhindert, wodurch man die hohe Stabilität der Solarzelle erklärte. Die im Vergleich zur Kontaktpotentialdifferenz von 1.1 eV geringere Photospannung von $V_{Ph} \leq 0.7$ V erklärt sich aus dem Potentialabfall im Indiumoxid, das als genügend hoch dotiert angenommen wird, so daß der Spannungsabfall im Oxid trotz der hohen Kapazität ($d_{ox} \approx 15$Å) aufgrund der höheren Ladung nicht vernachlässigbar ist und hier mit 0.3 V angenommen wurde.

In den vorangegangenen Betrachtungen wurden die elektronischen Eigenschaften der InP (111) A Oberfläche nicht näher betrachtet; es wurde lediglich davon ausgegangen, daß sich der Halbleiter bei Kontaktbildung entsprechend dem Anderson-Modell verhält, das selbst bereits auf einer Reihe vereinfachender Annahmen basiert (s. Abschn. 2.4.4). Bei III-V-Halbleitern findet man häufig (s. auch den Abschnitt über PECS mit n-GaAs), daß die Lage des Ferminiveaus an der Oberfläche etwa um $\frac{1}{3}$ der Bandlückenenergie oberhalb des Valenzbandmaximums liegt. Dies wird in der entsprechenden Literatur als „third bandgap rule" bezeichnet. Bei InP findet man, daß an gut oxidierten Oberflächen (Kurve 3 in Abb. 5.29) eine solche Fixierung des Ferminiveaus nicht mehr existiert; das sog. Fermi-level pinning (s. Abschn. 2.7) ist nicht mehr vorhanden, und bestehende Kontaktpotentialdiferenzen wirken sich auf die Halbleiterrandschicht aus. Die zyklische Polarisation bei Belichtung, durch die das Oxid entsteht, führt offenbar zur elektronischen Passivierung der intrinsischen Oberflächenzustände, jedoch erschien der erzielte Wirkungsgrad mit $\eta = 9.4\%$ noch verbesserungsfähig. Bei der Suche nach weiteren chemischen Substanzen, die zu einer ähnlich starken Wechselwirkung mit der InP Oberfläche führen wie Sauerstoff, war man bei Verwendung von Zyanid (CN^-) als Zwischenstufe im Ätzverfahren erfolg-

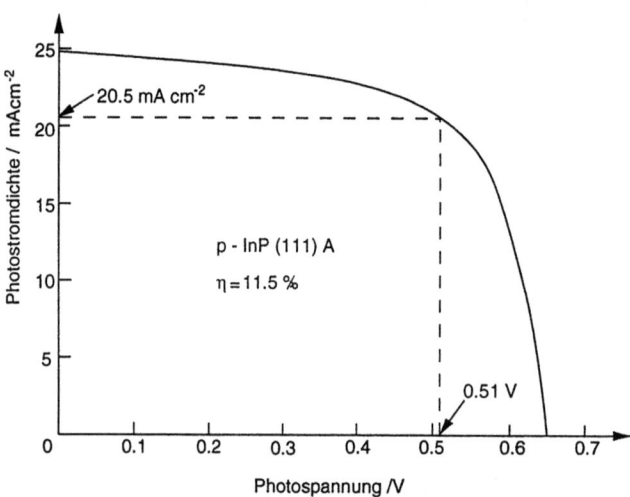

Abb. 5.33. Strom-Spannungscharakteristik einer oberflächenchemisch optimierten p-InP-Photokathode

reich. Wenn die Probe nach dem üblichen Ätzen in Mischungen von H_2O_2, H_2O und H_2SO_4 in 1% KCN getaucht wurde und einer alkalischen Lösung, die Peroxid enthielt (1 M NaOH, 6% H_2O_2), ausgesetzt wurde, und nochmals in KCN geätzt wurde, so erhielt man anfänglich deutlich höhere Photospannungen und Füllfaktoren, ohne daß zunächst Oxid durch zyklische Polarisation gebildet wurde. Die Oxidbildung erfolgte vermutlich bereits durch die Behandlung in Peroxid, da oxidierter Phosphor entfernt wird. Demnach wirkt CN^- als Komplexierungsmittel für adsorbierte Metallionen, die unerwünschte Oberflächenzustände hervorrufen. Die Strom-Spannungscharakteristik einer so behandelten p-InP Elektrode ist in Abb. 5.33 gezeigt, nachdem sich das anfänglich noch bessere Verhalten stabilisiert hat. Der Wirkungsgrad beträgt 11.5% bei einer Sonnenlichteinstrahlung von 89.5 mWcm^{-2}. Dieses Ergebnis zeigt erneut recht eindrucksvoll die Möglichkeiten, die durch chemische Behandlung auf die elektronischen Eigenschaften von Halbleitern gegeben sind.

5.2.3 Lichtinduzierte Stabilisierung von CuInSe$_2$

Die photoelektrochemischen Untersuchungen zum CuInSe$_2$ wurden überwiegend an Einkristallen durchgeführt. Abbildung 5.34 zeigt die Kristallstruktur von CuInSe$_2$ im Vergleich mit der von Zinkblende, ZnS. Die Chalkopyrit-Struktur ist dadurch gekennzeichnet, daß das Kationenuntergitter der Metalle Cu und In eine Ordnung aufweist. Dabei wechseln sich Lagen von Cu und In auf den Stirnflächen ab, wodurch sich eine Verdopplung der Einheitszelle ergibt. Die Präparation der Einkristalle erfolgte mittels der Methode der gerichteten Erstarrung (engl. gradient freeze), und aus dem einkristallinen Teil des entstande-

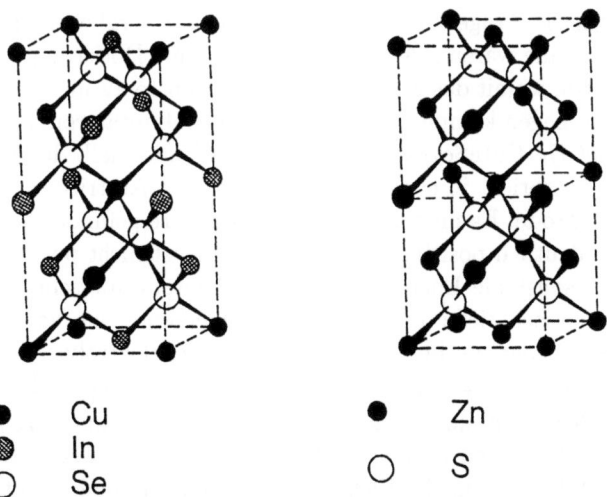

Abb. 5.34. Kristallstruktur von CuInSe$_2$ (links) im Vergleich mit der von Zinkblende (ZnS, rechts)

272   5. Photoelektrochemische Solarzellen

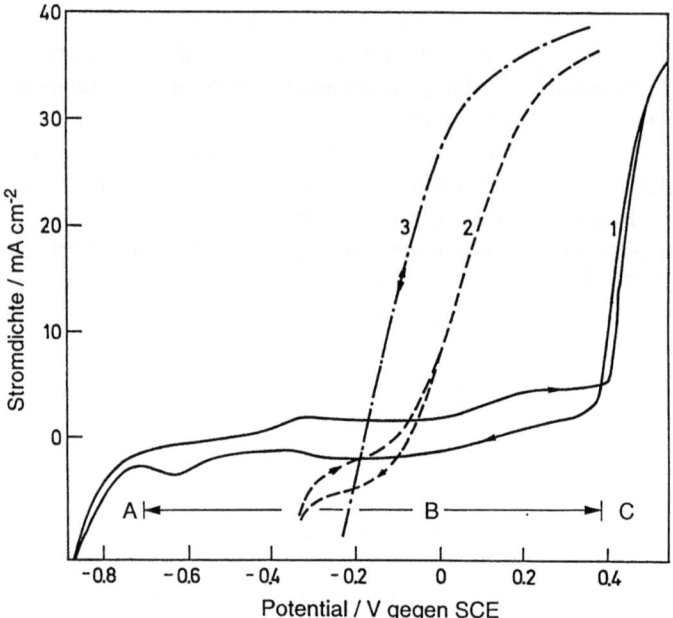

Abb. 5.35. Elektrochemisches und photoelektrochemisches Verhalten von n-CuInSe$_2$ (112) in Trägerelektrolyt HCl ohne Belichtung (Kurve 1), mit Belichtung bei Zugabe von J$^-$/J$_3^-$ (Kurve 2) und bei weiterer Zugabe von HJ (Kurve 3)

nen Barrens wurden die Proben durch Sägen senkrecht zur ⟨112⟩-Orientierung erhalten.
Zur Auswahl eines geeigneten Redoxelektrolyten werden, wie oben bereits mehrfach gezeigt, die energetische Lage des Ferminiveaus des Halbleiters mit dem Redoxpotential der jeweils in Frage kommenden Redoxpaare verglichen. Die präparierten CuInSe$_2$-Kristalle waren n-leitend und wiesen eine Dotierung von $N_D - N_A \approx 2 \cdot 10^{17}\,cm^{-3}$ auf, womit das Ferminiveau bei etwa 0.15 eV unterhalb der Leitungsbandkante zu liegen kommt. Mit der Elektronenaffinität von $\chi_S = 4.6$ eV bedeutet dies, daß $E_F(\text{CuInSe}_2)$ energetisch 4.75 eV unterhalb des Vakuumniveaus liegt. Dies entspricht in etwa der angenommenen Austrittsarbeit der Normalwasserstoffelektrode. Es müssen folglich Redoxpaare gefunden werden, deren Redoxenergie deutlich positiver liegt, aber möglichst nicht positiver als +0.8 eV vs NHE, da sonst die Energielücke des Halbleiters überschritten wird (Redoxenergie energetisch tiefer gelegen als die Oberkante des Valenzbandes). Damit kommen wieder die bereits bekannten Redoxelektrolyte Jod-Jodid (+0.54 V NHE), Fe^{2+}/Fe^{3+} (+0.77 V) und Hexazyanoferrat, Fe(CN)$_6^{3-/4-}$ (+0.46 V) in Betracht. Bereits in einer Salzsäurelösung ohne Redoxpaar zeigt CuInSe$_2$ ein interessantes Verhalten (s. Abb. 5.35): es existiert ein weiter Bereich, gekennzeichnet mit B, in dem die Elektrode im Dunkeln kaum reaktiv ist. Im Bereich A tritt ein ausgeprägter kathodischer Strom auf. Das Fehlen eines entsprechenden anodischen Maximums beim Rücklauf, das auf eine parti-

elle Wiederabscheidung aufgelöster Atome hindeuten würde, weist darauf hin, daß der kathodische Strom offenbar nicht durch In- oder Cu-Auflösung hervorgerufen wird. Da zugleich Blasenbildung beobachtet wurde, kann als Ursache Wasserstoffentwicklung angenommen werden. Der ausgeprägte anodische Ast im Bereich C weist auf Filmbildung, Auflösung des Halbleiters oder/und Oxidation des Elektrolyten hin. Elektronenmikroskopische Untersuchungen von Proben, an denen längere Zeit ein anodischer Strom geflossen war, zeigen, daß Filmbildung auftritt. Bemerkenswert an dem Verhalten ist, daß hier ein Potentialbereich von ungefähr 1 V existiert, in dem keine nennenswerten elektrochemischen Reaktionen ablaufen. Das verwendete Redoxpaar sollte allerdings nicht positiver als +0.35 V (SCE) sein, d.h. +0.6 V (NHE) nicht überschreiten. Daher wurden die Versuche zur Entwicklung einer photoelektrochemischen Solarzelle mit dem Jod-Jodid-Redoxpaar begonnen. Die Kurve 2 in Abb. 5.35 zeigt, daß zwischen dem Redoxpotential (+0.28 V vs SCE) und der Spannung, bei der $j_{Ph} = 0$ ist (-0.1 V vs SCE), eine Photospannung von 0.38 V beobachtet wird. Auch ist der Füllfaktor bereits deutlich größer als 0.25. Durch Hinzugabe von Jodwasserstoffsäure HJ verbessert sich der Füllfaktor deutlich, und die Photospannung erhöht sich auf $V_{Ph} = 0.46$ V (Kurve 3 in Abb. 5.35). Offenbar war ohne Zugabe von HJ die Reduktion von J_3^- kinetisch gehemmt, so daß eine Filmbildung auftrat, das durch die Hysterese in Kurve 2 angedeutet wird. Da die beobachteten Photoströme bereits hoch waren ($j_K > 35$ mAcm^{-2} bei Belichtung mit einer Wolfram-Jod Lampe), war deutlich, daß dieses photoelektrochemische System durch hohe Effizienz bei der Umwandlung von Licht in Strom gekennzeichnet war [15].

Die Elektroden waren jedoch nicht so stabil, wie man es aus den Strom-Spannungskurven in Abb. 5.35 geschlossen hatte. Nach kurzer Zeit fanden sich bei Belichtung in Jod-Jodid-Jodwasserstoff-Elektrolyt bei Untersuchung der Proben mit Rasterelektronenmikroskopie kleine, einige Mikrometer große, dreieckig geformte Kristallite auf der Oberfläche. Die Röntgenfluoreszenzanalyse ergab, daß es sich um CuJ handelte. Zugleich zeigte der Photostrom in seinem Zeitverhalten eine drastische Abnahme auf 40% des anfänglichen Wertes bei 15-stündiger Belichtung (Kurve (a) Abb. 5.36). Mit zunehmender Belichtungsdauer trat demnach Passivierung durch eine isolierende Phase auf. Daß dennoch eine Möglichkeit gefunden wurde, die Passivierung – einhergehend mit der Abnahme der Photoaktivität – zu verhindern, zeigt Kurve (b) in Abb. 5.36. Da als schwer- bzw. nur lösliches Korrosionsprodukt offensichtlich CuJ entstanden war, wurde dem Elektrolyten CuJ hinzugegeben. Bei einer Konzentration von 0.02 M Cu$^+$ war, wie Kurve (b) in Abb. 5.36 zeigt, keine Degradation mehr zu beobachten. Die Leistungscharakteristik einer solchen Solarzelle ist in Abb. 5.37 gezeigt. Bei Belichtung mit natürlichem Sonnenlicht der Intensität 99 mWcm^{-2} ergibt sich ein Strom am Arbeitspunkt von 38 mAcm^{-2}, und die Spannung am Arbeitspunkt beträgt 0.25 V. Mit einem Füllfaktor von 0.50 ergibt sich ein Wirkungsgrad von 9.5%, der später durch verbesserte Probenvorbehandlung (Polieren, Ätzen) und Nachbehandlung auf 12% erhöht wurde.

274   5. Photoelektrochemische Solarzellen

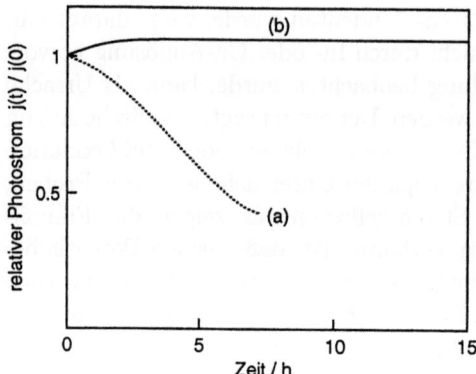

Abb. 5.36. Photostrom-Zeitverhalten für CuInSe$_2$ (112) in J$^-$/J$_3^-$-HJ (a) und nach Zugabe von 0.02 M Cu$^+$ (b)

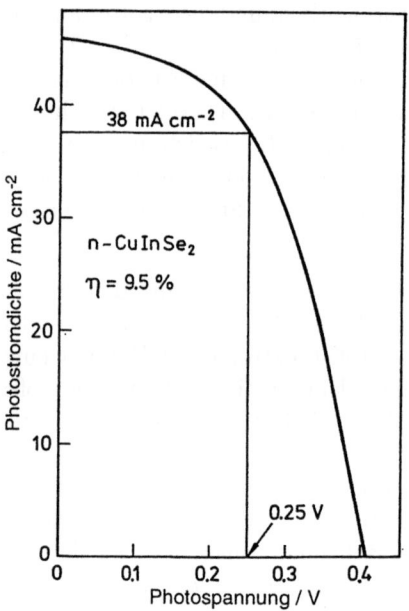

Abb. 5.37. Leistungscharakteristik einer elektrochemischen Solarzelle mit n-CuInSe$_2$ (112)/J$^-$/J$_3^-$-HJ-Cu$^+$/C; C: Kohlestab-Gegenelektrode

Die Solarzellen n-CuInSe$_2$/J$^-$ − J$_3^-$-HJ-Cu^+/C wiesen eine hohe Stabilität auf und zeigten auch nach Fluß von 70 000 C cm^{-2} keine Abnahme in der Photoaktivität. Es wuchs jedoch auch in der modifizierten Jod-Jodidlösung (mit Cu$^+$-Ionen) ein Film auf der Oberfläche, der die Solarzelleneigenschaften nicht negativ beeinflußte. Analysen des Films mittels Röntgenbeugung wiesen auf eine Verbindung des Typs CuJSe$_3$ mit elementaren Selen-Einschlüssen hin. Verbindungen dieser Art wurden zu Beginn der 70er Jahre als Kupferionenleiter mit

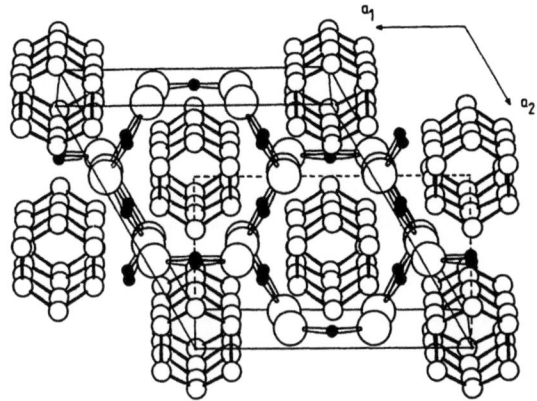

Abb. 5.38. Strukturbild von CuJSe$_3$ (● Cu, ◯ J, ○ Se)

hydrothermaler Synthese gezüchtet. Ein Strukturbild ist in Abb. 5.38 gezeigt. Die Abbildung soll zugleich die Komplexität der Auflösungs- und Filmbildungsprozesse an einer solchen Grenzfläche eines ternären Chalkopyrits mit einem mehrkomponentigen Elektrolyten demonstrieren. Sowohl CuJSe$_3$ als auch Se^0 besitzen eine Energielücke von 2 eV. Damit ist durch einen zur Zeit noch wenig erforschten Prozeß bei der Oberflächenumwandlung von CuInSe$_2$ ein Fenstermaterial bei Belichtung synthetisiert worden. Um die Funktion des Systems CuInSe$_2$/ CuJSe$_3$ − Se^0/J^--J_3^--HJ-Cu^+-Elektrolyt zu erfassen, war es nötig, möglichst den Ladungsträgertyp des photoelektrosynthetisch gebildeten Films zu bestimmen.

Als Verfahren bietet sich die Photoelektronenspektroskopie im ultravioletten Bereich (UPS) an. Dabei wird die Probe im Ultrahochvakuum (UHV) mit einer monochromatischen Lichtquelle (hier: He II-Linie einer Gasentladungslampe mit einer Photonenenergie von 40.8 eV) angeregt und die Zahl der emittierten Elektronen in Abhängigkeit von ihrer kinetischen Energie spektroskopiert. Abbildung 5.39 zeigt eine schematische Darstellung, wie die Zustände im Bereich des Valenzbandes mit dieser sog. Yield-(Ausbeute)-Spektroskopie analysiert werden. Man erkennt, daß die Elektronen mit der höchsten kinetischen Energie von den obersten besetzten Zuständen, d.h. der Valenzbandoberkante stammen. Das Ferminiveau der Probe ist in dieser Darstellung gleich dem Ferminiveau des Analysators (auf eine zusätzlich angelegte Spannung zwischen Probe und Analysator wird aus Gründen der einfacheren Darstellung nicht eingegangen). Die Austrittstiefe elastisch gestreuter Photoelektronen beträgt bei den hier auftretenden kinetischen Energien um 5 Å. Das bedeutet, daß die Lage der Energiebänder relativ zum Ferminiveau an der Oberfläche mit recht hoher Genauigkeit bestimmt werden können. Maßgebend ist dafür der energetische Abstand zwischen der Valenzbandoberkante und dem Ferminiveau. Abbildung 5.40 zeigt an ins Ultrahochvakuum (UHV) transferierten Proben, daß für das unbedeckte CuInSe$_2$ ein Wert $E_F - E_V = 0.85$ eV, wie für einen n-Halbleiter

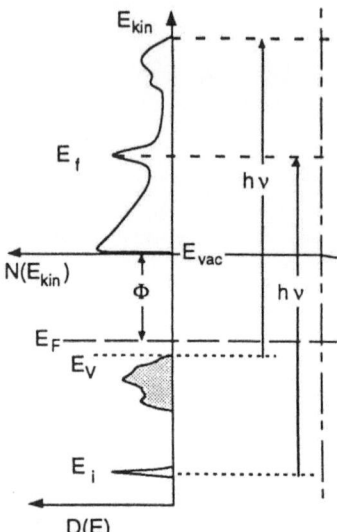

Abb. 5.39. Prinzip der Valenband-Photoelektronenspektroskopie (UPS), $N(E_{kin})$ Elektronenzählrate, E_i ausgewählter Anfangs-, E_f zugehöriger Endzustand

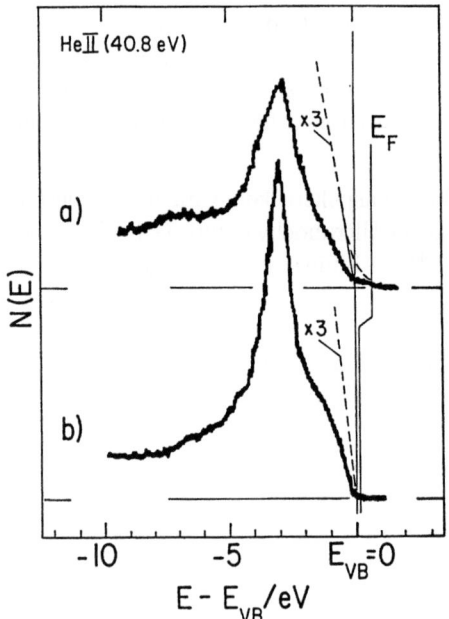

Abb. 5.40. Ultraviolett-Photoelektronenspektrum von n-CuInSe$_2$ (112); (a) unbehandelt, (b) mit elektrochemisch gebildetem Film

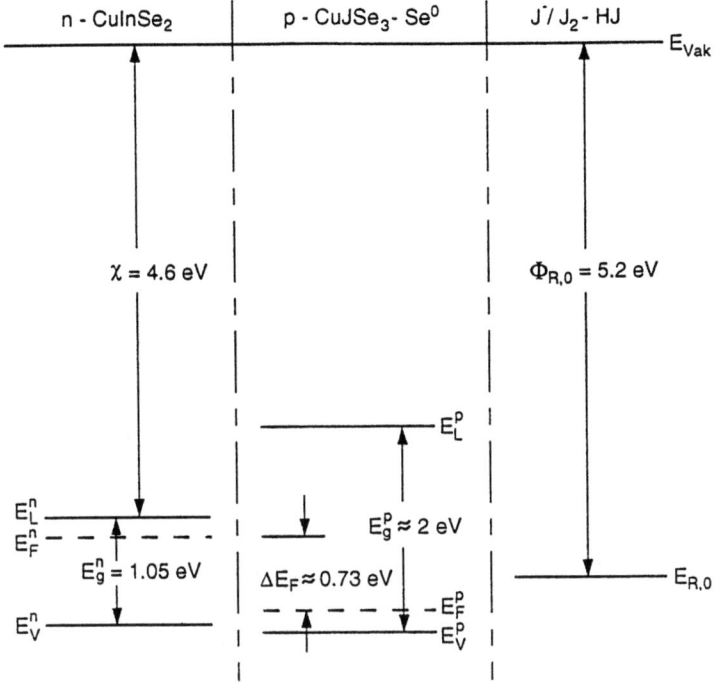

Abb. 5.41. Energieschema zur CuInSe$_2$Film-Elektrolyt-Struktur vor Kontaktbildung

erwartet, gefunden wird. Für die Probe mit durch Belichtung gebildetem Film findet man $E_F - E_V = 0.2$ eV, d.h. bei einer Energielücke von $E_g \approx 2$ eV ist der Film p-leitend. Hier ist es erstmals gelungen, photoelektrochemisch ein p-leitendes Fenstermaterial auf n-leitendem Substrat zu synthetisieren [16]. Abbildung 5.41 zeigt die energetischen Verhältnisse vor Kontaktbildung unter Berücksichtigung der vorhandenen Daten. Der Unterschied in der energetischen Lage der Ferminiveaus der unbedeckten und der filmbedeckten Probe relativ zu den jeweiligen Valenzbandkanten ergibt sich – unter den vereinfachenden Annahmen des Anderson-Modells – aus der Summe der Spannungsabfälle V_n und V_p (im n- bzw. p-Gebiet) und einer möglichen Valenzbanddiskontinuität:

$$(E_F^n - E_V^n) - (E_V^n - E_F^p) = e(V_n + V_p) + \Delta E_V, \quad (5.21)$$

und beträgt 0.65 eV. Wegen der möglichen Valenzbanddiskontinuität entspricht dieser Wert jedoch nicht notwendigerweise der Kontaktpotentialdifferenz. Falls der gleichrichtende Kontakt an der CuInSe$_2$/Film-Grenzfläche lokalisiert ist, wäre eine Randschichtbildung im Film zu erwarten. Größe der Raumladungszone und Bandverbiegung sind über (2.88) und (2.97) miteinander verknüpft: $W_n/W_p = N_A/N_D$ und $V_n/V_p = \epsilon_p N_A/(\epsilon_n N_D)$. Mit Kapazitätsmessungen an der Heterostruktur ist es möglich, die effektive Dotierung des p-leitenden CuJSe$_3$-Se^0-Films zu bestimmen, wenn N_D, ϵ_n und ϵ_p bekannt sind. Mit

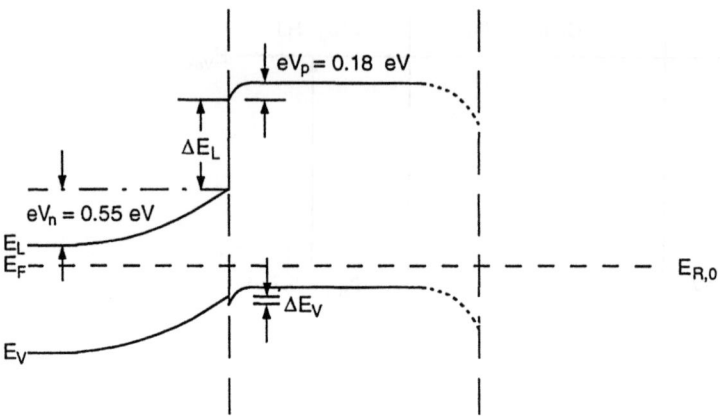

Abb. 5.42. Energieschema zur CuInSe$_2$Film-Elektrolyt-Struktur nach Kontaktbildung

$$\frac{d\left(\frac{1}{C^2}\right)}{dV} = \Delta\left(\frac{1}{C^2}\right) = \frac{2\left(\epsilon_n N_D + \epsilon_p N_A\right)}{eF^2 \epsilon_n \epsilon_p N_D N_A} \quad (5.22)$$

($\Delta(1/C^2)$ die auf ein Spannungsintervall normierte differenzielle Kapazität der Heterostruktur, F die Probenoberfläche) ergibt sich aus dem spannungsabhängig gemessenen $\Delta(1/C^2)$ ein N_A von 1.5 10^{18} cm^{-3}. Dieser Wert ist mit einer Ungenauigkeit von etwa 20% behaftet, da ϵ_p nicht genau bekannt ist. Aus (2.97) und (5.22) läßt sich die von ϵ_p und N_A unabhängige Beziehung

$$V_{bb} = \epsilon_n \cdot N_D \cdot \frac{1}{2} eF^2 \Delta\left(\frac{1}{C^2}\right) \cdot V_n \quad (5.23)$$

ableiten, wobei die Gesamtbandverbiegung V_{bb} sich aus der Summe von V_n und V_p ergibt. Aus der gemessenen Photospannung (Abb. 5.37) läßt sich V_n zu etwa 0.5–0.6 V abschätzen. Mit (5.23) ergibt sich damit $V_{bb} = 0.66 \ldots 0.80$ V und $V_p = 0.16 \ldots 0.20$ V. Vergleicht man dieses Ergebnis mit dem aus (5.21) ermittelten Wert, so ist bei einem mittleren Wert von $V_n = 0.55$ V eine (negative) Valenzbanddiskontinuität von $\Delta E_V = 0.08$ eV zu erwarten. Dies bedeutet, daß das Valenzband des Filmes etwas tiefer liegt als das des Substrates. Man erkennt ferner, daß die Austrittsarbeit des Jod-Jodid Redoxelektrolyten vor der Kontaktbildung bei etwa 5.2 eV liegt, so daß auch an der Grenzfläche Film/Elektrolyt eine Kontaktpotentialdifferenz von etwa 0.3 eV erwartet wird. Mit den so erhaltenen Werten lassen sich die energetischen Verhältnisse nach Kontaktbildung schematisch dargestellen (Abb. 5.42). Der photoaktive gleichrichtende Kontakt scheint demnach an der Grenzfläche n-CuInSe$_2$/Film aufzutreten, wobei der überwiegende Teil der Kontaktpotentialdifferenz, 0.55 V im n-Halbleiter abfällt. Würde die Einstellung des Gleichgewichts zwischen dem Ferminiveau der Heterostruktur und dem Elektrolyten auf die energetische Lage von $E_{R,O}$ erfolgen, wäre eine Bandverbiegung im Film zu erwarten, wie sie die gepunktete Linie andeutet. In diesem Fall würde jedoch der Fluß von lichterzeugten Löchern (Minoritätsladungsträger in CuInSe$_2$), die als Majoritätsladungsträger im Film transportiert werden, durch die Richtung des elektrischen Feldes an der Film/Elektrolyt-Grenzfläche stark behindert. Dies stände im Widerspruch zu den hohen gefundenen Stromstärken und den bei guter Probenvor- und nachbehandlung beobachteten Füllfaktoren. Man vermutet, daß durch Adsorption von J^- bzw. J_3^- auf der Oberfläche eine Verschiebung des Flachbandpotentials der Heterostruktur zu negativeren Werten hin erfolgt, ähnlich dem an gestuftem WSe$_2$ beobachtetem Verhalten (Abb. 5.19). Untersuchungen zum Filmwachstum haben ergeben, daß die Dicke etwa 2–3 µm beträgt und das Wachstum dann zum Stillstand kommt. Die Ursachen hierfür sind bisher noch wenig erforscht.

Die vorgestellte, durch Photoelektrosynthese entwickelte Struktur ist nach den schematischen Betrachtungen der Abb. 5.41 und 5.42 nicht im eigentlichen Sinn den photoelektrochemischen Solarzellen zuzuordnen, da sich der gleichrichtende Kontakt an der CuInSe$_2$/Film-Grenzfläche befindet. Die Funktionsweise von PECS ist jedoch durch einen gleichrichtenden Kontakt zwischen Halbleiter und Elektrolyt gekennzeichnet. Das oben behandelte System gehört daher eher in die Kategorie der Halbleiterheterostrukturen (s. Abschn. 2.4.4 und Kap. 4), es findet sich dennoch in diesem Kapitel, da die Präparation der Solarzelle und ihr Betrieb in einer photoelektrochemischen Zelle erfolgte.

Ein anderes Verfahren zur Herstellung effizienter und stabiler PECS auf der Basis von n-CuInSe$_2$ bestand darin, daß auf die geätzte, zum Teil auch nachfolgend thermisch oxidierte (um Indiumoxid zu bilden) Elektrode aus der Lösung ein dünner Indiumfilm (0.3 µm – 0.005 µm) elektrochemisch abgeschieden wurde. Durch Heizen in Luft bzw. Sauerstoff bei Temperaturen um 90°C wurde eine zusammenhängende Indiumoxidschicht gebildet. Bei anschließendem Betrieb in Polyjodid-Elektrolyt (wie oben beschrieben) ergab sich ein Wirkungsgrad über 11% bei Belichtung mit einer Xenon-Höchstdrucklampe, deren Spektrum dem der Sonne ähnelt [17]. Hier handelt es sich dennoch um eine photoelektrochemische Solarzelle der Struktur Halbleiter/Oxid/Elektrolyt, ähnlich der bei p-InP postulierten Schichtfolge (s. Abb. 5.32). Der gleichrichtende Kontakt exisitiert an der Festkörper/Elektrolyt-Grenzfläche, d.h. obwohl die Struktur durch Nachbehandlungen modifiziert wurde, entspricht sie von der Definition her eher einer photoelektrochemischen Solarzelle als das anfänglich beschriebene System.

Das Verfahren zur photoelektrosynthetischen Präparation von CuJSe$_3$ – Se^0 konnte ebenfalls an thermisch aufgedampften dünnen n-CuInSe$_2$ Proben erfolgreich verwendet werden. Die 4 µm dicken CuInSe$_2$ Schichten wurden in $J^-J_3^-$ – HJ – Cu$^+$ Elektrolyten belichtet. Wie bei den einkristallinen Proben wurde die Bildung eines etwa 2 µm dicken Films der Zusammensetzung CuJSe$_3$ – Se^0 mittels Augerelektronenspektroskopie-Tiefenprofilanalyse an nach Betrieb in der Lösung entnommenen Elektroden nachgewiesen. Die Kristallitgröße des Films betrug 0.5 – 1 µm und war ähnlich der des polykristallinen Substrates. Der Wirkungsgrad liegt bei 6%.

5.2.4 Sensibilisierungssolarzellen

Sensibilisierung von Halbleitern. Bei der Suche nach stabilen Halbleitern für photovoltaische, aber auch photoelektrokatalytische Anwendungen eröffnet sich eine weitere, in den vorigen Kapiteln nicht behandelte Möglichkeit: die Verwendung von Photoanoden mit großer Energielücke. Im Fall von Titandioxid, TiO_2, mit $E_g = 3.05$ eV, $\chi_S = 4.0$ eV ergeben sich die in Abb. 5.43 gezeigten energetischen Zusammenhänge. Die möglichen anodischen Zersetzungsreaktionen, deren thermodynamischer Wert mit $_pE_{dec}(1)$ bzw. $_pE_{dec}(2)$ bezeichnet ist, führen entsprechend der Reaktionen

$$TiO_2 + 2h^+ \rightarrow TiO^{2+} + \frac{1}{2}O_2 \; (_pE_{dec}(1))$$

$$TiO_2 + 4Cl^- + 4h^+ \rightarrow TiCl_4 + O_2 \; (_pE_{dec}(2))$$

zur Bildung von Sauerstoff und Titan-Zersetzungsprodukten. Beide Zersetzungsreaktionen sind durch ein positiveres Potential als das der Oxidation des Wassers (O_2/H_2O) gekennzeichnet. Daraus läßt sich folgern, daß die thermodynamische Triebkraft, gegeben durch den energetischen Abstand $E_R - E_V$, für die jeweilige betrachtete Reaktion R größer ist für die Bildung von Sauerstoff aus Wasser als für die Zersetzung. Noch günstiger sollten die Verhältnisse für Reaktionen mit Polyjodid-Elektrolyten sein. Die korrosive Nebenreaktion sollte stark unterdrückt sein und eventuell zur sog. kinetischen Stabilisierung der Elektrode führen. Bei Betrieb einer PECS mit TiO_2 findet man jedoch sofort heraus, daß die spektrale Empfindlichkeit aufgrund der großen Energielücke des Mate-

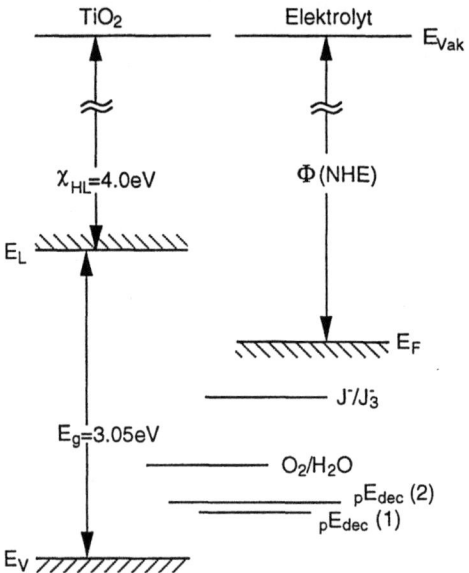

Abb. 5.43. Energieschema zum TiO_2-Elektrolytkontakt

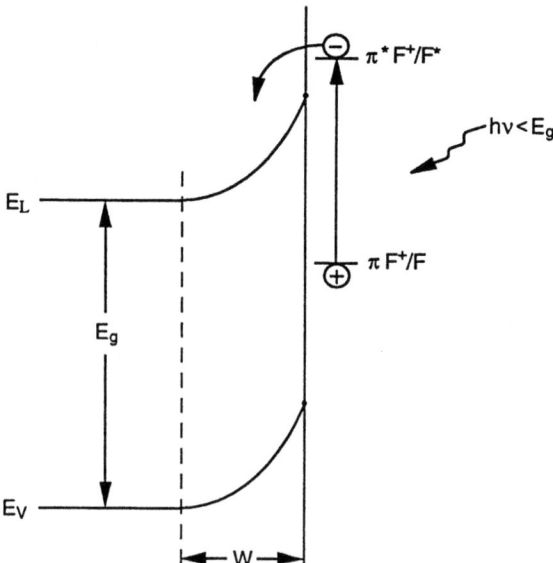

Abb. 5.44. Anregung des Farbstoffes F durch Licht vom Grundzustand $\pi F^+/F$ nach $\pi^* F^+/F^*$ und nachfolgende Injektion des Elektrons in den Halbleiter

rials gering ist. Lediglich im ultravioletten Bereich $h\nu \geq 3.05$ eV werden Photonen absorbiert, die zum Photostrom beitragen können. Daher stellte sich bereits frühzeitig die Frage, ob und inwieweit es möglich ist, die spektrale Empfindlichkeit besser dem Sonnenspektrum anzupassen. Eine in diesem Zusammenhang gefundene Möglichkeit beruht auf der Verwendung von Farbstoffen (seinerzeit überwiegend organische Moleküle), die auf der Halbleiterelektrode adsorbiert wurden. Dies geschah häufig durch einfache Tauchverfahren in entsprechende Lösungen. Der Grundzustand der entsprechenden Moleküle soll dabei im Bereich der verbotenen Energielücke liegen, während der erste angeregte Zustand energetisch möglichst oberhalb des Leitungsbandes von z.B. n-TiO$_2$ liegen sollte. In diesem Fall wird bei Anregung mit Licht, dessen Energie kleiner als die der Bandlücke des Halbleiters ($h\nu < E_g$), aber größer als die der fundamentalen Absorption des Farbstoffes ist, eine Elektronenanregung im Farbstoff stattfinden. Das Elektron, dessen Energie im angeregten Zustand über der Leitungsbandunterkante des Halbleiters liegt, kann dann in den Halbleiter übertreten und einen Photostrom hervorrufen (s. Abb. 5.44), wenn ein entsprechend gerichtetes elektrisches Feld vorhanden ist [18]. Um die Oxidation des Farbstoffes rückgängig zu machen, wird üblicherweise ein Reduktionsmittel, auch Supersensitizer genannt, wie z.B. Hydroquinon, dem Elektrolyten zugegeben. Die entsprechenden Systeme gleichen im Photonenenergiebereich unterhalb der Energielücke des Halbleiters denen des adsorbierten Farbstoffes. Die Quantenausbeuten für die Sensibilisierung, d.h. die Zahl der geflossenen Elektronen bezogen auf die Zahl der vom Farbstoff absorbierten Photonen, können prinzipiell den Wert 1 erreichen, die beobachteten Werte liegen jedoch häufig weit darunter. Die Ursachen hierfür werden u.a. mit unzureichender Anlagerung (Adsorption) an die Oberfläche und einer geringen Zahl spezifischer Adsorptionsplätze, von denen aus die Elektronen injiziert werden, erklärt.

Für Anwendungen in Solarzellen erscheint zunächst die häufig geringe interne Quantenausbeute begrenzend. Vor allem muß aber in Betracht gezogen werden, daß die Elektroneninjektion, selbst wenn sie ideal verliefe, aus einem Bereich sehr nahe an der Oberfläche des jeweiligen Halbleiters stammt. Die Lichtabsorption einer atomaren Schicht eines Farbstoffes ist sehr gering, so daß der Beitrag zum Photostrom im Bereich von $h\nu < E_g$ klein bleibt und der Wirkungsgrad einer solchen Struktur sich nur unwesentlich erhöht. Zudem ist das Spektrum von Farbstoffen wie Rhodamin B, Rutheniumbispyridil ($\text{Ru}(bpy)_3^{2+}$) und Bipyridinen energetisch deutlich begrenzt, so daß für einen größeren Empfindlichkeitsbereich mehrere Farbstoffe eingesetzt werden müssen. Ein weiterer, die Anwendung von Farbstoffen zur Sensibilisierung in energieumwandelnden Strukturen begrenzender Aspekt liegt in der Stabilität organischer Farbstoffe und deren Alterung. Von daher wären die Voraussetzungen für die Entwicklung von Solarzellen mit sensibilisierenden Farbstoffen ausgesprochen gering. Vor diesem Hintergrund ist die im nächsten Kapitel beschriebe Entwicklung einer effizienten und – zumindest im Vergleich zu den bisher existierenden entsprechenden Systemen – erstaunlich stabilen Solarzelle auf Sensibilisator-Basis zu sehen.

5.2.5 Systeme mit verbessertem Wirkungsgrad

Die Funktionsweise einer Sensibilisierungssolarzelle ist in Abb. 5.45 gezeigt [19]. Der Farbstoff F wird durch Photonen angeregt ($h\nu < E_g$) (Schritt a), so daß ein Elektron vom angeregten Zustand F^* in den Halbleiter übertritt (Schritt b). Der Transport zum Rückkontakt erfolgt als Majoritätsladungsträger im n-Halbleiter (Schritt c) und führt zum Fließen eines Photostroms. Die aus leitendem Glas (TCO: *T*ransparent *C*onductive *O*xide) bestehende Gegenelektrode nimmt die Energie des Redoxpaares ($E_{R/O}$) in der Lösung an.

Die gemessene Zellspannung des Systems ist durch $1/e\,(E_F^* - E_F)$ gegeben. Aus der Gegenelektrode wird die oxidierte Spezies des Redoxpaares reduziert (Schritt d), und vor der Halbleiteroberfläche wird der oxidierte Farbstoff F^+ von der reduzierten Redoxspezies reduziert (Schritt e), die dabei entsprechend der Beziehung $Red \rightarrow Ox + e^-$ oxidiert wird. Im Idealfall fließt ein Photostrom ohne Verlust an Halbleiter, Farbstoff oder Elektrolyt. Diese Situation entspricht wieder der in Abschn. 5.1 dargestellten sog. regenerativen Arbeitsweise.

Auf welche Weise läßt sich nun die Ausbeute, d.h. die Lichtabsorption des Farbstoffes und die Stabilität erhöhen? Zum einen muß eine möglichst rauhe, poröse Oberfläche erzeugt werden, um möglichst viele Farbstoffmoleküle zu binden. Mit der Verwendung kolloidaler, etwa 15 nm großer TiO_2 Teilchen erwartet man eine Zunahme der Oberfläche um den Faktor 2000, wenn die Teilchen kubisch zu

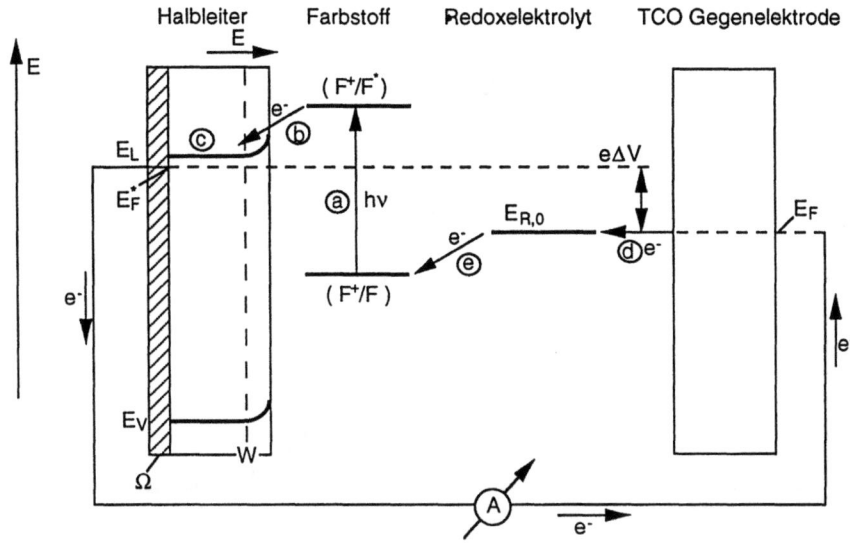

Abb. 5.45. Zur Funktionsweise der Injektionssolarzelle

einem 10 μm dicken Film angeordnet werden. Außerdem ist der Einsatz neuer Farbstoffe mit höherer Stabilität notwendig. Vor kurzem wurden entsprechende gelatinöse TiO_2-Filme mit einem trimerischen Ruthenium-Komplex als Farbstoff präpariert, die ungewöhnlich gute Eigenschaften bei der Umwandlung von Sonnenlicht in elektrische Energie aufwiesen. Der Oberflächenrauhigkeitsfaktor durch die Verwendung der Kolloide wurde dabei auf etwa 800 (anstatt der zu erwartenden Zahl 2000) abgeschätzt. Als Elektrolyt wurde ein Jod-Jodid Redoxpaar benutzt. Die TiO_2-Elektrode wurde durch Vor- und Nachbehandlung so präpariert, daß durch Verdunsten von Wasser ein Netzwerk von Poren verschiedener Größe entstand, durch die der Elektrolyt die inneren Oberflächen der porösen Struktur erreichen konnte, ähnlich den morphologischen Verhältnissen beim Bleischlamm in der Autobatterie.

Abbildung 5.46 zeigt zunächst den Spektralbereich, in dem der Farbstoff wirksam wird. Die Absorption beginnt bei 750 nm (1.65 eV), und bei $\lambda \geq 570$ nm (2.17 eV) erreicht die Quantenausbeute des Farbstoffes ihren Maximalwert nahe 1 (die Daten sind korrigiert unter Annahme von 15% Verlust durch Lichtabsorption und -reflexion sowie Streuung im leitenden Glas). Unterhalb von 530 nm (2.33 eV) zeigt sich eine Abnahme der Quantenausbeute. Leider geben die Autoren den weiteren Verlauf zu höheren Photonenenergien hin nicht an. Es wird jedoch deutlich, daß wegen der Begrenztheit des spektralen Fensters (von etwa 1.8 eV bis 3.1 eV) auch der maximal erreichbare theoretische Wirkungsgrad stärker begrenzt ist als bei den üblichen Halbleiterstrukturen, bei denen die Energielücke des photoaktiven Teils bei ungefähr 1.1–1.7 eV liegt.

Abbildung 5.47 zeigt die Leistungscharakteristik einer TiO_2/Ru-Farbstoff/Jod-Jodid/SnO_2-Struktur bei Belichtung mit simuliertem Sonnenlicht (spektrale

284   5. Photoelektrochemische Solarzellen

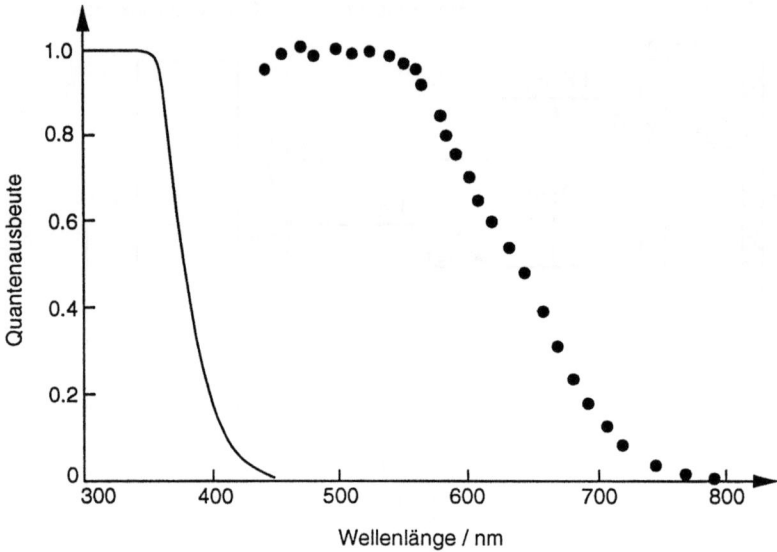

Abb. 5.46. Vergleich der spektralen Quantenausbeute von TiO_2 (—) und verwendetem Farbstoff auf der Basis eines Ru-Komplexes (•)

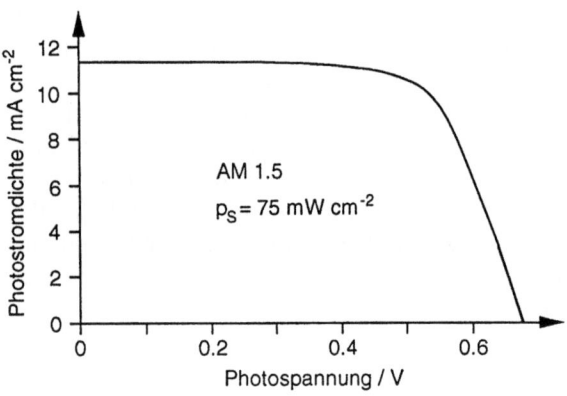

Abb. 5.47. Strom-Spannungscharakteristik einer Sensibilisierungssolarzelle

Charakteristik entsprach AM1.5) bei einer Lichtintensität von 75 mWcm^{-2}. Es ergibt sich ein Wirkungsgrad von etwa 7%. Die Begrenzung dieses Systems ist im Photostrom (spektrale Begrenzung) deutlich, außerdem sind Verluste durch unzureichenden Elektrolyt-Kontakt innerer Oberflächen, entsprechende Serienwiderstände und Alterungsprozesse aufgrund unterschiedlicher lokaler Elektrodenpotentiale in den porösen Bereichen zu erwarten. Dennoch stellt dieses System eine interessante Alternative mit großem Entwicklungspotential dar und zeigt erneut, daß unerwartete Neuerungen in diesem noch recht jungen Gebiet photoelektrochemischer Solarzellen möglich sind.

5.3 Probleme

1. n-GaAs wird in eine wäßrige Jod-Jodid-Lösung getaucht. Bei Betrieb als photoelektrochemisches System (Pt- oder C-Gegenelektrode, Belichtung) wird ein großer Photostrom beobachtet). a) Ist dieser Photostrom überwiegend auf Korrosion zurückzuführen oder auf regenerative Funktionsweise? b) Man gebe eine Abschätzung des Verhältnisses von korrosionsbedingtem zu regenerativem Photostrom an (saure Lösung). c) Welches Verhalten zeigt der Photostrom mit der Zeit?

2. Eine Gruppe der VI-Übergangsmetalldichalkogenide (n-leitend) wird in einer photoelektrochemischen Solarzelle eingesetzt. Das Stabilitätsverhältnis j_{ph} (regenerativ)/j_{ph} (Korrosion) sei 10^5. Es fließt eine Photostromdichte von 22 mAcm^{-2} unter Kurzschlußbedingung. Der Halbleiter ist 600 μm dick. Wie lange dauert es bis der Halbleiter unter der Annahme, daß die Photokorrosion zu löslichen Produkten führt, aufgelöst ist? Welche Ladungsmenge ist dabei geflossen? Atomabstand in der Oberfläche 3.5Å, mittlere Dicke der Schichten 7Å.

3. Man finde die größte und kleinste Kontaktpotentialdifferenz zwischen Halbleiter und Redoxelektrolyt in Abb. 5.12.

4. Eine photoelektrochemische Solarzelle mit polykristallinem n-GaAs besitze bei einer Korngröße von 1 μm einen Wirkungsgrad von 7%. Unter der Annahme, daß sich kein anderer Parameter ändert, soll angegeben werden, welches der Wirkungsgrad bei Korngrößen von 0.3 μm und 0.1 μm wäre.

5. In einer photoelektrochemischen Solarzelle findet Photokorrosion unter Bildung unlöslicher Produkte an der Oberfläche (Filmbildung) statt. Es wird vereinfachend angenommen, daß der zeitliche Verlauf von j_{ph} einem Exponentialgesetz folgt. Bei Belichtung fließt zunächst ein Photostrom von 18 mA/cm^2. 100 s später ist der Photostrom auf 1/3 gesunken. Zu welcher Zeit t_1 ist der Anfangswert auf 1% abgefallen, und wieviel Ladung ist geflossen?

Literatur

[1] H. Gerischer: J. Electroanal. Chem. & Interfac. Electrochem. *58*, 263 (1975)

[2] R.A. Marcus: J. Chem. Phys. *24*, 966 (1956); R.A. Marcus: Can. J. Chem. *37*, 155 (1959); R.A. Marcus: J. Chem. Phys. *43*, 679 (1965)

[3] H. Gerischer: Z. Z. Phys. Chem. *26*, 233 (1960); H. Gerischer: Z. Phys. Chem. *27*, 40 (1961)

[4] R. Greef, R. Peat, L.M. Peter, D. Pletcher, J. Robinson in: *Instrumental Methods in Electrochemistry* (Ellis Horwood Lim., Wiley & Sons (1985))

[5] H. Gerischer: J. Electroanal. Chem & Interfac. Electrochem. *82*, 133 (1977)

[6] H. Tributsch: J. Electrochem. Soc. *125*, 1086 (1978)
[7] J. Gobrecht, H. Gerischer: Sol. Energy Mat. *2*, 131 (1979); G. Kline, K.K. Kan, D. Canfield, B.A. Parkinson: Sol. Energy Mat. *4*, 301 (1981)
[8] H.J. Lewerenz, A. Heller, F.J. DiSalvo: J. Am. Chem. Soc. *102*, 1877 (1980)
[9] H.J. Lewerenz, H. Gerischer, M. Lübke: J. Electrochem. Soc. *131*, 100 (1984)
[10] R. Tenne, A. Wold: Appl. Phys. Lett. *47*, 708 (1985)
[11] B.A. Parkinson, A. Heller, B. Miller: Appl. Phys. Lett. *33*, 521 (1978)
[12] A. Heller, H.J. Lewerenz, B. Miller: Ber. Bunsenges. Phys. Chem. *84*, 592 (1980)
[13] A. Heller, B. Miller, H.J. Lewerenz, K.J. Bachmann: J. Am. Chem. Soc. *102*, 6555 (1980)
[14] S. Menezes, H.J. Lewerenz, F.A. Thiel, K.J. Bachmann: Appl. Phys. Lett. *38*, 710 (1981)
[15] S. Menezes, H.J. Lewerenz, K.J. Bachmann: Nature *305*, 615 (1983)
[16] H.J. Lewerenz, E.R. Kötz: J. Appl. Phys. *60*, 1430 (1986)
[17] D. Cahen, Y.W. Chen: Appl. Phys. Lett. *45*, 746 (1984)
[18] H. Gerischer, F. Willig: Topics in Current Chemistry *61*, 31 (1976)
[19] B. O'Reagan, M. Grätzel: Nature *353*, 1 (1991)

6. Kombinierte Systeme

Dieses Kapitel befaßt sich mit den Möglichkeiten, die Leistung von Solarzellen zu erhöhen. Als eine wesentliche Ursache für die Begrenzung des maximal möglichen Wirkungsgrades ist in Abschn. 2.3.1 die Thermalisierung lichterzeugter Ladungsträger genannt worden. Durch Kombination von Halbleitern unterschiedlicher Bandlücke lassen sich diese Verluste bis zu einem gewissen Grad vermeiden. Der folgende Abschn. 6.1 befaßt sich mit Konzepten und Realisierungen dieser sog. Tandem-Solarzellen.

Die in Abschn. 2.5.2 abgeleiteten Gleichungen für Photospannung und -strom beinhalten einen Anstieg dieser Größen für den Fall höherer Lichtintensitäten. Für die Steigerung des Wirkungsgrades ist dabei der Anstieg der Photospannung maßgeblich. In Abschnitt 6.2 werden nach einer Diskussion der physikalischen Implikationen, die sich aus einer erhöhten Dichte lichterzeugter Ladungsträger ergeben, optische (und mechanische) Komponenten für Konzentratorsysteme vorgestellt.

6.1 Tandem-Solarzellen

6.1.1 Grundlegende Betrachtungen

In den Abschnitten 2.3.1–2.3.3 wurden Verlustprozesse in Halbleitern nach Belichtung behandelt. Abbildung 6.1 zeigt einige der für Solarzellen typischen Verluste und in Abb. 2.22 findet sich eine Zusammenfassung der wesentlichen, den Wirkungsgrad beeinträchtigenden Prozesse. Neben den in gewissen Grenzen ebenfalls vermeidbaren Verlusten durch Volumen– und Oberflächenrekombination fällt auf, daß für energiereichere Photonen aufgrund der schnellen Thermalisierung (Prozeß 2 in Abb. 6.1) viel freie Energie ΔF_T verlorengeht. Diese sog. Überschußenergie, die zu einer sehr deutlichen Erhöhung der Photospannung ($V_{Ph} = \frac{1}{e}\Delta F + \frac{1}{e}\Delta F_T$) führen kann, bleibt in Strukturen mit nur einem gleichrichtenden, energieumwandelnden Kontakt ungenutzt (Abb. 6.1). Stellt man sich zunächst einmal abstrakt vor, daß es gelänge, Halbleiter-Strukturen herzustellen, die aufeinander abgestimmte Energielücken besäßen, so wird deutlich, daß sich die Energie der Photonen des Sonnenspektrums je nach Zahl und Energielücke der betreffenden Halbleiter wesentlich besser in elektrische Energie umwandeln lassen muß. Voraussetzung dafür ist, daß es gelingt, die höherenergetischen Photonen in Elektron-Loch-Paare umzuwandeln und gemeinsam mit

288   6. Kombinierte Systeme

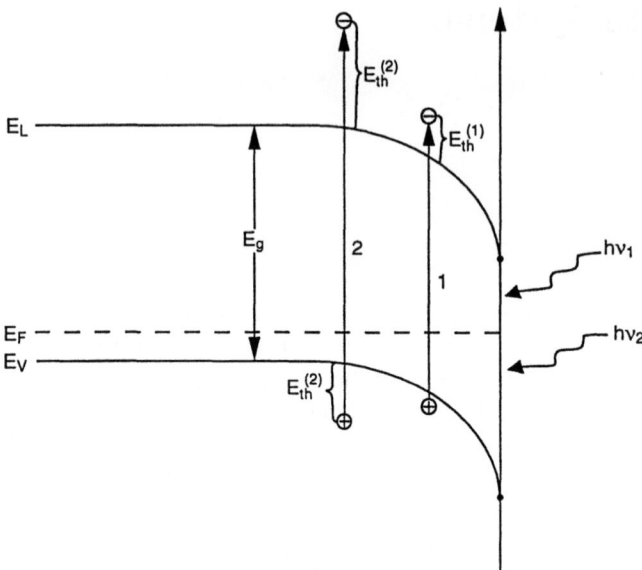

Abb. 6.1. Schematische Darstellung der Verluste an Überschußenergie bei Absorption von Photonen in einem p-Halbleiter; $h\nu_2 > h\nu_1 > E_g$; die Thermalisierungsenergie $E_{th}^{(1)}$ ist entsprechend kleiner als $E_{th}^{(2)} + E_{th}^{(2')}$, die i.a. aus zwei Termen (Valenz- und Leitungsband) bestehen kann

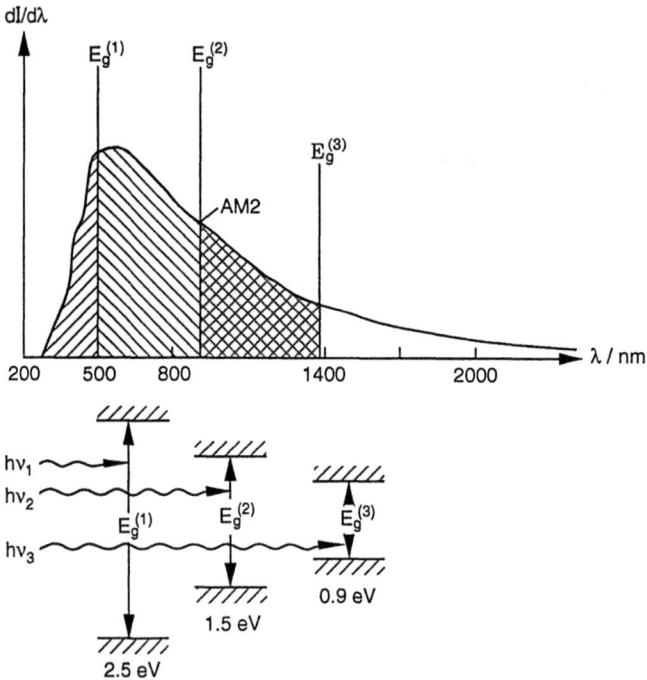

Abb. 6.2. Schematische Skizze der Absorption des AM2-Sonnenspektrums

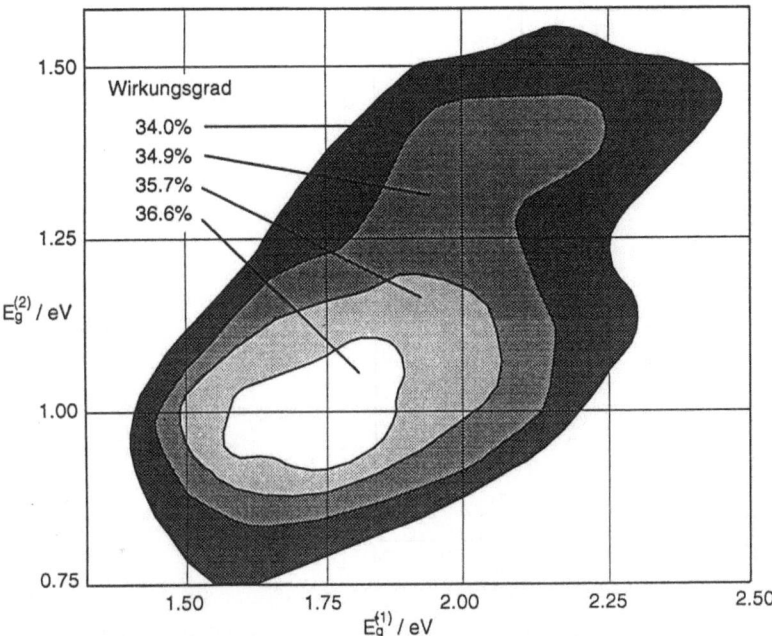

Abb. 6.3. Maximal erreichbarer theoretischer Wirkungsgrad für ein System mit zwei p-n-Übergängen

den bei kleinerer Photonenenergie generierten Überschußladungsträgern dem äußeren Stromkreis zuzuführen. Abbildung 6.2 zeigt in einer schematischen Skizze, wie die einzelnen Teile eines AM2 Sonnenspektrums von dem jeweiligen Halbleiter absorbiert (und umgewandelt) werden; es wurde eine Struktur bestehend aus drei Halbleiterübergängen, anstatt einer einzelnen „junction" angenommen. Dabei wird zugleich deutlich, daß wegen des charakteristischen Verlaufs des jeweiligen Sonnenspektrums (AM0, AM1, AM2 etc.) eine bestimmte Kombination der Energielücken von Halbleitern optimal ist, wenn für sie die geringsten Gesamtverluste an Überschußenergie der Minoritätsladungsträger auftreten. Für eine vorgegebene Zahl von eingebauten p-n-Übergängen gibt es demnach ein Optimum hinsichtlich der erforderlichen Energielücken der betreffenden Halbleiter, bezogen auf ein vorher zu definierendes Sonnenspektrum. Für ein System, bestehend aus lediglich zwei p-n-Übergängen zeigt Abb. 6.3 das Ergebnis einer Berechnung des maximal erreichbaren theoretischen Wirkungsgrades in Abhängigkeit von den Energielücken der zwei Halbleiter für ein 1.5 Spektrum [1]. Aus der Abbildung ersieht man, daß Wirkungsgrade oberhalb 30% in einem weiten Bereich möglicher Kombinationen von Energielücken übertroffen werden. Zudem existiert ein Bereich besonders hoher erwarteter Wirkungsgrade für Halbleiterpaare, bei denen der dem Licht zugewandte Halbleiter eine Energielücke von $E_g \approx 1.75$ eV und der nachgeschaltete Halbleiter eine Lücke von $E_g \approx 1.0$ eV aufweist.

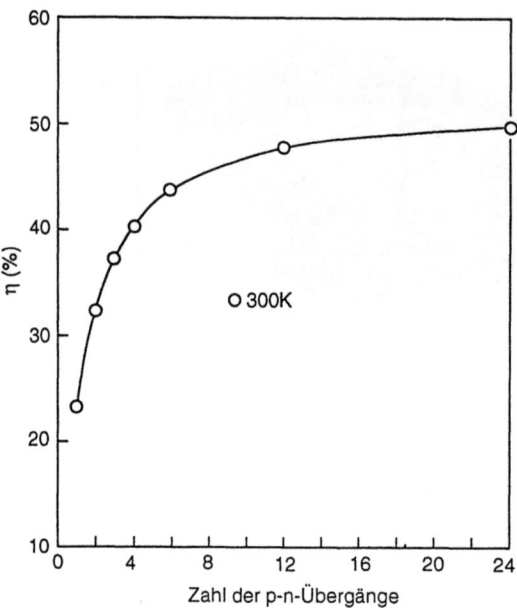

Abb. 6.4. Maximaler theoretischer Wirkungsgrad für ein AM0-Sonnenspektrum

Ausgehend von der Kombination von Energielücken, die den jeweiligen maximalen theoretischen Wirkungsgrad ergibt (weißes Gebiet in Abb. 6.3), kann man die theoretisch erwarteten Wirkungsgrade für ein bestimmtes Spektrum in Abhängigkeit von der Zahl der einzelnen p-n Übergänge auftragen. Das Ergebnis einer solchen Berechnung ist in Abb. 6.4 für ein AM0-Sonnenspektrum dargestellt (nach [2]). Der Wirkungsgrad erhöht sich bereits bei Verwendung zweier gleichrichtender Kontakte um 40%, für mehr als vier p-n-Übergänge wird die Zahl der erforderlichen Halbleiter im Vergleich zum Gewinn an Wirkungsgrad zu groß, um als lohnend angesehen zu werden. Für AM2-Spektren liegen die theoretisch erwarteten Wirkungsgrade höher, außerdem sind die Ergebnisse stark von der Temperatur des Halbleiters abhängig. So sinkt der Wirkungsgrad für eine Struktur aus vier Übergängen von $\eta = 40\%$ (300 K) auf etwa 26% bei 500 K.

Bei Tandem-Solarzellen unterscheidet man Multiterminal-Zellen, bei denen aus jedem einzelnen gleichrichtenden Kontakt elektrische Anschlüsse abgeführt werden, und monolithische Zellen, die durch sukzessives Aufbringen der verschiedenen Halbleiterschichten und der darin enthaltenen Heteroübergänge entstehen. Ein Beispiel für eine solche monolithische Struktur ist in Abb. 6.5a einer 4-Terminalstruktur (Abb. 6.5b) gegenübergestellt. Im Fall der monolithischen Anordnung befindet sich ein sog. Tunnelübergang zwischen den beiden n^+-p-Übergängen, wogegen die Multiterminal-Struktur durch einen transparenten Rückkontakt des n^+-p-Überganges mit großer Energielücke gekennzeichnet ist. Im folgenden werden die optoelektronischen Eigenschaften monolithischer,

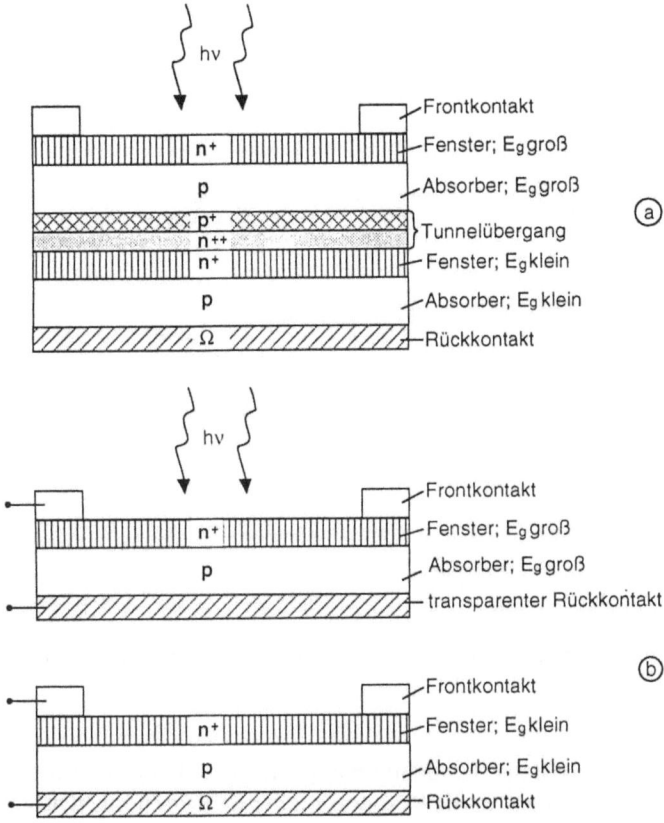

Abb. 6.5. Monolithische Struktur (a), 4-Terminalstruktur (b)

integrierter Tandem-Solarzellen vorgestellt, und es werden einige Entwicklungen behandelt.

Der Stromfluß bei Belichtung mit Photonen einer Energie $h\nu > E_g^{(1)}$ wobei $E_g^{(1)} > E_g^{(2)}$ ist, wird schematisch in einem einfachen Modell in Abb. 6.6 verdeutlicht. Die im höherenergetischen Absorber erzeugten Elektron-Loch-Paare werden im elektrischen Feld des ersten n^+-p-Überganges getrennt. Die zur Rückseite des Absorbers fließenden Löcher (Majoritätsladungsträger) gelangen in den hochdotierten p^+-Bereich, wo sie durch Tunneln von Elektronen aus dem hochdotierten n^{++}-Bereich der niederenergetischen Struktur in den p^+-Bereich annihiliert werden. Vom Rückkontakt des niederenergetischen n^+-p-Überganges wird ein Loch als Majoritätsladungsträger abgeführt. Da die Elektronen als Minoritätsladungsträger am Frontkontakt gesammelt werden und durch die p^+-Bereiche ein back surface field (BSF; s. Abb. 3.8., Abschn. 3.1.5) entsteht, kann bei genügender Lebensdauer der Minoritätsladungsträger eine entsprechend hohe Quantenausbeute erwartet werden. Ein Problem besteht in dieser Betriebsart, d.h. unter Kurzschlußbedingung, in der Minimierung der Serienwiderstände

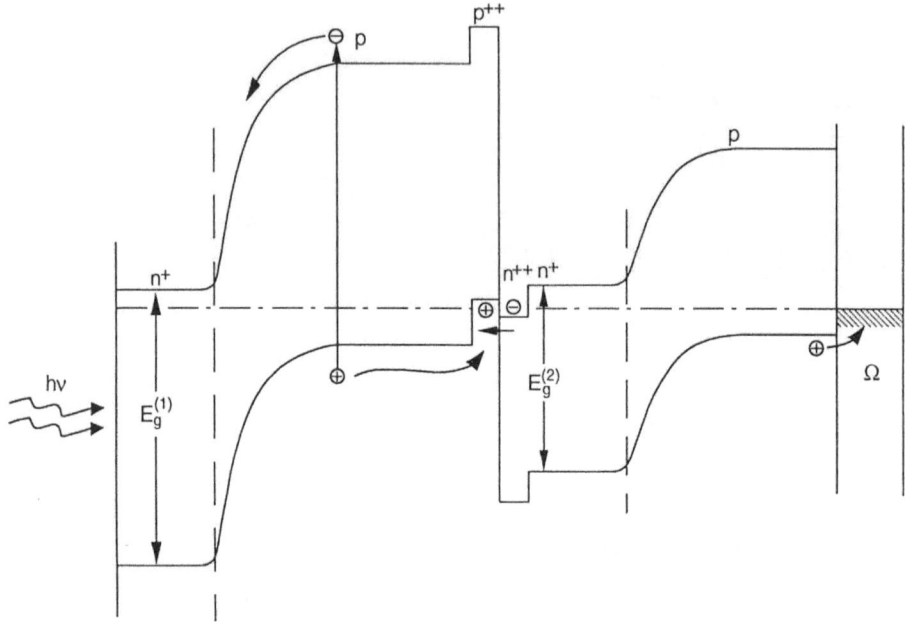

Abb. 6.6. Schematische Darstellung des Stromflußes bei Belichtung mit Photonen einer Energie $h\nu > E_g^{(1)}$, wobei $E_g^{(1)} > E_g^{(2)}$ ist (Kurzschlußbedingung)

des Systems. Dies bedeutet, daß der Tunnelübergang eine hohe Qualität aufweisen muß, das große Anforderungen an die Präparation der Schichten hinsichtlich Homogenität, Dicke und Dotierung stellt. Für hohe Quantenausbeuten sollten zudem die n$^+$-Bereiche, ähnlich wie bei der klassischen Silizium-Solarzelle, dünn gehalten werden, um die Zahl der dort durch Lichtabsorption erzeugten Ladungsträger gering zu halten, da sie aufgrund der geringen Lebensdauer der Überschußladungsträger in diesen Bereichen praktisch nicht zum Photostrom beitragen. Die monolithische Tandemstruktur ist folglich unter Kurzschlußbedingungen (Serienwiderstand R_S minimal) von der Quantenausbeute her einer üblichen Halbleiterheterostruktur, basierend auf nur einem gleichrichtenden Übergang, analog.

Der Unterschied wird deutlich bei der Betrachtung der mit einem solchen System erreichbaren Photospannungen. Um die Effekte zu verdeutlichen, wurde in der Abb. 6.7 die Situation für die Leerlaufspannung V_L (bzw. V_{Ph}^{max}) dargestellt, d.h. man geht von einem maximalen Widerstand ($R_S \to \infty$) im äußeren Stromkreis aus, so daß dort keine Ladungen abfließen können. Dies führt zu einem Stau der lichterzeugten Minoritätsladungsträger, die im n$^+$-Bereich als Majoritätsladungsträger transportiert werden, an der Frontseite und zu einem Stau der Löcher als Majoritätsladungsträger an der Rückseite des niederenergetischen p-n-Überganges. Dies bewirkt wegen der Richtung des damit verbundenen elektrischen Feldes eine weitgehende Rückbiegung der Energiebänder in den p-leitenden Absorbern, wie sie in der Abb. 6.7 dargestellt ist. Dabei wurde an-

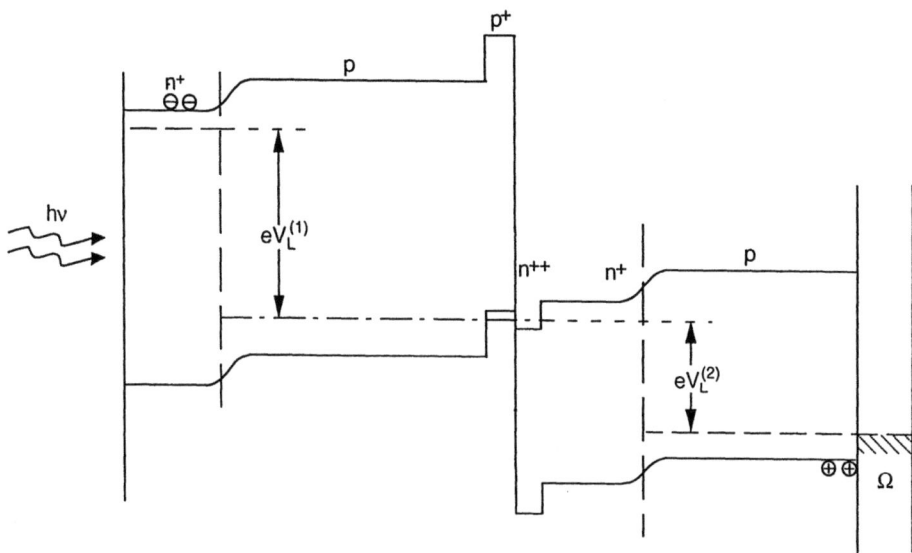

Abb. 6.7. Situation für die Leerlaufspannung V_L (bzw. V_{Ph}^{max})

genommen, daß die Flachbandsituation, d.h. gerade verlaufende Energiebänder $E(x)$, bei der vorliegenden Lichtintensität ($I \approx$ AM0 bis AM2) wegen Grenzflächenrekombinationsprozessen nicht erreicht wird. Die insgesamt von dieser Struktur erhaltene Photospannung $V_{Ph} = V_L^{(1)} + V_L^{(2)}$ ist also kleiner als die maximal erreichbare Photospannung

$$\begin{aligned} eV_{Ph}^{max} &= E_g^{(1)} - [(E_L^{n1} - E_F^{n1}) + (E_F^{p1} - E_V^{p1})] \\ &+ E_g^{(2)} - [(E_L^{n2} - E_F^{n2}) + (E_F^{p2} - E_V^{p2})] \end{aligned} \quad (6.1)$$

Dennoch wird deutlich, daß der Gewinn bei dieser Art von Strukturen in der drastischen Erhöhung der Photospannung liegt, da die Überschußenergie der höherenergetischen Photonen besser in freie Energie des Systems umgewandelt wird. Bei höherer Belichtungsintensität, wie sie etwa in Konzentratoranordnungen auftritt, wird durch die Flutung von Rekombinationskanälen und die – im einfachen Modell – logarithmische Abhängigkeit der Photospannung von der Lichtintensität eine deutlich größere Photospannung als die in der Abbildung gezeigte erreicht. Dies führt dazu, daß beispielsweise bei Belichtung mit einer Lichtintensität, die 1000 Sonnen AM0 entspricht, der theoretisch erwartete Wirkungsgrad für eine Struktur aus zwei p-n-Übergängen von $\eta = 33\%$ (1 Sonne) auf $\eta = 38\%$ ansteigt. Da in Konzentratorsystemen jedoch die Annahmen für Niedriginjektion nicht mehr gelten, werden diese Systeme getrennt behandelt.

6.1.2 Ausgewählte Beispiele

Zur Realisierung von monolithischen Tandem-Solarzellen ist die Präparation eines Tunnelüberganges, wie in Abb. 6.5 – 6.7 gezeigt, notwendig. Dies ist tech-

6. Kombinierte Systeme

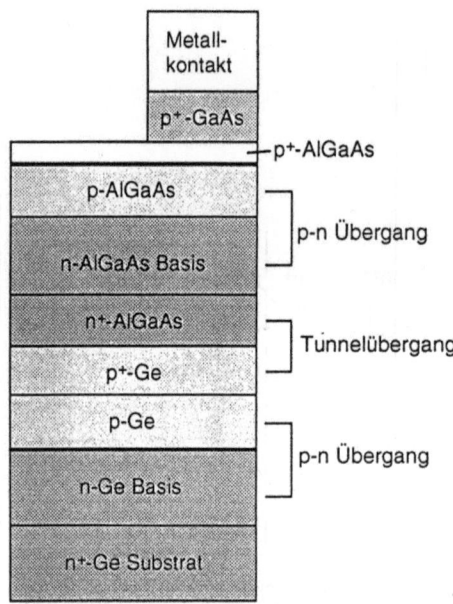

Abb. 6.8. Konfiguration, bei der der dem Licht zugewandte (Top-Zelle) p-n-Übergang aus der ternären III-V-Verbindung AlGaAs besteht und die darunter liegende Zelle aus einem Ge-p-n-Übergang aufgebaut ist

nologisch schwierig, und man findet daher in der Literatur häufig Vorschläge für eine Tandem-Struktur, wobei die Strom-Spannungskennlinien bei Belichtung der jeweils einzelnen p-n-Übergänge angegeben werden. Zunächst wird demzufolge auf ein so dargestelltes, aussichtsreiches System eingegangen. Dabei handelt es sich um eine Konfiguration, bei der der dem Licht zugewandte (Top-Zelle) p-n-Übergang aus der ternären III-V-Verbindung AlGaAs besteht und die darunter liegende Zelle aus einem Ge-p-n-Übergang aufgebaut ist. Die entsprechende Anordnung der Schichten ist in der Abb. 6.8 gezeigt. Um einen Überblick der Zusammenhänge von Energielücken und den zugehörigen Gitterabständen zu bekommen, findet man in der Abb. 6.9 eine Reihe von Halbleitern mit Diamant-Zinkblende-Struktur mit ihrer Energielücke und den Gitterkonstanten eingetragen [3]. Die schraffierten Bereiche kennzeichnen die Existenzgebiete der zugehörigen, meist quaternären Verbindungen. Man erkennt an Abb. 6.9 gut, daß die Konfiguration AlGaAs/Ge ein System mit einer Energielücke zwischen 1.42 eV und etwa 2 eV für die Top-Zelle und $E_g = 0.66$ eV für die zweite Zelle beinhaltet. Zudem sind die Gitterkonstanten sehr ähnlich, so daß von einer vergleichsweise gering gestörten Struktur mit einer vergleichsweise geringen Zahl von Grenzflächenzuständen bei der Herstellung der monolithischen Struktur ausgegangen werden kann. Ebenso erkennt man aus der Abbildung, daß sowohl eine einfache Heterostruktur mit GaP und Si als auch eine Tandem-Solarzelle mögliche Kandidaten für eine Anwendung wären. Außerdem ergeben sich, wie im rechten Teil von Abb. 6.9 dargestellt, auch Möglichkeiten für

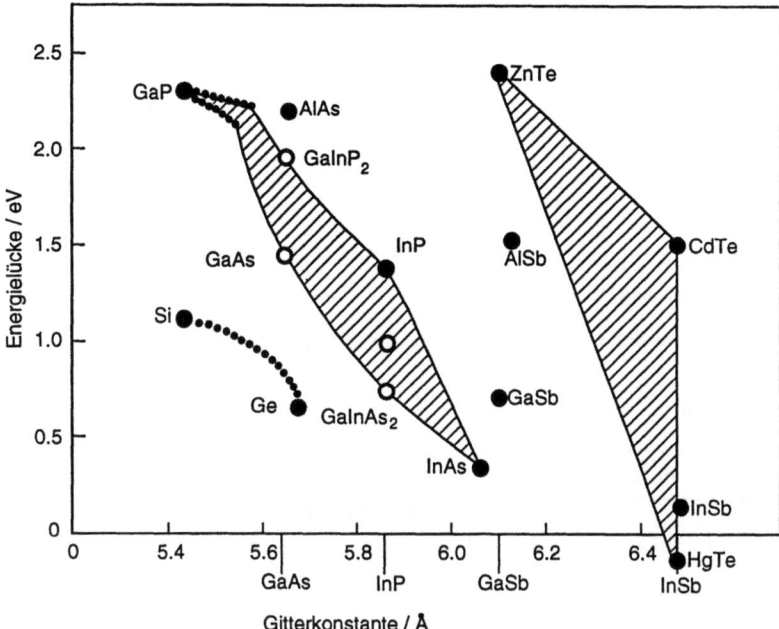

Abb. 6.9. Übersicht über Halbleiter mit Diamant-Zinkblende-Struktur mit ihrer Energielücke und den Gitterkonstanten

Tandemstrukturen auf der Basis von II-VI-Halbleitern, die vielfach erst wenig realisiert wurden.

Die in Abbildung 6.8 vorgestellte Anordnung kann durch die Funktion ihrer einzelnen p-n-Übergänge zumindest hinsichtlich der erwarteten oberen Grenze der Ausgangsleistung beschrieben werden. So findet man in Abb. 6.10 die Kenndaten der Ge: p-n- und $Al_{0.08}Ga_{0.92}As$: p-n-Struktur. Die Wirkungsgrade liegen bei 2.3% für die Ge-Zelle und bei knapp 17% für die ternäre III-V-Verbindung. Das kombinierte System wies einen Wirkungsgrad um 15% auf, das mit Verlusten durch einen noch verbesserungswürdigen Tunnelübergang begründet wurde.

Ein weiteres mögliches System läßt sich wiederum aus Abb. 6.9 entnehmen. Für GaP mit etwa 50% In-Anteil ergibt sich die Möglichkeit, mit nur geringer Gitterfehlanpassung Tandemsolarzellen mit GaAs als nachgeschalteter Zelle zu präparieren. Die Energielücke der Top-Zelle auf $GaInP_2$-Basis liegt bei 1.9 eV und mit GaAs als zweite Zelle ($E_g = 1.42$ eV) ist die Kombination zwar nicht ideal, liegt mit einem theoretischen Wirkungsgrad von etwa 34% noch im interessanten Bereich. Die Anordnung in einer der früheren Strukturen ist schematisch in der Abb. 6.11 dargestellt [5]. Die Struktur ähnelt der in Abb. 6.8 gezeigten, allerdings sind hier auch die jeweiligen Dotierstoffkonzentrationen angegeben. Wie bereits in den Energiebanddiagrammen der Abb. 6.6 und 6.7 dargestellt, findet in den niedrig dotierten $GaInP_2$- und GaAs-Schichten die Ladungsträgertrennung statt, da hier die ausgeprägten Halbleiterrandschichten

296   6. Kombinierte Systeme

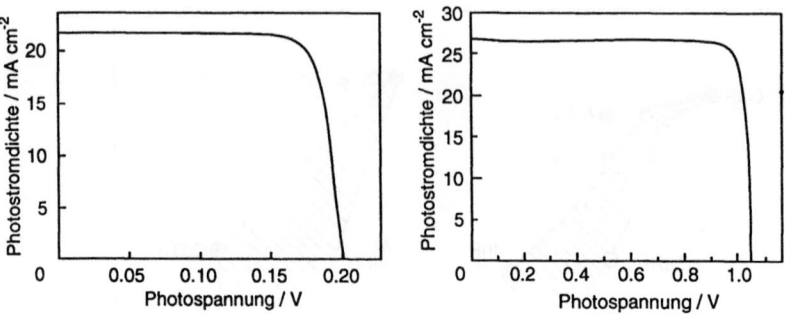

Abb. 6.10. Kenndaten der Ge:p-n- und $Al_{0.08}Ga_{0.92}As$:p-n-Struktur

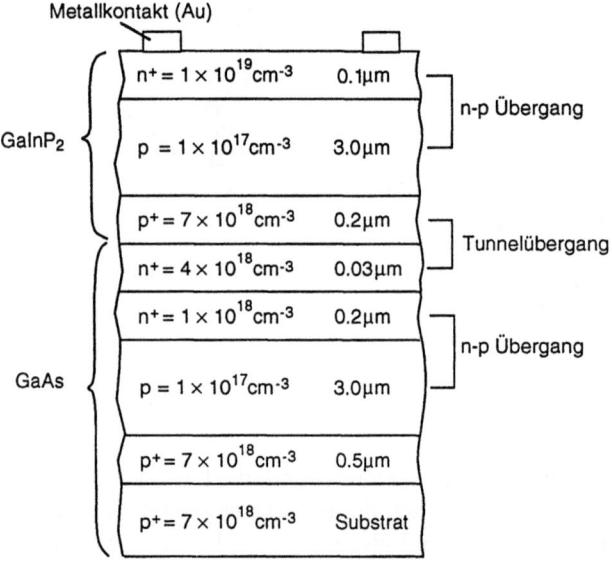

Abb. 6.11. Struktur mit Top-Zelle auf $GaInP_2$-Basis und GaAs als zweite Zelle mit zwei hintereinander geschalteten n^+-p-Übergängen

vorhanden sind. Daher werden die entsprechenden Bereiche in Abb. 6.8 als Basis bezeichnet. Im Unterschied zu der Struktur in Abb. 6.8 sind in Abb. 6.11 zwei hintereinander geschaltete n^+-p-Übergänge realisiert worden. Aus Abbildung 6.12 wird deutlich, daß diese Struktur bereits eine große Leerlaufspannung aufweist ($V_L = 2.17$ V), jedoch im Photostrom begrenzt erscheint. Der Wirkungsgrad liegt bei 8% − 9%. Dies wird auf Dotierungsprobleme bei der Herstellung des Tunnelübergangs und Probleme in der Präparation dünner homogener GaAs-Schichten für den Tunnelübergang (0.03 μm Dicke) zurückgeführt. Die hohen notwendigen Dotierstoffkonzentrationen können zu hohen Defektdichten und Stapelfehlern sowie Dislokationen in den betreffenden Schichten führen.

Wir beschreiben nun eine Weiterentwicklung der Tandem-Solarzelle, die eine drastische Steigerung des Wirkungsgrades zur Folge hat. Die wesentlichen Ver-

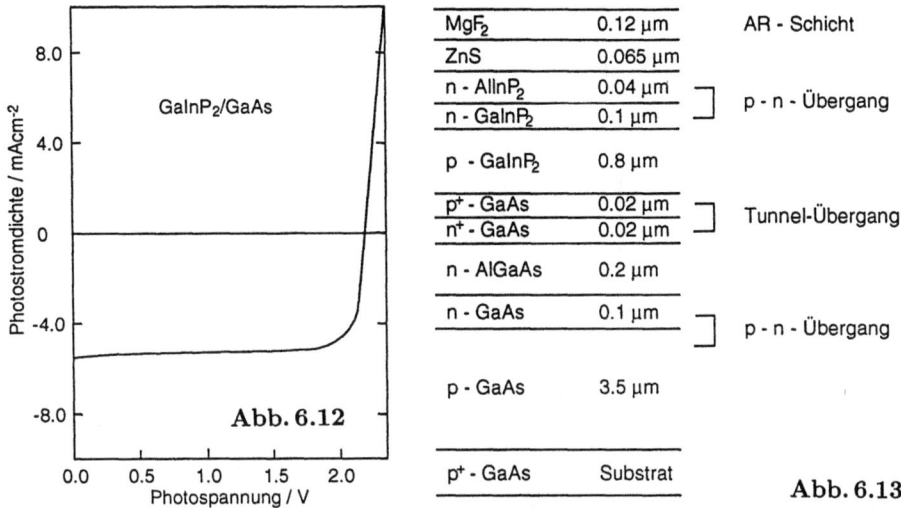

Abb. 6.12. Kenndaten der in Abb. 6.11 dargestellten GaInP$_2$/GaAs-Struktur

Abb. 6.13. Schematischer Querschnitt durch eine verbesserte GaInP$_2$/GaAs-Tandem-Solarzelle

besserungen liegen in der Veränderung des Strukturaufbaus, in der Präparation eines Tunnelübergangs im GaAs sowie in der Berücksichtigung der Änderung der Energielücke von GaInP$_2$ in Abhängigkeit von den Herstellungsbedingungen bei der metallorganischen Gasphasenabscheidung (*M*etal *O*rganic *V*apor *D*eposition, MOCVD). Durch entsprechendes Anpassen der Schichtdicke von GaInP$_2$ je nach Energielücke ($1.82 \leq E_g \leq 1.9$ eV) kann der Photostrom der Top-Zelle I_T dem der GaAs-Zelle I_G angepaßt werden. In diesem Fall erhält man $I_T \approx I_B$ für $E_g = 1.85$ eV (GaInP$_2$) und eine Schichtdicke von 0.8 μm. Eine schematische Zeichnung der Struktur ist in Abb. 6.13 wiedergegeben [6]. Die Zelle besitzt eine Antireflexschicht und verwendet zusätzlich AlInP$_2$ sowie AlGaAs. Das AlInP$_2$ wird als Fenstermaterial für die Top-Zelle eingesetzt, ebenso wie AlGaAs als Fenstermaterial für die nachgeschaltete Zelle verwendet wird. Abbildung 6.14 zeigt die externe Quantenausbeute dieses Systems. Deutlich erkennt man den Einsatz der Absorption der unteren GaAs-Zelle bei 900 nm (1.4 eV), die Abnahme der spektralen Ausbeute für Wellenlängen kleiner als 700 nm, die mit dem Anstieg der Quantenausbeute der Top-Zelle einhergeht ($\lambda < 680$ nm). Unterhalb von $\lambda = 450$ nm zeigen sich dann deutliche Verluste in der Quantenausbeute, bedingt durch Rekombinationsprozesse in den hochdotierten Frontschichten, die bei Absorptionslängen im Bereich von 0.1 μm, das entspricht Absorptionskoeffizienten von $\alpha = 10^5 \text{cm}^{-1}$, wirksam werden. Man erkennt in Abb. 6.14 an der Höhe der Quantenausbeuten, daß bei entsprechend hoher Photospannung eine effiziente Sonnenenergieumwandlung erwartet werden kann. Dies ist tatsächlich der Fall, wie die Abb. 6.15 belegt. Unter $AM1.5$ Bedingungen ist der Kurzschlußstrom $i_K = 13.6 \,\text{mAcm}^{-2}$, und die Leerlauf-

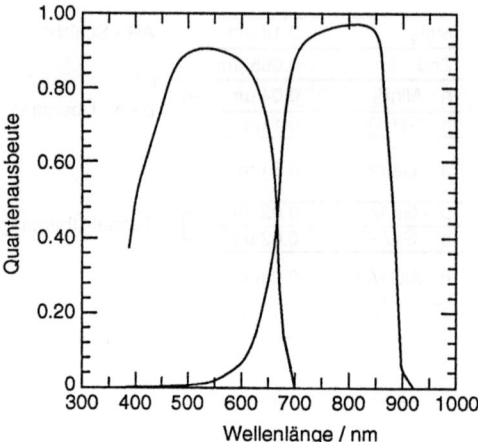

Abb. 6.14. Externe Quantenausbeute eines Systems mit AlInP$_2$ als Fenstermaterial für die Top-Zelle und AlGaAs als Fenstermaterial für die nachgeschaltete Zelle

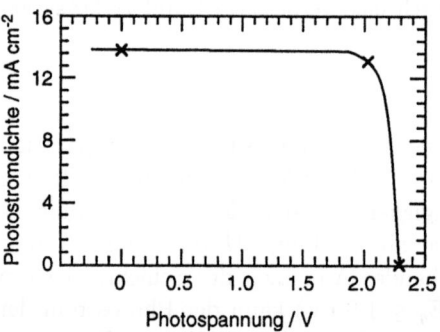

Abb. 6.15. Effizienz der Sonnenenergieumwandlung dieser Struktur unter AM1.5 Bedingungen

spannung beträgt 2.3 V. Am Arbeitspunkt sind die Werte $i_A = 13.1\,\mathrm{mAcm^{-2}}$, $V_A = 2.08$ V und $ff = 0.87$. Dies führt bei einer Lichtintensität von 100 mWcm^{-2} zu einem Wirkungsgrad von $\eta = 27.3\%$. Damit überschreitet diese monolithische Tandemsolarzelle die Werte, die mit einzelnen GaAs Heterostrukturen erreicht werden und zeigt die prinzipielle Machbarkeit hocheffizienter monolithischer Strukturen.

6.2 Konzentratorsysteme

6.2.1 Einleitung

Wie in Abschnitt 2.5.2 gezeigt wurde, nimmt der Photostrom proportional mit der Zahl der absorbierten Photonen, d.h. mit der Belichtungsstärke zu; die Photospannung wächst logarithmisch mit dem Photostrom ((2.116)–(2.118)). Das heißt, daß sich die Leistung einer Solarzelle bei Belichtung mit konzentriertem Sonnenlicht steigern läßt bzw. zur Abgabe einer bestimmten Leistung die Solarzellenoberfläche kleiner werden kann. Für die Konzentration eignen sich z.B. Sammellinsen oder -spiegel. Als Konzentrationsverhältnis definiert man das Verhältnis von Fläche der lichten Öffnung des Konzentrators zur Fläche der Solarzelle; dieser Wert wird im folgenden mit X bezeichnet. Die bei Konzentration verstärkt auftretende Wärme in der Solarzelle muß durch eine effektive Kühlung abgeführt werden. Konzentratoroptik, Solarzelle und Kühlung sind in einem Modul untergebracht, das direkt auf die Sonne ausgerichtet sein muß. Eine präzise mechanische Nachführung zum Ausgleich der Bewegung der Sonne am Himmel ist daher erforderlich.

Dem Vorteil des geringen Bedarfs an Solarzellenmaterial stehen damit nachteilig die Kosten für zusätzliche optische und mechanische Komponenten gegenüber. Bei hoher Konzentration werden ferner speziell optimierte Solarzellen erforderlich, die teurer sind als Solarzellen für Flachkollektoranwendungen. Daß trotzdem insbesondere hoch konzentrierende Systeme gegenüber Flachkollektoren wirtschaftlich von Vorteil sein können, zeigen folgende Überlegungen:

Hochleistungssolarzellen kosten pro cm^2 im günstigsten Fall zehnmal mehr als Solarzellen für Flachkollektoranwendungen, z.B. 2 bzw. 0.20 \$/cm^2 [7], [10]. In erster Näherung liefert – bei gleich angenommenem Wirkungsgrad – 1 cm^2 der teuren Solarzelle unter 50fach konzentriertem Sonnenlicht ebensoviel Leistung wie 50 cm^2 der preiswerteren Solarzelle; die Konzentratorzelle kostet 2 \$, das 40 cm^2-Paneel 10 \$. Erhöht man die Konzentration auf $X = 500$, ergibt sich folgendes Bild: Um die gleiche Leistung zu erzielen, wie sie von der 1 cm^2-Konzentratorsolarzelle abgegeben wird, sind nun 500 cm^2 der preiswerteren Solarzelle erforderlich. Während der Preis für die Konzentratorsolarzelle unverändert bleibt (2 \$), kosten die Flachkollektoren nun bereits 100 \$. Mit anderen Worten: Im ersten Fall ($X = 50$) kostet die Konzentratorsolarzelle 1/5 des Betrages, der für Flachkollektorzellen zu bezahlen ist, im zweiten Fall ($X = 500$) nur noch 1/50 davon – dieses Verhältnis wird noch günstiger, wenn die Konzentratorzelle gegenüber der Flachkollektorzelle einen höheren Wirkungsgrad hat. Ein Teil dieser Kosteneinsparungen muß für die optischen und mechanischen Komponenten aufgewendet werden. Will man gegenüber Flachkollektoren einen deutlichen Preisvorteil erzielen, müssen diese Kosten möglichst niedrig sein. Man erkennt, daß der Spielraum für diese Aufwendungen mit zunehmender Konzentration wächst. Gleichzeitig fallen die Kosten für die Konzentratorsolarzelle selbst immer weniger ins Gewicht. Daher werden bei sehr hohen

300   6. Kombinierte Systeme

Konzentrationsverhältnissen in der Regel qualitativ hochwertige Solarzellen mit höchsten Wirkungsgraden eingesetzt.
Aber auch schwächer (etwa 10–30fach) konzentrierende Systeme in Verbindung mit preisgünstigen Solarzellen aus bereits bestehender Serienfertigung bieten eine interessante Perspektive. Dies zeigt eine bereits in Erprobung befindliche entsprechende Anlage in Austin/Texas (22.5fache Konzentration, Solarzellen aus CZ-Silizium, vgl. Abschn. 6.2.4) [9]. Ein sinnvoller Wert zur Beurteilung der Wirtschaftlichkeit eines photovoltaischen Systems ist das Verhältnis von Gesamtsystemkosten zu Ausgangsleistung bei einer definierten Sonneneinstrahlung (AM1.5, 100 mWcm^{-2}); dieses Verhältnis wird meistens in \$/W_p (W_p: „Peak Watt") angegeben. Für die gesamte Anlage schätzen die Hersteller diesen Wert vor dem Hintergrund der bisherigen Erfahrungen und mit Blick auf reduzierte Kosten bei einer Herstellung in größerer Stückzahl auf etwa 2 \$/W_p [10]. Eine vergleichbare Zahl für Flachkollektoren – ebenfalls bestückt mit Solarzellen aus kristallinem Silizium – lautet 7–11 \$/W_p [11], so daß beim Einsatz von Konzentratorsystemen ein wirtschaftlicher Vorteil gegenüber Flachkollektoren deutlich erkennbar ist.

Einschränkend muß jedoch darauf hingewiesen werden, daß die meisten Konzentratorsysteme nur das direkt von der Sonne kommende Licht bündeln. In Mittel- und Nordeuropa ist der Anteil von diffusem Sonnenlicht an der solaren Gesamteinstrahlung jedoch so hoch (vgl. Abschn. 6.2.4), daß ein Einsatz dieser Konzentratoren hier weniger sinnvoll erscheint. Mögliche Alternativen werden am Ende von Abschn. 6.2.4 behandelt.

Zunächst werden einige physikalische Effekte diskutiert, die sich aus einer erhöhten Photonenflußdichte in der Solarzelle ergeben. In Abschnitt 6.2.3 werden Aufbau und Kenndaten einiger Konzentratorsysteme diskutiert, und in Abschn. 6.2.4 folgen einige grundsätzliche Ausführungen zur Optik und Mechanik von Konzentratorsystemen sowie einige Beispiele von geplanten bzw. in Erprobung befindlichen Systemen.

6.2.2 Physikalische Effekte bei hoher lichtinduzierter Ladungsträgerkonzentration

Wird die lichterzeugte Ladungsträgerkonzentration in der Solarzelle durch Konzentration des Sonnenlichts erhöht, so treten mehrere Effekte auf, die sich z.T. erheblich auf ihre Kenndaten auswirken können:

(i) der in jeder Solarzelle vorhandene Serienwiderstand gewinnt zunehmend an Bedeutung und reduziert den Wirkungsgrad. Dies gilt, solange die lichterzeugte Minoritätsladungsträgerkonzentration kleiner ist als die Konzentration der Majoritätsladungsträger;

(ii) wird die Konzentration der lichterzeugten Ladungsträgerpaare größer als die der Majoritätsladungsträger, erhöht sich die Leitfähigkeit, und der Serienwiderstand sinkt;

(iii) das Rekombinationsverhalten der lichterzeugten Ladungsträger hängt von ihrer Konzentration ab und kann darüber die Leerlaufspannung beeinflussen;

(iv) der Photostrom kann stärker als linear mit der Photonenflußdichte ansteigen;

(v) die unterschiedliche Beweglichkeit von Elektronen und Löchern führt zum Auftreten der sog. Demberspannung.

Der Serienwiderstand. Der Serienwiderstand führt bei Stromfluß zu einem Spannungsabfall, der mit zunehmender Photostromdichte größer wird und zu einem relativen Leistungsverlust führt. Eine einfache Abschätzung soll den Effekt verdeutlichen: es sei r_S der Serienwiderstand der Zelle (in Ωcm^2), j_A und V_A Stromdichte und Spannung am Arbeitspunkt (vgl. Abschn. 2.1.3), die Leistung pro cm² ist $L = j_A \cdot V_A$. Ein Leistungsverlust aufgrund von r_S läßt sich dann angeben zu $\Delta L = j_A \cdot V_{RS} = j_A \cdot (j_A \cdot r_S)$, wenn V_{RS} der Spannungsabfall an r_S ist. Der relative Verlust ist dann

$$\frac{\Delta L}{L} = \frac{j_A^2 r_S}{j_A \cdot V_A} = \frac{j_A r_S}{V_A}. \tag{6.2}$$

Setzt man $j_A \approx j_K$ und $V_A \approx V_L$, folgt für r_S

$$r_S = \frac{V_L}{j_K} \cdot \frac{\Delta L}{L}. \tag{6.3}$$

Toleriert man für $\Delta L/L \approx 3\%$, so folgt für eine Siliziumsolarzelle (Fläche 1 cm²) mit $j_K = 40$ mAcm^{-2} und $V_L = 0.6$ V für den Serienwiderstand $r_S \approx 0.5$ Ωcm^2. Dieser Wert wird von den meisten Solarzellen ohne größere Probleme erreicht. Erhöht sich jedoch durch Konzentration j_K z.B. um den Faktor 100, so steigt nach (6.2) der relative Leistungsverlust ebenfalls um diesen Wert. Anders ausgedrückt: bei 100facher Lichtkonzentration müßte r_S 100mal kleiner, nämlich 0.005 Ωcm^2 sein, damit der Leistungsverlust wieder 3% beträgt.

Welche Größen bestimmen den Serienwiderstand einer Solarzelle? Abbildung 6.16 zeigt den Querschnitt durch eine typische n$^+$p-Solarzelle mit Metall-Kontaktfingern und einigen angedeuteten Strompfaden. Nimmt man zunächst an, daß der Kontakt zwischen Metall und Halbleiter an Front- und Rückseite ideal ohmsch ist, setzt sich der Serienwiderstand der Struktur im wesentlichen zusammen aus:

(a) dem Widerstand der photoaktiven Schicht R_p; er ist durch $R_p = \rho_p d_p / F$ gegeben (ρ_p, d_p spezifischer Widerstand und Dicke des p-Gebietes, F Fläche der Solarzelle);

(b) dem Flächenwiderstand des n$^+$-Gebietes R_n; dieser ist vom Ort x zwischen den Metallkontakten abhängig:

6. Kombinierte Systeme

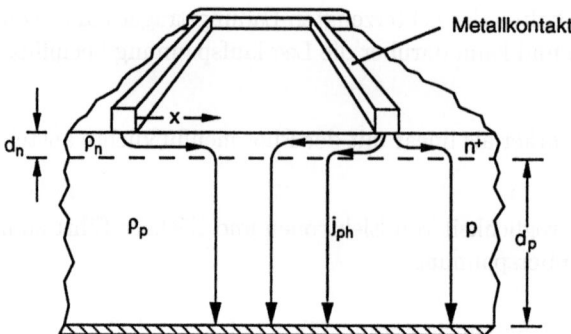

Abb. 6.16. Schematischer Querschnitt durch eine n⁺p-Solarzelle mit einigen Strompfaden

$$R_n = \frac{\rho_n \cdot x}{d_n \cdot l} \tag{6.4}$$

(ρ_n, d_n spezifischer Widerstand und Dicke des n-Gebietes, l Länge der Kontaktfinger);

(c) dem Kontaktwiderstand R_K am Frontkontaktgitter; der Strom kann nur durch die vom Kontaktgitter bedeckte Fläche fließen. Der Kontaktwiderstand ist daher umgekehrt proportional zur Kontaktfläche;

(d) dem Widerstand des Metallgitters selbst.

Eine Minimierung des Serienwiderstandes erfordert daher die möglichst weitgehende Reduzierung aller Teilwiderstände. Bei Konzentratorsolarzellen spielen der Flächenwiderstand der hochdotierten Frontschicht und die Anordnung der Metallkontaktfinger eine besondere Rolle. Aus (6.4) erkennt man, daß R_n mit dem Abstand x vom Kontaktfinger anwächst; eine Verringerung des Kontaktfingerabstands müßte demnach den resultierenden Flächenwiderstand R_n^{res} der Solarzelle reduzieren. Eine genauere Berechnung ergibt für die in Abb. 6.17 dargestellte Kontaktanordnung [12]

$$R_n^{res} = \frac{1}{12}\left(\frac{a}{l}\right)\left(\frac{\rho_n}{d_n}\right)\left(\frac{1}{N}\right) \cdot f \tag{6.4a}$$

(N Zahl der Kontaktfinger, a und l Breite bzw. Länge des vom Metallkontakt nicht bedeckten Solarzellensegments, f ein von a und l abhängiger Korrekturfaktor der Größenordnung 1). Näherungsweise gilt $a \propto 1/N$ und damit $R_n^{res} \propto 1/N^2$. Bei Hochleistungskonzentratorsolarzellen wird der Frontkontakt daher in Form sehr eng beieinanderliegender, sehr dünner Kontaktfinger ausgebildet. Dabei müssen der Querschnitt der Kontaktfinger und die geeignete Geometrie ihrer Anordnung hinsichtlich der resultierenden Metallgitter- und Kontaktwiderstands sowie der entstehenden Abschattungen optimiert werden. Mit Hilfe von prismatischen Abdeckungen (Abb. 6.39) lassen sich Abschattungseffekte fast vollständig vermeiden [13]. Die prismatische Abdeckung führt – wie

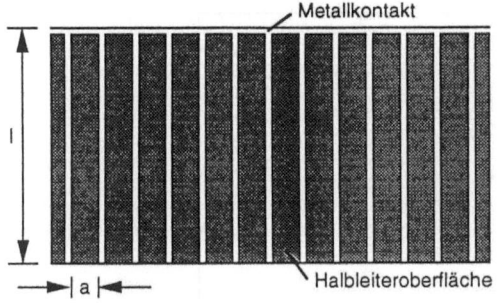

Abb. 6.17. Anordnung der metallischen Frontkontaktfinger, wie sie der Berechnung von (6.4a) zugrunde liegen

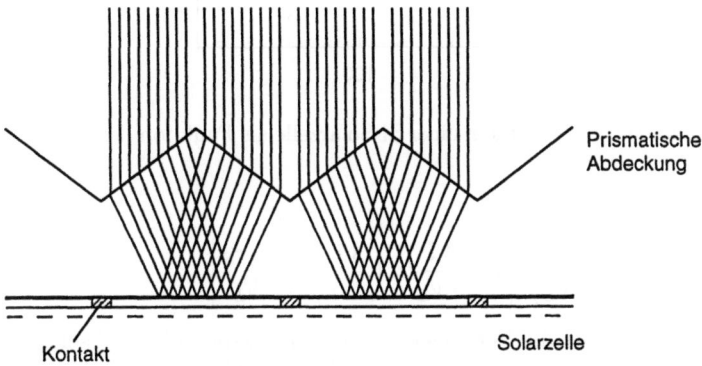

Abb. 6.18. Schema der prismatischen Abdeckung zur Vermeidung von Abschattungseffekten durch die Metallfinger

man in Abb. 6.18 erkennen kann – zu einer Vergrößerung der Lichtintensität im Bereich zwischen den Metallkontakten.

Der Widerstand der photoaktiven Schicht R_p läßt sich durch eine hohe Dotierung reduzieren. In konventionellen Siliziumsolarzellen verkürzt ein hohes Dotierniveau allerdings die Diffusionslängen lichterzeugter Minoritätsladungsträger und reduziert die Wirkung des „back surface field" (vgl. Abschn. 3.1.5), so daß für Anwendungen im Bereich höherer Konzentrationsverhältnisse andere Konfigurationen wie z.B. die Punktkontakt-Solarzelle vorteilhafter sind [14].

Da einerseits nach (2.116)–(2.118) Photostrom und -spannung mit der Photonenflußdichte anwachsen, andererseits auch die relativen durch r_S bedingten Verluste, stellt sich die Frage nach einem optimalen Konzentrationsverhältnis X bei vorgegebenem Serienwiderstand r_S. Die Berechnung erweist sich als nicht trivial, da man es mit der Lösung von impliziten Gleichungen zu tun hat, die sich nur numerisch exakt lösen lassen. Dennoch läßt sich näherungsweise ein Ausdruck für den Füllfaktor in Abhängigkeit von Leerlaufspannung V_L, Photostromdichte j_L und Serienwiderstand r_S ableiten [7]:

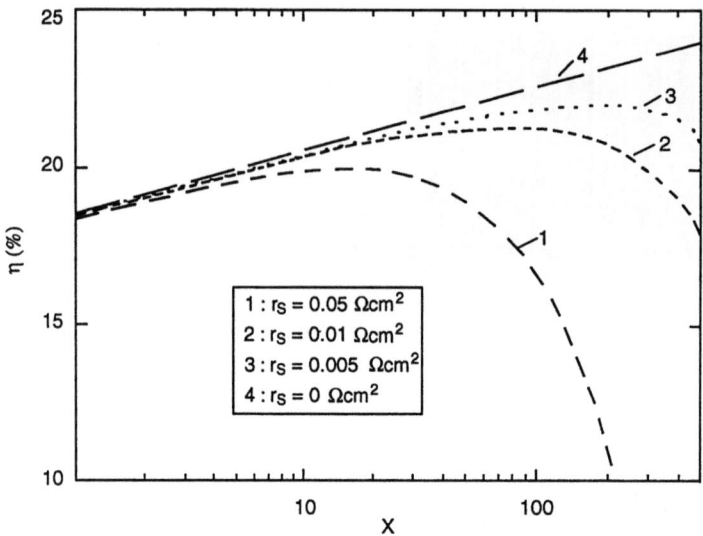

Abb. 6.19. Berechnete Wirkungsgrade η einer Si-Solarzelle als Funktion des Konzentrationsfaktors X; Parameter: r_S

$$ff \approx \left(1 - \frac{kT}{eV_L}\right)\left[1 + \frac{kT}{eV_L}ln\left(\frac{kT}{eV_L}\right) - \frac{j_L r_S}{V_L}\right]. \tag{6.5}$$

Diese Gleichung zeigt deutlich die Verringerung des Füllfaktors mit wachsendem Serienwiderstand bei konstantem j_L (vgl. auch Abb. 2.48b in Abschn. 2.6.2) bzw. mit steigendem Photostrom j_L bei konstantem r_S. Der Wirkungsgrad läßt sich mit Hilfe von (2.5) in Abhängigkeit vom Konzentrationsfaktor X berechnen. Die Leerlaufspannung ergibt sich aus (2.118), wenn j_L durch $X \cdot j_L$ ersetzt wird. In guter Näherung kann ferner (vgl. Abb. 2.37, Abschn. 2.5.2) $j_L = j_K$ gesetzt werden. Man erhält

$$\eta = \frac{ff \cdot X \cdot j_K \cdot V_L}{X \cdot p} = \frac{ff \cdot j_K \cdot V_L}{p}, \tag{6.6}$$

wobei p die eingestrahlte Lichtleistung pro cm^2 unter Normalbedingungen ($X = 1$) ist. Hierbei ist von einer linearen Proportionalität zwischen j_K und X ausgegangen worden, die näherungsweise, aber nicht streng gilt (s. unten). Abbildung 6.19 zeigt berechnete Wirkungsgrade einer Si-Solarzelle für unterschiedliche Serienwiderstände r_S, wobei $j_K = 0.035$ Acm^{-2}, $j_S = 10^{-12}$ Acm^{-2}, $T = 300$ K sowie $p = 0.1$ Wcm^{-2}.

Die Kurven 1–3 weisen einen maximalen Wirkungsgrad bei einer bestimmten Konzentration auf. Wird die Konzentration darüber hinaus erhöht, macht sich der Einfluß des Serienwiderstandes zunehmend bemerkbar. Unterhalb des Maximums beobachtet man im Bereich geringerer Konzentrationen einen linearen Anstieg in der halblogarithmischen Darstellung von η gegen X, hier dominiert die Zunahme von η aufgrund von $V_L \propto ln(Xj_K/j_S)$ über die Verluste an r_S. Der charakteristische $\eta(X)$-Verlauf in Abb. 6.19 ist bei allen Solarzellen (auch aus anderen Materialien) ähnlich. Für jede Solarzelle läßt sich daher ein optimaler Konzentrationsfaktor ermitteln. Für sehr hoch konzentrierende Systeme ist in jedem Fall ein sehr geringer Serienwiderstand erforderlich.

Erreicht die lichtinduzierte Ladungsträgerdichte die Majoritätsladungsträgerdichte oder übertrifft diese, so ändert sich die Leitfähigkeit. Der Serienwiderstand der Zelle kann dadurch drastisch reduziert werden und darf dann nicht mehr als konstant angenommen werden. Dies muß bei der Bestimmung des optimalen Konzentrationsverhältnisses (Abb. 6.19) berücksichtigt werden. In einer Siliziumsolarzelle mit photoaktiver p-Schicht (Dotierkonzentration 10^{15} cm^{-3}) kann die Dichte lichterzeugter Ladungsträgerpaare unter (nicht konzentrierten) $AM\,1.5$-Bedingungen mit 10^{12} cm^{-3} angenommen werden. Das bedeutet, daß das Licht etwa 1000fach konzentriert werden muß, damit eine deutliche Änderung der Leitfähigkeit eintritt.

Nichtlinearität des Kurzschlußstroms. Bei den bisherigen Betrachtungen ist stets von einem linearen Zusammenhang zwischen der Konzentration des Lichtes X und der Photostromdichte j_L (bzw. Kurzschlußstromdichte j_K) ausgegangen worden. Experimentelle Befunde haben jedoch Abweichungen von dieser Annahme ergeben [15]. Abbildung 6.20 zeigt den normierten Kurzschlußstrom für eine p$^+$nn$^+$-Siliziumsolarzelle ($\rho = 0.3\,\Omega$cm im n-Bereich) in Abhängigkeit vom Konzentrationsfaktor X; der normierte Kurzschlußstrom I_n ist hier das Verhältnis von Kurzschlußstrom $I_K(X)$ (bei X-facher Konzentration) zu dem X-fachen des Kurzschlußstroms für den Fall $X = 1$: $I_n = I_K(X)/(X \cdot I_K(X = 1))$. Man erkennt Abweichungen bis ca. 8% sowie ein sich – durch die halblogarithmische Darstellung etwas verdeckt – abzeichnendes Sättigungsverhalten für $X > 500$.

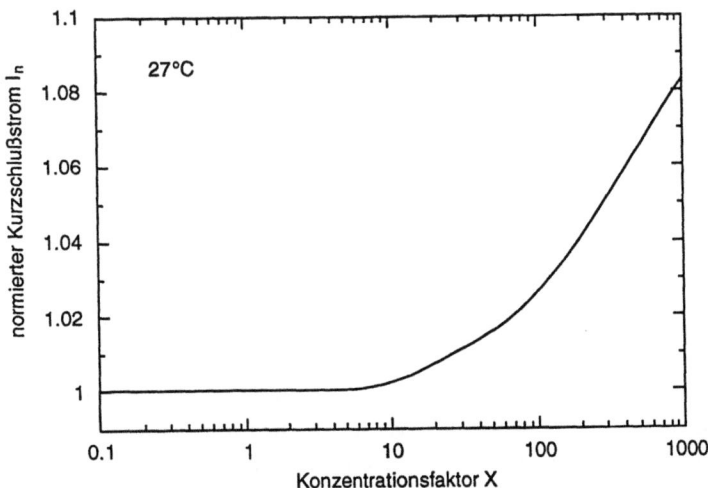

Abb. 6.20. Normierter Kurzschlußstrom $I_n = I_K(X)/(X \cdot I_K(X = 1))$ als Funktion des Konzentrationsfaktors X für eine Si-Konzentrator-Solarzelle

Für diesen Effekt ist zunächst die wachsende Lebensdauer der lichterzeugten Ladungsträger im Bereich zunehmender höherer Konzentrationen verantwortlich gemacht worden. Da der Effekt auch in Konzentrationsbereichen beobachtet wurde, in denen die Lebensdauer abnahm, mußte eine weitergehende Erklärung hierfür gefunden werden. In einer p^+-n-Diode unter Belichtung ($X = 1$) wandern Löcher und Elektronen aufgrund von Diffusion aus der n-Basis zur Raumladungszone; die Löcher passieren sie, die Elektronen werden reflektiert. Da die Dichte der lichtinduzierten Elektronen Δn klein gegen die der Majoritätsladungsträger n_0 ist, macht sich zunächst kein Einfluß bemerkbar. Bei hohen Photonenflußdichten ($\Delta p, \Delta n \geq n_0$) kommt es hingegen zu einem Stau von Elektronen vor der Raumladungszone. Dadurch entsteht ein elektrisches Feld, das auf die Valenzbandlöcher anziehend wirkt: es findet eine effektivere Sammlung der lichterzeugten Löcher statt (für den n^+-p_τÜbergang gelten sinngemäß die gleichen Überlegungen). Diesen Effekt kann man vom experimentellen Befund her auch als eine scheinbare Erhöhung der Quantenausbeute oder einer vergrößerten (effektiven) Diffusionslänge deuten. Er betrifft daher vor allem Ladungsträger, die weit entfernt von der Raumladungszone erzeugt werden und ist in Silizium besonders ausgeprägt [16].

Rekombination. Das Rekombinationsverhalten von Elektronen und Löchern in Abhängigkeit von der lichterzeugten Ladungsträgerdichte ist grundsätzlich bereits in Abschn. 2.3.2 diskutiert worden. Im Bereich niedrigerer bis mittlerer Überschußladungsträgerkonzentrationen Δn (d.h. $\Delta n <$ Majoritätsladungsträgerkonzentration) nimmt die Lebensdauer mit wachsender Konzentration zu. In höheren Bereichen führen Band-zu-Band-Rekombination (strahlende und/oder Auger-Rekombination) wieder zu einer Abnahme der Lebensdauer. Die Lebensdauer beeinflußt im Volumen über die Diffusionslänge den Sättigungsstrom in Sperrichtung j_S und damit die Leerlaufspannung V_L: es gilt $j_S \approx eD_n n_{p0}/L_n = eD_n n_{p0}/\sqrt{D_n \tau_n}$ (für einen n^+p-Übergang), s. (2.114) und $V_L = (kT/e)ln(j_L/j_S+1)$, s. (2.118). Abbildung 6.21 zeigt den berechneten Verlauf der Leerlaufspannung mit zunehmender lichterzeugter Ladungsträgerdichte Δn. Dabei sind Lebensdauern aus Abb. 2.24 verwendet worden. Der tatsächliche Anstieg von V_L liegt niedriger, da sowohl (2.114) als auch Abb. 2.24 idealisierte Annahmen enthalten. Eine höhere Lebensdauer bewirkt weiterhin auch eine Reduzierung der Oberflächenrekombinationsgeschwindigkeit (vgl. 2.62). Der Photostrom wird – solange die lichterzeugte Minoritätsladungsträgerkonzentration kleiner ist als die Majoritätsladungsträgerkonzentration – durch (2.130) beschrieben. Man erkennt, daß der Photostrom direkt proportional zur eingestrahlten Photonenflußdichte I_0 (und damit zur Konzentration X) ist, während der Einfluß der Lebensdauer über die Diffusionslänge aufgrund des funktionalen Zusammenhanges in (2.130) sehr gering ist (und daher auch für die oben diskutierte Nichtlinearität nicht maßgeblich verantwortlich sein kann). Für hohe Konzentrationen ($\Delta n, \Delta p >> n_0, p_0$) ist (2.130) allerdings nicht mehr anwendbar, da die Voraussetzungen für ihre Herleitung dann nicht mehr erfüllt sind. Aufgrund der Auger-Rekombination nimmt der Photostrom nicht mehr linear mit der Lichtkonzentration zu.

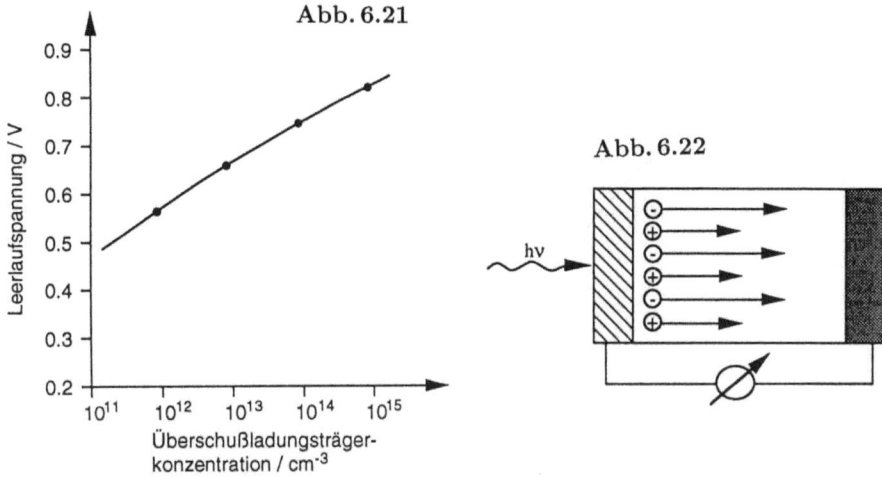

Abb. 6.21. Berechneter Anstieg der Leerlaufspannung mit zunehmender lichterzeugter Überschußladungsträgerkonzentration

Abb. 6.22. Illustration zur Entstehung der Dember-Spannung (siehe Text)

Dember-Spannung. Der Effekt wird anhand von Abb. 6.22 diskutiert. Ein Halbleiter sei mit zwei ohmschen Kontakten an der Front- und Rückseite versehen; der Frontkontakt sei lichtdurchlässig. Der Halbleiter wird von der Frontseite mit Licht der Energie $h\nu > E_g$ bestrahlt. Die Absorption sei auf einen relativ engen Bereich an der Frontseite begrenzt. Aufgrund der in der Regel größeren Diffusionslänge von Elektronen gegenüber Löchern beobachtet man eine negative Aufladung am Rück- und eine positive Aufladung am Frontkontakt. Die resultierende Spannung heißt Dember-Spannung und ist in der Regel relativ klein ($\approx 10^{-3}$ V).

Die experimentelle Bestimmung der Dember-Spannung erweist sich jedoch als problematisch, da bei Belichtung in der Regel aufgrund von Kontaktpotentialdifferenzen Photospannungen auftreten, die viel größer sind als die Dember-Spannung. Berechnungen ergaben für hohe Lichtintensitäten $V_{Dem} = 0.025$ V ($X = 100$) und 0.05 V ($X = 1000$). Je nach Solarzellentyp wird die Photospannung um die Dember-Spannung vergrößert oder verkleinert; Vergrößerung erhält man z.B. bei einer n^+-p-Anordnung bei Belichtung von der n^+-Seite her. Bei den bisherigen Betrachtungen sind Temperatureffekte, wie sie implizit und explizit z.B. in den Gleichungen für den Photostrom (2.130), den Sättigungsstrom in Sperrichtung (2.114) und die Photospannung (2.118) enthalten sind, bisher nicht berücksichtigt worden. Betrachtet man z.B. die Verhältnisse in Silizium, so führt eine Temperaturerhöhung zu einer Ausdehnung des Kristallgitters, und die Energie der Gitterschwingungen nimmt zu; beides bewirkt eine Veränderung der Energielücke E_g. Die aus optischen Absorptionsmessungen abgeleiteten E_g-Werte nehmen in Silizium mit zunehmender Temperatur

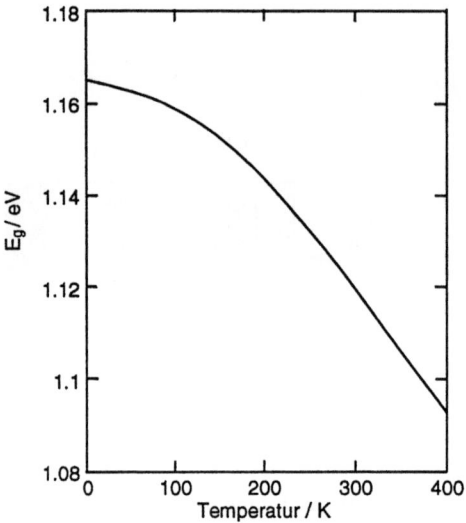

Abb. 6.23. Temperaturabhängigkeit der Energielücke E_g in Silizium. Die Werte sind aus der Absorptionskante für indirekte optische Übergänge abgeleitet worden

ab (Abb. 6.23, nach [17]). Dieser Effekt führt zu einer geringfügigen Erhöhung des Kurzschlußstroms; man findet $(\Delta j_K/\Delta T)\,1/j_K = +0.03\%°\mathrm{C}^{-1}$ [7].
Die Temperaturabhängigkeit der Leerlaufspannung beruht hauptsächlich auf einem Anstieg der intrinsischen Ladungsträgerkonzentration mit der Temperatur (vgl. Abb. 2.8). Ersetzt man in (2.114) n_{p0} durch n_i^2/p_{n0} (s. (2.14)), so ergibt sich mit (2.15)

$$j_S = \frac{eD_n n_{p0}}{L_n} = \sqrt{\frac{D_n}{\tau_n}} \cdot \frac{en_i^2}{N_A} = 4.9 \cdot 10^{15} \frac{e}{N_A} (m_e^* m_h^*)^{3/2} \sqrt{\frac{D_n}{\tau_n}} T^3 \left(e^{-\frac{E_g}{kT}}\right)$$
$$= CT^3 \sqrt{\frac{D_n}{\tau_n}} e^{-\frac{E_g}{kT}}. \qquad (6.7)$$

Damit ergibt sich aus (2.118)

$$V_L = \frac{kT}{e} ln\left(\frac{j_K}{j_S}+1\right) \approx \frac{kT}{e} ln\left(\frac{j_K}{j_S}\right) = \frac{E_g}{e} - ln\left(\frac{C\sqrt{D_n/\tau_n}T^3}{j_K}\right). \qquad (6.8)$$

Der logarithmische Ausdruck ist positiv. Daher führt eine Temperaturzunahme zu einer Abnahme von V_L. Näherungsweise gilt

$$\frac{\Delta V_L}{\Delta T} \approx -2\,\mathrm{mV}°\mathrm{C}^{-1}. \qquad (6.9)$$

Beide Effekte werden beobachtet (vgl. Abb. 6.24, nach [18]). Es dominiert die Abnahme von V_L mit steigender Temperatur gegenüber der Zunahme des Photostroms. Insgesamt beobachtet man für den Wirkungsgrad einen relativen Verlust von $0.4\%°\mathrm{C}^{-1}$ (diese Einbußen nehmen mit wachsender Bandlücke des verwendeten Halbleitermaterials leicht ab [7]). Eine effektive Kühlung von Konzentratorsolarzellen ist daher von großer Wichtigkeit.

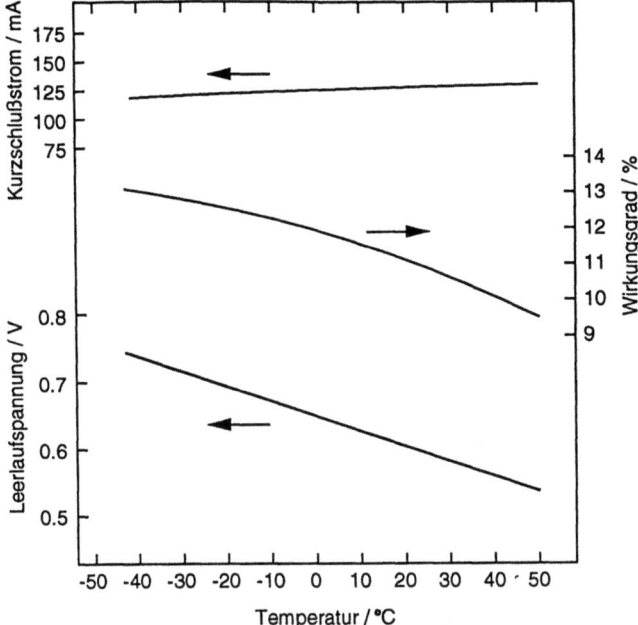

Abb. 6.24. Einfluß der Temperatur auf Kurzschlußstrom, Leerlaufspannung und Wirkungsgrad einer 4 cm² großen Si-Solarzelle

6.2.3 Solarzellen für Konzentratorsysteme

Als Konzentratorsolarzellen werden meist Solarzellen aus GaAs oder einkristallinem Silizium verwendet, wobei GaAs wegen seiner größeren Bandlücke etwas unempfindlicher gegen Temperatureffekte ist als Silizium und sich daher für den Einsatz bei sehr hohen Konzentrationen besser eignet als Silizium. Da die Kostenfrage bei Konzentratorsolarzellen nicht die entscheidende Bedeutung besitzt wie bei gewöhnlichen Zellen, können auch unkonventionellere Strukturen wie z.B. Tandem-Zellen zur Anwendung kommen (s. Abschn. 6.1).

Zunächst werden AlGaAs/GaAs-Solarzellen vorgestellt, die für unterschiedliche Konzentrationsverhältnisse ($X = 100 \ldots 150$ bzw. $900 \ldots 1000$) konzipiert worden sind. Der Aufbau ähnelt der in Abschn. 4.6.2 vorgestellten Struktur und wurde wie diese hinsichtlich Dotierung, Schichtdicken usw. mit Hilfe von Computersimulationen optimiert. Als Ergebnis findet man für den Konzentrationsbereich von $X = 100 \ldots 150$ eine n-p-Schichtfolge im photoaktiven GaAs, für $X = 900 \ldots 1000$ eine p-n-Anordnung. Abbildung 6.25 zeigt schematisch den Querschnitt durch die p-n-Solarzelle, dem man auch Schichtdicken und Dotierniveaus entnehmen kann. Bei der n-p-Solarzelle ist die dem Licht zugewandte n-Schicht 0.2 μm dick und $N_D = 1 \cdot 10^{18}$ cm⁻³; die p-Schicht ist 3.8 μm dick und $N_A = 5 \cdot 10^{17}$ cm⁻³. Ansonsten ist der Aufbau mit der in Abb. 6.25 dargestellten Schichtfolge identisch.

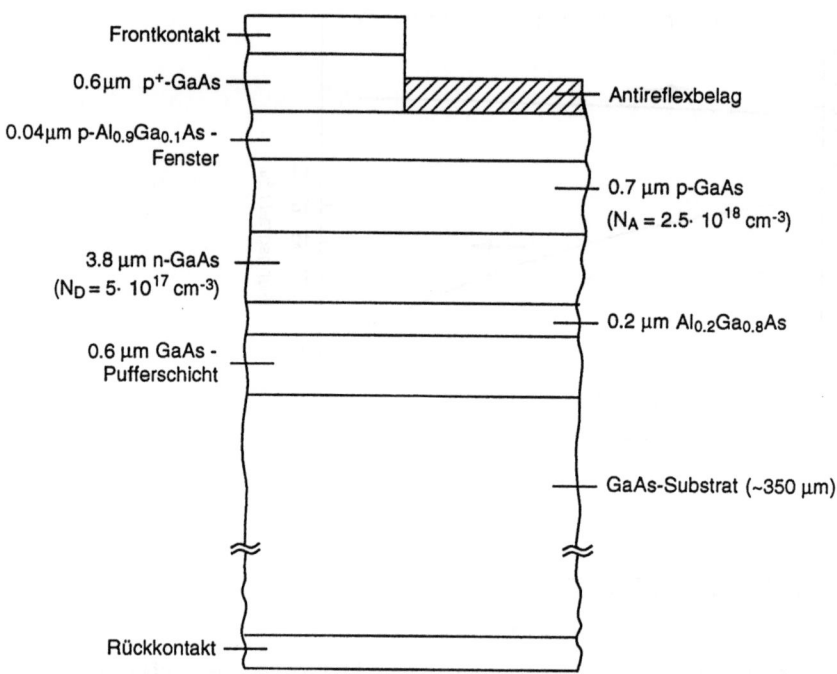

Abb. 6.25. Schematischer Querschnitt durch eine AlGaAs/GaAs-Konzentratorsolarzelle

Die AlGaAs- und GaAs-Schichten wurden mittels MOCVD (vgl. Abschn. 4.6) auf dem GaAs-Substrat abgeschieden; Se und Zn dienen als n- bzw. p-Dotierstoff. Die feinen und eng beieinanderliegenden Metall-Frontkontakte können nicht mehr mit den sonst üblichen Siebdruckverfahren aufgebracht werden, sondern erfordern den Einsatz photolithographischer Techniken. Da die durch Aufdampfen von Au/Ge/Ni/Au (auf n^+-GaAs) bzw. Pd/Au (auf p^+-GaAs) hergestellten Frontkontakte zunächst noch zu dünn sind und damit einen zu hohen Widerstand besitzen, ist ein nachträgliches Galvanisieren mit Gold zur Reduzierung des Widerstandes erforderlich. Das Gittermuster innerhalb der belichteten Fläche (Durchmesser 5.1 mm) ist in Abb. 6.26 dargestellt. Der Abstand der Metallfinger liegt bei etwa 1/10 mm, ihre Dicke bei 2 µm; das Kontaktgitter deckt 5.8% der aktiven Solarzellenoberfläche ab (alle Angaben für die p-n-Struktur; für die n-p-Zellen weichen die Werte etwas ab).

Abbildung 6.27a zeigt den Wirkungsgrad der n-p-Struktur in Abhängigkeit vom Konzentrationsverhältnis, Abb. 6.27b den der p-n-Struktur. Die n-p-Struktur weist ein deutliches Maximum des Wirkungsgrades bei $X = 400$ auf. Der nachfolgende starke Abfall der Kurve deutet auf einen zunehmenden Einfluß des Serienwiderstandes hin. Demgegenüber ist der Einfluß des Serienwiderstandes bei der p-n-Struktur nur schwach ausgeprägt. Beide Zelltypen besitzen bei dem Konzentrationsverhältnis, für das sie entworfen worden sind, etwa den gleichen Wirkungsgrad: 27.5% bei $X = 150$ (n-p) bzw. $X = 1000$ (p-n) [19].

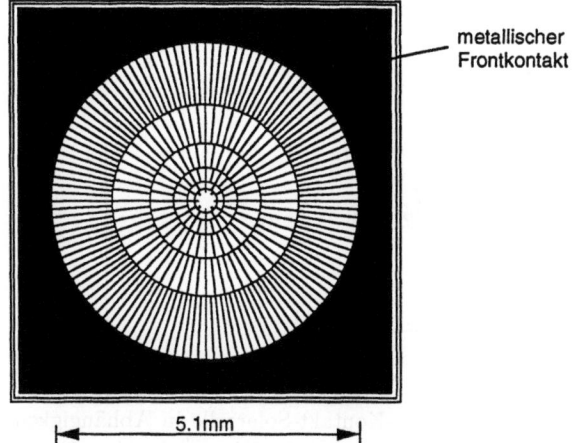

Abb. 6.26. Aufsicht auf die AlGaAs/GaAs-Solarzelle der Abb. 6.25; belichtet wird der kreisförmige Bereich, in dem der Metallkontakt in Form sehr dünner, eng beieinanderliegender Metallfinger ausgebildet ist

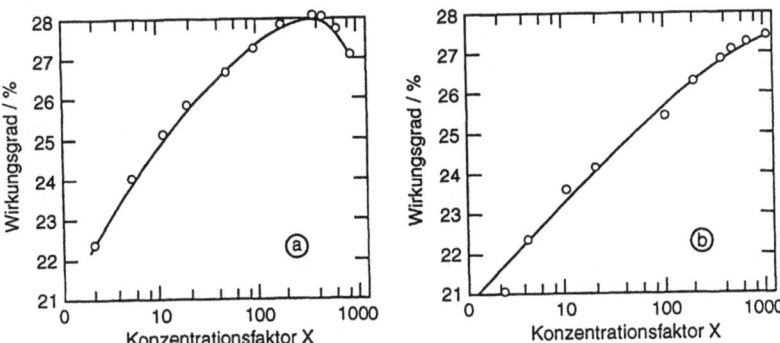

Abb. 6.27a,b. Wirkungsgrad der AlGaAs/GaAs-Solarzelle (s. Abb. 6.25) in Abhängigkeit von der Konzentration; (a) mit n-p, (b) mit p-n-Schichtfolge im photoaktiven GaAs; AM1.5 mit $p_S = 100\,\mathrm{mWcm^{-2}}$ bei $X = 1$

Für höher konzentrierende Systeme eignet sich ferner die in Abschn. 3.1.6 diskutierte Punktkontakt-Solarzelle aus Silizium. Abbildung 6.28 zeigt den Wirkungsgrad einer derartigen Zelle in Abhängigkeit vom Konzentrationsverhältnis (nach [20]). Das Absinken des Wirkungsgrades oberhalb von $X = 100$ wird nicht nur auf den Einfluß des Serienwiderstandes, sondern auch auf zunehmende Auger-Rekombination zurückgeführt (vgl. Abschn. 2.3.2).

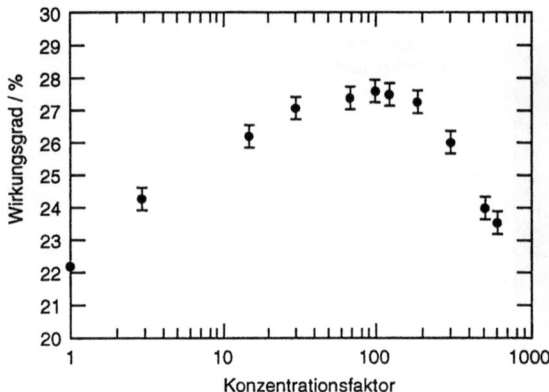

Abb. 6.28. Wirkungsgrad einer Silizium-Punkt-Kontakt-Solarzelle in Abhängigkeit vom Konzentrationsfaktor (AM1.5-Bedingungen, $p_S = 100\,\mathrm{mWcm^{-2}}$ für X = 1)

6.2.4 Optische Systeme und Nachführung

Bei Konzentratoren unterscheidet man zwischen abbildenden und nicht abbildenden Systemen. Zu den ersteren gehören Linsen, Fresnellinsen, Kugel-, Parabol- und Fresnelspiegel (sphärisch und linear fokussierend; s. Abb. 6.29), zu den nicht abbildenden Systemen u.a. planare Konzentratoren und Verbindungsparaboloide (s.u.). Häufig findet man Kombinationen von abbildenden und nicht abbildenden Elementen.

Unter dem geometrischen Konzentrationsverhältnis versteht man das Verhältnis der Fläche von Eingangsapertur eines Konzentrators zur Fläche seiner Ausgangsapertur. Dieses Konzentrationsverhältnis muß theoretisch einen Höchstwert besitzen, wie folgende Betrachtung zeigt: wenn ein perfekter schwarzer Körper die pro Flächeneinheit auf die Erdoberfläche auftreffende solare Strahlungsleistung p vollständig absorbiert, nimmt er im Gleichgewicht eine Temperatur T an, die durch das Stefan-Boltzmann-Gesetz beschrieben wird:

$$\sigma T^4 = p \qquad (6.10)$$

($\sigma = 5.67 \cdot 10^{-8}\,\mathrm{Wm^{-2}K^{-1}}$).

Konzentriert man die Leistungsdichte um den Faktor X, erhöht sich die Temperatur

$$\sigma T^4 = X \cdot p. \qquad (6.11)$$

Die Temperatur des absorbierenden schwarzen Körpers kann nicht höher werden als die der Strahlungsquelle, da der absorbierende Körper nach dem Planckschen Strahlungsgesetz Frequenzen höherer Energie abstrahlen müßte als die ursprüngliche Quelle (Sonne) überhaupt besitzt. Damit würde der zweite Hauptsatz der Thermodynamik verletzt werden. Setzt man in (6.11) für $T = 5762$ K (Temperatur der Sonnenoberfläche) und für $p = 135.3$ Wm^{-2} (Solarkonstante), so ergibt sich für die maximal mögliche Konzentration $X_m \approx 46200$.

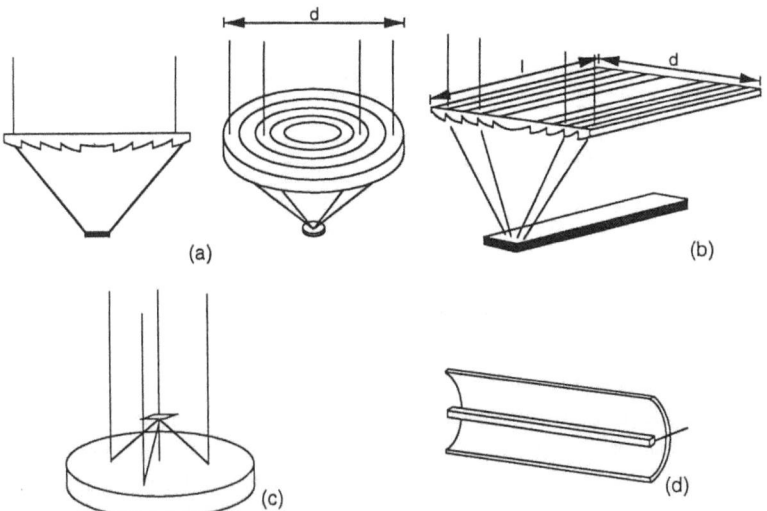

Abb. 6.29a–d. Einige abbildende Konzentrator-Systeme: sphärisch (a) und linear (b) fokussierende Fresnellinse; sphärisch (c) und linear (d) fokussierender Parabolspiegel

Das maximale Konzentrationsverhältnis bei abbildenden Systemen (z.B. einer sphärisch fokussierenden Linse mit dem Radius $a = d/2$) ergibt sich aus dem Verhältnis der Fläche der Eingangsapertur F_L zur Fläche der in der Brennebene abgebildeten Sonnenscheibe F_S. Die Sonne erscheint einem Beobachter auf der Erde unter einem Winkel von $2\,\vartheta_S = 0.53°$ (entspricht 0.0093 rad); für den Durchmesser d der abgebildeten Sonnenscheibe gilt dann $d = 2\vartheta_S f$ (f Brennweite). Daher gilt für X_m:

$$X_m = \frac{F_L}{F_S} = \frac{\pi a^2}{\pi (\vartheta_S \cdot f)^2} = \left(\frac{a}{\vartheta_S f}\right)^2. \qquad (6.12)$$

Mit linear fokussierenden Systemen (b und d in Abb. 6.29) erhält man keinen Brennpunkt, sondern eine Brennlinie. Das Bild, das z.B. eine linear fokussierende Fresnellinse mit den Abmessungen $d \cdot l$ (Abb. 6.29b) von der Sonne erzeugt, hat die Fläche $F_S = 2\vartheta_S \cdot f \cdot l$. Anstelle von (6.12) erhält man mit $a = d/2$:

$$X_m = \frac{d \cdot l}{2\vartheta_S \cdot f \cdot l} = \frac{a}{\vartheta_S \cdot f}, \qquad (6.13)$$

also gerade die Wurzel des Ausdrucks auf der rechten Seite von (6.12). Setzt man in (6.12) den Zahlenwert für ϑ_S ein und nimmt für $a/f = 1$ an, erhält man für die Konzentration $X_m = 46200$, den gleichen Wert, wie er sich aus den thermodynamischen Überlegungen ergibt. Für linear fokussierende Systeme ergibt sich aus (6.13) $X_m = 215$. Praktisch lassen sich Linsen jedoch nur mit $a/f < 0.5$ herstellen, so daß der thermodynamische Maximalwert auch theoretisch zu höchstens 25% (bzw. 50% bei linear fokussierenden Systemen)

6. Kombinierte Systeme

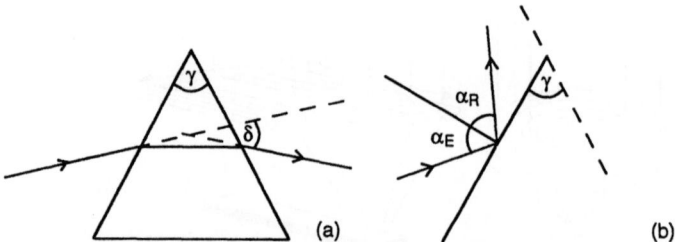

Abb. 6.30a,b. Ablenkwinkel δ eines Lichtstrahls beim symmetrischen Durchgang durch ein Prisma (a) und Reflexion an einem Spiegel (b)

erreicht werden kann. Zusätzliche Verluste ergeben sich aus – insbesondere bei hohen Öffnungsverhältnissen unvermeidlichen – Abbildungsfehlern wie sphärischer und chromatischer Aberration sowie Koma. Ähnliche Ergebnisse gelten auch für parabolische Spiegel. Diese Begrenzung des erreichbaren Konzentrationsverhältnisses einfacher abbildender Systeme kann durch Kombination mit nicht abbildenden optischen Komponenten teilweise aufgehoben werden. Allerdings bleibt einschränkend anzumerken, daß – unabhängig von den optischen Komponenten – die elektronischen Eigenschaften auch hochwertiger Solarzellen sowie Probleme beim Wärmetransport Konzentrationsverhältnisse viel größer als 1000 kaum zulassen [21].

Interessanterweise findet man Linsen häufiger als Spiegel. Das läßt sich folgendermaßen erklären: vergleicht man lichtsammelnde Spiegel und Linsen hinsichtlich ihrer Empfindlichkeit gegen Herstellungsungenauigkeiten, so zeigt sich, daß die gleichen Fehlertoleranzen bei Linsen geringere Auswirkungen zeigen als bei Spiegeln: Jede Linse (bzw. jeder Hohlspiegel) läßt sich als aus Prismen (bzw. ebenen Spiegeln) aufgebaut denken. Zwischen dem Ablenkwinkel δ, den ein Lichtstrahl beim Durchgang durch ein Prisma erfährt, und dem Winkel γ des Prismas (Abb. 6.30a) besteht für kleine δ und γ der Zusammenhang:

$$\delta = (n-1)\gamma, \qquad (6.14)$$

wobei n der Brechungsindex von Glas ist, bzw. für kleine Abweichungen $\Delta\gamma$ und mit $n = 1.5$

$$\Delta\delta = (n-1)\gamma = 0.5\Delta\gamma. \qquad (6.15)$$

Die Änderung eines unter γ geneigten Spiegels (Abb. 6.30b) um $\Delta\gamma$ bewirkt eine Winkeländerung des reflektierten Strahls um $\Delta\alpha_R$ und beträgt

$$\Delta\alpha_R = 2\Delta\gamma. \qquad (6.16)$$

Daher ist die Empfindlichkeit von Linsen gegenüber herstellungsbedingten Ungenauigkeiten – und auch gegen Ungenauigkeiten bei der Nachführung – geringer als die von Hohlspiegeln. In realen photovoltaischen Konzentratorsystemen findet man daher in den meisten Fällen Fresnellinsen.

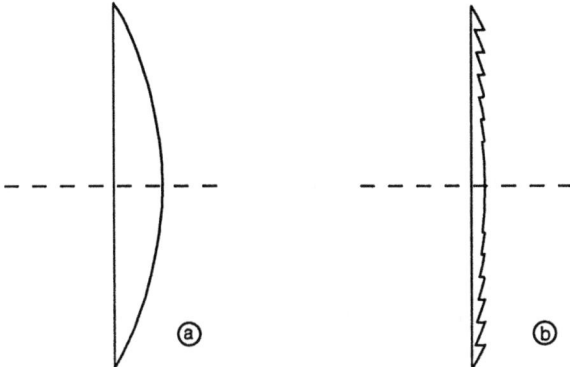

Abb. 6.31a,b. Querschnitt durch eine Plankonvexlinse (a) und eine gleich wirkende Fresnellinse (b)

Abbildung 6.31 zeigt den Querschnitt durch eine (sphärisch fokussierende) Plankonvexlinse und eine Fresnellinse mit gleichen abbildenden Eigenschaften. Man erhält die Struktur der Fresnellinse dadurch, daß man sich die Konvexlinse in konzentrische Ringbereiche eingeteilt denkt, die so ineinandergeschoben werden, daß die Dicke d an allen Stufenkanten gleich groß ist. Bei geringer Breite der Ringbereiche können die wirksamen äußeren Zonenflächen kegelförmig ausgeführt werden. Bei großem Öffnungsverhältnis werden gewöhnliche Linsen sehr dick; Fresnellinsen bieten demgegenüber eine erhebliche Material- und Gewichtseinsparung. Fresnellinsen werden meist aus Kunststoff geformt. Bei sehr geringer Breite der Ringbereiche kann ihre Dicke so gering (< 0.5 mm) werden, daß sich die entsprechenden Strukturen auch in Form von Folien herstellen lassen, die auf geeignete transparente Träger aufgebracht werden. Für die Herstellung von Fresnellinsen für Konzentratoranwendungen hat sich Acryl bewährt, das leicht verarbeitet werden kann und witterungsbeständig ist. Von 14 Herstellern bzw. Entwicklern derartiger Systeme in den USA setzen elf sphärisch oder linear fokussierende Fresnellinsen ein [22].

Ein Nachteil aller abbildenden Systeme ist ihre geringe Winkelakzeptanz. Unter dem Akzeptanzwinkel versteht man den größten Winkel φ_m zwischen einfallendem Lichtstrahl und der optischen Achse, unter dem der Strahl gerade noch auf die Solarzelle trifft. Paßt man die Größe der Solarzelle exakt der Größe des Sonnenbildes an, wodurch sich ein optimales Konzentrationsverhältnis ergibt, so ist eine außerordentlich genaue Nachführung erforderlich. Aufgrund der Erddrehung bewegt sich die Sonne am Himmel mit 0.25°/min in Ost-West-Richtung. Ohne Nachführung würde das Sonnenbild nach zwei Minuten vollständig aus dem ursprünglichen Brennfleck auf der Solarzelle hinausgewandert sein. Jede mechanische Nachführung weist jedoch Ungenauigkeiten auf, die in der Praxis aus Kostengründen sinnvollerweise mit etwa ±1° angenommen werden müssen [7]. Das heißt, daß die Solarzelle größer als das Sonnenbild ausgelegt werden müßte, um zu verhindern, daß Teile des Sonnenbildes aus dem Bereich der

Solarzelle herauswandern. Das bedeutet, daß sich das geometrische Konzentrationsverhältnis nach (6.12) bzw. (6.13) verringert, da jetzt nicht nur die Sonne, sondern ein Raumwinkelbereich von z.B. $\vartheta_m = \pm 1° > \vartheta_S$ auf die Solarzelle abgebildet wird. Damit würde die Zelle jedoch stark inhomogen ausgeleuchtet sein, das zwei Nachteile hat: zum einen blieben weite Teile der (teuren) Solarzelle nur wenig bestrahlt, zum anderen wirkt sich eine inhomogene Bestrahlung negativ auf den Füllfaktor und damit auf den Wirkungsgrad aus. Dies hängt mit dem Einfluß des Serienwiderstandes zusammen ([23], vgl. Abschn. 6.2.3).

Bei den bisherigen Betrachtungen ist weiterhin ein nicht unbeträchtlicher Teil der solaren Strahlung nicht berücksichtigt worden, die diffuse Strahlung und hier insbesondere die sog. Zirkumsolarstrahlung oder Aureola. Diese wird durch bevorzugte Vorwärtsstreuung an Aerosolen (Mie-Streuung) hervorgerufen. Ihre winkelabhängige Intensität hängt von der Trübung der Atmosphäre und vom Sonnenstand ab und kann einen beträchtlichen Anteil der intrinsischen Sonneneinstrahlung ausmachen. Ihre Ausdehnung erstreckt sich über einen Bereich von etwa ±5° rund um die Sonnenscheibe. Bei einer angenommenen Winkelakzeptanz von ±1° des abbildenden Konzentrators würde also ein großer Teil der Aureola abgeschnitten bleiben, während der erfaßte Teil – aufgrund der abbildenden Charakteristik – mit dem Sonnenbild nicht zur Deckung kommt. Wünschenswert ist daher ein Konzentrator, der zum einen eine große Winkelakzeptanz besitzt und zum anderen eine möglichst homogene Ausleuchtung der Solarzelle gewährleistet. Dies kann im einfachsten Fall durch eine Kombination von Fresnellinse und verspiegeltem trichterförmigen Sekundärkonzentrator erreicht werden. Im folgenden wird auf die Geometrie eines Systems aus linear fokussierender Fresnellinse und V-förmigem reflektierenden Trog genauer eingegangen (Abb. 6.32, nach [24]).

Die Dimensionen von Linse und Trog sind so ausgelegt, daß alle unter dem extremen Winkel $\pm\vartheta_m$ einfallenden Strahlen auf den Rand B_L bzw. B_R der Ausgangsapertur gelenkt werden. Strahlen mit $\vartheta < \vartheta_m$ werden nach einer Reflexion auf die Ausgangsapertur gelenkt bzw. münden direkt auf sie, Strahlen mit $\vartheta > \vartheta_m$ verlassen das System nach einer oder mehreren Reflexionen (Strahl e in Abb. 6.32. Man erkennt ferner, daß die Ausgangsapertur $\overline{B_L B_R}$, die den Ort der Solarzelle festlegt, aus der Brennebene $\overline{F_L F_R}$ herausgehoben ist. Dies bewirkt eine homogenere Ausleuchtung der Solarzelle [26]. Der Akzeptanzwinkel ϑ_m, die Neigung γ der verspiegelten Seiten $\overline{A_L B_L}$ bzw. $\overline{A_R B_R}$ sowie deren Länge und die Größe der Ausgangsapertur $\overline{B_L B_R}$ sind eindeutig in der Weise miteinander verknüpft, daß die folgende Bedingung erfüllt ist: vernachlässigt man die durch die Prismengestalt verursachte unterschiedliche Dicke der Linse über dem Querschnitt $\overline{A_L A_R}$ und nimmt diese einmal als sehr dünn und gleichförmig an, so sind die optischen Weglängen der unter dem maximalen Akzeptanzwinkel ϑ_m einfallenden Strahlen gleich, d.h.

$$\overline{A_L B_R} + \overline{B_R B_L} = \overline{C A_R} + \overline{A_R B_L}. \tag{6.17}$$

Da aus Symmetriegründen $\overline{A_L B_R} = \overline{A_R B_L}$ ist und $\sin\vartheta = \overline{C A_R}/2a$, folgt mit $\overline{B_R B_L} = 2r$

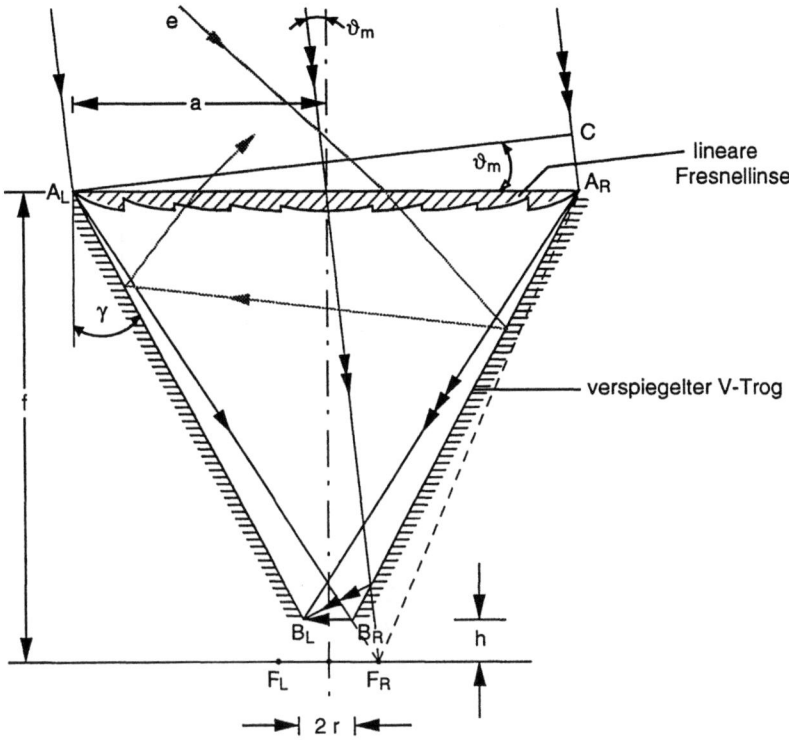

Abb. 6.32. Kombination von linear fokussierender Fresnellinse und V-förmigem reflektierendem Trog. F_L und F_R sind Schnittpunkte der Brennlinien der Linse mit der Zeichenebene für die unter $\pm\vartheta_m$ einfallenden parallelen Strahlen

$$\frac{a}{r} = \frac{1}{sin\vartheta_m}. \tag{6.18}$$

Hierbei ist a/r das Verhältnis von Eingangs- zu Ausgangsapertur, also das Konzentrationsverhältnis X. Wählt man $\vartheta_m = \vartheta_S$, so ergibt sich mit (6.18) wieder $X = 215$. Das ist das gleiche Ergebnis, wie man es aus (6.13) erhält, hier jedoch ohne Einschränkungen für das Öffnungsverhältnis a/f. Zumindest theoretisch besteht die Möglichkeit, daß man mit diesem System nahe an den thermodynamisch errechneten Grenzwert für X herankommt. Genauere Berechnungen zeigen, daß für Akzeptanzwinkel ϑ_m zwischen 1° und 25° a/f-Werte in der Größenordnung von 0.5 erforderlich sind.

Der Akzeptanzwinkel ϑ und damit das Konzentrationsverhältnis bestimmen vollständig die Geometrie des Konzentrators. Abbildung 6.32 gibt die Verhältnisse für $X = 10$ und $\vartheta = 6°$ wieder. Da aus den bereits erwähnten Gründen ϑ_m nicht kleiner als $\pm 1°$ sein sollte, beschränkt sich der Einsatz von linear fokussierenden Konzentratoren entsprechend (6.18) auf Konzentrationsbereiche $X < 60$. Für höhere Konzentrationen müssen sphärisch fokussierende Konzentratorsysteme verwendet werden. Anstelle von (6.18) erhält man für diese – in Analogie zu (6.12) und (6.13) – im Idealfall

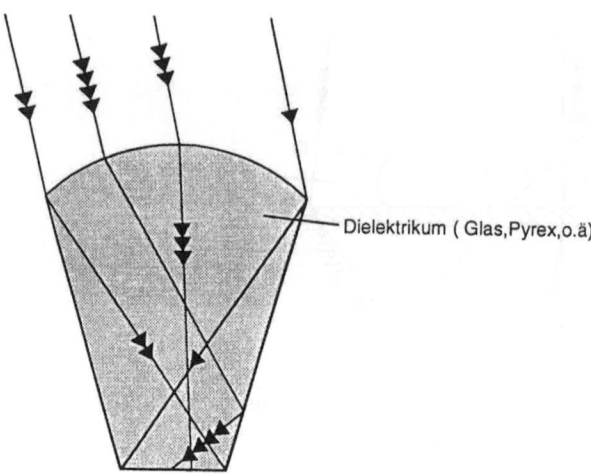

Abb. 6.33. Querschnitt durch einen dielektrischen total-reflektierenden Konzentrator

$$X = \frac{\pi a^2}{\pi r^2} = \frac{1}{sin^2 \vartheta_m}. \qquad (6.19)$$

Praktisch werden weder (6.18) noch (6.19) von realen Systemen wegen stets vorhandener Abbildungsfehler streng erfüllt.

Als sekundäre optische Elemente kommen in Kombination mit Punktfokus-Fresnellinsen anstelle einfacher trog- oder trichterförmiger Reflektoren auch sog. dielektrische total-reflektierende Konzentratoren zur Anwendung (s. Abb. 6.33, nach [25]), bei denen eine Kombination von Brechung und Reflexion eine homogenere Ausleuchtung der Solarzelle gewährleistet als ein Reflektor allein. Die genaue Geometrie derartiger Sekundärbauteile sowie ihre günstigste Position im Strahlengang läßt sich offensichtlich nur mit Hilfe von Strahlengangsimulationen z.B. nach der Monte-Carlo-Methode optimieren [7], [26].

Bei in der Entwicklung bzw. Erprobung befindlichen Konzentratorsystemen werden gegenwärtig zwei unterschiedliche Vorgehensweisen verfolgt: zum einen versucht man, mit niedriger Konzentration ($X = 10...20$) und vergleichsweise einfachen Systemen die Leistung konventioneller Solarzellen zu erhöhen. Zum anderen kommen hochwertige Solarzellen zum Einsatz, bei denen die Konzentration bei einigen hundert bis tausend liegt. Hier werden an die optischen und mechanischen Komponenten wesentlich höhere Anforderungen gestellt. Für beide Anwendungen werden im folgenden Beispiele gegeben.

Abbildung 6.34 zeigt ein in Entwicklung befindliches lineares Konzentratorsystem der SEA-Corporation (USA), bei dem anstelle einer ebenen eine gewölbte Fresnellinse verwendet wird, mit der sich hohe Öffnungsverhältnisse preiswerter erzielen lassen [27]. Das System ist für $X = 10$ ausgelegt und soll mit konventionellen Si-Solarzellen betrieben werden. Es ist geplant, Linse und Sekundär-Trog in einem einzigen Prozeßschritt als eine Einheit aus Acrylglas herzustellen; die Wände des Trogs werden dann verspiegelt. Die Wärmeabfuhr erfolgt über

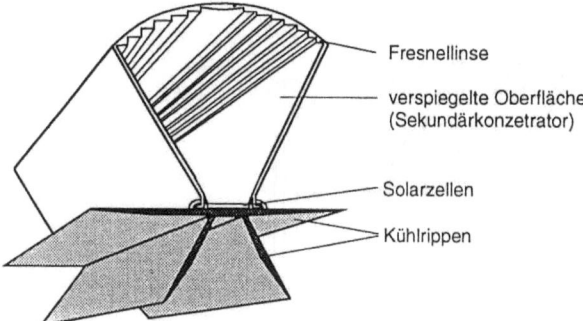

Abb. 6.34. Konzentrator mit linear fokussierender Fresnellinse. Die Öffnungsweite der Linse beträgt 17 cm; d Durchmesser, l Länge

metallische Kühlrippen. Die Winkelakzeptanz liegt niedriger als theoretisch zu erwarten ist und beträgt ca. $\pm 4°$, womit aber noch der größte Teil der Zirkumsolarstrahlung aufgenommen werden kann.

Eine bereits im Einsatz befindliche größere Versuchsanlage (ca. 2000 m² groß), bestehend aus einigen hundert mit linearen Fresnellinsen bestückten Modulen steht in Austin/Texas [9]. Die Größe der Module liegt bei $d = 0.9$ m und $l = 3$ m (vgl. Abb. 6.34). Die Linse besteht aus einer 3 mm dicken gebogenen Acrylscheibe, die mit einer 0.4 mm dicken Folie mit der Struktur einer Fresnellinse beschichtet ist. Das Konzentrationsverhältnis ist $X = 22.5$ (ohne Berücksichtigung der prismatischen Abdeckung); der Aufbau der Module ähnelt äußerlich dem in Abb. 6.34. Als Solarzellen können Silizium-Solarzellen eingesetzt werden, wie sie in gewöhnlichen Flachkollektoren Verwendung finden. In der Pilotanlage wurden 4 cm breite Zellen aus CZ-Material (vgl. Abschn. 3.1.3) eingesetzt. Abschattungsverluste durch die Frontkontaktfinger werden durch prismatische Abdeckungen vermieden (s. Abb. 6.24). Der Wirkungsgrad der einzelnen Module liegt bei 17%, die Leistung der Gesamtanlage bei 300 kW. Abbildung 6.35 zeigt schematisch den Aufbau der Nachführungsanlage: die Module sind in einem Rahmen drehbar angeordnet und können der Ost-West-Bewegung der Sonne am Himmel nachgeführt werden. Die veränderliche Sonnenhöhe (täglich und jahreszeitlich) wird durch eine Kippbewegung des gesamten Rahmens in Nord-Süd-Richtung ausgeglichen. Die gesamte Anlage wird durch einen Rechner gesteuert.

Eine ähnliche Anordnung ist auch für das zuerst erwähnte SEA-Konzentratorsystem vorgesehen. Wegen des geringeren Konzentrationsverhältnisses wird hier auf eine Nachführung in Nord-Süd-Richtung verzichtet. Die Brennweite ändert sich zwar mit einer Veränderung des Einstrahlwinkels in Nord-Süd-Richtung, doch rechtfertigen die dadurch auftretenden Verluste (maximal 10%) offensichtlich nicht den Einbau einer zweiten Drehachse, wenn der Nord-Süd-Neigungswinkel dem jährlichen Mittel entspricht und der Abstand zwischen Linse und Solarzelle so gewählt wird, daß die pro Jahr erzeugte Stromleistung maximal wird [27].

320   6. Kombinierte Systeme

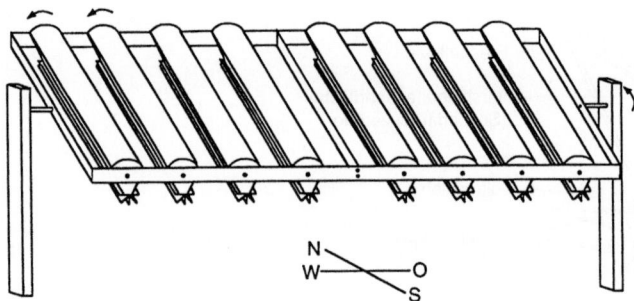

Abb. 6.35. Schematische Darstellung einer Nachführeinrichtung, wie sie in der 300-kW-Versuchsanlage in Austin/Texas eingesetzt wird

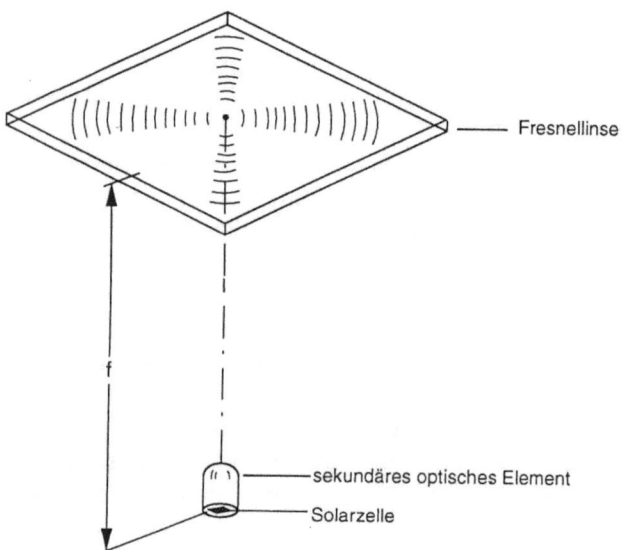

Abb. 6.36. Schematische Darstellung der optischen Komponenten des Konzentratormoduls von Alpha Solarco

Als Beispiel für ein höher konzentrierendes System wird ein Modul von Alpha Solarco (USA) vorgestellt [28]. Als Linse wird eine (quadratische) Fresnellinse verwendet ($22.9 \cdot 22.9$ cm^2, $f = 30.4$ cm). Die Herstellung erfolgt wieder durch Beschichten einer Acrylglasscheibe mit einer Folie, die Fresnelstruktur enthält. Als sekundäres optisches Element für eine homogene Strahlenverteilung und größere Winkelakzeptanz dient ein kuppelförmiges Pyrexstück, unter dem sich eine Punktkontakt-Si-Solarzelle ($1 \cdot 1$cm^2) (Abb. 6.36) befindet. Als Konzentrationsverhältnis wird $X = 385$ angegeben. Entsprechende Messungen zeigen, daß der Wirkungsgrad für höhere X wieder absinkt. Die Solarzelle wird mit einer speziellen Indium-Legierung auf ein Kupferwärmeleitblech gelötet. Je zwei mal vier derartige Baugruppen bilden eine Untereinheit, von denen drei in Serie geschaltet das Modul ergeben (Abb. 6.37). Aufgrund der höheren Konzentrati-

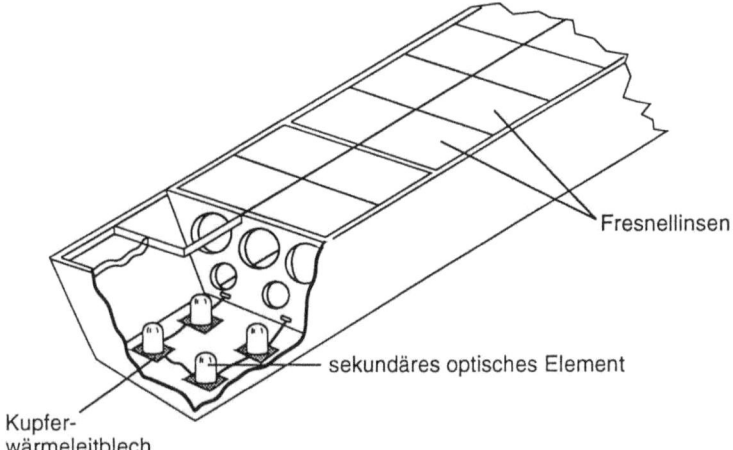

Abb. 6.37. Querschnitt durch das Konzentratormodul von Alpha Solarco

on und der damit verbundenen geringeren Winkelakzeptanz ist eine wesentlich genauere Nachführung erforderlich als bei dem niedrig konzentrierenden linearen System der Abb. 6.34. Abbildung 6.38 stellt die Transmissionseigenschaften verschiedener konzentrierender Systeme als Funktion einer fehlerhaften Orientierung der optischen Achse dar (nach [27], [28], [30]). Aufgrund der Rotationssymmetrie der hoch konzentrierenden Systeme gelten die Angaben für diese nicht nur in Ost-West, sondern auch in Nord-Süd-Richtung. Eine Versuchsanlage mit 20 Modulen lieferte kurzfristig 40 kW, doch stellten sich Probleme mit der Hitzebeständigkeit der sekundären optischen Elemente ein [29].

Einen prinzipiell ähnlichen Aufbau weist ein ebenfalls für terrestrische Anwendungen konzipiertes Modul von Varian auf [30]. Als Solarzellen wurden hier kommerziell erhältliche AlGaAs/GaAs-Zellen verwendet, deren Aufbau in Abschn. 6.2.2 genauer diskutiert worden ist. Trotz des hohen Konzentrationsverhältnisses ($X = 1000$) werden Zellen mit einer n-p-Schichtfolge im photoaktiven GaAs-Bereich gewählt, obwohl der Wirkungsgrad der p-n-Strukturen bei dieser Konzentration höher liegt (vgl. Abb. 6.27); eine Begründung wird nicht gegeben. Erprobt wurde bisher nur ein „Mini-Modul" mit zwei Solarzellen. Interessanterweise ist hier trotz der höheren Konzentration die Winkelakzeptanz mit ±1° deutlich größer als im vorgenannten Beispiel. Dies kann mit der Verwendung eines anderen, der Abb. 6.33 ähnlichen Sekundärkonzentrators, zusammenhängen.

Trotz der durch Sekundärelemente verbesserten Winkelakzeptanz bleibt das Gesichtsfeld der bisher beschriebenen Systeme auf einen mehr oder weniger engen Bereich um die Sonne beschränkt. Daher ist der Einsatz dieser Konzentratoren in Breiten sinnvoll, wo der Anteil der direkten Sonneneinstrahlung den der diffusen Strahlung dominiert. In Nordeuropa kann der Anteil der diffusen Strahlung jedoch bis zu 60% der Gesamteinstrahlung ausmachen. Unter diffuser Strahlung versteht man in diesem Zusammenhang die Gesamtheit der nicht von der Son-

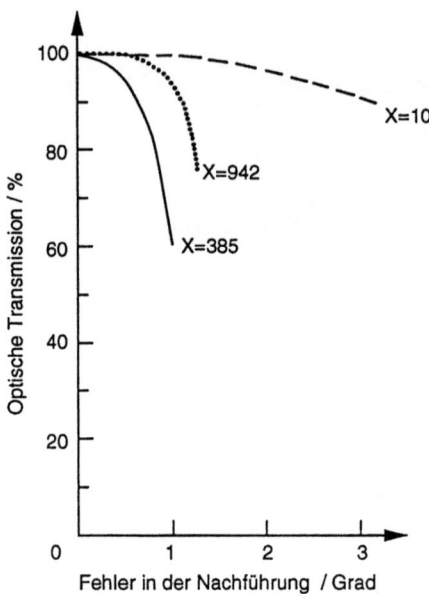

Abb. 6.38. Gemessene Transmission eines Konzentratormoduls mit linear (—) bzw. sphärisch fokussierenden Fresnellinsen (- - -, · · ·) zweier verschiedener Hersteller als Funktion einer fehlerhaften Nachführung; X Konzentrationsverhältnis

ne direkt kommenden Strahlung – also nicht nur Zirkumsolarstrahlung, sondern auch Strahlung aus einem noch größeren Raumwinkelbereich. Für die Konzentration direkter und indirekter Strahlung eignen sich nicht abbildende Systeme wie Verbindungsparaboloide (s. Abb. 6.39, nach [31]) und ebene Fluoreszenzkonzentratoren.

Die Funktionsweise von Verbindungsparaboloiden ist aus Abb. 6.39 ersichtlich. Strahlen, die unter dem maximalen Akzeptanzwinkel ϑ_m einfallen, werden vom Parabelsegment P auf den gegenüberliegenden Rand der Ausgangsapertur gelenkt, Strahlen mit $\vartheta < \vartheta_m$ entweder direkt oder nach einer Reflexion auf die Ausgangsapertur. Strahlen mit $\vartheta > \vartheta_m$ verlassen den Konzentrator nach einer oder mehreren Reflexionen. Verbindungsparaboloide sind – wie Linsen und Spiegel – in linearer oder rotationssymmetrischer Anordnung möglich. Wichtigster Vorteil von Verbindungsparaboloiden ist, daß sie die Bedingung (6.18) bzw. (6.19) erfüllen. Der Nachteil dieser ursprünglich für den Nachweis von Čerenkov-Strahlung konzipierten Konzentratoren besteht hauptsächlich in dem – insbesondere bei höheren Konzentrationsverhältnissen – ungünstigen Verhältnis von Länge L zur Aperturöffnung $2a_1$. Für einen rotationssymmetrischen Verbindungsparaboloid ergibt sich für die Länge $L = 2(a_1 + a_2)cot\vartheta_m$ (Bezeichnungen s. Abb. 6.39). Für $X = (a_1/a_2)^2 = 10$ und $a_2 = 2.5$ cm erhält man mit $a_1 = 7.9$ cm und $\vartheta_m = 18.4°$ bereits eine Länge von 70 cm, das einen hohen Aufwand hinsichtlich der großen, exakt zu bearbeitenden Reflektorfläche bedeutet. Dies macht den Verbindungsparaboloid vom mechanischen und wirtschaftlichen Standpunkt aus weniger attraktiv.

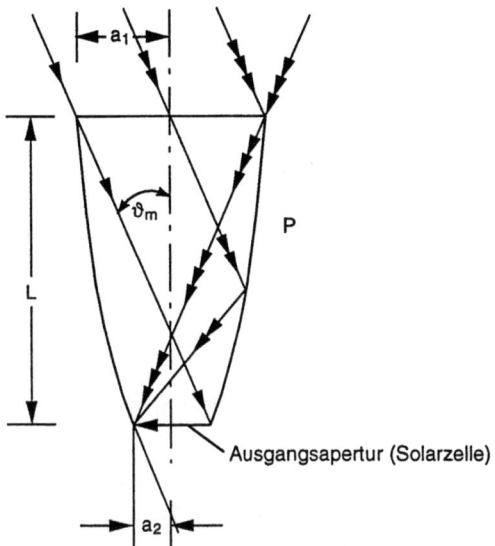

Abb. 6.39. Querschnitt durch einen Verbindungsparaboloid

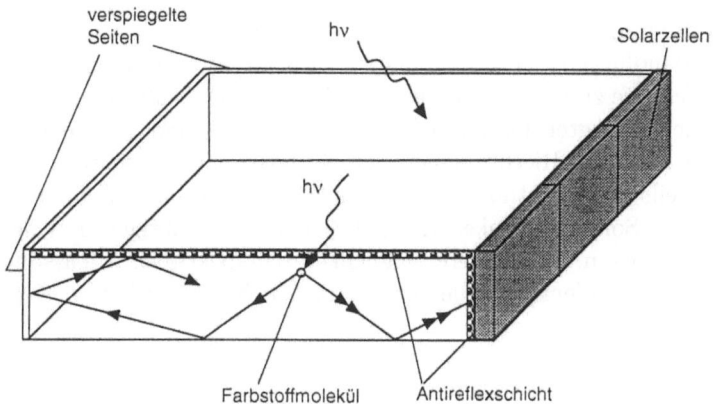

Abb. 6.40. Schematische Darstellung eines Fluoreszenz-Konzentrators.

Eine weitere Möglichkeit, direkte und diffuse Strahlung zu konzentrieren, bieten planare Konzentratoren [32]. Einfallendes Licht einer bestimmten Energie wird von fluoreszierenden Farbstoffen (z.B. Rhodamin), die in großflächigen Acrylglasscheiben gelöst sind, absorbiert. Die Reemission erfolgt bei einer niedrigeren Energie, so daß keine Reabsorption stattfindet. Das Fluoreszenzlicht unterliegt zum großen Teil Totalreflexion und wird an einer Stirnfläche in den Solarzellen absorbiert. Abbildung 6.40 zeigt das Prinzip. Da ein Farbstoff nur Licht eines bestimmten Energieintervalls absorbiert, besteht prinzipiell die Möglichkeit, Konzentratoren mit unterschiedlichem Absorptionsverhalten zu stapeln und mit entsprechend angepaßten Solarzellen zu versehen. Für derartige Sy-

324   6. Kombinierte Systeme

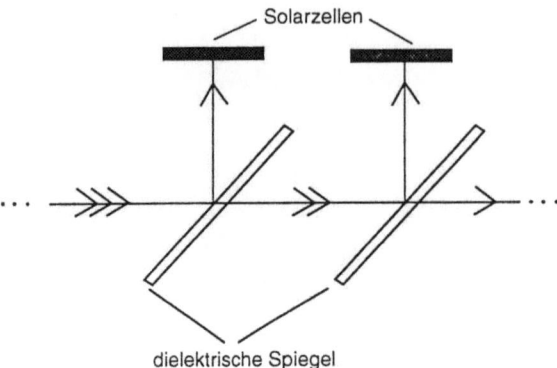

Abb. 6.41. Spektrale Aufteilung des Sonnenlichts mit dielektrischen Spiegeln

steme werden Konzentrationsverhältnisse von 10 angegeben. Ein wesentliches Problem von Fluoreszenzkonzentratoren ist die photochemische Zersetzung des Farbstoffes unter UV-Einwirkung. Ein möglicher Ausweg könnte sein, Acryl als Trägermaterial für den Farbstoff durch andere Materialien (z.B. organisch modifizierte Silikatgläser [33]) oder neuartige, besser geeignete Farbstoffe zu verwenden [34].

Die spektrale Aufteilung des Sonnenlichts und die Anpassung an Solarzellen unterschiedlicher Bandlücke ist auch in abbildenden Konzentratoranwendungen sinnvoll, um die Verluste zu verringern, die bei jeder Solarzelle auftreten: Thermalisierung von lichterzeugten Ladungsträgern für $h\nu > E_g$ und Transparenz des Halbleiters für $h\nu < E_g$. Hierfür eignen sich ein oder mehrere dielektrische Spiegel [4], die jeweils einen bestimmten Teil des Solarspektrums auf eine entsprechend ausgelegte Solarzelle lenken (Abb. 6.41) und den übrigen Teil des Spektrums passieren lassen. Eine andere Möglichkeit der spektralen Anpassung stellt das Konzept der Tandemsolarzelle dar, das in Abschn. 6.1 diskutiert wurde.

6.3 Probleme

1. Der maximal erreichbare theoretische Wirkungsgrad für eine Tandem-Solarzelle bestehend aus a) AlAs und GaAs, b) GaAs und Ge, c) GaP und Si sowie d) GaInP$_2$ und Si soll graphisch bestimmt werden.

2. Eine monolithische Tandemsolarzellenstruktur besteht aus einem Halbleiter der Energielücke 1.9 eV und einem zweiten Halbleiter mit der Energielücke 1.3 eV. Wie groß ist der unter AM1.5-Bedingungen maximal erreichbare Photostrom?

3. Wie hoch ist die Temperatur einer Solarzelle, wenn man annimmt, daß die gesamte Lichtleistung von 800 Wm^{-2} eines AM1.5-Spektrums absorbiert wird (a); um wieviel erhöht sich die Temperatur bei 100facher Konzentra-

tion, wenn die Zelle nicht gekühlt wird (b); wie groß wäre ohne Kühlung ihr Wirkungsgrad (c)? Wie hoch müßte man die Konzentration treiben, um unter diesen Bedingungen Silizium zum Schmelzen zu bringen (d)?

4. Eine n$^+$p-Siliziumsolarzelle weise folgende Eigenschaften auf: $N_D = 2 \cdot 10^{19}$ cm^{-3}, Dicke der n$^+$-Schicht 0.1 µm; $N_A = 2.5 \cdot 10^{16}$ cm^{-3}, Dicke der photoaktiven Schicht: 0.03 cm. Die Fläche betrage $1 \cdot 1$ cm^2, 10 Kontaktfinger verlaufen in jeweils gleichen Abständen parallel zueinander zu einer Sammelleitung (vgl. Abb. 6.17). (a) Wie groß ist der resultierende Serienwiderstand, wenn der Kontaktwiderstand, Widerstand der Metallfinger und Breite der Kontaktfinger als vernachlässigbar klein angenommen werden? (b) Mit welchem Konzentrationsverhältnis erzielt man den größten Wirkungsgrad?

Literatur

[1] K. Zweibel: Chem. Eng. News *64*, 34 (1986)
[2] N.A. Goklen, J.J. Loferski: Sol. Energy Mater. *1*, 271 (1979)
[3] C. Verie: Proc. 18th IEEE Photovoltaic Specialist Conf. (1985) p. 528
[4] J. MacDonald: *Metal-Dielectric Multilayers*, (Adam Hilger, London 1971)
[5] J.M. Olson, T. Gessert, M.M. Al-Jassim: Proc. 18th IEEE Photovoltaic Specialist Conf. (1985) p. 552
[6] J.M. Olson, S.R. Kurtz, A.E. Kibbler, P. Faine: Proc. 21st IEEE Photovoltaic Specialist Conf. (1990) p. 24
[7] A. Luque: *Solar Cells and Optics for Photovoltaic Concentration* (Adam Hilger Ltd., Bristol 1989)
[8] J.L. Chamberlin, D.L. King: Proc. 21st IEEE Photovoltaic Specialist Conf. (1990) p. 870
[9] M.J. O'Neill, R.R. Walters, J.L. Perry, A.J. McDamal, M.C. Jackson, W.J. Hesse: Proc. 21st IEEE Photovoltaic Specialist Conf. (1990) p. 1147
[10] M.J. O'Neill, A.J. McDanal, R.R. Walters, J.L. Perry: Proc. 22nd IEEE Photovoltaic Specialist Conf. (1991) p. 523
[11] *Applications of Photovoltaics*, ed. by R. Hill, Adam Hilger, Bristol (1989)
[12] N.C. Wyeth: Solid-St. Electron. *20*, 629 (1977)
[13] J. Zhao, A. Wang, A.W. Blakers, M.A. Green: Proc. 20th IEEE Photovoltaic Specialist Conf. (1988) p. 529
[14] R.M. Swanson: Solar Cells *17*, 85 (1986)
[15] R.D. Nasby, C.M. Garner, H.T. Weaver, F.W. Saxton, J.L. Rodriguez: Proc. 15th IEEE Photovoltaic Specialist Conf. (1981) p. 132
[16] V.L. Dalal, A.R. Moore: J. Appl. Phys. *48* (3), 1244 (1977)
[17] J.S. Blakemore: *Semiconductor Statistics* (Pergamon Press, Oxford 1962)
[18] R.K. Yasvi, L.W. Schmidt: Proc. 8th IEEE Photovoltaic Specialist Conf. (1970) p. 110
[19] H.F. Macmillan, H.C. Hamaker, N.R. Kaminar, M.S. Kuryla, M. Ladle Ristow, D.D. Liv, G.F. Virshup, J.M. Gee: proc. 20th IEEE Photovoltaic Specialist Conf. (1988) p. 462

[20] R.W. Swanson, R.A: Sinton: Proc. 7th E.C. Photovoltaic Solar Energy Conf. (1986) p. 742
[21] A. Luque, I. Tobias, G.L. Aranjo, G. Sala, A: Cuevas, J.C. Miñano: Proc. 20th IEEE Photovoltaic Specialist Conf. (1988) p. 1122
[22] E.C. Boes: Proc. 20th IEEE Photovoltaic Specialist Conf. (1988) p. 944
[23] E. Lorenzo, E. Sanchez, A: Luque: J. Appl. Phys. *52*, 535 (1981)
[24] M. Collares-Pereira, A. Rabl, R. Winston: Appl. Opt. *16* (10), 2677 (1977)
[25] X. Ning, J. O'Gallagher, R. Winston: Appl. Opt. *26* (2), 300 (1987)
[26] X. Ning, J.O. Gallagher, R. Winston: Appl. Opt. *26* (7), 1207 (1987)
[27] N.R. Kaminar, D. Curchad: Proc. 21st IEEE Photovoltaic Specialist Conf. (1990) p. 876
[28] D. Carroll: Proc. 20th IEEE Photovoltaic Specialist Conf. (1988) p. 1138
[29] D. Carroll, E. Schmidt, B. Bailor: Proc. 21st IEEE Photovoltaic Specialist Conf. (1990) p. 1136
[30] M.S. Kuryla, N.R. Kaminar, H.F. MacMillan, M. Ladle Ristow, G.F. Virshup, M.R. Klausmeier-Brown, L.D. Partain: Proc. 21st IEEE Photovoltaic Specialist Conf. (1990) p. 1142
[31] W.T. Welford, R.W. Winston: *High Collection Nonimaging Optics*, Academic Press, Inc. Harcourt Brace Jovanovich, Publishers, San Diego (1989)
[32] V. Wittwer, W. Stahl, A. Goetzberger: Solar Energy Materials *11*, 187 (1984)
[33] A. Hinsch, A. Zastrow, V. Wittwer: Solar Energy Materials *21*, 151 (1990)
[34] A. Hinsch: Non-Cryst. Solids *147 & 148*, 478 (1992)

7. Perspektiven der Photovoltaik

In diesem Kapitel werden Überlegungen angestellt, welche Entwicklungsmöglichkeiten in der Photovoltaik zur Zeit gesehen werden. Dabei wird zum einen auf die Entwicklung neuer Materialien und die Modifizierung und Weiterentwicklung bekannter Halbleiter eingegangen, zum anderen werden alternative, kostengünstige Herstellungsverfahren angesprochen. Die Auswahl und die Darstellungsweise ist in diesem Kapitel naturgemäß besonders subjektiv.

7.1 Photovoltaik im materialwissenschaftlichen Umfeld

Die Entwicklung der Photovoltaik war bisher eng verknüpft mit technologischen Projekten größeren Umfangs. So sind durch den Einsatz von Solarzellen in der Raumfahrt ein wesentlicher Entwicklungsschub zu höheren Wirkungsgraden, größerer Stabilität und Strahlenresistenz bewirkt worden. Ähnliches gilt auch für die Brennstoffzellen: so spricht man von der Apollo-Zelle im Zusammenhang mit einer O_2/H_2 Brennstoffzelle zur Stromerzeugung. Im Bereich der Photovoltaik ist sowohl die Verbesserung der klassischen Si-Solarzelle als auch die Entwicklung von leistungsfähigen GaAs-Solarzellen überwiegend den Anforderungen der Raumfahrt zuzurechnen. In den 70er Jahren wurden, bedingt durch die Ölkrisen, in den Industrieländern verstärkt Anstrengungen unternommen, unabhängig von Ölimporten zu werden. In der Folge wurde die Forschung im Bereich alternativer Energien intensiviert und mit umfangreichen staatlichen Mitteln unterstützt. In diese Zeit fällt die Gründung des Solar Energy Research Institute (SERI) in den USA unter Präsident Carter, das inzwischen umbenannt wurde (National Renewable Energy Laboratory NREL). Jedoch hat der ökonomische Druck dieser Zeit bewirkt, daß vornehmlich Materialien und Strukturen untersucht wurden, die eine möglichst rasche Entwicklung bis hin zur Anwendung und Markteinführung erwarten ließen. Entsprechend dieser Tendenz wurde zumeist von Halbleitern ausgegangen, die bereits im Zuge der Entwicklung anderer Technologien vorhanden waren und deren Eigenschaften so gut charakterisiert waren, daß eine Optimierung für solare Anwendungen möglich erschien. Dies scheint der Grund dafür zu sein, daß die im Bereich der Photovoltaik anzutreffenden Halbleitermaterialien in Zahl und Eigenschaften deutlich begrenzt sind. Bis auf wenige Ausnahmen finden sich tetraedrisch koordinierte Halbleiter (Si, GaAs, InP, CdS, $CuInX_2$), bei denen die Motivation für die sehr aufwendige und kostenintensive Materialentwicklung auf anderen Gebieten lag (z.B. Mikroelektronik, Optoelektronik). Die ternären und quaternären III-V Legierungen wie etwa $Ga_xIn_{1-x}P_yAs_{1-y}$ sind mit hohem Aufwand für Anwendungen im Bereich der Optoelektronik (Glasfasernetze, Detektoren, Repeater) entwickelt worden. Mit ähnlich hohem Aufwand sind Materialien, die sich für Detektoren im fernen Infrarot einsetzen lassen (wie HgCdTe), erforscht worden. Demgegenüber ist eine tatsächlich eigenständige Photovoltaik-Forschung und Entwicklung größeren Umfangs erst in den Ansätzen erkennbar. Die überwiegende Mehrzahl der Arbeiten, die man beispielsweise in den Konferenzbänden der IEEE findet, basiert auf den von anderen Fragestellungen her bekannten Materialien, wobei versucht wird, durch Änderung von Prozeßschritten und Materialeigenschaften den Wirkungsgrad der betreffenden Systeme zu optimieren. Was also ist mit dem Begriff eigenständiger Forschung und Entwicklung in der Photovoltaik gemeint? Darunter ist eine breit angelegte Grundlagenforschung zu energieumwandelnden Prozessen an sich, sowie eine eigenständige Materialforschung unter Einbeziehung neuer Strukturen, zugeschnitten auf die Bedürfnisse weitreichender terristrischer Anwendung, zu verstehen. Etwas spezifischer formuliert bedeutet dies, daß die verfolgten Projekte von der Weiterentwicklung und Modifizierung von Solarzellen auf der Basis kristallinen Siliziums über gekoppelte Systeme, in denen photoelektrochemische Solarzellen mit Wärmekollektoren in ein System integriert werden, bis zu farbähnlichen Halbleiterpasten für Anstriche u.a. reichen müßten. Der Leser erkennt sicherlich bereits an dieser Stelle, daß der Innovationsspielraum, d.h. der Forschungs- und Entwicklungsbereich – „dessen, was man machen könnte" – riesengroß ist. Im folgenden wird ein Ausschnitt dessen, was möglich erscheint, vorgestellt, wobei man davon ausgehen kann, daß die zur Zeit existierenden photovoltaischen Systeme in der Zukunft (im Bereich der nächsten 30 – 40 Jahre) für großflächige Anwendungen (hier ist an viele km^2 gedacht) kaum in Betracht kommen werden.

7.2 Neuartige Verbindungshalbleiter

In diesem Abschnitt werden Möglichkeiten zur Nutzung des riesigen Reservoirs an denkbaren halbleitenden Verbindungen aufgezeigt. Selbstverständlich können nur wenige, vom jetzigen Standpunkt als aussichtsreich angesehene Materialklassen behandelt werden. Da vielfach Halbleiterheterostrukturen in Solarzellen zum Einsatz kommen, werden die hier berücksichtigten Auswahlkriterien (z.B. Energielücke, Absorptionsverhalten), soweit überhaupt bekannt, nicht nur für den photoaktiven Teil definiert (E_g im Bereich um 1.4 eV), sondern auch auf Heterostrukturpartner und mögliche Anwendungen in Tandemanordnungen erweitert. Das bedeutet, daß z.B. die Größe der Energielücke nicht den vergleichsweise engen Beschränkungen für photoaktives Material in Solarzellen mit lediglich einem gleichrichtenden Kontakt unterliegt. Vielmehr überstreicht der energetische Bereich Werte etwa zwischen denen von Ge ($E_g = 0.66$ eV) und von ZnO ($E_g = 3.3$ eV). In den folgenden Betrachtungen wird die Giftigkeit bzw. Ungiftigkeit einer Verbindung nicht als Auswahlkriterium verwendet. Dies

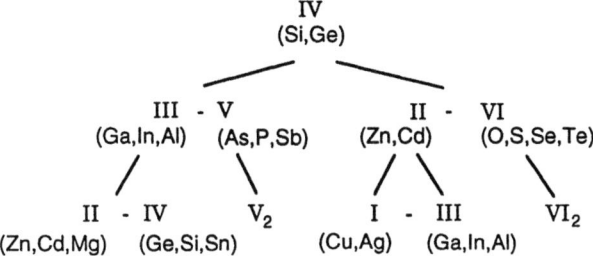

Abb. 7.1. Schema zur Zusammensetzung von Halbleiterverbindungen

würde u.U. verfrüht zum Ausschluß bestimmter Materialien und Materialklassen führen. Insbesondere wäre ein Ausschluß von den Betrachtungen bedenklich, wenn nur unzureichende Informationen hinsichtlich der späteren in einer Solarzelle benutzten Gesamtmenge des giftigen Stoffes (Schichtdicke) vorlägen sowie bezüglich der Möglichkeiten, den ökologisch bedenklichen Stoff durch ungiftige Materialien zu ersetzen.

Zunächst betrachten wir tetraedrisch koordinierte Verbindungshalbleiter. Geht man von dem in Abb. 7.1 gezeigten Schema aus, so ergeben sich bereits dort die neuen Materialien wie $CuInSe_2$ und $CuInS_2$ als Abkömmlinge der II-VI-Verbindungen. In diesem Kapitel wird zunächst das Schema zur Herleitung neuer halbleitender Verbindungen erweitert. Dabei werden die folgenden Verbindungsklassen unterschieden.

7.2.1 Substitutionelle Verbindungen

Die Vorgehensweise entspricht hier der in Abb. 7.1 gezeigten. Es werden z.B. ausgehend von III-V Halbleitern wie GaAs oder InP die dreiwertigen Atome durch zwei Atome ersetzt, deren gemittelte Wertigkeit wiederum drei ist. Entsprechend ist die Zahl der Anionen zu verdoppeln. Im Fall von GaP erhält man durch Ersetzen von zwei Ga-Atomen durch jeweils ein zweiwertiges und ein vierwertiges Atom $2Ga^{3+} \rightarrow Zn^{2+} + Ge^{4+}$ die Verbindung $ZnGeP_2$. Hierbei handelt es sich um eine Chalkopyritverbindung. Weitere Verbindungen können aus Abb. 7.1 abgeleitet werden. Entsprechende Materialien sind z.B. $CdSiAs_2$, $ZnGeP_2$ auf der Seite der III-V Halbleiter und $AgGaTe_2$, $CuGaSe_2$ auf der Seite der II-VI Halbleiter. Auch Verbindungen wie ZnO oder CdTe lassen sich aus dem Schema der Abb. 7.1 konstruieren. Die Tabelle 7.1 zeigt eine Reihe derartiger Verbindungen unter Angabe der Energielücke. Man erkennt bereits hier die immense Vielfalt der Verbindungen, die die eingangs gemachten Bemerkungen zur Notwendigkeit einer eigenständigen Materialforschung für die Photovoltaik unterstreicht. Die Tabelle enthält die meisten der heutzutage bekannten Verbindungshalbleiter für die Photovoltaik: GaAs, InP, CdTe, CdSe, $CuInS_2$, $CuInSe_2$, $CuGaSe_2$.

7. Perspektiven der Photovoltaik

Tabelle 7.1. Substitutionelle Verbindungen mit Angabe der Energielücke

Verbindung	E_g/eV	Verbindung	E_g/eV
GaAs	1.42	ZnO	3.35
GaP	2.26	ZnS	3.68
InAs	0.36	CdS	2.42
InP	1.35	CdSe	1.70
ZnGeAs$_2$	1.05	CdTe	1.45
ZnSiAs$_2$	1.7	CuGaSe$_2$	1.68
ZnSnAs$_2$	0.67	CuInSe$_2$	1.03
CdGeAs$_2$	0.5	CuInS$_2$	1.54
CdSiAs$_2$	1.52	CuTlTe$_2$	0.90
ZnGeP$_2$	2.0	AgTlTe$_2$	0.60
ZnSiP$_2$	2.1	AgTlSe$_2$	0.70
MgSiAs$_2$	2.0	AgTlS$_2$	1.10

7.2.2 Interstitielle Verbindungen

Man gelangt zu dieser Verbindungsklasse ausgehend von III-V-Zinkblende-Strukturen wie z.B. GaP. Dabei wird das dreiwertige Atom durch zwei Atome ersetzt, deren gemeinsame Wertigkeit dem III-Atom (z.B. Ga) entspricht. Anders als bei der Herleitung substitutioneller Verbindungen bleibt eines der neuen Atome auf dem Zinkblende-Gitterplatz, den vorher das Ga-Atom innehatte. Das zweite Atom besetzt einen der tetraedrisch interstitiellen Plätze. Bekannte Beispiele sind Verbindungen, entstanden durch die Umwandlung III → I + II, z.B. $Ga^{3+} \rightarrow Li^+ + Zn^{2+}$. Auf diese Art entstehen Verbindungen wie CuMgAs oder LiZnP, wobei wegen der Besetzung einer Leerstelle durch eines der geringerwertigen Atome die Anionenwertigkeit nicht verändert zu werden braucht. Einige dieser Verbindungen sind in Tabelle 7.2 zusammengefaßt. Da vergleichsweise wenig über diese Materialien bekannt ist, wird nur eine Auswahl gezeigt. Eine weitere Materialklasse läßt sich direkt von Si ableiten: dabei wird ein (vierwertiges) Si-Atom durch zwei (zweiwertige) Atome ersetzt. Man erhält Verbindungen des Typs Mg$_2$Si.

Tabelle 7.2. Interstitielle Verbindungen

Zusammensetzung	Gitterkonstante/Å	Farbe
LiMgN	4.970	rotbraun
LiMgP	6.023	braun
LiZnN	4.877	schwarz
LiZnP	5.76	braun
LiZnAs	5.924	schwarz
LiCdP	6.087	schwarz
CuMgBi	6.256	-

7.2.3 Geordnete Leerstellenverbindungen

Derartige Verbindungen haben in letzter Zeit zunehmend an Bedeutung gewonnen, da ihre Existenz in Form dünner Filme in Dünnschichtsolarzellen mit CuInSe$_2$ und CuInS$_2$ nachgewiesen werden konnte. Dabei wurden Zusammensetzungen CuIn$_3$X$_5$ (X = S, Se) gemessen. Der Leerstellencharakter derartiger Verbindungen wird deutlich, wenn man zwei Formeleinheiten betrachtet: Cu$_2$In$_6$X$_{10}$. Im Fall von CuInS$_2$ ergäbe sich Cu$_5$In$_5$S$_{10}$ durch entsprechende Multiplikation. Man erkennt, daß die Leerstellenverbindung durch Cu-Leerstellen, Cu auf In-Plätzen bei unveränderter Schwefelstöchiometrie gekennzeichnet ist. Für das Selenid-Analog wurde die Verbindung im Raumtemperatur-Phasendiagramm nachgewiesen, CuIn$_3$S$_5$ wurde lediglich auf der Oberfläche aufgedampfter CuInS$_2$ Filme gefunden. Weiterhin lassen sich Verbindungen konstruieren, bei denen durch Multiplikation der Ausgangszusammensetzung mit einem konstanten Wert, z.B. Verbindungen des Typs Cu$_2$In$_2$S$_4$ (= 2·[CuInS$_2$]) entstehen. Abbildung 7.2 zeigt eine entsprechende Defekt-Chalkopyritstruktur. Ersetzt man das einwertige Cu z.B. durch zweiwertiges Zn, so ergibt sich ZnIn$_2$S$_4$, eine Leerstellenverbindung, die die Ordnung des Chalkopyritgitters besitzt. Auch hier eröffnen sich unzählige Möglichkeiten der Präparation, so daß deutlich wird, daß die photovoltaische und photoelektrochemische Materialforschung erst am Anfang steht.

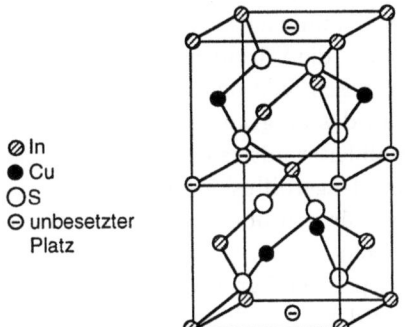

⊘ In
● Cu
○ S
⊖ unbesetzter Platz

Abb. 7.2. Struktur von Thiogallat (Beispiel CuIn$_2$S$_4$)

7.2.4 Verbindungen mit d- bzw. f-Elektronen

Die bisherigen Betrachtungen basieren auf tetraedrisch koordinierten Systemen, bei denen die Bindung überwiegend mit sp^3-Hybride erfolgt (bei ternären Chalkopyriten des Typs CuInX$_2$ (X = S, Se, Te) treten allerdings Cu d-Chalkogenid p-Beiträge zur Bindung auf). Zu gänzlich anderen Strukturen und Verbindungen gelangt man, wenn d- bzw. f-Orbitale die Bindungsverhältnisse stark beeinflussen. Zu diesen Materialien gehören die Übergangsmetalldichalkogenide wie MX$_2$ (M = W, Mo; X = S, Se, Te), die zum Teil in Kap. 5 behandelt wurden. Zusätzlich zu den aus hier der Gruppe VIB stammenden Metallen erhält man auch mit den Metallen der Gruppe IVB halbleitende Verbindungen (Hf, Ti, Zr). Darauf wird im nächsten Unterabschnitt eingegangen. Diese anisotropen Materialien (deren Klasse sich durch die Einbeziehung von Gruppe IVB Metallen erweitert) zeichnen sich durch hohe Absorption und große chemische Stabilität, aber geringere mechanische Belastbarkeit und niedrige Zersetzungstemperaturen aus. Bisher sind Versuche, die Verbindungen flächenartig, d.h. lateral aufzuwachsen, wenig erfolgreich geblieben. Seit kurzem existieren Ergebnisse, die ein schichtartiges epitaktisches Wachstum von Schichtgitterhalbleitern belegen. Diese im Ultrahochvakuum durchgeführten Versuche zum Wachstum von GaSe und In-Se auf WSe_2 oder Graphit mittels Molekularstrahlepitaxie können allerdings zunächst nur als Vorstufe einer derartigen Präparation angesehen werden, da das Verfahren bisher zu aufwendig für eine Anwendung hinsichtlich größerer Schichtdicken und größerer Flächen ist. Abbildung 7.3 zeigt eine LEED Aufnahme einer solchen Struktur und eine STM-Aufnahme der Oberfläche [1].

Während die Bindungsstruktur der Schichtgitterkristalle zu Sandwichanordnungen mit weitgehend zweidimensionaler Struktur führt, sind die Bindungsverhältnisse von Pyrit (FeS_2) ebenfalls von d-Orbitalen hergeleitet, die hier jedoch zu dreidimensionalen Strukturen führen. Dabei bilden Schwefelhanteln in der Form S_2^{2-} die Anionen. Abbildung 7.4 zeigt die Struktur von Pyrit. Die Energielücke von Pyrit ist mit 0.9 eV etwas zu klein, jedoch ist die Absorption sehr hoch, so daß bei effektiver Sammlung der Minoritätsladungsträger hohe Wirkungsgrade erwartet werden. Bisher ist die erzielbare Photospannung deutlich zu gering, und das Sperrverhalten im Dunkeln ungünstig, so daß die Wirkungsgrade von Solarzellen mit Pyrit im Bereich weniger Prozente beschränkt sind. Neuere Ansätze verwenden Pyrit als Sensibilisierungsmaterial, das aufgrund seiner hohen Absorption in einer dünnen Schicht auf einen Halbleiter mit größerer Energielücke aufgebracht wird. Falls die Minoritätsladungsträgerdiffusionslänge größer als die Schichtdicke ist und die Absorptionslänge für den überwiegenden spektralen Bereich des Sonnenlichtes kleiner als die Schichtdicke ist, können genügend Ladungsträger injiziert werden und einen entsprechend großen Photostrom generieren. Diese Vorgehensweise ähnelt der bei der Entwicklung von Cu_2S/CdS Solarzellen, in denen das Cu_2S als hochdotierter p-leitender Absorber fungierte und die Ladungstrennung im CdS erfolgte. Die diesbezüglichen Arbeiten an Pyrit befinden sich noch in der Anfangsphase, und Probleme der energetischen und strukturellen Anpassung von Pyrit an potentielle Heterostrukturpartner müssen noch gelöst werden.

Bereits weiter fortgeschritten in der Entwicklung ist Zn_3P_2, ein Halbleiter mit direkter Energielücke im optimalen Bereich des Sonnenspektrums (s. Tabelle 7.3). Die mit der direkten Energielücke verbundene gute Absorption hat im Zusammenhang mit vergleichsweise großen Minoritätsladungsträgerdiffusionslängen ($L_e \geq 10\mu m$) bereits zur Entwicklung effizienter Solarzellen geführt. Die Verbindung besitzt eine Defektfluorid-Struktur, bei der die Metallatome in einer Raumdiagonalen verschoben sind (s. Pfeile in Abb. 7.5), so daß die Einheitszelle von $\alpha - Zn_3P_2$ aus 40 Atomen besteht. Das Material verdampft

7.2 Neuartige Verbindungshalbleiter

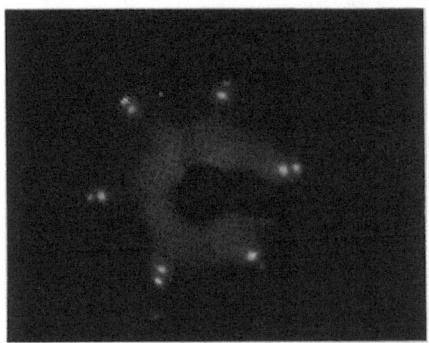

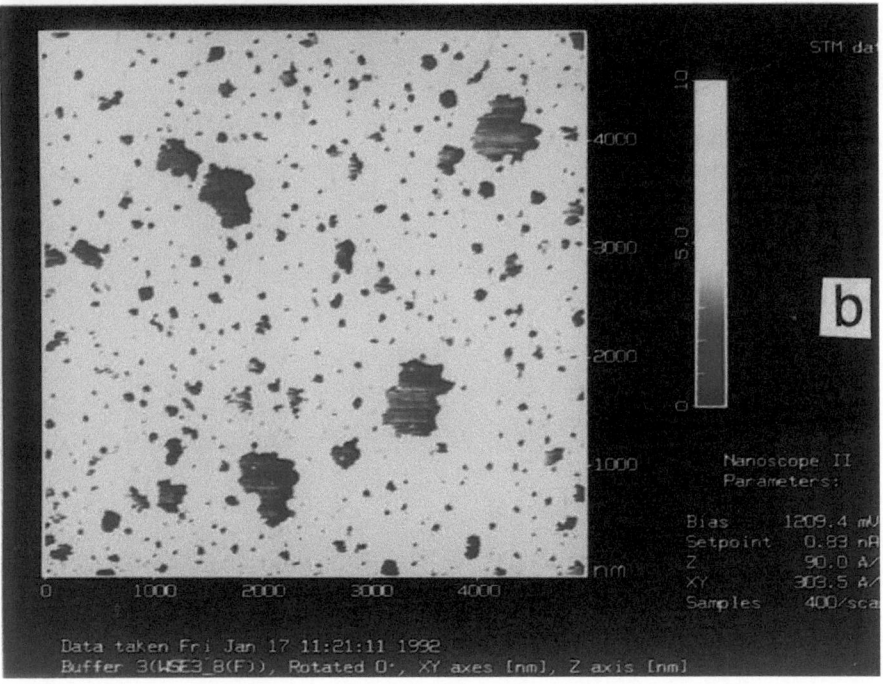

Abb. 7.3a,b GaSe-Schichten auf WSe$_2$-Substrat; (a) LEED-Aufnahme (Filmdicke 0.8 nm), (b) Rastertunnelmikroskop-Aufnahme (Filmdicke 2.8 nm)

Tabelle 7.3.

Verbindung	$E-g$/eV	Verbindung	E_g/eV
WSe$_2$	1.2	FeS$_2$	~ 0.9
MoS$_2$	1.97	Zn$_3$P$_2$	1.5
MoSe$_2$	~ 1.6	Bi$_2$S$_3$	1.2
MoTe$_2$	~ 1.0	SnS$_2$	2.31
HfS$_2$	2.7	SnSe$_2$	1.26
InSe$_2$	1.3	CdJ$_2$	3.48
GaSe$_2$	2.08		

334   7. Perspektiven der Photovoltaik

Abb. 7.4. Struktur von Pyrit

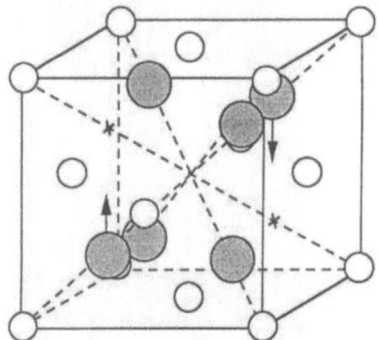

Abb. 7.5. Strukturfragment von Zn_3P_2

kongruent entsprechend der Beziehung $Zn_3P_2 \rightarrow 3Zn + 1/2P_4$, somit lassen sich dünne Schichten durch Verdampfen vorsynthetisierten Materials herstellen.

7.2.5 Schichtgitterhalbleiter mit Gruppe IVB-Metallen

Neben den Schichtgitterstrukturen aus Gruppe VIB Metallchalkogeniden, in denen die Metallatome trigonal prismatisch koordiniert sind (s. Kap. 7.2.4) sind halbleitende Sandwich-artige Strukturen mit Metallen der Gruppe IVB (Hf, Ti, Zr) bekannt. Die trigonal prismatische Struktur wird mit Abkürzungen wie H (hexagonal) und R (rhomboedrisch) versehen. Die Metalle der Gruppe IVB sind dagegen oktaedrisch koordiniert, und die Verbindungen werden mit 1T − HfS_2 (T für trigonal) bezeichnet. Die Zahl bezeichnet hierbei die Anzahl von X-M-X Sandwiches pro Einheitszelle entlang der hexagonalen C-Achse. Für die Verbin-

7.2 Neuartige Verbindungshalbleiter

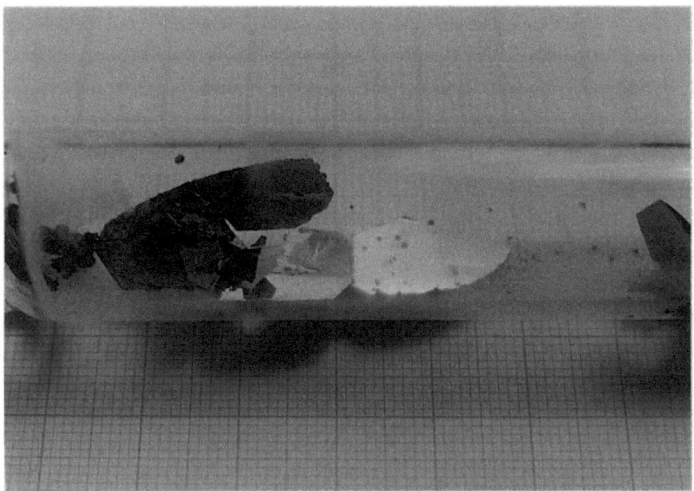

Abb. 7.6. Photo: Ampullenende mit gewachsenen Schichtgitterkristallen

dungen der Gruppe VIB gilt als Strukturkennzeichnung z.B. $2H - MoSe_2$, d.h. hier besteht die Einheitszelle aus zwei Schichten. Die Präparation der Schichtgitterkristalle erfolgte z.B. mit chemischem Transport (CVT), wobei die Bestandteile in Ampullen als Gase transportiert werden (Metallhalogenide und Chalkogenide). Diese Reaktionen lassen sich bei genügend niedrigen Temperaturen durchführen. Man umgeht damit die Schwierigkeit der niedrigen Zersetzungstemperatur. Am kalten Ende der Züchtungsampulle wachsen die Kristalle, und man kann sich leicht vorstellen, daß das Wachstum unregelmäßig ist, da die Präparationsbedingungen (Temperaturprofil, -gradient, Homogenität der Temperatur in verschiedenen Bereichen der Ampulle, Dampfdruck- und Konzentrationsprofile der Gase, Konvektion) nicht genügend gut eingestellt werden können. Abbildung 7.6 zeigt ein Wachstumsbeispiel. So beobachtet man den Einbau der Transportmittel Br_2, J_2, Cl_2 in die Kristalle. Es treten Zusammensetzungs- und somit auch Dotierungsschwankungen lateral auf den Kristallen auf. Ein weiteres Problem ist die Ausbildung von Stufen, die als effektive Rekombinationszentren wirksam werden können. Insgesamt besteht bei diesen Materialien noch ein ausgesprochen großer Bedarf an besseren Präparationsverfahren, die zu homogeneren Kristallen mit reproduzierbaren Eigenschaften führen.

7.2.6 Legierungen neuer Materialien

Die ohnehin große Zahl möglicher halbleitender Verbindungen für photovoltaische Anwendungen wird nahezu unbegrenzt, wenn zusätzlich Legierungsbildung auf der Basis beliebiger Mischbarkeit (die in einigen Systemen weitgehend gegeben ist) berücksichtigt wird. Diese scheinbare Unübersichtlichkeit verringert sich, wenn ein spezifisch interessierendes Material (z.B. wegen der Ungiftigkeit und vergleichsweise einfacher Präparation) in seinen Eigenschaften (z.B. Energielücke, Dotierung) modifiziert werden soll. Insofern können durch Legierungsbildungen anwendungsorientierte Zielsetzungen besser ereicht werden, und das Ausnutzen von Bereichen, in denen sog. solid solutions (beliebige Mischbarkeit) im Phasendiagramm existieren (s.u.) erleichtert ganz wesentlich die Arbeit des Materialforschers. Eine modellhafte Beschreibung der Veränderung physikalischer Eigenschaften wie der Größe von E_g aufgrund von Beimischungen ist durch das Gesetz von Vegard gegeben. Dort wird ein Zusammenhang zwischen der Gitterkonstante a und physikalischen Eigenschaften postuliert. In einem ternären System der Zusammensetzung $A_xB_{1-x}C$, das durch Legierungsbildung aus binären Ausgangsstoffen entsteht, gilt der Zusammenhang zwischen der betreffenden physikalischen Eigenschaft P und dem Mischungsverhältnis x

$$P = xP_{AC} + (1-x)P_{BC} - bx(1-x). \tag{7.1}$$

Hierbei kann P z.B. die Gitterkonstante oder die Energielücke bedeuten. Der Parameter b wird zumeist aus Messungen bestimmt, bei denen die Zusammensetzung systematisch variiert wird. Außerdem gibt es Ansätze zur theoretischen Bestimmung von b, auf deren Beschreibung hier verzichtet wird. Als Beispiel wird aus der besser untersuchten Klasse der technologisch avancierten III-V Halbleiter die Verbindung $InP_{1-x}As_x$ gewählt. Mit (7.1) ergibt sich

$$E_g = xE_g(\text{InAs}) + (1-x)E_g(\text{InP}) - bx + bx^2. \tag{7.2}$$

Der Parameter b wurde zu $b = 0.12$ bestimmt. Die Energielücke für die Zusammensetzung $InP_{0.67}As_{0.33}$ ergibt sich aus der Beziehung

$$E_g = 1.35 - 1.11x + 0.12x^2 \tag{7.3}$$

zu $E_g = 1.0$ eV. Abbildung 7.7 zeigt den Verlauf von E_g mit x. Man erkennt, daß der Verlauf von E_g mit x vom linearen Verlauf etwas abweicht. Diese „Durchbiegung" der Kurve hat bewirkt, daß der Parameter b in (7.1) auch Biegungsparameter (engl. bowing) genannt wird.

Die weniger erforschten neueren Materialien sind dennoch bereits hinsichtlich Legierungsbildung teilweise untersucht worden. Obwohl erst vergleichsweise wenige Arbeiten existieren, hat man bereits ermutigende Erfolge erzielt. Als Beispiel können die Arbeiten an quaternären I-III-VI$_2$ Halbleitern angesehen werden. Mit isovalenten Legierungen (Ersetzen bzw. Mischen mit Atomen gleicher Wertigkeit) der Typen $CuInS_{2x}Se_{2-2x}$ bzw. $CuIn_{1-x}Ga_xSe_2$ sind effiziente Dünnschichtsolarzellen präpariert worden. Die entsprechende Beziehung nach dem Vegardschen Gesetz lautet im ersten Fall

$$E_g = 1.03 + 0.51x - 0.14x(1-x) \tag{7.4}$$

und für $CuIn_{1-x}Ga_xSe_2$

$$E_g = 1.03 + 0.65x - 0.03x(1-x). \tag{7.5}$$

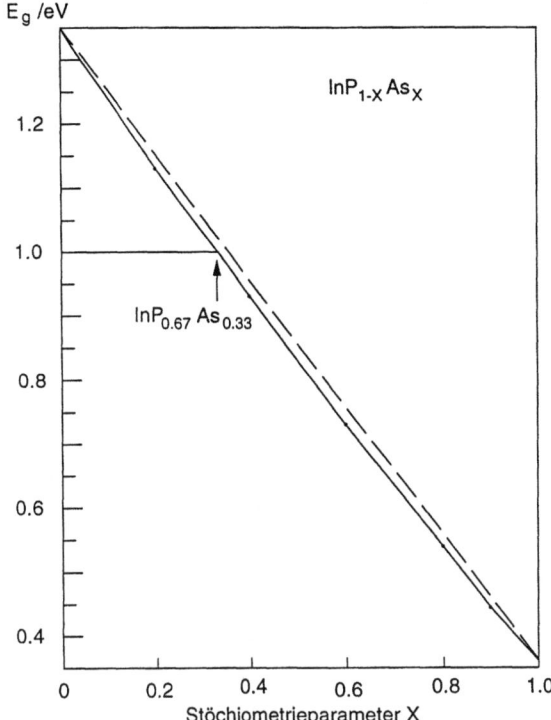

Abb. 7.7. Vegards Gesetz für $InP_{1-x}As_x$

Hier zeigt sich der Vorteil der Legierungsbildung für den Fall, daß ein System aufgrund einfacher Präparation und guter optoelektronischer Eigenschaften optimiert werden soll. Im vorliegenden Fall des $CuInSe_2$ bzw. $CuGaSe_2$ läßt sich mit der Legierungsbildung die Energielücke besser an das Sonnenspektrum anpassen. Mit $CuInS_{2x}Se_{2-2x}$ wurden kürzlich Wirkungsgrade über 14% bei AM1.5 global Belichtung erzielt.

Eine Form der Legierungsbildung mit nicht-isovalenten, nicht-isostrukturellen Spezies stellen Mischungen der Art $(CuInSe_2)_{1-x}(ZnSe)_x$ dar. Hier werden Chalkopyrite und Zinkblende legiert. Dabei stellt sich das Problem nach der Mischbarkeit, der resultierenden Struktur und eventuell geänderten Phasenübergängen bei höherer Temperatur (Sphalerit nach Chalkopyrit). Von Mischungen des Typs $(CuInS_2)_{1-x}(ZnS)_x$ ist bekannt, daß sich die Mischbarkeit über einen weiten Bereich erstreckt, ohne daß Ausscheidungen gefunden werden und sich die Energielücke in weiten Bereichen variieren läßt. Zudem kristallisiert das Material in Sphaleritstruktur, wobei die entstehenden Mikrorisse bei dem Übergang von Sphalerit nach Chalkopyrit womöglich vermieden werden. Diese Forschungen befinden sich noch im Anfangsstadium, zeigen aber deutlich den Innovationsspielraum bereits in der begrenzten Klasse der ternären CuIn-Chalkogenide. Eine weitere Möglichkeit der Legierungsbildung bietet sich bei Schichtgitterkristallen durch isovalente Mischung der Chalkogenide S bzw. Se und Te (z.B.

$WS_{2x}Se_{2-2x}$) bzw. der Kationen an. Dies könnte ausgenutzt werden, um andere Präparationsmethoden zu untersuchen. Die Züchtung aus Te-Schmelzlösungen, bei denen Te in WSe_2 eingebaut wird, stellt ein solches Beispiel dar. Diese auf dem Marangoni-Konvektionseffekt beruhenden Versuche, bei denen auf der Oberfläche der Schmelzlösung die Schichtgitterkristalle lateral wachsen, führten bisher jedoch nicht zu entscheidenden Verbesserungen.

7.3 Materialien mit reduzierter Dimensionalität

Der in diesem Abschnitt dargestellte Ansatz basiert auf Arbeiten, die im Bereich der Halbleiterphysik zur Erforschung der Materialeigenschaften bei reduzierter Dimensionalität (elektrische, elektronische, optische Eigenschaften) begonnen wurden. Die Reduzierung der Dimensionalität läßt sich experimentell von $3D \rightarrow 2D$ (Quantentrog) $\rightarrow 1D$ (Quantenfaden) $\rightarrow 0D$ (Quantenpunkt) annähern. Beispiele für derartige Materialien sind nanokristalline Halbleiter, Kolloide und Halbleiterübergitter mit Quantum-Well-Struktur [2] Abbildung 7.8 zeigt schematisch die Änderung der Energie fast freier Elektronen durch Reduzierung der Abmessung eines Würfels von 1 cm auf 30 Å Kantenlänge. Die Energieniveaus werden deutlich diskreter. Derartige Änderungen werden z.B. bei Kolloiden im Absorptions- und Lumineszenzverhalten beobachtet. Obwohl sich bereits recht monodisperse Kolloide präparieren lassen (s.u.), lassen sich quasi-zweidimensionale Halbleiterübergitter mit wesentlich besser definierten Abmessungen herstellen. Hierbei besteht der Einfluß der reduzierten Dimensio-

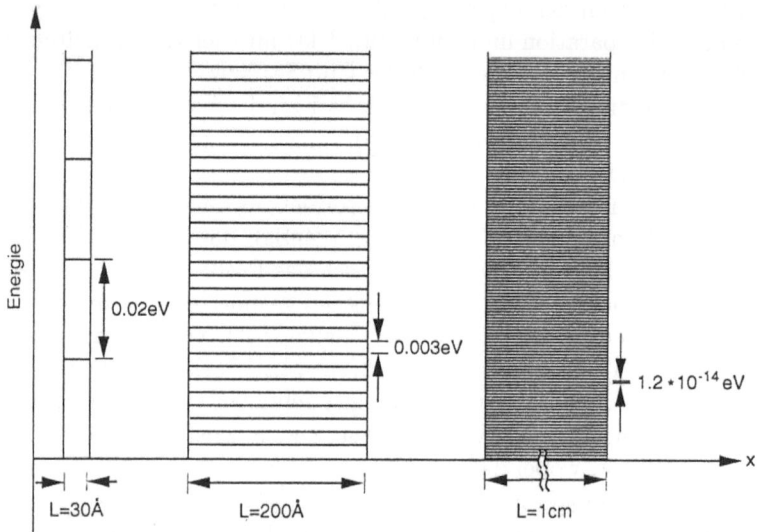

Abb. 7.8. Einfluß der Abmessungen eines würfelförmigen Potentialtopfes (Kantenlänge L) auf die Lage der Energieniveaus; für L = 1 cm sind die energetischen Abstände stark vergrößert dargestellt

nalität z.B. im Auftreten einer Stufenfunktion für die Zustandsdichte über der Energie. Ein interessantes und vergleichsweise gut untersuchtes System besteht aus Halbleiterübergittern, in denen sich dünne Schichten (6 – 9 nm) von GaAs und GaAlAs abwechseln. Auf dieses System wird als erstes eingegangen.

7.3.1 Photovoltaische Bauteile mit Halbleiterübergittern

Die gegenwärtig am weitesten fortgeschrittenen Systeme basieren auf einer Struktur, bei der abwechselnd Halbleiter mit niedrigerer Energielücke (wie z.B. GaAs) und höherer Energielücke (wie $Al_xGa_{1-x}As$) aufeinander epitaktisch in dünnen Schichten aufgebracht werden. Weiterhin ist erforderlich, daß diese sog. Multiple-Quantum-Well-Struktur (MQW) zwischen den p- und n-leitenden Bereich des Materials mit der größeren Energielücke eingebracht wird. Solche Strukturen werden mit Molekularstrahlepitaxie (MBE) bzw. metallorganischer Gasphasenabscheidung (MOCVD) hergestellt. Der räumliche Bereich, in dem sich die Quantenstruktur befindet, soll möglichst gering dotiert sein, so daß die Struktur vollständig im Bereich des elektrischen Feldes der Kontaktbildung liegt. Abbildung 7.9 (nach [2]) zeigt das Energiediagramm einer MQW-Solarzelle. Die Zahl der tatsächlich aufgebrachten Schichten ist bedeutend größer als hier gezeigt. Die Dicke der MQW-Struktur d_1 in Abb. 7.9 beträgt ca. 1 μm; $d_2 = 87$ Å, $d_3 = 60$ Å. In der Abbildung 7.9 bezeichnen ferner 1 und 1a: Absorptionsprozesse, 2: Rekombination, 3 bzw. 3a: thermische Emission aus QW-Zuständen, 4 und 4a: Einfang von Ladungsträgern in QW-Zustände. V ist die angelegte Vorwärtsspannung.

Abbildung 7.9 zeigt, daß die Struktur darauf abzielt, zusätzliche im langwelligen liegende Spektralbereiche zur Sonnenenergieumwandlung auszunutzen, bei möglichst gering gehaltener Reduzierung der Photospannung. Eine wesentliche Bedingung zur Erhöhung des Photostroms ist dabei, daß die thermische Emission aus den Zuständen in den Quantum-Wells effektiver ist als der Einfang und

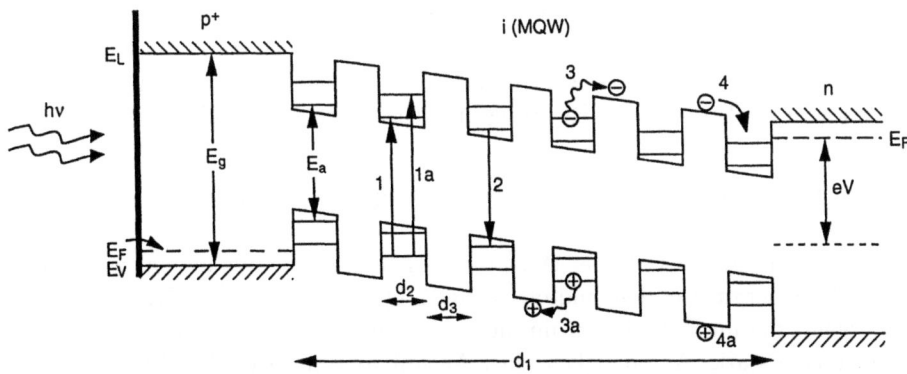

Abb. 7.9. Multiple Quantum-Well-Solarzelle mit $Al_xGa1-xAs$/GaAs in p$^+$-i-n Anordnung

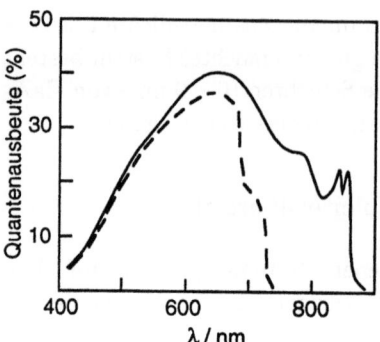

Abb. 7.10. Spektralverhalten von AlGaAs Solarzellen mit (—) und ohne (- - -) MQW-Struktur

die Gegenwart eines elektrischen Feldes die Ladungsträgertrennung im i-Bereich bewirkt. Tatsächlich ist in $Al_{0.3}Ga_{0.7}As/GaAs$ Strukturen die interne Quantenausbeute in Vorwärtsrichtung nahe 1, da die thermische Anregung aus den tieferen Zuständen $\tau < 0.1$ ns viel schneller ist als die Rekombinationszeit ($\tau_R > 10$ ns). Die Abbildung 7.10 zeigt das Spektralverhalten einer solchen Übergitterstruktur im Vergleich mit einer Solarzelle ohne MQW. Man erkennt, daß ein deutlicher Beitrag zum Photostrom im Bereich $\lambda > 700$ nm bis etwa $\lambda = 940$ nm gefunden wird. Insgesamt zeigt sich bei solchen Zellen, daß die Leerlaufspannung ohne MQWS geringer ist als in den Vergleichssolarzellen auf AlGaAs-Basis, aber größer als die von GaAs Solarzellen. Im Vergleich zum Gewinn an Photostrom ist diese Verringerung klein, so daß insgesamt eine ausgeprägte Erhöhung des Wirkungsgrades erzielt werden kann. Insgesamt stellt sich hier das Problem, wie die Abmessungen der Quantum-Well-Struktur die Aufspaltung der jeweiligen Zustände beeinflussen, wie dadurch wiederum die Zustandsdichte und das Absorptionsverhalten bestimmt werden und welche Schichtdicke man wählen soll, um die Absorption im zumeist recht langwelligen Bereich der MQW zu maximieren. Von daher erscheinen Ansätze wissenschaftlich interessant, beispielsweise Übergitter mit kurzer Periode (also wenige Struktureinheiten) zu verwenden, um eine zusätzliche Anpassung der Bandlücke über die Kristallorientierung zu erreichen (so erwartet man bei AlAs/GaAs Übergittern mit kurzer Periode in (100) und (111) Richtung unterschiedliche Energielücken).

7.3.2 Nanokristalline Halbleiter und kolloidale Teilchen

Eine weitere Reduzierung der Dimension ergibt sich, wenn man von zweidimensionalen Übergittern, den eindimensionalen Quantendrähten zu Teilchengrößen übergeht, die im Bereich von nm liegen. Derartige nanokristalline Materialien zeigen eine starke Abhängigkeit einer Anzahl von physikalischen Eigenschaften (Absorption, Ladungsträgerlebensdauer, -transport etc.) von den jeweiligen Dimensionen. So ist zum Beispiel nanokristallines Si ein Material, in dem sich clusterartige Si-Kristallite in einer H-angereicherten Matrix befinden; man spricht in diesem Fall von zweiphasigen Halbleitern. Zwar zeigen diese kleinen Teilchen eine hohe Absorption, jedoch sind die Ladungstransporteigenschaften deutlich beschränkt. Dies liegt zum einen daran, daß die Teilchengröße im Bereich der Ausdehnung der Elektronenwellenfunktion sowie der Streulänge liegt, zum anderen ist der Ladungstransfer durch die wasserstoffreiche Hülle zum nächsten Cluster ineffizient. Hier ist eine Anpassung der Kristallitgröße an die gewünschten Absorptions- und Transporteigenschaften nötig. Auf diesem Gebiet existieren erst wenige experimentelle Erfahrungen in Bezug auf Anwendungen in photovoltaisch aktiven Strukturen.

Etwas weiter fortgeschritten sind Arbeiten zur Verwendung kolloidaler Teilchen in Solarzellen. Zunächst wird kurz auf die Präparation und die wesentlichen Eigenschaften derartiger – aus dem chemischen Labor stammender Teilchen – eingegangen. Anschließend werden Ansätze zur Verwendung für die Photovoltaik vorgestellt. Kolloidale Teilchen von Verbindungshalbleitern werden durch Ausfällung aus Lösungen hergestellt, die das Anion der Verbindung in Form eines Gases enthält; das Kation liegt üblicherweise dissoziert in der Lösung vor. Um Teilchen mit sehr kleinen Abmessungen zu präparieren, ist es nötig, die Agglomeration, also das Zusammenwachsen zu größeren Teilchen, zu verhindern. Dazu bedient man sich sog. Stabilisatoren. Sie werden stark an die Metallionen auf der Partikeloberfläche gebunden und tragen selbst eine negative Ladung. Dies bewirkt eine elektrostatische Abstoßung zwischen den gleich geladenen Teilchen. Verwendet man Substanzen wie Polyphosphat als Stabilisator mit einer Kettenlänge von ungefähr 15 PO_3^- Einheiten, so bewirkt die Kettenlänge zugleich eine sterische Trennung der Teilchen. Die Präparation sehr kleiner Teilchen im nm-Bereich wird anhand des Beispiels von Q-CdS (Q steht für Quantum size) kurz erläutert.

Ausgehend von einer wäßrigen Lösung von Cd-Ionen, die mit Polyphosphat-Ketten (PP) komplexieren gemäß der Beziehung

$$nCd^{2+} + PP^{2n-} \rightleftharpoons Cd_nPP. \tag{7.6}$$

Nach Einleiten von H_2S (Schwefelwasserstoff) erfolgt Keimbildung durch die Reaktion des Sulfids mit freien Cd^{2+}-Ionen

$$mCd^{2+} + mS^{2-} \rightleftharpoons (CdS)_m. \tag{7.7}$$

Niedrige pH-Werte führen zu einer erhöhten Keimbildungsrate, da das Dissoziationsgleichgewicht

$$H_2S \rightleftharpoons 2H^+ + S^{2-} \tag{7.8}$$

sich entsprechend verschiebt. Die Keimbildung erfolgt entweder mit den aufgrund des Gleichgewichtes in (7.6) freigesetzten Cd^{2+}-Ionen und nachfolgendem Wachstum von CdS auf den Keimen in übersättigter Lösung oder durch die sog. Oswald-Reifung, nach der große Keime auf Kosten kleinerer wachsen:

$$Cd^{2+} + S^{2-} + (CdS)_n \rightarrow (CdS)_{n+1}, \tag{7.9}$$

$$(CdS)_m \rightarrow (CdS)_{m-1} + Cd^{2+} + S^{2-}, \tag{7.10}$$

wobei $n > m$ ist. Kleine Teilchen (Index m) reduzieren ihre Größe entsprechend (7.10), wogegen größere Teilchen (Index n, (7.9)) weiter wachsen.
Wie lassen sich nun möglichst kleine Partikel präparieren? Die Bedingungen hierfür sind schnelle Keimbildung und möglichst langsames Weiterwachsen. Dies wird durch Einstellen eines leicht alkalischen pH-Wertes und einem Überschuß an Cd^{2+}-Ionen sowie guter Durchmischung (schütteln) erreicht. Auf diese Art werden CdS-Keime gebildet, die wegen Mangels an S^{2-} nur wenig wachsen können. Größere Teilchen lassen sich unter sonst ähnlichen Bedingungen durch Verwendung von mehr H_2S herstellen. Bei der Ausfällung der Teilchen werden entsprechend (7.8) mehr Protonen freigesetzt, und der pH-Wert nimmt ab. Damit vergrößert sich die Wachstumsrate. Durch Einstellen des pH-Wertes auf 9 bis 10 wird das Wachstum gestoppt.
Ein wichtiges Problem für eventuelle Anwendungen aber auch zur Untersuchung der grundlegenden Quantum-size Effekte ist die Präparation von Kolloiden mit möglichst ähnlicher Größe; man spricht in diesem Zusammenhang von monodispersiven Teilchen. Dies erreicht man mit der Gel-Elektrophorese, die zu erstaunlich hoher Monodispersivität führt. In einer Polyakrylamid als Gel enthaltenen Chromatographie-Säule wird die kolloidale Lösung oben eingebracht. Bei Anlegen einer Spannung wandern die Teilchen in Abhängigkeit von ihrer Ladung und ihrer Größe. Je größer die Ladung und je kleiner der Durchmesser, desto größer ist die Geschwindigkeit. Wenn die schnellsten Teilchen etwa 2/3 des Gels durchlaufen haben, wird der Vorgang gestoppt und das Gel in dünne Scheiben geschnitten, aus denen die Teilchen herausgewaschen werden. Man erhält so gut monodispersive Lösungen mit jeweils verschiedenen Teilchengrößen und kann den Einfluß der Größe auf die physikalisch-chemischen Eigenschaften studieren. Als Beispiel ist in Abb. 7.11 die Variation des Einsatzes der Absorption mit der Teilchengröße für drei Materialien aufgetragen. Man erkennt, daß selbst ein Material mit einer Energielücke im infraroten Spektralbereich wie PbS bei Teilchendurchmessern kleiner als 20 Å den Einsatz der Absorption im Ultravioletten hat.
Welche Anwendungsmöglichkeiten lassen sich für solche Teilchen avisieren? Im Bereich der Sonnenenergieumwandlung außerhalb photovoltaischer Anwendungen sind schon frühzeitig die geänderten katalytischen Eigenschaften kleiner Teilchen erkannt worden. So gibt es Versuche durch Aufbringen von Metallkatalysatoren wie Pt bzw. Ru, die H_2- bzw O_2-Entwicklung unter Belichtung an TiO_2 Teilchen durchzuführen. Die mit der Reduktion der Teilchengröße verbundene energetische Aufspaltung sowie die verringerte Intrabandrelaxation kann zu vergrößerten Lebensdauern lichterzeugter Überschußladungsträger führen, die abreagieren, bevor sie auf den energetisch niedrigsten Zustand relaxieren. Diese Reaktionen sog. heißer (nicht thermalisierter) Elektronen sind in diesem Zusammenhang erst recht wenig untersucht. Auch die fundamentale Energielücke ist variiert, so daß ein solches Teilchen Reaktionen einleiten kann, die an einem kompakten Material gleichen Typs nicht stattfinden. Wenn sich Möglichkeiten zur Trennung der chemischen Produkte praktikabel realisieren lassen, können

7.3 Materialien mit reduzierter Dimensionalität 343

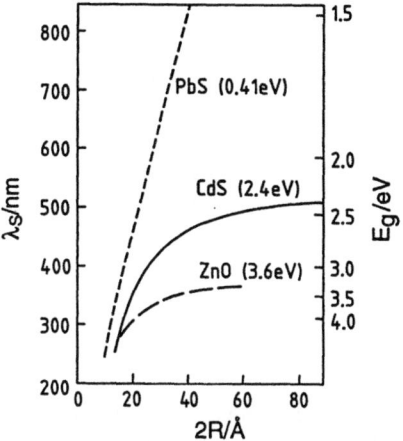

Abb. 7.11. Wellenlänge des Absorptionsbeginns als Funktion des Durchmessers für kleine Teilchen von drei Halbleitern. Rechte Ordinatenachse: Bandlücke. Die Zahlen in Klammern geben die Bandlücke der kompakten Materialien an

derartige Partikel zur Brennstoffgewinnung eingesetzt werden. Eine weitere Anwendungsmöglichkeit ergibt sich aus der Fähigkeit zur Zersetzung z.B. organischer Verbindungen bei Belichtung (Abwasserbehandlung u.ä.). Hinsichtlich photovoltaischer Anwendungen erscheinen Systeme denkbar, in denen der im Kapitel zu photoelektrochemischen Solarzellen vorgestellte Sensibilisierungssolarzelle ähneln. Erste Versuche verwenden anstelle eines Farbstoffes über ihre Partikelgröße maßgeschneiderte Kolloide, die wie in Abschn. 5.2.4 auf TiO_2 aufgebracht werden. In eine hochporöse TiO_2-Schicht wurden Q-PbS Teilchen eingebracht und absorbiert. Als Volumenmaterial hat PbS eine Energielücke von 0.41 eV (s. Abb. 7.11). Als Q-Teilchen variiert E_g mit der Größe, und es ergibt sich einerseits eine erhöhte Lichtabsorption, andererseits führt die energetische Aufspaltung dazu, daß von dem niedrigsten nicht-bindenden Niveau (das Äquivalent des Leitungsbandes in einem makroskopischen Halbleiter) nach Belichtung Elektronen in das Leitungsband des TiO_2 injiziert werden können (s. Abb. 7.12). Abbildung 7.13 zeigt, wie der resultierende Photostrom in einer elektrochemischen Zelle bei kurzwelliger monochromatischer Lichteinstrahlung von der Energielücke der Quantenteilchen, die wiederum nach Abb. 7.11 durch die Teilchengröße gegeben ist, abhängt. Man erkennt, daß die Quantenausbeute für $E_G \approx 1.4$ eV sehr hoch ist. Allerdings müssen die Absorptionseigenschaften eines solchen Systems auf das Sonnenspektrum abgestimmt werden. Dessen spektrale Breite bedingt, daß vermutlich Größen und Teilchensorten gemischt werden müssen. Derartige Arbeiten sind bisher noch nicht bekannt.

Eine weitere prinzipielle Möglichkeit einer Anwendung ergibt sich aus Arbeiten zur Bildung von chemisch abgeschiedenen Filmen, deren nanokristalline Struktur auf Teilchen mit Größen zwischen 40 Å und 80 Å aufgebaut ist. Ein solcher Film, gezeigt am Beispiel von CdSe, dessen Energielücke für das makrokristalline Material bei 1.74 eV liegt, besitzt optische Eigenschaften, wie man

344   7. Perspektiven der Photovoltaik

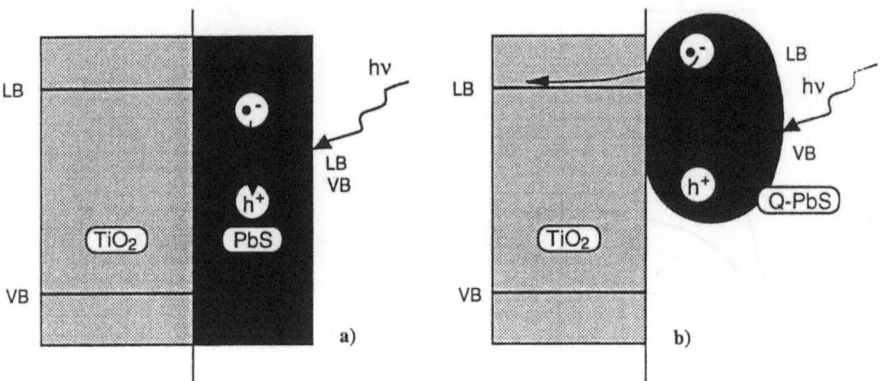

Abb. 7.12a,b. Schematische Darstellung der elektronischen Niveaus von Titandioxid und Bleisulfid. Nur Q-PbS kann Titandioxid sensibilisieren. (a) mit makrokristallinem PbS, (b) mit Q-PbS Teilchen

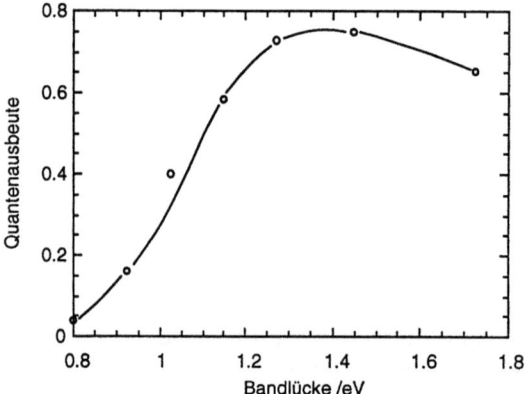

Abb. 7.13. Quantenausbeute des Photostroms als Funktion der Bandlücke der Q-PbS-Teilchen bei Bestrahlung mit Licht der Wellenlänge 450 nm

sie sonst nur bei kolloidalen Teilchen findet. Die Schichten zeigen die von Kolloiden bekannte Änderung des Absorptionsverhaltens (Einsatz der Absorption) in Abhängigkeit von der Abscheidetemperatur bzw. vom Abscheideverfahren (Abb. 7.14). Ohne auf die Details der chemischen Abscheidung einzugehen, stellt sich die Frage, wie es bei der Abscheidung von 2000 Å–3000 Å dicken CdSe Schichten zu physikalisch verbundenen, aber elektronisch isolierten Nanokristalliten so kleiner Abmessungen kommt. Eine Klärung für das Entstehen und Verhalten der Nanostruktur konnte bisher noch nicht gegeben werden. Es wäre möglich, daß ähnlich wie bei den zweiphasigen Si-Clustern eine chemisch isolierende Schicht kleine Teilchen stabilisiert und elektronisch isoliert, aber dennoch einen gewissen Ladungstransport zuläßt. Die bisher mit etwa 1 μm dicken Schichten erzielten Wirkungsgrade liegen unter 0.5%. Inzwischen ist

7.3 Materialien mit reduzierter Dimensionalität   345

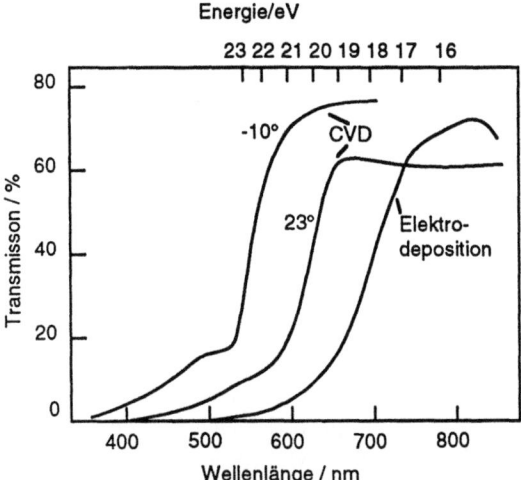

Abb. 7.14. Optische Transmissionsspektren von CVD-CdSe auf Glas bei Abscheidetemperaturen von -10 und 23°C

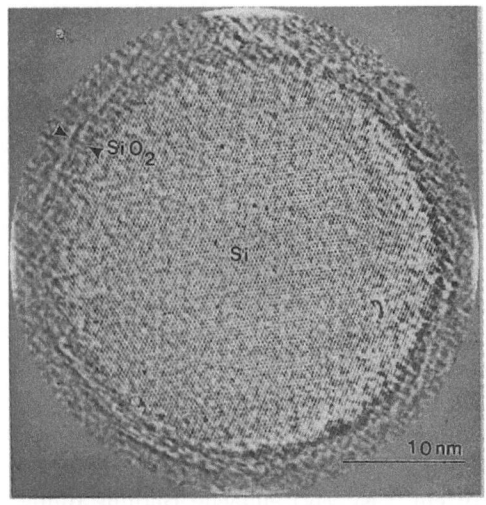

Abb. 7.15. TEM-Aufnahme eines anoxidierten Si-Kolloids

es gelungen, Si-Q-Teilchen mit entsprechend kleinen Abmessungen herzustellen. Abbildung 7.15 zeigt eine TEM-Aufnahme eines solchen typischen Kolloids [3]. Da sich die optoelektronischen Eigenschaften so drastisch mit der Teilchengröße ändern, besteht hier ein interessantes Entwicklungspotential, mit dünnen Schichten nanokristallinen Siliziums Sensibilisierungssolarzellen oder auch mehr konventionelle Heterostrukturen zu entwickeln, bei denen der hochabsorbierende Si-Film als photoaktiver Teil eingesetzt wird.

7.4 Alternative Materialien und Herstellungsverfahren

Im vorigen Abschnitt wurde besprochen, wie durch Modifikation der Dimensionalität bekannter Halbleiter Änderungen in den optischen und elektronischen Eigenschaften bewirkt werden können, die zu neuen Einsatzmöglichkeiten in Solarzellen führen. Dabei blieben Materialklassen und vor allem Herstellungsmethoden, die außerhalb der in Abschn. 7.2 und 7.3 beschriebenen Möglichkeiten liegen, bisher unberücksichtigt. Diese Lücke soll in diesem Abschnitt zumindest teilweise geschlossen werden, wobei die Auswahl der hier behandelten Halbleiter durchaus subjektiv ist und unvollständig bleiben muß. So wird die Verwendung photoaktiver Polymere in der Photovoltaik bereits seit längerem diskutiert, und man findet bereits Übersichtsartikel zu diesem Thema. Dennoch sind die Fortschritte hinsichtlich Wirkungsgrad deutlich begrenzt geblieben. Ebenso existieren Ansätze, Halbleiter in Form von Schlemmfarben (slurry paints) und mittels Spraypyrolyse herzustellen. Beide Verfahren sind durch besonders einfache Herstellung gekennzeichnet. Eine noch vergleichsweise gering untersuchte Materialklasse sind alternative amorphe Halbleiter wie amorphes Bor und Antimon.

7.4.1 Organische Solarzellen

Die Arbeit an photovoltaischen Effekten mit organischen Materialien wurde durch die frühzeitige Entdeckung von vergleichsweise hohen Photospannungen (bis zu 1 V) motiviert. Die Quantenausbeute blieb jedoch sehr klein. Hierfür sind vordringlich strukturelle Fragen von Bedeutung, etwa wie der Ladungstransport entlang von Molekülketten verläuft und inwiefern er ineffektiver wird, wenn Ladungsträger zwischen den Ketten über einen Hopping-Mechanismus transferiert werden, bei dem die Abstände zwischen den Molekülketten und eventuelle Zwischenzustände wichtig sind. Auch Rekombinationsprozesse und Lebensdauern innerhalb der Moleküle sind von Bedeutung ebenso wie das Problem der Dotierung organischer Substanzen. Zu den grundlegenden Eigenschaften, die Materialien für organische Solarzellen aufweisen sollten, gehören: (i) einfach herzustellen, (ii) einfach zu reinigen, (iii) stark gefärbt, so daß die Absorption im sichtbaren bis IR-Bereich $\alpha \approx 10^5$ cm^{-1} ist, (iv) einfache Bildung dünner polykristalliner Schichten, bevorzugt mit Strukturierung parallel zur Lichteinfallsrichtung, damit Ladungen senkrecht zur Oberfläche gut transferiert werden können (wenig Interchain-hopping), (v) die halbleitenden Eigenschaften sollten bereits nachgewiesen sein, (vi) die Leitfähigkeit läßt sich durch Dotierung gut beeinflussen, (vii) der Grundzustand und der angeregte Zustand führen Redoxreaktionen mit entsprechenden Redoxpartnern durch (s. Kap. 5), wobei eine Änderung im Oxidationszustand des Metalles, das im Zentrum des organischen Rings komplexiert ist, auftritt.

In Betracht kommende Materialien umfassen Porphyrine, Phtalozyanine und Merozyanine. Mit letzteren wurden organische Solarzellen mit Wirkungsgraden

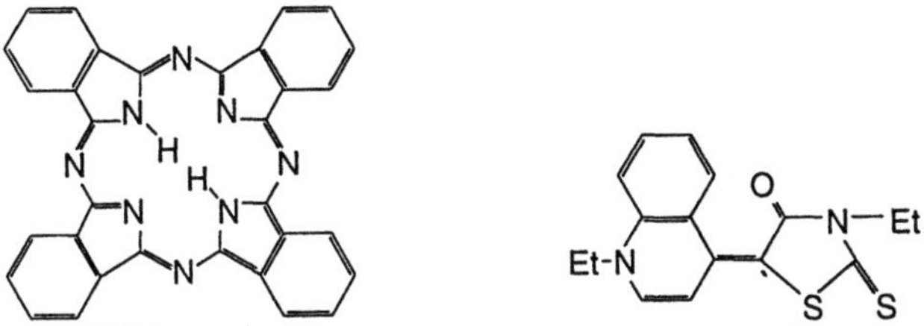

7.4 Alternative Materialien und Herstellungsverfahren

Phtalozyanin   **Merozyanin**

Abb. 7.16. Schematische Darstellung der Struktur von Phtalozyaninen und Merozyaninen

um 1% erzielt. Dies ist deshalb bemerkenswert, weil noch vor etwa 20 Jahren die Wirkungsgrade um den Faktor 10^3 geringer waren. Eine anfänglich favorisierte Konfiguration ähnelte den MIS-Strukturen (s. Abschn. 3.3). Dabei werden die im Dunkeln p-leitenden organischen Schichten auf ein oxidiertes Metall niedriger Austrittsarbeit (Al, In), das selbst wiederum auf ein Substrat aufgedampft wird, aufgebracht. Die Frontmetallschicht muß genügend dünn sein, um Licht hindurchzulassen. Der Rückkontakt wird von einem Metall hoher Austrittsarbeit oder einem transparenten leitenden Oxid gebildet. In letzterem Fall wurde Belichtung von der Rückseite durchgeführt. Eine effiziente Solarzelle, die keine Merozyanine verwendet, ist als Sandwich mit der Struktur ITO/p-CuPc/In-Perylen/In aufgebaut. Dabei bezeichnet Pc die Phtalozyaninen-Gruppe. Abbildung 7.16 zeigt die Struktur von Phtalozyaninen und Merozyaninen, dabei bezeichnet Et die Äthylengruppe.

Spezifische Solarzellenkonfigurationen werden kurz vorgestellt. Anschließend werden einige Betrachtungen zum Transport lichterzeugter Ladungsträger und zu deren Rekombinationsverhalten angestellt. Das photovoltaische Verhalten wird an dem in Abb. 7.17 gezeigten Flußdiagramm verdeutlicht: durch Photoanregung werden in der organischen Schicht Exzitonen (Elektron-Loch Paare mit diskreten Energieniveaus) erzeugt. Anschließend folgt Diffusion durch „Hopping", wobei im günstigen Fall ein Elektron in das niedrigste unbesetzte Molekülorbital eines Dotierstoffkomplexes transferiert wird. Das Elektron auf dem Dotierstoffkomplex und das Loch im höchsten besetzten Zustand (äquivalent dem Valenzband) des organischen Moleküls können entweder paarweise rekombinieren oder sie werden im elektrischen Feld der Randschicht getrennt. Der Photostrom ist dann begrenzt durch die Drift der Ladungen über Hopping-Prozesse im elektrischen Feld der Struktur und die Wanderung der Löcher zum Rückkontakt. Abbildung 7.18 zeigt ein schematisches Energiebanddiagramm, wobei J_2^--Farbstoff-Komplexe als Dotierstoff Verwendung finden. Die Struktur des hier benutzten Merozyanin ist als Einsatz in der Abbildung gezeigt. Die spektrale Empfindlichkeit einer CuPc verwendeten Zelle (s.o.) ist in Abb. 7.19 gezeigt. Insgesamt ist es wünschenswert, derartige Solarzellen in Form von p-i-n Strukturen aufzubauen, wobei der intrinsische Bereich durch das organische Material gegeben ist. Die Dotierstoff-Farbstoffkomplexe bewirken jedoch, daß die

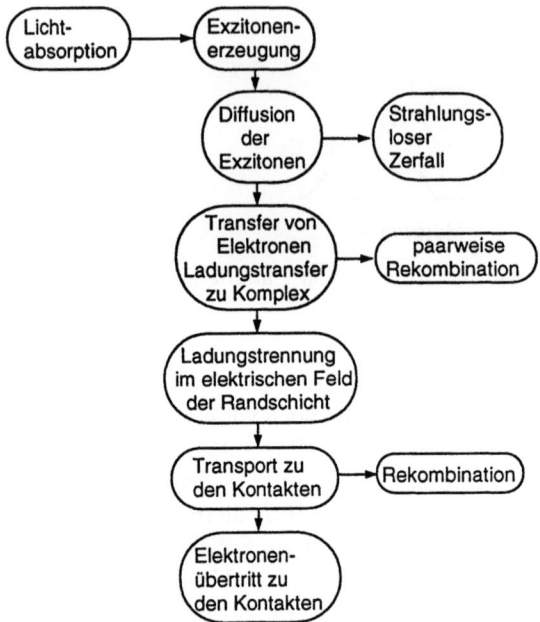

Abb. 7.17. Mechanismen der photovoltaischen Funktion in Solarzellen mit organischen Materialien

Randschichten bei genügend hoher Lichtabsorption klein werden. Dies behindert den Ladungstransport, der weitgehend im feldfreien Gebiet erfolgt, in dem Rekombination erfolgt. Das Gebiet ist sowohl von der Materialauswahl, als auch von den Herstellungsverfahren und den Solarzellenkonfigurationen sehr entwicklungsfähig. Ob dabei jedoch die prinzipiellen Begrenzungen wie z.B. (i) eingeschränkter Spektralbereich der jeweiligen Farbstoffe, (ii) Polymerisation bzw. Kettenstruktur senkrecht zur Schichtoberfläche (iii) optimierter Ladungstransport entlang Ketten über geeignete Wechselwirkungen mit den Farbstoffzentren überwunden werden können, ist noch nicht abzusehen. Andere Fragestellungen wie chemische Stabilität, Temperatureinflüsse auf die Struktur und Alterungseffekte bei Belichtung müssen ebenfalls gelöst werden.

7.4.2 Alternative amorphe Halbleiter

Im Zusammenhang mit den zunehmenden Erfolgen bei der Entwicklung von amorphem Si als Solarzellenmaterial Ende der 70er Jahre wurden weitere amorphe Materialien auf ihre Eignung für die Anwendung in Solarzellen hin untersucht. Die Präparation erfolgt mit Verfahren, die großflächige Beschichtung erlauben, wie z.B. Glimmentladung, Abscheidung aus der Gasphase. Zunächst standen grundlegende Untersuchungen zum Einbau von H sowie zur Leitfähigkeit und Dotierbarkeit im Vordergrund. Dabei wurden sowohl bereits bekannte Halbleiter wie GaAs, Ge u.a. im amorphen Zustand präpariert und untersucht,

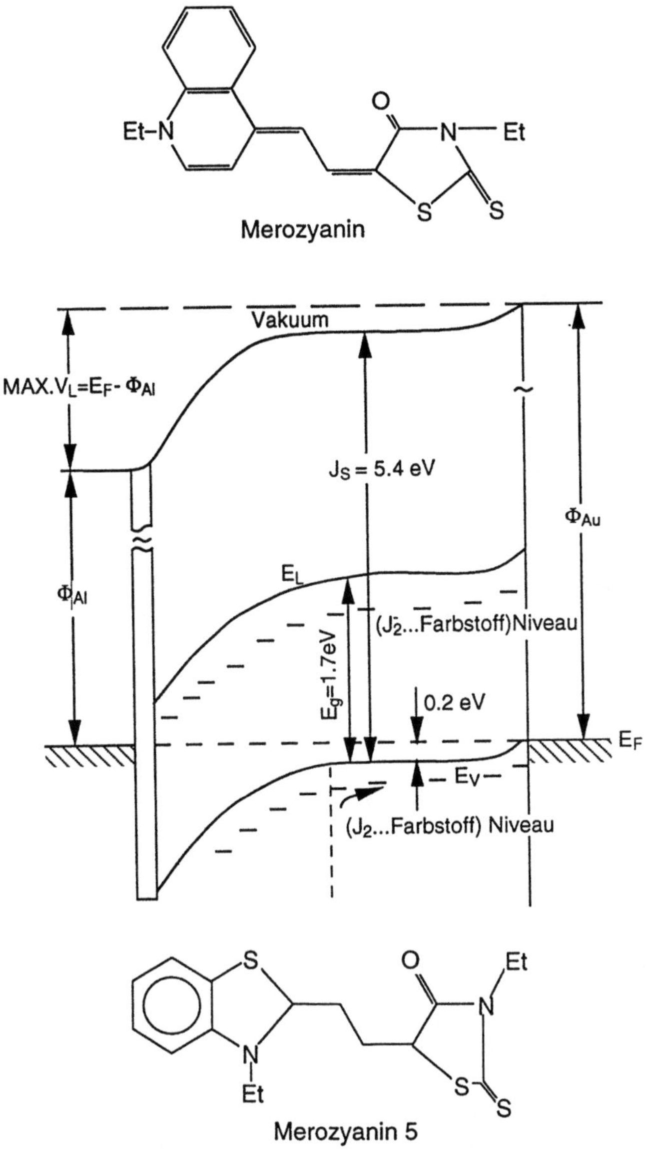

7.4 Alternative Materialien und Herstellungsverfahren

Abb. 7.18. Schematisches Energiebanddiagramm für eine sog. organische Solarzelle

als auch neue amorphe Halbleiter entwickelt, wie z.B. a-B:H, a-Sb und a-C:H [4], [5], [6], [7], [8]. In diesem Abschnitt werden als Beispiele amorphes hydrogenisiertes Bor bzw. Kohlenstoff behandelt. Beide Systeme haben sich unterschiedlich entwickelt. Während amorphe Kohlenstoffschichten Einsatz in Strukturen auf der Basis amorphen Siliziums als Fensterschichten finden (vgl. Abschn. 4.6), ist a-B:H nicht weiter verfolgt worden, obwohl die Bedingungen dafür, wie weiter unten gezeigt wird, recht günstig erschienen.

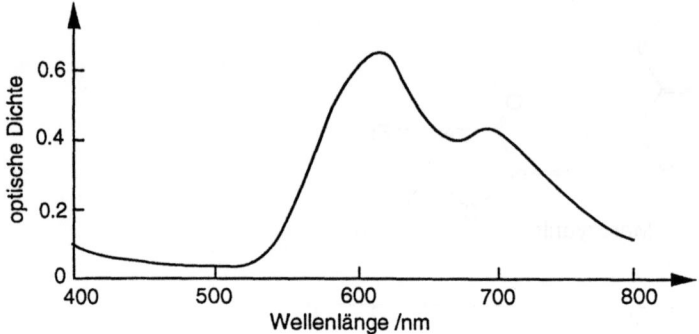

Abb. 7.19. Spektrale Empfindlichkeit einer CuPc-Zelle

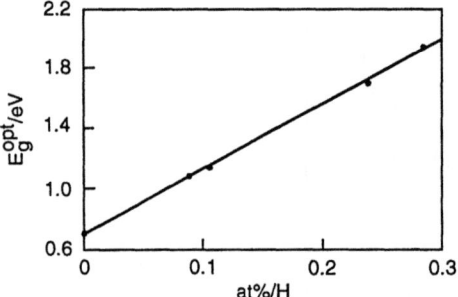

Abb. 7.20. Zusammenhang zwischen optischer Bandlücke E_g^{opt} und Wasserstoffgehalt amorpher Bor-Schichten.

Die Herstellung erfolgte in den ersten Arbeiten aus B_2H_6. Mit einem CVD-Prozeß erreicht man Abscheidungsraten von mehreren hundert Å/min, abhängig von der Substrattemperatur (400 Å/min bei 400°C = T_S). Auf kristallinen Si-Substraten ergeben sich Filme mit großem Stress bei dieser Temperatur, so daß für $d > 0.7\,\mu$m eine Ablösung der Filme beobachtet wurde. Von Interesse ist hier die Bestimmung des Wasserstoffgehaltes in den Schichten und dessen Korrelation mit der optischen Energielücke E_g^{opt}. Dazu wurde eine nukleare Sondenmethode eingesetzt [9]. Das Ergebnis ist in Abb. 7.20 gezeigt. Für einen H-Gehalt von 0at%, 9at%, 11at%, 24at% und 29at% ergeben sich Energielücken von 0.7 eV, 1.1 eV, 1.15 eV, 1.7 eV und 1.95 eV. Die Abbildung zeigt, daß ein linearer Zusammenhang zwischen H-Gehalt und E_g^{opt} beobachtet wird. Der Anteil kann über die Substrattemperatur, ähnlich der Vorgehensweise beim amorphen Silizium, eingestellt werden. Die Schichten sind chemisch offenbar recht inert. In Infrarotuntersuchungen werden nur B-H zugeordnete Schwingungen gefunden. Auch nach längerem Lagern an Luft findet sich kein Hinweis auf B-O Schwingungen. Man hat hier offenbar ähnlich der Situation beim amorphen Silizium die Möglichkeit, die Energielücke über einen weiten Bereich zu variieren. Inwieweit sich die elektrischen und die Transporteigenschaften ändern (dies bewirkt

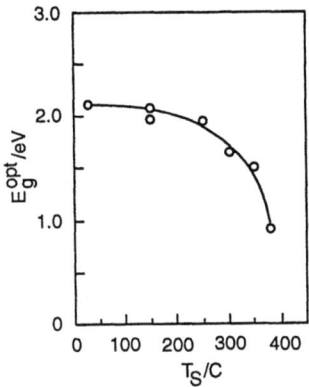

Abb. 7.21. Abhängigkeit der optischen Bandlücke E_g^{opt} amorpher Kohlenstoffilme von der Substrattemperatur T_S

die weitgehende Festlegung von E_g^{opt} bei a-Si:H), ist bei a-B:H kaum bekannt. Amorphe Kohlenstoffilme, präpariert in einer Glimmentladung durch Zersetzung von Azetylen (C_2H_2), zeigen ebenfalls eine ausgeprägte Variation von E_g^{opt} mit der Substrattemperatur (als Substrat wurde Glas verwendet). Da in der entsprechenden Arbeit der H-Gehalt der Schichten nicht direkt gemessen wurde, ist hier eine Auftragung von E_g^{opt} vs. T_S in Abb. 7.21 gezeigt. Oberhalb von $T_S \approx 250°C$ zeigt sich eine drastische Abnahme von E_g^{opt} mit weiter zunehmender Temperatur. Dies läßt auf einen verringerten Einbau von H in die Schichten schließen, der mit einer strukturellen Änderung einhergeht. Die dreifach koordinierte Form von Kohlenstoff bildet Graphit mit $E_g^{opt} = 0$. Man vermutet, daß bei Verringerung des H-Gehaltes die Zahl der dreifach koordinierten C-Atome zunimmt, wodurch die Energielücke verringert wird. Die Messungen der elektrischen Leitfähigkeit bei Raumtemperatur zeigen Variationen von $\sigma \approx 10^{-16}$–$10^{-6}\,\Omega^{-1}cm^{-1}$ ($T_S = 75°C, 350°C$). Die hier kurz angeführten Eigenschaften sind noch unvollständig erforscht. Von besonderem Interesse für eine Weiterentwicklung sind Dotierversuche und Photoaktivität. Bereits an dem großen, mit a-Si:H betriebenen Aufwand wird deutlich, daß die Materialforschung für die Photovoltaik im bisherigen Umfang zu gering ist, um in notwendiger Breite neue Materialien bereitzustellen.

7.4.3 Alternative Herstellungsverfahren

Es werden einige Verfahren zur Präparation von Halbleitern vorgestellt, die besonders geeignet für die Herstellung großer Flächen erscheinen. Dazu gehören u.a. die Elektroabscheidung, die Sprühpyrolyse und die Aufbringung als Schlemmfarbe.

(i) Elektrodeposition. Elektroabscheidung hat bei Metallen eine weit zurückreichende Tradition. Zur Präparation von Halbleitern gab es in den letzten Jahr-

zehnten zahlreiche Ansätze, da das Verfahren als schnelle und einfache Präparationsmethode gilt. Zudem findet die Schichtbildung zumeist bei Raumtemperatur statt, wodurch Energie gespart wird. Die bisher durchgeführten Experimente haben jedoch noch nicht zu vergleichbarer Qualität der abgeschiedenen Schichten hinsichtlich Photoaktivität geführt, wie sie bei Präparation im Vakuum (Aufdampfen) bzw. aus der Gasphase erhalten wurde. Aus diesem Grund wird das Prinzip des Verfahrens hier am Beispiel der gut untersuchten Systeme CdX (X = S, Se, Te) vorgestellt, da der Entwicklungsbedarf noch beträchtlich ist. Man setzt zur Elektrodeposition ein Standard Zwei- bzw. Dreielektrodensystem für elektrochemische Experimente ein. In der Dreielektrodenanordnung lassen sich potentiostatische bzw. galvanostatische Experimente durchführen.
Die Ausgangssubstanzen des zu bildenden Halbleiters liegen in wäßriger Lösung als Ionen, evtl. gebunden in einer Gruppe, vor. Die Methode nutzt die oft sehr unterschiedlichen Elektrodenpotentiale, bei denen das Anion (hier S^{2-}) bzw. das Kation (Cd^{2+}) auf dem jeweiligen leitenden Substrat abgeschieden wird. Damit ist eine hohe Selektivität für den gewünschten Prozeß gegeben, sofern in dem Potentialbereich der Abscheidungsreaktion keine Nebenreaktionen ablaufen.
Je nach dem verwendeten Herstellungsverfahren (potentiostatisch, galvanostatisch bzw. Potentialsprungmethode) erreicht man prinzipiell eine große Genauigkeit der Zusammensetzung, da z.B. die potentiostatische Anordnung die Detektion der Abscheidung im Bereich von Bruchteilen einer Atomlage ermöglicht. Elektrodeposition von CdX kann prinzipiell auf zwei Arten durchgeführt werden: (i) kathodische Abscheidung, bei der die Reduktion von Cd^{2+} und X in positivem Valenzzustand simultan stattfindet; (ii) anodisch durch Oxidation des Anions X^{2-} an einer Cd-Metallelektrode. Am Beispiel der Präparation von CdSe ($E_g \approx 1.7$ eV) wird das Verfahren (i) kurz erläutert:
Man erreicht die Elektrodeposition aus saurer Lösung von zwei sog. Precursor-Ionen, i.e. $CdSO_4$ und SeO_2 in z.B. 0.5 M H_2SO_4. Die Reaktionsgleichung lautet im einfachsten Fall

$$Cd^{2+}_{aq} + H_2SeO_3 + 4H^+ + 6e^- \rightarrow CdSe + 3H_2O. \tag{7.11}$$

Die sechs Elektronen werden in den Teilreaktionen

$$Cd^{2+}_{aq} + 2e^- \rightarrow Cd \; (-0.64 \, \text{V SCE}),$$

$$Se^{4+} + 4e^- \rightarrow Se \; (0.47 \, \text{V SCE}) \tag{7.12}$$

verbraucht. Hierfür existieren unterschiedliche Potentiale, bei denen diese Reaktionen ablaufen, wie in (7.12) angeführt. Der Prozeß wird üblicherweise unter Konstantstrombedingungen (galvanostatisch) an einer Ti-Folie als Substrat durchgeführt. Abbildung 7.22 zeigt schematisch die energetischen Verhältnisse bei der Abscheidung. Man erkennt, daß die Reduktion von Se(IV) energetisch bevorzugt ist. Daher muß die Lösung mit einem großen Überschuß des Cd-Salzes (z.B. $Cd(NO_3)_2$) versehen werden. Nach der elektrochemischen Präparation zeigen die Schichten nur geringe Photoaktivität. Sie werden, wie häufig bei

7.4 Alternative Materialien und Herstellungsverfahren

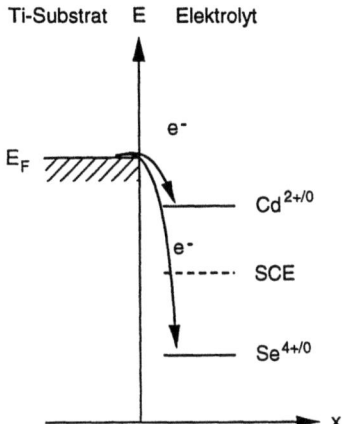

Abb. 7.22. Energetische Verhältnisse bei der elektrochemischen Abscheidung von CdSe

aufgedampften Schichten üblich, nachbehandelt. Für CdSe verwendet man Heizen in Luft (30 min bei 550°C) und anschließendes Ätzen und Tauchen in eine $ZnCl_2$ Lösung. Direkt nach der Elektrodeposition besitzen die Filme häufig, die metastabile kubische Struktur, die durch den Nachbehandlungsschritt in eine hexagonale Struktur umgewandelt wird. Es wurden bereits vor längerer Zeit auf diese Art Wirkungsgrade um 6% erzielt. Interessanterweise besitzen diese Filme eine deutlich unterschiedliche Morphologie zu den Aufdampfschichten [10].

(ii) $CuInS_2$- und $CuIn_5S_8$-Schichten als Schlemmfarbe (slurry paints).
Einphasige Pulver aus $CuInS_2$ bzw. $CuIn_5S_8$ wurden durch Heizen stöchiometrischer Mengen in evakuierten Quarzampullen synthetisiert. Das Pulver wurde nachfolgend mit 10% Gewichtsanteil einer Flüssigkeit, bestehend aus $ZnCl_2$, Triton X-100, nicht-ionischem Detergens und Wasser, versetzt, um eine glatte Farbe zu erzeugen. Der Farbaufstrich wurde auf Ti-Substrate (1 – 2 cm² groß) aufgebracht. Anschließend wurden die bestrichenen Substrate bei ca. 630°C für $t \approx 12$ min in einer Atmosphäre von fließendem Ar mit 0.5% O_2 geheizt. $CuInS_2$-Schichten wurden anschließend mit KCN behandelt, abgespült und ein zweites Mal, diesmal bei ca. 310°C in H_2S-Atmosphäre für 15 min geheizt. $CuIn_5S_8$-Schichten wurden ebenso behandelt. Bei ihnen war jedoch die Zyanidbehandlung nicht erforderlich. Bei $CuInS_2$ zeigte sich sogar, daß nach dem Heizen in H_2S eine zweite KCN-Behandlung positive Auswirkungen auf die Strom-Spannungscharakteristik (s.u.) hatte.

Ein einfaches Verfahren zum Testen der Photoaktivität neuer Materialien bietet die Photoelektrochemie: ist ein ohmscher Rückkontakt vorhanden, so erfolgt die Bildung des gleichrichtenden Frontkontaktes einfach durch Eintauchen, wobei auch morphologisch unregelmäßige Strukturen gut kontaktiert werden. Da $CuInS_2$ als kristallines Material umfangreich in Polysulfid-Elektrolyten untersucht worden ist (es wurde eine hohe Stabilität gefunden), wurde auch hier die Photoaktivität der Farbschicht in diesem Elektrolyten charakterisiert. Ab-

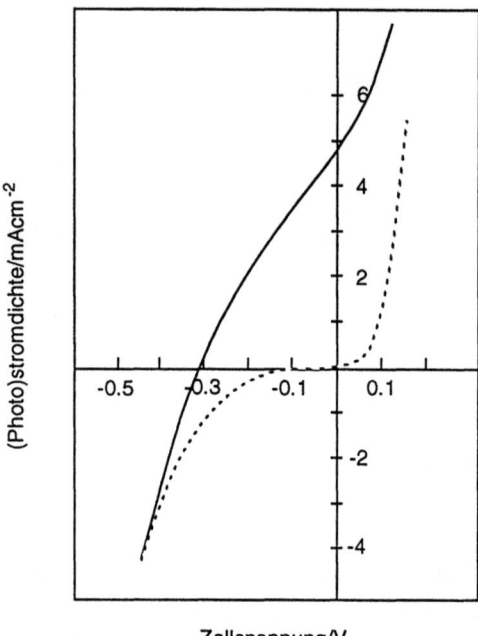

Abb. 7.23. Strom-Spannungs-Charakteristik einer mit Schlemmfarbe hergestellten CuInS$_2$-Elektrode im Kontakt mit Polysulfid-Elektrolyt; (—): belichtet, (- - -): im Dunkeln

bildung 7.23 zeigt eine $j_{ph} - V$ bzw. $j_0 - V$ Charakteristik für CuInS$_2$ in 2 M KOH, 1.4 M Na$_2$S, 2.6 M S^0 bei 0.9 AM1-Belichtung (Fläche 1 cm^2). Der Wirkungsgrad liegt deutlich unter 1%. Dennoch erkennt man eine ausgeprägte Photoaktivität dieser erstmals so präparierten Schicht.

(iii) Sprüh-Pyrolyse. Das Vorhaben beruht auf der Aufbringung der Komponenten des Halbleiters in Tröpfchenform (Sprühen) auf ein geheiztes Substrat. Dazu müssen die Ausgangsmaterialien gelöst sein, die Tröpfchengöße muß möglichst kontrollierbar sein, um die Verdunstung des Lösungsmittels zu gewährleisten, und Substrattemperatur (chemische Reaktivität) und Bewegung des Sprühkopfes müssen aufeinander abgestimmt sein. Abbildung 7.24 zeigt eine schematisch dargestellte Versuchsanordnung.

Der Sprühkopf (1) bewegt sich mittels der Sprühkopfaufhängung (8) mit Motor (9) in der mit Pfeilen angedeuteten Weise über dem geheizten Substrat (11) mit der Temperaturregeleinheit (7). Die die Verbindung enthaltene Lösung (3) wird aus einem Vorratsgefäß zum Sprühkopf (1) gepumpt (2). Zugleich wird N$_2$-Gas über ein Ventil (5) mit Gasflußmessung (4) eingeleitet. Dieses System arbeitet in Umgebungsatmosphäre. Bei der Präparation von CuInS$_2$-Schichten hat sich gezeigt, daß der Ausschluß von Sauerstoff zu einer verbesserten Photoaktivität der Schichten führt. Im Prinzip wird die in Abb. 7.24 gezeigte Apparatur dann mit einem Quarzgefäß, in dem Ar oder N$_2$-Atmosphäre existiert, ummantelt.

7.4 Alternative Materialien und Herstellungsverfahren

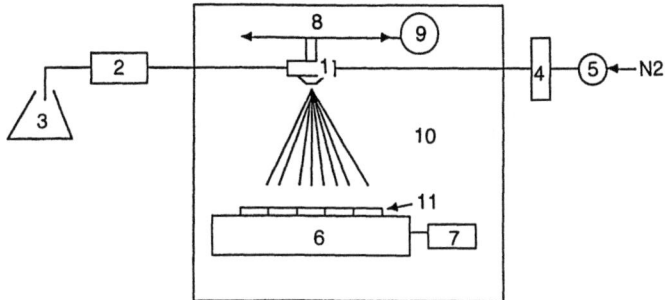

Abb. 7.24. Schematische Darstellung einer Versuchsanordnung für Sprüh-Pyrolyse

Die Herstellung von CuInS$_2$-Schichten erfolgt z.B. aus einer wäßrigen Lösung von CuCl$_2$, InCl$_3$ und (NH$_2$)$_2$CS (Thioharnstoff). Die Reaktionsgleichung lautet

$$2CuCl_2 + 2InCl_3 + 5(NH_2)_2CS + 10H_2O$$
$$\rightleftharpoons 2CuInS_2(s) + S^0 + 5CO_2(g) + 10HCl(g) + 10NH_3(g), \quad (7.13)$$

wobei s (solid) eine feste Phase und g ein Gas bezeichnet. Die Bildung von zwei Einheiten von CuInS$_2$ erfordert mindestens zwei Atome Cu, zwei Atome In und fünf Atome Schwefel in der Anregungslösung. Man wählt daher ein Konzentrationsverhältnis von 1 : 1 : 3, wobei man davon ausgeht, daß der Schwefelüberschuß zur Eliminierung des Sauerstoffs aus der Schicht durch Bildung von SO$_2$(g) bzw. SO$_3$(g) führt. Die unter diesen Bedingungen beste Abscheidungstemperatur betrug 350°C bei einer Durchflußrate von 3 ml/min. Die Geschwindigkeit des Sprühkopfes zum Substrat lag zwischen 20 cm und 40 cm, wobei dieser Parameter die Ergebnisse wenig beeinflußte. Die Charakterisierung solcherart hergestellter Schichten erfolgt zunächst strukturell (Röntgen) und anschließend hinsichtlich der elektronischen Eigenschaften. Die Hauptwachstumsrichtung des Chalkopyrits ist die [112]-Richtung. Die Abbildung 7.25 zeigt den Einfluß von Temperatur des Substrates T_S auf Abscheidegeschwindigkeit v_A und Schichtdicke (Abb. 7.25a) sowie den Einfluß von T_S auf die Kristallinität der Schichten (Abb. 7.25b). Man erkennt, daß nur in einem engen Temperaturbereich um 350°C Schichten guter kristallographischer Qualität präpariert werden können.

Abbildung 7.26 zeigt, daß bei festgelegter Temperatur auch die Durchflußrate festgelegt wird, da sich die Kristallinität der Schichten stark mit ihr ändert. Schnellere Präparation führt damit zu einem Verlust zunächst an morphologischer Qualität. Abbildung 7.27 zeigt die Temperaturabhängigkeit von Dunkel- und Photostrom von Schichten, die bei 500°C im Vakuum nachbehandelt wurden. Man erkennt einen deutlichen Photoeffekt $(j_L - j_D)/j_D \geq 10^3$ bei $T = 166$ K. Die Aktivierungsenergie der Leitfähigkeit liegt bei 0.1 eV. Andere Nachbehandlungsverfahren führen z.T. zu noch größerer Photoaktivität (tempern in H$_2$).

7. Perspektiven der Photovoltaik

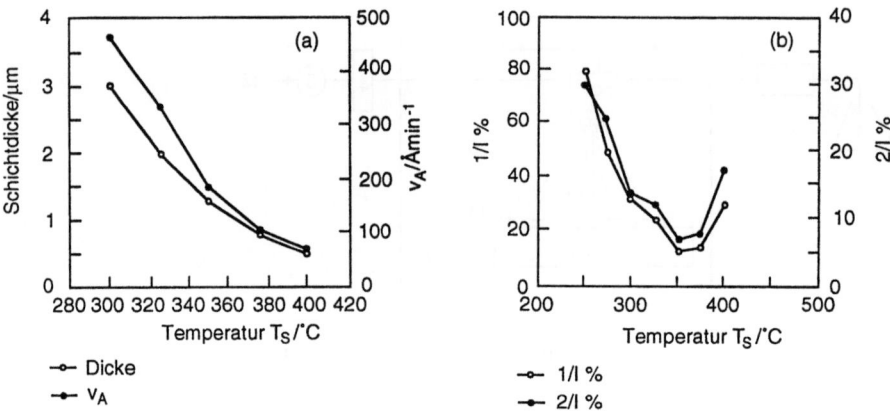

Abb. 7.25a,b. Einfluß von T_S auf (a) Schichtdicke und Abscheiderate v_A; (b) Orientierung der Schichten; 1/I, 2/I: [112] Intensität normiert auf I; 1/I rel. Anteil [024], [220] Röntgenpeaks; 2/I rel. Anteil von [116], [132] Richtungen

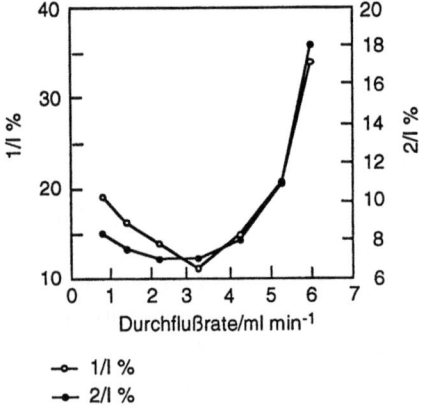

Abb. 7.26. Einfluß der Durchflußrate bei fester Temperatur auf die Kristallinität der Schichten (1/I; 2/I s. Abb. 7.25)

Das Verfahren der Sprüh-Pyrolyse erscheint zunächst als einfache Methode, großflächig Schichten bei niedrigen Temperaturen herzustellen. Tatsächlich gelingt die Präparation photoaktiver Schichten eines komplexen Verbindungshalbleiters wie $CuInS_2$. Die Zahl der Versuchsparameter ist jedoch sehr groß und erfordert langfristig empirisches Arbeiten bei gleichzeitiger Kontrolle von Struktur und elektronischen Eigenschaften. Problematisch sind chemische Nebenreaktionen, die zum Einbau von Fremdphasen und Verunreinigungen führen können. Auf diesem Gebiet ist noch viel Entwicklungsarbeit zu leisten.

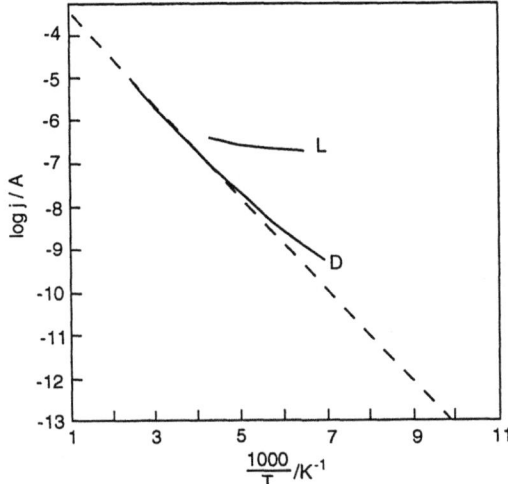

Abb. 7.27. Dunkel- und Photostrom in Abhängigkeit von der inversen Temperatur für aufgesprühte CuInS$_2$-Schichten

7.5 Probleme

1. Man bestimme die Energielücke von CuInS$_{2x}$Se$_{2-2x}$ für eine 20%ige Beimischung von S zu der Verbindung (a). Wie groß muß der relative Ga-Anteil in der Verbindung CuIn$_{1-x}$Ga$_x$Se$_2$ sein, um eine Energielücke von 1.5 eV zu erreichen (b)?

2. Man gebe interstitielle Verbindungen an, bei denen das Anion As bzw. P ist und verwende Elemente der ersten und zweiten Gruppe des Periodensystems.

3. Welche Spezies in der Reaktionsgleichung (7.13) für die Sprüh-Pyrolyse wird oxidiert, welche reduziert? Man gebe ein Reaktionsschema an.

4. In einem hypothetischen Halbleiter wird in einem Gedankenexperiment der symmetrische Valenz- und Leitungsbandanteil der komplexen Bandstruktur durch zwölf äquidistante Energieniveaus im Bereich der Energielücke simuliert (vgl. Abb. 2.59). Das Neutralitätsniveau des Halbleiters liegt in der Mitte der Bandlücke. Die Niveaus können entweder einfach positiv oder einfach negativ geladen bzw. neutral sein. Auf diesen Halbleiter soll ein Metall aufgebracht werden, desses Austrittsarbeit derart ist, daß sein Ferminiveau vor Kontaktbildung um ein Viertel der Energielücke des Halbleiters oberhalb der Valenzbankante liegt. Wie groß ist Aufladung bei Kontaktbildung?

Literatur

[1] O. Lang, R. Schlaf, Y. Tomm, C. Pettenkofer, W. Jaegermann: J. Appl. Phys. **77**, 7805 (1994)

[2] K.W.J. Barnham, J.M. Barnes, B. Braun, J.P. Connolly, G. Haarpaintner, J.A. Nelson, M. Paxman, C. Button, J.S. Roberts: Proc. 11th E.C. PVSEC (1992) p. 146

[3] A. Fojtik, M. Giersig, A. Henglein: Ber. Bunsenges. Phys. Chem. **97**, 1493 (1993)

[4] K.J. Gruntz, L. Ley, M. Cardona, R. Johnson, G. Harbeke, B. von Roedern: J. Non-Cryst. Solids **35 & 36**, 453 (1980)

[5] D.K. Paul, J. Blake, S. Oguz, W. Paul: J. Non-Cryst. Solids **35 & 36**, 501 (1980)

[6] W. Beyer, J. Stuke: Phys. Stat. Sol. (a) **30**, 511 (1975)

[7] B.G. Bagley, D.E. Aspnes, A.C. Adams, R.E. Benenson: J. Non-Cryst. Solids **35 % 36**, 441 (1980)

[8] B. Meyerson, F.W. Smith: J. Non-Cryst. Solids **35 % 36**, 435 (1980)

[9] W.A. Lanford: Nucl. Instr. and Meth. **149**, 1 (1978)

[10] M. Tomkiewicz, I. Ling, W.S. Parsons: J. Electrochem. Soc. **129**, 2016 (1982)

8. Lösungen

Kapitel 2:

1. Halbleiter 1: Bandverbiegung und Überspannung erlauben H$_2$-Entwicklung; keine O$_2$-Entwicklung (energetische Lage des Valenzbandes). Halbleiter 2: E_L etwa isoenergetisch mit $E(\text{H}_2/\text{H}^+)$; ungenügende Triebkraft für H$_2$-Entwicklung; O$_2$-Entwicklung möglich.

2. Die Entropiezunahme durch Delokalisierung der Elektronen im Leitungsband ist größer, als es der Energiegewinn bei Lokalisierung an den Haftstellen wäre.

3. InP: 2.3 μm; x-Si: 46 μm.

4. $E_F - {}_pE_F^*(0) = 0.68$ eV; ${}_nE_F^*(0) - E_F = 1.3 \cdot 10^{-5}$ eV.

5. 4.16 μm.

6. $D_{SS} = 1.5 \cdot 10^{13}\,\text{eV}^{-1}\text{cm}^{-2}$.

Kapitel 3:

1. Die Photostromdichte ergibt sich nach dem Gärtner-Modell zu 8 mA/cm^2; die Leerlaufspannung beträgt 0.47 V. Die Ausgangsleistung ist 2.6 mW, Lichtleistung 19.7 mW/cm^2; $\eta = 13.2\%$.

2. Dotierung im p$^+$-Bereich mindestens $7 \cdot 10^{16}$ cm^{-3}, d.h. $N_A^+/N_A \geq 350$.

3. Die Kontaktpotentialdifferenz reduziert sich um etwa 0.5 V; es treten Leitungs- und Valenzbanddiskontinuitäten auf (kein Spike im Leitungsband). Gitterfehlanpassung > 15%, daraus resultiert hohe Grenzflächenzustandsdichte; Verluste durch Oberflächenrekombination wegen geringer Bandverbiegung und wegen hinzugekommener Grenzflächenzustände. Der Parallelwiderstand reduziert den Füllfaktor. Änderung der Strom-Spannungscharakteristik (j_S, Diodenqualitätsfaktor). Eingeschränkte spektrale Empfindlichkeit aufgrund der Absorptionsverluste in CdS; Verringerung des maximal erreichbaren Photostroms um ca. 15% (Antwort unvollständig?).

4. $9.4 \cdot 10^{15}$ cm^{-3}

Kapitel 4:

1. (a) 0.12 μm, (b) $8 \cdot 10^2$ V/cm.

2. (a) p-leitend, $\Delta S = +0.026$, (b) n-leitend, $\Delta S = -0.0074$

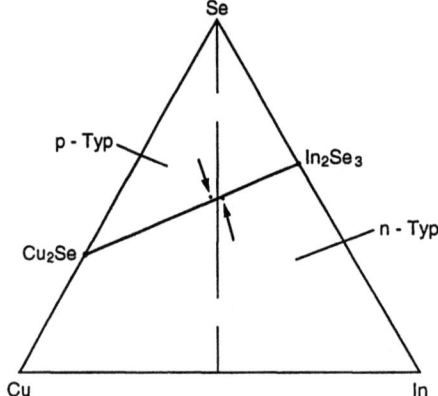

3. Mit $I/I_0 = 0.1$ folgt $\lambda = 600$ nm.

4. Shift: 0.1 eV, $E_g = 1.52$ eV.

Kapitel 5:

1. (a) Der Photostrom kommt überwiegend aus der anodischen Zersetzung; es ist $_pE_{dec}(\text{pH}\,0) - E_V(\text{GaAs}) > E_{Redox}(J^-/J_3^-) - E_V(\text{GaAs})$. (b) Der Quotient beträgt etwa 18. (c) Der Photostrom bleibt konstant, bis durch Zersetzung der Rückkontakt freigelegt wird.

2. Zahl der aufgelösten Einheiten: $6.9 \cdot 10^{20}$; vier Elektronen Reaktion. Auflösungsdauer 63 Jahre, geflossene Ladung 439 C.

3. Sehr hohe Kontaktpotentialdifferenzen würde man z.B. mit p-GaP/$V^{2+/3+}$ (pH 0) oder mit p-CdS/J^-/J^{3-}-HJ erzielen. CdS liegt aber als n-Halbleiter vor, daher ist die Kontaktpotentialdifferenz zu diesem Redoxelektrolyten sehr klein. Weitere Beispiele lassen sich in ähnlicher Weise finden.

4. 5.7%, 3.6%.

5. Faktor im Exponenten: 0.011, $t_1 = 419$ s, geflossene Ladung: 1.64 C/cm^2.

Kapitel 6:

1. (a) 34.9%, (b) $\eta < 34\%$, (c) 34%, (d) 35.7%.

2. 13 mA/cm^2.

3. (a) 345 K, (b) um 745 K, (c) bei dieser Temperatur würde die Photospannung zusammenbrechen, η wäre vernachlässigbar, (d) $X = 280$.

4. Resultierender Flächenwiderstand: 0.02 Ω, Widerstand der photoaktiven Schicht: 0.03 Ω, $X = 10...20$.

Kapitel 7:

1. (a) $E_g = 1.11$ eV, (b) $x = 0.73$

2. Beispiele: AgCdP, AuZnAs, CuCdAs.

3. Cu, Reduktion; S, Oxidation.

    $2Cu^{2+} + 2e^- \rightleftharpoons 2Cu^+$

    $S^{2-} \rightleftharpoons S^0 + 2e^-$.

4. +39 Ladungen.

Anhang

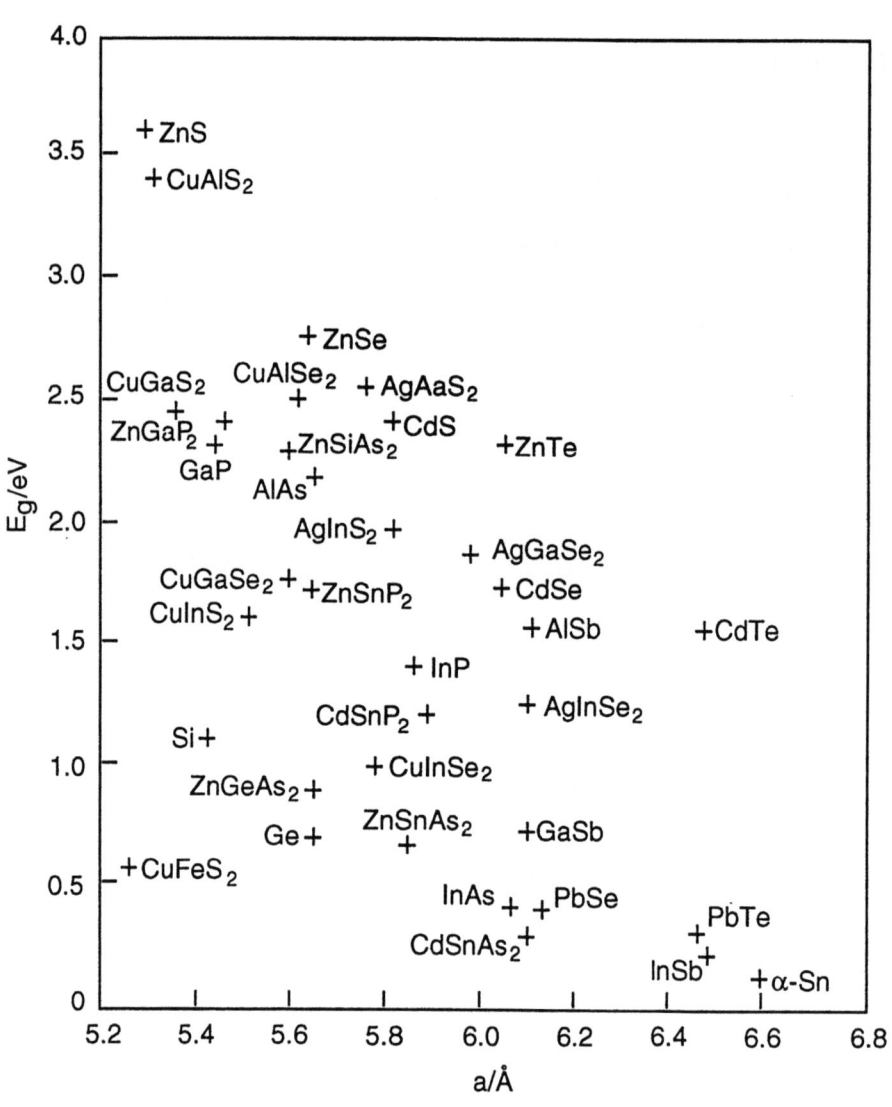

Bandlücken und Gitterkonstanten einiger Halbleiter

Sachverzeichnis

a-B:H 349
Abschattungsverlust 126
Abscheidung
– chemische 1, 171
– chemische, aus der Gasphase 155
– elektrochemische 171
Abscheidungsrate 224
Absorptionskoeffizient 28, 70
Absorptionsverhalten 24ff
Abwasserbehandlung 343
a-C:H 349
Adsorption 261
– spezifische 251
Ätzen 123, 261
A-Fläche 268
$AgTlS_2$ 330
$AgTlSe_2$ 330
$AgTlTe_2$ 330
Agglomeration 341
Akkumulationsschicht 89
Aktivierter Komplex 241
Aktivierungsenergie 212
Akzeptanzwinkel 315
Akzeptor 19
$Al_xGa_{1-x}As$-Schichten 192
$Al_xGa_{1-x}As$/GaAs-Heterostruktur 193
Al-SiO_2/p-Si-Solarzelle 146
AlAs 191
$AlGa_xAs_{1-x}$ 191
AlGaAs/GaAs-Solarzellen 191
AlGaAs/Ge 294
$AlInP_2$ 298
Aluminium 20
AM0, AM1, AM1.5, AM2 71
Amorphe Materialien 1
Amorphes Silizium 23, 155, 204ff
Anderson-Modell 58ff

Anlassen 171
Anodische Zersetzung 247
Anregungsprozeß 24ff
– für indirekte Strahlungsübergänge 29
Antimon 20
Antireflexionsschicht 123
Antireflexschicht (MgF_2) 177
Apollo-Zelle 327
Arbeitspunkt 10
Arrheniusgleichung 211
a-Sb 349
a-Si:H 149
Atmosphärisches Fenster 72
Aufladungen 46
Auger-Prozeß, inverser 41
Auger-Rekombination 40ff
Aureola 316
Ausdehnung 54
Ausdehnungskoeffizient, thermischer 58
Ausgangsapertur 316
Austauschstromdichte 243
Austrittsarbeit 9
Azetylen (C_2H_2) 351

Back surface field (BSF) 114
Bändermodell 13
Bänderziehen
– horizontales 141
– vertikales 138
Baer-Lambertsches Gesetz 30
Bandlückenzustand, Metall-induzierter 99
Bandverbiegung 86
Barrierenhöhe 57
Besetzungszahl 13ff
Beweglichkeitskante 207
Beweglichkeitslücke 207
Bi_2S_3 333
Bifacial cell 149

Bilayer 110
Bildladungen 57
Binärer Schnitt 156
Bloch-Theorem 207
Blochzustand 97
Blockgießen 127ff
Boltzmann-Verteilung 14
Bor 19, 20
Borsilikatglas 178
Bravais-Gitter 26
Brennstoffzelle 327
Brillouin-Zone 26
Brom-Methanol 260
Buried junction 110
Burstein-Moss-Shift 232
Butler-Volmer-Gleichung 243

C_2H_2 351
Cadmium-Tellurid-Solarzelle 157ff
$CdGeAs_2$ 330
CdJ_2 333
CdS 330
CdS/CdTe- Heterostruktur 158
n-CdS/p-$CuInSe_2$ 167
CdSe 330
$CdSiAs_2$ 330
CdTe 149, 155, 157, 330
Chalkopyrit-Struktur 271
Chemical shift 82
Chemisorption 257
Chromatographie 342
CLEFT-Prozeß (Cleavage of lateral epitaxial films for transfer) 202
CNR-Solarzelle (Comsat non reflecting) 114
CO_2-Reduktion 9
Corning-Glas 208
CSS (Close spaced sublimation) 162
CSVT-Verfahren (Closed spaced vapor transport) 162
Cu_xS/CdS 155
$CuGaSe_2$ 330, 337
$CuIn_{1-x}Ga_xSe_2$ 336
$CuInS_2$ 166, 184, 330
$CuInS_2$/CdS/ZnO-Solarzelle 189
$CuInS_{2x}Se_{2-2x}$ 336
n-$CuIn_3Se_5$ 177
n-$CuInSe_2/j^--J_3^-$-HJ-CU^+/C 274

$CuInSe_2$ 23, 166, 271, 330
$(CuInSe_2)_{1-x}(ZnS)_x$ 337
CuJ 273
$CuJSe_3$ 175, 274
CuMgBi 330
CuPc 347
$CuTlTe_2$ 330
CVD (Chemical vapor deposition) 121
Czochalski-(CZ)-Verfahren 116
Czochralski-Wachstum 141

Dangling Bonds 44
Dead layer 123
Defektelektron 13
Defektflourid-Struktur 332
Dekompositionsniveau 247
Dember-Spannung 307ff
Dendritisches Wachstum 144
Diboran 218
Dielektrizitätskonstante 220
Diffusionskoeffizient 121
Diffusionslänge 32, 46, 69
Diffusionstheorie 61
Diffussionsspannung 54
Diodencharakteristik 10
Diodenqualitätsfaktor 84
Dislokation 296
Dispersionsrelation 24
Dissoziationsenergie 163
Donator 19
Dotieratome 21
Dotiergasbeimischung 219
Dotierung 2
Drehbeschichtungsverfahren (Spin Coating) 1
Dunkelleitfähigkeit 211
Dunkelstromdichte 61
Durchflußrate 202, 205
Durchlaßrichtung 62
Dünnschichtsolarzellen 102
Düsenverfahren 130

EDS (Energiedispersive Röntgenfluoreszenzspektroskopie) 182
Effektive Masse 14
Effektive-Masse-Näherung 23
EFG (Edge defined film fed growth) 129
Eigendefektdichte 157
Eigenleitung 13

Eindringtiefe 31
Elektrodeposition 1, 155, 160, 351f
Elektrolyt-Oxid-Halbleiter-(EOH)-
  Struktur 268
Elektronenaffinität 43
Elektronenanregungsprozeß 25
Elektroneneinfang 37
Elektronentransfer 241
Elektronentransferreaktion 9
Elektronenübergang 24
Elektroneutralitätsmodell 100
EL2-Zentrum 156
Emission
 – thermionische 61
 – thermische 57
Energie, freie 48
Energieband 12
Energiebanddiagramm 13
Energiebandstruktur (GaAs) 27
Energielücke, absolute 12
Energieumwandlung, photovoltaische 5
Energieszenario 3
Enthalpie, freie 48, 241
Entropie 241
Ersatzschaltbild 79
Erstarrungsfront 141
Erzeugungsrate, optische 36
Exzitonen 347

Farbstoff 281
$Fe^{2+/3+}$ 259
$Fe(CN)_6^{3-/4-}$ 246, 259
FeS_2 23, 332, 333
Fermi-Dirac-Integral 14, 194
Fermi-level pinning 82, 90,
 – partielles 92
Fermienergie 14
Ferminiveau 13ff
 – intrinsisches 22
Fermistatistik 18
Fermiverteilungsfunktion 13
Filmwachstum 135
Flachbandpotential 69
Flachbandsituation 92
Flächenwiderstand 116, 301
Float-Zone-Material 42
Float-Zone-Verfahren (FZ) 116
Flüssigkeitsphasen-Epitaxie (LPE) 198

Fluoreszenz-Konzentrator 323
Foliengießen 132
Fossile Energiequellen 2
Franck-Condon-Prinzip 241
Franz-Keldysch-Effekt 136
Fresnellinse 313
Frontkontaktgitter 302
Füllfaktor 11

GaAs 14, 149, 155, 330
 – polykristallines 263
GaAs-Hochleistungssolarzelle 192
GaAs/Ge-Tandem-Zelle 198
n-GaAs/Polyselenid Solarzellen 262
Gärtner-Modell 68, 69ff
$GaInP_2$/GaAs-Tandem-Solarzelle 297
GaP 330
GaSe 332
$GaSe_2$ 333
Galliumarsenid-Solarzelle 190ff
Galvani-Potential 49, 87
Galvanisieren 176
Gaußverteilung 237
Ge 14, 198
Ge-p-n-Übergang 294
Gegenion 240
Gel-Elektrophorese 342
Geschwindigkeit, thermische 38
Gibbsche freie Energie 241
Gitterfehlanpassung 58
Gitterfehlstellen 21
Gleichrichtende Halbleiterkontakte 5
Glimmentladung 155, 171
Graphit 243
Greensfunktion 98
Grenzflächendipol 49, 83, 99
Grenzflächeneigenschaften 12

Haftkoeffizient 163
Haftstellen, tiefe 20
Halbleiter
 – direkter 25
 – dotierter 18ff
 – entarteter 22
 – indirekter 25
 – intrinsischer 15ff
Halbleiter-Elektrolyt-Kontakt 96, 235
Halbleiter-Heterostruktur 58
Halbleiterheteroübergänge 1

Halbleiterrandschicht 5
Halbleiterübergitter 338
Hartree-Fock 107
He I 184
He II 184
Helmholtzdoppelschicht 240f
– innere 240
– äußere 240
Heterojunction 11
Hexazyanoferrat 272
HfS$_2$ 333
HIT (Heterojunction with intrinsic thin layer) 229
Hohlraumstrahler, schwarzer 77
Homogenitätsbereich 156
Homojunction 11, 55
Hopping 346
Hybridenergie 106
Hybridisierung 253
Hydrogenisierung 137
Hydroquinon 281

Impulseigenfunktion 97
Impulsquelle 25
Imref 46
In$_2$O$_3$ 150
InAs 330
InP 31, 149, 330
p-InP/VCl$_2$-VCL$_3$-ZnCl$_2$/HCl/c 267
InP$_{1-x}$As$_x$ 337
InSe 332
InSe$_2$ 333
Indiumoxid 268
Inner sphere-Reaktion 241
Interstitielle Verbindungen 330
intrinsisch 13
Inversionsschicht 60, 89
Inversionsschicht-Silizium-Solarzelle 114
Inversionsschicht-Solarzelle 148
Ionenimplantation 121
Isolator 13
ITO (Indium tin oxide) 150

J$^-$/J$_3^-$ 259
Jod-Jodid Lösung 254

Kalomelelektrode 239
Kapazität, differentielle 51, 56
Kathodenzerstäubung (Sputtern) 1, 171

Kationenverhältnis 184
Keimbildung 342
Keimwachstum 143
Kolloid 338
Kompressiver Streß 178
Konode 174
Konstitutionelle Unterkühlung 143
Kontaktbildung 49
Kontaktfinger 126, 302
Kontaktgitter 302
Kontaktphase 5
Kontaktpotentialdifferenz 50
Kontaktspannung 54
Kontaktwiderstand 302
Konzentrationsfaktor 304
Konzentrationsprofil 50, 122
Konzentrationsverhältnis 299
Konzentratoren, dielektrisch total-reflektierende 318
Konzentratormodul 321
Konzentratorsolarzellen 34
Konzentratorsysteme 287, 293, 299ff
Korndurchmesser 130
Korngrenzen 134ff
Korngrenzenpassivierung 134
Korrugation 103
Kovellit 188
Kristallisationsgeschwindigkeit 132, 138
Kristallite 175
Kritischer Punkt 28
Kurzschlußstrom 11
– nichtlinearer 305f

Ladungsaustausch 50
Ladungsdichte 53
Ladungsneutralität 18, 21
Ladungsträgerinjektion 63
Ladungsträgerprofil 45
Lastwiderstand 76
Latente Wärme 138
LCAO-Theorie (Linear combination of atomic orbitals) 106
Lebensdauer 5, 34
– mittlere 36
LEED 332
Leerlaufspannung 10, 65
Leerstellenverbindungen, geordnete 331
Leistungscharakteristik 10

Sachverzeichnis

Leitfähigkeit 18
Leitungsband 13
Leitungsbanddiskontinuität 58
Lewis-Base, Lewis-Säure 43f
LiCdP 330
LiMgN 330
LiMgP 330
LiZnAs 330
LiZnN 330
LiZnP 330
Lichtleistung 11
Linear fokussierendes System 313
Locheinfang 37
Lösungsmitteldipol 237
LPE (Liquid phase epitaxy) 198
Lumineszenz 33
Lumineszenzphotonenemission 77

Majoritätsladungsträger 19
Marangoni-Konvektionseffekt 338
Marcus-Gerischer-Modell 237
Massenflußdichte 138
Massenwirkungsgesetz 15
MBE (Molecular beam epitaxy) 1, 155, 199
Mehrkammersysteme 221
Merozyanin 346
Metall-Frontkontakt 149
Metall-Halbleiterkontakt 55, 56ff
Metallaustrittsarbeit 94
MgSiAs$_2$ 330
Mie-Streuung 316
Mikromorphologie 175
Mikrostrukturmodell 184
Mikrotopographie 7
Minoritätsladungsträger 19
MIS (Metal insulator semiconductor) 145
MIS-Solarzellen 145ff
MOCVD (Metal organic chemical vapour deposition) 1, 200
– Verfahren 163
MOS (Metal oxide semiconductor) 145
Molekularitäts-Abweichung 190
Molekularstrahlepitaxie 1, 155, 199
Monodispersivität 342
Monolithische Struktur 290
MoS$_2$ 333
MoSe$_2$ 333

n-MoSe$_2$ 255
MoTe$_2$ 333
MQW-(Multiple quantum well)-Struktur 339
MQW-Solarzelle 339
Multiterminal-Zelle 290

Nachführung 314
Nanokristalline Halbleiter 340ff
Nanokristalline Materialien 1
n^+-p-Übergang 96
Neutralitätsniveau 96
Niederdruck-OMVPE 201
Niedriginjektion 293
n-Leitung 19
Normalwasserstoff-Bezugselektrode (NHE) 7
NREL (National Renewable Energy Laboratory) 327
NUKEM-Inversionssolarzelle 150

Oberflächendipol 46
Oberflächenkorrugation 103
Oberflächenmodifizierung 259ff
Oberflächenrekombinationsgeschwindigkeit 44
Oberflächenrekombinationsrate 44
Oberflächenrelaxationsprozeß 42
Oberflächenstöchiometrieabweichung 184
Oberflächenzustand
– extrinsischer 33, 42, 44
– intrinsischer 33, 42
Oberflächenzustandsdichte 86
Öffnungsverhältnis 315
OMCVD 200
OMVPE (Organo metallic vapor-phase epitaxy) 200
OMVPE-Reaktor 201
Organische Solarzellen 346ff
Outer sphere-Ladungstransferprozeß 241
Oxidationsreaktion 9

Parabolspiegel 313
Partialdruck 201
p-a-SiC 225
Passivieren 9, 273
PECS (Photoelektrochemische Solarzelle) 11, 235ff, 246, 267
Phasendiagramm 156

Phasengrenze 6
Phasensegregation 182
Phononen, akustische 213
Phononenabsorption 29
Phononenemission 29
Phosphin 129, 218
Phosphor (P) 19, 20
Photoaktivität 205, 351
Photoanoden 251
Photodegradation 216
Photoelektrochemie 235
Photoelektrokatalyse 5, 6ff
Photoelektronenspektroskopie 26
Photoelektrosynthese 5, 9, 279
Photokorrosion 236
Photoleitung 213ff
Photonenflußdichte 66
Photospannung 96ff
Photostromdichte, theoretische 75
Photovoltaik-Materialsysteme 11
Photoätzen 257
Phtalozyanin 346
p-i-n-Struktur 217, 219ff, 347
Plancksches Gesetz 71
Plasmaabscheidung 147
Platin 243
p-Leitung 19
p-n-Diode 63
p-n-Übergang, aprupter 52
Poisson-gleichung 50
Polieren 196, 261
Polyjodid-Redoxelektrolyt 255
Polymere Halbleiterteilchen 1
Polyselenid-Elektrolyt 261
Porphyrin 346
Poröse Struktur 283
Potential,
- chemisches 46
- elektrochemisches 48
Potentialsprung 99
Potentialsprungmethode 352
Prismatische Abdeckung 303
Präparation durch Festkörperreaktion 155
Pseudoenergielücke 207
Punktdefekte 21
Punktkontakt-Solarzelle 125, 303
Pyrit (FeS$_2$) 332

Q-CdS 341
Q-PbS 343
Quantenausbeute 70
Quantenfaden 338
Quantenpunkt 338
Quantentrog 338
Quantum size 341
Quantum well-Struktur 338
Quasiferminiveau 45ff

RAFT (Ramp assisted foil casting technique) 132
Raumladungszone 5, 54
Rayleigh-Streuung 72
RBS (Rutherford Rückstreuspektroskopie) 262
Reaktionskoordinate 241
Reaktionslänge 241
Reaktionsüberspanung 9
Redoxelektrolyt 5, 235
Redoxpotential 238
Reduktionsreaktion 9
Referenzelektrode 238
Reflektivität 63
Reflexionskoeffizient 70
Reflexionsspektroskopie 26
Regenerative Arbeitsweise 243ff
Rekombination
- Auger- 33
- direkte 33, 34
- in der Raumladungszone 261
- über Oberflächenzustände 32
- Volumen- 32
- strahlende 37
Rekombinationsmechanismus 34
Rekombinationsprozeß erster Ordnung 35
Rekombinationsrate 20, 34
Rekombinationszentrum 37
Rekonstruktion 97
Rekristallisation 135
Release-Zeit 20
REM (Rasterelektronenmikroskopie) 185
Reorganisationsenergie 238
Reziprokes Gitter 24
RF-Heizung 201
RF-Kathodenzerstäubung 177

RGS (Ribbon Growth-Substrate) 129, 131
Rhodamin B 282
Richardson-Konstante 39, 63
Ruhemasse 14
Rumpfelektronenniveau 186
Rutheniumbispyridil $(Ru(bpy)_3^{2+})$ 282
Rückflächenrekombination 126
Röntgenfluoreszenz 175

Sättigungsstrom 57
– in Sperrichtung 62
Sättigungsverhalten 305
Sauerstoffentwicklung 6
Sauerstoffkatalysatoren 9
Schichtgitterhalbleiter 251, 334f
Schichtgitterkristall 23
Schlemmfarbe (slurry paints) 353
Schmelzwärme 141
Schottky-Grenzfall 90
Schottky-Kontakt 51
Segregationskoeffizient 118
Sekundärkonzentrator 319, 321
Sekundärsubstrat 203
Selbstkompensation 163
Semimetall 12
Sensibilisierung 280
Serienwiderstand 301ff
Shockley-Read-Hall-(SRH)-Rekombination 34, 37ff
Shockley-Zustände 44
Siebdruck 155, 160
Silan 129
Silizium (Si) 14, 19
– amorphes 23, 155, 204
– kristallines 1ff
– polykristallines 117, 126ff
Siliziumfoliengießen 132
Siliziumnitrid 149
SIMS (Sekundär-Ionen-Massenspektrometrie) 178
Sintern 161
Si-Q-Teilchen 345
Slurry paints 353
SnO_2 150
SnS_2 333
$SnSe_2$ 333
Soda lime-Glas 178

Solarkonstante 312
Solarzelle
– GaAs-Hochleistungs- 192
– $GaInP_2$/GaAs-Tandem- 297
– Galliumarsenid- 190ff
– Inversionsschicht-Silizium- 114
– Inversionsschicht- 148
– MQW- 339
– n-GaAs/Polyselenid- 262
– NUKEM-Inversions- 150
– $p-CUInSe_2$/n-CdS- 58
– Photoelektrochemische- (PECS) 11, 235ff, 246, 267
– photoelektrochemische 11, 235ff, 246, 267
– photovoltaische 10
– Punktkontakt- 125, 303
– Schottky- 11
– Sensibilisierungs- 280ff
– Si- 55
– SIS- (Semiconductor insulator semiconductor 145ff, 150
– Tandem- 33, 287ff
Solvatationsenergie 237
Solvathülle 237
Sonneneinstrahlung
– direkte 72
– globale 72
Sonnenlicht, diffuses 300
Spektrum, solares 73
Sperrichtung 57
Sphalerit 337
Spin Coating 1
Spin cast 132
Spinell 182
Sprüh-Pyrolyse 1, 162, 171, 354ff
Sprühverfahren, chemisches 162
Sputtern 1, 123
– nicht reaktives 171
– reaktives 171
Stabilisatoren 341
Stabilität 1
Stabilitätskriterium 247
Staebler-Wronski-Effekt 215
Stapelfehler 296
Stefan-Boltzmann-Gesetz 140, 312
Strahlenresistenz 114
Stufenflächen 257

Stöchiometrie 2
Stöchiometrieabweichung 21,156
STM 332
Substitutionelle Verbindungen 329ff
Supersensitizer 281
S-WEB (Supported web) 129

Tamm-Zustände 43
Tauc-Plot 209
TCJF (Type conversion junction formation) 160
TCO (Transparent conductive oxide) 173
Temperaturabhängigkeit der Leerlaufspannung 308
Ternäre Chalkopyrite 166
Texturierung 78
Thermalisierung 32
Thermische Verdampfung 1, 155
Thiogallat 331
Thioharnstoff 176
Third bandgap rule 270
Thomas-Fermi-Abschirmlänge 96
Titandioxid 280
Transferkoeffizient 242
Transmission 220
Transmissionskoeffizient 241
Trennungskoeffizient 118
Trog, optischer 316
Trägergas 201
Tunnel-Rekombinationsmodell 83
Tunnelprozeß 63, 82
Tunnelstrom 147
Tunnelübergang 290

Übergang
– direkter 26
– indirekter 29
– vergrabener 110
Übergangsmetalldichalkogenide 251ff
Überschußladungsträger 33
Unterkühlung 143
UPS (Ultraviolette Photoelektronenspektroskopie) 184

$V^{2+/3+}$ 266
Vakuumniveau 91
Valenzband 13
Valenzbanddiskontinuität 58

Valenzbandphotoelektronenspektroskopie 175
Van-Hove-Singularitäten 28
Van der Waals-Bindung 253
Vegards Gesetz 336
Verbindungsparaloide 322
Verdampfung
– chemische 171
– thermische 171
Verlustprozeß 32, 287
Verschiebung, dielektrische 53
Verunreinigung 21
Violette Zelle 123
Voltapotential 49
Volumenlebensdauer 42

Wachstumsgrenze 139
Wärmefluß 138
Wärmeleitfähigkeit 138
Wärmestrahlung 141
Wärmetransport 314
Wasserdipol 237
Wasserstoffionenimplantation 136
Wasserzersetzung 7
Wellenfunktion 97
Wellenzahlvektor 25
Weltenergieverbrauch 3
Widerstand, spezifischer 13
Wigner-Seitz-Zelle 26
Winkelakzeptanz 315
Wirkungsgrad 1, 11
– theoretischer 79
Wirkungsquerschnitt 38
$WS_{2x}Se_{2-2x}$ 338
WSe_2 254, 333

XPS (X-ray Photoelectron-Spectroscopy) 81

Yield-(Ausbeute)-Spektroskopie 275

Zersetzungsspannung 9
Ziehgeschwindigkeit 139
Ziehleistung 129
Zinkblende (ZnS) 166, 271, 330
Zirkumsolarstrahlung 316
$ZnGeAs_2$ 330
$ZnGeP_2$ 330
$ZnIn_2S_4$ 331

ZnO 330
ZnO/n-CdS/p-CuInS$_2$ 167
ZnO/n-CdS/p-CuInSe$_2$/Mo 167
Zn$_3$P$_2$ 332, 333
ZnS 166, 271, 330
ZnSiAs$_2$ 330
ZnSiP$_2$ 330
Zonenschema
– erweiteres 26
– reduziertes 26
Zustandsdichte 13ff
– effektive 14, 22
Zustandssumme, thermodynamische 13
Zwischengitterdefekt 163

Springer-Verlag und Umwelt

Als internationaler wissenschaftlicher Verlag sind wir uns unserer besonderen Verpflichtung der Umwelt gegenüber bewußt und beziehen umweltorientierte Grundsätze in Unternehmensentscheidungen mit ein.

Von unseren Geschäftspartnern (Druckereien, Papierfabriken, Verpackungsherstellern usw.) verlangen wir, daß sie sowohl beim Herstellungsprozeß selbst als auch beim Einsatz der zur Verwendung kommenden Materialien ökologische Gesichtspunkte berücksichtigen.

Das für dieses Buch verwendete Papier ist aus chlorfrei bzw. chlorarm hergestelltem Zellstoff gefertigt und im pH-Wert neutral.

MIX
Papier aus verantwortungsvollen Quellen
Paper from responsible sources
FSC® C105338

If you have any concerns about our products,
you can contact us on
ProductSafety@springernature.com

In case Publisher is established outside the EU,
the EU authorized representative is:
**Springer Nature Customer Service Center GmbH
Europaplatz 3, 69115 Heidelberg, Germany**

Printed by Libri Plureos GmbH
in Hamburg, Germany